Identitätsbasierte Markenführung

Christoph Burmann · Tilo Halaszovich ·
Michael Schade · Rico Piehler

Identitätsbasierte Markenführung

Grundlagen – Strategie – Umsetzung – Controlling

3., vollständig überarbeitete Auflage

Springer Gabler

Christoph Burmann
Universität Bremen
Bremen, Deutschland

Michael Schade
Universität Bremen
Bremen, Deutschland

Tilo Halaszovich
Jacobs University Bremen
Bremen, Deutschland

Rico Piehler
Universität Bremen
Bremen, Deutschland

ISBN 978-3-658-20062-6
ISBN 978-3-658-20063-3 (eBook)
https://doi.org/10.1007/978-3-658-20063-3

Die Deutsche Nationalbibliothek verzeichnet diese Publikation in der Deutschen Nationalbibliografie; detaillierte bibliografische Daten sind im Internet über http://dnb.d-nb.de abrufbar.

Springer Gabler

Gedruckt auf säurefreiem und chlorfrei gebleichtem Papier

Springer Gabler ist ein Imprint der eingetragenen Gesellschaft Springer Fachmedien Wiesbaden GmbH und ist ein Teil von Springer Nature.
Die Anschrift der Gesellschaft ist: Abraham-Lincoln-Str. 46, 65189 Wiesbaden, Germany

Vorwort zur 3. Auflage

Mit großer Freude präsentieren wir Ihnen die 3., vollständig überarbeitete Auflage des Lehrbuches „Identitätsbasierte Markenführung". Nach dem Erscheinen der 1. Auflage im Jahr 2012 und der vollständigen Überarbeitung und Erweiterung mit der 2. Auflage in 2015 ist es jetzt, drei Jahre später, im Jahr 2018 aufgrund vielfältiger Innovationen in der Markenforschung und -praxis wieder an der Zeit, unser Lehrbuch zu überarbeiten. Die positive Resonanz auf die deutschsprachige Version hat uns ermuntert, unser ebenso praxisnahes wie theoretisch fundiertes Lehrbuch auch in anderen bedeutenden Sprachen verfügbar zu machen. Neben der englischen Ausgabe (2017) liegt die chinesische Ausgabe bereits in der 2. Auflage (2017) im Buchhandel vor. Eine französische Ausgabe wird in Kürze im Markt verfügbar sein.

In der hier vorliegenden 3. Auflage in deutscher Sprache haben wir unseren Ansatz noch einmal weiterentwickelt. Neben den neuen Herausforderungen an die Markenführung wurde ein Vergleich mit internationalen Markenführungsansätzen aufgenommen, der Managementprozess der identitätsbasierten Markenführung überarbeitet, zahlreiche Anpassungen im strategischen Markenmanagement vorgenommen sowie aufgrund der rasanten technologischen Entwicklung das Markenmanagement im digitalen Kontext sowie vor allem in sozialen Medien komplett überarbeitet und stark erweitert. Alle Kapitel wurden zudem durch neue Inhalte, Quellen und Praxisbeispiele aktualisiert.

Die 3. Auflage wäre ohne die Unterstützung der Mitarbeiter am Lehrstuhl für innovatives Markenmanagement (LiM®) an der Universität Bremen nicht möglich gewesen. Ganz besonders bedanken möchten wir uns bei unseren wissenschaftlichen Mitarbeiterinnen Tanja Fink und Julia Sinnig, die uns tatkräftig bei der Überarbeitung unterstützt haben. Darüber hinaus möchten wir uns ganz herzlich bei unseren studentischen Mitarbeiterinnen Carolin Schumacher und Jessica Fabisch bedanken.

Ein ganz besonderer Dank gilt ferner Frau Juliane Rater und Herrn Eckard Nachtwey von der auf den gewerblichen Rechtsschutz spezialisierten Rechtsanwaltskanzlei Nachtwey IP in Bremen, die uns erneut bei der Erstellung des Kapitels zum Markenschutz umfassend unterstützt haben.

Die Integration von Praxisbeispielen wäre ohne die Unterstützung zahlreicher Unternehmen nicht möglich gewesen, bei denen wir uns ebenfalls bedanken möchten. Schließlich gilt unser Dank dem Team von Springer Gabler für die gute Zusammenarbeit. Insbesondere bei Jutta Hinrichsen, Birgit Borstelmann und Barbara Roscher möchten wir uns stellvertretend für das ganze Team bedanken.

Zur Vertiefung unseres Konzeptes der identitätsbasierten Markenführung stehen mittlerweile knapp 80 erfolgreich abgeschlossene Dissertationen zur Verfügung, die an der Universität Bremen (am Lehrstuhl für innovatives Markenmanagement) und an der Handelshochschule Leipzig (am SVI-Stiftungslehrstuhl für Marketing, insbes. E-Commerce und Crossmediales Management) entstanden sind. Sie wurden fast alle in der Buchreihe „Innovatives Markenmanagement" bei Springer Gabler publiziert. Nutzen Sie, lieber Leser, die Gelegenheit zur Erweiterung und Professionalisierung ihres hier erworbenen Wissens über die identitätsbasierte Markenführung mit diesen wirklich sehr lesenswerten Dissertationen.

Wir wünschen Ihnen nun viele interessante, neue Einsichten beim Lesen und freuen uns auf jedes Feedback von unseren geschätzten Lesern.

Bremen

Univ.-Prof. Dr. Christoph Burmann
Prof. Dr. Tilo Halaszovich
Dr. Michael Schade
Dr. Rico Piehler

Vorwort zur 2. Auflage

Wir freuen uns, Ihnen die aktualisierte, inhaltlich überarbeitete und neu gestaltete 2. Auflage des Lehrbuches „Identitätsbasierte Markenführung" präsentieren zu können. Der hier vorgestellte Ansatz der identitätsbasierten Markenführung basiert auf den Arbeiten aus den 1990er-Jahren von David A. Aaker in den USA, Jean-Noel Kapferer in Frankreich sowie Heribert Meffert und Christoph Burmann in Deutschland. Die identitätsbasierte Markenführung ergänzt die externe Perspektive auf Marken (z. B. aus Sicht der Nachfrager) um eine interne Perspektive (z. B. aus Sicht der Mitarbeiter).

Das sehr positive Feedback zur 1. Auflage hat uns in unserem Ziel bestätigt, ein ebenso praxisnahes wie theoretisch fundiertes Lehrbuch zur identitätsbasierten Markenführung zu schreiben und es in allen bedeutenden Sprachen verfügbar zu machen. Die chinesische und englische Ausgabe unseres Buches liegt im Buchhandel bereits vor, die französische, portugiesische und arabische Übersetzung sind aktuell in der Bearbeitung.

In der hier vorliegenden 2. Auflage in deutscher Sprache haben wir unseren Ansatz weiterentwickelt. Dabei haben wir u. a. auf Grund der hohen Verhaltensrelevanz und Prognosegüte das Brand Attachment als zentrale psychografische Zielgröße der identitätsbasierten Markenführung neu aufgenommen. Darüber hinaus haben wir zahlreiche aktuelle Entwicklungen (u. a. Markenführung im digitalen Zeitalter) aufgegriffen und beispielsweise ein Abschnitt zum electronic Commerce und zur Multi-Channel-Distribution ergänzt. Ferner haben wir das Kapitel zur Online Kommunikation und zur identitätsbasierten Markenführung in sozialen Medien im Vergleich zur 1. Auflage in erheblichem Maße überarbeitet.

Nach einer aktuellen Studie des Markenverbandes sind 80 % der deutschen Unternehmen bereits Opfer von Markenpiraterie geworden. Als Konsequenz daraus ist der Markenschutz zu einer zentralen Herausforderung der Markenführung geworden. Deswegen haben wir in der 2. Auflage ein neu erstelltes Kapitel zum identitätsbasierten Markenschutz ergänzt. Weiterführend können wir hierzu auf eine exzellente Dissertation zum identitätsbasierten Markenschutz, die jüngst von Dr. Carsten Keller am LiM® vorgelegt wurde, verweisen. Zudem wurde ein Kapitel zur internationalen Markenführung ergänzt, denn in den seltensten Fällen operieren Marken ausschließlich auf ihrem Heimatmarkt und selbst wenn sie dies tun, werden sie auf diesem mit internationalen Wettbewerbern und Nachfragern konfrontiert. Neben diesen Ergänzungen haben wir auch zahlreiche Kürzungen und Formulierungsänderungen vorgenommen, um die besondere Prägnanz der 1. Auflage noch zu verbessern.

Die 2. Auflage wäre ohne die vielfältige Unterstützung der Mitarbeiter am Lehrstuhl für innovatives Markenmanagement (LiM®) an der Universität Bremen nicht möglich gewesen, namentlich gilt unser Dank Frau Ines Nee, Herrn Patrick Rossmann, Frau Corinna S. Beckmann, Frau Ayla Rößler, Herrn Dr. Rico Piehler und Herrn Stephan Hanisch. Darüber hinaus haben die studentischen Mitarbeiter am LiM® ganz erheblich zum Gelingen dieses Buches beigetragen. Hier ist besonders Herrn Felix Kirchgeorg, Frau Jana Johannsen und Herrn Malte Siegel zu danken.

Ein ganz besonderer Dank gilt ferner Frau Juliane Rater und Herrn Eckard Nachtwey von der auf den gewerblichen Rechtsschutz spezialisierten Rechtsanwaltskanzlei Nachtwey IP in Bremen. Frau Rater und Herr Nachtwey haben uns bei der Erstellung des Kapitels zum Markenschutz umfassend und sehr wertvoll unterstützt.

Die Integration von Praxisbeispielen wäre ohne die Unterstützung zahlreicher Unternehmen nicht möglich gewesen, bei denen wir uns ebenfalls bedanken möchten. Schließlich gilt unser Dank dem Team von Springer Gabler für die gute Zusammenarbeit. Insbesondere bei Frau Jutta Hinrichsen und bei Frau Barbara Roscher möchten wir uns stellvertretend für das ganze Team bedanken.

Zur Vertiefung unseres Konzeptes der identitätsbasierten Markenführung stehen mittlerweile knapp 70 erfolgreich abgeschlossene Dissertationen zur Verfügung, die an der Universität Bremen (am Lehrstuhl für innovatives Markenmanagement) und an der Handelshochschule in Leipzig (am Lehrstuhl für Marketingmanagement) entstanden sind. Sie wurden fast alle in der Buchreihe „Innovatives Markenmanagement“ bei Springer Gabler publiziert. Nutzen Sie, lieber Leser, die Gelegenheit zur Erweiterung und Professionalisierung ihres hier erworbenen Wissens über die identitätsbasierte Markenführung mit diesen wirklich sehr lesenswerten Dissertationen.

Wir wünschen Ihnen nun viele interessante, neue Einsichten beim Lesen und freuen uns auf jedes Feedback von unseren geschätzten Lesern.

Bremen

Univ.-Prof. Dr. Christoph Burmann
Dr. Tilo Halaszovich
Dr. Michael Schade
Dipl.-Kfm. Frank Hemmann

Vorwort zur 1. Auflage

Marken sind für den Erfolg von Unternehmen von größter Relevanz. Deswegen gibt es heute eine Fülle wissenschaftlicher und praxisorientierter Publikationen über Marken und deren richtige Führung. Das Konzept der identitätsbasierten Markenführung hat sich dabei als das leistungsfähigste Managementmodell erwiesen. Die Basis für dieses Konzept wurde Mitte der 1990er-Jahre von David Aaker in den USA, Jean-Noel Kapferer in Frankreich sowie Heribert Meffert und Christoph Burmann in Deutschland entwickelt. Die identitätsbasierte Markenführung ergänzt die externe Sicht auf die Marke (z. B. seitens der Kunden, Absatzmittler und Wettbewerber) um die interne Sicht des Managements und der Mitarbeiter einer Marke. Der Wirkungsanalyse von Marken in Märkten wird damit eine Analyse des Führungsverhaltens (brand leadership) sowie der internen Strukturen und Prozesse der Marken gegenübergestellt. Als theoretisches Fundament greift die identitätsbasierte Markenführung auf die „competence based theory of the firm" zurück, den aktuell wichtigsten Erklärungsansatz im Rahmen der strategischen Managementforschung.

Beim Einsatz der identitätsbasierten Markenführung in der Aus- und Weiterbildung zeigte sich bisher ein wichtiges Defizit: Studenten und Praktiker fanden kein geeignetes Lehrbuch, in dem das Konzept vollständig, aktuell und vor allem kompakt erläutert wurde. Diese Lücke wollen wir mit unserem Buch schließen. Es soll einen leicht verständlichen Überblick geben und zeigen, dass dieser Markenführungsansatz praktisch anwendbar ist und großes Erfolgspotential besitzt. Um den praktischen Nutzen der identitätsbasierten Markenführung zu belegen, haben wir zahlreiche Beispiele in das Buch integriert. Für die uns hierbei gewährte Unterstützung vieler Unternehmen möchten wir und an dieser Stelle bedanken.

Die Erstellung dieses Buches wäre ohne die Unterstützung zahlreicher Personen kaum möglich gewesen. Zunächst ist Univ.-Prof. Dr. Dr. h.c. mult. Meffert zu erwähnen, der unser Konzept der identitätsbasierten Markenführung in den Anfängen wesentlich mitgeprägt hat. Unser Dank gilt ferner den wissenschaftlichen Mitarbeitern am LiM® der Universität Bremen, namentlich besonders Frau Barbara Kleine-Kalmer, Herrn Dr. Andreas Müller, Frau Antje Löwa, Herrn Behzad Zabeti und Herrn Dr. Michael Schade. Darüber hinaus haben die studentischen Mitarbeiter am LiM® ganz erheblich zum Gelingen dieses Buches beigetragen. Hier sind besonders zu erwähnen Frau Corinna Beckmann, Herr Sacid Celik, Herr Stephan Hanisch, Frau Natalie Skutzik, Herr Daniel Segelken und Herr

Dominik Middeke. Wir danken auch Frau Angela Pfeiffer von Springer Gable für ihren großen Einsatz beim Satz und der Gestaltung dieses Buches. Abschließend möchten wir uns auch bei Frau Barbara Roscher von Springer Gabler bedanken, die uns – wie immer – sehr gut betreut hat.

Zur Vertiefung des Konzeptes der identitätsbasierten Markenführung stehen mittlerweile über 50 erfolgreich abgeschlossene Dissertationen zur Verfügung, die an der Universität Bremen (am Lehrstuhl für innovatives Markenmanagement) und an der Handelshochschule in Leipzig (am Lehrstuhl für Marketingmanagement) entstanden sind. Sie wurden fast alle in der Buchreihe „Innovatives Markenmanagement" bei Springer Gabler publiziert.

Wir wünschen Ihnen nun viele interessante, neue Einsichten beim Lesen und freuen uns auf das Feedback unserer Leser.

Bremen

Univ.-Prof. Dr. Christoph Burmann
Dr. Tilo Halaszovich
Dipl.-Kfm. Frank Hemmann

Inhaltsverzeichnis

Grundlagen der identitätsbasierten Markenführung

1

Inhaltsverzeichnis

C. Burmann et al., *Identitätsbasierte Markenführung*,
https://doi.org/10.1007/978-3-658-20063-3_1

Im ersten Kapitel wird das Fundament der identitätsbasierten Markenführung gelegt. Die Gestaltung der Markenidentität als interne Perspektive einer Marke sowie das hieraus resultierende Markenimage bei Nachfragern als externe Perspektive einer Marke sind die Basis jeder erfolgreichen Marke. Eine differenzierende oder sogar einzigartige Positionierung ist in gesättigten Märkten eine große Herausforderung. Ohne eine solche Positionierung wird die langfristige Bindung von Nachfragern an die Marke erheblich erschwert. Deswegen beschäftigt sich dieses Kapitel mit den Fragen:

- Welchen Herausforderungen sieht sich die Markenführung heute gegenüber und wie kann diesen professionell begegnet werden?
- Welches Konzept der Markenführung ist geeignet, die aktuellen Herausforderungen zu bewältigen?
- Worauf beruht die Identität einer Marke und wie kann sie gestaltet werden?
- Wie entstehen und was sind starke Marken in den Köpfen von Nachfragern?
- Welche Erkenntnisse für das Markenmanagement liefert die aktuelle neuroökonomische Forschung?

Zunächst wird dem Leser ein Überblick über aktuelle Herausforderungen des Markenmanagements sowie die Entwicklung der Markenführung gegeben. Daran anschließend wird der Identitätsbegriff hergeleitet und das interne Management der Markenidentität dargestellt. Anschließend wird das Markenimage dargestellt. Dieses erfasst wichtige externe, marktgerichtete Wirkungen der identitätsbasierten Markenführung. Zum besseren Verständnis dieser nachfragerseitigen Wirkungen werden anschließend die wichtigsten neuroökonomischen Erkenntnisse zur Funktion des menschlichen Gehirns skizziert. Abschließend wird die herausragende Bedeutung der Authentizität für die identitätsbasierte Markenführung thematisiert.

1.1 Aktuelle Herausforderungen des Markenmanagements

Die Führung von Marken ist bereits seit vielen Jahren ein Schlüsselthema der Unternehmensführung.

Die Relevanz der Markenführung spiegelt sich in der Bedeutung von Marken wider. So wurden allein im Jahr 2016 knapp 70.000 Marken beim Deutschen Patentamt neu angemeldet und insgesamt sind etwa 805.000 in Deutschland registriert (Deutsches Patent- und Markenamt 2017, S. 2). Diese beeindruckenden Zahlen lassen sich auf die große Bedeutung einer Marke für Mitarbeiter und Nachfrager und den daraus resultierenden ökonomischen Wert einer Marke zurückführen. Beispielsweise wurde der Wert der Marke Google im Jahr 2017 auf einen Betrag von 245,6 Mrd. US-Dollar geschätzt (vgl. Millward Brown 2017). Die Bedeutung von Marken ist eine Folge ihrer Funktionen für Nachfrager, Mitarbeiter und andere Bezugsgruppen (Stakeholder).

Aus **transaktionskostentheoretischer Sicht** verringern Marken die Such- und Informationskosten. Eine Marke kann für den Nachfrager damit „günstiger" sein als ein markenloses Produkt, denn kaufverhaltensrelevant ist die Summe aus Preis und Transaktionskosten (Kaas 1990, S. 543). Aus **verhaltenstheoretischer Sicht** dient die Marke zur Orientierung. Die Marke erhöht die Markttransparenz, wodurch Nachfrager schneller und einfacher die für sie passenden Angebote identifizieren können. Durch eine stetig wachsende Zahl austauschbarer Marken („Markeninflation") wird diese Funktion heute in vielen B2C- und B2B-Märkten kaum noch erfüllt. Für Marken wird es immer schwieriger, die eigene Position aus der Masse konkurrierender Angebote positiv hervorzuheben und eine Differenzierung zu erreichen (vgl. Dolak 2005; Wiedmann und Ludewig 2014, S. 74; Bruhn 2014, S. 66).

So zeigt bspw. Abb. 1.1 die Positionierung von Versicherungsunternehmen in Deutschland auf Basis einer multidimensionalen Skalierung. Die Studie basiert auf einer repräsentativen Befragung von 6666 Personen in Deutschland im Jahr 2009, die gerade eine Versicherung abgeschlossen hatten. Fast alle Versicherungsunternehmen werden aus Sicht der Nachfrager einer undifferenzierten Gruppe austauschbarer Marken zugeordnet (vgl. rote Fläche in Abb. 1.1). Nur jeweils zwei Unternehmen setzen sich hiervon positiv bzw. negativ ab als Marken mit einem sehr niedrigen Preis und als „teure und unpersönliche Konzernmarken".

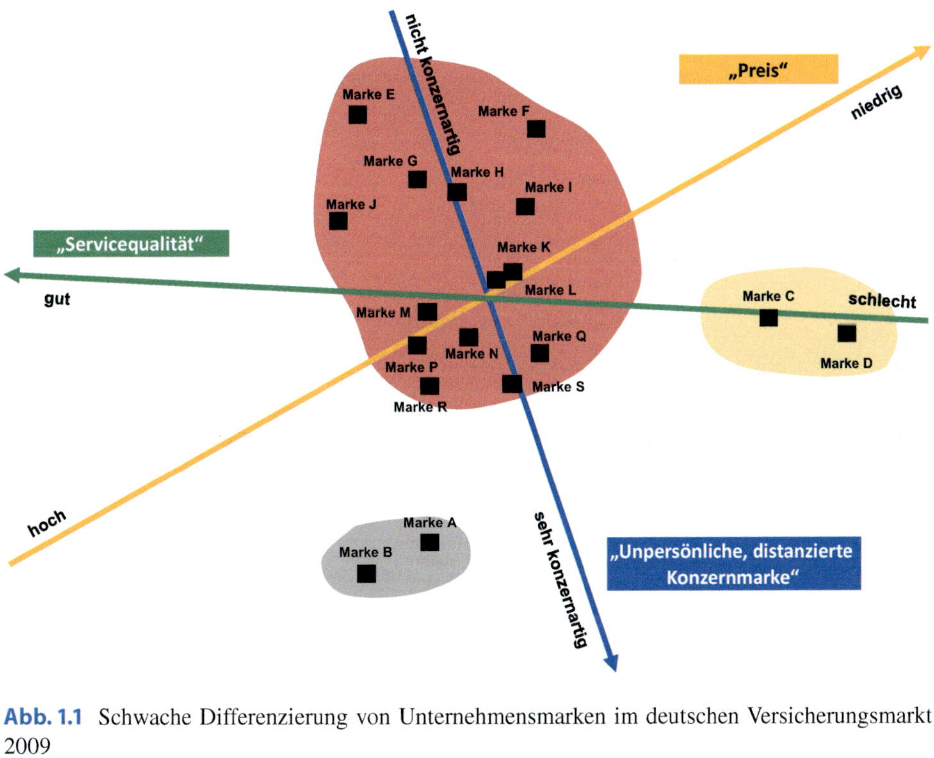

Abb. 1.1 Schwache Differenzierung von Unternehmensmarken im deutschen Versicherungsmarkt 2009

Diese Analyse zeigt die fehlende Differenzierung vieler Versicherungsmarken. Sie führt zu einem reinen Preisvergleich der austauschbaren Angebote. In der Konsequenz setzt sich derjenige Anbieter am Markt durch, der auch bei ständigem Preisverfall wegen niedrigster Kosten noch eine ausreichende Gewinnspanne erzielt. Daher besteht die **zentrale Herausforderung** für das Markenmanagement darin, der **Austauschbarkeit** von Marken entgegenzuwirken.

Einen Ausweg aus dieser Entwicklung bietet die **Erlebnisorientierung** (vgl. Pine und Gilmore 1999; Freundt 2006, S. 11). Das Markenerlebnis eines Nachfragers umfasst fünf Dimensionen. Bei diesen handelt es sich um eine sensorische (die Marke spricht die Sinne an), eine affektive (die Marke erzeugt Emotionen), eine kognitive (die Marke regt zum Nachdenken an), eine verhaltensbezogene (die Marke regt Verhaltensänderungen an) sowie eine soziale (die Marke bietet attraktive Interaktionen) Dimension (vgl. Schmitt 2009, S. 702 ff.). Durch die gezielte Gestaltung eines Markenerlebnisses anhand dieser fünf Dimensionen kann eine Marke wirkungsvoll differenziert werden – selbst im Kontext hochstandardisierter Markenleistungen und Commodities (vgl. Bohmann 2011, S. 38; Enke et al. 2014).

Eine **zweite Herausforderung** für Herstellermarken ist das **Vordringen von Eigenmarken des Einzelhandels**. Wurden Marken früher ausschließlich von spezialisierten Produzenten hergestellt und danach über den Einzelhandel verkauft, treten Einzelhändler heute oft in den direkten Wettbewerb mit Herstellermarken, indem sie eigene, preisaggressive Marken entwickeln und im Auftrag produzieren lassen. Je weniger Differenzierung auf Basis einer sich klar von Wettbewerbern unterscheidenden Identität Herstellermarken besitzen, desto stärker kommen sie durch die Eigenmarken des Einzelhandels unter Druck. Laut einer Studie mit mehr als 1000 Konsumenten von Ipsos in Zusammenarbeit mit der Lebensmittelzeitung empfinden 84 % der Befragten Handelsmarken als gleichwertig zu Herstellermarken (vgl. Ipsos/Lebensmittelzeitung 2016, S. 7 f.).

Eine **dritte Herausforderung** für Marken ist die **Digitalisierung** (vgl. Meffert und Meffert 2017, S. 17 ff.). Dadurch verschärft sich der Wettbewerb, weil über das Internet neue Konkurrenten in den Markt eintreten und sich die Markttransparenz erhöht (bspw. durch Preisvergleichsportale). Gleichzeitig steigen die Ansprüche der Nachfrager, die eine Präsenz und schnelle Verfügbarkeit der Marken heute in mehreren Vertriebskanälen gleichzeitig erwarten (z. B. in physischen Ladengeschäften, in markeneigenen Internet-Shops und bei elektronischen Einzelhändlern wie Amazon oder Alibaba). In diesen härteren Marktbedingungen kann nur diejenige Marke erfolgreich sein, deren Identität nach Innen (Mitarbeiter) und Außen (Nachfrager) eine besondere Bedeutung vermittelt und Sinn stiftet und damit die Produkte und Services einer Marke anreichert und differenziert (vgl. Burmann 2017).

Durch die Digitalisierung hat auch die auf Menschen einströmende Informationsmenge drastisch zugenommen. Darin enthalten ist kommerzielle Kommunikation von Marken ebenso wie private Kommunikation zwischen Menschen. Beispielsweise werden heute pro Minute weltweit über 500 Stunden neues Videomaterial auf YouTube hochgeladen, über 45.000 neue Fotos auf Instagram, über 510.000 neue Kommentare auf Facebook gepostet und über 440.000 Tweets gesendet (vgl. Internet Live Stats 2017).

Ein sehr schnell steigender Anteil dieser **Informationsmenge** wird heute über das Internet aufgenommen. 14–29-jährige Bundesbürger sind heute im Durschnitt 245 min täglich im Internet (Gesamtbevölkerung: 128 min). 76 % dieser Internetnutzung erfolgt bei 14–29-Jährigen über das Smartphone (Gesamtbevölkerung: 66 %; vgl. ARD/ZDF 2016, S. 3 ff.). Die Internet- und vor allem die Smartphone-Nutzung sind extrem bilddominiert. Texte spielen eine immer geringere Rolle, weil der Mensch große Informationsmengen am effektivsten und effizientesten über Bilder aufnehmen kann. Kroeber-Riel (1995) sprach deswegen schon früh von **Bildern** als „Schnellschüssen ins Gehirn". Die wachsende Bilddominanz zeigt sich auch in überregionalen Tageszeitungen Deutschlands, in denen sich der Bildanteil von 1950 bis 2000 vervierfacht hat (vgl. Eiber 2003, S. 76 ff.). Zugleich bedient sich der Mensch bei großen Informationsmengen eines zweiten biologischen Mechanismus, um schnell bewerten, selektieren und speichern zu können: der emotionalen Informationsverarbeitung, denn **Emotionen** können im Gehirn viel effizienter und effektiver verarbeitet werden als rationale Gedanken (vgl. Roth 2003; Bielefeld 2012). Die Digitalisierung verändert demnach durch dramatisch wachsende Informationsmengen die Informationsverarbeitung beim Menschen in Richtung einer immer stärker bilddominierten Emotionsverarbeitung. Dem sollte sich die Markenführung anpassen.

Die Digitalisierung erhöht zugleich die Bedeutung der internen Markenführung. Die verschiedenen sozialen Plattformen (z. B. Facebook, Instagram, YouTube, Twitter), auf denen Marken heute vertreten sind, eröffnen eine Vielzahl neuer Brand Touch Points, an denen Mitarbeiter einer Marke mit Nachfragern kommunizieren und ihre Marke repräsentieren (vgl. Piehler et al. 2015, S. 52 f.). Dementsprechend ist es von großer Bedeutung, durch interne Markenführung bei Mitarbeitern Wissen über die Marke und deren Erfolgsrelevanz (Markenwissen) aufzubauen, eine emotionale Verbundenheit zwischen Mitarbeitern und Marke (Brand Commitment) zu schaffen, damit diese sich in ihrem Verhalten stets und überall im Sinne der Marke einsetzen (Brand Citizenship Behavior). Zudem verstärkt der demografische Wandel den Wettbewerb um hochqualifizierte Fach- und Führungskräfte, sodass viele Unternehmen Employer Branding als Instrument zur Gewinnung von neuen Mitarbeitern einsetzen (vgl. Piehler und Burmann 2013, S. 224; Böttger 2012, S. 344 ff.).

Der in diesem Buch vorgestellte identitätsbasierte Markenführungsansatz eignet sich in besonderer Weise, die aufgezeigten Herausforderungen zu bewältigen.

1.2 Entstehung der identitätsbasierten Markenführung

Seit der Entstehung des klassischen Markenartikelkonzeptes zu Beginn des 20. Jahrhunderts (vgl. Domizlaff 1939) hat sich das Verständnis vom Wesen einer Marke aufgrund tiefgreifender Veränderungen in den Markt- und Umweltbedingungen gewandelt. Die veränderten Rahmenbedingungen haben unterschiedliche Markenbegriffe und verschiedene **Ansätze der Markenführung** hervorgebracht. Stark vereinfacht lassen sich in diesem Zusammenhang **fünf Phasen der Markenentwicklung** voneinander abgrenzen und deren Implikationen für die Markenführung aufzeigen (vgl. Tab. 1.1).

Tab. 1.1 Entwicklungsphasen in der Markenführung

Zeitraum	Mitte 19. Jhd. bis Anfang 20. Jhd.	Anfang 20. Jhd. bis Mitte 1960er	Mitte 1960er bis Mitte 1970er	Mitte 1970er bis Ende 1990er	2000er-Jahre
Aufgabenumwelt	– Industrialisierung und Massenproduktion – Qualitätsschwankungen – Anonyme Ware (Stapelware) vorherrschend	– Wirtschaftliches Wachstum, „Nachfragesog“ – Zahlreiche technische Innovationen – Verkäufermärkte	– Rezession/1. Ölkrise – Aufhebung der Preisbindung (1967) – Käufermärkte	– Gesättigte Märkte – Hohe Imitationsgeschwindigkeit – „Information Overload“ – Qualität als K.-o.-Kriterium	– Informationsgesellschaft, Markenführung im Internet – Positionierungsenge – Verantwortungsverlagerung von Einzel- zu (Unternehmens-) Dachmarken
Handel-Hersteller-Beziehungen	– Persönliche Kundenbeziehungen der Hersteller und des Handels – Starke Stellung des Handels	– Handlangerfunktion des Handels – Meinungsmonopol der Herstellermarken – Produktivitätssprünge im Handel – Starke Ausbreitung klassischer Herstellermarken	– Einführung von Handelsmarken – „Popularisierung des Marketing“ – Marken-Know-how Asymmetrie zugunsten des Herstellers	– Wachsende Handelsmacht und Konfliktverschärfung – Einführung von Gattungsmarken – Steigendes Marken-Know-how des Handels	– „Informationsmonopol“ des Handels – Handelsmarken verdrängen zunehmend Herstellermarken – Intensivierung des Direktkanals Hersteller – Kunden
Markenverständnis	– Marke als Eigentumszeichen und Herkunftsnachweis	– Warenfokus – Marke als Merkmalskatalog	– Produktions- und Vertriebsmethode – Vermarktungsform	– Nachfragergewinnung – Subjektive Markenbestimmung	– Nutzenbündel mit nachhaltiger Differenzierung – Markenidentität als Selbstbild der Marke – Markenimage als Fremdbild der Marke
„Modernes“ Markenmanagement		– Instrumenteller Ansatz „Markentechnik“	– Funktionsorientierter Ansatz	– Imageorientierter Ansatz – Technokratisch, strategieorientierter Ansatz	– Identitätsbasiertes Markenmanagement

Die einsetzende Industrialisierung und mit ihr die Massenproduktion vieler bis dato handwerklich erzeugter Konsumgüter führten ab Mitte des 19. Jahrhunderts zu einem Verlust der persönlichen Geschäftsbeziehungen zwischen produzierenden Unternehmen und dem Endverbraucher (vgl. Leitherer 1955, 2001). An ihre Stelle trat der anonyme Massenmarkt. Die Hersteller verloren den direkten Kontakt zum Verbraucher. Die in vielen Branchen noch unausgereifte Produktionstechnik hatte zur Folge, dass die Qualität industrieller Fertigwaren oftmals erheblichen Schwankungen ausgesetzt war. Darüber hinaus begrenzte das erst rudimentäre Produktions- und Koordinations-Know-how die Betriebsgröße der Hersteller. Die Struktur des Warenangebotes blieb somit stark regional geprägt. Anonyme Waren beherrschten das Bild in fast allen Produktgruppen. In den Anfängen des letzten Jahrhunderts zeichnete sich im Handel ein wachsender Preiswettbewerb durch Warenhäuser, Filialisten und Konsumvereine als innovative Betriebsformen ab (vgl. Berekoven 1978, S. 36). Die Markierung von Waren diente in dieser Zeit in erster Linie als **Eigentumskennzeichnung und Herkunftsnachweis** (vgl. Linxweiler 2001, S. 49). Das Markenverständnis war durch den bloßen Vorgang der Kennzeichnung bzw. Markierung geprägt. Markenführung als betriebswirtschaftliches Managementkonzept existierte noch nicht. Beiersdorf gelang es zu dieser Zeit dennoch mit Pebeco eine Marke für Zahnpflegeprodukte erfolgreich zu etablieren (vgl. Abb. 1.2).

Vor diesem Hintergrund sind die Entstehung und rasche Verbreitung des vor allem von Domizlaff geprägten **klassischen Markenartikelkonzeptes** zu sehen (vgl. Domizlaff 1939). Dieses Konzept bot Konsumgüterherstellern die Chance, indirekt wieder mit dem Verbraucher in Kontakt zu treten und ihren Einfluss auf den Verkauf ihrer Waren im Handel zu vergrößern. Diese Ziele der Hersteller sollten durch eine hohe und konstante Warenqualität, eine gleichartige Aufmachung, den Vertrieb in einem größeren, überregionalen Markt und den Vorverkauf der Waren durch klassische Werbung erreicht werden. Die zahlreichen im Zuge der Industrialisierung entstandenen technischen Innovationen bildeten zumeist den Kern für erfolgreiche Markenbildung. Unter diesen Marktbedingungen waren die Zusicherung einer zuverlässig hohen Qualität, eine durch die Werbung aufgebaute hohe Bekanntheit und eine bislang unbekannte Convenience (Preisgleichheit und Verfügbarkeit in allen wichtigen Handelsgeschäften) die Schlüsselfaktoren für den Markenerfolg.

Abb. 1.2 Beiersdorfs erste Zahnpflegemarke Pebeco. (Beiersdorf AG 2017, S. 9)

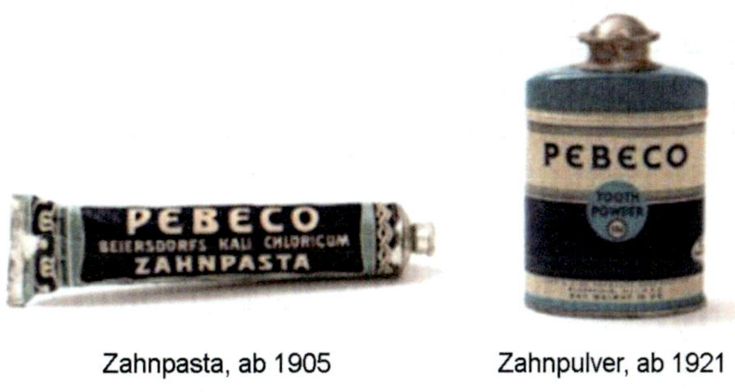

Auch im Handel stieß das klassische Markenartikelkonzept zunächst auf Gegenliebe, denn die Preis- und Vertriebsbindung des Markenartikels verhinderte einen ruinösen Preiswettbewerb zwischen den Händlern. Darüber hinaus ließen sich bei den Betriebsabläufen im Handel erhebliche Produktivitätsfortschritte durch die Einführung der Selbstbedienung und den weitgehenden Verzicht auf Dimensionierungs-, Verpackungs-, Qualitätssicherungs- und Informationsfunktionen realisieren. Die Übernahme dieser Funktionen durch die Hersteller (vgl. Meffert und Burmann 1991, S. 57) in Verbindung mit deren Betriebsgrößenwachstum und Massenproduktion resultierte in einer starken Machtposition der Markenartikelhersteller. Immer öfter wurden der Vorwurf des **„Meinungsmonopols der Markenartikler"** und die Klage über die zum Erfüllungsgehilfen degenerierten Händler laut (vgl. Berekoven 1978, S. 37).

In dieser zweiten Entwicklungsphase war das Verständnis von Marken durch einen konsumgüterorientierten Warenfokus und die Suche nach konstitutiven Eigenschaften gekennzeichnet. Die Marke wurde durch einen Merkmalskatalog gekennzeichnet, der sich stets auf physisch fassbare Konsumgüter bezog. Dienstleistungen, Investitionsgüter oder gar Vorprodukte waren nach damaligem Verständnis keine Marken (vgl. Mellerowicz 1963, S. 39). Konsequenterweise wurde im unternehmerischen Alltag, in der Wissenschaft und auf Seiten des Gesetzgebers ausschließlich von Markenartikeln oder Markenwaren gesprochen. So definierte Mellerowicz (1963, S. 39) Marken als „... für den privaten Bedarf geschaffene Fertigwaren, die in einem größeren Absatzraum unter einem besonderen, die Herkunft kennzeichnenden Merkmal (Marke) in einheitlicher Aufmachung, gleicher Menge sowie in gleichbleibender und verbesserter Güte erhältlich sind und sich dadurch sowie durch die für sie betriebene Werbung die Anerkennung der beteiligten Wirtschaftskreise (Verbraucher, Händler und Hersteller) erworben haben (Verkehrsgeltung)". Wird mindestens eine Anforderung von einem Produkt nicht erfüllt, liegt bei strenger Auslegung dieses merkmalsorientierten Verständnisses kein Markenartikel vor (vgl. Leitherer 1955).

In der Markenführung herrschte ein **instrumentell geprägtes Verständnis** vor (vgl. Findeisen 1925, S. 32; Goldack 1948, S. 22). Dieser instrumentelle Ansatz fand seinen Niederschlag in dem Begriff der **Markentechnik**, die sich vor allem mit der Namensfindung und -gestaltung, der Verpackungsform und dem Einsatz der klassischen Werbung beschäftigte. Einem naturgesetzlichen Zusammenhang vergleichbar, wurden unabhängig von der Unternehmens- und Marktsituation feste Grundregeln aufgestellt, bei deren Befolgung sich quasi automatisch der Erfolg einstellen sollte (vgl. Domizlaff 1951, S. 27 f.). Entsprechend formulierte Domizlaff im Jahre 1939 **„22 Grundgesetze der natürlichen Markenbildung"**. In diesen Grundgesetzen werden die konstitutiven Merkmale der Marke aufgegriffen und Instrumente zu ihrem Aufbau und ihrer Pflege beschrieben.

Die etwa ab Mitte der 1960er-Jahre einsetzende **dritte Entwicklungsphase** war gesamtwirtschaftlich durch erstmals auftretende rezessive Tendenzen und im weiteren Verlauf durch die erste Ölkrise gekennzeichnet. Gleichzeitig wandelte sich in zahlreichen Warengruppen die Situation von einem Verkäufer- zu einem Käufermarkt. Das Warenangebot wuchs enorm, viele grundlegende Bedürfnisse sowohl im Bereich der Verbrauchsgüter des alltäglichen Bedarfs als auch bei langlebigen Gebrauchsgütern waren zunächst befriedigt.

Der Absatzbereich der Unternehmen rückte in den Mittelpunkt des Interesses, weil dessen verlässlichste Größe, der stabile Stückpreis, durch die Aufhebung der gesetzlichen Preisbindung der zweiten Hand in Deutschland im Jahre 1967 zu einer scheinbar unkalkulierbaren Absatzvariable wurde. Als Ergebnis dieser Situationsveränderung beschäftigten sich die Markenartikelhersteller verstärkt mit der **systematischen Gestaltung des Absatzbereiches**. Dies führte zu einer Popularisierung des Marketing und in der Folge zu einer asymmetrischen Wissensverteilung zwischen Hersteller und Handel. Dieses Gefälle im Marketing-Know-how nutzten die Hersteller zur qualitätsorientierten Profilierung ihrer Markenartikel und zur Festigung ihrer Marktposition. Dem Profilierungsstreben der Hersteller versuchte der Handel durch eine **Me-too-Strategie**, der **Einführung von Handelsmarken**, zu begegnen (vgl. Schenk 1994). Diese Kopien erfolgreicher Herstellermarken basierten auf dem verkürzten Markenverständnis der vorangegangenen Jahre.

Das **angebotsbezogene Markenverständnis** orientierte sich in dieser Phase stark an Produktions- und Vertriebsmethoden (vgl. Dichtl 1978, S. 19). Der Markenartikel wurde als „geschlossenes Absatzsystem" (Hansen 1970, S. 64) definiert, mit dem Ziel, unmittelbaren Kontakt zum Verbraucher und größtmögliche Kundennähe zu erreichen. Der Markenartikel wurde als spezifische Vermarktungsform angesehen und nicht länger als Merkmalskatalog verstanden (vgl. Alewell 1974, S. 1218 f.).

In der Markenführung bildete sich ein **funktionsorientierter Ansatz** heraus. Im Unterschied zum instrumentellen Ansatz wurde der Aufgabenbereich der Markenführung wesentlich breiter gefasst. Während die Vertreter des instrumentellen Ansatzes die Marktforschung, die Produktentwicklung, die Preispolitik und auch die Distributionspolitik nicht zum Aufgabenspektrum der Markenführung zählten (vgl. Hartmann 1966, S. 13 f.), wurden diese Bereiche beim funktionsorientierten Ansatz in die Markenführung integriert (vgl. Hansen 1970, S. 30 f.). Im Mittelpunkt stand die Frage, wie betriebliche Funktionen ausgestaltet werden müssen, um den Erfolg eines Markenartikels zu gewährleisten. Demgegenüber waren die Vertreter des instrumentellen Ansatzes der Markenführung daran interessiert, diejenigen Absatzinstrumente zu identifizieren, deren Einsatz aus anonymen Waren einen Markenartikel werden lassen.

Die Ausgestaltung der Marketingfunktionen dient beim funktionsorientierten Ansatz dem Aufbau von Wettbewerbsvorteilen. Dem Vertrieb kommt dabei eine herausgehobene Bedeutung zu (vgl. Hansen 1970, S. 41 f.). Im Gegensatz hierzu stellte der instrumentelle Ansatz die Markierungs- und Verpackungsgestaltung in den Mittelpunkt.

In der **vierten Entwicklungsstufe**, etwa ab Mitte der 1970er-Jahre, waren die gesamtwirtschaftlichen Rahmenbedingungen durch wachsende Sättigungstendenzen auf vielen Märkten, kritischere und preissensiblere Verbraucher, eine schnelle Imitation technischer Innovationen und einen durch Markeninflation zunehmenden „information overload" der Nachfrager gekennzeichnet (vgl. Kroeber-Riel 1988). Demzufolge versuchten Markenartikelhersteller, neue Formen der Zielgruppenansprache in Ergänzung zur klassischen Werbung zu erschließen (Sponsoring, Event-Marketing etc.). Technische Innovationen als traditioneller Markenkern konnten aufgrund der hohen Imitationsgeschwindigkeit oft nur noch kurzfristig für die Profilierung von Marken verwendet werden. Die konstante und hohe Qualität verlor als Merkmal von Markenartikeln an Bedeutung, da sie von den meisten Nachfragern beim Kauf vorausgesetzt wurde.

Die wachsende Konzentration im Handel ließ die Absatzmittler zu einem Nadelöhr auf dem Weg des Markenartikels vom Hersteller zum Verbraucher werden. Dem gestiegenen Preisbewusstsein der Verbraucher kam der Handel durch die Einführung von Gattungsmarken entgegen (vgl. Meffert und Bruhn 1984, S. 7 f.). Der knappe Regalplatz und die Handelsforderung nach Listungsgebühren und anderen versteckten Rabatten bei der Aufnahme neuer Marken in das Sortiment hatten eine Verschärfung der Konflikte zwischen Handel und Herstellern zur Folge (vgl. Steffenhagen 2008, S. 32 ff.).

Das Markenverständnis wurde in dieser Phase von einer **nachfragerbezogenen, subjektiven Begriffsauffassung** geprägt. Danach waren diejenigen Produkte oder Dienstleistungen als Markenartikel zu bezeichnen, welche von den Nachfragern als solche wahrgenommen wurden (vgl. Berekoven 1978, S. 43). Dieses Markenverständnis löste sich bewusst von objektiv bestimmbaren Wareneigenschaften oder bestimmten Produktions- und Vertriebsmethoden.

Das subjektive Markenverständnis spiegelte sich auch in der Markenführung wider. In dieser Phase fand der **imageorientierte Ansatz** der Markenführung größere Verbreitung (vgl. Murphy 1987, S. 1 f.; Aaker und Keller 1990, S. 27 f.; Trommsdorff 1992, S. 458 f.). Dieser Ansatz basiert auf der Forschung zur Bedeutung, Entstehung und den Komponenten des Markenimages (vgl. Keller 1993). Auf der Grundlage dieser Arbeiten wurden Handlungsempfehlungen zur zielgerichteten Beeinflussung des von den Nachfragern wahrgenommenen Markenimages entwickelt.

Im Gegensatz zum funktionsorientierten Ansatz, der die Markenführung lediglich als Teil des Marketing verstand, fordert der imageorientierte Ansatz eine Gleichstellung von Marketing und Markenführung. Dieser Auffassung liegt die Überzeugung von der grundsätzlichen Imagerelevanz aller Marketingparameter eines Markenartikelherstellers zugrunde. Trotz dieses breiten Aufgabenspektrums der Markenführung führte der Imagefokus zu einer Überbetonung von methodischen Aspekten (z. B. Operationalisierung des Markenimages) und zu einer Vernachlässigung der Integration aller Markenführungsmaßnahmen.

Parallel zum imageorientierten Ansatz entwickelte sich ein **technokratisch-strategieorientierter Ansatz** der Markenführung (vgl. Meffert 1988, S. 115 f. und 289 f.; Brandmeyer und Schulz 1989; Franzen et al. 1994; Haedrich et al. 2003). Dieser Ansatz versuchte, die Integrationsdefizite des imageorientierten Ansatzes zu beseitigen. Hierzu wurde ein Wechsel in der Betrachtungsweise von der Kaufverhaltensebene zur Unternehmensführungsebene vollzogen. Die Planung, Steuerung und Koordination aller auf den Absatzmarkt gerichteten Maßnahmen der Markenführung standen im Mittelpunkt. Die in den 1980er-Jahren einsetzende intensive Beschäftigung mit dem ökonomischen Markenwert führte zu einer weiteren Popularisierung des strategischen Ansatzes. Allerdings mündeten die stark formalisierten Darlegungen in ein mechanistisches Vorstellungsbild von den Zielen und Aufgaben der Markenführung.

Die **fünfte Entwicklungsphase** ist von einer weiteren Angleichung der technisch-objektiven Produktqualitäten gekennzeichnet. Dies ist vor allem eine Folge der zunehmenden Modularisierung von Produktkonzepten, bspw. bei Computern, Haushaltsgeräten oder Automobilen, und der damit einhergehenden Standardisierung. Das zunehmende Outsourcing führte aufgrund der Nutzung identischer Lieferanten und Einbauteile durch direkte Wettbewerber ebenfalls zu einer wachsenden Qualitätshomogenität vieler Marken.

Die wachsende Globalisierung des Wettbewerbs resultierte in einer immer schnelleren Verbreitung neuen technologischen Know-hows. Diese Entwicklung förderte zusätzlich die Angleichung der technisch-objektiven Produkteigenschaften konkurrierender Marken. Die zunehmende Qualitätsangleichung von Produkten und Dienstleistungen erstreckt sich nicht nur auf Konsumgüter, sondern auch auf Dienstleistungen und Investitionsgüter. Dies erklärt, warum auch Dienstleister, Investitionsgüterhersteller und Zulieferer in verstärktem Maße auf die Entwicklung eigener Marken zur Differenzierung ihrer Leistungen zurückgriffen.

Vor diesem Hintergrund ist auch das Vordringen von Unternehmensmarken (Corporate Brands) zu sehen. Es erklärt sich einerseits aus der Tatsache, dass Unternehmensmarken bei Dienstleistungsunternehmen gegenüber anderen Markenstrategien in der Regel vorteilhafter sind (vgl. Meffert et al. 2015a, S. 301). Andererseits erleichtern Unternehmensmarken die Differenzierung und Positionierung im „Dschungel“ der Markeninflation. Die Positionierungsenge und die aufgrund des hohen Mindestwerbedrucks gestiegenen Kosten der Markenführung lassen die Unternehmen immer häufiger bei Produktneueinführungen von Einzelmarkenkonzepten Abstand nehmen. Dieses Vorgehen entspricht auch den Anforderungen der Verbraucher, da die Verantwortung von Unternehmen vom Nachfrager heute wesentlich breiter definiert wird und eine Verantwortungsverlagerung von einzelnen Produktmarken zum Gesamtunternehmen zu beobachten ist (vgl. Burmann 2017).

Eine weitere für die Markenpolitik wichtige Rahmenbedingung liegt in der schnellen Entwicklung der Informations- und Kommunikationstechnologien. Das Internet hat zu einer deutlichen Erhöhung der Markttransparenz geführt. Es bietet die Möglichkeit, sich vor einer Kaufentscheidung ohne große Mühen einen umfassenden Marktüberblick zu verschaffen, Preisvergleiche anzustellen und Leistungen von Anbietern zu beziehen, die früher aufgrund ihrer fehlenden Bekanntheit und räumlichen Entfernung nicht relevant waren.

Die Veränderungen in den Hersteller-Handels-Beziehungen in dieser Phase führten zu einem Gewinn an Einfluss und Know-how beim Handel. Das Vertrauen der Kunden gegenüber großen Einzelhandelsketten (Retailer Brands) und die Margenvorteile von Handelsmarken (Private Label Brands) nutzte der Handel für den Ausbau seiner Marktposition. Die Verfügbarkeit freier Produktionskapazitäten bei Herstellern unterstützte diese Entwicklung. Die flächendeckende Verbreitung von Scannerkassen und die auf diesem Wege gewonnenen Kundendaten versetzten den Handel immer öfter in die Lage eines Informationsmonopolisten. Die weiter zunehmende Konzentration im Einzelhandel tut ein Übriges, die Markenwünsche der Händler gegenüber den Herstellern durchzusetzen. Vor diesem Hintergrund dürften zukünftig nur die stärksten Herstellermarken einer Warengruppe (sog. A-Marken) eine Listungschance im Handel besitzen (vgl. Steffenhagen 2008).

Diese Veränderungen haben zu einem veränderten Markenverständnis geführt. Die Marke wird heute immer stärker unter **sozialpsychologischen Aspekten** betrachtet. Ging mit dem technokratisch-strategieorientierten Ansatz eine stark formalisierte Vorstellung der Markenführung einher, werden im **identitätsbasierten Ansatz der Markenführung** subjektive Einflüsse und Emotionen stärker betont. Grundlage identitätsbasierter Markenführung ist die Verknüpfung von interner und externer Perspektive zum Aufbau von Wettbewerbsvorteilen. In der Betriebswirtschaftslehre werden zur Entstehung von Wettbewerbsvorteilen drei theoretische Erklärungsansätze unterschieden: Market-based View, Resource-based View und Competence-based View (vgl. umfassend Meffert et al. 2015b, S. 54 f.).

Im ersten Erklärungsansatz wird die Entstehung von Wettbewerbsvorteilen durch die **Marktorientierung** von Unternehmen erklärt. Unter Marktorientierung wird die konsequente Ausrichtung sämtlicher Entscheidungen und Aktivitäten des Managements auf den Absatzmarkt verstanden (vgl. Narver und Slater 1990). Marktorientierung findet ihren Niederschlag im **Market-based View (MbV)** (vgl. Teece et al. 1997, S. 510). Der MbV versucht, Wettbewerbsvorteile nur durch eine „Outside-in"-Betrachtung vom Markt her zu erklären. Der MbV unterstellt damit vollständige **Ressourcenhomogenität** aller in einem Markt tätigen Unternehmen (vgl. Zahn et al. 2000, S. 49). Vor diesem Hintergrund entstand der **Resource-based View (RbV)**, der die heterogenen Verhältnisse innerhalb der Unternehmen als Ursache für deren Erfolg verantwortlich macht (vgl. Freiling 2009, S. 5). Der RbV gibt die Interpretation von Unternehmen als „black box" auf. Er bezweifelt insbesondere die Dominanz externer, marktseitiger Faktoren und unterstellt, dass der Erfolg durch interne Stärken und Schwächen determiniert wird, die unternehmensindividuell verschieden sind. Der RbV wird jedoch wegen seiner statischen Perspektive kritisiert, denn die Frage, wie eine einzigartige Ressourcenausstattung zustande kommt und sich über die Zeit verändert, bleibt unbeantwortet (vgl. Rasche und Wolfrum 1994, S. 512).

Als Weiterentwicklung des RbV bildet der **Competence-based View (CbV)** heute den modernsten Ansatz zur Erklärung von Wettbewerbsvorteilen. Im Gegensatz zum RbV beschäftigt sich der CbV primär mit Kompetenzen, die im Gegensatz zu Ressourcen nur aktivitätsorientiert denkbar und **nur dynamisch in Prozessen zu erfassen** sind. **Kompetenzen** sind immer immateriell und basieren auf Erfahrungswissen (vgl. Freiling et al. 2008, S. 1147 ff.). Dieses Wissen wurde im Laufe der Zeit durch Wiederholungen in Regeln und Prozessen kodifiziert und dadurch den Mitarbeitern im Unternehmen zugänglich gemacht (vgl. Burmann 2002, S. 184 ff.).

Die dargestellten drei Theorieansätze bilden **keine Gegensätze**. Vielmehr stehen sie in einer interdependenten Beziehung zueinander. Weder der MbV noch der RbV oder der CbV sind alleine in der Lage, den Markterfolg umfassend zu erklären. Das Kompetenzmanagement im Unternehmen greift immer auf Ressourcen und Informationen des Marktes zurück, um wertschaffende Kompetenzen zu entwickeln. Andernfalls besteht die Gefahr, Kompetenzen aufzubauen, die für Nachfrager keine Kaufverhaltensrelevanz besitzen.

Vergleichbar mit der Synthese aus MbV, RbV und CbV lässt sich auch die Neuausrichtung der Markenführung begründen. Basierte die Markenführung früher ausschließlich auf der **Outside-in-Perspektive** (Nachfragerorientierung), so wird diese Sicht heute identitätsbasiert um eine **Inside-out-Betrachtung** (Mitarbeiterorientierung) ergänzt. Letztlich kann die Markenführung nur durch die Berücksichtigung beider Perspektiven langfristig erfolgreich sein.

1.3 Identitätsbasierte Markendefinition

► Der Markenbegriff im Sinne der identitätsbasierten Markenführung geht auf die Arbeiten von Meffert (1974), Meffert und Burmann (1996) und Keller (1993) zurück und versteht unter einer **Marke** „ein Bündel aus funktionalen und nicht-funktionalen Nutzen, deren Ausgestaltung sich aus Sicht der Zielgruppen der Marke nachhaltig gegenüber konkurrierenden Angeboten differenziert".

Diese Definition integriert die interne Ursachenperspektive mit der externen Wirkungsperspektive einer Marke. Die interne **Managementperspektive** umfasst die intendierten Nutzen, welche die externen Zielgruppen mit der Marke verbinden sollen im Sinne der Verursachung eines bestimmten Nachfragerverhaltens. Dieses intern definierte Soll-Nutzenbündel wird über die **Brand Touch Points** (Markenberührungspunkte) an die externen Zielgruppen vermittelt (vgl. Abb. 1.3). Die chronologische Aneinanderreihung aller von einem Nachfrager wahrgenommenen Brand Touch Points während seines Kaufprozesses (bestehend aus Vorkauf-, Kauf- und Nachkaufphase) wird als **Customer Journey** bezeichnet (vgl. Dierks 2017). Die Wahrnehmung und Bewertung einer Marke durch die externen Zielgruppen wird im Rahmen der **Wirkungsperspektive** analysiert. Im Idealfall stimmt dieses Ist-Nutzenbündel mit dem zuvor definierten Soll-Nutzenbündel überein (Abschn. 1.8.1). Um das Verhalten externer Zielgruppen mittels der Marke zu beeinflussen, muss das Ist-Nutzenbündel wichtige Bedürfnisse der Zielgruppen befriedigen (Verhaltensrelevanz einer Marke).

Das obige identitätsbasierte Markenverständnis grenzt sich klar von anderen Ansätzen ab, welche ebenfalls die interne Perspektive aufgreifen (vgl. Kapferer 1992; Aaker 1996; Esch 2014). Während eine klare Definition des Markenverständnisses bei Kapferer (1992) fehlt, versteht Aaker (1996) unter einer Marke nur ein formales Zeichen (vgl. Welling 2003, S. 73). Eine extreme Verkürzung des Markenverständnisses nur auf die externe Wirkungsperspektive verwendet Esch (2014). Der hier vorgestellte identitätsbasierte Markenführungsansatz ist somit der Einzige, welcher ein modernes, die Management- und Wirkungsperspektive zusammenführendes Markenverständnis verwendet.

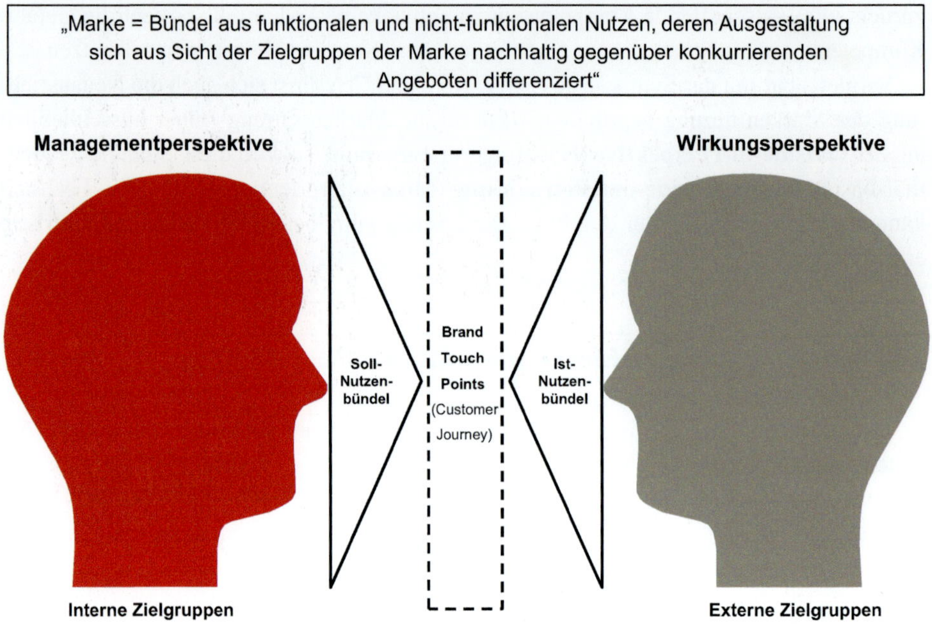

Abb. 1.3 Struktur der identitätsbasierten Markenführung

1.4 Grundkonzept der identitätsbasierten Markenführung

Unser Konzept der identitätsbasierten Markenführung auf Basis von Meffert und Burmann (1996) geht somit über die einseitige Ausrichtung auf die Wahrnehmung der Marke beim Nachfrager (Markenimage) hinaus. Die „klassische", seit Jahrzehnten die Marketingdisziplin beherrschende Outside-in-Perspektive der Marke wird hier um eine Inside-out-Perspektive ergänzt. Diese analysiert das Selbstbild der Marke aus Sicht aller internen Zielgruppen (inkl. verfügbarer Ressourcen und Kompetenzen) innerhalb derjenigen Institution, die die Marke trägt (Management, Mitarbeiter, Eigentümer). **Dieses Selbstbild wird als Markenidentität bezeichnet**.

Während die Markenidentität aktiv und direkt im Unternehmen verankert und entwickelt werden kann, formt sich das **Markenimage als Fremdbild** bei den verschiedenen externen Zielgruppen erst mit zeitlicher Verzögerung und indirekt als Reaktion auf die initialen Markenführungsaktivitäten der Marke (vgl. Meffert und Burmann 1996, S. 34). Den Zusammenhang zwischen Markenidentität und Markenimage zeigt Abb. 1.4.

Der erste Schritt zum Aufbau einer starken Marke liegt in der Formulierung eines **Markennutzenversprechens**. Es repräsentiert diejenigen kaufverhaltensrelevanten Nutzen, welche gegenüber den externen Zielgruppen von der Marke erbracht werden sollen. Es entsteht durch eine Verdichtung der **Markenidentität** auf sehr wenige, klar verständliche Aussagen. Zudem sollte es eine Differenzierung gegenüber den Wettbewerbern sicherstel-

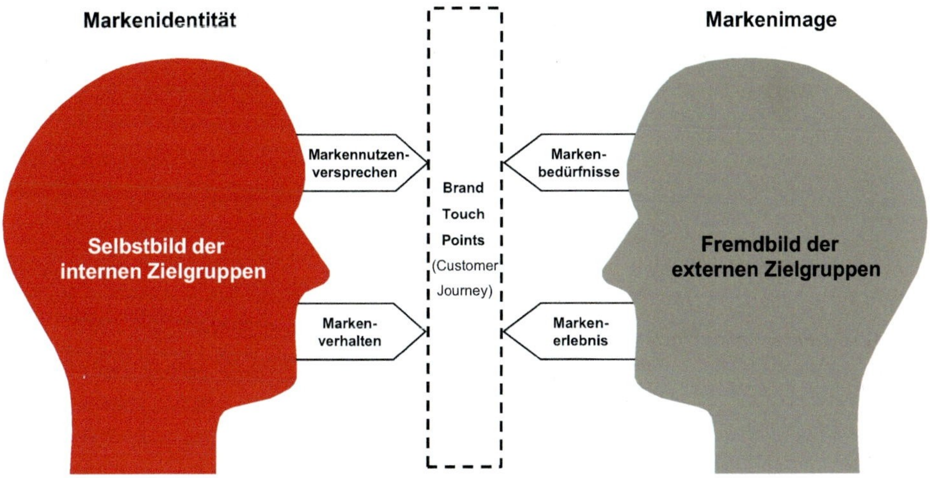

Abb. 1.4 Grundkonzept der identitätsbasierten Markenführung

len und die für das Kaufverhalten wichtigsten, markenbezogenen Bedürfnisse (**Markenbedürfnisse**) der Nachfrager adressieren. Markenbedürfnisse werden vor allem von den Idealvorstellungen der Nachfrager und Erfahrungen aus der Vergangenheit bestimmt.

Das **Markenverhalten** umfasst die Produkt- und Serviceleistungen der Marke (an deren Entstehung und Vertrieb alle Mitarbeiter der Marke direkt oder indirekt beteiligt sind), das Verhalten der Mitarbeiter einer Marke im Kontakt zum Nachfrager (bspw. Mitarbeiter im Kundenservice) und alle weiteren Kontakte des Nachfragers mit der Marke (bspw. durch die klassische Werbung). Dem Markenverhalten steht unmittelbar das subjektive **Markenerlebnis** des Nachfragers gegenüber, also seine Interaktion mit der Marke an den **Brand Touch Points** während der Customer Journey. Diese Erfahrungen mit der Marke werden mit den Markenbedürfnissen verglichen und schlagen sich im **Markenimage** nieder.

1.5 Vergleich mit anderen Markenführungsansätzen

1.5.1 Ansatz von Kevin Lane Keller

Der Ansatz von Keller (1993, 2013) ist einer der international bekanntesten Markenführungsansätze. Dieser fokussiert sich jedoch lediglich auf die externe Sichtweise (Outside-in-Perspektive) und beschäftigt sich vor allem mit dem **Customer-Based Brand Equity (CBBE)**. Keller (2013, S. 69) definiert CBBE als „the differential effect that brand knowledge has on consumer response to the marketing of that brand“. Nach diesem Verständnis weist eine Marke ein hohes CBBE auf, wenn die Nachfrager auf ein markiertes Produkt deutlich positiver als auf ein nicht markiertes Produkt reagieren. Diese positive

Reaktion entsteht durch das Markenwissen der Nachfrager. Keller unterscheidet zwei Dimensionen von Markenwissen: Brand Awareness (Markenbekanntheit) und Brand Image (Markenimage). Die Markenbekanntheit besteht aus der gestützten (Brand Recall) und der ungestützten Markenbekanntheit (Brand Recognition). Markenbekanntheit ist die notwendige Voraussetzung zur Entstehung des Markenimages. Nach Keller verfügt eine Marke über ein kaufverhaltensrelevantes Image, wenn die Assoziationen mit der Marke von den Nachfragern als vorteilhaft und einzigartig angesehen werden. Diese Assoziationen (Markenimage) lassen sich weiterhin in Markenattribute und Markennutzen unterscheiden. Markenattribute sind das Wissen der Nachfrager über die Eigenschaften des Angebots (bspw. hinsichtlich des Preisniveaus). Markennutzen sind nach Keller (1993, S. 4) definiert als „the personal value consumers attach to the product or service attributes – that is, what consumers think the product or service can do for them." Diese Nutzen werden von Keller wiederum in funktionale, symbolische und erlebnisorientierte Nutzen unterschieden. Diese Bestandteile des Markenimages determinieren die globale Einstellung zur Marke.

Eine interne Sichtweise im Sinne einer Markenidentität ist nicht Bestandteil des Ansatzes von Keller (vgl. Keller 2013, S. 548). Diese fehlende Berücksichtigung ist jedoch problematisch, da Mitarbeiter für die Entstehung des Markenwissens in hohem Maße verantwortlich sind. Die interne Perspektive sollte daher in der Markenführung berücksichtigt werden. Mit den Ansätzen von Aaker (1996, 2010), Kapferer (1992, 2012) und de Chernatony (2001, 2006, 2010) wurden neben dem identitätsbasierten Ansatz von Meffert und Burmann (1996) weitere sehr bekannte Markenführungsansätze entwickelt, die im Folgenden vorgestellt werden sollen.

1.5.2 Ansatz von David A. Aaker

Die Markenidentität stellt im Ansatz von Aaker (1996, 2010) eine zentrale Komponente dar. Definiert wird diese als „a unique set of brand associations that the brand strategist aspires to create or maintain. These associations represent what the brand stands for and imply a promise to customers from organization members" (Aaker 2010, S. 68). Die Markenidentität besteht aus vier Dimensionen (vgl. Aaker 2010, S. 78 ff.): (1) der „Marke als Produkt" (Warengruppe, Produkteigenschaften, Qualität/Wert, Anwendung, Nutzer und räumliche Herkunft), (2) der „Marke als Organisation" (Organisationsmerkmale, lokal vs. global), (3) der „Marke als Person" (Persönlichkeit, Marke-Kunden-Beziehung) und (4) der „Marke als Symbol" (visuelle Symbolik und Metaphern, Markenerbe/-tradition). Eine Marke sollte alle diese Perspektiven berücksichtigen und diejenigen nutzen, die am besten geeignet sind, um den Kern der Marke an die Nachfrager zu vermitteln. Nach Aaker soll die Markenidentität helfen, eine Beziehung zwischen der Marke und externen Zielgruppen aufzubauen, indem ein Markennutzenversprechen generiert wird, das eine Aussage über die funktionalen, emotionalen und selbstdarstellenden Nutzen einer Marke vermittelt (vgl. Aaker 2010, S. 95). Darüber hinaus kann eine Marke für Submarken auch

Glaubwürdigkeit sicherstellen und damit zu einer stabilen Marke-Nachfrager-Beziehung beitragen.

Das „**Brand Identity System**" von Aaker (2010, S. 79) fokussiert auf die Markenidentität als internes Aussagenkonzept. Eine detaillierte Berücksichtigung der externen Wahrnehmung der vermittelten Markenidentität (bspw. als Markenimage) fehlt. Zudem beinhaltet der Ansatz von Aaker keine explizite Interaktion zwischen internen und externen Zielgruppen der Marke. Im Gegensatz dazu wird in der identitätsbasierten Markenführung das Markenimage explizit als externe Wahrnehmung der vermittelten Markenidentität berücksichtigt. Durch Integration einer Inside-out-Perspektive und einer Outside-in-Perspektive ist zudem die Interaktion zwischen internen und externen Zielgruppen ein konstitutiver Bestandteil des identitätsbasierten Markenführungsansatzes.

1.5.3 Ansatz von Jean-Noël Kapferer

Während sich der Ansatz von Aaker nur auf die Markenidentität fokussiert, berücksichtigt Kapferer (1992, 2012) eine interne und eine externe Perspektive: Die interne Perspektive wird durch die Markenidentität repräsentiert, welche aus sechs Komponenten, dargestellt im **Brand Identity Prism**, besteht:

1. Physikalische Ausprägung und Qualität der Marke („physique")
2. „Personality" beschreibt, wie die Marke kommuniziert und zeigt dadurch, welche Persönlichkeit diese hat.
3. „Culture" ist nach Kapferer die wichtigste Komponente der Markenidentität, denn sie repräsentiert die Ideologie und Vision einer Marke.
4. Eine Marke ist zudem eine Beziehung („relationship"), denn sie steht häufig im Mittelpunkt von Transaktionen zwischen Menschen.
5. Die meisten Marken werden mit dem Image der typischen Verwender dieser Marke assoziiert („reflection").
6. Marken können das Selbstbild („self-image") der Konsumenten verbessern. Beispielsweise kann durch den Kauf eines Porsches der Käufer sich selbst beweisen, dass er erfolgreich ist und sich ein solches Auto leisten kann.

Die externe Perspektive bezieht sich auf die Wahrnehmung der Marke durch die externen Zielgruppen (Markenimage). Kapferer postuliert, dass die Markenidentität dem Markenimage vorgelagert ist: „Before projecting an image to the public, we must know exactly what we want to project" (Kapferer 2012, S. 151). Die Markenidentität wird u. a. durch den Markennamen, optische Symbole (z. B. Markenlogo), die Produkte, die Werbung, das Sponsoring und die typischen Verwender an die externen Zielgruppen vermittelt. Aus der Dekodierung dieser Botschaften durch den Nachfrager resultiert das Markenimage.

In Übereinstimmung mit unserer identitätsbasierten Markenführung berücksichtigt Kapferer ebenfalls interne und externe Zielgruppen. Jedoch fokussiert sich sein Ansatz auf die Inside-out-Perspektive: Die Marke als Sender vermittelt die Markenidentität durch entsprechende Botschaften an die externen Zielgruppen. Die externen Zielgruppen decodieren die Botschaften, woraus sich das Markenimage ergibt. Aufgrund der fehlenden Outside-in-Perspektive wird in dem Ansatz von Kapferer der wechselseitige Austausch zwischen internen und externen Zielgruppen nicht explizit berücksichtigt.

1.5.4 Ansatz von Leslie de Chernatony

Auch der Ansatz von de Chernatony (2001, 2006, 2010) berücksichtigt die interne und externe Perspektive. So wird die Markenidentität definiert als „central idea of a brand and how the brand communicates this idea to its stakeholders" (de Chernatony 2010, S. 53). Als Kernkomponenten der Markenidentität sieht de Chernatony (2010) die Markenvision, die eine klare Richtung für die Entwicklung der Marke vorgibt, und eine Kultur, bei der die Mitarbeiter an bestimmte Werte glauben und Manager eine gemeinsame Vorstellung über die Entwicklung der Marke haben. Weitere Komponenten sind die Positionierung, welche die funktionalen Werte der Marke manifestiert, sowie die Persönlichkeit, welche die emotionalen Werte der Marke verkörpert. Mittels der Positionierung und Persönlichkeit kann die Marke den Anspruchsgruppen präsentiert werden (Markenauftritt), sodass sie sich differenzieren kann. Basis dieser Identitätskomponenten ist ein klares Verständnis der Beziehungen, die Mitarbeiter untereinander, mit Nachfragern sowie mit anderen Anspruchsgruppen haben. Das Markenimage wird von de Chernatony als Wahrnehmung der Marke durch die Nachfrager verstanden (vgl. Abb. 1.5).

Zwar liegt beim Ansatz von de Chernatony eine klare Trennung von interner (Markenidentität) und externer (Markenimage) Perspektive vor, allerdings werden die Interaktionen zwischen interner und externer Perspektive nicht näher beschrieben. Ebenso wird das Markenimage nicht weiter konzeptualisiert.

Zusammenfassend lässt sich festhalten, dass der in diesem Lehrbuch dargestellte identitätsbasierte Markenführungsansatz der einzige Ansatz ist, der durch die Berücksichtigung interner (Markenidentität) und externer Zielgruppen (Markenimage) sowie der Interaktion zwischen diesen beiden Gruppen ein modernes, leistungsfähiges Verständnis von Marken und ihrer Führung repräsentiert.

1.6 Aktueller Stand der Identitätsforschung

Der Begriff „Identität" findet innerhalb zahlreicher wissenschaftlicher Disziplinen Anwendung. Etymologisch stammt der Begriff „Identität" vom lateinischen Wort „idem" ab, welches „dasselbe" bedeutet. Aus diesem Grunde wird der Begriff oftmals als „völlige Gleichheit" und „Wesenseinheit" beschrieben (vgl. Welling 2003, S. 13). In der sozi-

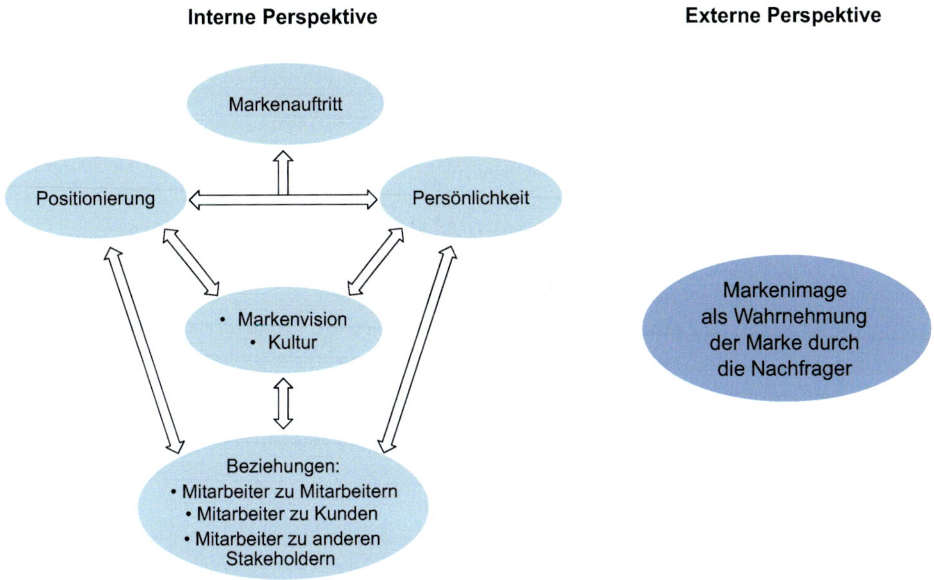

Abb. 1.5 Markenführungsansatz von de Chernatony (2001, 2006, 2010). (In Anlehnung an de Chernatony 2010, S. 54)

alwissenschaftlichen Forschung wird der Begriff abhängig vom jeweiligen Forschungszweck sehr unterschiedlich verwendet (vgl. z. B. Frey und Haußer 1987; Achterholt 1988; Conzen 1990; Gugutzer 2002). So wird der Identitätsbegriff in der Soziologie vielfach zur Kennzeichnung eines Bündels typischer Rollen eines Individuums verwendet (vgl. Petzold und Mathias 1982). In der Psychologie steht der Identitätsbegriff für das Selbstkonzept von Personen (vgl. Rosenberg 1979; Hogg et al. 2000; Alsaker und Kroger 2007), während die Moraltheologen und Philosophen mit Identität ein über die Zeit relativ stabiles Set persönlicher Werthaltungen und ethischer Prinzipien beschreiben. Die Psychiatrie beschreibt Identität als die Unversehrtheit und Funktionsfähigkeit aller Organisationsleistungen des Nervensystems (vgl. Conzen 1990).

In der Umgangssprache werden die Begriffe „Identität" und „Persönlichkeit" oft synonym verwendet. Allerdings handelt es sich bei der Identität um ein umfassenderes Konstrukt. In der Psychoanalyse repräsentiert die Identität die Ganzheit der Persönlichkeitseigenschaften, die zu mehr als der Summe ihrer Teile verschmelzen. Sie erlauben, unabhängig von der Veränderung und der Weiterentwicklung einzelner Persönlichkeitseigenschaften, den Menschen als „denselben" zu identifizieren und als im Zeitverlauf gleichbleibendes Wesen wieder zu erkennen (vgl. Conzen 1990, S. 69 f.). Innerhalb der Psychoanalyse haben sich zwei Richtungen herausgebildet. Hierbei handelt es sich um die **psychoanalytischen Ansätze** nach Erikson (1950) und Marcia (1980) und um die **soziologisch und interaktionistisch geprägten Ansätze** nach Mead (1934), Goffman (1959) und Krappmann (1971).

Auch die Identität einer Marke basiert auf den Erkenntnissen der sozialwissenschaftlichen Identitätsforschung. Nachfolgend werden daher zunächst die zentralen Ergebnisse aus den Sozialwissenschaften vorgestellt und auf dieser Grundlage später die Markenidentität hergeleitet.

1.6.1 Sozialwissenschaftliche Identitätsforschung

1.6.1.1 Sozialwissenschaftliche Ansätze

Der **Ursprung der Identitätsforschung** stammt von John Locke (1632–1704), welcher zwischen der „Identität als Mensch" und der „Identität als Person" unterscheidet. Die „Identität als Mensch" bezieht sich alleinig auf die Existenz des materiellen Körpers und ist somit als gegeben anzusehen. Erst durch die Auflösung seines Körpers würde bei einem toten Menschen auch seine Identität aufhören zu existieren. Die „Identität als Person" hingegen konstituiert sich erst durch die Existenz eines Bewusstseins und des Denkens (vgl. Welling 2003, S. 13 ff.). Nach Locke bedarf letztere Identitätsauffassung eines **selbstreferenziellen Bewusstseins**, um durch die Verknüpfung von Vergangenheit und Gegenwart die Identität der eigenen Person festzustellen. Es handelt sich daher um eine subjektive Konstruktion der Identität, häufig auch als „Ich-Identität" oder „persönliche Identität" bezeichnet. Ein Mensch bildet seine Identität, indem er sein Wissen und seine Erfahrungen über sich selbst in der Vergangenheit und Gegenwart verarbeitet. In diesem sog. **Selbstkonzept** vereinen sich das Identitätssubjekt und -objekt in einer Person (vgl. Frey und Haußer 1987, S. 20).

Einen bedeutenden **psychoanalytischen Ansatz der Identitätsforschung** stellen die Arbeiten von Erik Erikson dar. Diese beruhen weitgehend auf der Freud'schen Psychoanalyse (vgl. Abels 2009, S. 323). In seinem Modell stellt die Entstehung der Identität einer Person einen **individualpsychologischen Entwicklungsprozess** dar. Erikson geht in seinen Arbeiten von drei grundlegenden Annahmen aus (vgl. Becker 2012, S. 32; Lührmann 2006, S. 154 f.):

- Die Identität ist das Ergebnis eines psychosozialen Entwicklungsprozesses.
- Aus dem Wechselspiel zwischen psychischen und sozialen Mechanismen entstehen Krisen, deren Bewältigung die Grundlage der Identitätsentwicklung darstellen.
- Die Lösungen der Krisen werden über den gesamten Lebensweg des Individuums beibehalten und prägen sein gesamtes Leben.

Identität bezeichnet Erikson damit als das Empfinden einer Person, trotz aller Erfahrungen und den damit immer wieder verbundenen Widersprüchen eigenständig und ganzheitlich zu sein. Ihren Ursprung hat die Identität damit vor allem in den Krisen früher Lebensphasen. Sie entsteht aufgrund der Fähigkeit einer Person zur **inneren, subjektiven Synthese** (vgl. Lührmann 2006, S. 155). Kontinuität und Konsistenz sind deswegen zwei konstitutive Merkmale der Identität nach Erikson.

Der Prozess der Identitätsentwicklung nach Erikson wird durch neuere Forschungsansätze vor allem deshalb kritisiert, weil die Identitätsfindung in seinem Verständnis ein einmaliger und endgültig abschließbarer Prozess ist. Vor dem Hintergrund der modernen Gesellschaft mit ständigen Wechseln fehlt der Endgültigkeit der Entwicklung in der heutigen Zeit die Basis (vgl. Keupp 1989, S. 60). Als Reaktion auf diese Änderung der Umwelt entwickelte sich innerhalb der psychoanalytischen Identitätsforschung der **offene Identitätsprozess**, der durch die Arbeiten von Marcia (1980) geprägt ist. Der offene Identitätsprozess versteht die Entwicklung einer individuellen Identität als **lebenslange Entwicklungsaufgabe**. Im Verlauf dieser offenen Entwicklung kommt es immer wieder zu temporären, für eine kurze Zeit stabilen Identitätsergebnissen. Diese müssen durch das Auftreten von Krisen im Verlauf des Lebens wieder neu stabilisiert und angepasst werden. In der Konsequenz verliert damit die Konsistenz im Gegensatz zu Eriksons Verständnis etwas an Bedeutung (vgl. Keupp et al. 1999, S. 90).

Eine grundlegende Kritik, der sämtliche Ansätze aus der Psychoanalyse ausgesetzt sind, betrifft den Umstand, dass sie die Identität nur aus der Perspektive des Individuums betrachten. Auch wenn die Bildung der Identität an der Schnittstelle zwischen dem Individuum und der Gesellschaft geschieht, handelt es sich im psychoanalytischen Verständnis um ein subjektives Empfinden der betroffenen Person (vgl. Lührmann 2006, S. 178).

Demgegenüber nehmen **Kommunikations- und Interaktionsprozesse** bei der Entstehung einer Identität in den **interaktionistischen Ansätzen** breiteren Raum ein. Die Bildung der Identität erfolgt hier verstärkt von außen nach innen (vgl. Keupp et al. 1999, S. 98).

Zurückgehend auf Mead (1973) muss hierzu bei einer Person zwischen dem „I“ und dem „me“ unterschieden werden. Das „I“ beschreibt dabei die individuellen Besonderheiten einer Person und ist dementsprechend weitgehend deckungsgleich mit dem psychoanalytischen Verständnis der Identität. Im Unterschied zu diesen Ansätzen geht Mead jedoch davon aus, dass das „I“ sich nicht selbst erkennen kann. Hierzu bedarf es dem „me“. Es beschreibt das von einer Person wahrgenommene Bild von sich selbst bei den Interaktionspartnern (vgl. Joas 2000, S. 107). Dieses Bild ist nicht immer konsistent. Vielmehr besteht es aus einer Vielzahl von Zuschreibungen der unterschiedlichen Interaktionspartner, mit denen eine Person kommuniziert (vgl. Mead 1973, S. 184). Die Fremd- und Eigenwahrnehmung ein und derselben Person sind in den meisten Fällen nicht deckungsgleich. Die individuellen Eigenschaften, die ihren Niederschlag im „I“ finden, unterscheiden sich von den zugeschriebenen Rollen, die im „me“ enthalten sind. Die Bildung einer Identität erfolgt durch die fortschreitende Anpassung von Selbst- und Fremdbild (vgl. Keupp et al. 1999, S. 95 f.).

Die deutliche Zunahme von Dynamik, Komplexität und Unsicherheit im täglichen Leben haben zu einer neuerlichen Weiterentwicklung bestehender Identitätskonzepte geführt. Hier ist vor allem das Konzept der „**Patchwork-Identitäten**“ nach Keupp et al. (1999) zu nennen.

Patchwork oder zu Deutsch Stückwerk hat in diesem Ansatz eine zeitliche und inhaltliche Bedeutung. Aus **zeitlicher Sicht** erfolgt die Bildung einer Identität keinem linearen

Verlauf mit einem klaren Ziel, wie dies bei Erikson der Fall war. Durch immer neue Erfahrungen, die ein Individuum macht, muss die eigene Vorstellung der Identität ständig in Frage gestellt werden. Identitätsbildung ist damit ein anhaltender Prozess, in dessen Verlauf das Individuum neue Erfahrungen mit dem bereits bestehenden Identitätskonzept verknüpfen muss. **Kontinuität** wird in diesem Verständnis zu einer zeitlichen Verknüpfung, mit dem Ziel, ein stimmiges Gesamtkonzept aus Vergangenheit, Gegenwart und erwarteter Zukunft zu erhalten.

Die **inhaltliche Sicht** bezieht sich bei Keupp et al. (1999) auf die Notwendigkeit, unterschiedlichen Rollen gerecht zu werden, denen sich ein Individuum in der Gesellschaft ständig wechselnd gegenübersieht. Zu denken ist hier bspw. an unterschiedliche Rollen im Beruf, der Familie oder im Freundeskreis (vgl. Becker 2012, S. 41). Aus den Rollenunterschieden bilden sich **Teilidentitäten**, die auf die jeweiligen Rollenerwartungen abgestimmt sind (vgl. Luhmann 1994, S. 193). Vor diesem Hintergrund ist eine Integration sämtlicher Teilidentitäten in eine einzige Globalidentität nicht ohne weiteres möglich. Ebenso wenig dürfen die Teilidentitäten völlig losgelöst voneinander stehen, da sonst die Widersprüche zwischen ihnen zu einem Verlust der Authentizität des Individuums führen würden (vgl. Lührmann 2006, S. 203 f.).

Die zentrale Leistung der Identitätsbildung ergibt sich aus der inhaltlich stimmigen Verknüpfung der Teilidentitäten zu einem Gebilde, das Keupp et al. (1999) als **Metaidentität** bezeichnen. Auf dieser übergeordneten Ebene müssen die Widersprüche zwischen den einzelnen Teilidentitäten möglichst gering gehalten werden, sodass es über alle Teile hinweg zu einer weitgehenden **Konsistenz** kommt. Hierzu müssen gemeinsame Schnittmengen der Teilidentitäten identifiziert werden, die in der Folge den **Kern der Identität** darstellen (vgl. Keupp et al. 1999, S. 217 ff.).

1.6.1.2 Konstitutive Merkmale der Markenidentität

In der sozialwissenschaftlichen Identitätsforschung werden zwei Perspektiven der Identitätsfestlegung unterschieden. Die Identität entsteht immer im Wechselspiel zwischen der internen Perspektive, dem **Selbstbild**, und der externen Perspektive, dem **Fremdbild**. Das Fremdbild ist durch Rollenerwartungen geprägt. Bei diesen handelt es sich um die Erwartungen anderer, wie sich eine Person in einer bestimmten Rolle (z. B. als Kollege) verhalten sollte. Die Rollenerwartung außenstehender Personen mit Blick auf ein Bezugsobjekt wird als **Image** bezeichnet. Aus interner Perspektive stehen den Rollenerwartungen Rollenverständnisse gegenüber, die ihren Niederschlag in Teilidentitäten finden. Rollenverständnisse sind somit Bestandteil der **Identität**. Darüber hinaus muss beim Bezugsobjekt der Identität **zwischen Individuen und Gruppen von Menschen** unterschieden werden (vgl. Keupp et al. 1999). Marken sind im Rahmen der Identitätszuschreibung als Personengruppen zu verstehen, die sich aus Führungskräften und Mitarbeitern einer Marke zusammensetzen (vgl. Tab. 1.2). Bei eigentümergeführten Marken wird diese Gruppe durch die Eigentümer ergänzt (z. B. in Familienunternehmen). Demgegenüber gehören die Aktionäre größerer (börsennotierter) Aktiengesellschaften in der Regel nicht zu der Personengruppe, welche die Marke repräsentiert und Träger der Gruppenidentität ist.

Tab. 1.2 Perspektive und Bezugsobjekt der Identitätsfestlegung. (In Anlehnung an Haußer 1995)

Bezugsobjekt der Identitätszuschreibung	Perspektive der Identitätsfeststellung	
	Interne Perspektive (Selbstbild)	Externe Perspektive (Fremdbild)
Individuen	Identität einer Person	Image einer Person
Gruppe von Menschen	Identität von Gruppen (Wahrgenommene Identität der Gruppenmitglieder von ihrer eigenen Gruppe)	Image von Gruppen (Subjektives Vorstellungsbild von Nichtgruppenmitgliedern über eine fremde Gruppe)
Marken (Gruppe der Führungskräfte und Mitarbeiter einer Marke)	Internes Selbstbild der Marke = Markenidentität	Externes Fremdbild der Marke = Markenimage

Die Identität einer Person beschreibt das Vorhandensein eines Bildes des Individuums von sich selbst (vgl. Conzen 1990, S. 72 f.). Dem Menschen dient es zur Abgrenzung von anderen Personen und als wichtiger Orientierungsrahmen für sein Verhalten.

Kern dieses Verständnisses ist neben der Selbstreflexion die Wechselseitigkeit der Innen- und Außenperspektive. Die externe Außenperspektive manifestiert sich im Image (vgl. Tab. 1.2). Dem Individuum wird von anderen Personen ein Image im Sinne eines Merkmalsbündels zugeschrieben (vgl. Frey und Haußer 1987, S. 3). Die interne Identität wird laufend mit der Wahrnehmung durch Dritte verglichen und bei Diskrepanzen überarbeitet (vgl. Weidenfeld 1983, S. 19). Eine Identität kann deswegen erst entstehen, wenn mindestens zwei Menschen sich in Beziehung zueinander setzen (vgl. Haußer 1995, S. 3 f.). Der wechselseitige Austausch zwischen der internen Identität und dem von außen zugeschriebenen Image ist ein konstitutives Merkmal der Identität und dient dazu, diese fortzuentwickeln. Unabhängig von der im Einzelfall gewählten Identitätsdefinition lassen sich aus den Arbeiten der sozialwissenschaftlichen Identitätsforschung vier konstitutive Merkmale des Identitätsbegriffs ableiten (vgl. Tab. 1.3).

Wechselseitigkeit: Identität kann nur in der Wechselwirkung zwischen Menschen entstehen. Diese Wechselseitigkeit der Identität wird auch als „Paradigma der Identitätsforschung" bezeichnet (vgl. Frey und Haußer 1987, S. 17). Ähnlich verhält es sich mit Marken: Die Identität einer Marke bildet und verändert sich erst durch die Abgrenzung zu anderen Marken.

Kontinuität kennzeichnet die Beibehaltung wesentlicher Merkmale einer Person oder einer Gruppe über einen Zeitraum mehrerer Jahre. Diese **essenziellen Merkmale** beschreiben das Wesen des Identitätsobjektes, den Kern der Identität. Gehen diese essenziellen Merkmale verloren, erlischt die Identität. Die essenziellen Merkmale kennzeichnen die Identität als Institution (vgl. Bonus 1994). Im Gegensatz zu essenziellen Merkmalen können sich **akzidentielle Merkmale** eines Identitätsobjektes verändern, ohne dass die Person oder Gruppe ihre Identität verliert (vgl. Böhm 1989, S. 48 f.). Für den Aufbau einer klaren Identität ist somit eine Kontinuität der akzidentiellen Merkmale nicht erforderlich. Allerdings üben auch akzidentielle Merkmale einen Einfluss auf die Identität aus,

Tab. 1.3 Konstitutive Merkmale des Identitätsbegriffs. (In Anlehnung an Meffert und Burmann 1996, S. 29)

Konstitutive Merkmale	Individuen	Marken
Wechselseitigkeit	Identität entsteht erst durch die in Beziehung-Setzung der eigenen Person zu anderen Menschen und das Erkennen des Andersseins.	Die Markenidentität entsteht erst durch den Vergleich der eigenen Marke mit anderen Marken (sich in Beziehung zu anderen setzen und abgrenzen).
Kontinuität	Beibehaltung essenzieller Merkmale über die Zeit zur Identifikation der Person (zeitraumbezogen). Diese Merkmale beschreiben die Art und das Wesen der Person. Akzidentielle Merkmale der Identität können sich im Zeitverlauf verändern.	Beibehaltung der essenziellen, den Identitätskern definierenden Markenmerkmale im Zeitablauf.
Konsistenz	Widerspruchsfreie Kombination von Persönlichkeitsmerkmalen (zeitpunktbezogen).	Vermeidung von Widersprüchen im Markenauftritt an allen Brand Touch Points und im Verhalten von Führungskräften und Mitarbeitern der Marke. Laufende Abstimmung der essenziellen und akzidentiellen Merkmale.
Individualität	Biologisch und soziologisch bedingte Einzigartigkeit des Individuums.	Einzigartigkeit wesentlicher Identitätsmerkmale im Vergleich zu konkurrierenden Leistungsangeboten.

weil das Ausmaß der Passigkeit zwischen akzidentiellen und essenziellen Merkmalen die Klarheit und Verhaltensrelevanz der Identität prägen. Zu den essenziellen Identitätsmerkmalen einer Person gehören bspw. Geschlecht, Datum und Ort der Geburt oder bestimmte Körpermerkmale. Ein Mensch kann anhand seiner essenziellen Merkmale während des gesamten Lebens als ein und dieselbe Person identifiziert werden. Demgegenüber gehören u. a. die berufliche Stellung, die wirtschaftliche Situation oder der Kleidungsstil zu den akzidentiellen Merkmalen der Identität eines Menschen.

Konsistenz bezieht sich im Gegensatz zur Kontinuität nicht auf einen Zeitraum, sondern auf einen Zeitpunkt. Sie kennzeichnet die Vermeidung von Widersprüchen (vgl. Wiedmann 1994, S. 1041). Nur eine in sich und nach außen widerspruchsfreie Kombination von Merkmalen führt beim Menschen zu einer klaren, verhaltensrelevanten Identität. Auch bei einer Marke und ihren Mitarbeitern muss daher eine integrierte, innen- und außengerichtete Abstimmung aller Eigenschaften und Verhaltensweisen erfolgen, damit sich eine klare, verhaltensrelevante Markenidentität bilden kann.

Individualität beschreibt die Einmaligkeit eines Identitätsobjektes. Diese Einzigartigkeit kann auf ein einzelnes, individuelles Merkmal oder die individuelle Kombination auch anderweitig vorzufindender Merkmale zurückzuführen sein. Bei einem personenbezogenen Begriffsverständnis der Identität ist das Merkmal der Individualität aus biologischen Gründen erfüllt. Demgegenüber ist die Identität vieler Marken heute gerade deshalb so schwach, weil den Marken in der Wahrnehmung der Nachfrager und der eigenen Mitarbeiter Individualität fehlt. In diesen Fällen kann nicht von Marken, sondern nur von „Labeln" im Sinne einheitlich markierter Leistungen gesprochen werden.

Im Rahmen der Wechselseitigkeit bei der Konstitution und Weiterentwicklung der Identität (vgl. Abels und König 2010, S. 94), sind für einen Menschen die Rollenerwartungen der Umgebung von hoher Bedeutung. Da ein Individuum selten alle Rollenerwartungen der Gesellschaft und der persönlichen Umgebung erfüllen kann und damit häufig in Rollenkonflikte gerät, benötigt es eine sehr klare Vorstellung von Identität, also **ein sicheres Gefühl von sich selbst, um durch diese Konflikte nicht zermürbt zu werden** (vgl. Bonus 1994, S. 3). Dieselbe Funktion übernimmt die Markenidentität für die Mitarbeiter einer Marke angesichts vielfältiger, konfliktärer Anforderungen an die Marke aus ihrem marktlichen, unternehmensinternen und gesellschaftlichen Umfeld. Die Identität eines Menschen zeichnet sich durch eine hohe zeitliche Konstanz aus. Ein Identitätswandel vollzieht sich immer sehr langsam. Die Wurzeln seiner Identität sind in der Biographie des Menschen verankert (vgl. Krappmann 1988), die Wurzeln der Identität einer Marke in ihrer Herkunft.

Eine klare Identität ist Voraussetzung für die **Entstehung von Vertrauen** (Abschn. 2.2.2.3; vgl. Luhmann 2014). Identität erzeugt klare Erwartungen und löst diese später durch identitätsbezogenes Verhalten und damit authentisches Verhalten ein. **Kompetenz** als Bestandteil von Identität sichert dabei die **Leistungsfähigkeit**, die übrigen Identitätskomponenten sichern die **Leistungsbereitschaft.**

Vertrauen hat nicht nur eine sozialwissenschaftliche, sondern auch eine **ökonomische Bedeutung** (vgl. Ripperger 2005). Das Vorliegen von Vertrauen führt beim Anbieter zur Einsparung von Transaktionskosten und zu einem **sehr wichtigen Wettbewerbsvorteil** (vgl. Kenning 2003). Für den Nachfrager reduziert sich mit wachsendem Vertrauen das wahrgenommene Risiko, vom Anbieter enttäuscht zu werden. Damit kann der Nachfrager Kosten einsparen, die anderweitig zur Reduzierung seines Risikos anfallen würden (vgl. Plötner 1995, S. 11 f.). Beispielsweise umfasst dies Kosten durch den Abschluss von Versicherungen, Informationskosten durch die Suche nach geeigneten Alternativen oder auch die Kosten der Bildung von finanziellen Reserven zur Abdeckung möglicher Risiken.

1.6.1.3 Gruppen als Gegenstand der Identitätszuschreibung

Gruppenidentität kann zur Beschreibung sozialer Systeme (z. B. Kulturen, Vereine, Städte, Regionen, Unternehmen) verwendet werden. Konstituierend ist dabei die **Selbstreflektion der Gruppenmitglieder** zu ihrer Existenz als Gruppe. Die Gruppenidentität umfasst diejenigen Eigenschaften einer Gruppe, die konstant bleiben, auch wenn einzelne Gruppenmitglieder die Gruppe verlassen (vgl. Werthmöller 1994, S. 39). Die Gruppenidentität drückt sich bspw. in gemeinsamen Werten und Verhaltensweisen aus. Sie grenzt die Gruppe von anderen Gruppen ab (vgl. Schein 1985, S. 185 f.; Deichsel et al. 2017, S. 82 ff.).

Eine starke Gruppenidentität wird zu einem Bestandteil der Identität aller Gruppenmitglieder, wirkt wie eine Klammer für den Zusammenhalt der Gruppe und führt in Unternehmen dadurch zu **effektiveren und effizienteren Prozessen**. Der ökonomische Wert und Erfolg von Marken basiert auf diesen Effekten stark ausgeprägter Gruppenidentitäten.

Da im sozialwissenschaftlichen Verständnis Identität grundsätzlich als Ergebnis menschlicher Interaktion und Reflexion betrachtet wird, ist eine Übertragung des Identitätsbegriffs auf „Marken", wenn sie nur als Schutzrechte oder Zeichenbündel interpretiert werden, nicht möglich (vgl. Welling 2003, S. 10 f.). Die Identität einer Marke muss sich deswegen auf die Identität der Gruppe beziehen, die hinter der Marke steht. Das die Marke tragende Personenkollektiv verfügt über eine **durch Selbstreflexion entstandene Identität, die sie von anderen** Personenkollektiven (z. B. Wettbewerbern) und von anderen Individuen (z. B. Kunden) **abgrenzt**. Das die Marken prägende Personenkollektiv ist dabei nicht notwendigerweise deckungsgleich mit der juristischen Unternehmenszugehörigkeit. Beispielsweise kann die Markenidentität auch von den Mitarbeitern eines wirtschaftlich und rechtlich selbstständigen, markenexklusiv tätigen Absatzmittlers mitgetragen werden (vgl. Maloney 2007, S. 17; König 2010, S. 7). Die **Markenidentität** lässt sich vor diesem Hintergrund definieren als (vgl. Burmann et al. 2003, S. 16):

► „diejenigen raum-zeitlich gleichartigen Merkmale der Marke, die aus Sicht der internen Zielgruppen in nachhaltiger Weise den Charakter der Marke prägen."

Die Markenidentität konstituiert sich in zweifacher Weise durch:

- einen kollektiven, selbstreferenziellen Prozess des sich Bewusstmachens der eigenen Gruppenexistenz und Gruppenzugehörigkeit bei allen für eine Marke arbeitenden Personen.
- die Interaktion mit markenexternen Personen und Personengruppen und deren Wahrnehmung der eigenen Marke und dem hinter der Marke stehenden Personenkollektiv.

Genauso wie sich die Identität eines Menschen und die Identität von Gruppen aus verschiedenen Rollen bzw. Komponenten zusammensetzt, ergibt sich auch die Markenidentität aus dem Zusammenwirken verschiedener Bestandteile. Die Markenidentität wird jedoch wie die Identität einer Person ganzheitlich wahrgenommen. Die Ausprägung und Kombination der einzelnen Identitätskomponenten einer Marke muss eine in sich widerspruchsfreie, schlüssige „Gestalt" ergeben, die sich von anderen Leistungsangeboten im relevanten Markt differenziert (vgl. Meffert und Burmann 1996, S. 36 f.; Deichsel et al. 2017, S. 213). Nicht zueinander passende Identitätskomponenten erschweren oder verhindern eine solche ganzheitliche Markenwahrnehmung und damit die Differenzierung.

1.6.2 Wirtschaftswissenschaftliche Identitätsforschung

1.6.2.1 Neue Institutionenökonomie

Die sozialwissenschaftlich hergeleitete Beschreibung der Wirkungen von Gruppenidentitäten hat die hohe ökonomische Relevanz der Markenidentität bereits belegt. Mit Hilfe der **Neuen Institutionenökonomie** (vgl. z. B. Erlei et al. 2016) aus dem Bereich der Wirtschaftswissenschaften kann die ökonomische Bedeutung der Identität zusätzlich unterfüttert werden (vgl. Dörtelmann 1997). Voraussetzung hierfür ist die Überwindung der verengten Vorstellung vom Menschen als „homo oeconomicus" durch die Neue Institutionenökonomie und insbesondere die Arbeiten des Nobelpreisträgers Douglas C. North. Durch die Einführung **mentaler Modelle** als interne, subjektive Repräsentation der Außenwelt und pfadabhängiger Prozesse, d. h. der Berücksichtigung von Zufällen und Ungleichgewichtszuständen (vgl. North 1992, S. 96 f.), konnten auch komplexere Probleme der Nationalökonomie einer Lösung nähergebracht werden (vgl. Denzau und North 1994, S. 10 f.; Bonus 1995, S. 2).

Die Neue Institutionenökonomie versteht unter einer **Institution** „ein System von Werten und Normen, das für den Fall von Verstößen mit Sanktionen bewährt ist" (Bonus 1995, S. 4). Institutionen schaffen **Rahmenbedingungen für menschliches Handeln**. Institutionen sind mentale Modelle des Individuums (vgl. Denzau und North 1994, S. 4). Durch ihre zeitliche Konstanz dienen sie dem Menschen zur Orientierung. Dabei wird zwischen fundamentalen und sekundären Institutionen unterschieden (vgl. Dietl 1993, S. 71 f.).

Fundamentale Institutionen sind bspw. in der Geschichte einer Nation verankert und wandeln sich nur sehr langsam. Sie können vom Menschen nicht direkt verändert werden. Demgegenüber können sekundäre Institutionen bewusst gestaltet werden. Sekundäre Institutionen sind immer nur dann „wirksam", wenn sie in das Werte- und Normensystem der fundamentalen Institutionen eingebettet sind. Beispielsweise kann das Rechtsempfinden der Bevölkerung als fundamentale Institution, die konkreten Gesetze und die Justizverwaltung als sekundäre Institution interpretiert werden. Gesetze und Justizverwaltungen können nur dann ihren Zweck erfüllen, wenn sie mit dem Rechtsempfinden der Bevölkerung harmonieren (vgl. Bonus 1995, S. 5).

Die Identität kann ebenfalls als Werte- und Normensystem von hoher zeitlicher Konstanz interpretiert werden, welches dem Menschen als Rahmen für sein Verhalten dient. Auch die Identität ist eine interne, subjektive Repräsentation der Außenwelt. Deswegen kann die **Gruppenidentität aller Mitarbeiter einer Marke als sekundäre Institution** verstanden werden. Die Markenidentität kann sich nur dann entwickeln und Einfluss auf das Verhalten ausüben, wenn sie in das Werte- und Normengefüge der sie umgebenden Gesellschaft eingebettet ist. Insoweit ist die regionale bzw. nationale Kultur, in der Unternehmen und Markenorganisationen angesiedelt sind, für die Markenidentität eine fundamentale Institution im Sinne der Neuen Institutionenökonomie.

Der Identität von Marken kommt damit zur Erklärung und Beeinflussung ökonomischer Sachverhalte eine sehr hohe Bedeutung zu. Darüber hinaus wandelt sich die Markenidentität nur langsam und ist meist nicht kurzfristig und auch nicht direkt im Sinne einer deterministischen Mittel-Zweck-Beziehung zu steuern. Wichtig ist ferner, dass sich eine klare Markenidentität nur dann etabliert, wenn sie schlüssig in die Gesamtunternehmensidentität eingebettet wird und mit dieser harmoniert.

1.6.2.2 Unternehmenskultur-Forschung

Neben der neuen Institutionenökonomie haben sich auch andere Bereiche der **Betriebswirtschaftslehre** mit der Identität beschäftigt. Dies geschah einerseits im Zusammenhang mit Untersuchungen zur Unternehmenskultur. Die Analyse der entsprechenden Publikationen zeigt zunächst, dass viele Autoren eine weitgehende Gleichsetzung zwischen dem Kultur- und dem Identitätsbegriff vornehmen (vgl. z. B. Deal und Kennedy 1982, S. 137; Schein 1985, S. 44; Heinen 1987, S. 31; Bonus 1994, S. 9). Danach ist eine starke Unternehmenskultur vor allem durch eine starke Gruppenidentität aller Unternehmensmitglieder geprägt. Vice versa lässt sich die Identität eines Unternehmens „kultivieren“ und durch geeignete Rituale und gemeinsam gelebte Werte und Normen sichtbar machen (vgl. Deal und Kennedy 1982, S. 59; Schein 1985, S. 14; Bonus 1994, S. 15).

Trotz der inhaltlichen Nähe zwischen dem Kultur- und Identitätsbegriff muss einer Gleichsetzung beider Begriffe widersprochen werden. Die Mehrzahl der Organisations- und Markenforscher sieht die **Unternehmenskultur als Kontextfaktor**, der die Markenidentität prägt (vgl. Hatch und Schulz 1997, S. 358; Berggold 2000, S. 27 ff.; Meffert 1994, S. 427 f.). Sie umfasst die Gesamtheit aller gemeinsamen Grundannahmen, Werte und Normen, die von Unternehmensmitgliedern geteilt und auf neue Mitglieder übertragen werden. Die Unternehmenskultur prägt die Wahrnehmung, das Denken, die Entscheidungen und das Verhalten der Unternehmensmitglieder (vgl. Schein 1992, S. 12). Grundannahmen sind zumeist selbstverständliche, oft unbewusste und langfristige Auffassungen über die Umwelt, die Realität, das menschliche Wesen, Handlungen und Beziehungen. Werte drücken in der Unternehmenskultur eine Auffassung von langfristig Wünschenswertem aus. Normen beschreiben konkrete Verhaltensregeln, die von den Mitgliedern des Unternehmens akzeptiert werden und bei Verstößen mit Sanktionen verknüpft sind. Unternehmenskulturen haben ihren Ursprung immer in der Vergangenheit eines Unternehmens, da sie sich über einen langen Zeitraum in der Gruppe gebildet haben. Im Laufe der Zeit verselbstständigt sich Kultur immer mehr und wird zu einem emergenten Phänomen des Gruppenverhaltens, welches sich der gezielten Steuerung durch das Management weitestgehend entzieht. **Im Gegensatz zur Markenidentität stellt Unternehmenskultur folglich kein Führungsinstrument dar**. Darüber hinaus weist die Markenidentität stärkere und explizite Bezüge zum Absatzmarkt auf (durch das Nutzenversprechen, die intendierte Differenzierung gegenüber Wettbewerbern und Markenleistungen) als die Unternehmenskultur.

1.6.2.3 Corporate-Identity-Forschung

Darüber hinaus fand eine Auseinandersetzung mit dem Identitätsbegriff auch in der Forschung zur sogenannten **Corporate Identity** statt. Einflussreicher Vertreter dieser Forschung ist John M. T. Balmer, der 1997 gemeinsam mit van Riel mit dem der Corporate

Identity gewidmeten Special Issue des European Journal of Marketing (EJM) einen zentralen Beitrag zur Corporate-Identity-Forschung geleistet hat (vgl. van Riel und Balmer 1997; Balmer 2017a). Während Beiträge zum Corporate-Identity-Konzept vorher insbesondere von Praktikern kamen, etablieren van Riel und Balmer (1997) das Konzept in der Marketingforschung und definieren Corporate Identity als „an organization's unique characteristics which are rooted in the behaviour of members of the organization" (van Riel und Balmer 1997, S. 341). Die Corporate Identity adressiert die zentrale Frage „Was sind wir?" (vgl. Balmer 2001, S. 257). Die Definition der Corporate Identity weist damit große Überschneidungen mit der Definition der Markenidentität auf. Bei beiden Konzepten geht es um die wesentlichen Merkmale eines Bezugsobjektes (Unternehmen bzw. Marke), die sich von innen heraus konstituieren (aus dem Verhalten von Organisationsmitgliedern bzw. aus Sicht der internen Zielgruppen). Auf Ebene der Corporate Brands unterscheidet sich das Verständnis von Corporate Identity und Markenidentität daher nur geringfügig. Dennoch differenziert Balmer (2008, S. 894) zwischen Corporate Identity und Corporate Brand Identity: „To me, corporate brands are more appropriately viewed as a distinct identity type which can have a life their own of its own in that they can be bought, sold and borrowed [...] As a distinct category of (institutional) identity we should not loose sight that they can be separate and divisible from the institution [...] from which they evolved." Daher taucht die Corporate Brand Identity als „Covenant" auch zusätzlich zur Corporate Identity als „Character" im Corporate Marketing-Mix auf, wenngleich in einem lediglich auf mit Unternehmensmarkennamen assoziierten Versprechen und Erwartungen begrenzten Verständnis (vgl. Abb. 1.6).

Auch in Bezug auf die Dimensionen zeigen sich Gemeinsamkeiten zwischen Corporate Identity und Markenidentität. So weisen Kultur, Strategie, Struktur und Kommunikation als Komponenten der Corporate Identity (vgl. Abb. 1.7), die sich dementsprechend in konkreten Aspekten wie Organisationstyp, Organisationszweck, Aktivitäten, Ethos und Werten, Marktposition, bedienten Märkten und Kunden, Produkt- und Servicequalität, Management- und Mitarbeiterverhalten sowie geografischer Reichweite ausdrücken können (vgl. Balmer 2017b), in Teilen Überlappungen mit Herkunft, Kompetenzen, Werten, Persönlichkeit, Vision und Leistungen als Komponenten der Markenidentität auf (Abschn. 1.7).

Resümierend kann festgehalten werden, dass hinsichtlich Definition und Komponenten große Überschneidungen zwischen dem Konzept der Corporate Identity und der Markenidentität existieren. Wesentlicher Unterschied ist das Bezugsobjekt, bei dem es sich im Falle der Corporate Identity um das Unternehmen und bei der Markenidentität um eine Marke, die nicht zwangsläufig die Unternehmensmarke sein muss, handelt. Daraus folgt auch, dass im Gegensatz zum Corporate-Identity-Konzept das Konzept der Markenidentität zusätzlich auch auf anderen Marken eines Unternehmens angewendet werden kann. Im Fall der Unternehmensmarke sind die Konzepte Corporate Identity und Corporate Brand Identity weitgehend deckungsgleich.

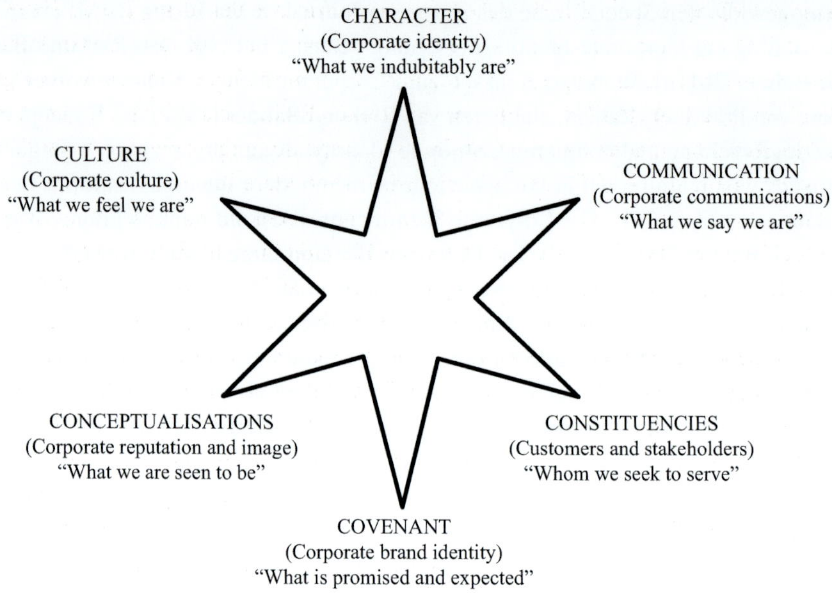

Abb. 1.6 Corporate Marketing-Mix. (In Anlehnung an Balmer und Greyser 2006, S. 735 und Balmer 2011, S. 1334 ff.)

Abb. 1.7 Komponenten der Corporate Identity. (Eigene Darstellung in Anlehnung an Balmer 2001, S. 263)

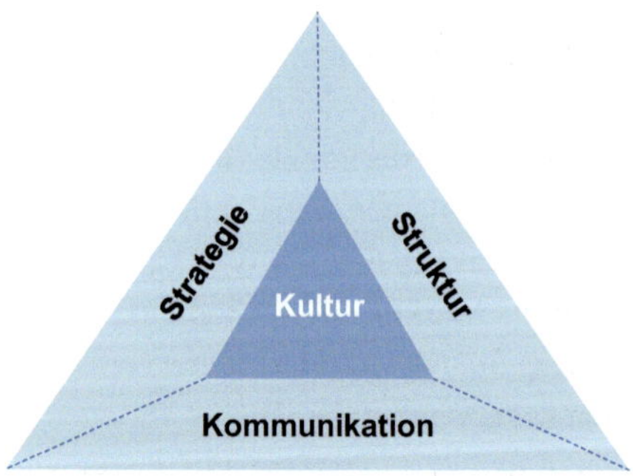

1.7 Konzeptionelle Ausgestaltung der Markenidentität

Die Anforderungen an die Identitätsbildung aus Abschn. 1.6 sind die Grundlage, anhand derer eine klare Identität von einer diffusen unterschieden werden kann. Nach Keupp et al. (1999, S. 217 ff.) besteht die zentrale Leistung der Identitätsbildung darin, alle bei einem Menschen vorhandenen Teilidentitäten zu einer Metaidentität zu verdichten und dabei als gemeinsame Schnittstelle einen prägnanten Kern der Identität zu bilden. Diese Forderung nach Prägnanz bedingt, dass sich der Identitätskern einer klaren Identität um wenige herausragende Merkmale einer Person manifestiert. Im Gegensatz dazu kennzeichnet es eine diffuse Identität, wenn diese Reduktion ausbleibt und zahlreiche, wenig differenzierende

Merkmale vorhanden sind. Die interaktionistischen Ansätze der Identitätsforschung (Abschn. 1.6.1.1) verweisen zudem darauf, dass die Bildung einer Identität ein fortlaufender Prozess ist, der stets hinterfragt und angepasst werden muss. Jede Anpassung der eigenen Identität birgt gewisse Risiken. Personen, die dieses Risiko scheuen und darum bemüht sind, den Status quo zu erhalten, verhindern die Anpassung ihrer eigenen Identität auch dann, wenn diese durch Krisen notwendig wird. Eine klare Identität hingegen zeichnet sich durch diese Risikobereitschaft zur Lösung von Rollenkonflikten aus und ermöglicht damit die Weiterentwicklung und Festigung der Identität über die Zeit hinweg.

Aus der wechselseitigen Beeinflussung von Selbst- und Fremdbild ergeben sich weitere Merkmale klarer bzw. diffuser Identitäten. Die selbstbestimmte Individualität der eigenen Identität kann eine Person nur dann wahren, wenn sie keine vollständige Anpassung des Selbstbildes an das Fremdbild vornimmt. Da Fremdbilder abhängig von denen mit ihnen verbundenen Rollenerwartungen sind, würde eine vollständige Übernahme die Bildung einer konsistenten Kernidentität verhindern. Ein Merkmal klarer Identitäten ist demnach die Prägung eigener Überzeugungen. Ebenso verhält es sich für den Aufbau einer eigenen Vision im Sinne einer Zukunftsorientierung. Die ständige Anpassung der eigenen Vision an die sich laufend wandelnden Einflüssen der Umwelt würde unweigerlich zu Inkonsistenzen der eigenen Identität führen. Um die unreflektierte Übernahme externer Einflüsse in die Selbstwahrnehmung zu verhindern, ist hohes Selbstvertrauen ein weiteres Merkmal einer klaren Identität. Eng mit dem Selbstvertrauen einer Person verbunden ist auch das letzte Merkmal klarer Identitäten. Bereits John Locke stellte die Bedeutung eines selbstreferenziellen Bewusstseins, das die Erfahrungen der Vergangenheit mit der Gegenwart verbindet, heraus (vgl. Frey und Haußer 1987, S. 20). Dieses Konzept findet sich auch in der modernen Identitätsforschung (vgl. Keupp et al. 1999, S. 95 f.). Das Bewusstsein über Leistungen und Errungenschaften der Vergangenheit ist danach bei klarer Identität eine Motivation für die weitere Entwicklung und Arbeit an der eigenen Identität. Eine diffuse Identität ist im Gegensatz dazu durch das Fehlen eben dieses Bewusstseins geprägt.

Die Merkmalspaare aus Tab. 1.4 zeigen, dass sich klare Identitäten bei Menschen insbesondere durch eine Akzentuierung ihrer Besonderheiten in Verbindung mit dem Bewusstsein des eigenen Könnens und der individuellen Vergangenheit auszeichnen. Dies gilt für die Identität eines Individuums ebenso wie für die Identität von Personengruppen. Damit lassen sich die obigen Überlegungen für die identitätsbasierte Führung von Marken nutzen.

Auf Basis der in Tab. 1.4 erfolgten Übertragung wesentlicher Merkmale der menschlichen Identität auf die Identität von Marken lassen sich **sechs Komponenten** identifizieren. Diese ermöglichen eine präzise Beschreibung, Analyse und Gestaltung der Identität von Marken (vgl. Abb. 1.8).

Die Markenherkunft stellt die Basis der Markenidentität dar. Ohne die Verankerung in der eigenen Herkunft fehlt es einer Marke an einem Bezugspunkt zur Selbstreflexion. Die Markenkompetenzen, welche auf den Ressourcen und organisationalen Fähigkeiten eines Unternehmens beruhen, begründen den bzw. die spezifischen Wettbewerbsvorteile der Marke und sichern diese ab. Die grundsätzliche Art der Markenleistungen bestimmt,

Tab. 1.4 Merkmale diffuser und klarer Identitäten bei Menschen und Marken

Merkmale einer		Übertragung auf Markenidentitäten
Diffusen menschlichen Identität	Klaren menschlichen Identität	
Viele nicht differenzierende Identitätsmerkmale	Wenige differenzierende Identitätsmerkmale	Leistungsprogramm
Risikoscheue, „ängstliche" Erhaltung des Status quo	Rollenkonflikte werden aktiv genutzt, um die eigene Identität weiterzuentwickeln und zu festigen	Persönlichkeit
Übernahme von Überzeugungen Anderer	Prägung eigener Überzeugungen	Werte
Starke Orientierung an der Umwelt	Ausbildung einer klaren, eigenen Vision	Vision
Geringes Selbstvertrauen	Hohes Selbstvertrauen	Kompetenzen
Fehlendes Bewusstsein für die bisherigen Leistungen und Errungenschaften	Leistungen und Errungenschaften der Vergangenheit motivieren zu Neuem	Herkunft

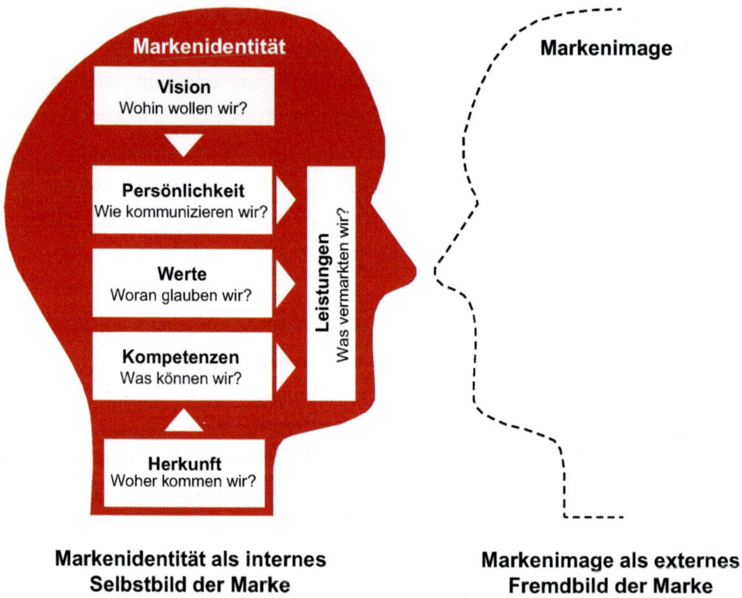

Abb. 1.8 Komponenten der Markenidentität. (In enger Anlehnung an Burmann et al. 2003, S. 7)

wie eine Marke für den Nachfrager nutzbar wird und woran die Mitarbeiter konkret arbeiten. Die Gestaltung der Identität wird langfristig von den Kompetenzen geprägt und durch die Markenvision motiviert. Die Markenwerte geben vor, woran die Marke und ihre Repräsentanten glauben. Die Markenpersönlichkeit legt den verbalen und nonverbalen Kommunikationsstil der Marke fest. Wie Abb. 1.8 zeigt, bilden Herkunft und Vision der Marke den Rahmen für die Ausgestaltung der übrigen Komponenten. Die große Bedeutung dieser beiden zeitlich in die Zukunft bzw. Vergangenheit weisenden Identitätskomponenten lässt sich aus dem Resource- und Competence-based View ableiten (vgl. Burmann 2002, S. 139 ff.).

1.7.1 Markenherkunft

Die Herkunft der Marke bildet das Fundament der Markenidentität. Sie beantwortet die Frage: „Woher kommen wir?". Die **Markenherkunft** ist für die Markenführung von hoher Relevanz, da eine Marke von den internen und externen Zielgruppen zunächst im Kontext ihres Ursprungs wahrgenommen und interpretiert wird. „Knowing the roots of a person, place, or firm can help create interest and a bond. The same is true for a brand" (Aaker und Joachimsthaler 2000, S. 249). Die Bedeutung der Herkunft ist auch in der Psychoanalyse, der Neuen Institutionenökonomie und in der Managementtheorie unter dem Begriff der **Pfadabhängigkeit** ein vielbeachtetes Phänomen. Das sogenannte „History Matters" Argument beschreibt dabei den Prozess, dass Entscheidungen aus der Vergangenheit zukünftige Entscheidungen prägen. Hierdurch verringert sich im Zeitablauf die Anzahl an möglichen Handlungsalternativen, da die Verantwortlichen zunehmend von den Entscheidungs- und Verhaltenspfaden in ihrer Herkunft abhängen (vgl. Schreyögg et al. 2003, S. 261 ff.; Freiling 2013, S. 31).

Die Markenherkunft ist eng mit der Historie einer Marke verbunden, darf jedoch nicht mit dieser verwechselt werden. Während die Markenherkunft einzelne Facetten der Markenhistorie herausgreift und in besonderer Weise betont und interpretiert, umfasst die Markenhistorie sämtliche Ereignisse der Vergangenheit. Die Markenherkunft ist daher im Gegensatz zur Markenhistorie eine gestaltbare Identitätskomponente. Im Idealfall verleiht sie allen weiteren Aktivitäten des Markenmanagements ein hohes Maß an Glaubwürdigkeit und Authentizität. Deswegen kann sie auch als eine Art Speicher bereits vollbrachter Leistungen betrachtet werden (vgl. Menninger und Robers 2006, S. 256).

Die Markenherkunft basiert auf drei unterschiedlichen Facetten: der **räumlichen Herkunft**, der **Unternehmensherkunft** und der **Branchenherkunft** (vgl. Becker 2012, S. 59).

Untersuchungen aus dem Bereich der **Country-of-Origin-Forschung** untersuchen die Verbindung zwischen dem Herstellungsland eines Produktes und der damit verbundenen Qualitätswahrnehmung der Nachfrager (vgl. Usunier 2006, S. 68). Der Einfluss des Herkunftslandes ist eng verbunden mit den Kompetenzen, die einem Land oder einer Region zugesprochen werden (vgl. Stolle 2013, S. 95). Beispielsweise wird Deutschland traditionell eine hohe Kompetenz bezüglich Ingenieursleistungen zugesprochen. Allerdings kann der Country-of-Origin-Effekt auch negativ sein, wenn gegenüber einem Land negative Einstellungen bei Nachfragern bestehen, beispielsweise gegenüber Produkten aus asiatischen Ländern (vgl. Andrews und Chew 2017, S. 87). Während sich Länder wie Japan und Südkorea über die letzten Jahrzehnte in vielen Produktkategorien bereits ein positives

Image erarbeitet haben, haben andere asiatische Länder hier hingegen noch Nachholbedarf (vgl. Andrews und Chew 2017, S. 88). Ein zentrales Problem der Country-of-Origin-Forschung liegt in der zunehmenden Globalisierung von Unternehmen. Im Zuge internationaler Geschäftstätigkeiten vollziehen zahlreiche Unternehmen eine Trennung zwischen Herkunfts- und Produktionsland. Diese Entwicklung aufgreifend, haben sich in den letzten Jahren Erweiterungen des Country-of-Origin-Ansatzes herausgebildet, wie z. B. die Unterscheidung in Country-of-Manufacture (dem Land der Herstellung), Country-of-Corporate-Ownership (dem Land, in dem die Firma rechtlich angesiedelt ist), Country-of-Design (dem Land, in dem Produkte entworfen werden) und Country-of-Parts (dem Land, in dem Zulieferer angesiedelt sind) (vgl. Becker 2012, S. 52). Die Herkunftszuordnung einer Marke zu einem Land (Brand Origin) kann zwischen diesen unterschiedlichen Perspektiven variieren. Abb. 1.9 zeigt beispielhaft die Zuordnung der „schwedischen" Marke IKEA, die einzig nach dem Country-of-Design-Ansatz als schwedisch bezeichnet werden kann.

Vor diesem Hintergrund gewinnen die von der Marke kommunizierte Herkunft und die nachfragerseitig **wahrgenommene Herkunft** der Marke an Bedeutung (vgl. Thakor und Kohli 1996, S. 27 ff.). So wird bspw. der Gin der Marke „Gin Sul" der Altonaer-Spirituosen-Manufaktur zwar in Hamburg destilliert, in der Marketingkommunikation jedoch bewusst um portugiesische Herkunftskomponenten, wie z. B. spezielle Zutaten (Lackzistrose) angereichert. Auf diese Weise und mit Hilfe der Namensgebung – „Sul" bedeutet „Süden" auf Portugiesisch – werden mit Deutschland und Portugal zwei Herkunftsländer in den Vordergrund der Markenführung gerückt (vgl. Täubner 2017, S. 56 ff.; Gin Sul 2017). Nachfrager nehmen also auch Portugal als Herkunftsland des Gins war, obwohl er nur in Deutschland destilliert wird (Abb. 1.10).

Die identitätsbasierte Markenherkunft bezieht sich jedoch nicht ausschließlich auf die regionale Herkunftsdimension. Aufbauend auf Erkenntnissen der **Culture-of-Brand-Origin-Forschung** kann auch die kulturelle Herkunft die Identität einer Marke prägen. Da es

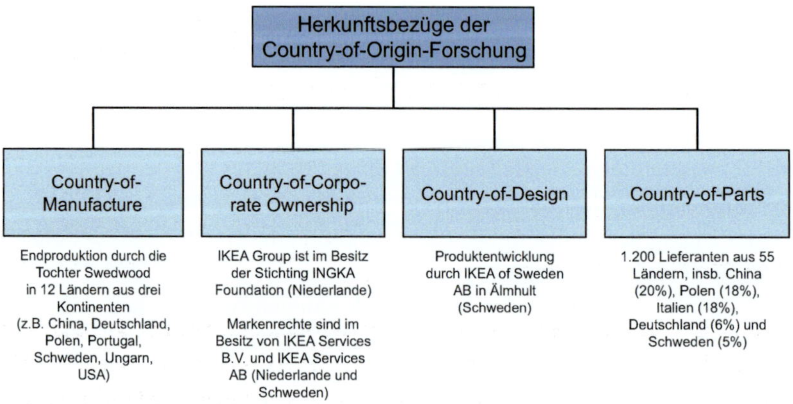

Abb. 1.9 Herkunftsbezüge der Marke IKEA. (Becker 2012, S. 52)

Abb. 1.10 Kommunikation der portugiesischen und deutschen Herkunft bei der Marke „Gin Sul". (Gin Sul 2017)

Nachfragern durch die heute vorherrschende internationale Konfiguration von Unternehmensaktivitäten oftmals schwer möglich ist, ein spezielles Land als das Herkunftsland einer Marke zu identifizieren, greifen sie eher auf „cultural cues" bei der Identifizierung der Herkunft einer Marke zurück (vgl. Lim und O'Cass 2001). Beispielsweise kann allein der Name der Automobilmarke Hyundai asiatische Herkunftsassoziationen hervorrufen, ohne dass der Nachfrager weiß, dass es sich um eine koreanische Marke handelt. Die Biermarke Paulaner kann als eine durch die bayerische Kultur geprägte Biermarke und nicht lediglich als deutsches Bier identifiziert werden. Die regionale und kulturelle Herkunft einer Marke umfassen demnach sämtliche Einflüsse, die sich aus den Herkunftsländern und -regionen für die Markenidentität ergeben (vgl. Becker 2012, S. 9 ff.; Charmasson 1988; Leclerc et al. 1994, S. 263 f.). Allerdings stellen sämtliche bisher vorgestellten Ansätze primär auf die Wahrnehmung der Herkunft durch Nachfrager bzw. externe Zielgruppen ab. Im Verständnis des identitätsbasierten Markenmanagements greifen sie damit zu kurz.

► Die **Markenherkunft** im Rahmen des identitätsbasierten Markenführungsansatzes beschreibt den Teil der Markenidentität, der sich aus der Identifikation der markenführenden Organisation mit einem Raum (Kultur), einer Branche oder einer Organisation ergibt (in Anlehnung an Becker 2012, S. 59).

Die **Unternehmensherkunft** umfasst die Zuordnung einer Marke zu einer Organisation bzw. zu einem Unternehmen. Im Falle eines Unternehmens mit nur einer Marke ist diese Zuordnung trivial. Führt ein Unternehmen hingegen mehrere Marken, können diese verschieden stark mit der Unternehmensmarke verknüpft werden (Abschn. 2.4). Hieraus ergibt sich für die Markenführung ein erheblicher Gestaltungsspielraum in der Ausgestaltung der Markenherkunft (vgl. Becker 2012, S. 59). Weitere wichtige Determinanten sind Unternehmenskultur, Unternehmensgründer und herausragende Führungspersönlichkeiten (vgl. Burmann und Maloney 2004, S. 3). Insbesondere die Unternehmensgründer und -führer können die Herkunft und Markenidentität des Unternehmens und auch die Identitäten einzelner Produktmarken entscheidend prägen. Beispielsweise haben die Unternehmensgründer von ALDI, Theo und Karl Albrecht, die auf Sparsamkeit und Effizienz ausgerichtete Identität der Unternehmensmarke ALDI geprägt. Ebenso steht Dr. Claus Hipp als Unternehmensführer und Nachfahre des Firmengründers „mit seinem Namen" für den biologischen Anbau der Zutaten und die Qualität der Produkte der Babynahrungsmarke Hipp. Die Unternehmensherkunft kann auch über die Produktentwicklung einer Marke geprägt werden. Abb. 1.11 zeigt hierzu exemplarisch die Modellentwicklung des Ford Mustangs der Automobilmarke Ford. Einzelne berühmte und klassische Fahrzeugmodelle, die jeweils einen deutlichen Bezug zur Markenherkunft aufweisen, wurden in den letzten Jahren neu aufgelegt und durch ihre Bezüge zur Markenherkunft erfolgreich in den Markt eingeführt. Weitere Beispiele hierfür wären die Entwicklung des Fiats 500 oder des VW Käfers zum VW Beetle.

Auch bei der Ausgestaltung der **Branchenherkunft** bieten sich dem Unternehmen oftmals Gestaltungsmöglichkeiten (vgl. Schaefer 2006, S. 170 ff.). So ist bspw. der Konzern Siemens u. a. in den Branchen Antriebstechnik, Automatisierung, Beleuchtung, Energie, Gebäudetechnik, Gesundheitswesen und Kommunikationsnetze tätig. Welche dieser Branchen durch den Konzern als Herkunft kommunikativ herausgestellt wird, liegt in weiten Teilen im Ermessen der Markenführung (vgl. Becker 2012, S. 60). Ebenso wird die Wahrnehmung von Uhren, Handtaschen, Sonnenbrillen, Parfum und Schuhen der Marke Gucci von der institutionellen Herkunft der Marke aus der Bekleidungsindustrie geprägt. Deutsche Marken haben zwar bei traditionellen Werten wie Qualität und Zuverlässigkeit oft einen Imagevorteil, von denen z. B. die Automobilhersteller profitieren, sie werden aber meist nicht als besonders modisch wahrgenommen. Daher wird sinnvoller Weise die deutsche Herkunft der Marke Adidas international nicht betont und so ist es nicht verwunderlich, dass von allen Befragten in der Studie von Becker (2012) nur knapp ein Drittel die räumliche Herkunft richtig bestimmen konnte (vgl. Becker 2012, S. 258).

Abb. 1.11 Modellentwicklung Ford Mustang. (Ford 2017)

Das Markenmanagement kann durch eine Betonung einzelner Herkunftsfacetten die wahrgenommene Herkunft einer Marke langfristig verändern. Ebenso kann die Markenherkunft durch Kooperationen und Unternehmensfusionen angereichert aber auch verwässert werden. Letzteres zeigt sich in extremer Form bei der geplanten Akquisition der Unternehmensmarke Monsanto (USA) durch die Unternehmensmarke Bayer (Deutschland). Hier stehen alle Herkunftsfacetten beider Marken im diametralen Widerspruch zueinander und heben sich damit in ihrer Wirkung auf. Darüber hinaus können sich Outsourcing-Entscheidungen oder die Verlagerung wichtiger Unternehmensteile ins Ausland langfristig signifikant auf die Wahrnehmung der Markenherkunft und letztlich die Markenstärke auswirken. Dies ist bspw. bei der Marke Lufthansa zu beobachten, die durch das Outsourcing zahlreicher Kernfunktionen in Länder mit niedrigstmöglichen Lohnkosten ihre deutsche Herkunft ebenso untergräbt wie das Vertrauen der Nachfrager in ihre Sicherheit und Qualität (vgl. ZDFzoom 2017).

1.7.2 Markenvision

Die **Markenvision** gibt die langfristige Entwicklungsrichtung einer Marke vor. Hierfür sollte ein Zeithorizont von mindestens fünf bis zehn Jahren anvisiert werden. Die Markenvision sollte allen internen und externen Zielgruppen eine wichtige Motivation für ihr Arbeits- bzw. Kaufverhalten sein. Ind (2003, S. 395) spricht hier von einer sog. „Ideologie", welche in der Lage ist, allen Mitarbeitern ein gemeinsames Credo zu bieten, an das diese glauben und mit dem sie sich identifizieren können. Mittels bildhaft-emotionaler Leitlinien sollen die Bedeutung und die Funktion der Marke bei der Realisierung der langfristigen Unternehmensziele dargestellt werden. Von der Markenvision abzugrenzen ist die Unternehmensphilosophie, welche die fundamentalen Wertvorstellungen und Annahmen eines Unternehmens umfasst (vgl. Melewar und Karaosmanoglu 2005, S. 855), sowie die formulierte Mission eines Unternehmens, die festlegt, wie die formulierte Markenvision erreicht werden soll. Die Komplexität der Unternehmensphilosophie steht einer Operationalisierung der Markenidentität als die Führung unterstützendes Instrument oft entgegen. Insoweit kann die Markenvision auch als konkretisierte und vereinfachte Zuspitzung der Unternehmensphilosophie interpretiert werden. Im Vergleich zur Markenvision sind Markenziele durch einen noch höheren Konkretisierungsgrad und einen kürzeren Zeithorizont gekennzeichnet.

Die Markenvision übernimmt eine wichtige Koordinationsfunktion über die Zeit und dient der Sicherstellung eines unternehmensweiten, mit den Markenzielen konformen Handelns. Sie sollte sowohl die anvisierten Zielgruppen, die grundlegenden Verhaltensweisen, als auch die Differenzierungsmerkmale gegenüber Wettbewerbern beinhalten. Die Markenvision muss dabei eine langfristig realisierbare Wunschvorstellung zum Ausdruck bringen, um intern Motivations- und Identifikationskraft entfalten zu können (vgl. Kapferer 1992, S. 110 f.). Gleichzeitig gibt eine klar formulierte Vision eine Leitlinie vor, anhand derer die Mitarbeiter einer Marke zukünftig aufzubauende Kompetenzen erken-

Abb. 1.12 Qualitätsprobleme bei Mercedes-Benz. (Daimler 2017)

nen können, die zur Erfüllung der Vision notwendig sind. Werden hingegen unrealistische Vorstellungen in die Vision aufgenommen, im Sinne einer Utopie, verliert sie ihren motivierenden Charakter, da sie für die Mitarbeiter nicht erreichbar ist.

Bereits zweifach von der „Utopie-Problematik“ betroffen war die Mercedes-Benz AG. Für Edzard Reuter, der 1987 zum Vorstandsvorsitzenden ernannt wurde, bestand die Markenvision darin, das Unternehmen von einem Automobilhersteller in einen integrierten Technologiekonzern zu verwandeln. In der Folge wurden zahlreiche große Akquisitionen realisiert, z. B. das Unternehmen AEG oder der Luft- und Raumfahrtkonzern Dornier. Innerhalb weniger Jahre führte diese Abweichung vom Kern der Markenidentität zu erheblichen Problemen. 1995 verließ Reuter den Konzern. Auch sein Nachfolger, Jürgen Schrempp (Vorstandsvorsitzender von 1995 bis 2005), verfolgte eine neue, utopische Vision. Unter seiner Führung sollte Mercedes-Benz zum „Weltkonzern“ in der Automobilbranche ausgebaut werden. Hierzu wurde die Mercedes-Benz AG mit dem drittgrößten amerikanischen Automobilhersteller Chrysler Corp. fusioniert und Beteiligungen an zahlreichen weiteren Automobilunternehmen auf der ganzen Welt erworben. Die Vision vom „Weltkonzern“ demotivierte zunächst die Belegschaft, weil sie die intern verfügbaren Ressourcen und Kompetenzen des Unternehmens überforderte und führte über viele Jahre hinweg zu schwerwiegenden Qualitätsproblemen bei Mercedes-Benz und zu einem Verlust der einst überlegenen qualitätsfokussierten Positionierung (vgl. Tietz 2009, S. 220 ff.; Abb. 1.12).

1.7.3 Markenkompetenzen

Neben der Markenherkunft basiert die Identität einer Marke vor allem auf den **Kompetenzen der markenführenden Institution**. Sie repräsentieren die spezifischen **organisationalen Fähigkeiten** eines Unternehmens zur marktgerechten Identifikation, Veredelung und Kombination von Ressourcen (vgl. Freiling und Reckenfelderbäumer 2010, S. 78 ff.).

Die Bewährung im Markt oder sogar die Dominanz gegenüber Wettbewerbern ist nur möglich, wenn die Marke einen der Konkurrenz ebenbürtigen bzw. überlegenen Kundennutzen stiftet. Ein dauerhaft überlegener Kundenutzen basiert immer auf Kernkompetenzen, wohingegen zur Behauptung im Markt die Verfügbarkeit von Kompetenzen ausreicht (vgl. Freiling 2009, S. 26 ff.). Der ökonomische Wert von Kompetenzen und Kernkompetenzen bemisst sich aus der Perspektive der identitätsbasierten Markenführung stets an der **Erzeugung von mit Preisbereitschaft verknüpftem Kundennutzen**. Die notwendigen Kompetenzen eines Unternehmens zur Markenführung können in drei Bereiche gegliedert werden: Veredlungs-, Marktzufuhr- und Meta-Kompetenzen (vgl. Abb. 1.13).

Veredlungskompetenzen umfassen die Informationsabsorptionskompetenz sowie die strategische Planungskompetenz. Zusammen schaffen sie die Handlungspotenziale einer Marke bei der Gestaltung der Leistungsbereitschaft. Die Informationsabsorptionskompetenz beschreibt die Fähigkeit, relevante Informationen am Markt, bspw. Trends, wahrzunehmen und intern adäquat darauf zu reagieren. Aufgabe der strategischen Planung ist die konsequente Ausrichtung der Wertschöpfungskette auf die Einhaltung des Nutzenversprechens der Marke. Hiervon betroffen sind bspw. Entscheidungen über Out- oder Insourcing

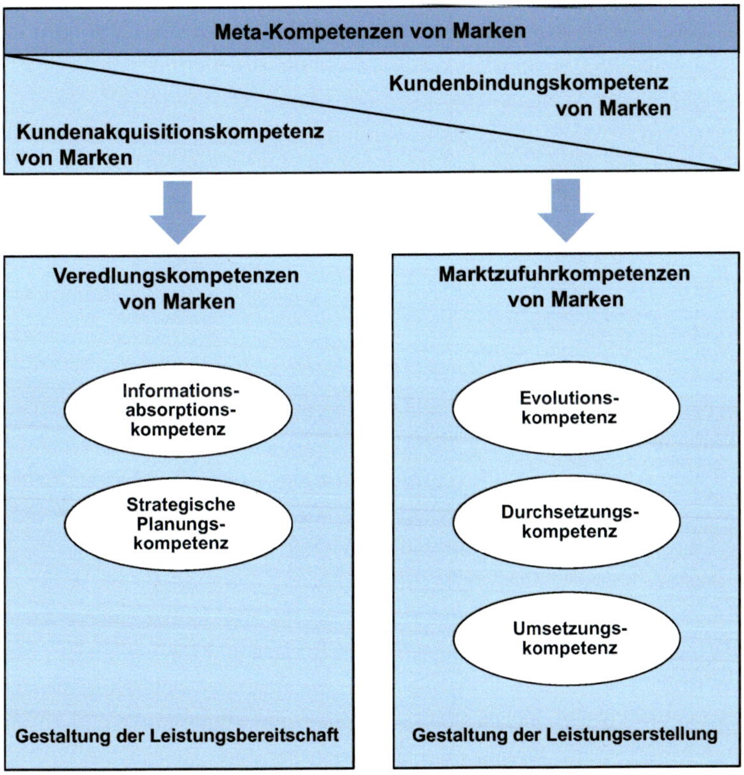

Abb. 1.13 Strukturierung von Kompetenzen in der identitätsbasierten Markenführung. (In enger Anlehnung an Blinda 2007, S. 320; Freiling und Welling 2005, S. 107 ff.)

von Teilbereichen der Wertschöpfungskette. Auf dieser Kompetenz aufbauend muss die zukünftige strategische Entwicklung des Markennutzenversprechens erfolgen (vgl. Blinda 2007, S. 326).

Marktzufuhrkompetenzen ermöglichen die Gestaltung der Leistungserstellung. Auf Basis der Evolutionskompetenz wird die Marke im Zeitablauf den sich wandelnden Umwelt- und Wettbewerbsbedingungen angepasst. Die Kompetenz zur internen Markendurchsetzung beinhaltet alle Maßnahmen der Markenführung, die auf interne Zielgruppen abstellen. Hier geht es bspw. um den Aufbau von Markenwissen, Brand Commitment und Brand Citizenship Behavior bei den Mitarbeitern (Abschn. 3.1). Die Markenumsetzungskompetenz schließlich dient der Sicherstellung eines hohen Fits zwischen der Markenidentität und der hierauf aufbauenden Markenpositionierung mit allen operativen Markenführungsmaßnahmen an den Brand Touch Points (Kap. 3). Neben den Veredelungs- und Marktzufuhrkompetenzen spielen für die identitätsbasierte Markenführung zwei übergeordnete Meta-Kompetenzen eine entscheidende Rolle. Mit der **Kundenakquisitionskompetenz** und der **Kundenbindungskompetenz** ist ein Unternehmen in der Lage, neue Kunden für die Marke zu gewinnen und bestehende Kunden an die Marke zu binden.

Kompetenzen und Kernkompetenzen einer Marke basieren auf Wissensvorsprüngen gegenüber dem Wettbewerb und sind deswegen stets temporär (vgl. Burmann 2002, S. 157 ff.). Es bedarf permanenter Investitionen in die Erneuerung von Kompetenzen und Kernkompetenzen, um Wissensvorsprünge der Marke zu verteidigen. Deswegen bedarf es kontinuierlicher Investitionen in die Bindung derjenigen Humanressourcen, die für die Kompetenzen und Kernkompetenzen einer Marke verantwortlich sind. Identitätsbasierte Markenführung umfasst immer zuerst die Führung von Mitarbeitern und nicht die werbliche Dekoration von Produkten oder Dienstleistungen.

1.7.4 Markenwerte

Markenwerte repräsentieren die Grundüberzeugungen der hinter einer Marke stehenden Führungskräfte und Mitarbeiter. Sie bringen wichtige emotionale Komponenten der Markenidentität zum Ausdruck. Damit repräsentieren sie, woran die Marke „glaubt". Fokussiert auf wenige Aussagen sollen Markenwerte vor allem den nicht-funktionalen Nutzen der Marke transportieren. In der Unternehmenspraxis finden sich oft viel zu generische und damit austauschbare Markenwerte. Beispielsweise nennt die Firma Henkel KG & Co. KGaA auf ihrer Internetseite unter anderem die Werte „Wir stellen unsere Kunden in den Mittelpunkt unseres Handelns.", „Wir schätzen, fordern und fördern unsere Mitarbeiter." sowie „Wir streben an, unsere führende Rolle im Bereich Nachhaltigkeit stetig auszubauen." (Henkel KG & Co. KGaA 2017). In dieser sehr allgemeinen und austauschbaren Form leisten Markenwerte keinen oder nur einen geringen Beitrag zur Differenzierung und Stärkung einer Marke.

Gesellschaftlich verantwortungsvolles, wertebasiertes Handeln von Marken wird in der betriebswirtschaftlichen Forschung seit vielen Jahren unter dem Begriff **Corporate Social Responsibility** (CSR) untersucht. Hanisch (2016) ist bspw. der Frage nachgegangen, ob es sich für Marken betriebswirtschaftlich lohnt, ihre Werte und darauf basierend ihr verantwortliches Handeln als Unternehmen in den Mittelpunkt zu rücken. In seiner deutschlandweiten Studie mit 1335 aktuellen und potenziellen Käufern von Marken aus fünf unterschiedlichen Branchen (Automobile, Lebensmittel, Banken, Fast-Food-Restaurants, Airlines) konnte er aufzeigen, dass ein wertebasiertes und verantwortungsvolles Verhalten die emotionale Identifikation mit der und die Bindung an die Marke stärkt. Der hier identifizierte Bindungseffekt wird auch **Brand Attachment** genannt und zeichnet sich durch eine sehr hohe Prognosegüte für das zukünftige Kaufverhalten aus. Das bedeutet, dass das Kaufverhalten der Nachfrager durch die CSR-Aktivitäten eines Unternehmens zwar nicht kurzfristig und unmittelbar beeinflusst wird, dafür aber mittels der wachsenden Bindung an die Marke langfristig geprägt werden kann. Im Branchenvergleich (siehe Abb. 1.14) wird deutlich, dass das CSR-Image eines Unternehmens, also die wahrgenommene Verantwortlichkeit gegenüber der Gesellschaft und der Umwelt, das Brand Attachment vor allem für Banken, Low-cost Airlines und in der Lebensmittelbranche positiv beeinflusst. Eine direkte Wirkung auf die Kaufintention der Nachfrager ließ sich demgegenüber nicht nachweisen. Diese wird über alle untersuchten Branchen hinweg durch das Brand Attachment und durch das Corporate Ability-Image einer Marke beeinflusst. Das Corporate Ability-Image beschreibt die vom Nachfrager wahrgenommene Leistungserstellungskompetenz eines Unternehmens (vgl. Hanisch 2016, S. 91 ff. sowie S. 174 ff.; Burmann 2016, S. 34 ff.).

Determinante	Zielgröße	Automobile	Banken	System-gastronomie	Low-cost Airlines	Lebensmittel
Corporate Ability-Image	Brand Attachment	0,438***	0,378***	0,463***	n.s.	n.s.
CSR-Image		n.s.	0,274*	n.s.	0,507***	0,719***
Corporate Ability-Image	Kaufintention	0,182*	0,266*	0,441***	0,585***	0,518***
CSR-Image		n.s.	n.s.	n.s.	n.s.	n.s.
Brand Attachment		0,659***	0,505***	n.s.	0,176*	0,214**

Signifikanz: * = p<0,10; ** = p<0,05; *** = p<0,01; *n.s.* = nicht signifikant

Abb. 1.14 Relevanz des CSR-Images im Branchenvergleich. (In enger Anlehnung an Hanisch 2016, S. 165)

Die Markenwerte spielen ferner für die Authentizität der Marke eine wichtige Rolle (vgl. Schallehn et al. 2014; Dietert 2018). Sie müssen von den Mitarbeitern tatsächlich gelebt werden, denn nur dann können die Markenwerte das Markenvertrauen steigern und zur emotionalen Markendifferenzierung beitragen. Ein Beispiel einer Marke mit besonders ausgeprägten Markenwerten ist „The Body Shop". Anita Roddick, die Gründerin von „The Body Shop", hat für ihre Marke fünf klare Werte formuliert und diese über einen langen Zeitraum beibehalten und konsequent umgesetzt: (1) Against Animal Testing, (2) Support Community Fair Trade, (3) Activate Self Esteem, (4) Defend Human Rights und (5) Protect The Planet (vgl. Backstage Tales 2017). Auch nach dem Verkauf an den Großkonzern L'Oréal im Jahr 2006 ließ sie sich vertraglich zusichern, dass „The Body Shop" den eigenen Markenwerten weiterhin treu bleiben werde (vgl. Dierig und Wüpper 2017). Die widersprüchlichen Werte von L'Oréal und „The Body Shop" führten jedoch dazu, dass die Nachfrager die Markenwerte und Authentizität von „The Body Shop" anzweifelten (vgl. Backstage Tales 2017). Der daraus resultierende Vertrauensverlust hatte einen direkten Einfluss auf den Umsatz: Während der Markt der Naturkosmetik stetig wächst, verzeichnet „The Body Shop" seit Jahren Umsatzrückgänge. Aktuell denkt L'Oréal daher über einen Verkauf von „The Body Shop" nach (vgl. Dierig und Wüpper 2017). Die Übernahme durch eine Konzernmarke und der dadurch aus Nachfragersicht wahrgenommene Authentizitätsverlust haben letztlich dazu geführt, dass „The Body Shop" trotz klar definierter Markenwerte nur noch als „halb-ethisch" und „lost-in-the-middle" wahrgenommen wird (vgl. Backstage Tales 2017).

Die positiven Wirkungen einer authentischen Verkörperung von Markenwerten zeigen sich an einem Beispiel aus dem deutschen Drogeriemarkt. Die Drogeriemarktkette dm setzt, im Gegensatz zum ehemaligen Konkurrenten Schlecker, konsequent auf die eigenen Markenwerte. Götz W. Werner, Gründer und Aufsichtsratsmitglied des Unternehmens, fasst diesen Anspruch wie folgt zusammen: „Wenn es keine Menschen gäbe, gäbe es keine Wirtschaft. Folglich ist die Wirtschaft für den Menschen da und nicht umgekehrt." Hieraus abgeleitet orientiert sich dm an den drei Werten „Verantwortlich leben", „Menschlich sein" und „Nachhaltig handeln". Im Gegensatz dazu standen bei Schlecker, einem Unternehmen, das insbesondere wegen schwerer Mängel in der Mitarbeiterführung immer wieder in der öffentlichen Kritik stand, statt Werten allein die Kostenminimierung im Mittelpunkt der Markenführung. So schloss Schlecker bspw. im Jahr 2009 rund 800 kleinere Filialen und eröffnete an ihrer Stelle sogenannte XL-Läden. Den bisherigen Mitarbeitern wurde angeboten, anstelle der Anstellung direkt bei Schlecker über eine Zeitarbeitsfirma als Leiharbeiter in den neuen Filialen zu arbeiten. Im Unterschied zu ihren tariflich festgesetzten Löhnen von 12 € pro Stunde erfolgte die Einstellung über die Zeitarbeitsfirma mit einem Lohn von 6,50 € pro Stunde. Mitarbeiter, die sich hierauf nicht einlassen wollten, wurden in weiter entfernte Filialen versetzt. Schlecker musste im Januar 2012 Insolvenz anmelden. Das Fehlen einer durch eine klare Identität geleiteten Markenführung bei Schlecker zeigt sich auch im Verhalten des Gründers Anton Schlecker. Für seine Mitarbeiter blieb er stets unsichtbar und betrat die Firmenzentrale immer über die Tiefgarage und einen privaten Aufzug. Auch nach der Insolvenz gab es von seiner Seite keine

Stellungnahme oder Ansprache an die Belegschaft (vgl. Amann und Tietz 2012, S. 68 ff.). Die Marktwirkung der Identitäten von dm und Schlecker wurde auf dem Bewertungsportal dooyoo.de deutlich: dm erzielt hier mit fünf Sternen eine sehr gute Wertung. Schlecker hingegen erzielte hier maximal drei Sterne (dooyoo GmbH 2017).

Wie Marken tatsächlich ihre nach Außen verkündeten Markenwerte missachten, zeigt sich auch am Beispiel von Adidas, die im Jahr 2016 360 Mio. Paar Schuhe produziert und einen Rekordgewinn von mehr als 1 Mrd. € weltweit erzielt haben (vgl. Adidas Group 2017a). Der Wert Nachhaltigkeit wird bei Adidas als Unternehmensziel formuliert und die Mitarbeiter werden als tragende Säule zur Erreichung dieses Ziels identifiziert: „... [Wir] befähigen Menschen, ihre Rechte auszuüben und ihr Potenzial zu entfalten." (Adidas Group 2017b). Die Sneaker werden u. a. in Fabriken in Kambodscha gefertigt. Dort angestellte Arbeiter arbeiten für einen Stundenlohn von rund 60 Cent unter oft gesundheitsschädlichen Bedingungen. Damit diese Umstände nicht das Image und die Identität der Marke schädigen und zeigen, dass ein wertebasiertes Handeln bei Adidas nur sehr eingeschränkt stattfindet, werden die Produktionsstätten weiträumig abgesperrt, mit Überwachungskameras und Wachpersonal geschützt und öffentliche Stellungnahmen zu den Zuständen in der Produktion kategorisch abgelehnt (vgl. SWR Fernsehen 2017).

1.7.5 Markenpersönlichkeit

Ursprünglich nur auf den Menschen bezogen, kann die Theorie der Persönlichkeit auch auf Marken übertragen werden.

► Azoulay und Kapferer (2003, S. 151) definieren die **Markenpersönlichkeit** als „the set of human personality traits that are both applicable and relevant for brands".

Diese Auffassung der Markenpersönlichkeit basiert auf Gilmores (1919) „Theorie des Animismus". Sie besagt, dass Menschen grundsätzlich dazu neigen, leblose Artefakte durch die Verleihung menschlicher Eigenschaften zu „beseelen", um die Interaktion mit diesen Artefakten zu vereinfachen. Demnach können auch Marken über „menschliche" Merkmale im Sinne einer eigenen Persönlichkeit verfügen (vgl. Aaker 1997; Fournier 1998; Hermann et al. 2005; Schade 2012).

Zur Gestaltung der Markenidentität muss zunächst die angestrebte Soll-Persönlichkeit der Marke definiert werden. Sie beschreibt, welche menschlichen Wesenszüge externe Zielgruppen mit der Marke verbinden sollen. Um Differenzierungskraft und Verhaltensrelevanz zu entfalten, muss die Soll-Markenpersönlichkeit mit Bezug auf die relevanten Wettbewerber und das Selbstkonzept der Zielgruppe entwickelt werden (vgl. Schade 2012, S. 10; Kleine-Kalmer 2016, S. 48). Die Soll-Markenpersönlichkeit findet ihren Ausdruck im verbalen und non-verbalen Kommunikationsstil einer Marke.

Um mit Hilfe der Markenpersönlichkeit Mitarbeiter führen zu können, muss die Markenpersönlichkeit operationalisiert und messbar gemacht werden. Diese Messung erfolgt anhand von Markenpersönlichkeitsskalen. In den vergangenen Jahren wurden in Wissenschaft und Praxis zahlreiche Markenpersönlichkeitsskalen vorgestellt. Diese Skalen basieren auf Erkenntnissen der Persönlichkeitspsychologie. Demnach lässt sich die menschliche Persönlichkeit anhand von fünf Dimensionen, den sog. „Big Five", beschreiben (vgl. Eysenck und Eysenck 1987, S. 123; Fisseni 1998, S. 405 ff.). Die „Big Five" umfassen „Extraversion", „Verträglichkeit", „Gewissenhaftigkeit", „emotionale Stabilität" und „Offenheit" (vgl. McCrae und Costa 1997, S. 514 f.).

Die ersten Ansätze zur Messung der Markenpersönlichkeit wurden bereits 1957 durch Wells et al. sowie in den folgenden Jahren von Plummer (1984), Alt und Griggs (1988) sowie Batra et al. (1993) entwickelt. Keiner dieser Ansätze konnte jedoch empirisch belegt werden. Den bislang prominentesten, wenn auch stark kritisierten Ansatz lieferte Aaker (1997) mit der von ihr entwickelten Brand Personality Scale (BPS). Aaker identifiziert fünf Dimensionen der Markenpersönlichkeit: „Aufrichtigkeit" (Sincerity), „Erregung/Spannung" (Excitement), „Kompetenz" (Competence), „Kultiviertheit" (Sophistication) und „Robustheit" (Ruggedness).

Diese Brand Personality Scale (BPS) wurde in den letzten Jahren vielfach mit dem Ziel untersucht, ihre Allgemeingültigkeit zu belegen. Dies ist bislang nicht gelungen. Vielmehr zeigte sich, dass die BPS nicht universell für verschiedene Länder und Produktkategorien anwendbar ist (vgl. u. a. Aaker et al. 2001; Ferrandi et al. 2000). Deswegen existieren heute zahlreiche Skalen zur Markenpersönlichkeit, die spezifisch auf einzelne Länder und/oder Produktkategorien ausgerichtet sind (vgl. Schade et al. 2014).

Solche spezifischen Skalen müssen folgende Anforderungen erfüllen:

1. Die Skala darf nur Persönlichkeitsmerkmale beinhalten,
2. die Skala muss ein statistisch reliables und valides Messinstrument darstellen,
3. alle enthaltenen Merkmale müssen zur Beschreibung der spezifischen Markenpersönlichkeiten (bspw. in einer bestimmten Produktkategorie) geeignet sein und
4. die Erfassung differenzierender Persönlichkeitsmerkmale ist zu gewährleisten.

Nur wenn diese Anforderungen erfüllt sind, können diejenigen Persönlichkeitsdimensionen identifiziert werden, die eine verhaltensrelevante Differenzierung von Marken gegenüber Wettbewerbern ermöglichen. Exemplarisch sollen zwei spezifische Markenpersönlichkeitsskalen vorgestellt werden:

Schade et al. (2014) entwickelten mittels eines mehrstufigen Vorgehens eine spezifische Markenpersönlichkeitsskala für professionelle Sportvereine in Deutschland, die aus vier Dimensionen besteht (vgl. Tab. 1.5).

Die inhaltliche Überschneidung mit der BPS von Aaker ist gering, denn nur die Eigenschaften „fröhlich", „familiär" und „hart arbeitend" sind ebenfalls Bestandteil der BPS. Durch die Markenpersönlichkeit können Sportvereine in besonderer Weise eine emotionale Bindung mit ihren Zielgruppen aufbauen. Die Dimension „Rebellisch" bietet z. B. für sportliche Underdogs eine gute Möglichkeit zur Differenzierung. Beispielsweise kommuniziert der FC St. Pauli diese Persönlichkeitsdimension durch einen entsprechenden

Tab. 1.5 Markenpersönlichkeitsskala für professionelle Sportvereine in Deutschland. (Schade et al. 2014)

Markenpersönlichkeitsdimensionen	1. Dimension: Extraversion	2. Dimension: Rebellisch	3. Dimension: Aufgeschlossenheit	4. Dimension: Gewissenhaftigkeit
Markenpersönlichkeitsmerkmale	Traditionell	Rebellisch	Weltoffen	Hart arbeitend
	Treu	Frech	Tolerant	Kämpferisch
	Gesellig	Alternativ	Kultiviert	Fleißig
	Familiär		Sozial verantwortungsbewusst	Willensstark
	Humorvoll			
	Fröhlich			

Kommunikationsstil sowie die Verwendung des Totenkopfsymbols und hat sich dadurch ein differenzierendes Markenimage aufgebaut (vgl. Schade 2012, S. 187 ff.; Abb. 1.15).

Herbst und Merz (2011) entwickelten ebenfalls mittels eines mehrstufigen Vorgehens eine spezifische Markenpersönlichkeitsskala für industrielle B2B-Marken im deutschen Kulturraum. Diese Skala besteht aus 39 Merkmalen, welche in drei Dimensionen (Leistungsorientierung, Sensation und Glaubwürdigkeit) zusammengefasst sind. Auch diese Skala zeigt nur wenige inhaltliche Überschneidungen mit der BPS von Aaker (1997). Damit wird die Notwendigkeit zur Entwicklung spezifischer Markenpersönlichkeitsskalen auch für den B2B-Sektor bestätigt. Das Entstehen der „Sensation"-Dimension belegt zudem, dass **emotionale Aspekte auch für B2B-Marken sehr relevant sind** (vgl. Herbst und Merz 2011, S. 1079). Dies zeigte sich auch in einer internationalen Studie des Lehrstuhls für innovatives Markenmanagement der Universität Bremen bei Spediteuren im Jahr 2014: In den fünf untersuchten Ländern Deutschland, Frankreich, England, Polen

Abb. 1.15 Fan Artikel des FC St. Pauli. (FC St. Pauli Shop 2017)

und Russland konnte festgestellt werden, dass Emotionen für ca. 40 % des statistisch erklärbaren Kaufverhaltens der Spediteure verantwortlich sind.

1.7.6 Art der Markenleistungen

Die Entscheidung über die grundsätzliche Form und Art der Produkte und Dienstleistungen einer Marke basiert vor allem auf deren Markenkompetenzen. Die konkrete technisch-funktionale Gestaltung der Produkte und Dienstleistungen erfolgt in der Regel durch die Forschungs- und Entwicklungsabteilung der Marke bzw. durch spezialisierte Dienstleister. **Markenleistungen** determinieren, wie eine Marke für den Nachfrager nutzbar wird. Bei der Gestaltung dieser Identitätskomponente wird festgelegt, welchen funktionalen Nutzen eine Marke dem Nachfrager bieten soll. Klar abzugrenzen von der Art der Markenleistung im Sinne der identitätsbasierten Markenführung ist die konkrete und detaillierte Produktpolitik. Diese Unterscheidung wird deutlich am Beispiel der Marke Dyson. Das ursprüngliche Produkt, mit dem James Dyson in den 1980er-Jahren sein Unternehmen gründete war ein revolutionärer Staubsauger ohne Beutel. Die Art der Markenleistung bei Dyson ist jedoch nicht die Entwicklung von beutellosen Staubsaugern. Vielmehr sieht James Dyson die Markenleistung darin, existierende Produkte besser zu machen. Aus diesem Anspruch sind neben einer ganzen Serie von beutellosen Staubsaugern auch Produkte in anderen Kategorien entstanden. So ist der Sea Truck ein effizientes Wassertransportmittel. Ballbarrow ist der Name einer Schubkarre, die anstelle eines Rades einen Gummiball besitzt und innerhalb von nur drei Jahren Marktführer in England wurde (vgl. Dyson 2017). Darüber hinaus gehören u. a. innovative Händetrockner in Gaststätten und Ventilatoren ohne Luftschraube zum Produktprogramm (vgl. Abb. 1.16).

Zusammenfassend ist für die Markenidentität festzuhalten, dass Aussagen über die Bedeutung der sechs Identitätskomponenten für die konkrete Ausprägung der Markenidentität nur im Einzelfall zu treffen sind. Aaker und Joachimsthaler (2000, S. 57) entwickeln vier Fragen, die bei der Identifikation der im Einzelfall besonders wichtigen Identitätskomponenten helfen können:

a) Does it help to differentiate the brand from its competitors?
Die Frage nach dem Differenzierungspotenzial spielt die wichtigste Rolle bei der Ausgestaltung der Identität. Identitätskomponenten, die eine hohe Verhaltensrelevanz und Differenzierungskraft bieten (für Mitarbeiter und Nachfrager), sollten stets besonders hervorgehoben werden.

b) Does it resonate with the customer?
Je stärker eine Identitätskomponente einen positiven Beitrag zur Imagebildung einer Marke liefert, weil sie von Nachfragern positiv beurteilt wird und für deren Kaufverhalten wichtig ist, desto mehr sollte die Komponente betont werden. Dies schafft bspw. die Kompetenz von BMW, dynamische Autos zu bauen.

Abb. 1.16 Ausgewählte Produkte der Firma Dyson. (Dyson 2017)

c) Does it energize employees?
Identitätskomponenten sollten in der Lage sein, die Markenmitarbeiter zu motivieren. Je stärker eine Identitätskomponente dies zu leisten vermag, desto stärker sollte sie bei der Markenführung in den Mittelpunkt gerückt werden.

d) Is it believable?
Die Frage nach der Glaubwürdigkeit einer Identitätskomponente unterstreicht die hohe Relevanz der Markenauthentizität für den Erfolg der Markenführung (Abschn. 1.9). Nur eine authentische Marke kann das Verhalten von internen und externen Zielgruppen nachhaltig beeinflussen. Je stärker eine Identitätskomponente intern und extern zur wahrgenommenen Authentizität einer Marke beiträgt, desto stärker sollte sie bei der Führung der Marke betont werden.

Der Stellenwert einzelner Identitätskomponenten hängt letztlich auch von der betrachteten Produktkategorie ab (vgl. Schaefer 2006, S. 122 ff.). Darüber hinaus sind die Zielgruppenstruktur, die Art des zentralen Markennutzens, die Markenidentität der Hauptwettbewerber, die Struktur des Markenportfolios eines Unternehmens und die rechtlichen, technologischen und gesellschaftlichen Rahmenbedingungen wesentliche Determinanten bei der Ausgestaltung der Markenidentität.

1.8 Konzeptionelle Ausgestaltung des Markenimages

Das **Markenimage** ist das Ergebnis eines Prozesses der subjektiven Wahrnehmung und Decodierung aller von der Marke ausgesendeten Signale. Dabei wird die Eignung der Marke zur Befriedigung von Bedürfnissen des Individuums bewertet.

► Beim Markenimage handelt es sich um ein mehrdimensionales Einstellungskonstrukt (vgl. Foscht et al. 2015, S. 126; Trommsdorff 2011, S. 133), welches das in der Psyche externer Nachfrager fest verankerte, verdichtete und wertende Vorstellungsbild von einer Marke wiedergibt.

Gegenstand der folgenden Ausführungen ist zunächst das Markenimageverständnis im Rahmen der identitätsbasierten Markenführung. Im Anschluss daran wird die **Speicherung von Markeninformationen** und darauf aufbauend die Bildung eines Markenimages aus neuroökonomischer Perspektive behandelt. Die Neuroökonomie hat das Ziel, das Verhalten von Nachfragern über neuronale Zusammenhänge im Gehirn zu erklären (vgl. Kenning 2014). Im Gegensatz zu klassischen Ansätzen des Konsumentenverhaltens (vgl. z. B. Kroeber-Riel und Gröppel-Klein 2013) verknüpft die Neuroökonomie psychologische, neurologische und ökonomische Erkenntnisse, um die (mentalen) Vorgänge im Nachfrager zu erklären (vgl. Bielefeld 2012).

1.8.1 Gegenstand des Markenimages

Voraussetzung für die Bildung eines Markenimages ist die **Bekanntheit einer Marke**. Die Markenbekanntheit misst die Fähigkeit, sich an ein Markenzeichen (Wortmarke, Bildmarke, Wort-Bild-Marke) zu erinnern (Brand Recall) oder es nach akustischer und/oder visueller Stützung wieder zu erkennen (Brand Recognition) und diese Kenntnisse einer Produktkategorie zuzuordnen (vgl. Aaker 1991, S. 61). Synonym wird Brand Recall auch als ungestützte Markenbekanntheit und Brand Recognition als gestützte Markenbekanntheit bezeichnet. Da die Markenbekanntheit notwendige Voraussetzung für die Entstehung eines Vorstellungsbildes im Kopf ist, kann sie keine Komponente des Markenimages sein.

Im Rahmen der identitätsbasierten Markenführung wird das Markenimage in zwei Hauptkomponenten aufgespalten (vgl. Abb. 1.17): die subjektiv wahrgenommenen Markenattribute sowie die daraus abgeleiteten funktionalen und nicht-funktionalen Nutzen der Marke für den Nachfrager (vgl. Vershofen 1940; Keller 1993, S. 17). **Markenattribute** sind beschreibende Merkmale einer Marke. Sie repräsentieren das Wissen einer Person über eine Marke. Der sich für Nachfrager aus den subjektiv wahrgenommenen Markenattributen ergebende Grad der Befriedigung von Bedürfnissen wird als **Markennutzen** bezeichnet (vgl. Perrey 1998, S. 12).

Der vom Nachfrager wahrgenommene **funktionale Markennutzen** wird primär vom Wissen des Nachfragers über die Markenleistungen und die besonderen Kompetenzen

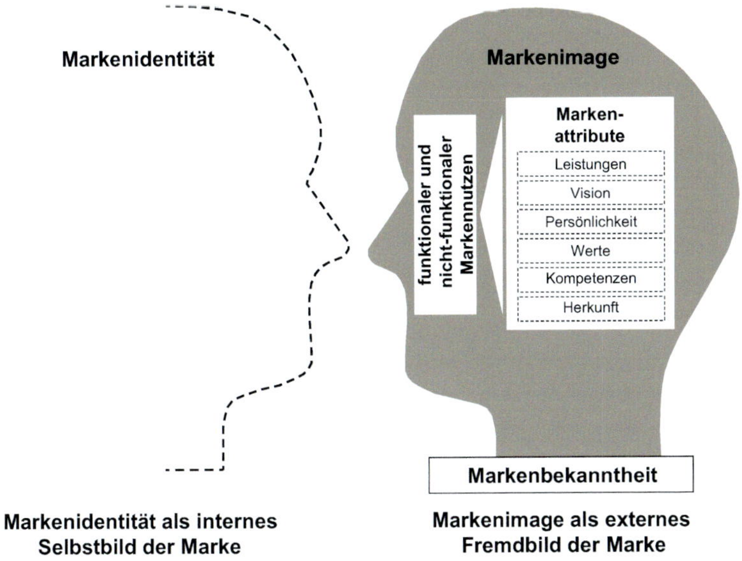

Abb. 1.17 Komponenten des Markenimages

der Marke geprägt. Während der **nicht-funktionale Markennutzen** primär von der Persönlichkeit, den Werten und der Vision bestimmt wird. Die Herkunft kann sowohl den funktionalen Nutzen der Marke prägen (z. B. ein Rotwein aus Bordeaux oder IT-Produkte aus dem Silicon Valley) als auch den nicht-funktionalen Nutzen (z. B. eine Marke aus San Francisco vermittelt durch ihre Herkunft den Lebensstil der „Flower Power"-Bewegung aus den 1960er-Jahren).

Der **funktionale Nutzen** umfasst den utilitaristischen und den ökonomischen Nutzen (vgl. Abb. 1.18). Der **utilitaristische Nutzen** basiert auf den physikalisch-technischen Eigenschaften der Markenleistungen. Beispielsweise zeigt sich dieser Nutzen bei einem Fahrzeug der Marke BMW in seiner Fähigkeit, die Fahrzeuginsassen von Ort A nach Ort B zu transportieren, aber ebenso in den spezifischen Eigenschaften des Wagens, wie z. B. seiner besonders ausgeprägten Fahrdynamik. Der **ökonomische Nutzen** der Marke ergibt sich aus dem Preis-Leistungs-Verhältnis und aus den finanziellen Konsequenzen der Markennutzung für den Nachfrager (vgl. Stolle 2013, S. 250 ff.). Bei einem Fahrzeug sind dies u. a. Kosten für Wartung, Treibstoff und den Wertverlust.

Allerdings ist der Aufbau von Markendifferenzierung ausschließlich über funktionale Nutzen auf Grund immer kürzerer Produktlebenszyklen (bei Mobiltelefonen sind dies bspw. meist nur noch wenige Monate) oft kaum mehr möglich. Selbst technisch herausragende Innovationen ermöglichen zumeist nur für kurze Zeit eine Differenzierung gegenüber Wettbewerbern. Daher ist insbesondere in reifen und gesättigten Märkten der nicht-funktionale Nutzen zum Aufbau eines nachhaltig differenzierenden Markenimages von besonderer Bedeutung (vgl. Burmann et al. 2007, S. 10).

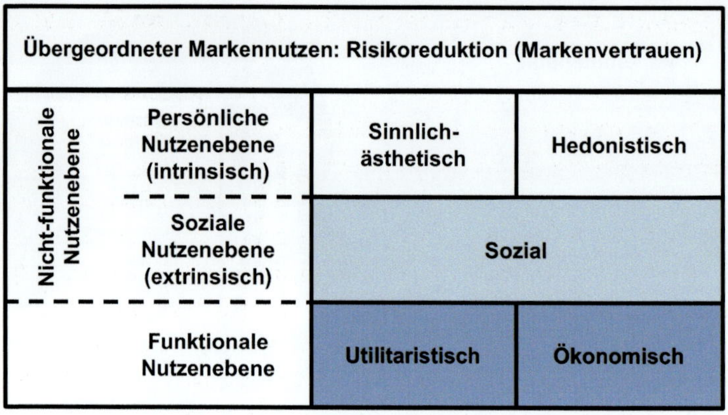

Abb. 1.18 Markennutzenarten und -ebenen. (In Anlehnung an Burmann und Stolle 2007, S. 15)

Nicht-funktionale Nutzen entstehen immer dann, wenn eine Marke losgelöst von ihrer funktionalen Nutzenstiftung dem Nachfrager einen zusätzlichen Nutzen, wie z. B. Prestige, stiftet (vgl. Meffert et al. 2015b, S. 333). Untergliedert wird der nicht-funktionale Nutzen einer Marke in die soziale und die persönliche Nutzenebene (vgl. Abb. 1.18). Die **sozialen Nutzen** einer Marke ergeben sich für den Nachfrager aus einer Befriedigung seiner extrinsischen Bedürfnisse nach externer Wertschätzung, Gruppenzugehörigkeit und der Selbstdarstellung im sozialen Kontext (vgl. Stolle 2013, S. 262). Die **persönliche, intrinsische Nutzenebene** umfasst den sinnlich-ästhetischen Nutzen einer Marke sowie den hedonistischen Nutzen. Der **sinnlich-ästhetische Markennutzen** resultiert aus der Befriedigung des Bedürfnisses nach Schönheit. Bei einem Automobil kann dies bspw. durch das Design der Karosserie und des Innenraums erfolgen. Der **hedonistische Nutzen** einer Marke befriedigt das Bedürfnis nach Selbstverwirklichung, Lust und Genuss sowie kognitiver und emotionaler Stimulation (vgl. Stolle 2013, S. 263 f.).

Der übergeordnete Nutzen einer Marke ist deren Eignung zur **Risikoreduktion**. Die Risikoreduktionsfunktion kann ursächlich auf alle fünf zuvor dargestellten Nutzendimensionen zurückzuführen sein. Risiken können für Nachfrager u. a. im Kontext des funktional-utilitaristischen (z. B. Crashsicherheit eines Autos), des ökonomischen (finanzielles Risiko) oder des sozialen Nutzens (z. B. Risiko der mangelnden Akzeptanz im Freundeskreis) auftreten. Ebenso bestehen Risiken auf der sinnlich-ästhetischen Ebene (z. B. bei Amazon bestelltes Abendkleid sieht angezogen nicht so schön aus wie erwartet) und der hedonistischen Ebene (z. B. die durch den Kauf eines Buch-Bestsellers erwartete Stimulation tritt beim Lesen nicht ein). Je größer die subjektiv empfundenen Risiken sind, desto wichtiger ist das **Markenvertrauen** für das Kaufverhalten.

1.8.2 Reizverarbeitung im Gehirn zur Entstehung von Markenimages

Durch die Hirnforschung (vgl. z. B. Roth 2003) ist bekannt, dass sämtliche Sinneseindrücke von Marken im Gehirn als **neuronale Netzwerke** abgelegt werden, d. h. als miteinander verbundene Nervenzellen (vgl. Bielefeld 2012, S. 152 f.). In diesen neuronalen Netzwerken werden alle mit einer Marke subjektiv verknüpften Fakten, Erfahrungen, Bewertungen, Interaktionen, Emotionen usw. abgespeichert.

Der Teil dieses neuronalen Netzwerkes, der durch den Nachfrager sprachlich artikuliert werden kann, wird als **assoziatives Markennetzwerk** bezeichnet (vgl. Spitzer 2008, S. 243). Neben den vom Markenmanagement gesteuerten Assoziationen nimmt der Nachfrager weitere markenbezogene Informationen in sein assoziatives Markennetzwerk auf. Hierbei kann es sich bspw. um episodische Erinnerungen des Nachfragers handeln, d. h. kurze Geschichten rund um seine Erlebnisse mit der Marke. Diese Erinnerungen können in Form von Emotionen, Gefühlen oder rationalen Gedanken gespeichert werden. Die Unterscheidung zwischen **Emotionen** als physiologischem Erregungszustand und **Gefühlen** ergibt sich aus dem Grad des Bewusstseins, mit dem die physiologischen Zustände des eigenen Körpers vom Menschen erlebt und artikuliert werden können. Bei Gefühlen handelt es sich um sensorische Muster, die als subjektive Vorstellung im Kopf des Menschen bestehen und artikuliert werden können (vgl. Bielefeld 2012, S. 135 f.).

Die im Markenimage zusammengefassten Gedächtnisinhalte können einen engen oder weiten Bezug zur Marke besitzen. Bei **Markenassoziationen im engeren Sinne** handelt es sich um Informationen, die unmittelbar mit den von der Marke versprochenen funktionalen und nicht-funktionalen Nutzen verbunden sind. Sie stellen für die Marke typische Zusammenhänge her. Dies beinhaltet auch solche Informationen, die eine visuelle, verbale oder andere sinnliche Identifizierung der Marke ermöglichen (vgl. Kenning 2014, S. 49 ff.). Die Identifizierung bezieht sich auf die konkrete Gestaltung der Marke, z. B. Logo, Jingle (Sound Branding), Slogan, und auf alle anderen Symbole des Markenversprechens, wie bspw. die typische Dünenlandschaft in der Kommunikation der Biermarke Jever. Markenassoziationen im engeren Sinne können durch den Nachfrager problemlos abgerufen und artikuliert werden (vgl. Bielefeld 2012, S. 154).

Markenassoziationen im weiteren Sinne sind **biografisch verankerte Assoziationen**, die für den Nachfrager mit der Marke in Verbindung stehen, deren Ursprung aber nicht direkt in dem von der Marke vermittelten Nutzenversprechen liegt. Diese Assoziationen sind dem Nachfrager oft nicht vollständig bewusst und haben für das Kaufverhalten meist eine sehr hohe Bedeutung (vgl. Koch 2008, S. 262 ff.). Die Verknüpfung der Assoziationen im weiteren Sinne mit den vollständig bewussten Assoziationen im engeren Sinne ist sehr wichtig für die Bewertung einer Marke (vgl. Bielefeld 2012, S. 154 ff.).

Die Bedeutung einzelner Gedächtnisinhalte innerhalb eines assoziativen Markennetzwerkes ist von Nachfrager zu Nachfrager verschieden. Je wichtiger eine Assoziation für einen Nachfrager ist, desto einfacher und schneller kann er diese abrufen. Die **subjektive Wichtigkeit** eines Gedächtnisinhaltes ergibt sich aus seinem **Belohnungswert**, der dem Grad der individuellen Bedürfnisbefriedigung entspricht. Lediglich der verhältnismäßig kleine Teil des Markennetzwerkes mit hohem Belohnungswert wird bei Kaufentscheidungen vom Nachfrager direkt aufgerufen und für das Treffen der Kaufentscheidung verwendet (vgl. Bielefeld 2012, S. 158 f.). Je vertrauter ein Nachfrager mit dem Kaufprozess ist, desto stärker wird die Markenbewertung von Gefühlen wie Freude oder Genuss (hoher Belohnungswert) bestimmt, die mit der Marke assoziiert werden. Demgegenüber treten rationale Gedanken und Abwägungen in den Hintergrund. Der Nachfrager wird durch die Vertrautheit mit der Marke gedanklich entlastet (vgl. Kenning et al. 2002).

Diese Zusammenhänge sind beispielhaft anhand der Marke Milka in Abb. 1.19 dargestellt: Die zart schmelzende Schokolade von Milka wird beworben mit dem Slogan „die zarteste Versuchung". Das zarte Schmelzen der Schokolade im Mund stellt zunächst einen funktionalen Nutzen dar. Der Werbeslogan erweitert diesen funktionalen Nutzen zusätzlich, da das zarte Schmelzen mit dem Terminus der Versuchung emotional aufgeladen wird. Verbindet der Nachfrager mit dem zarten Schmelzen der Schokolade zusätzlich noch eine persönliche Erfahrung, rückt die entsprechende Markenassoziation immer tiefer in den sehr emotionalen, biografischen Bereich des Gedächtnisses (vgl. 2. Ebene in Abb. 1.19) und der Belohnungswert der Marke steigt. Zu denken ist hier bspw. an eine Kindheitserinnerung mit gemütlichen Weihnachtsfeiern bei den Großeltern, zu denen jedes Kind eine Tafel Milka Schokolade geschenkt bekommen hat. Ebenso kann eine persönliche Erfahrung darin bestehen, dass sich ein Schüler nach erfolgreichen Prüfungen stets mit einer Tafel Milka Schokolade belohnt hat und Milka deswegen die Lieblingsschokolade in der Kindheit war.

„Alpenmilch" und „schöne Bergwelt" sind unmittelbar mit der aktiv kommunizierten Herkunft der Marke verknüpft. Diese Verknüpfung besteht auch deshalb, weil die Marke Milka aus der Schweiz stammt, wo sie 1901 registriert wurde. Assoziationen wie „lange Tradition" und „heile Welt" wiederum spiegeln das subjektive Wissen des Nachfragers über die Markenwerte und die Vision der Marke wider. Assoziationen zur Qualität und

Abb. 1.19 Zwei Ebenen eines assoziativen Markennetzes am Beispiel der Marke Milka. (In Anlehnung an Bielefeld 2012, S. 136)

Beschaffenheit der Produkte („gut schmeckend“, „weich“, „süß“) gehen auf die Kompetenzen der Marke sowie die konkreten Markenleistungen zurück und haben meist einen geringeren Belohnungswert als biografisch verankerte Markenassoziationen. Die Verhaltensrelevanz einer Marke ergibt sich somit vor allem aus den nicht-funktionalen, zumeist hoch emotionalen Nutzenassoziationen.

1.8.3 Speicherung von Markenimages im Gedächtnis

Aus neuroökonomischer Perspektive sind starke Marken durch umfassende und sehr verfestigte assoziative Netzwerke geprägt. Dieser Zusammenhang kann auch als Vertrautheit des Nachfragers mit einer Marke beschrieben werden. Die Markenvertrautheit gibt dem Nachfrager die Sicherheit, beim Kauf einer Marke die für ihn subjektiv wichtige Belohnung zu erhalten (vgl. Birbaumer und Schmidt 2006, S. 617). Die Erfüllung der erwarteten Belohnung bzw. das Ausbleiben dieser Belohnung wird vom Nachfrager in seinem Gedächtnis gespeichert. Die in der Vergangenheit erlebten Belohnungen erzeugen als Belohnungserwartungen die Motivation zur erneuten Auswahl einer Marke (vgl. Roth 2007, S. 149 ff.). Der mit der Bildung von Markenimages einhergehende Prozess der Speicherung und Abrufung von Informationen ist in Abb. 1.20 dargestellt.

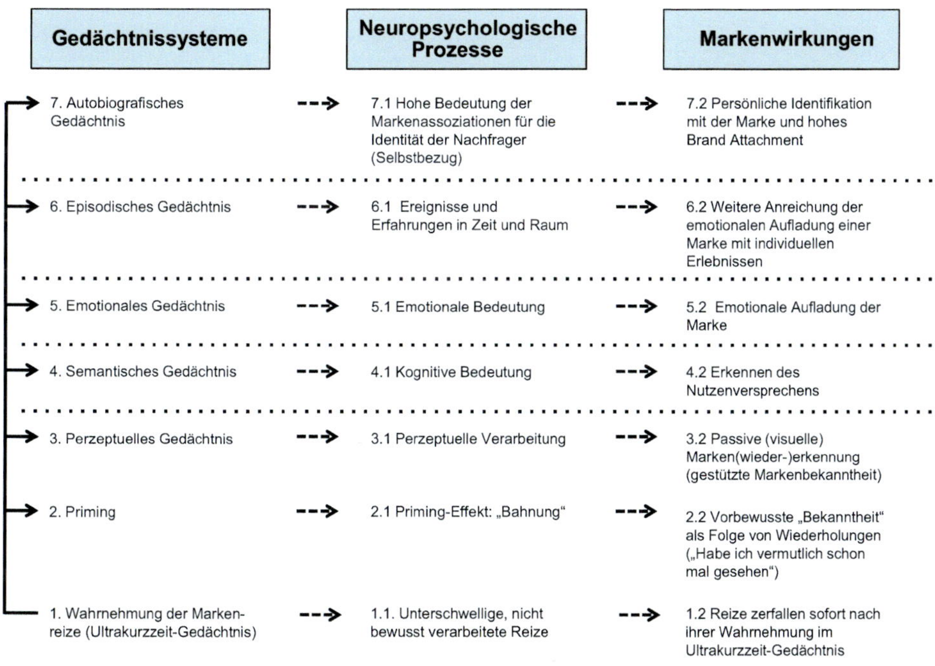

Abb. 1.20 Prozess der Informationsverarbeitung, Gedächtnissysteme und Markenwirkungen. (In enger Anlehnung an Bielefeld 2012, S. 213)

Der Prozess der Informationsverarbeitung beginnt mit der **Wahrnehmung der Markenreize**. Diese werden zunächst im Ultrakurzzeitgedächtnis vorverarbeitet. Hier zerfällt der Reiz ohne bewusste Wahrnehmung, wenn er nur sehr kurz wahrgenommen wird (nicht länger als 50 ms) und nicht im Fokus der Aufmerksamkeit liegt, nicht von stärkeren Reizen überlagert oder als unwichtig eingestuft wird (vgl. Roth 2003, S. 229). Die Stärke von Markenreizen ergibt sich aus ihrem Neuigkeitsgrad und ihrer Relevanz zur Bedürfniserfüllung des Nachfragers sowie ihrer Prägnanz (vgl. Bielefeld 2012, S. 163 ff.).

Ist der Reiz hingegen ausreichend stark, erfolgt auf der nächsten Ebene das sog. Priming, bei dem ein vorangegangener Reiz bereits vorhandene Gedächtnisinhalte aktiviert und somit eine etwas leichtere Verarbeitung ermöglicht. **Priming** ermöglicht einem Nachfrager die schnellere Wahrnehmung bei wiederholter Präsentation des Reizes, bspw. bei der Suche nach einer nur sehr vage und flüchtig bekannten Marke im Supermarktregal (vgl. Roth 2003, S. 229).

Steigt die Reizwirkung einer Marke weiter, folgt die eigentliche **perzeptuelle Verarbeitung** des Stimulus. Sie beschränkt sich dabei zunächst auf die Wahrnehmung der formalen Markengestaltung (primäre Markensymbole), ohne dass bereits das gesamte Markennetzwerk aktiviert wird. Der Reiz wird mit den im Gedächtnis gespeicherten Informationen verglichen, sodass ein Erkennen der Marke z. B. anhand der typischen Verpackungsgestaltung oder des Logos möglich wird. Konkret handelt es sich bei diesem Effekt um die gestützte Markenbekanntheit.

Die nächste Ebene des Verarbeitungsprozesses bildet das **semantische Gedächtnis**. Der Nachfrager nimmt auf dieser Stufe die Bezeichnung und kognitive Bedeutung der Marke wahr. Hierbei handelt es sich bspw. um ihre Produkte, ihre Eigenschaften, den Preis usw. Diese Art der Information wird zunächst nur rational wahrgenommen. Es handelt sich auf dieser Verarbeitungsebene um ein **rein rationales Verstehen der betrachteten Marke** (vgl. Roth 2003, S. 91).

Die emotionale Interpretation der Marke erfolgt auf der nächsten Stufe der Reizverarbeitung im **emotionalen Gedächtnis**. Hierzu werden Markenreize anhand der im Gedächtnis gespeicherten Emotionen bewertet und gewichtet. Dieser Schritt ist für das Markenmanagement von entscheidender Bedeutung, da durch die Verknüpfung der Markenreize mit den gespeicherten Emotionen die Marke emotional aufgeladen wird. Das Nutzenversprechen wird zu emotionalen Nutzenassoziationen transformiert, wodurch die Marke einen höheren Belohnungswert für den Nachfrager erhält (vgl. Bielefeld 2012, S. 216).

Bei wiederholter Verwendung einer Marke verbinden sich diese Informationen im **episodischen Gedächtnis** zu gespeicherten Verhaltensmustern (Handlungsabläufen). Finden die wiederholten Verwendungen zu typischen Anlässen statt, wie bspw. der morgendlichen Gesichtspflege mit derselben Kosmetikmarke, so wird ebenfalls die Verhaltensgewohnheit mit den Markenassoziationen verbunden.

Eine noch stärkere emotionale Relevanz entsteht, wenn die Marke eine autobiografische Bedeutung für das Selbstbild des Nachfragers besitzt und im **autobiografischen Gedächtnis** gespeichert wird. Hierdurch erlangen die Nutzenassoziationen der Marke einen individuellen Identitätsbezug für den Nachfrager, in dessen Folge eine ausgeprägte Identifikation mit der Marke (Brand Attachment Abschn. 2.2.2.2) entsteht. Dies gilt insbesondere für Marken, die für sein Streben nach Prestige, Anerkennung und Selbstbelohnung wichtig sind (vgl. Bielefeld 2012, S. 217).

1.8.4 Neurowissenschaftliche Implikationen für die identitätsbasierte Markenführung

Von zentraler Bedeutung ist zunächst, dass Markenimages im Gehirn des Nachfragers durch den Vergleich der Wahrnehmung von Markenreizen mit individuellen Gedächtnisinhalten entstehen. Deswegen nehmen Nachfrager Marken meistens nicht so wahr, wie dies das verantwortliche Markenmanagement beabsichtigt. Das Markenimage weicht also in vielen Fällen von der Markenidentität ab bzw. das Selbstbild entspricht nicht dem Fremdbild. Um dennoch eine möglichst homogene Wahrnehmung einer Marke zu gewährleisten, muss bei der Führung einer Marke stets überlegt und regelmäßig geprüft werden, welche kaufauslösenden Emotionen und Gefühle die Marke vermitteln soll und mit welchen assoziativen Markennetzwerken (Markensymbolen) diese beim Nachfrager zu verknüpfen sind.

Von Bedeutung ist hierbei die Unterscheidung zwischen Emotionen und Gefühlen. Auch wenn beide Begriffe im üblichen Sprachgebrauch vielfach synonym verwendet werden, bezeichnen sie neurowissenschaftlich zwei unterschiedliche Dinge. Emotionen als körperliche Erregungszustände sind den Gefühlen stets vorgelagert und lösen diese aus. Emotionen sind nicht direkt mit dem Objekt verbunden, welches sie auslöst. Vielmehr handelt es sich um stereotype Abläufe. Die weitgehend anerkannten **sechs universellen Emotionen** sind Furcht, Glück/Freude, Trauer, Ärger, Überraschung sowie Ekel (vgl. Damasio 2013, S. 67 ff.). Die Emotionen, die ein Objekt hervorruft, z. B. die Freude über ein kühles Glas Bier einer bestimmten Marke an einem warmen Sommerabend, werden vom Menschen als Gefühl erlebt (bewusst und artikulierbar) und neuronal mit diesem Objekt verknüpft. Im Gedächtnis wird das Gefühl in Verbindung mit dem Objekt, hier der Marke des kühlen Biers, abgelegt und gegebenenfalls später abgerufen. Die Emotion hingegen wird nicht erinnert.

Sämtliche Informationen über eine Marke, z. B. Markenlogo, Verpackung, Produkte, Jingle etc., werden durch den Nachfrager **nicht ganzheitlich wahrgenommen und gespeichert**. Vielmehr werden diese Informationen in kleinste Informationseinheiten zerlegt, wahrgenommen und danach in Form von assoziativen, neuronalen Markennetzen zusammengesetzt und gespeichert. Je markentypischer formale Gestaltungsmerkmale sind, desto besser kann sich das neuronale Markennetzwerk beim Nachfrager verfestigen. Je gefestigter das Netzwerk ist, desto verhaltensrelevanter und damit stärker ist die Marke. Umgekehrt verhält es sich bei mangelnder Konstanz und Konsistenz in der Markengestaltung. Häufige Wechsel und uneinheitliche Gestaltungen führen zu einer Vermehrung der zur Markenwahrnehmung notwendigen neuronalen Sub-Netze, da für jede Gestaltungsvariante ein eigenes Netz gebildet werden muss. Dies verhindert die Verfestigung eines einzigen neuronalen „Kern-"Netzes und schwächt damit die Repräsentation und Verhaltensrelevanz der Marke im Gehirn des Nachfragers (vgl. Bielefeld 2012, S. 390).

Die sensorischen Informationen der Sinnesorgane ermöglichen dem Nachfrager die Zuordnung eines Reizes zu einer Marke. Darüber hinaus bieten sie ihm erst die Möglichkeit, die Markenbotschaft zu verstehen. Sensorische Informationen werden im neuronalen Markennetzwerk mit Gefühlen sowie individuellen episodischen Erinnerungen verknüpft. Durch diese Verbindung wird eine Bewertung der Markenreize hinsichtlich der persönlichen Relevanz und dem Grad der Neuheit für den Nachfrager möglich. Diese Bewertung entscheidet darüber, ob ein Nachfrager einem Markenreiz Aufmerksamkeit zuwendet und ob eine Marke gekauft wird. Emotionen als sensorische Information können dabei für unterschiedliche Marken einheitlich sein. Zu denken ist bspw. an die Emotionen der „Freude" eines überzeugten Biertrinkers bei den Biermarken Jever und Paulaner. Die dazu abgespeicherten Gefühle hingegen unterscheiden sich teils erheblich zwischen den Marken (vgl. Bielefeld 2012, S. 390 ff.). Bei den obigen Biermarken kann davon ausgegangen werden, dass die Gefühle zwischen der „nordischen" Marke Jever und dem „bayrischen" Paulaner sehr unterschiedlich ausfallen. **Die von einer Marke beim Nachfrager ausgelösten Gefühle bilden den Kern des Markenerlebnisses und sind als Differenzierungsmerkmal und Kauftreiber der wichtigste Gestaltungshebel für das identitätsbasierte Markenmanagement.**

Die feste Verankerung der Marke im neuronalen Netzwerk eines Nachfragers kann aus neurologischer Sicht als **Markenstärke** und damit als **Verhaltensrelevanz einer Marke** verstanden werden. In diesem Sinne besitzen starke Marken eine Fülle synaptischer Verbindungen (großes neuronales Netzwerk), in denen die typischen, prägnanten sensorischen Merkmale einer Marke mit den emotional getönten Nutzenassoziationen des Nachfragers verbunden sind. Markennetzwerke werden durch wiederholte Wahrnehmungen der Marke und mit ihr assoziiertem Verhalten verstärkt. Gespeichert werden dabei Informationen über das eigene Verhalten, z. B. Kauf, Verwendung und Verwendungsanlässe, sowie das Erleben, z. B. Erfahrungen und Bestätigung durch Dritte. Bei jeder ähnlichen Situation wird das so gefestigte Markennetzwerk immer wieder aktiviert und wirkt verhaltenssteuernd auf den Nachfrager (vgl. Bielefeld 2012, S. 393).

Die dargestellten Erkenntnisse der Neurowissenschaften besitzen für das tiefergehende Verständnis des Nachfragerverhaltens einen großen Wert. Dieser liegt allerdings weniger in radikal neuen Erkenntnissen als vielmehr in einer stärkeren Ausdifferenzierung und der Bestätigung bereits bekannter Zusammenhänge. Die Existenz eines Zusammenhangs zwischen neuralen Vorgängen und dem Verhalten ist in der Psychobiologie bereits in den 1970er-Jahren untersucht worden (vgl. Birbaumer 1975, S. 3). Bereits damals wurde erkannt, dass die Wahrnehmung von Reizen über Mustervergleiche mit gespeichertem Wissen erfolgt und Informationen in neuralen Zellverbänden abgelegt werden (vgl. Birbaumer 1975, S. 147). Auch die große Bedeutung von Gefühlen für Kaufentscheidungen ist im Marketing seit über 50 Jahren bekannt, kann nun aber dank neurobiologischer Analysen fundiert nachgewiesen werden.

Die große Popularität der Neuroökonomie basiert vielfach auf technischen Entwicklungen, mit deren Hilfe Vorgänge im Gehirn bildhaft dargestellt werden können. Mittels dieser bildgebenden Verfahren, z. B. der funktionalen Magnetresonanztomographie (fMRT), kann verdeutlicht werden, welche Hirnregionen bei bestimmten Reizen aktiviert werden. Allerdings sind die markenbezogenen Erkenntnisse aus diesen Untersuchungen mit sehr großer Vorsicht zu betrachten. Dies liegt einerseits an der unzureichenden Auflösungsqualität der bildgebenden Verfahren und dem noch begrenzten medizinischen Wissen über die Funktionsweise des menschlichen Gehirns und andererseits an der hohen Beeinflussbarkeit der Bildgebung durch den Anwender (vgl. Vul et al. 2009) oder der oft sachlich falschen und „marktschreierisch-verkürzten" Interpretation bildgebender Analysen durch selbsternannte Experten (vgl. Bielefeld 2012, S. 240 ff.; Kenning 2014, S. 124 f.).

Wie Bielefeld (2012) und Kenning (2014) anhand zahlreicher Beispiele zeigen, kann die Neurowissenschaft keinen „Kaufknopf" im Gehirn der Nachfrager identifizieren. Einer großen Popularität erfreut sich in diesem Zusammenhang die Behauptung, dass Menschen die Fronten von Autos wie menschliche Gesichter interpretieren. Grundlage hierfür ist die Erkenntnis bildgebender Verfahren, dass gleiche Hirnareale aktiviert werden, wenn Probanden Fotos von Gesichtern und Autofronten sehen. Ob es sich hierbei allerdings tatsächlich um eine Gleichstellung von Gesicht und Autofront handelt, kann anhand dieses Befundes nicht belegt werden (vgl. Bielefeld 2012, S. 244 ff.). Zudem war die Erkenntnis, dass gutes Design das Kaufverhalten beeinflusst, lange vor dem Entstehen der Neuroökonomie bekannt. Neue Gestaltungsempfehlungen für Autodesigner lassen sich aus der Neuroökonomie deswegen nicht ableiten.

Die Ausführungen zum Markenimage zusammenfassend kann festgestellt werden, dass im Gegensatz zur Markenidentität das Markenimage nicht direkt und unmittelbar vom Management gesteuert werden kann. Das Markenimage entsteht nur mittelbar durch die Aktivitäten der Markenführung (Management und Mitarbeiter der Marke). Darüber hinaus wird es beeinflusst durch Nachfrager im Markt (z. B. durch Offline- und Online-Empfehlungen oder Kommentare von Influencern bzw. Meinungsführern), durch Wettbewerbsreaktionen und durch gesellschaftliche (z. B. Proteste gegen die Globalisierung), politische (z. B. Proteste gegen Donald Trump als „Klimakiller") oder technologische Veränderungen (z. B. Ausbreitung von Streaming-Angeboten durch leistungsfähigeren Datentransfer).

1.9 Authentizität in der identitätsbasierten Markenführung

1.9.1 Gegenstand der Markenauthentizität

Die Sicherstellung von **Authentizität** bildet die Grundvoraussetzung für ein erfolgreiches identitätsbasiertes Markenmanagement. Entsprechend dem in Abb. 1.21 dargestellten Gesamtmodell der identitätsbasierten Markenführung muss eine Marke ihr aus der Identität abgeleitetes und auf wichtige Markenbedürfnisse zielendes Nutzenversprechen an allen

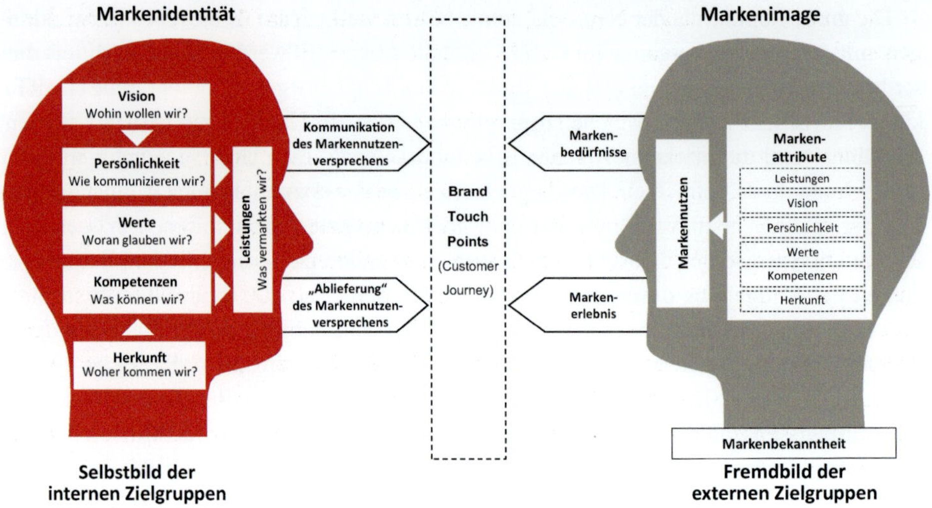

Abb. 1.21 Gesamtmodell der identitätsbasierten Markenführung

Brand Touch Points konsequent einlösen, um von den Nachfragern als authentisch wahrgenommen zu werden.

Die Authentizität einer Marke ist als Stellhebel zur Differenzierung in den letzten Jahren zunehmend wichtiger geworden (vgl. Schallehn et al. 2014; Burmann und Adomeit 2017; Dietert 2018). Ursache hierfür ist ein **branchenübergreifender Verlust des Markenvertrauens** als Ergebnis von Banken- und Finanzkrisen, Betrugsskandalen und Steuerflucht globaler Konzerne (vgl. United Digital Group 2017). Während identische, sehr ähnliche oder unscharfe Markenpositionierungen zu einer Reduktion der Glaubwürdigkeit des Markenversprechens führen, bietet eine authentische Marke einen Garant für die „Echtheit“ des Markenversprechens. Hierüber bilden und stärken authentische Marken das Vertrauen ihnen gegenüber. **Markenauthentizität ist damit eine dem Vertrauen vorgelagerte Einflussgröße und dessen wichtigste Determinante.**

Über ihre vertrauensbildende Funktion wirken authentische Marken differenzierend und erzeugen Markenpräferenzen. Die hohe Wettbewerbsintensität globaler Märkte, hohe Reifegrade vieler Produkte und rasche Adaptionszyklen führen zu einer steigenden **funktionalen Austauschbarkeit** von Marken (vgl. Mäder et al. 2008, S. 134). Das Agieren in einem relativ engen Differenzierungsraum hat dazu geführt, dass es künftig weniger darum gehen wird, einzigartige Nutzenversprechen zu kommunizieren, als vielmehr darum, einmal abgegebene Versprechen auch tatsächlich einzulösen (vgl. Grant 2006, S. 15; Burmann 2017). Es konnte wissenschaftlich nachgewiesen werden, dass Nachfrager in zunehmendem Maße nicht-authentische Angebote konsequent zurückweisen (vgl. Gilmore und Pine II 2007, S. 5). Dies ist besonders kritisch, da viele Nachfrager ein Authentizitätsdefizit spüren. In einer Studie mit 12.000 Probanden in 14 Ländern gaben bspw. 78 % der Befragten an, Marken nicht als ehrlich zu empfinden (vgl. Cohn & Wolfe 2016a).

► Definitorisch ist die **Authentizität einer Marke das Ausmaß ihrer identitätsbezogenen Handlungsverursachung** (vgl. Schallehn 2012, S. 38).

Dieses Verständnis stellt das Markenverhalten, also die Handlungen einer Marke bzw. der hinter ihr stehenden Mitarbeiter, in den Fokus der Betrachtung. Die Handlungsmotivation findet zwischen den beiden Polen intrinsischer und extrinsischer Motivation statt. Extrinsische Motivation wird durch externe Umweltreize bestimmt. Dabei versucht die Marke auf neue Umweltbedingungen zu reagieren und richtet ihre Aktivitäten ausschließlich an marktlichen Opportunitäten aus. Beispielsweise würden so Wettbewerbsmarken unreflektiert kopiert und kurzfristige Trends in die Marke integriert werden. Demgegenüber beschreibt intrinsische Motivation einen Antrieb von innen heraus, der auf einem individuellen Selbstverständnis und Überzeugungen der Marke beruht. Bestimmt die Identität einer Marke als Manifestation ihres Selbstverständnisses stets und in hohem Maße ihr Verhalten, so ist eine Marke sehr authentisch.

Aus der Perspektive der Nachfrager ist eine objektive Beurteilung der Handlungsmotivation einer Marke und deren Mitarbeitern nicht ohne weiteres möglich. Vielmehr bilden Nachfrager ihr subjektives Wissen über die Identität einer Marke auf Grundlage ihrer persönlichen Erfahrungen. Somit ist die Authentizitätsbeurteilung durch Nachfrager abhängig von extern wahrnehmbaren Indikatoren.

Das identitätsbasierte Authentizitätsverständnis greift die vier konstitutiven Identitätsmerkmale auf (Abschn. 1.6.1.2). Das Ausmaß der Erfüllung dieser vier Merkmale determiniert zugleich das Ausmaß der Authentizität einer Marke (vgl. Abb. 1.22).

Diese Determinanten der Markenauthentizität (Abb. 1.22) werden im wissenschaftlichen Diskurs mitunter auch als Komponenten der Markenauthentizität bezeichnet (vgl. Bruhn et al. 2012; Spiggle et al. 2012; Napoli et al. 2014; Morhart et al. 2015). Beiden

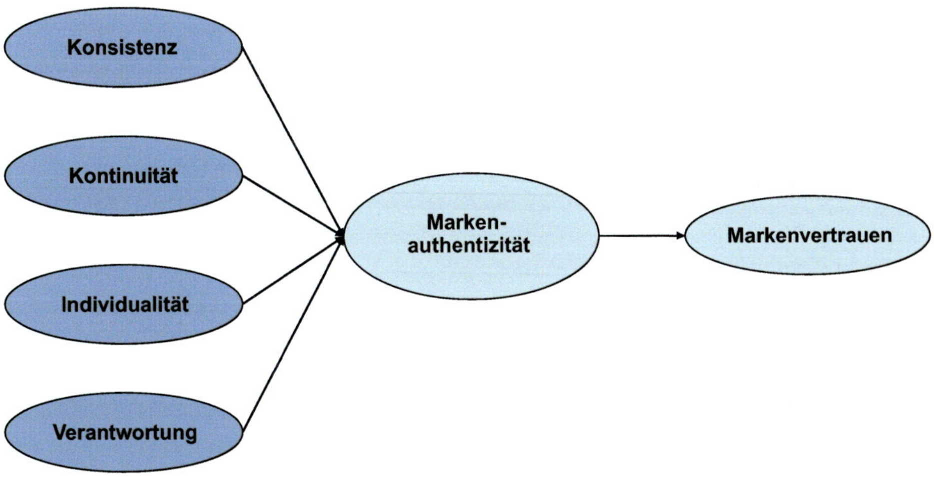

Abb. 1.22 Modell zur Erklärung der Markenauthentizität. (In Anlehnung an Schallehn 2012, S. 168)

inhaltlich eng verwandten Betrachtungsweisen liegt jedoch die Erkenntnis zugrunde, dass die Ausprägung der Markenauthentizität von diesen Faktoren beeinflusst wird.

Die **Konsistenz** einer Marke entspricht als zeitpunktorientierte Größe der von den Zielgruppen wahrgenommenen Übereinstimmung zwischen dem Markennutzenversprechen und ihrem derzeitigen Verhalten an allen Brand Touch Points. Die **Kontinuität** erfasst als zeitraumorientierte Größe die wahrgenommene Übereinstimmung zwischen dem Markennutzenversprechen und den Verhaltensmerkmalen einer Marke, die diese über einen längeren Zeitraum beibehalten hat. Als dritte Dimension übernimmt die **Individualität** einer Marke eine abgrenzungsorientierte Funktion. Die Individualität einer Marke ist definiert als „wahrgenommene Übereinstimmung des Markennutzenversprechens mit denjenigen Merkmalen, die eine Marke im Vergleich zum Wettbewerb einzigartig und unverwechselbar machen" (Schallehn 2012, S. 83). Schließlich beeinflusst auch die **Verantwortung** als vierte Determinante die Authentizität einer Marke. Diese Größe bezieht sich auf das gesellschaftlich verantwortungsvolle Verhalten der Mitarbeiter einer Marke und ihr Bewusstsein dafür, zu Gunsten der Erfüllung des Markennutzenversprechens auch auf kurzfristige ökonomische Vorteile zu verzichten (vgl. Dietert 2018; Burmann und Adomeit 2017). Exemplarisch kann hierzu auf die Philosophie von Robert Bosch verwiesen werden, der stets betonte, dass er lieber auf ein zusätzliches Geschäft verzichte als den guten Ruf des Unternehmens zu zerstören (vgl. Bähr und Erker 2013).

1.9.2 Implikationen für die identitätsbasierte Markenführung

Zum Aufbau und Erhalt einer authentischen Marke bieten sich dem Management die vier Authentizitätsdeterminanten Konsistenz, Kontinuität, Individualität und Verantwortung an. Eine Marke, die konsequent bestrebt ist, eine hohe **Konsistenz** entlang aller Brand Touch Points zu wahren, ist bspw. Disney. Die Marke wurde im Jahr 2016 in einer globalen Konsumentenbefragung mit 12.000 Teilnehmern durch die PR Agentur Cohn & Wolfe als authentischste Marke der Welt ausgezeichnet (vgl. Cohn & Wolfe 2016b). Bei Disney liegen sehr genaue Kenntnisse über die unterschiedlichen Brand Touch Points vor. Tom Boyles (Senior Vice President, Global Customer Managed Relationships für Disney Parks and Resorts) zählt 11,2 Mrd. Kombinationen möglicher Markenerlebnisse, die ein Gast alleine im Walt Disney World Resort in Orlando erleben kann. Sogenannte Synergiegruppen sichern die Konsistenz der Dachmarke Disney, indem alle Submarken die gleiche Markenvision in Bezug auf Kinder, Familienerlebnisse und „magische Momente" vermitteln (vgl. Aaker et al. 2015, S. 165). Dieses Vorgehen wurde durch den damaligen CEO Eisner bereits 1984 initiiert (vgl. Brack 2003, S. 185) und erfüllt damit eine weitere Anforderung an authentische Marken: Eine hohe Kontinuität vor allem bei ihren essenziellen Identitätsmerkmalen. Disney entwickelt zeitgleich die eigene Marke im Zeitverlauf weiter, um Aktualität und Relevanz der Marke zu sichern. Dabei wird das zentrale Markenversprechen „family magic" kontinuierlich beibehalten.

Anders als bei der Konsistenz beruht die wahrgenommene **Kontinuität** einer Marke weniger auf ihren aktuellen Markenleistungen als vielmehr auf der Aufrechterhaltung der essenziellen Identitätsmerkmale und typischen Markenleistungen über einen längeren Zeitraum. Um die Kontinuitätswahrnehmung für die Markenführung steuerbar zu machen, kann sich das Management Strategien der Selbstdarstellung bedienen. Das Ziel hierbei ist es, durch die Betonung bestimmter Sachverhalte in der Kommunikation die Interpretation der kommunizierten Inhalte zu beeinflussen (sog. „Framing-Effekte", vgl. Stocké 2003; Raab et al. 2009). Im Wesentlichen wird durch die gezielte Selbstdarstellung ein Rahmen geschaffen, mit dem alle weiteren Kommunikationssignale der Marke verbunden werden können und nicht mehr unabhängig interpretiert werden (vgl. Rhodewalt 1998, S. 373). Als Grundlage für diesen Rahmen bietet sich die **Markenherkunft** an. Hierzu kann das Markennutzenversprechen kommunikativ in einen Kontext zur Markenhistorie gesetzt werden. Dieser Kontext bietet dem Nachfrager einen authentifizierenden Interpretationsrahmen (vgl. Jones et al. 2005, S. 897). Der positive Effekt dieses Vorgehens wurde u. a. von einer Studie des Instituts für Automobilwirtschaft aufgedeckt. So zeigte die Studie, dass Nachfrager mit Kenntnissen darüber, dass Mercedes-Benz bereits in den 1950er-Jahren Crashtests durchführte, die Qualität der Fahrzeuge deutlich besser bewerteten als Nachfrager, denen dieser Umstand nicht bekannt war (vgl. Diez 2006, S. 189).

Eine besonders starke Wirkung auf die kommunikative Vermittlung der Markenauthentizität zeigt sich, wenn die Kommunikation in Form von Geschichten, dem sog. **Storytelling**, erfolgt (vgl. Mangold 2008, S. 15; Hilzensauer 2014, S. 87 f.). Hierzu werden gezielt emotionsgeladene Geschichten rund um eine Marke entwickelt und verbreitet. Das Ziel des Storytelling liegt darin, die eigene Marke im Kontext einer sinnhaften und bedeutungsvollen, für den Nachfrager interessanten Geschichte darzustellen und dabei gleichzeitig die Vorzüge der Marke in den Vordergrund zu rücken. Kann ein Nachfrager die Geschichte einer Marke mit eigenen Erfahrungen verknüpfen, steigert sich die Wirkung zusätzlich. Die Informationen aus dem Storytelling können durch den Nachfrager dann direkt mit seinem episodischen und autobiografischen Gedächtnis verknüpft werden und in der Folge einfach in sein neuronales Markennetzwerk integriert werden. Die hierdurch geschaffene Verbindung zwischen der eigenen Historie des Nachfragers und der Historie der Marke steigert die subjektive Wichtigkeit einer Marke und verfestigt damit das Markenimage.

Beispielsweise hat der Lebensmittelhändler EDEKA in der Vergangenheit immer wieder das Storytelling genutzt. So sorgte die 2015 zur Weihnachtszeit veröffentlichte Kampagne „Heimkommen" für große Aufmerksamkeit. Der Werbeclip erzählt die Geschichte eines alten Mannes, der seinen eigenen Tod vortäuscht, um Weihnachten seine Familienmitglieder nach Hause zu locken. Als seine Kinder und Enkel in seinem Haus ankommen, wartet er bereits mit einem aus EDEKA-Produkten zubereiteten Festessen auf sie. Die emotional aufgeladene Geschichte berührte Millionen Zuschauer und generierte mehr als 56 Mio. Views auf YouTube (vgl. EDEKA 2015). EDEKA gelang es, die eigene Marke mit dieser Story in den Köpfen der Zuschauer zu verankern. Zugleich stieß EDEKA mit dem Spot eine Debatte um gesellschaftliche Verrohung an und schuf – zumindest kurzfristig – ein Bewusstsein für das menschliche Miteinander (vgl. Campillo-Lundbeck 2015).

Auch die Marke Coca-Cola rückt seit 2011 unter dem Titel „Content 2020" das Storytelling bewusst in das Zentrum der eigenen Kommunikation (vgl. Baker 2011). Jonathan Mildenhall, Vizepräsident Global Advertising Strategy und Creative Excellence, ruft im Rahmen der Initiative Nachfrager bewusst dazu auf, ihre Erfahrungen mit Coca-Cola im Rahmen von Geschichten zu beschreiben. Die so entstehenden Beiträge sollen über soziale Medien einer breiten Öffentlichkeit zugänglich gemacht werden.

Die vom Nachfrager wahrgenommene **Verantwortung** der Marke als weitere Authentizitätsdeterminante kann ebenfalls über das Storytelling vermittelt werden. Hierzu muss die Marke bspw. in Kundengeschichten überzeugend erzählen, wie sie ihre Identität und ihr dem Kunden gegebenes Nutzenversprechen zu Lasten der eigenen Umsätze und Gewinne durchsetzt. So startete der Jeanshersteller Levi's 2012 mit seiner „Waterless" Kampagne, in der Nachfragern erklärt wird, wie bei der Produktion von Jeans zukünftig auf neue Technologien gesetzt wird, um Wasser zu sparen und die Kleidung umweltfreundlicher zu produzieren. Vermittelt werden diese Informationen u. a. über den YouTube-Kanal der Marke (vgl. LevisEurope 2012).

Neben dem Storytelling bietet insbesondere für junge Marken das **Mimikry-Marketing** eine Möglichkeit, Authentizität zu vermitteln. Der Begriff Mimikry entstammt ursprünglich der Biologie, wo er das Verhalten einiger Tierarten beschreibt, andere Tiere nachzuahmen. So sieht bspw. der Hornissenschwärmer einer Hornisse sehr ähnlich, ist jedoch im Gegensatz zu dieser vollkommen ungefährlich, da es sich in Wirklichkeit um einen Schmetterling handelt. Übertragen auf das Marketing beinhaltet eine Mimikry-Strategie die Anpassung des Verhaltens der eigenen Marke an einen erfolgsversprechenden Kontext (vgl. Schallehn 2012, S. 185 f.). Für junge Marken bietet sich als Vorlage vor allem ein kultureller Kontext an, der für die angestrebte Zielgruppe relevant ist. Die gezielte Inszenierung der Authentizität über die Mimikry-Strategie versetzt junge Marken in die Lage, die eigene Authentizität von Beginn an zu kontrollieren. Erfolgreich genutzt hat dieses Vorgehen bspw. die Marke Landliebe, die erst Mitte der 1980er-Jahre in den Markt eingeführt wurde und die Vorstellungswelt des typischen, althergebrachten Landlebens für den Aufbau ihrer Markenidentität nutzte. Diese Vorstellungswelt findet sich neben den traditionell gestalteten Verpackungen auch in der Markenschrift und dem Markennamen wieder. Die Tatsache, dass über Mimikry eine Markenidentität inszeniert wird, ohne dass diese tatsächlich über einen sehr langen Zeitraum gewachsen ist, stellt jedoch auch ein Risiko dieser Strategie dar. So sah sich die Marke Landliebe mit dem Vorwurf konfrontiert, für die Milchproduktion genverändertes Futter zu verwenden (vgl. Franzenburg 2007). Dieses Verhalten stand im direkten Gegensatz zum inszenierten kulturellen Kontext des traditionellen, ökologisch vorbildlichen Landlebens. Mimikry kann zwar zum schnellen Aufbau und der Kommunikation einer Identität genutzt werden, zur langfristigen Absicherung von Markenauthentizität bedarf es jedoch immer einer dauerhaften Konsistenz zwischen dem Markennutzenversprechen und dem tatsächlichen Markenverhalten (vgl. Schallehn 2012, S. 187).

1.10 Managementprozess der identitätsbasierten Markenführung

Zur Planung, Koordination und Kontrolle aller Maßnahmen, die den Aufbau starker Marken bei allen relevanten Zielgruppen verfolgen, dient der nachfolgende **Managementprozess** der identitätsbasierten Markenführung. Er setzt sich aus den drei Teilprozessen des strategischen und operativen Markenmanagements sowie dem Markencontrolling zusam-

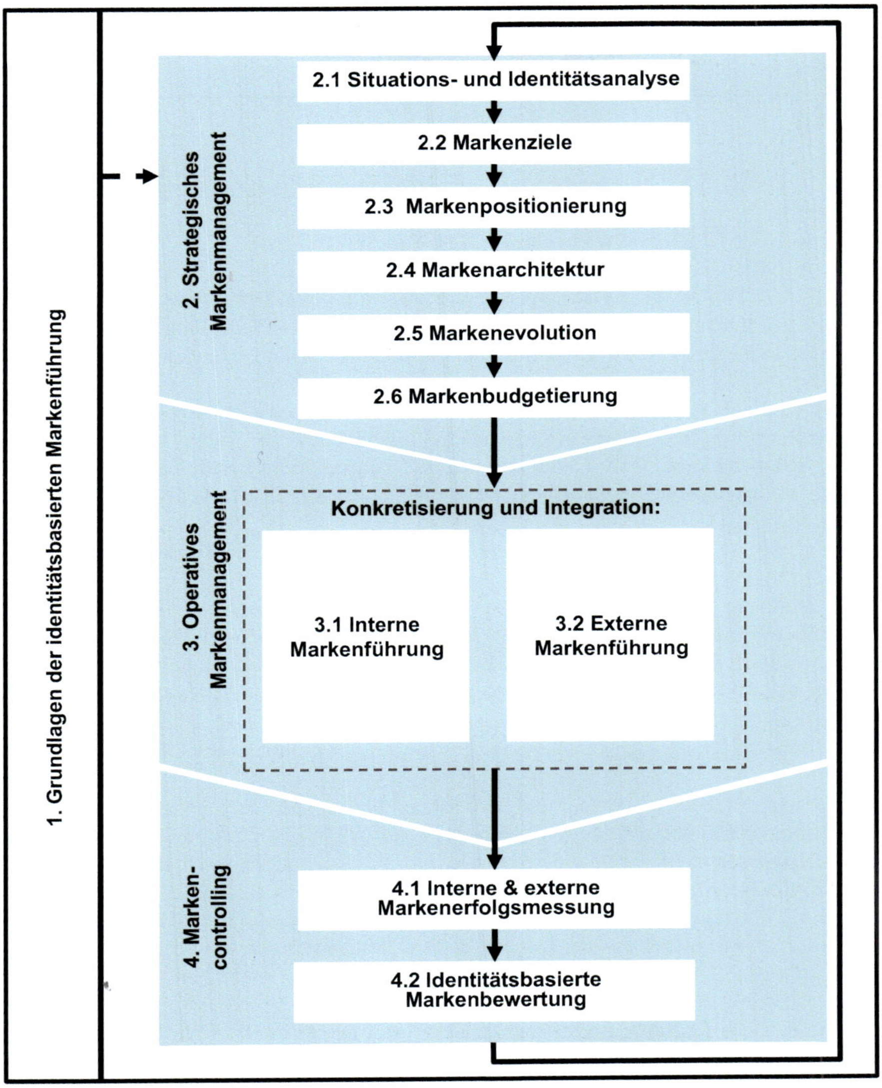

Abb. 1.23 Managementprozess der identitätsbasierten Markenführung

men und ist in Abb. 1.23 dargestellt. Die Durchführung der drei Teilprozesse darf nicht als einmaliger Vorgang verstanden werden. Vielmehr ergeben sich aus den Ergebnissen des Markencontrollings Verbesserungsvorschläge für das strategische und operative Markenmanagement.

Die Kap. 2–4 des vorliegenden Buches orientieren sich an den Prozessschritten dieses identitätsbasierten Managementprozesses. In Kap. 2 wird daher zunächst ausführlich auf das strategische Markenmanagement eingegangen. Kap. 3 widmet sich dem operativen Markenmanagement. Im vierten Kapitel wird abschließend das Markencontrolling erörtert.

Literatur

Aaker, D. A. (1991). *Managing brand equity: capitalizing on the value of a brand name*. New York: Free Press.

Aaker, D. A. (1996). *Building strong brands*. New York: Free Press.

Aaker, D. A. (2010). *Building strong brands*. London: Pocket Books.

Aaker, J. (1997). Dimensions of brand personality. *Journal of Marketing Research, 34*, 347–356.

Aaker, D. A., & Joachimsthaler, E. (2000). *Brand leadership*. New York: Free Press.

Aaker, D. A., & Keller, K. L. (1990). Consumer evaluations of brand extensions. *Journal of Marketing, 54*, 27–41.

Aaker, D. A., Stahl, F., & Stöckle, F. (2015). *Marken erfolgreich gestalten – Die 20 wichtigsten Grundsätze der Markenführung*. Wiesbaden: Springer Gabler.

Aaker, J., Benet-Martinez, V., & Garolera, J. (2001). Consumptions symbols as carriers of culture: a study of Japanese and Spanish brand personality constructs. *Journal of Personality and Social Psychology, 81*(3), 492–508.

Abels, H. (2009). *Die Individuen in der Gesellschaft*. Einführung in die Soziologie, Bd. 2. Wiesbaden: Springer VS.

Abels, H., & König, A. (2010). *Sozialisation – Soziologische Antworten auf die Frage, wie wir werden, was wir sind, wie gesellschaftliche Ordnung möglich ist und wie Theorien der Gesellschaft und der Identität ineinanderspielen*. Wiesbaden: Springer VS.

Achterholt, G. (1988). *Corporate Identity. In zehn Arbeitsschritten die eigene Identität finden*. Wiesbaden: Gabler.

Adidas Group (2017a). Hompage Adidas. http://www.adidas-group.com/de/. Zugegriffen: 30. März 2017.

Adidas Group (2017b). Ziele und Vorsätze für 2020. http://www.adidas-group.com/media/filer_public/72/49/72497f4a-8265-44e1-9624-4b7685102828/adidas_group_nachhaltigkeitsstrategie_ziele_und_vorsatze_fur_2020_de.pdf. Zugegriffen: 30. März 2017.

Alewell, K. (1974). *Handwörterbuch der Absatzwirtschaft*. Stuttgart: Schäffer-Poeschel.

Alsaker, F. D., & Kroger, J. (2007). Identitätsentwicklung. In M. Hasselhorn & W. Schneider (Hrsg.), *Handbuch der Entwicklungspsychologie* (S. 371–380). Göttingen: Hogrefe.

Alt, M., & Griggs, S. (1988). Can a brand be cheeky? *Marketing Intelligence and Planning, 6*(4), 9–16.

Amann, S., & Tietz, J. (2012). Endstation Schleckerland. *Der Spiegel, 26/2012*, 68–70.

Andrews, T. G., & Chew, W. (2017). *Building brands in Asia: from the inside out*. Abingdon: Routledge.

ARD/ZDF (2016). ARD/ZDF-Onlinestudie 2016. http://www.ard-zdf-onlinestudie.de/fileadmin/Onlinestudie_2016/Kern-Ergebnisse_ARDZDF-Onlinestudie_2016.pdf. Zugegriffen: 4. Apr. 2017.

Azoulay, A., & Kapferer, J.-N. (2003). Do brand personality scales really measure brand personality. *Journal of Brand Management*, *11*(2), 143–155.

Backstage Tales (2017). The uncertain future of the body shop. https://www.backstagetales.com/uncertain-future-body-shop/. Zugegriffen: 20. Apr. 2017.

Bähr, J., & Erker, P. (2013). *BOSCH – Geschichte eines Weltunternehmens*. München: C. H. Beck.

Baker, R. (2011). Creative content will fuel Coca Cola's growth. https://www.marketingweek.com/2011/10/21/creative-content-will-fuel-coca-colas-growth/. Zugegriffen: 16. Juni 2017.

Balmer, J. M. T. (2001). Corporate identity, corporate branding and corporate marketing. Seeing through the fog. *European Journal of Marketing*, *35*(3/4), 248–291.

Balmer, J. M. T. (2008). Identity based views of the corporation: Insights from corporate identity, organisational identity, social identity, visual identity, corporate brand identity and corporate image. *European Journal of Marketing*, *42*(9/10), 879–906.

Balmer, J. M. T. (2011). Corporate marketing myopia and the inexorable rise of a corporate marketing logic. Perspectives from identity-based views of the firm. *European Journal of Marketing*, *45*(9/10), 1329–1352.

Balmer, J. M. T. (2017a). Advances in corporate brand, corporate heritage, corporate identity and corporate marketing scholarship. *European Journal of Marketing*, Special Issue: Advances in corporate brand, corporate heritage, corporate identity and corporate marketing scholarship, zitiert aus online verfügbarer vorveröffentlichter Version. http://bura.brunel.ac.uk/handle/2438/13604. Zugegriffen: 20. Dez. 2017.

Balmer, J. M. T. (2017b). The Corporate Identity, total corporate communications, stakeholders' attributed identities, identifications and behaviours continuum. *European Journal of Marketing*, Special Issue: Advances in corporate brand, corporate heritage, corporate identity and corporate marketing scholarship, zitiert aus online verfügbarer vorveröffentlichter Version. http://bura.brunel.ac.uk/handle/2438/13622. Zugegriffen: 20. Dez. 2017.

Balmer, J. M. T., & Greyser, S. A. (2006). Corporate marketing: Integrating corporate identity, corporate branding, corporate communications, corporate image and corporate reputation. *European Journal of Marketing*, *40*(7/8), 730–741.

Batra, R., Lehman, D. R., & Singh, D. (1993). The brand personality component of brand goodwill: some antecedents and consequences. In D. A. Aaker & A. L. Biel (Hrsg.), *Brand equity and advertising: advertising's role in building strong brands* (S. 83–96). Hillsdale: Psychology Press.

Becker, C. (2012). *Einfluss der räumlichen Markenherkunft auf das Markenimage: Kausalanalytische Untersuchung am Beispiel Indiens*. Wiesbaden: Springer Gabler.

Beiersdorf AG (2017). *Chronicle 04: Pebeco. Beiersdorfs erste Weltmarke*.

Berekoven, L. (1978). Zum Verständnis und Selbstverständnis des Markenwesens. In E. Dichtl (Hrsg.), *Markenartikel heute – Marke, Macht und Marketing* (S. 35–48). Wiesbaden: Gabler.

Berggold, C. (2000). *Unternehmensidentität: Emergenz, Beobachtung und Identitätspolitik*. Berlin: Verlag für Wissenschaft und Forschung.

Bielefeld, K. W. (2012). *Consumer Neuroscience – Neurowissenschaftliche Grundlagen für den Markenerfolg*. Wiesbaden: Springer Gabler.

Birbaumer, N. (1975). *Physiologische Psychologie*. Berlin: Springer.

Birbaumer, N., & Schmidt, R. F. (2006). Lernen und Gedächtnis. In R. F. Schmidt & H.-G. Schaible (Hrsg.), *Neuro- und Sinnesphysiologie* (S. 420–423).

Blinda, L. (2007). *Markenführungskompetenzen eines identitätsbasierten Markenmanagements: Konzeptualisierung, Operationalisierung und Wirkungen*. Wiesbaden: Dt. Univ.-Verlag.

Böhm, B. (1989). *Identität und Identifikation. Zur Persistenz physikalischer Gegenstände.* Frankfurt/M: Peter Lang.

Bohmann, T. (2011). *Nachhaltige Markendifferenzierung von Commodties – Besonderheiten und Ansatzpunkte im Rahmen der identitätsbasierten Markenführung.* Wiesbaden: Gabler.

Bonus, H. (1994). *Das Selbstverständnis moderner Genossenschaften.* Tübingen: Mohr Siebeck.

Bonus, H. (1995). *Europäische Identität aus ökonomischer Sicht.* Volkswirtschaftliche Diskussionsbeiträge des Instituts für Genossenschaftswesen der Westfälischen Wilhelms-Universität Münster, Beitrag Nr. 216. Münster: Westfälische Wilhelms-Universität Münster.

Böttger, E. (2012). *Employer branding.* Wiesbaden: Gabler.

Brack, A. (2003). *Das strategische Management von Medieninhalten – Gestaltungsoptionen für die langfristige Erfolgssicherung in Medienmärkten.* Wiesbaden: Dt. Univ.-Verl.

Brandmeyer, K., & Schulz, R. (1989). Die Markenbilanz. *Marketing Journal, 22*, 360–363.

Bruhn, M. (2014). *Unternehmens- und Marketingkommunikation. Handbuch für ein integriertes Kommunikationsmanagement.* München: Vahlen.

Bruhn, M., Schoenmüller, V., Schäfer, D., & Heinrich, D. (2012). Brand authenticity. Towards a deeper understanding of its conceptualization and measurement. *Advances in Consumer Research, 40*, 567–576.

Burmann, C. (2002). *Strategische Flexibilität und Strategiewechsel als Determinanten des Unternehmenswertes.* Wiesbaden: Dt. Univ.-Verlag. zugl. Habilitationsschrift Universität Münster

Burmann, C. (2016). Der Wert von Werten. *Markenartikel, 10/2016*, 34–37.

Burmann, C. (2017). *Identitätsbasierte Markenführung. Verantwortung zählt.* Beitrag für „Marketing Weiterdenken" zum 80. Geburtstag von Prof. Heribert Meffert.

Burmann, C., & Adomeit, M. (2017). *Markenauthentizität im Kontext von Corporate Social Responsibility.* Arbeitspapier Nr. 58 des Lehrstuhls für innovatives Markenmanagement (LiM). Bremen: Universität Bremen.

Burmann, C., & Maloney, P. (2004). *Vertikale und horizontale Führung von Marken.* Arbeitspapier Nr. 9 des Lehrstuhls für innovatives Markenmanagement (LiM). Bremen: Universität Bremen.

Burmann, C., & Stolle, W. (2007). *Markenimage – Konzeptualisierung eines mehrdimensionalen Konstrukts.* Arbeitspapier Nr. 28 des Lehrstuhls für innovatives Markenmanagement (LiM). Bremen: Universität Bremen.

Burmann, C., Blinda, L., & Nitschke, A. (2003). *Konzeptionelle Grundlagen des identitätsbasierten Markenmanagements.* Arbeitspapier Nr. 1 des Lehrstuhls für innovatives Markenmanagement (LiM). Bremen: Universität Bremen.

Burmann, C., Meffert, H., & Feddersen, C. (2007). Identitätsbasierte Markenführung. In A. Florack, M. Scarabis & E. Primosch (Hrsg.), *Psychologie der Markenführung* (S. 3–30). München: Vahlen.

Campillo-Lundbeck, S. (2015). Warum im Edeka-Spot ein verzweifelter Großvater seinen Tod vortäuscht. http://www.horizont.net/marketing/nachrichten/Jung-von-Matt-Weihnachtskampagne-Warum-im-Edeka-Spot-ein-verzweifelter-Grossvater-seinen-Tod-vortaeuscht-137675. Zugegriffen: 15. Juni 2017.

Charmasson, H. (1988). *The name is the game.* Homewood: Dow Jones-Irwin.

de Chernatony, L. (2001). *From brand vision to brand evaluation: the strategic process of growing and strengthening brands.* Oxford: Butterworth-Heinemann.

de Chernatony, L. (2006). *From brand vision to brand evaluation: the strategic process of growing and strengthening brands* (2. Aufl.). Amsterdam: Elsevier, Butterworth-Heinemann.

de Chernatony, L. (2010). *From brand vision to brand evaluation: the strategic process of growing and strengthening brands* (3. Aufl.). Amsterdam: Elsevier, Butterworth-Heinemann.

Cohn & Wolfe (2016a). Authentic 100. http://authentic100.com. Zugegriffen: 16. Juni 2017.

Cohn & Wolfe (2016b). Global study from Cohn & Wolfe defines authenticity in the eyes of consumers and reveals the 100 most authentic brands. http://www.cohnwolfe.com/en/news/global-study-cohn-wolfe-defines-authenticity-eyes-consumers-and-reveals-100-most-authentic-bran. Zugegriffen: 18. Apr. 2017.

Conzen, P. (1990). *E.H. Erikson und die Psychoanalyse. Systematische Gesamtdarstellung seiner theoretischen und klinischen Positionen*. Heidelberg: Asanger.

Daimler (2017). http://media.daimler.com/marsMediaSite/scr/cache/7408971v1tv3/D173436.jpg. Zugegriffen: 6. Sept. 2017.

Damasio, A. R. (2013). *Ich fühle, also bin ich. Die Entschlüsselung des Bewusstseins*. München: List.

Deal, T., & Kennedy, A. (1982). *Corporate cultures – the rites and rituals of corporate life*. Bonn: Reading. (deutsch: Unternehmenserfolg und Unternehmenskultur)

Deichsel, A., Errichiello, O., & Zschiesche, A. (2017). *Grundlagen der Markensoziologie*. Wiesbaden: Springer Gabler.

Denzau, A. T., & North, D. C. (1994). Shared mental models: ideologies and institutions. *Kyklos*, *47*, 3–31. zitiert nach Bonus, H., Europäische Identität aus ökonomischer Sicht, Münster.

Deutsches Patent- und Markenamt (2017). Jahresbericht 2016. https://www.dpma.de/docs/service/veroeffentlichungen/jahresberichte/dpma-jahresbericht2016_nichtbarrierefrei.pdf. Zugegriffen: 11. Juli 2017.

Dichtl, E. (1978). Grundidee, Entwicklungsepochen und heutige wirtschaftliche Bedeutung des Markenartikels. In Gabler-Verlag (Hrsg.), *Markenartikel heute* (S. 17–29). Wiesbaden: Gabler.

Dierig, C., & Wüpper, G. (2017). Warum L'Oréal die Lust an Body Shop vergangen ist. https://www.welt.de/wirtschaft/article161993761/Warum-L-Oreal-die-Lust-an-Body-Shop-vergangen-ist.html. Zugegriffen: 24. Apr. 2017.

Dierks, A. (2017). *Re-modeling the brand purchase funnel. Conceptualization and empirical application*. Wiesbaden: Springer Gabler.

Dietert, A.-C. (2018). *Die Erfolgssicherung von Marken durch Authentizität*. Bremen: Dissertation [in Druck].

Dietl, H. (1993). *Institutionen und Zeit*. Tübingen: Mohr Siebeck.

Diez, W. (2006). Grundlegende Potenziale von Tradition im Markenmanagement. In N. O. Herbrand & S. Röhrig (Hrsg.), *Die Bedeutung der Tradition für die Markenkommunikation* (S. 181–195). Stuttgart: Neues Fachwissen.

Dolak, D. (2005). How to brand and market a commodity. http://www.brandchannel.com/papers_review.asp?sp_id=570. Zugegriffen: 27. Okt. 2014.

Domizlaff, H. (1939). *Die Gewinnung des öffentlichen Vertrauens. Ein Lehrbuch der Markentechnik*. Hamburg: Hanseatische Verlagsanstalt.

Domizlaff, H. (1951). *Die Gewinnung des öffentlichen Vertrauens. Ein Lehrbuch der Markentechnik*. Hamburg: Hanseatische Verlagsanstalt.

dooyoo GmbH (2017). Drogerien. http://www.dooyoo.de/drogerien/. Zugegriffen: 9. Aug. 2017.

Dörtelmann, T. (1997). *Marke und Markenführung: Eine institutionentheoretische Analyse*. Bochum: Univ. Diss.

Dyson (2017). https://www.dyson.de/staubsauger.aspx. Zugegriffen: 19. Apr. 2017.

EDEKA (2015). EDEKA Weihnachtsclip – #heimkommen. https://www.youtube.com/watch?v=V6-0kYhqoRo. Zugegriffen: 15. Juni 2017.

Eiber, S. (2003). *Visuelle Elemente in Qualitätszeitungen im Wandel*. Magisterarbeit, Ludwig-Maximilians-Universität München.

Enke, M., Geigenmüller, A., & Leischnig, A. (2014). *Commodity Marketing. Grundlagen – Besonderheiten – Erfahrungen*. Wiesbaden: Springer Gabler.

Erikson, E. H. (1950). Wachstum und Krisen der gesunden Persönlichkeit. In E. H. Erikson (Hrsg.), *Identität und Lebenszyklus* (S. 55–122). Frankfurt a. M.: Suhrkamp.
Erlei, M., Leschke, M., & Sauerland, D. (2016). *Neue Institutionenökonomik*. Stuttgart: Schäffer-Poeschel.
Esch, F.-R. (2014). *Strategie und Technik der Markenführung*. München: Vahlen.
Eysenck, H. J., & Eysenck, M. W. (1987). *Persönlichkeit und Individualität – Ein naturwissenschaftliches Paradigma*. München: Psychologie-Verlag-Union.
FC St. Pauli Shop (2017). https://www.fcsp-shop.com/ZUBEHOeR/Essen-Trinken-Rauchen/Kaffeebecher-Totenkopf-3D::1853.html. Zugegriffen: 9. Aug. 2017.
Ferrandi, J.-M., Valette-Florence, P., & Fine-Falcy, S. (2000). Aaker's brand personality scale in a French context – a replication and a preliminary test of its validity. *Developments in Marketing Science, 23*, 7–13.
Findeisen, F. (1925). *Der Marktanteil im Rahmen der Absatzökonomie der Betriebe*
Fisseni, H.-J. (1998). *Persönlichkeitspsychologie. Auf der Suche nach einer Wissenschaft. Ein Theorieüberblick*. Göttingen: Hogrefe.
Ford (2017). http://mustang.fordpresskits.com/. Zugegriffen: 9. Aug. 2017.
Foscht, T., Swoboda, B., & Schramm-Klein, H. (2015). *Käuferverhalten: Grundlagen – Perspektiven – Anwendungen*. Wiesbaden: Gabler.
Fournier, S. M. (1998). Consumers and their brands: developing relationship theory in consumer research. *Journal of Consumer Research, 24*(4), 343–373.
Franzen, O., Trommsdorff, V., & Riedel, V. (1994). Ansätze der Markenbewertung und Markenbilanz. In M. Bruhn (Hrsg.), *Handbuch Markenartikel* (S. 1373–1402).
Franzenburg, A. (2007). Landliebe bald ohne Gen-Milch. http://www.greenpeace.de/themen/gentechnik/landliebe_bald_ohne_gen_milch. Zugegriffen: 27. Okt. 2014.
Freiling, J. (2009). *Resource-based view und ökonomische Theorie – Grundlagen und Positionierung des Ressourcenansatzes*. Wiesbaden: Gabler.
Freiling, J. (2013). On the firm's reason d'Etre and competence-based nature of the firm. In W. Kersten & J. Wittmann (Hrsg.), *Kompetenz, Interdisziplinarität und Komplexität in der Betriebswirtschaftslehre*. Wiesbaden: Springer Gabler.
Freiling, J., & Reckenfelderbäumer, M. (2010). *Markt und Unternehmung*. Wiesbaden: Gabler.
Freiling, J., & Welling, M. (2005). Isolationsmechanismen als Herausforderung im Management so genannter „intangibler Potenziale" – eine kompetenzbasierte Analyse. In K. Matzler, H. Hinterhuber & B. Renzl (Hrsg.), *Immaterielle Vermögenswerte: Handbuch der intangible Assets*. Berlin: Erich Schmidt Verlag.
Freiling, J., Gersch, M., & Goeke, C. (2008). On the path towards a competence-based theory of the firm. *Organization Studies, 29*(8-9), 1143–1164.
Freundt, T. C. (2006). *Emotionalisierung von Marken: Inter-industrieller Vergleich der Relevanz emotionaler Markenimages für das Konsumentenverhalten*. Wiesbaden: Dt. Univ.-Verlag.
Frey, H. P., & Haußer, K. (1987). Entwicklungslinien sozialwissenschaftlicher Identitätsforschung. In H. P. Frey & K. Haußer (Hrsg.), *Identität. Entwicklungslinien psychologischer und soziologischer Forschung* (S. 3–26). Stuttgart: Enke.
Gilmore, G. W. (1919). *Animism*. Boston: Marshall Jones Company.
Gilmore, J. H., & Pine, B. J. II (2007). *Authenticity – what consumers really want*. Boston: Harvard Business School Press.
Gin Sul (2017). Gin Sul. http://www.gin-sul.de/gin-sul/. Zugegriffen: 30. März 2017.
Goffman, E. (1959). *The presentation of self everyday life*. New York: Anchor Books.
Goldack, G. (1948). *Der Markenartikel für Nahrungsmittel*. Nürnberg: Univ. Diss.
Grant, J. (2006). *The brand innovation manifesto – how to build brands, redefine markets, and defy conventions*. West Sussex: John Wiley & Sons.

Gugutzer, R. (2002). *Leib, Körper und Identität – Eine phänomenologisch-soziologische Untersuchung der personalen Identität*. Wiesbaden: Westdt. Verlag.
Haedrich, G., Tomczak, T., & Kaetzke, P. (2003). *Strategische Markenführung: Planung und Realisierung von Markenstrategien*. Bern: Haupt.
Hanisch, S. (2016). *Corporate Social Responsibility aus Nachfragersicht*. Wiesbaden: Springer Gabler.
Hansen, P. (1970). *Der Markenartikel – Analyse seiner Entwicklung und Stellung im Rahmen des Markenwesens*. Betriebswirtschaftliche Schriften (BWS), Bd. 36.
Hartmann, V. (1966). *Markentechnik in der Konsumgüterindustrie*. Schriftenreihe des Forschungsinstituts für das Markenwesen Berlin, Bd. 10. Freiburg: Haufe.
Hatch, M. J., & Schulz, M. (1997). Relation between organizational culture, identity and image. *European Journal of Marketing*, *31*, 356–365.
Haußer, K. (1995). *Identitätspsychologie*. Berlin: Springer.
Heinen, E. (1987). *Unternehmenskultur*. München: Oldenbourg.
Henkel KG & Co. KGaA (2017). Unternehmenskultur. http://www.henkel.de/unternehmen/unternehmenskultur. Zugegriffen: 24. Apr. 2017.
Herbst, U., & Merz, M. A. (2011). The industrial brand personality scale: building strong business-to business brands. *Industrial Marketing Management*, *40*, 1072–1081.
Hermann, A., Huber, F., & Braunstein, C. (2005). Gestaltung der Markenpersönlichkeit mittels der „means-end-"Theorie. In F.-R. Esch (Hrsg.), *Moderne Markenführung* (S. 177–207). Wiesbaden: Gabler.
Hilzensauer, A. (2014). Storytelling – Mit Geschichten Marken führen. In S. Ettl-Huber (Hrsg.), *Storytelling in der Organisationskommunikation* (S. 87–101). Wiesbaden: Springer.
Hogg, M. K., Cox, A. J., & Keeling, K. (2000). The impact of self-monitoring on image congruence and product/brand evaluation. *European Journal of Marketing*, *5*(6), 641–666.
Ind, N. (2003). Inside out: how employees build value. *Journal of Brand Management*, *10*(6), 393–402.
Internet Live Stats (2017). Internet Usage & Social Media Statistics. http://www.internetlivestats.com. Zugegriffen: 10. Jan. 2017.
Ipsos/Lebensmittelzeitung (2016). Handelsmarkenstudie 2016. http://www.lebensmittelzeitung.net/media/media/12/Handelsmarkenmonitor-2016-111326.pdf. Zugegriffen: 2. Juni 2017.
Joas, H. (2000). *Praktische Intersubjektivität. Die Entwicklung des Werkes von G.H. Mead*. Frankfurt a.M.: Suhrkamp.
Jones, C., Anand, N., & Alvarez, J. L. (2005). Manufactured authenticity and creative voice in cultural industries. *Journal of Management Studies*, *42*(5), 893–899.
Kaas, K. P. (1990). Marketing als Bewältigung von Informations- und Unsicherheitsproblemen im Markt. *Die Betriebswirtschaft*, *50*(4), 539–548.
Kapferer, J.-N. (1992). *Die Marke – Kapital des Unternehmens*. Landsberg/Lech: Verlag Moderne Industrie.
Kapferer, J.-N. (2012). *The new strategic brand management: advanced insights and strategic thinking*. London: Kogan Page.
Keller, K. L. (1993). Conceptualizing, measuring, and managing customer-based based brand equity. *Journal of Marketing*, *57*, 1–22.
Keller, K. L. (2013). *Strategic brand management: building, measuring, and managing brand equity*. Boston: Pearson.
Kenning, P. (2003). *Customer Trust Management. Ein Beitrag zum Vertrauensmanagement im Lebensmitteleinzelhandel*. Wiesbaden: Dt. Univ.-Verlag.
Kenning, P. (2014). *Consumer Neuroscience. Ein transdisziplinäres Lehrbuch*. Stuttgart: Kohlhammer.

Kenning, P., Plassmann, H., Deppe, M., Kugel, H., & Schwindt, W. (2002). *Die Entdeckung der kortikalen Entlastung, Neuroökonomische Forschungsberichte*. Neuroökonomische Forschungsberichte, Teilgebiet Neuromarketing, Nr. 1.

Keupp, H. (1989). Auf der Suche nach der verlorenen Identität. In H. Keupp & H. Bilden (Hrsg.), *Verunsicherungen* (S. 47–69). Göttingen: Hogrefe.

Keupp, H., Gmür, W., Höfer, R., Mitzscherlich, B., Kraus, W., & Straus, F. (1999). *Identitätskonstruktionen. Das Patchwork der Identitäten in der Spätmoderne*. Reinbek: Rowohlt.

Kleine-Kalmer, B. (2016). *Brand page attachment – an empirical study on Facebook users' attachment to brand pages*. Wiesbaden: Springer Gabler.

Koch, C. (2008). *Bewußtsein, ein neurobiologisches Rätsel*. Heidelberg: Springer.

König, V. (2010). *Markenmanagement im Call Center: Eine empirische Analyse zur Konzeptionalisierung, Operationalisierung und Wirkung von Maßnahmen zum Aufbau von Brand Commitment in Call Centern*. Wiesbaden: Gabler.

Krappmann, L. (1971). *Soziologische Dimensionen der Identität*. Stuttgart: Klett.

Krappmann, L. (1988). *Soziologische Dimensionen der Identität: Strukturelle Bedingungen für die Teilnahme an Interaktionsprozessen*. Stuttgart: Klett.

Kroeber-Riel, W. (1988). *Strategie und Technik der Werbung: Verhaltenswissenschaftliche Ansätze*. Stuttgart: Kohlhammer.

Kroeber-Riel, W. (1995). *Bildkommunikation. Imagerystrategy für die Werbung*. München: Vahlen.

Kroeber-Riel, W., & Gröppel-Klein, A. (2013). *Konsumentenverhalten*. München: Vahlen.

Leclerc, F., Schmitt, B. H., & Dube, L. (1994). Foreign branding and its effects on product perceptions and attitudes. *Journal of Marketing Research*, *32*, 263–270.

Leitherer, E. (1955). Die Entwicklung der modernen Markenformen. *Markenartikel*, *17*, 539–566.

Leitherer, E. (2001). Geschichte der Markierung und des Markenwesens. In M. Bruhn (Hrsg.), *Die Marke – Symbolkraft eines Zeichensystems*. Bern, Stuttgart: Haupt.

LevisEurope (2012). Levi's® WaterLess™ EN. https://www.youtube.com/watch?v=Uo5BC7wKzrk. Zugegriffen: 17. Juli 2017.

Lim, K., & O'Cass, A. (2001). Consumer brand classifications: an assessment of culture-of-origin versus country-of-origin. *Journal of Product and Brand Management*, *10*(2), 120–136.

Linxweiler, R. (2001). *BrandScoreCard*. Groß-Umstadt: Sehnert.

Luhmann, N. (1994). Copierte Existenz und Karriere. Zur Herstellung von Individualität. In U. Beck & E. Beck-Gernsheim (Hrsg.), *Riskante Freiheiten. Individualisierung in modernen Gesellschaften*. Frankfurt a. M.: Suhrkamp.

Luhmann, N. (2014). *Vertrauen – ein Mechanismus der Reduktion sozialer Komplexität*. Konstanz: UVK.

Lührmann, T. (2006). *Führung, Interaktion und Identität. Die neuere Identitätstheorie als Beitrag zur Fundierung einer Interaktionstheorie der Führung*. Wiesbaden: Dt. Univ.-Verlag.

Mäder, R., Hattula, M., Hartl, R., & Breyer, W. (2008). Markenpersönlichkeit als Erfolgsfaktor des Markenmanagements – Ein Segmentierungsansatz zum Markenpersönlichkeitsmanagement am Beispiel des Automobilmarkts. In H. H. Bauer, F. Huber & C.-M. Albrecht (Hrsg.), *Erfolgsfaktoren der Markenführung – Know-how aus Forschung und Management* (S. 133–142). München: Vahlen.

Maloney, P. (2007). *Absatzmittlergerichtetes, identitätsbasiertes Markenmanagement: Eine Erweiterung des innengerichteten, identitätsbasierten Markenmanagements unter besonderer Berücksichtigung von Premiummarken*. Wiesbaden: Dt. Univ.-Verlag.

Mangold, M. (2008). *Markenmanagement durch Storytelling, Arbeitspapier zur Schriftenreihe Schwerpunkt Marketing*. München: FGM Verlag.

Marcia, J. E. (1980). Identity in adolescence. In J. Adleson (Hrsg.), *Handbook of adolescent psychology* (S. 159–187). New York: Wiley.

McCrae, R. R., & Costa, P. T. (1997). Personality trait structure as a human universal. *American Psychologist*, *52*, 509–516.

Mead, G. H. (1934). *Mind, self, and society*. Chicago: University of Chicago Press.

Mead, G. H. (1973). *Geist, Identität und Gesellschaft. Aus der Sicht des Sozialbehaviorismus*. Frankfurt a. M.: Suhrkamp.

Meffert, H. (1974). Interpretation und Aussagewert des Produktlebenszyklus-Konzeptes. In P. Hammann, W. Kroeber-Riel & C. W. Meyer (Hrsg.), *Neuere Ansätze der Marketingtheorie. Festschrift zum 80. Geburtstag von Otto Schutenhaus* (S. 85–134). Berlin: Institut für Marketing der Universität Münster.

Meffert, H. (1988). *Strategische Unternehmensführung und Marketing*. Wiesbaden: Gabler.

Meffert, H. (1994). Entscheidungsorientierter Ansatz der Markenpolitik. In M. Bruhn (Hrsg.), *Handbuch Markenartikel, Anforderungen an die Markenpolitik aus Sicht von Wissenschaft und Praxis* (S. 173–197). Stuttgart: Schäffer-Poeschel.

Meffert, H., & Bruhn, M. (1984). *Markenstrategien im Wettbewerb*. Wiesbaden: Gabler.

Meffert, H., & Burmann, C. (1991). Konsumentenzufriedenheit als Determinante der Marken- und Händlerloyalität. *Marketing Zeitschrift für Forschung und Praxis*, *13*, 249–258.

Meffert, H., & Burmann, C. (1996). Identitätsorientierte Markenführung – Grundlagen für das Management von Markenportfolios. In H. Meffert, H. Wagner & K. Backhaus (Hrsg.), *Arbeitspapier Nr. 100 der Wissenschaftlichen Gesellschaft für Marketing und Unternehmensführung e. V.* Münster: Wiss. Ges. für Marketing und Unternehmensführung.

Meffert, J., & Meffert, H. (2017). *Eins oder Null*. Berlin: Econ.

Meffert, H., Bruhn, M., & Hadwich, K. (2015a). *Dienstleistungsmarketing. Grundlagen – Konzepte – Methoden*. Wiesbaden: Springer Gabler.

Meffert, H., Burmann, C., & Kirchgeorg, M. (2015b). *Marketing: Grundlagen marktorientierter Unternehmensführung*. Wiesbaden: Springer Gabler.

Melewar, T. C., & Karaosmanoglu, E. (2005). Seven dimensions of corporate identity. A categorisation from the practitioners' perspectives. *European Journal of Marketing*, *40*, 846–869.

Mellerowicz, K. (1963). *Markenartikel. Die ökonomischen Gesetze ihrer Preisbildung und Preisbindung*. München: C.H. Beck.

Menninger, J., & Robers, D. (2006). Markenwert – Paradigmenwechsel im Marketing? In N. O. Herbrand & S. Röhrig (Hrsg.), *Die Bedeutung der Tradition für die Markenkommunikation* (S. 239–264). Stuttgart: Edition Neues Fachwissen.

Millward Brown (2017). BrandZ Top 100 Most valuable global brands. http://brandz.com/admin/uploads/files/BZ_Global_2017_Report.pdf. Zugegriffen: 29. Juni 2017.

Morhart, F., Malär, L., Guèvremont, A., Girardin, F., & Grohmann, B. (2015). Brand authenticity. An integrative framework and measurement scale. *Journal of Consumer Psychology*, *25*(2), 200–218.

Murphy, J. M. (1987). *Brand strategy*. Cambridge: Director Books.

Napoli, J., Dickinson, S. J., Beverland, M. B., & Farrelly, F. (2014). Measuring consumer-based brand authenticity. *Journal of Business Research*, *67*(6), 1090–1098.

Narver, J. C., & Slater, S. F. (1990). The effect of a market orientation on business profitability. *Journal of Marketing*, *54*(4), 20–34.

North, D. C. (1992). *Institutionen, institutioneller Wandel und Wirtschaftsleistung*. Tübingen: Mohr.

Perrey, J. (1998). *Nutzenorientierte Marktsegmentierung. Ein integrativer Ansatz zum Zielgruppenmarketing im Verkehrsdienstleistungsbereich*. Wiesbaden: Gabler.

Petzold, H., & Mathias, U. (1982). *Rollenentwicklung und Identität*. Paderborn: Junfermann.

Piehler, R., & Burmann, C. (2013). Employer Branding vs. Internal Branding – Ein Vorschlag zur Integration im Rahmen der identitätsbasierten Markenführung. *Die Unternehmung*, *67*(3), 223–245.

Piehler, R., Hanisch, S., & Burmann, C. (2015). Internal branding – relevance, management and challenges. *Marketing Review St. Gallen*, *32*(1), 52–60.

Pine, B. J., & Gilmore, J. H. (1999). *The experience economy – work is theatre and every business a stage*. Boston: Harvard Business School Press.

Plötner, O. (1995). *Das Vertrauen des Kunden. Relevanz, Aufbau und Steuerung auf industriellen Märkten*. Wiesbaden: Gabler.

Plummer, J. T. (1984). How personality makes a difference. *Journal of Advertising Research*, *24*(6), 27–31.

Raab, G., Gernsheimer, O., & Schindler, M. (2009). *Neuromarketing*. Wiesbaden: Gabler.

Rasche, C., & Wolfrum, B. (1994). Ressourcenorientierte Unternehmensführung. *DBW*, *54*, 501–517.

Rhodewalt, F. (1998). Self-presentation and the phenomenal self. The "carryover effect" revisited. In J. M. Darley, J. Cooper & E. E. Jones (Hrsg.), *Attribution and social interaction: the legacy of Edward E. Jones* (S. 373–421). Washington: American Psychological Association.

van Riel, C. B. M., & Balmer, J. M. T. (1997). Corporate identity: the concept, its measurement and management. *European Journal of Marketing*, *31*(5/6), 340–355.

Ripperger, T. (2005). *Ökonomik des Vertrauens – Analyse eines Organisationsprinzips*. Tübingen: Mohr Siebeck.

Rosenberg, M. (1979). *Conceiving the self*. New York: Basic Books.

Roth, G. (2003). *Fühlen, Denken, Handeln, Wie das Gehirn unser Verhalten steuert*. Frankfurt: Suhrkamp.

Roth, G. (2007). *Persönlichkeit, Entscheidung und Verhalten*. Stuttgart: Klett-Cotta.

Schade, M. (2012). *Identitätsbasierte Markenführung professioneller Sportvereine – Eine empirische Untersuchung zur Ermittlung verhaltensrelevanter Markennutzen und der Relevanz der Markenpersönlichkeit*. Wiesbaden: Gabler.

Schade, M., Piehler, R., & Burmann, C. (2014). Sport club brand personality scale (SCBPS): a new brand personality scale for sport clubs. *Journal of Brand Management*, *21*(7/8), 650–663.

Schaefer, K. (2006). *Branchenimages als Determinanten der Markenprofilierung*. Wiesbaden: Gabler.

Schallehn, M. (2012). *Marken-Authentizität – Konstrukt, Determinanten und Wirkungen aus Sicht der identitätsbasierten Markenführung*. Wiesbaden: Springer Gabler.

Schallehn, M., Burmann, C., & Riley, N. (2014). Brand authenticity: model development and empirical testing. *Journal of Product & Brand Management*, *23*(3), 192–199.

Schein, E. H. (1985). *Organizational culture and leadership*. San Francisco: Jossey-Bass Publishers.

Schein, E. H. (1992). *Organizational culture and leadership*. San Francisco: Jossey-Bass Publishers.

Schenk, H.-O. (1994). Handels- und Gattungsmarken. In M. Bruhn (Hrsg.), *Handelsmarken*. Stuttgart: Schäffer-Poeschel.

Schmitt, B. (2009). Customer experience management. In M. Bruhn, F.-R. Esch & T. Langner (Hrsg.), *Handbuch Kommunikation* (S. 697–711). Wiesbaden: Gabler.

Schreyögg, G., Sydow, J., & Koch, J. (2003). Organisatorische Pfade – Von der Pfadabhängigkeit zur Pfadkreation. In G. Schreyögg & J. Sydow (Hrsg.), *Strategische Prozesse und Pfade* (S. 261). Wiesbaden: Gabler.

Spiggle, S., Nguyen, H. T., & Caravella, M. (2012). More than fit. Brand extension authenticity. *Journal of Marketing Research*, *49*(6), 967–983.

Spitzer, M. (2008). *Geist im Netz, Modelle für Lernen, Denken und Handeln*. Heidelberg: Spektrum.

Steffenhagen, H. (2008). *Marketing – Eine Einführung*. Stuttgart: Kohlhammer.

Stocké, V. (2003). *Framing und Rationalität: die Bedeutung der Informationsdarstellung für das Entscheidungsverhalten*. München: Oldenbourg.

Stolle, W. (2013). *Globale Markenführung in heterogenen Märkten – Empirische Analyse eines moderierten Markenimagemodells für die Marken der Automobilindustrie in Brasilien, China, Deutschland, Russland und den USA*. Wiesbaden: Gabler.

SWR Fernsehen (2017). Der Preis der Turnschuhe – Billiglohn für schicke Treter. http://www.ardmediathek.de/tv/betrifft-/Der-Preis-der-Turnschuhe-Billiglohn-fü/SWR-Fernsehen/Video?bcastId=1100786&documentId=41671056. Zugegriffen: 30. März 2017.

Täubner, M. (2017). Echt? *brand eins*, *19*(2).

Teece, D. J., Pisano, G., & Shuen, A. (1997). Dynamic capabilities and strategic management. *Strategic Management Journal*, *18*, 509–533.

Thakor, M. V., & Kohli, C. S. (1996). Brand origin: conceptualization and review. *The journal of consumer marketing*, *13*(3), 27–42.

Tietz, I. (2009). *Krisenmanagement zur Sicherung und zum Ausbau der Markenstärke – Eine Analyse der Automobilindustrie*. Berlin: LIT.

Trommsdorff, V. (1992). Multivariate Imageforschung und strategische Marketingplanung. In A. Hermanns & V. Flegel (Hrsg.), *Handbuch des Electronic Marketing* (S. 321–338). München: Beck.

Trommsdorff, V. (2011). *Konsumentenverhalten*. Stuttgart: Kohlhammer.

United Digital Group (2017). Brand Experience + Trust Monitor 2016. https://www.udg.de/presse/brand-experience-trust-monitor-2016-vertrauenskrise. Zugegriffen: 18. Apr. 2017.

Usunier, J.-C. (2006). Relevance in business research: the case of country-of-origin research in marketing. *European Management Review*, *3*, 60–73.

Vershofen, W. (1940). *Handbuch der Verbrauchsforschung*. Berlin: Heymann.

Vul, E., Harris, C., Winkielmann, P., & Pashler, H. (2009). Puzzlingly high correlations in fMRI studies of emotion, personality, and social cognition. *Perspectives on Psychological Science*, *4*(3), 274–290.

Weidenfeld, W. (1983). Die Identität der Deutschen – Fragen, Positionen, Perspektiven. In W. Weidenfeld (Hrsg.), *Die Identität der Deutschen*. Schriftenreihe der Bundeszentrale für politische Bildung, (Bd. 200, S. 13–49). Bonn: Bundeszentrale für politische Bildung.

Welling, M. (2003). *Bausteine einer integrierten image- und identitätsorientierten Markenführung als Beitrag zur Markentheorie*. Schriften zum Marketing, Bd. 47. Bochum: Ruhr Universität Bochum.

Werthmöller, E. (1994). Räumliche Identität als Aufgabenfeld des Städte- und Regionenmarketing. In H. Meffert (Hrsg.), *Schriften zu Marketing und Management* Bd. 24. Frankfurt a. M.: Lang.

Wiedmann, K. P. (1994). Markenpolitik und Corporate Identity. In M. Bruhn (Hrsg.), *Handbuch Markenartikel* (Bd. 2, S. 1033–1054). Stuttgart: Gabler.

Wiedmann, K.-P., & Ludewig, D. (2014). Commodity Branding. In M. Enke & M. Reimann (Hrsg.), *Commodity Marketing – Grundlagen und Besonderheiten* (S. 73–99). Wiesbaden: Springer Gabler.

Zahn, E. O. K., Foschiani, S., & Tilebein, M. (2000). Wissen und Strategiekompetenz als Basis für die Wettbewerbsfähigkeit von Unternehmen. In P. F. J. Hammann (Hrsg.), *Die Ressourcen- und Kompetenzperspektive des strategischen Managements* (S. 47–68). Wiesbaden: Dt. Univ.-Verlag.

ZDFzoom (2017). Lufthansa in Turbulenzen. https://www.zdf.de/dokumentation/zdfzoom/zdfzoom-lufthansa-in-turbulenzen-100.html. Zugegriffen: 14. Juli 2017.

Strategisches Markenmanagement

2

Inhaltsverzeichnis

Aufbau und Lernziele des Kapitels

Im zweiten Kapitel wird das strategische identitätsbasierte Markenmanagement vorgestellt. Hierbei sollen folgende Fragen beantwortet werden:

- Welche Aufgaben umfasst das strategische Markenmanagement?
- Was gilt es bei den einzelnen Prozessschritten im strategischen Markenmanagement zu beachten?

C. Burmann et al., *Identitätsbasierte Markenführung*,
https://doi.org/10.1007/978-3-658-20063-3_2

- Wie hängen die interne und externe Perspektive der identitätsbasierten Markenführung im strategischen Markenmanagement zusammen?
- Welchen aktuellen Herausforderungen bestehen für die Markenführung in den einzelnen Bereichen des strategischen Markenmanagements?

Hierzu werden alle Schritte des strategischen Markenmanagements im Prozess der identitätsbasierten Markenführung (vgl. Abb. 2.1) vorgestellt, Zusammenhänge erläutert und an Beispielen aus der Praxis veranschaulicht.

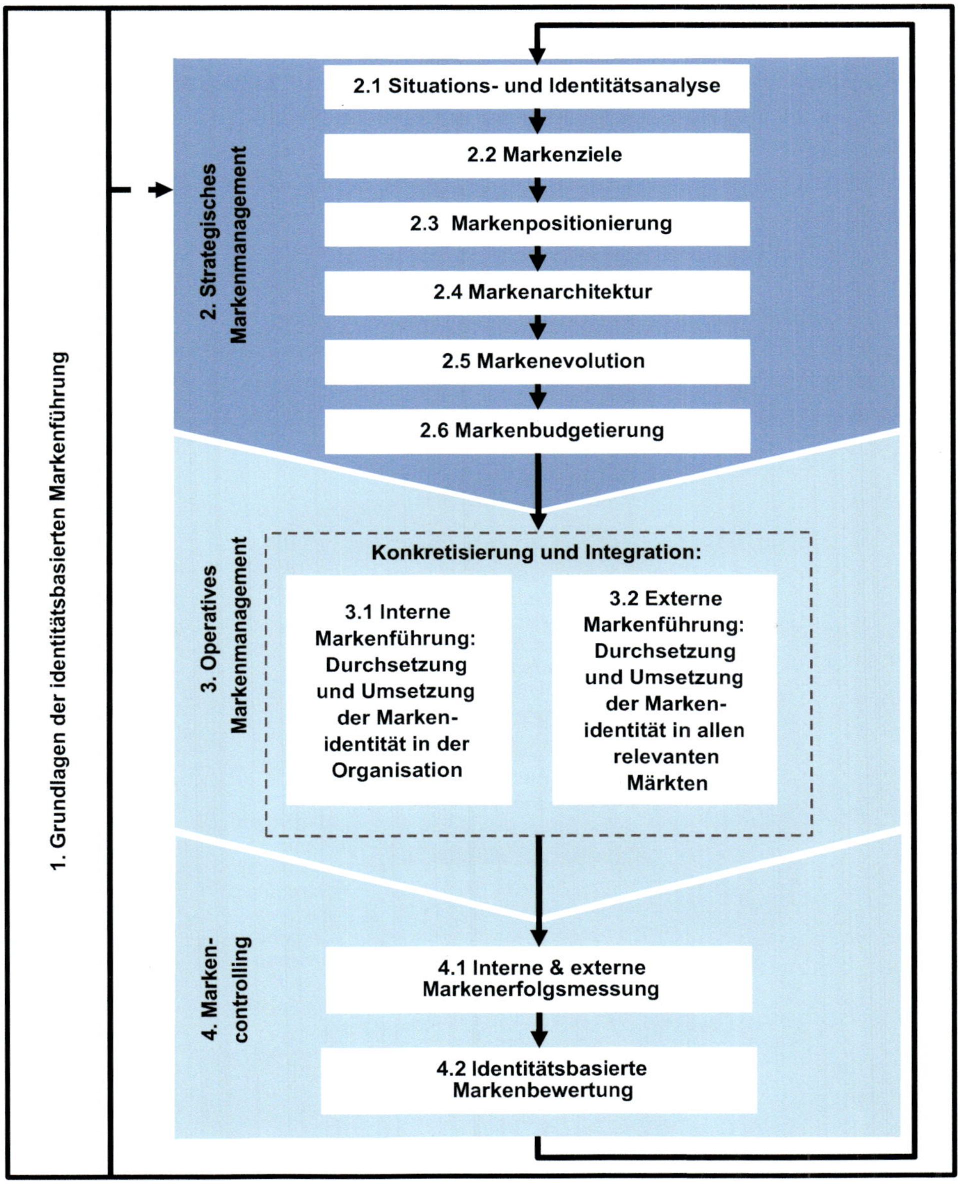

Abb. 2.1 Managementprozess der identitätsbasierten Markenführung

2.1 Situations- und Identitätsanalyse

Basis des Prozesses der identitätsbasierten Markenführung ist eine fundierte Analyse der Ausgangssituation, welche mit der **Identitätsanalyse** (Selbstbild der Marke) beginnt. Erfasst wird die Markenidentität anhand der sechs Identitätskomponenten (Abschn. 1.7). Für diese Identitätsanalyse sollten alle Träger der Marke befragt werden. Dazu zählen nicht nur die Manager der Marketing- bzw. Markenabteilung, sondern alle Mitarbeiter des Unternehmens aus sämtlichen Hierarchieebenen und Funktionsbereichen. Nur durch diese umfassende **interne Befragung** ist gewährleistet, dass das später zu definierende Markennutzenversprechen auf einer von allen internen Gruppen getragenen Identität basiert und im Markenverhalten aller Markenmitarbeiter auch eingelöst werden kann (Abschn. 1.4). Damit bildet die Identitätsanalyse die Grundvoraussetzung für eine erfolgreiche identitätsbasierte Markenführung.

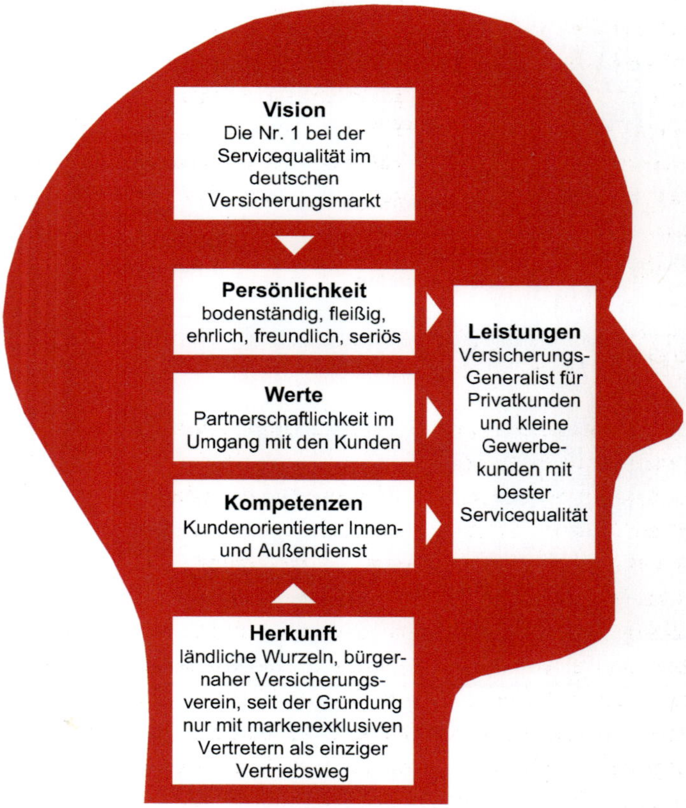

Abb. 2.2 Ergebnis der Identitätsanalyse einer Versicherungsmarke

Im Folgenden wird am Beispiel einer Versicherungsmarke eine von der Universität Bremen durchgeführte Identitätsanalyse vorgestellt: Um die unterschiedlichen internen Sichtweisen auf die Versicherungsmarke zu erfassen, wurden zunächst 75 persönliche Tiefeninterviews mit Führungskräften und Mitarbeitern aus der Zentrale sowie dem Außendienst geführt. Ziel der Interviews war es, entlang der sechs Identitätskomponenten die subjektive Sicht der Führungskräfte und Mitarbeiter auf die Marke zu erfassen. Die in den Interviews genannten Identitätsmerkmale bildeten die Grundlage für die anschließende quantitative Befragung. Dabei bewerteten die Probanden (Vollerhebung bei allen Führungskräften und Mitarbeitern mittels Onlinebefragung) in geschlossenen Fragen, inwieweit die verschiedenen Identitätsmerkmale die Versicherungsmarke prägen. Für jede der sechs Identitätskomponenten wurden auf Basis der Antworten diejenigen Merkmale ermittelt, welche die Marke am stärksten prägen. Diese als wesensprägend angesehenen Merkmale bilden die Ist-Markenidentität der Versicherung (vgl. Abb. 2.2).

Neben der Identitätsanalyse sind weitere Aspekte zu analysieren. Diese orientieren sich an der Situationsanalyse im Marketing (vgl. Meffert et al. 2015, S. 219 ff.). Im Rahmen der **externen Situationsanalyse** sind vor allem die Zielgruppenbedürfnisse und der bisher wahrgenommene Markennutzen im Vergleich zu Konkurrenzmarken zu erfassen. Weiterhin sind alle Brand Touch Points zu ermitteln, um zu untersuchen, welchen Beitrag die einzelnen Touch Points für das Markenerlebnis leisten und welche Kosten diesem Erlebnisbeitrag zuzurechnen sind. Bei der **internen Situationsanalyse** sind auch die weiteren internen Rahmenbedingungen der Markenführung im Sinne einer Stärken- und Schwächenanalyse zu analysieren. Die Situations- und Identitätsanalyse ermöglichen die Ableitung der **Markenziele**, welche im folgenden Unterkapitel näher erläutert werden.

2.2 Markenziele

Markenziele müssen operational sein, d. h. nach Inhalt, Ausmaß, Zeit- und Segmentbezug präzise formuliert werden. Nur dann eignen sie sich für die Führung der Markenmitarbeiter und können später bezüglich ihres Zielerreichungsgrades sinnvoll kontrolliert werden (vgl. Meffert et al. 2015, S. 21). Eine operationale Markenzielsetzung kann bspw. für den deutschen Markt in einer fünfprozentigen Steigerung (Ausmaß) der Markenbekanntheit (Inhalt) in der Zielgruppe 30–59 jähriger Männer (Segment) innerhalb von zwei Jahren (Zeitbezug) liegen. Markenziele sind meist durch einen einjährigen Zeithorizont gekennzeichnet und lassen sich in ökonomische und vorökonomische (verhaltensbezogene und psychografische) Ziele einteilen. Bei den **ökonomischen Markenzielen**, die eng mit den Unternehmenszielen verbunden sind, handelt es sich um betriebswirtschaftliche Kernergebnisgrößen wie bspw. den Markenwert (Brand Equity), den Kundenstammwert (Customer Equity) oder die Akquisitions- und Kundenbindungskosten der Marke. Die vorökonomischen **verhaltensbezogenen und psychografischen Markenziele** sind vor allem für die Zielgruppe der Mitarbeiter (internes Markenmanagement) und die Zielgruppe der Nachfrager (externes Markenmanagement) festzulegen.

2.2.1 Ziele des internen Markenmanagements

Noch vor wenigen Jahren spielte das **interne Markenmanagement** (synonym auch als Internal Brand Management, innengerichtete bzw. interne Markenführung, Internal Branding oder Behavioral Branding bezeichnet; vgl. Burmann und Piehler 2016, S. 2) in der Unternehmenspraxis eine untergeordnete Rolle. Die Marke lag fast ausschließlich im Aufgabenfeld der Marketingabteilung und hier vor allem im Bereich der Kommunikation („Marke macht bei uns die Werbeabteilung"). Auf alle anderen Funktionsbereiche des Unternehmens hatte die Marke nur einen geringen Einfluss. Diese Sicht auf das Markenmanagement hat sich mittlerweile jedoch stark verändert. Die Mitarbeiter sind heute aufgrund der sich immer mehr angleichenden und austauschbareren funktionalen Markenleistungen oft zum einzigen Differenzierungsmerkmal und eigentlichen Wettbewerbsvorteil geworden. Vom internen Markenmanagement abzugrenzen ist das Konzept des **Employer Branding**. Hierbei handelt es sich primär um das Management zur Gewinnung potenzieller Mitarbeiter und nicht, wie beim internen Markenmanagement, die Ansprache aktueller, interner Mitarbeiter (vgl. Burmann und Piehler 2013, S. 226 f.; Böttger 2012, S. 17 ff.). Zentrales Ziel des internen Markenmanagements ist es, das **markenkonforme Verhalten der Mitarbeiter** zur Erfüllung des Markennutzenversprechens an allen Brand Touch Points entlang der gesamten Customer Journey zu gewährleisten (vgl. Abb. 2.3). Dementsprechend soll internes Markenmanagement die Markenidentität und das daraus abgeleitete Markennutzenversprechen bei den internen Zielgruppen kognitiv, affektiv und letztendlich im täglichen Verhalten verankern.

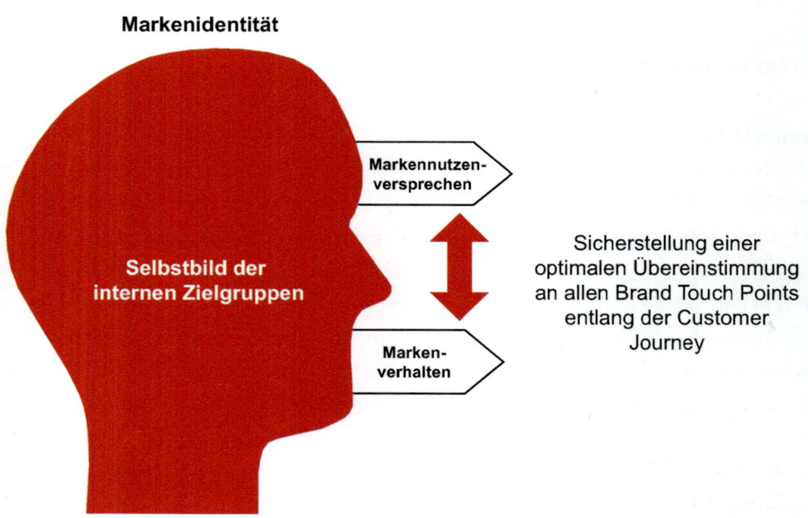

Abb. 2.3 Aufgabe des internen Markenmanagements

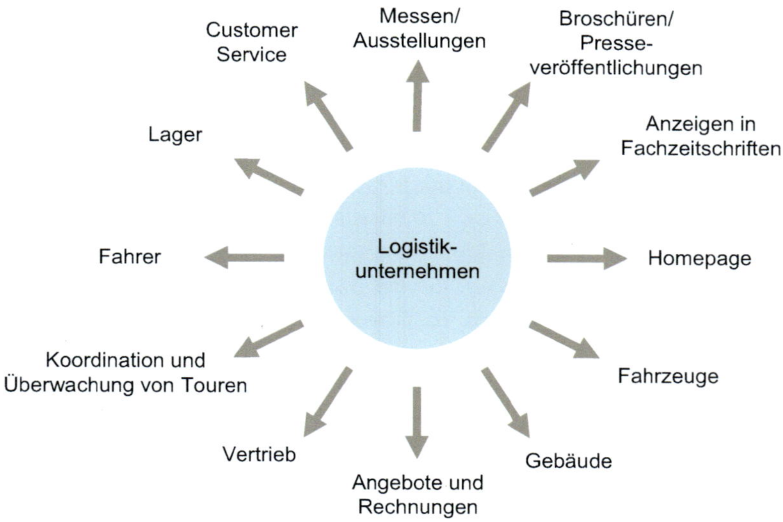

Abb. 2.4 Ausgewählte Brand Touch Points eines Logistikunternehmens

Nur wenn das kommunizierte Markennutzenversprechen dem tatsächlichen Verhalten aller Markenmitarbeiter entspricht, erlebt der Nachfrager die Marke als authentisch und schenkt ihr sein Vertrauen. Die Bedeutung der Mitarbeiter wird auch daran deutlich, dass diese an zahlreichen Brand Touch Points im direkten Kontakt mit Nachfragern für die Umsetzung des Markennutzenversprechens verantwortlich sind (z. B. bei Messen und Ausstellungen, Customer Service, Lager, Fahrer, Koordination und Überwachung von Touren und Vertrieb). Aber auch für die übrigen Brand Touch Points, bei denen Mitarbeiter nicht im direkten Kontakt mit Nachfragern stehen, sind sie indirekt für das Markenverhalten verantwortlich (vgl. Abb. 2.4).

Die heute große Bedeutung des internen Markenmanagements und seiner spezifischen Ziele zeigt sich auch an der zunehmenden Zahl von deutschsprachigen Publikationen (vgl. z. B. Brexendorf und Tomczak 2005; Bruhn 2008; Burmann und Piehler 2013, 2016; Esch et al. 2005, 2014; Herrmann et al. 2002; Tomczak et al. 2012) und englischsprachigen Veröffentlichungen (vgl. z. B. Burmann und Zeplin 2005; Burmann et al. 2009; King und Grace 2008, 2010, 2012; Löhndorf und Diamantopoulos 2014; Piehler et al. 2015, 2016; Punjaisri und Wilson 2007, 2011; Punjaisri et al. 2008, 2009; Sirianni et al. 2013; Vallaster und de Chernatony 2005, 2006; Andrews und Chew 2017).

2.2.1.1 Brand Citizenship Behavior als verhaltensbezogene interne Zielgröße

► Das **Brand Citizenship Behavior** (BCB oder „Markenbürgertum“) umfasst sämtliche Verhaltensweisen eines Mitarbeiters, „die im Einklang mit der Markenidentität und dem Markennutzenversprechen stehen und in Summe die Marke stärken“ (Piehler 2011, S. 303).

Diese Zielgröße ist von höchster Bedeutung, weil die Markenidentität und das Markennutzenversprechen erst durch die Entscheidungen und Handlungen der Mitarbeiter „zum Leben erweckt“ werden. Dies ist besonders, aber nicht nur, in dienstleistungsintensiven Branchen der Fall und beschränkt sich nicht ausschließlich auf das Kundenkontaktpersonal (vgl. Piehler et al. 2016, S. 1582). Gummesson (1987) prägte den Begriff „Part-time Marketer“ für Mitarbeiter außerhalb der Marketing- und Vertriebsbereiche, um zu betonen, dass auch diese durch ihre Verantwortung für die Qualität der Produkte und Dienstleistungen und ihre interne Lieferantenrolle einen großen Einfluss auf das Markenerlebnis der Nachfrager haben. Da verschiedene Verhaltensweisen notwendig sind, um die Marke zu stärken, wird BCB mehrdimensional konzeptualisiert. Es umfasst die drei Dimensionen Markenakzeptanz, Markenmissionierung sowie Markenpartizipation (vgl. Abb. 2.5; Piehler 2011, S. 305 ff.; Piehler et al. 2016, S. 1577 f.).

Markenakzeptanz beschreibt die Akzeptanz von Regeln und Verhaltensrichtlinien bezüglich des Umgangs mit einer Marke seitens der Mitarbeiter. **Markenmissionierung** umfasst den bewussten, selbstinitiierten Einsatz der Mitarbeiter für die aktuellen Belan-

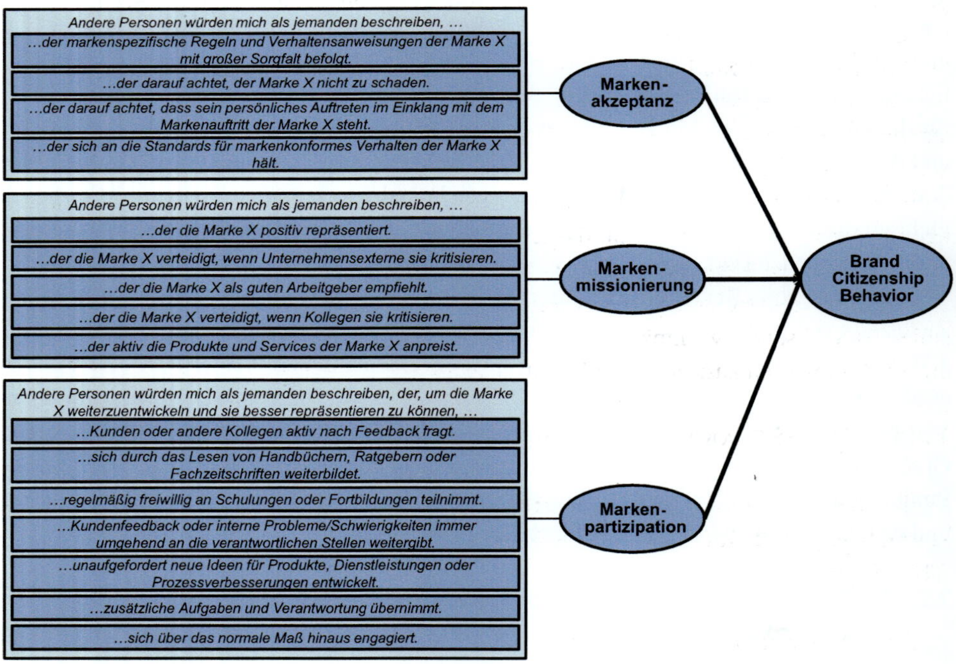

Abb. 2.5 Modell zur Erklärung des Brand Citizenship Behaviors inklusive Messitems für die Indikatoren. (In enger Anlehnung an Piehler 2011, S. 432 ff.)

ge der Marke. Hierunter fallen vor allem der Aufbau eines positiven Images der Marke, die Weiterempfehlung der Marke sowie das Verteidigen dieser gegenüber akuten Bedrohungen. Unter **Markenpartizipation** werden Verhaltensweisen verstanden, die darauf ausgerichtet sind, aktiven Einfluss auf die Weiterentwicklung der Marke und die Verbesserung der Kundenerlebnisse zu nehmen. Hierunter fallen vor allem die Weiterentwicklung der markenbezogenen Kenntnisse, Fähigkeiten und Fertigkeiten der Mitarbeiter und die Entwicklung von Ideen für neue Produkte und Dienstleistungen. Diese drei Dimensionen konnten in zahlreichen Studien empirisch nachgewiesen werden (vgl. Maloney 2007, S. 272 ff.; Piehler 2011, S. 467 ff.; Piehler et al. 2016, S. 1583 ff.).

In Bezug auf unternehmensexterne **Erfolgswirkungen** des BCB von Mitarbeitern konnten Baumgarth und Schmidt (2010, S. 1255 f.) bei einer Befragung von 481 Mitarbeitern aus 93 deutschen Unternehmen empirisch bestätigen, dass BCB einen positiven Einfluss auf den externen Markenwert hat. Baker et al. (2014, S. 650 ff.) konnten auf Basis von unternehmensinternen Daten aus Mitarbeiterbefragungen (n = 265) und unternehmensexternen Daten aus Kundenbefragungen empirisch nachweisen, dass das BCB einen positiven Einfluss auf die von Kunden wahrgenommene Servicequalität hat.

Es ist heute gängige Praxis, dass Unternehmen nicht nur eine sondern zumeist mehrere Marken führen. Dies hat auch für das interne Markenmanagement Konsequenzen. Beispielsweise steht der zuständige Vertriebsmitarbeiter für die ehemalige hochpreisige Produktmarke Phaeton vor der Herausforderung, sich zugleich markenkonform zur übergeordneten Geschäftsfeldmarke Volkswagen verhalten zu müssen. Auch die parallele Tätigkeit eines Mitarbeiters für zwei oder mehrere Marken ist keine Seltenheit (z. B. für Hausgeräte der Marken Bosch, Siemens, Gaggenau oder Neff). Daher sollte aus einer strategischen Perspektive für jeden Mitarbeiter definiert werden, auf welche Marke sich sein Verhalten (BCB) primär ausrichten sollte. Entsprechende strukturelle und prozessuale Veränderungen der Organisation sollten sich anschließen. Bei Logistik-Mitarbeitern kann es bspw. zweckmäßig sein, das BCB auf die Geschäftsfeldmarke auszurichten, um eine gemeinsame Infrastruktur für die verschiedenen Produktmarken zu schaffen. Zum Aufbau von Produktmarken, die sich im Markt gegenüber Wettbewerbern differenzieren sollen, ist es bspw. zweckmäßig, dass die Mitarbeiter der Design-Abteilung ihr BCB auf die Produktmarken ausrichten (vgl. Jentschke 2016, S. 210 ff.).

2.2.1.2 Brand Commitment als psychografische interne Zielgröße

► Die Zielgröße **Brand Commitment** (Markenverbundenheit) wird definiert als „das Ausmaß der psychologischen Verbundenheit eines Mitarbeiters mit der Marke" (Piehler 2011, S. 198).

Brand Commitment stammt ursprünglich aus der Organisationsforschung und wird als zentraler Einflussfaktor von BCB betrachtet, was in diversen empirischen Studien belegt werden konnte (vgl. Burmann et al. 2009, S. 13 ff.; King und Grace 2010, S. 950 ff., 2012, S. 478 ff.; Piehler et al. 2015, S. 56, 2016, S. 1583 ff.). Darüber hinaus zeigt sich bspw.,

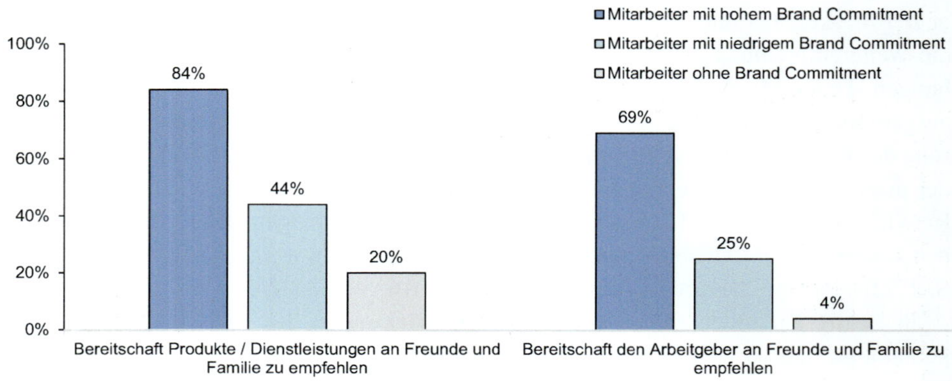

Abb. 2.6 Verhaltensunterschiede zwischen Mitarbeitern mit hohem, niedrigem und keinem Brand Commitment. (In enger Anlehnung an Gallup 2017, S. 20)

dass Mitarbeiter mit einem hohen Brand Commitment lediglich halb so viele Fehltage pro Jahr haben wie Mitarbeiter ohne Brand Commitment (vgl. Gallup 2017; Nink 2009). Auch hinsichtlich des Weiterempfehlungsverhaltens unterscheiden sich Mitarbeiter deutlich, je nachdem, ob sie sich mit der Marke verbunden fühlen oder nicht (vgl. Abb. 2.6). Dies belegt u. a. eine Studie der Beratungsfirma Gallup aus dem Jahr 2016, bei der insgesamt 1413 Arbeitnehmer ab 18 Jahren in Deutschland befragt wurden (vgl. Gallup 2017).

Brand Commitment umfasst zwei Komponenten: Die Identifikation der Mitarbeiter mit der Marke und die Internalisierung der Markenidentität (vgl. Zeplin 2006, S. 91 ff.). Die **Identifikation** bezieht sich auf die Akzeptanz sozialen Einflusses aufgrund des Zugehörigkeitsgefühls zur Gruppe, welche die Marke trägt und der Wahrnehmung, mit dem Schicksal dieser Gruppe verbunden zu sein. Identifikation basiert auf der Interpretation der Markenidentität als Gruppenidentität. Je stärker die Identifikation eines Mitarbeiters ausgeprägt ist, desto stärker empfindet er Erfolge der Organisation als eigene Erfolge (vgl. Mael und Ashforth 1992, S. 103). Eine starke Identifikation fördert den Arbeitseinsatz durch das Gefühl einer persönlichen Verpflichtung gegenüber Kollegen und Vorgesetzten.

Die **Internalisierung** der Markenidentität umschreibt die durch die Mitarbeiter wahrgenommene Kongruenz der eigenen persönlichen Identität und der Markenidentität (vgl. Piehler 2011, S. 218). Im Rahmen der Internalisierung erfolgt die vollständige oder teilweise Übernahme der Markenidentität in das Selbstkonzept der Mitarbeiter. Das Selbstkonzept ist die Gesamtheit der Gedanken und Gefühle eines Individuums in Bezug auf sich selbst (vgl. Rosenberg 1979, S. 7). Ein Individuum strebt nach Selbstkongruenz und verhält sich daher aufgrund intrinsischer Motivation konsistent zu seinem Selbstkonzept. Internalisierung entsteht durch organisationale Sozialisation, falls nicht schon vor Eintritt des Individuums in die Organisation eine hohe Kongruenz zwischen seiner persönlichen Identität und der Markenidentität bestanden hat. Der Sozialisationsprozess besteht sowohl aus der informellen Übermittlung der Markenidentität durch Kollegen als auch der formalen Kommunikation.

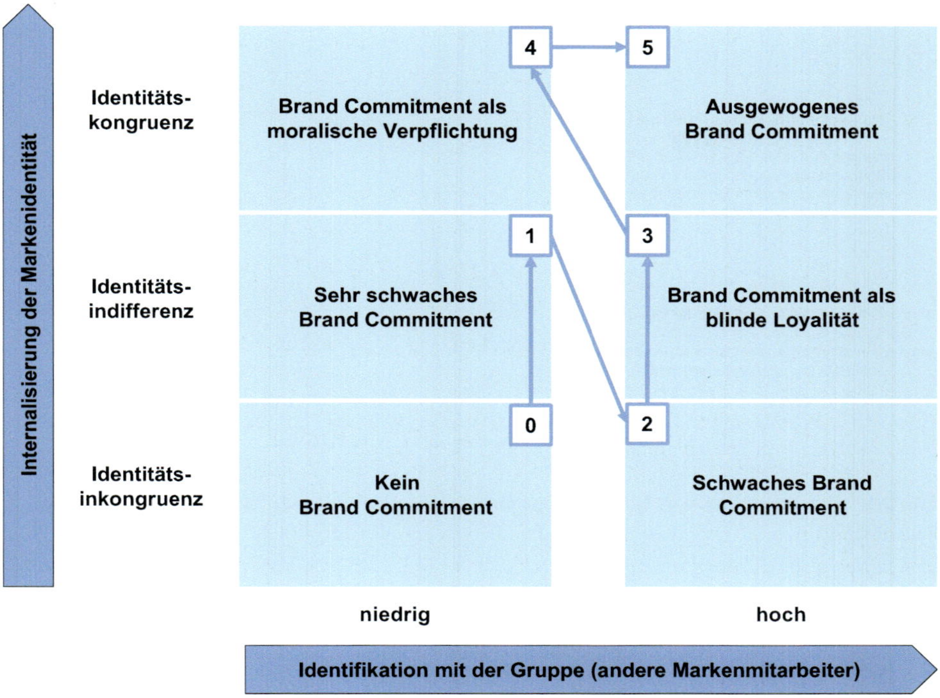

Abb. 2.7 Ausprägungen des Brand Commitment. (Vgl. Zeplin 2006, S. 93)

Das Brand Commitment eines Mitarbeiters ergibt sich aus beiden Komponenten (vgl. Abb. 2.7). Im Feld „0" hat keine Internalisierung stattgefunden. Die persönliche Identität steht hier im Widerspruch zur Markenidentität. In diesem Fall ist auch bei hoher Identifikation nur ein sehr schwaches Brand Commitment vorhanden. Bei einer Identitätsindifferenz ist die Internalisierung nur schwach ausgeprägt. Ist gleichzeitig eine hohe Identifikation mit den Kollegen vorhanden, kann zumindest mittleres Brand Commitment in Form „blinder Loyalität" auftreten. Diese Ausprägung des Brand Commitment kann sich jedoch schnell ändern, wenn sich das Identifikationsobjekt, z. B. der CEO, der direkte Vorgesetzte oder das Kollegenteam, ändert. Dies zeigte sich z. B. bei der Billigfluglinie easyJet, nachdem der charismatische Gründer Stelios Haji-Ioannou sich aus dem Board of Management zurückgezogen hatte (vgl. Schmitt 2003). Bei geringer Identifikation und starker Internalisierung entsteht Brand Commitment als „moralische Verpflichtung" gegenüber dem, wofür die Marke steht. Die stabilste und höchste Form der Markenverbundenheit ist das „ausgewogene Brand Commitment", welches sowohl auf einer starken Internalisierung als auch auf einer intensiven Identifikation beruht.

Im Rahmen einer Studie der Universität Bremen in 2014 wurde das Brand Commitment von Mitarbeitern einer Bank mittels der zwei Komponenten erfasst. Befragt wurden 357 Mitarbeiter aller Hierarchiestufen und Abteilungen. Die Ergebnisse in Abb. 2.8 zeigen,

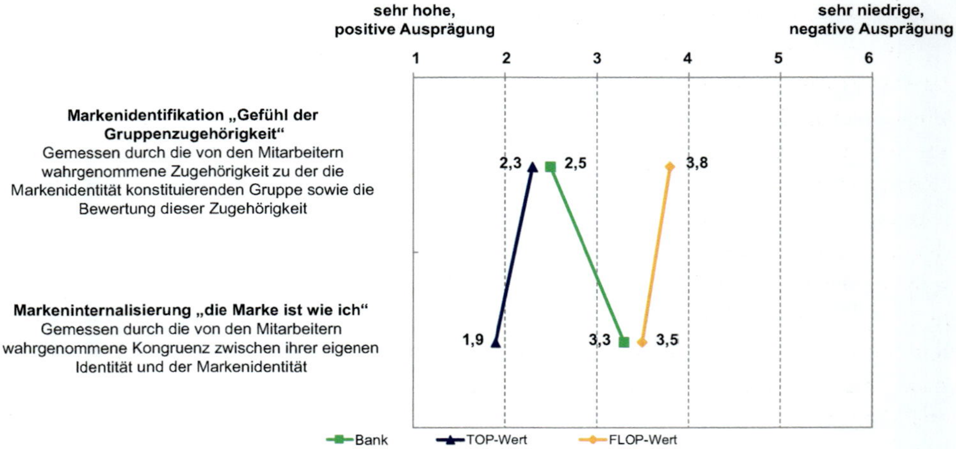

Abb. 2.8 Ausprägungen von Identifikation und Internalisierung bei Mitarbeitern einer Bank in Deutschland

dass zwar eine hohe Identifikation, jedoch nur eine geringe Internalisierung vorlag. Das Brand Commitment befand sich daher insgesamt nur auf einem mittleren Niveau, weil es nur auf der hohen Verbundenheit der Mitarbeiter mit Kollegen und Vorgesetzten beruhte. Dieses Ergebnis ist typisch für solche Marken, die nur die Zufriedenheit ihrer Mitarbeiter gestalten und messen, hier gute Resultate erzielen und sich dann „zurücklehnen". Sie schöpfen das Potenzial ihrer Mitarbeiter nicht aus, weil ihre Marke keine motivierende inhaltliche Botschaft vermittelt.

Zur nachhaltigen Steigerung des Brand Commitment sollte daher bei dieser Bank die Identität der Marke klar definiert und durch entsprechende Maßnahmen an alle Mitarbeiter vermittelt werden. Diese Handlungsempfehlung basiert auch auf dem Vergleich mit zahlreichen anderen Unternehmen, bei denen ebenfalls die Identifikation und Internalisierung erhoben wurde. Abb. 2.8 zeigt die TOP- und FLOP-Werte aus einer entsprechenden Datenbank des Lehrstuhls für innovatives Markenmanagement der Universität Bremen zusammen mit den Werten der Bank. Das Beispiel zeigt, dass zur Messung des Brand Commitment die beiden Komponenten Identifikation und Internalisierung erfasst werden müssen. Nur auf dieser doppelten Basis lassen sich geeignete Maßnahmen zur nachhaltigen Steigerung des Brand Commitment ergreifen.

Da Mitarbeiter eines Unternehmens, das parallel mehrere Marken führt, mit verschiedenen Marken in Kontakt kommen, weisen sie **multiple Brand Commitments** auf (vgl. Jentschke 2016, S. 53 ff.). Zumeist sind diese Commitments unterschiedlich stark ausgeprägt. In der Regel überwiegt das Brand Commitment zu den untergeordneten Produktmarken. Dies lässt sich anhand der Nested Groups-Theorie erklären: Danach können unterschiedliche soziale Gruppen so ineinander verschachtelt sein, dass parallele Gruppenzugehörigkeitsgefühle entstehen (vgl. Lawler 1992). Dabei sollte darauf geachtet werden, dass wesentliche Identitätsmerkmale der sozialen Gruppen zueinander kompatibel sind. Hier ist das Zugehörigkeitsgefühl zu untergeordneten sozialen Gruppen (z. B. den Bewohnern einer Stadt) zumeist größer als das Zugehörigkeitsgefühl zu übergeordneten sozialen Gruppen (z. B. den Bewohnern eines Bundeslandes). Diese Erkenntnis lässt sich auf Unternehmen mit mehreren Marken übertragen: Die Mitarbeiter haben zumeist eine stärkere Interaktion mit der untergeordneten Produktmarke als mit der übergeordneten Geschäftsfeld- oder Unternehmensmarke. Zudem sind Produktmarken für die Mitarbeiter weniger abstrakt als die Geschäftsfeld- oder Unternehmensmarke. Daher ist das Brand Commitment gegenüber hierarchisch untergeordneten Marken häufig höher als das Commitment zu übergeordneten Marken des Unternehmens. Zur Steigerung des Brand Commitment zu untergeordneten Produktmarken in Mehrmarkenunternehmen tragen die markenbezogene Dezentralität der Organisation, die klare interne Markendifferenzierung, das interne Produktmarken-Prestigegefälle, der Produktmarkenbezug der Arbeitsaufgabe sowie die Vermeidung von Rollenkonflikten positiv bei (vgl. Jentschke 2016, S. 207 ff.).

2.2.1.3 Markenwissen als psychografische interne Zielgröße

► **Markenwissen** wird definiert als „die Kenntnis spezifischer markenbezogener Informationen, die für ein markenkonformes Verhalten der Mitarbeiter von Relevanz sind" (Piehler 2011, S. 130).

In der englischsprachigen Literatur wird in diesem Zusammenhang von Brand Knowledge (vgl. z. B. Löhndorf und Diamantopoulos 2014; Dean et al. 2016; Terglav et al. 2016) bzw. Brand Understanding (vgl. z. B. Xiong et al. 2013; Piehler et al. 2016) gesprochen. Markenwissen wird als zentraler Einflussfaktor von Brand Commitment und BCB betrachtet, was in diversen empirischen Studien belegt werden konnte (vgl. Piehler 2011, S. 507 ff.; Piehler et al. 2015, S. 56, 2016, S. 1583 ff.; Terglav et al. 2016, S. 6 ff.; Xiong et al. 2013, S. 353 ff.).

Wie beim BCB wird auch für das Markenwissen eine Mehrdimensionalität als sinnvoll erachtet. Auf Basis der Internal Branding-Forschung können (1) Verständnis der Relevanz der Marke (Brand Relevance), (2) Verständnis der Verhaltensrelevanz (Behavior Relevance), (3) Kenntnis der Marke (Brand Knowledge) sowie (4) Kenntnis markenkonformer Verhaltensweisen (Brand Confidence) als Dimensionen unterschieden werden (vgl. Piehler 2011, S. 132 ff.; Piehler et al. 2016, S. 1579 f.; Xiong et al. 2013, S. 350 ff.).

Zunächst muss bei den Mitarbeitern ein Verständnis dafür entwickelt werden, dass die Marke wichtig für die Organisation und den Erfolg der Organisation ist. Es handelt sich hierbei noch nicht um die spezifische Bedeutung einer bestimmten Marke, sondern vielmehr um ein grundlegendes Verständnis der Zusammenhänge zwischen einer Marke, dem Markenimage, dem Kaufverhalten der Zielgruppe und dem Unternehmenserfolg. Nur wenn Mitarbeiter diese hohe **Relevanz der Marke** verstehen, können sie gewünschte Einstellungen und Verhaltensweisen entwickeln. Ein positives Beispiel hierfür bietet BMW in seiner Markenakademie. BMW-Mitarbeiter werden in der Akademie zunächst zu der

Relevanz von Marken für das Käuferverhalten im Allgemeinen geschult. Die Vermittlung der eigentlichen Markenidentität von BMW entlang der Dimensionen „Innovation“, „Dynamik“, „Ästhetik“ sowie das Nutzenversprechen „Freude am Fahren“ ist erst Gegenstand späterer Schulungen (vgl. Burmann und Kranz 2008).

Der zweite Aspekt des Markenwissens ist das Verständnis der hohen **Relevanz des eigenen Verhaltens** für die Marke und ihren Erfolg. Jedem Mitarbeiter muss deutlich sein, welche Rolle er bzw. sein Verhalten für den Erfolg der Marke spielt (vgl. Kimpakorn und Tocquer 2009, S. 536). Das Wissen um die Relevanz des eigenen Verhaltens leistet einen wesentlichen Beitrag zur Motivation eines Mitarbeiters, sich markenkonform zu verhalten. Empirisch konnte nachgewiesen werden, dass Mitarbeitern erfolgreicher Marken sehr genau bewusst ist, welchen Beitrag sie für den Markenerfolg liefern (vgl. de Chernatony und Cottam 2006, S. 621).

Die **umfassende Kenntnis der Marke**, für die ein Mitarbeiter tätig ist, stellt den dritten Aspekt des Markenwissens dar. Entsprechend des identitätsbasierten Markenmanagements umfasst dies insbesondere die Kenntnis der Markenidentität und die Kenntnis des Markennutzenversprechens.

Ohne ausreichendes Wissen über die eigene Marke wird es nahezu unmöglich, **Kenntnisse markenkonformer Verhaltensweisen** bei Mitarbeitern zu verankern. Dies ist der vierte und wichtigste Aspekt des Markenwissens. Hierbei besteht die Herausforderung für die Unternehmensführung darin, das häufig abstrakte Nutzenversprechen für die Mitarbeiter in konkrete Handlungen an jedem Arbeitsplatz zu übersetzen. So bieten Claims wie z. B. „Wir lieben Lebensmittel“ von EDEKA zunächst viel Raum für Interpretation, wie sich diese „Liebe“ im täglichen Mitarbeiterverhalten widerspiegeln soll. Beispiele wären die ständige Kontrolle der Verfallsdaten, ein besonderes Augenmerk für hygienische Verhältnisse oder eine fachlich kompetente Beratung an der Käsetheke. Werden konkrete Verhaltensweisen von Mitarbeitern in der werblichen Kommunikation demonstriert, so ist

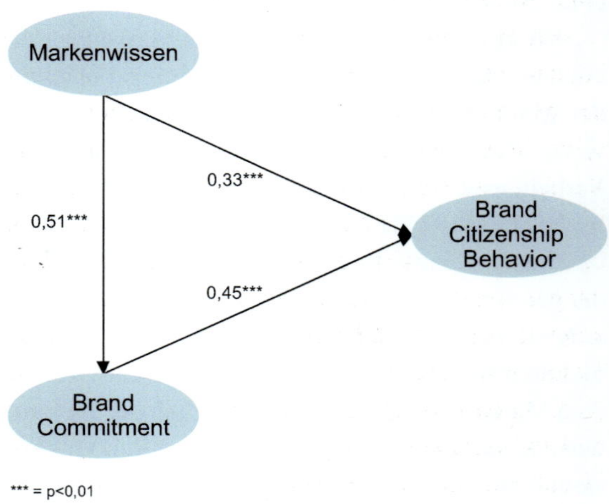

Abb. 2.9 Zusammenhang zwischen den Zielgrößen der internen Markenführung. (In Anlehnung an Piehler et al. 2015, S. 55)

darauf zu achten, dass diese in der Realität auch umgesetzt werden können. Der Aufbau überhöhter Erwartungen wie z. B. einer stets auf das Gramm genauen Abschätzung von Wurstwaren an der Fleischtheke ist vor diesem Hintergrund problematisch.

Empirisch konnten Piehler (2011) und Piehler et al. (2015) anhand mehrerer großer Mitarbeiterbefragungen bei deutschen Dienstleistungsunternehmen bestätigen, dass Markenwissen und Brand Commitment das Brand Citizenship Behavior mit hoch signifikanten Pfadkoeffizienten (Kausalanalyse) positiv beeinflussen. Zusätzlich wurden von ihnen positive Wirkungen des Markenwissens auf das Brand Commitment nachgewiesen (vgl. Abb. 2.9). Zu sehr ähnlichen Ergebnissen kommen Studien von Xiong et al. (2013) und Piehler et al. (2016) im internationalen Kontext.

2.2.2 Ziele des externen Markenmanagements

2.2.2.1 Verhaltensbezogene externe Zielgrößen

Die Stärke einer Marke bemisst sich extern ebenso wie intern anhand ihrer Verhaltensrelevanz. Externe **verhaltensbezogene Zielgrößen** sind z. B. der Kauf oder die Weiterempfehlung der Marke. Eine starke Marke verfügt neben einer guten Eroberungsrate (Zustrom von Neukunden) vor allem über eine hohe Markentreue (Wiederkaufrate).

Diesen verhaltensbezogenen Zielgrößen vorgelagerte **psychografische Zielgrößen** sind z. B. die Markenbekanntheit, das Markenimage, die Kundenzufriedenheit (vgl. Skala-Gast 2012) sowie die Kauf- und Weiterempfehlungsintention (vgl. Nee 2016). Zwei besonders wichtige psychografische Zielgrößen sind das **Brand Attachment** (vgl. Kleine-Kalmer 2016) und das **Markenvertrauen** (vgl. Hegner 2012).

2.2.2.2 Brand Attachment als psychografische externe Zielgröße

Der Begriff **Attachment** stammt aus der Psychologie und beschreibt die Verbundenheit eines Menschen mit einer anderen Person (vgl. Bowlby 1979). Ein Mensch kann sich jedoch nicht nur mit anderen Personen, sondern auch mit Objekten wie bspw. Orten, Gebäuden oder Marken verbunden fühlen (vgl. Thomson et al. 2005, S. 77 ff.). Besteht eine starke Verbundenheit mit einer Marke, führt dies meist zu regelmäßigen Wiederkäufen, selbst wenn die Erwartungen an die Marke im Einzelfall nicht erfüllt werden und der Käufer unzufrieden ist (vgl. Kleine-Kalmer 2016, S. 65 f.). So zeigte sich in der umfassenden empirischen Längsschnittanalyse von Skala-Gast, dass der Wiederkauf (Loyalität) bei den Automobilmarken Mercedes-Benz, BMW und Audi statistisch vollständig unabhängig von der Zufriedenheit der Käufer mit diesen Marken ist. Durch die Zufriedenheit kann der zukünftige Kauf dieser drei Marken dementsprechend nicht erklärt werden (vgl. Skala-Gast 2012, S. 145 ff.). In einer Studie mit Marken aus unterschiedlichen Branchen (u. a. Apple, Nike) belegen Park et al. (2010) demgegenüber, dass das Kauf- und Wiederkaufverhalten sowie der Share of Wallet (prozentualer Anteil der Ausgaben, die ein Nachfrager in einer Produktkategorie für eine bestimmte Marke aufwendet) sehr stark durch das Brand Attachment beeinflusst werden.

Aufgrund der hohen Verhaltensrelevanz und Prognosegüte bildet das Brand Attachment die wichtigste psychografische Zielgröße der identitätsbasierten Markenführung. In der Literatur gibt es verschiedene Ansätze zur Definition und Konzeptualisierung von Brand Attachment (vgl. Kleine-Kalmer 2016, S. 57 ff.). Dabei hat sich in den letzten Jahren der Ansatz von Park et al. (2010) etabliert. Die Autoren definieren und konzeptualisieren **Brand Attachment** wie folgt:

► „The strength of the bond connecting the brand with the self. [...] Two critical factors reflect the conceptual properties of brand attachment: Brand-Self Connection and Brand Prominence" (Park et al. 2010, S. 2).

Brand-Self Connection beschreibt das Verständnis des Nachfragers von der Bedeutung einer Marke für das eigene Selbstkonzept und kann auf zwei Wegen entstehen: Einerseits kann die Marke die bereits vorhandene Identität des Nachfrager widerspiegeln. Dies ist der Fall, wenn bspw. eine Outdoor-Marke für „Natürlichkeit, Risikofreude und Mut" steht. Durch das Tragen von Produkten dieser Marke kann der Nutzer seine eigenen Identitätsmerkmale wie einen natürlichen, risikofreudigen und mutigen Lebensstil ausdrücken (vgl. Kleine-Kalmer 2016, S. 63). Andererseits kann Brand-Self Connection entstehen, wenn die Marke dem Nachfrager hilft, seine persönlichen Ziele für die Zukunft zu erreichen. Dies ist der Fall, wenn bspw. besonders hochwertige Kletterschuhe einer Outdoor-Marke es jemandem ermöglichen, einen schwierigen Berg zu besteigen und sich diese Person dadurch einen lang gehegten Traum erfüllen kann und dadurch das eigene Selbstgefühl steigert.

Nach der Konzeptualisierung von Park et al. (2010) besteht Brand Attachment neben Brand-Self Connection auch aus der Dimension **Brand Prominence**. Sie beschreibt, wie präsent die Marke im Gedächtnis des Nachfragers ist. Brand Prominence ist für die Erfassung von Brand Attachment elementar, denn es konkretisiert, wie stark die Verbundenheit mit der Marke im alltäglichen Leben des Nachfragers tatsächlich ist. Selbst bei einer starken Brand-Self Connection ist das Attachment als gering anzusehen, wenn die entsprechende Marke im Gedächtnis des Nachfragers nicht schnell abrufbar ist.

2.2.2.3 Markenvertrauen als psychografische externe Zielgröße

Eine weitere wichtige Voraussetzung für den Aufbau starker Marken ist das **Vertrauen der Nachfrager in die Marke** (vgl. Meffert und Burmann 1996; Burmann 2017). Besonders seit der Banken- und Wirtschaftskrise im Jahr 2008 und der zunehmenden Unsicherheit der Nachfrager über die Entwicklung der Euro-Zone ist das Vertrauen für Marken von großer Bedeutung. Zudem kommen jedes Jahr neue Skandale und Ad-hoc-Krisen hinzu, die das Vertrauen der Nachfrager in Marken weiter erschüttern (vgl. Sasserath Munzinger Plus 2014, 2016; Burmann 2005, S. 11 ff.).

In diesem Zusammenhang untersuchte der Markenverband 2009 den Zusammenhang zwischen der Präferenzstärke einer Marke (ihrer Vorziehenswürdigkeit gegenüber Alternativen), dem Markenvertrauen, ihrer emotionalen Nähe zum Befragten, der Differenzierungskraft und ihrer technologischen Fortschrittlichkeit. Im Rahmen der Untersuchung wurden 5028 Personen in Deutschland online zu insgesamt 357 Marken befragt. Die Studie zeigte, dass Vertrauen den stärksten **Zusammenhang zum Markenimage und der Markenpräferenz** aufweist (vgl. Brand & Values, Markenverband 2009).

Vertrauen konnte auch als ein wichtiges Differenzierungsmerkmal identifiziert werden. TNS Infratest (2009) zeigte in der Studie „Building Brands in Troubled Times" auf Grundlage von 1026 Befragten in Deutschland, dass das Vertrauen bspw. im Automobilbereich ein wichtiger Treiber für die **Markendifferenzierung** ist. Technische Qualität wird in dieser Studie den Automobilmarken in Deutschland zwar stark zugesprochen, besitzt aber nicht die differenzierende Kraft des Vertrauens. Angesichts dieses Ergebnisses bekommt der Abgasskandal, unter dem vor allem Marken aus dem Volkswagenkonzern zu leiden haben, eine besondere Brisanz, weil sie neu in den Markt eintretenden Automobilmarken wie Tesla einen Vertrauensvorteil und damit eine wirksame Differenzierung ermöglichen.

Hegner (2012) konnte im Rahmen einer internationalen Studie ebenfalls nachweisen, dass Markenvertrauen kultur- und länderübergreifend eine sehr starke Wirkung auf das Kaufverhalten der Nachfrager in Deutschland, Südafrika und Indien besitzt (vgl. Hegner 2012, S. 248). Ihre Studie wurde 2012 mit dem Wissenschaftspreis des Markenverbandes ausgezeichnet.

Trotz der wissenschaftlich nachgewiesenen Erfolgsrelevanz des Vertrauens in Marken herrscht **in der Praxis leider großer Handlungsbedarf**. Dies zeigen u. a. die jährlichen Studien von Sasserath Munzinger Plus. Die seit 2008 durchgeführte Befragung zum Markenvertrauen belegt, dass der Durchschnitt des Markenvertrauens über alle 94 untersuchten Marken in 2016 bei nur 35 % lag (vgl. Sasserath Munzinger Plus 2017). Die höchsten Werte bei den 1000 befragten Probanden konnten Miele und dm mit jeweils knapp 63 % erreichen (vgl. Abb. 2.10).

Die **herausragende Bedeutung von Vertrauen** für den Markenerfolg wird demgegenüber in der Wissenschaft nicht mehr bestritten (vgl. Bruhn und Eichen 2007, S. 245; Plötner 1995, S. 50; Kenning 2003). In der Praxis setzt sich diese Erkenntnis offenbar nur sehr zögerlich durch, obwohl das Beispiel der Deutschen Bank zeigt, dass bei einem massiven Vertrauensverlust Unternehmen zunächst ihre Legitimität in der Gesellschaft verlieren, danach ihre Rentabilität einbricht und am Ende die Insolvenz droht (vgl. Fichtner et al. 2016; Bartz und Clausen 2015, S. 30 ff.). Vor diesem Hintergrund schrieb das Management von Pampers im Rahmen einer Rückrufaktion aus dem Jahr 2010 auf Facebook: „TRUST: To those of us who work at Pampers, trust is more than a word. It's our mission. Parents trust us with their babies, and that is a responsibility that we take to heart. For nearly 50 years, we've worked with parents and babies to continually improve the way our diapers wrap babies in comfort and protect them as they grow. We're humbled by the trust parents place in us, and we work hard each day to earn and keep it." Diese klare Kommunikation des Vertrauens im Rahmen der Rückrufaktion zeigt einen weiteren positiven Aspekt des Markenvertrauens: Bringen Nachfrager einer Marke Vertrauen entgegen, wirkt dieses wie ein Schutzschild gegen potenzielle Schäden durch zukünftige Krisen (vgl. Burmann 2005; Edelmann 2011).

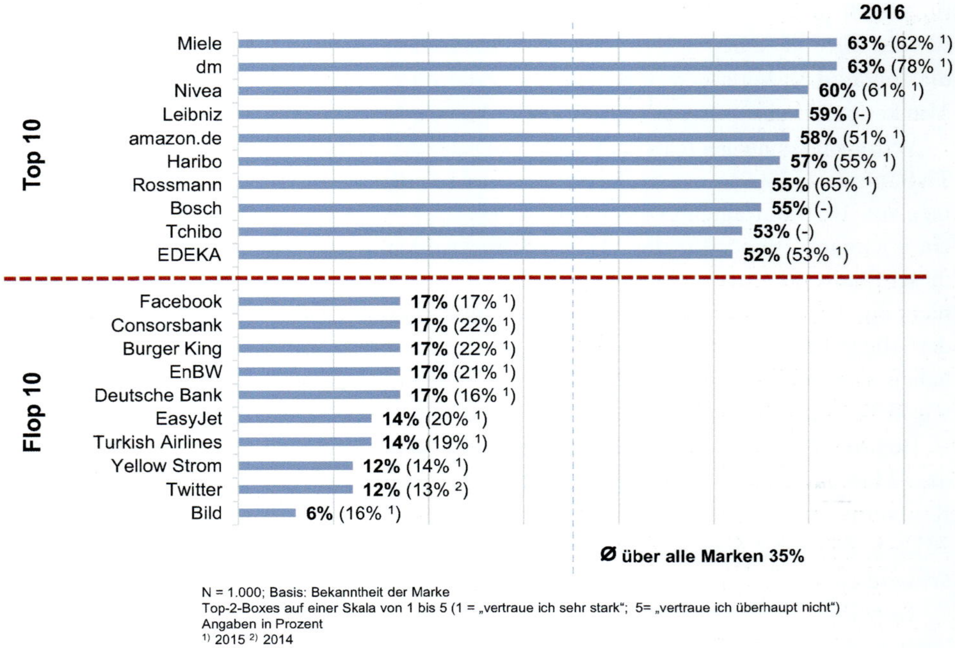

Abb. 2.10 Vertrauen in Marken im Jahr 2016. (Eigene Darstellung in Anlehnung an Sasserath Munzinger Plus 2015, 2016, 2017)

► **Markenvertrauen** ist die Bereitschaft eines Nachfragers, sich gegenüber der Marke verletzbar zu machen. Diese Bereitschaft beruht auf der Überzeugung, dass eine Marke sowohl die **Fähigkeit** als auch die **Bereitschaft** aufweist, ihr Nutzenversprechen zu erfüllen (vgl. Hegner 2012, S. 59).

Markenvertrauen ist nur bei der Existenz subjektiv empfundener Risiken verhaltensrelevant, weil erst Risiken den Nachfrager „verletzbar" machen. Je größer subjektiv empfundene Risiken sind, desto wichtiger ist das Markenvertrauen als Determinante des Kaufverhaltens. Marken genießen Vertrauen, wenn sie die von ihnen abgegebenen Versprechen halten. Indem sie heute das Vertrauen nicht enttäuschen, rechtfertigen sie Vertrauen in der Zukunft.

Die Beurteilung des Vertrauens in eine Marke findet nicht als direkter, eindimensionaler Vergleich zwischen Markenversprechen und Markenerlebnis statt. Vielmehr setzt sich das Markenvertrauen aus insgesamt **vier Dimensionen** zusammen (vgl. Abb. 2.11). Diese können unterteilt werden in zwei kognitive und zwei affektive Dimensionen. Zu den kognitiven Dimensionen des Vertrauens, welche die Leistungsfähigkeit der Marke erfassen, gehören die einer Marke zugesprochene **Kompetenz** sowie ihre **Berechenbarkeit**. Demgegenüber bilden das wahrgenommene **Wohlwollen** einer Marke und deren empfundene **Integrität** die affektiven Dimensionen zur Erfassung der Leistungsbereitschaft. Könnte

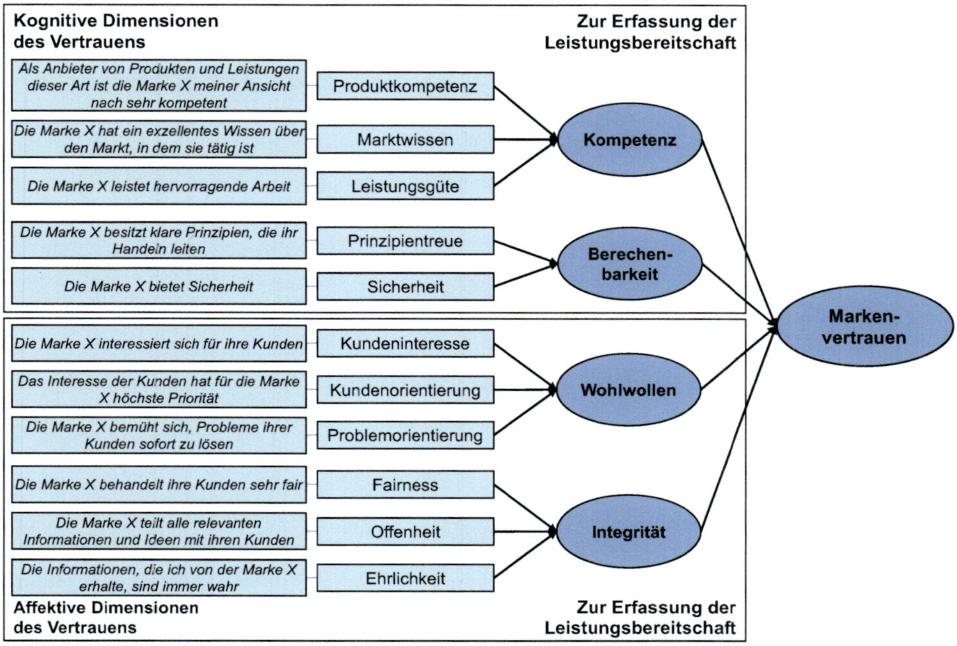

Abb. 2.11 Modell zur Erklärung des Markenvertrauens inklusive Messitems für die Indikatoren. (In enger Anlehnung an Hegner 2012, S. 111)

Vertrauen auf rein kognitiver Basis beurteilt werden, würde es sich um gesichertes Wissen handeln. Bei einer rein affektiven Beurteilung wäre „blinder" Glauben der passendere Begriff (vgl. Hegner 2012, S. 14).

Im Hinblick auf die Vertrauenswirkung der wahrgenommenen Kompetenz einer Marke konnte Hegner (2012) zeigen, dass sich diese in die einzelnen Faktoren **Produktkompetenz**, **Marktwissen** und **Leistungsgüte** aufteilt (vgl. Abb. 2.11). Produktkompetenz und Leistungsgüte geben dabei die organisationale Fähigkeit zur Umsetzung des Markennutzenversprechens wieder. Das Marktwissen ist ein Maß dafür, inwieweit Nachfrager den Eindruck haben, dass ein Unternehmen relevante Informationen über seinen Markt besitzt und deswegen Nachfrager und Wettbewerber gut versteht. Um eine Stärkung des Vertrauens über die wahrgenommene Kompetenz bei den Nachfragern zu erzielen, muss innerhalb des Unternehmens zunächst ermittelt werden, welche Kompetenzen es besitzt. So erreicht bspw. Audi in den 1980er, 1990er und 2000er-Jahren eine deutliche Vertrauenssteigerung durch eine Konzentration der Markenführung auf die technischen Kompetenzen. Durch regelmäßige und akzeptanzstarke Innovationen wurde die technische Leistungsfähigkeit von Audi durch Nachfrager stets sehr hoch bewertet. Unterstützt wurde dies vom Management durch die Verwendung des Claims „Vorsprung durch Technik" (vgl. Berger et al. 2007, S. 971).

Die **Berechenbarkeit** einer Marke erfasst das Ausmaß der wahrgenommenen Konstanz in deren Verhalten (vgl. Einwiller 2003, S. 81), die sich aus **Prinzipientreue** und **Sicherheit** zusammensetzt (vgl. Hegner 2012, S. 235). Prinzipientreue setzt die Existenz von Eckpfeilern für das Handeln einer Marke voraus. Sicherheit zielt darauf ab, dass Nachfrager das Gefühl haben, sich auf die Qualitätsstandards der Leistungen einer Marke verlassen zu können. Eine Marke, welche Berechenbarkeit in der Vergangenheit gut erfüllte, ist Porsche (vgl. Burmann und Schallehn 2010, S. 60). Porsche verankert bspw. die Prinzipientreue in ihrer Markenidentität: „Porsche ist ein einzigartiges Unternehmen mit starken Idealen. Alles, was wir tun, ist von unseren Werten und unserer Philosophie geprägt. Wir haben eine klare Vorstellung davon, wer wir sind und wie wir die Dinge angehen. So gelingt es uns, unseren Prinzipien treu zu bleiben und die hohen Anforderungen an uns selbst zu erfüllen" (Porsche 2011, S. 5). Letztlich war auch die Produktsicherheit durch hohe Qualitätsstandards bei Porsche gesichert. Diese Berechenbarkeit durch Prinzipientreue wurde im Zuge des Abgasskandals offenkundig „verspielt" (vgl. Dohmen et al. 2017).

Unter **Wohlwollen** wird der Glaube des Nachfragers verstanden, dass die Marke den Interessen ihrer Nachfrager eine hohe Bedeutung zumisst (vgl. Li et al. 2008). Konkret muss deswegen die gelebte Kundenorientierung einen unternehmensexternen, wahrnehmbar hohen Stellenwert besitzen. Der massive Vertrauensverlust vieler Banken ist vor allem auf den Verlust des Wohlwollens gegenüber diesen Banken zurückzuführen, deren Verhalten ausschließlich durch „gierige" Maximierung des individuellen Gewinnstrebens ihrer Manager geprägt ist. Der Gipfel dieses Verhaltens ist der Betrug am eigenen Kunden, für den nicht nur die Deutsche Bank vor Gericht steht (vgl. Fichtner et al. 2016).

Die Wahrnehmung des Wohlwollens einer Marke kann über ihr **Kundeninteresse**, ihre **Kundenorientierung** sowie ihre **Problemorientierung** operationalisiert werden (vgl. Hegner 2012, S. 236). Kundeninteresse drückt den empfundenen Grad des aufrichtigen Interesses einer Marke an ihren Kunden und deren Problemen aus. Wird dieses Interesse in die Markenleistung übersetzt, handelt eine Marke kundenorientiert. Die Problemorientierung einer Marke zeigt sich darin, dass bei Nachfragern auftretende Probleme schnellstmöglich behoben werden. Um die Kundenorientierung und das Interesse am Kunden für Nachfrager erlebbar zu machen, kann die Marke bspw. Nachfrager in den Innovationsprozess einbinden (vgl. Füller et al. 2009, S. 198 ff.; Dahl et al. 2014). Hierdurch bietet sich dem Unternehmen die Möglichkeit, mit engagierten Kunden in den Dialog zu treten. Die so entstehende Interaktion mit Nachfragern kann dazu genutzt werden den eigenen Leistungswillen unter Beweis zu stellen. Die Marke BMW hat zu diesem Zweck eigens das Internetportal „Customer Innovation Lab" ins Leben gerufen, das Nachfragern die Möglichkeit bietet, neue Ideen und Konzepte mit zu entwickeln (vgl. BMW Group 2003). Der Aspekt der Problemorientierung setzt voraus, dass das Markenmanagement in der Lage ist, potenzielle und aktuelle Nachfragerprobleme frühzeitig zu erkennen und die Kompetenz besitzt, deren Lösung im Unternehmen durchzusetzen. Dies kann u. a. durch die Errichtung eines umfassenden Beschwerdemanagements erreicht werden (vgl. Borth 2004, S. 28 ff.; Skala-Gast 2012, S. 14 ff.). Durch die eingehenden Beschwerden wird eine Identifikation von nachfragerseitigen Problemen möglich. Zur Implementierung eines professionellen Beschwerdemanagements bieten soziale Netzwerke wie Facebook oder YouTube heutzutage zusätzliche Informationskanäle. Durch das Monitoring sozialer Medien können Informationen über Probleme von Nachfragern schnell erfasst werden. Darüber hinaus kann der Absender der Information direkt adressiert werden, um auch in Einzelfällen eine schnelle Problemlösung zu bieten.

Integrität schließlich beinhaltet den subjektiven Glauben der Nachfrager an einen vorbildlichen Umgang der Marke mit dem Nachfrager (vgl. u. a. Füller et al. 2008; Ipsos Mori 2009). Die Integrität einer Marke lässt sich weiter untergliedern in die Aspekte **Fairness**, **Offenheit** und **Ehrlichkeit** (vgl. Hegner 2012, S. 237). Fairness fordert, dass eine Marke ihre Nachfrager nicht übervorteilt. Unter Offenheit wird der Austausch aller relevanten Informationen von der Marke mit ihren Nachfragern verstanden. Ehrlichkeit fordert von einer Marke, dass sie nur richtige und wahre Informationen kommuniziert. Im Kern fordert Integrität, dass eine Marke bei jeder direkten und indirekten Kommunikation mit Nachfragern den Wahrheitsgehalt sämtlicher Aussagen stets genau prüft (vgl. Neumann 2007, S. 196). Bereits geringe Abweichungen zwischen Kommunikation und Realität, die von Nachfragern wahrgenommen werden, können die Integrität einer Marke beschädigen und sog. Shitstorms auslösen (vgl. Himmelreich und Einwiller 2015, S. 183 ff.). Besondere Relevanz erfährt Integrität zudem in Krisensituationen, z. B. bei Produktmängeln. In einer solchen Situation befand sich die kanadische Lebensmittelkette Maple Leaf Foods im Jahr 2008. Durch Produkte der Marke hatten sich Nachfrager mit der Krankheit Listeriose

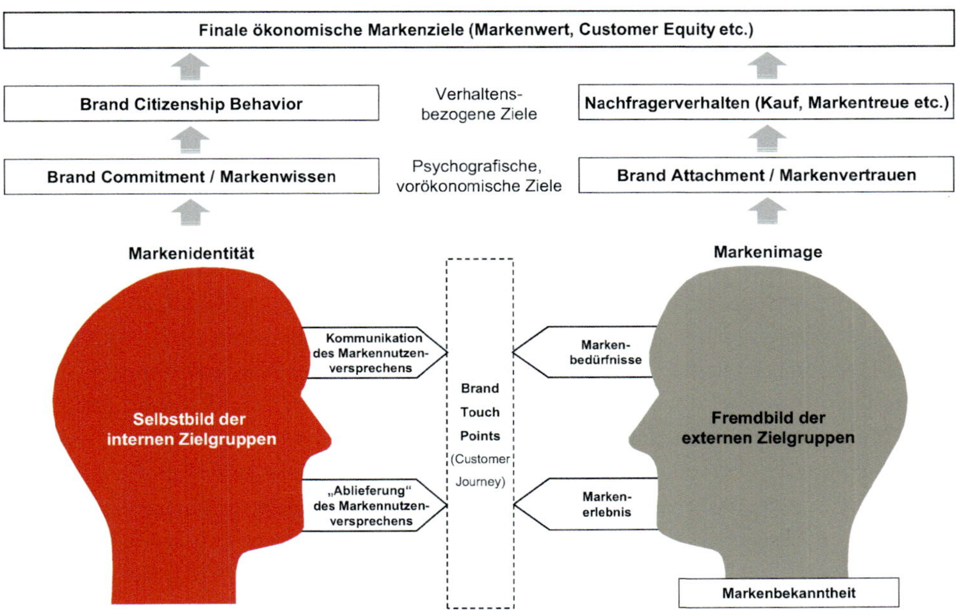

Abb. 2.12 Wichtige Ziele des internen und externen identitätsbasierten Markenmanagements

infiziert. In der Folge starben 21 Menschen an der Infektion (vgl. Charvet 2010, S. 155 ff.). In dieser Situation zeichnete sich der CEO der Marke, Michael McCain, durch sein sehr integres Verhalten aus. Er sorgte umgehend dafür, dass sämtliche Produkte von Maple Leaf Foods zurückgerufen wurden und in TV-Werbespots die kanadische Bevölkerung über die Gefahr informiert wurde. Zudem arbeitete der CEO sehr eng mit den Gesundheitsbehörden zusammen und übernahm vor den Medien stets die volle Verantwortung. Darüber hinaus setzte er sich massiv dafür ein, die Sicherheitsvorschriften in der Branche zu erhöhen, um zukünftig Infektionen zu verhindern. Trotz der verheerenden Ereignisse im Jahr 2008 hat sich das Vertrauen der Nachfrager in Maple Leaf Foods nicht verringert. Der Respekt und die Loyalität der Kunden blieben erhalten (vgl. Hegner 2012, S. 255).

In Abb. 2.12 sind abschließend die wichtigsten Ziele des internen und externen identitätsbasierten Markenmanagements zusammenfassend dargestellt.

2.3 Markenpositionierung

2.3.1 Einordnung und Abgrenzung der Markenpositionierung

Die Markenpositionierung (vgl. Abb. 2.13) wird heute durch die zunehmende Austauschbarkeit vieler Marken erschwert. Diese wachsende Angleichung wird als **Homogenisierungstrend** bezeichnet. Er bezieht sich v. a. darauf, dass der funktionale Nutzen vieler Marken als austauschbar wahrgenommen wird (vgl. Bohmann 2011, S. 2; Enke et al. 2014). Die **funktionale Qualitätsangleichung** lässt sich exemplarisch anhand von Produkttests der Stiftung Warentest belegen. So ergab eine Analyse von 483 Tests bei über 1300 Produkten in der Zeit von 2007 bis 2012, dass etwa 45 % der Produkte mit der Note „gut" bewertet wurden. Eine erfolgreiche Differenzierung anhand funktionaler Eigenschaften ist daher v. a. in reifen Märkten sehr schwer, in denen die Nachfrager viel Erfahrung mit den angestrebten Produkten sammeln konnten und die Anbieter sich umfassend gegenseitig ihre Technologien kopiert haben.

Verstärkt wird diese Entwicklung durch **ähnliche Werbebotschaften** (vgl. Calloway 2003, S. 75; Samland 2006). Dies zeigt sich bspw. an einer Analyse von Claims verschiedener Städte, welche direkt auf die angestrebte Positionierung der jeweiligen Stadtmarke verweisen sollen (vgl. Abb. 2.14). Vor diesem Hintergrund ist eine moderne und leistungsfähige Positionierung heute zum wichtigsten Erfolgsfaktor der Markenführung geworden.

Entscheidend geprägt wurde der Begriff **Positionierung** 1972 von Ries und Trout: „Positioning starts with a product. A piece of merchandise, a service, an institution, or even a person. Perhaps yourself. But positioning is not what you do to a product. Positioning is what you do to the mind of the prospect. That is, you position the product in the mind of the prospect" (Ries und Trout 2001, S. 2). Dieses allgemeine Verständnis von Positionierung wurde auf den Markenkontext übertragen (vgl. Trommsdorff 1975). Heute wird der Positionierung in Wissenschaft und Praxis gleichermaßen eine herausragende Bedeutung für den langfristigen Erfolg einer Marke zugesprochen (vgl. Blankson et al. 2008, S. 106; Aaker und Shansby 1982, S. 56; Keller et al. 2012, S. 104). Gleichzeitig zeigt sich in der

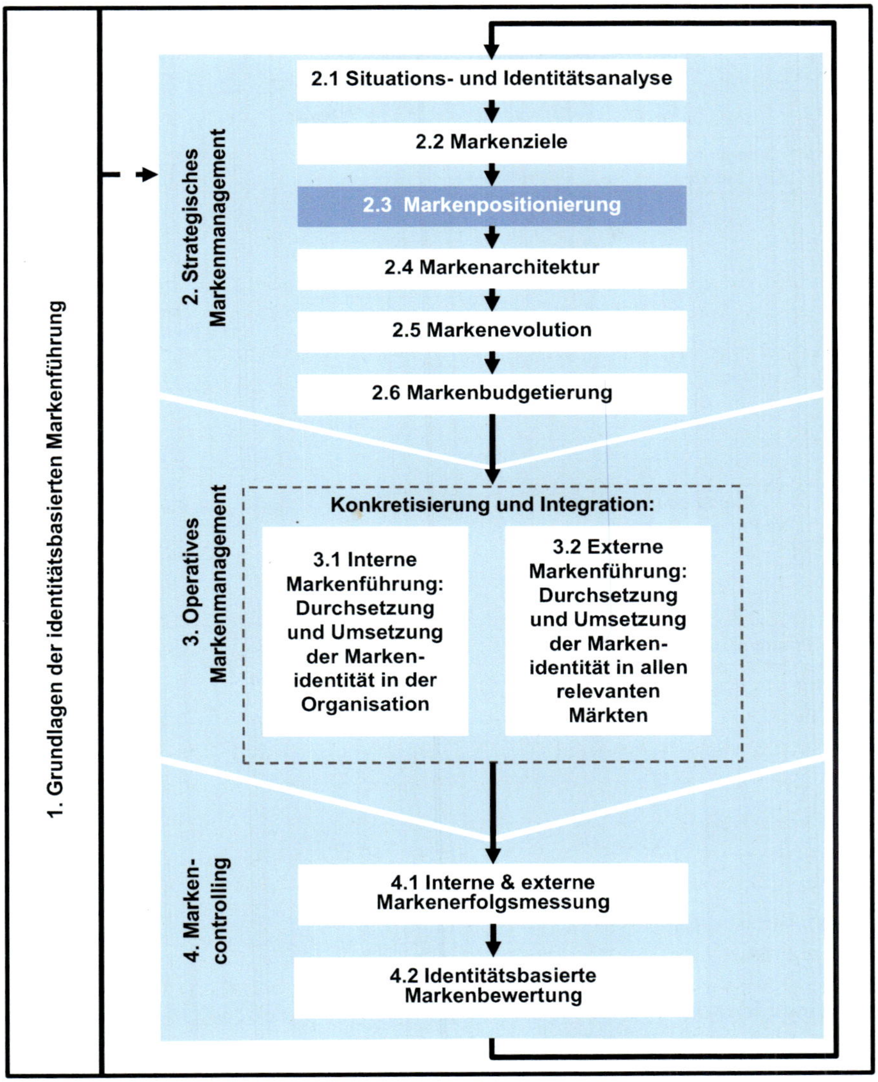

Abb. 2.13 Einordnung der Markenpositionierung in den Managementprozess der identitätsbasierten Markenführung

Praxis, dass **viele Probleme von Marken auf Defizite bei der Markenpositionierung zurückzuführen sind.** Sehr oft sind Unternehmen nicht in der Lage, die Positionierung ihrer Marke(n) und das im Kern der Positionierung stehende Markennutzenversprechen klar zu benennen und dann auch konsequent an allen Brand Touch Points umzusetzen. Viele Marken treten deswegen heute nur als werbliche „Fassaden" auf, hinter denen sich bei näherer Betrachtung keine Substanz zeigt.

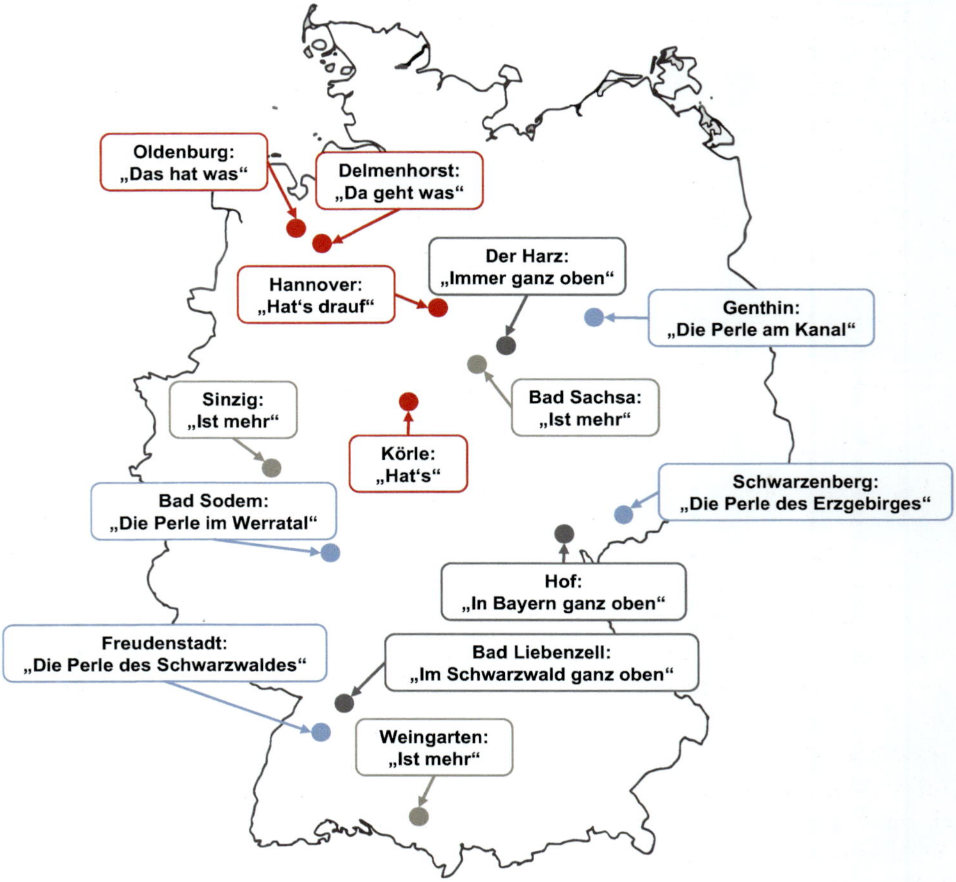

Abb. 2.14 Austauschbarkeit von Claims bei Stadtmarken

Ziel einer identitätsbasierten Positionierung ist der Aufbau einzigartiger, kaufverhaltensrelevanter Vorstellungsbilder zur Marke bei den Nachfragern (in B2C- und B2B-Märkten). Die Positionierung basiert auf der Markenidentität und wird aus dieser abgeleitet, damit alle Mitarbeiter als Träger der Markenidentität das mit der Positionierung abgegebene Nutzenversprechen mit ihrem Verhalten einlösen können. Die wichtigsten Messgrößen für den Erfolg einer Positionierung sind das Markenimage und das Brand Attachment (Abschn. 2.2.2.2).

Trotz der anerkannt hohen Relevanz der Markenpositionierung für die Markenführung gibt es bis heute keine allgemein gültige Definition. Feddersen (2010) erarbeitet deswegen eine Systematisierung vorherrschender Begriffsdefinitionen und identifiziert drei **Positionierungsverständnisse**: Ein instrumentell verkürztes, ein marktorientiertes sowie ein holistisches Positionierungsverständnis (vgl. Feddersen 2010, S. 19 ff.).

Das **instrumentell verkürzte Positionierungsverständnis** geht auf ältere Publikationen zurück und wurde hauptsächlich durch Praktiker propagiert (vgl. Alpert und Gatty 1969, S. 65 ff.; Trout 1969, S. 51). Positionierung wird hierbei verengt nur als **Kommunikationsmittel** (z. B. Werbeanzeigen) zur Veränderung der Wahrnehmung einer Marke durch die Nachfrager gesehen.

Das **marktorientierte Positionierungsverständnis** geht aus dem Konstrukt der Marktorientierung hervor. Die Wissenschaftler Kohli und Jaworski (1990) definieren Marktorientierung als: „organization-wide generation, dissemination, and responsiveness to market intelligence" (Kohli und Jaworski 1990, S. 2 f.). Neben der Nachfragerorientierung beinhaltet die Marktorientierung auch die Wettbewerbsorientierung. Positionierung in der marktorientierten Sichtweise nach Michael E. Porter bedeutet: „achieving sustainable competitive advantage by preserving what is distinctive about a company." (Porter 2006, S. 6). Diese Sichtweise findet sich oft in Lehrbüchern zum strategischen Marketing und äußert sich in einer einseitig verengten Imagefokussierung (vgl. Ries und Trout 2001, S. 2 f.; Kotler et al. 2011, S. 402). Im Gegensatz zum instrumentell verkürzten Verständnis erweitert das marktorientierte Verständnis die Positionierung um jedes denkbare vermarktungstaugliche Objekt (Produkt, Marke, Dienstleistung, Person, Unternehmen etc.) im Wahrnehmungsraum der Nachfrager und erweitert den Blickwinkel von der Kommunikation auf alle Marketinginstrumente. Diese Sichtweise vernachlässigt jedoch die Betrachtung von Ressourcen und Kompetenzen. Die Beseitigung dieses Defizits führt zum **holistischen Positionierungsverständnis.** In der modernen holistischen Positionierungsforschung wird deswegen davon ausgegangen, dass nur eine **Synthese aus der markt-, ressourcen- und kompetenzorientierten Perspektive** auf Dauer den Aufbau und die Sicherung von Wettbewerbsvorteilen ermöglicht. Andererseits können einzigartige Ressourcen- und Kompetenzausstattungen nur dann zu Wettbewerbsvorteilen führen, wenn sie in adäquate Markenleistungen überführt werden (vgl. Tomczak et al. 2014, S. 153). Überträgt man das holistische Positionierungsverständnis in den Kontext der identitätsbasierten Markenführung, ergibt sich folgende Definition:

► „**Markenpositionierung** ist die Planung, Umsetzung, Kontrolle und Weiterentwicklung einer an den Idealvorstellungen der Nachfrager ausgerichteten, vom Wettbewerb differenzierten und von der eigenen Ressourcen- und Kompetenzausstattung darstellbaren, markenidentitätskonformen Position im Wahrnehmungsraum relevanter Zielgruppen" (Feddersen 2010, S. 29).

2.3.2 Positionierungsprozess der identitätsbasierten Markenführung

Der Positionierungsprozess umfasst zwei Perspektiven bzw. Teilprozesse. Die marktliche Seite der Positionierung (**Outside-in-Perspektive**) wird in der identitätsbasierten Markenführung durch das Markenimage und die Bedürfnisse der Nachfrager gegenüber der Marke erfasst. Die Markenbedürfnisse werden von den Idealvorstellungen und den bisherigen Erfahrungen der Nachfrager mit der Marke und den Wettbewerbern der Marke geprägt. Neben der Analyse der Konkurrenz und der Präferenzstrukturen der Nachfrager ist die Ressourcen- und Kompetenzanalyse als **Inside-out-Perspektive** ein ebenso wichtiger Baustein der identitätsbasierten Positionierung. Ohne sie kann nicht sichergestellt werden, dass ein Markennutzenversprechen erfüllt werden kann. Das Markennutzenversprechen entsteht durch die Verdichtung der sechs Identitätskomponenten zu einem prägnanten und differenzierenden Nutzenbündel. Oft wird dieses verbal kodifizierte Nutzenversprechen noch weiter verdichtet und in einen kurzen Claim bzw. Slogan übersetzt (vgl. Samland 2006).

Das Markennutzenversprechen muss für die Zielgruppe **verständlich, kaufverhaltensrelevant, authentisch** und **gegenüber konkurrierenden Marken differenzierend** sein, um zum Kauf der Marke zu führen. Das **Markennutzenversprechen** ist zunächst ein abstraktes, auf wenige wichtige Begriffe reduziertes Konzept. Das im ersten Schritt meist nur durch Wörter und Sätze festgelegte Markennutzenversprechen ist für die Vermittlung gegenüber internen und externen Zielgruppen nur bedingt geeignet, weil es noch zu viele Interpretationsspielräume offen lässt. Es ist deshalb wichtig, das Markennutzenversprechen mittels konkreter **Symbole** besser begreifbar zu machen.

► Markensymbole sind sinnlich wahrnehmbare Zeichen, die auf eine Marke verweisen und diese identifizierbar und kommunizierbar machen und dabei das Nutzenversprechen der Marke vermitteln (vgl. Müller 2012, S. 26).

Nach dem Verständnis der identitätsbasierten Markenführung umfassen Markensymbole nicht nur den Markennamen und das Markenlogo (**Primärsymbole**) sondern auch alle weiteren Aspekte, die das Nutzenversprechen einer Marke kommunizieren (**Sekundärsymbole**). Dies sind u. a. Slogans (z. B. „Ich bin doch nicht blöd" von Media Markt), Werbefiguren (z. B. der Fuchs von Schwäbisch Hall), Farben (z. B. Magenta der Telekom) oder Events (z. B. die Air Race Series von Red Bull). Die symbolhafte Vermittlung des Markennutzenversprechens muss über sämtliche Brand Touch Points, also alle Stellen, an denen ein Nachfrager Kontakt zu einer Marke hat, erfolgen.

Auf Basis kommunikationswissenschaftlicher Erkenntnisse erfolgt die **Vermittlung des Nutzenversprechens mittels Markensymbolen** nach folgendem Prinzip (vgl. Müller 2012, S. 59 ff.): Auf der Seite des Senders (markenführende Organisation) soll ein Nutzenversprechen an die Empfänger (externe Zielgruppen) vermittelt werden, um dadurch deren Verhalten positiv zu Gunsten der Marke zu beeinflussen. Zur Erreichung dieses Ziels wird das abstrakte, zunächst nur verbal codierte Nutzenversprechen vom Sender in konkrete Sekundärsymbole übersetzt. Beispielsweise verwendet die Provinzialversicherung zur Vermittlung des abstrakten Nutzenversprechens „Verlässlichkeit", „Vertrauen", „Schutz" und „lebenslange Begleitung" einen Schutzengel (vgl. Abb. 2.15). Dieses Sekundärsymbol wird über alle Kommunikationskanäle zu den Empfängern transportiert. Für eine erfolgreiche Kommunikation muss ein gemeinsames Verständnis hinsichtlich des Aussagegehaltes des Sekundärsymbols gewährleistet sein. Nur dann wird das Sekundärsymbol von den Empfängern so dekodiert, wie es der Sender beabsichtigt hatte.

Abb. 2.15 Werbebild der Westfälischen Provinzial Versicherung. (Westfälische Provinzial 2017)

Als klassisches Beispiel für Symbolkommunikation gilt Marlboro (vgl. Müller 2012, S. 27 ff.). Das Nutzenversprechen von Marlboro beinhaltet „Freiheit“, „Männlichkeit“ und „Abenteuer“. Zur Vermittlung wurden Sekundärsymbole aus der Welt des amerikanischen wilden Westens verwendet. Diese Westernwelt ist in der Gesellschaft durch zahlreiche Filme und Romane etabliert und u. a. mit Merkmalen wie „Freiheit“, „Männlichkeit“ und „Abenteuer“ verknüpft. In der Kommunikation von Marlboro wurden insbesondere Cowboys und ihre typischen Handlungen (z. B. Lassowerfen oder Sitzen am Lagerfeuer) dargestellt. Auch akustisch bediente sich die Marke eines Westernsymbols, indem die Titelmusik des Westernklassikers „Die Glorreichen Sieben“ zur Untermalung der Szenen verwendet wurde. Darüber hinaus wurden die Rezipienten durch den Slogan „Come to Marlboro Country“ in die „Marlborowelt“ eingeladen. Marlboro nutzte somit die gesellschaftlich etablierten Symbole des Westerns als Sekundärsymbole, um damit das Primärsymbol mit den gewünschten Assoziationen zu verknüpfen.

Eine wichtige Herausforderung der Markenführung besteht somit darin, dem Nachfrager das Markennutzenversprechen an allen Brand Touch Points durch den Einsatz verständlicher und zielführender Sekundärsymbole zu vermitteln.

Im Zuge des Positionierungsprozesses ist zu entscheiden, ob die Positionierung einer Marke entweder durch die **Betonung mehrerer Nutzen** oder durch die **Herausstellung eines einzelnen Nutzens** erfolgen soll (vgl. Ries und Trout 2001, S. 19 f.; Meffert et al. 2015, S. 338). Ferner muss eine Balance zwischen einer **reaktiven und einer aktiven Positionierung** sichergestellt werden. Eine reaktive Positionierung orientiert sich primär an den artikulierten Wünschen der Nachfrager. Eine aktive Positionierung hingegen zielt auf die Ansprache latenter Bedürfnisse und verknüpft solche Nutzen mit der Marke, die für die Nachfrager bisher unbekannt, jedoch für ihre Kaufentscheidung relevant sind (vgl. Burmann et al. 2007, S. 17 ff.). Die **Authentizität des Markennutzenversprechens** beeinflusst den Erfolg der Positionierung in hohem Maße, denn erst mit einer hohen Authentizität entsteht Vertrauen und damit der Glaube des Nachfragers an die Erfüllung des Markennutzenversprechens durch die Marke.

Um den nachhaltigen Erfolg der Markenpositionierung sicherzustellen, muss das Markennutzenversprechen durch das tägliche Verhalten aller Führungskräfte und Mitarbeiter der Marke an allen Brand Touch Points eingelöst werden. Hier kommt es in der Praxis oft zu sehr großen Diskrepanzen und einem Scheitern der angestrebten Markenpositionierung (**Soll-Positionierung**). Verantwortlich hierfür ist in vielen Fällen die Verkürzung der Markenführung auf die Logogestaltung und die klassische Werbung und damit die Vernachlässigung der internen Seite der Markenführung (Abschn. 2.2.1). Das **Markenerlebnis** der Nachfrager steht dem Markenverhalten der Mitarbeiter und Führungskräfte einer Marke gegenüber. Es ergibt sich aus der multisensualen Verarbeitung aller Sinnesreize, die von der Marke an allen Markenberührungspunkten wahrgenommen werden.

Im Anschluss an die Entwicklung der sechs Markenidentitätskomponenten als Soll-Identität und deren Verdichtung und Übersetzung in ein Markennutzenversprechen muss dieses Markennutzenversprechen zielgruppenadäquat und symbolhaft kommuniziert werden. Die fünf Schritte **Entwicklung, Verdichtung, Übersetzung**, **Kommunikation und „Ablieferung"** und die **Erfassung der Positionierungswirkungen** ergeben den Managementprozess der identitätsbasierten Markenpositionierung (vgl. Abb. 2.16). Ergebnis dieses Prozesses ist eine konkrete Position der Marke im Kopf der Nachfrager und damit ein konkretes Markenimage.

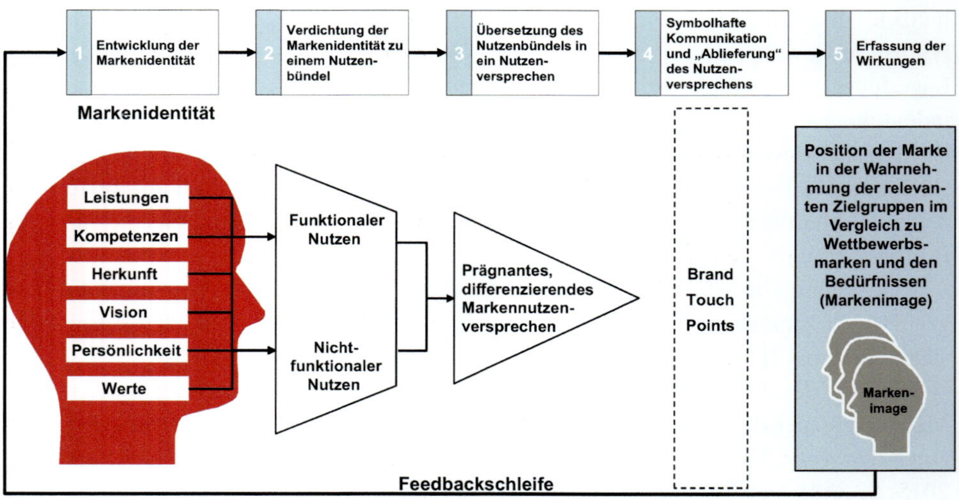

Abb. 2.16 Fünftstufiger Managementprozess der identitätsbasierten Markenpositionierung. (In Anlehnung an Recke 2011, S. 45)

Zur Unterstützung des Positionierungsprozesses werden oft **Positionierungsmodelle** eingesetzt. Sie geben die Positionen von Marken im Wahrnehmungsraum aus Sicht der Nachfrager wieder und können als eine methodisch vereinfachte Darstellung der bei den Nachfragern vorhandenen Gedächtnisstrukturen begriffen werden. In den Wahrnehmungsräumen von Positionierungsmodellen werden die zu untersuchenden Marken zumeist auf Basis von Distanzen dargestellt. Die Dimensionen eines solchen Positionierungsmodells erfassen die aus Nachfragersicht relevanten funktionalen und/oder nicht-funktionalen Nutzendimensionen. Beispielsweise kann die Position einer Marke (A) im Vergleich zu ihren Wettbewerbern (B und C) im Positionierungsmodell anhand der beiden Dimensionen Qualität und Preis abgebildet werden (vgl. Abb. 2.17). Hierdurch lässt sich erkennen, dass Marke A im Vergleich zur Wettbewerbsmarke C als Marke mit niedrigerem Preis wahrgenommen wird. Demgegenüber wird Wettbewerbsmarke B bei einem ähnlichen Preis eine deutlich höhere Qualität als Marke A zugeschrieben. Zudem lässt sich die Position der betrachteten Marken im Vergleich zur Idealmarke der Nachfrager in einem Positionierungsmodell einzeichnen.

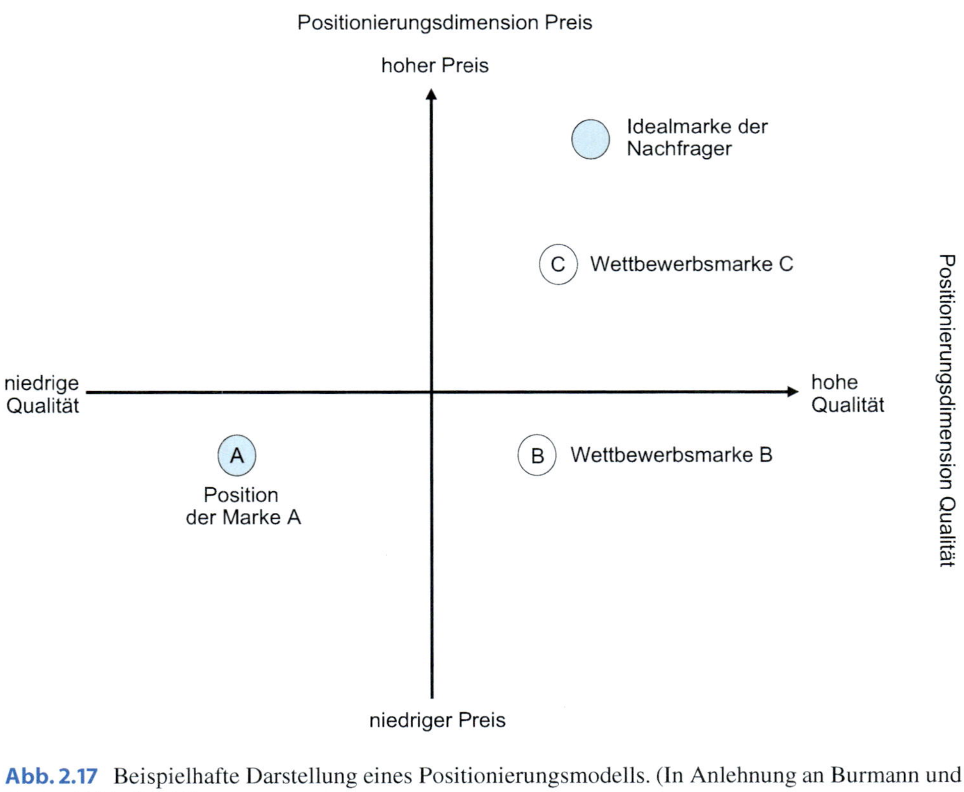

Abb. 2.17 Beispielhafte Darstellung eines Positionierungsmodells. (In Anlehnung an Burmann und Recke 2009, S. 313)

Neben den auf die Nachfrager ausgerichteten Aktivitäten muss das **interne Markenmanagement** die Voraussetzungen für die „Ablieferung" des Markennutzenversprechens an allen Brand Touch Points schaffen. So spielt bspw. die positive Differenzierung der Marke gegenüber dem Wettbewerb auch für die Identifikation und Leistungsmotivation der Mitarbeiter eine wichtige Rolle. Ebenfalls eine große Bedeutung hat die Ausrichtung von Organisationsstruktur und organisationalen Prozessen an der Markenidentität und dem Markennutzenversprechen. Struktur und Prozesse müssen die Mitarbeiter beim markenkonformen Verhalten unterstützen und nicht behindern. Wenn das Markennutzenversprechen bspw. eine schnelle Bearbeitung von Kundenanfragen umfasst, müssen Struktur und Prozesse die Erfüllung dieses Versprechens ermöglichen.

Exemplarisch kann hier das Unternehmen 1&1 genannt werden, das seinen Kunden 2009 hervorragenden Kundenservice und umgehende Bearbeitung ihrer Anliegen versprach und dieses Versprechen durch die Nutzung des damaligen Leiters der Abteilung Kundenzufriedenheit Marcell D'Avis untermauern wollte. Dieser trat in zahlreichen TV-Spots auf, bekam einen eigenen Blog und wurde für die Kunden zum Gesicht des 1&1-Kundenservice. Da 1&1 den Kundenservice aber nicht in der versprochenen Art und Weise durchführte, generierte gleich der erste Blogeintrag von Marcell D'Avis vom 25.12.2009 751 zum Großteil kritische Kommentare, die jedoch unbeantwortet blieben. Den Kunden wurde deutlich, dass es sich um ein leeres Versprechen des Unternehmens handelte, da auch E-Mails an Marcell D'Avis in unpersönliche Warteschleifen des Kundenservice führten. In der Konsequenz bekamen das Unternehmen und Marcell D'Avis die Ablehnung der Kunden zu spüren, die sich in neu synchronisierten Clips bei YouTube und sogar einem Nachruf auf Marcell D'Avis ausdrückte. Dies bewegte 1&1 dazu, Marcell D'Avis aus der Kommunikation zu streichen (vgl. König 2010).

Ähnlich verhält es sich mit der Marke Eurowings. In der Kommunikation, wie bspw. in den Anzeigen der Einführungskampagne aus 2015, wird klar auf die Zugehörigkeit zum Lufthansa-Konzern verwiesen. Diese Konzernzugehörigkeit wird auch dadurch unterstrichen, dass Eurowings denselben Brombeer-Farbton als Markenfarbe verwendet wie die ebenfalls zum Lufthansa-Konzern gehörende Marke Germanwings (vgl. Abb. 2.18). Damit wird kommunikativ der Eindruck erweckt, der Nachfrager könne beim Kauf eines Eurowings-Tickets die bekannt hohe Qualität der Lufthansa zum niedrigen Preis eines Ryanair-Tickets erwerben.

Gleichzeitig wird der gesamte Flugbetrieb von Eurowings auf die Fluggesellschaft Sunexpress ausgelagert. Sunexpress betreibt neben den Eurowings-Flugzeugen auch Flugzeuge der Billig-Airline „Anadolu Jet" aus Ankara/Türkei sowie einen Teil der Flotte von „Turkish Airlines". Die Flüge für Eurowings führt Sunexpress teilweise mit alten, gebrauchten Flugzeugen der brasilianischen Airline „Gol" und anderer Airlines durch (vgl. Röben 2015, S. 44 ff.). Insofern kann festgehalten werden, dass die Flüge der Marke Eurowings entgegen dem kommunikativ erweckten Eindruck faktisch nichts mit der Lufthansa zu tun haben, denn auch die Wartung und Instandhaltung sowie die Pilotenausbildung und das Kabinenpersonal werden nicht von der Lufthansa beigesteuert, sondern von Drittfirmen erbracht. Eurowings verzichtet damit auf eine Identitäts- und Markenprägung seiner

Abb. 2.18 Flugzeugdesign von Germanwings und Eurowings im Vergleich. (Eurowings 2017)

Piloten. Eurowings setzt dieselben Flugzeuge ein wie andere Airlines, beschäftigt denselben Pilotentypus wie die Konkurrenz, fliegt auf denselben Strecken wie die Wettbewerber und leiht sich das Kabinenpersonal bei Sun Express, die zugleich auch andere Airlines mit Personal für die Kabine versorgen. Die Marke Eurowings besteht insoweit weitestgehend aus einer werblichen Fassade ohne jede identitätsbasierte Substanz. Dies führt zu einer austauschbaren Markenleistung und damit dazu, dass Nachfrager ihr Kaufverhalten nach dem niedrigsten Preis ausrichten (vgl. Burmann 2017, S. 9)

2.3.3 Die Auswahl der geeigneten Positionierungsstrategie

Nach der Ermittlung der Ist-Positionierung muss die Soll-Positionierung festgelegt werden. Diese hängt in bedeutendem Maß von der gewählten Positionierungsstrategie ab. Grundsätzlich stehen mit der Points-of-Difference- und der Points-of-Parity-Strategie zwei Basisoptionen für die Auswahl der geeigneten Positionierungsstrategie zur Verfügung. Bei einer **Points-of-Difference**(PoD)-Strategie wird versucht, die Marke in möglichst vielen Bereichen der Markenführung weit weg von den Wettbewerbern aufzustellen und dabei eine Unique Selling Proposition (USP) aufzubauen (vgl. Reeves 1960; Ries und Trout 2001, S. 19 f.). Der Fokus liegt dabei auf den von den Nachfragern als relevant und positiv wahrgenommenen Nutzen. Nach Kotler et al. (2015, S. 344 f.) lassen sich diese Nutzenelemente anhand von drei Kriterien auf ihre Eignung als Points-of-Difference prüfen: Begehrtheit (aus Nachfragersicht), organisationale Fähigkeit zur Erbringung des Nutzens und Differenzierbarkeit (vom Wettbewerb). Starke Marken verfügen oftmals über mehrere Points-of-Difference (z. B. Apple: Design und intuitive Benutzung).

Bei einer **Points-of-Parity**(PoP)-Strategie wird in Teilbereichen der Markenführung die Imitation eines Wettbewerbers angestrebt (vgl. Keller 2013, S. 82 ff.). Es werden demnach solche Nutzen in die Positionierung aufgenommen, die auch bei Konkurrenzmarken vorhanden sind. Häufig handelt es sich hierbei um aus Nachfragersicht notwendige Nutzen, deren Erfüllung unerlässlich ist, um als wettbewerbsfähige Marke wahrgenommen zu werden (sog. „Hygienefaktoren"). Wird der Wettbewerber in allen Nutzendimensionen imitiert, handelt es sich um eine **Me-Too-Strategie**. Oftmals wird eine Kombination aus Points-of-Difference- und Points-of-Parity-Strategie verfolgt. Bei einzelnen Nutzenkomponenten der Marke werden dann Konkurrenten imitiert, bei anderen hingegen eine Differenzierung angestrebt. Die Imitation der Wettbewerber bei einzelnen Nutzenkomponenten kann bspw. der Eliminierung von Points-of-Difference der Wettbewerber dienen.

Zur beispielhaften Veranschaulichung der Points-of-Difference- und der Points-of-Parity-Strategie können die beiden Softdrink-Marken Coca-Cola und Pepsi-Cola herangezogen werden. Beide Marken bedienen als erfrischende Softdrinks das grundlegende Bedürfnis des Durstlöschens (Point-of-Parity). Demgegenüber differenzieren sie sich insbesondere über ihren Kommunikationsstil. Während Coca-Cola z. B. besondere Momente,

Abb. 2.19 Beispielhafte Werbekampagnen von Coca-Cola (*oben*) und Pepsi-Cola (*unten*). (Coca-Cola 2017; PepsiCo. 2017)

Happiness und Lebensfreude vermittelt, positioniert sich Pepsi-Cola eher als junge, trendbewusste und sportliche Marke (Points-of-Difference; vgl. Abb. 2.19).

2.3.4 Markenrepositionierung als Sonderform der Positionierung

Eine einmal festgelegte Markenpositionierung kann über die Zeit in der Regel nicht statisch beibehalten werden. So können bspw. externe Marktbedingungen, z. B. neue Wettbewerber oder veränderte Nachfragerpräferenzen, eine Überarbeitung der Markenpositionierung nötig machen. Das Wort „Weiterentwicklung" in unserer Positionierungsdefinition zeigt, dass Markenpositionierung eine dynamische Komponente besitzt. Diese Dynamik führt zu einer ständigen Notwendigkeit der Überprüfung und ggf. Veränderung der Positionierung. Diesen Veränderungsprozess beschreibt die Markenrepositionierung (vgl. Feddersen 2010, S. 30). Der Positionierungsbegriff kann dementsprechend in **zwei unterschiedliche Phasen** aufgeteilt werden, die zeitlich aufeinander folgen. Die erste Phase ist der erstmalige **Positionierungsaufbau**. Die zweite, dynamische Phase ist die **Repositionierung**, die auch als Positionierungspflege oder Positionierungswandel bezeichnet wird (vgl. Roosdorp 1998, S. 15 f.).

Der Begriff Repositionierung weist ähnlich wie der Positionierungsbegriff in der Literatur keine einheitliche Definition auf. Zunächst ist die Repositionierung von den Begriffen Variation und Relaunch abzugrenzen. Eine **Produktvariation** kann als „Veränderung im Bündel der Eigenschaften, durch die ein bereits angebotenes Produkt bisher bestimmt ist", definiert werden (vgl. Brockhoff 1999, S. 25).

Der **Relaunch** „kennzeichnet die umfassende Veränderung einer oder mehrerer Produkteigenschaften eines bereits im Markt eingeführten Produktes" (Meffert et al. 2015, S. 418). Meffert et al. (2015) grenzen den Begriff von der Produktpflege ab, bei der nur kleine Änderungen zur kontinuierlichen Verbesserung der eingeführten Produkte durchgeführt werden. Eine Repositionierung bezieht sich auf die subjektive Markenwahrnehmung der Nachfrager, wohingegen die Begriffe Variation, Relaunch und Pflege sich auf die Gestaltung objektiv-technischer Merkmale von Markenleistungen beziehen.

Ein weiterer Begriff, der im Zusammenhang mit einer Markenrepositionierung steht, ist das Re-Branding. **Re-Branding** wird häufig gemeinsam oder synonym mit dem Begriff Re-Naming verwendet und stellt die Änderung des Markennamens und anderer formaler Markenelemente (z. B. der Verpackung) in den Mittelpunkt. Prominente Beispiele sind Andersen Consulting, Kraft Foods und die Philip Morris Corp., welche sich in Accenture, Mondelēz bzw. Altria umbenannt haben. Muzellec und Lambkin (2006, S. 803) definieren Re-Branding als „[...] the creation of a new name, term, symbol, design or combination of them for an established brand with the intention of developing a differentiated (new) position in the mind of stakeholders and competitors." Vor diesem Hintergrund wird die Markenrepositionierung im Rahmen der identitätsbasierten Markenführung wie folgt definiert:

► **Markenrepositionierung** beschreibt die Hinzufügung, Streichung oder Modifikation funktionaler und/oder nicht-funktionaler Nutzenmerkmale einer bereits in den Markt eingeführten Marke mit der Absicht, die Nutzenassoziationen relevanter Zielgruppen positiv zu verändern (vgl. Feddersen 2010, S. 33).

Auch die Repositionierung kann durch Positionierungsmodelle unterstützt werden. Wird in einem solchen Modell sowohl die Ist-Position einer Marke als auch die Soll-Position nach einer Repositionierung dargestellt, bezeichnet man den Abstand zwischen den beiden Punkten als Repositionierungsintensität (vgl. Abb. 2.20). Recke (2011) definiert Repositionierungsintensität wie folgt:

► „Die **Repositionierungsintensität** kennzeichnet das Ausmaß der von den relevanten Nachfragern wahrgenommenen Veränderung einer Markenposition auf den funktionalen und/oder nicht-funktionalen Nutzendimensionen zwischen zwei Zeitpunkten" (vgl. Recke 2011, S. 62).

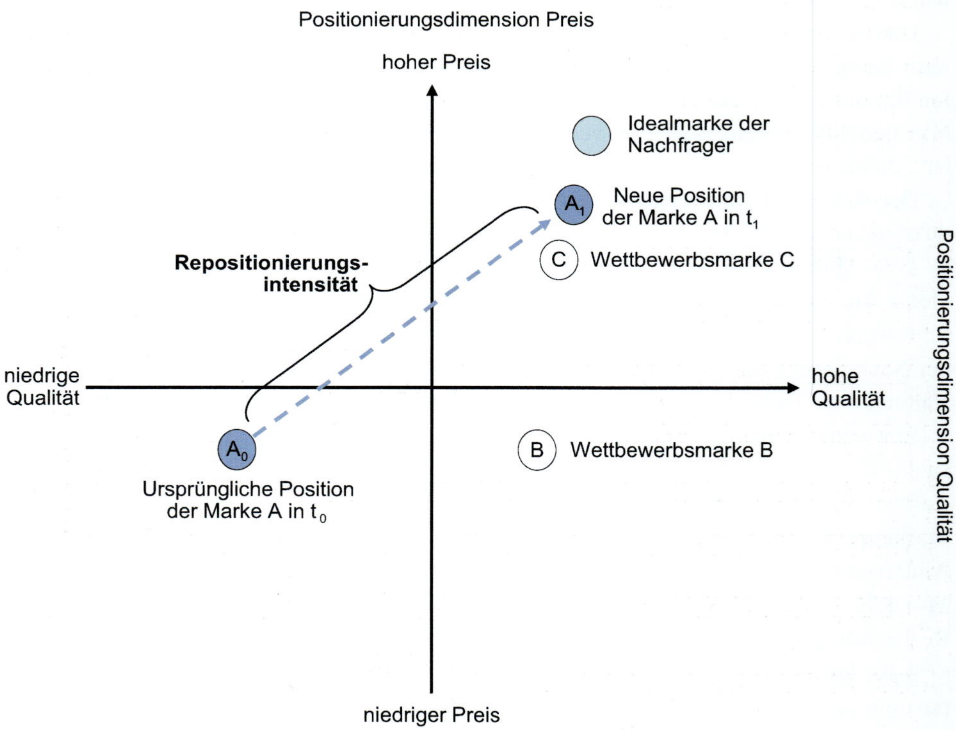

Abb. 2.20 Die Repositionierungsintensität im Positionierungsmodell. (In Anlehnung an Burmann und Recke 2009, S. 313)

Bei der Repositionierungsintensität kann zwischen intendierter und realisierter Intensität unterschieden werden. Zur Analyse der Markenpositionierung und Repositionierung steht eine Vielzahl verschiedener Methoden zur Verfügung. Hierzu gehören u. a. die Multidimensionale Skalierung (MDS), die Conjoint-Analyse, die Faktorenanalyse, die Diskriminanzanalyse (vgl. Backhaus et al. 2016) sowie die agentenbasierte Simulation (vgl. Feddersen 2010).

Im Rahmen der Repositionierung lassen sich **drei wichtige Handlungsoptionen** unterscheiden: Nutzenmodifikation durch Aktualitätssicherung, Nutzenmodifikation durch Verjüngung und proaktive Identitätsänderung durch Hinzufügung oder Streichung von Nutzen.

Bei der **Aktualitätssicherung** handelt es sich um kontinuierlich durchzuführende Maßnahmen der Markenführung. Ziel ist es, als zeitgemäß und aktuell wahrgenommen zu werden. Grundlage ist eine hohe Marktorientierung, die das frühzeitige Erkennen von Trends ermöglicht (vgl. Meffert et al. 2015). Als gutes Beispiel kann die Marke Adidas angeführt werden, die es seit Jahrzehnten oft schafft, Trends frühzeitig zu erkennen. Einen wichtigen Beitrag zu dieser Aktualität leistet der besondere Mehrkanalvertrieb des Unternehmens (vgl. Abb. 2.21), in dem der indirekte Absatz durch „Szene-Händler" eine wichtige Komponente darstellt.

Durch das frühe Erkennen von Szenetrends ist Adidas in der Lage, immer wieder Trendimpulse zu setzen und die Begehrlichkeit der eigenen Marke durch eng limitierte Sondermodelle auf hohem Niveau zu halten. Basis hierfür sind weltweit ca. 20 „Szene-Händler", die besonders eng mit trendsetzenden Zielgruppen verbunden und gleichzeitig

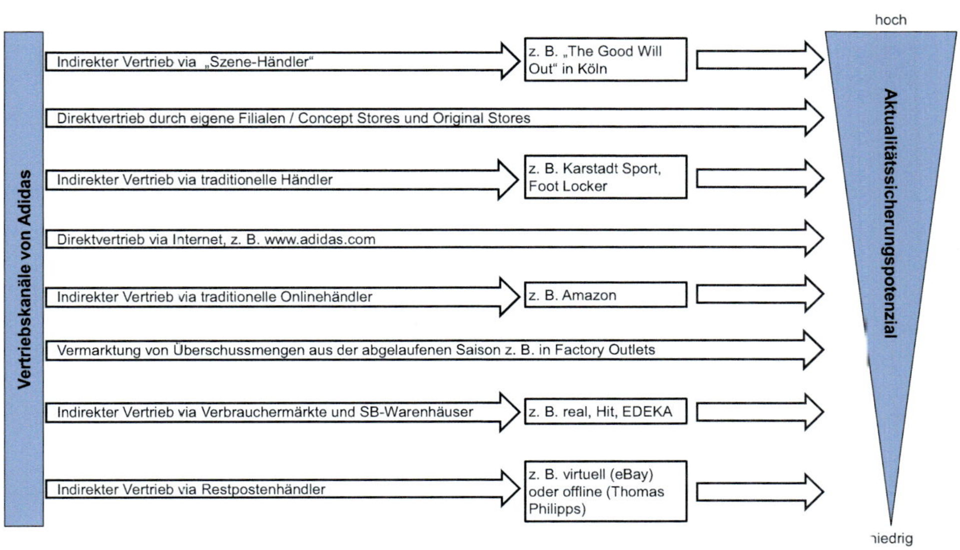

Abb. 2.21 Vertriebskanäle der Marke Adidas und ihr Potenzial zur Sicherung der Aktualität

Abb. 2.22 Der Adidas Szene-Händler „The Good Will Out" in Köln (*oben*) und das dazugehörige Sneakermuseum (*unten*). (The Good Will Out 2017; Sneakermuseum 2016)

selbst Meinungsbildner sind. Über diese „Szene-Händler" sichert sich Adidas eine hohe „street credibility" und erhält Anregungen für neue Produktideen. Durch die „Szene-Händler" als Bindeglied zwischen den Trendzielgruppen und dem Unternehmen wird die Authentizität neuer Markenführungsaktivitäten sichergestellt. Als Beispiel für einen solchen Szene-Händler kann „The Good Will Out" in Köln genannt werden, welcher zudem das erste sog. „Sneakermuseum" Deutschlands eröffnete (vgl. Abb. 2.22).

Die sensiblen Trend-Zielgruppen interagieren dabei nur mit Ihresgleichen, den „Szene-Händlern". Die Marke Adidas als Symbol für einen großen, unnahbaren und global tätigen Konzern hält sich demgegenüber zurück. Neue Produktideen werden durch ausgefallene Designer in sehr kleinen, limitierten Serien zu weitgehend regulären Preisen umgesetzt und über die „Szene-Händler" vertrieben. Durch eigene Online-Shops der „Szene-Händler" sind diese limitierten Serien weltweit verfügbar. In ausgewählten Fällen werden Sondermodelle sogar im Auftrag und nach Designvorgaben eines „Szene-Händlers" gefertigt und anschließend primär über diesen einen „Szene-Händler" vertrieben. Erhält

Adidas positives Feedback für die limitierten Serien, werden die teilweise sehr ausgefallenen Produkte für eine breitere Zielgruppe angepasst und danach in großer Stückzahl über die anderen Vertriebskanäle verkauft.

Im Bereich der Analyse aktueller Trends sind gerade durch das Internet neue Möglichkeiten entstanden. Eine fortlaufende Analyse setzt bspw. die Marke Starbucks durch die Ideen-Plattform „My Starbucks Idea" um. Hier haben Nachfrager die Möglichkeit, eigene Ideen in den Bereichen „Produkt", „Erlebnis" und „Engagement" vorzustellen. Diese Ideen werden im weiteren Verlauf durch andere Nutzer der Plattform bewertet. Dies dient Starbucks als Hinweis auf die Relevanz dieser Ideen. Durch die ständige Erfassung der Nutzerbedürfnisse und die Implementierung dieser Ideen in der Markenführung gelingt es Starbucks, das Markenerlebnis kontinuierlich an den Wünschen der Konsumenten auszurichten und zu optimieren (vgl. Starbucks 2017).

Während bei der laufenden Aktualitätssicherung die Zielgruppe der Marke meist unverändert bleibt, geht es bei der **Verjüngung** um die zusätzliche Ansprache einer neuen, jüngeren Zielgruppe. Verdeutlichen lässt sich dies am Beispiel der Marke „Old Spice". Nachdem die Marke über Jahre sinkende Umsätze verzeichnete und mit einer sehr alten Zielgruppe verbunden wurde, beschloss die Markenführung durch eine Überarbeitung der Produkte und eine Fokussierung der Markenkommunikation auf die junge Zielgruppe eine Repositionierung durchzuführen. Nach verschiedenen TV-Spots, die die junge Zielgruppe ansprechen sollten, gelang der Marke mit dem Spot „The Man Your Man Could Smell Like" eine weltweit sehr erfolgreiche **virale Kampagne**. Als viral wird eine Kampagne bezeichnet, wenn sich zunächst eine kleine Anzahl von Personen über die Kampagne austauscht und diese sich bei Erreichen einer „kritischen Masse" „explosionsartig" in verschiedenen Medien verbreitet (vgl. Gladwell 2012). Häufig geschieht dies über die sozialen Medien. Durch die Kampagne erreichte Old Spice mit den dazugehörigen Videos 175 Mio. Nachfrager (vgl. Visible Measures 2012).

Im nächsten Schritt beantwortete „The Man Your Man Could Smell Like" Fragen von Prominenten, Bloggern und Nachfragern, die über Twitter gestellt wurden, mit personalisierten Videos auf YouTube. Dadurch stieg die virale Verbreitung der Spots stark an. Old Spice generierte innerhalb von drei Tagen über 180 Videoantworten auf YouTube, engagierte sich umfassend in direkten Interaktionen mit den Nachfragern und schaffte mit den personalisierten Videoantworten ein bleibendes Markenerlebnis. Innerhalb der ersten 24 Stunden erreichte der Spot 6,7 Mio. Views, nach 36 Stunden waren es 23 Mio. (vgl. Wiancko 2010).

Auch im **Employer Branding** ist die Verjüngung für Marken relevant, weil die Gewinnung junger Mitarbeiter aufgrund des demografischen Wandels in vielen Ländern an Bedeutung gewonnen hat. Beim Employer Branding geht es um die Übertragung der Grundsätze identitätsbasierter Markenführung auf das Personalmanagement. Ziel ist es, über die Schaffung einer starken Employer Brand im Wettbewerb um qualifizierte Mitarbeiter erfolgreich zu sein (vgl. Sponheuer 2010; Böttger 2012). Hierdurch grenzt sich das Employer Branding vom Verständnis des internen Markenmanagements ab (vgl. Burmann und Piehler 2013). Eine Arbeitgebermarke muss in der Regel alle Altersgruppen ansprechen, so dass eine zu starke Verjüngung einer Arbeitgebermarke schnell als nicht authentisch kritisiert wird. Die richtige Balance zwischen Verjüngung und dennoch hohem Fit zur Markenidentität (die sich an alle Mitarbeiter richtet) ist hier erfolgsentscheidend.

Eine **proaktive Identitätsänderung** als dritte Option der Markenrepositionierung wird meist aufgrund größerer Veränderungen im externen Umfeld der Marke nötig. Hierbei geht es hauptsächlich um sich verändernde Nachfragerbedürfnisse, die bisherige Markennutzen irrelevant werden lassen (**Streichung eines Nutzens** aus dem Nutzenbündel einer Marke) oder die **Addition eines neuen Markennutzens** in die Positionierung erforderlich machen. Erfolgskritisch bei solchen Anpassungen ist der Fit zwischen bestätigenden und neuen Markeninformationen. Die Relevanz dieser Anpassungen hat durch kürzer werdende Produktlebenszyklen, wachsenden internationalen Wettbewerb sowie Veränderungen der Kommunikationslandschaft in den letzten Jahren stark zugenommen.

Voraussetzung für eine erfolgreiche Repositionierung durch eine Identitätsänderung ist eine zuvor klar definierte Markenidentität, die nicht zu stark verändert werden darf, um authentisch zu bleiben. Hierbei ist zwischen den **essenziellen Identitätsmerkmalen** (Markenkern) und den **akzidentiellen Merkmalen** zu unterscheiden. Die essenziellen Identitätsmerkmale einer Marke sollten weder über die Zeit verändert noch aus der Markenidentität gestrichen werden. Je mehr essenzielle Merkmale in der Identität einer Marke enthalten sind, desto eher können einzelne essenzielle Merkmale zumindest leicht angepasst werden (vgl. Boch 2013, S. 327 f.). Akzidentielle, ergänzende Merkmale der Identität können über die Zeit angepasst, neu hinzugefügt oder gestrichen werden.

Grundlage einer solchen Anpassung der akzidentiellen Merkmale sind sowohl die Situations- und Identitätsanalyse (Abschn. 2.1) als auch die Analyse der Markenpositionierung. Die Änderungen der Markenidentität dürfen nicht zu weitreichend sein, da Nachfrager die Markenidentität ansonsten nicht mehr mit ihrem bisherigen Markenimage in Einklang bringen können. Entscheidend ist somit der richtige, mittlere Fit zwischen neuen und alten Identitätsmerkmalen (Markeninformationen). Zur Ermittlung dieses Fits kann das Erstmaligkeits-Bestätigungs-Modell von von Weizsäcker (1974) verwendet werden. Auf der horizontalen Achse werden hierbei die Veränderungen der Markenidentität abgetragen, während die vertikale Achse die Veränderung im Markt, also die Kommunikationswirkung, abbildet (vgl. Abb. 2.23).

Eine **erfolgreiche Identitätsänderung** kann nach von Weizsäcker (1974) nur gelingen, wenn bei allen Veränderungen in der Markenführung ausreichend viele und wichtige essenzielle Identitätsmerkmale unverändert beibehalten werden und durch neue, erstmalig verwendete akzidentielle Identitätsmerkmale ergänzt werden. Diese „mittlere" Mischung sichert eine maximale Kommunikationswirkung. Demgegenüber sind zu viele Neuerungen („zu kleiner Fit") ebenso zu vermeiden wie zu wenig Neuerungen („zu großer Fit"). Die hohe Aufmerksamkeitswirkung durch viele Überraschungen führt im ersten Fall zwar zu einer Bekanntheitssteigerung bei der Marke, aber nicht zu einer Imageveränderung.

Die Marke FRoSTA beobachtete zwischen Ende der 1990er und dem Anfang 2000er einen erheblichen Umsatz- und Marktanteilsrückgang. Dies war u. a. durch eine nicht aus-

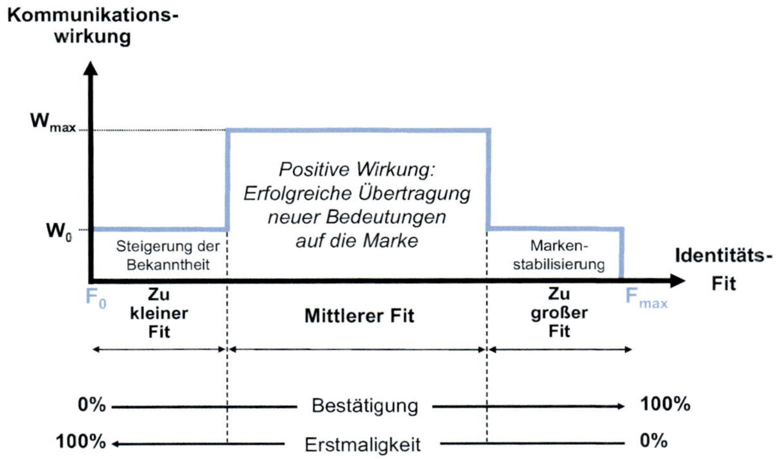

Abb. 2.23 Ermittlung des Fits zwischen bekannten und neuen Identitätsmerkmalen. (In Anlehnung an Nitschke 2006, S. 186)

reichende Abgrenzung zu Private Label Brands begründet, die eine gleichartige Qualität zu den Produkten von Frosta darstellten, jedoch wesentlich preisgünstiger waren. Die Markenverantwortlichen entschieden sich daraufhin, die Marke zu repositionieren. Das neue Markennutzenversprechen sah vor, dass Frosta in seinen Produkten auf Geschmacksverstärker und künstliche Zusatzstoffe verzichtet und zudem alle Zutaten, die in dem jeweiligen Tiefkühlgericht verarbeitet wurden, auf der Verpackung aufgelistet wurden. Diese Transparenz ging weit über die gesetzlichen Vorgaben hinaus. Dieses neue Markennutzenversprechen hatte das Potenzial, sowohl relevant für die Nachfrager als auch differenzierend zu Wettbewerbsprodukten zu sein. Aus der Perspektive der identitätsbasierten Markenführung änderte die Marke Frosta ihre Identität in mehreren Komponenten. So wurden u. a. die Vision, die Werte und die Markenpersönlichkeit verändert. Infolgedessen wurde auch der Marketing-Mix der neuen Markenidentität von Frosta angepasst, indem z. B. fortan auf den bisher bekannten Slogan „Frosta ist für alle da" sowie auf die bekannte Werbefigur „Peter von Frosta" verzichtet wurde. Mit dieser Repositionierung erhofften sich die Marketingverantwortlichen von Frosta eine Rückgewinnung der zuvor verlorenen Marktanteile. Stattdessen verlor Frosta jedoch im Jahr nach der Repositionierung (2003) weiterhin massiv Marktanteile. Auch der Umsatz ging um 42 % zurück. Infolgedessen sank auch der Aktienwert der Marke, Dividenden konnten nicht ausgezahlt werden und Arbeitsplätze mussten abgebaut werden. Im Rahmen eines Forschungsprojektes des Lehrstuhls für innovatives Markenmanagement (LiM) wurde festgestellt, dass die Identitätsänderung von Frosta zu radikal war, da sie statt der akzidentiellen Identitätsmerkmale vor allem essenzielle Identitätsmerkmale betraf. Frosta nahm daraufhin einige Änderungen wieder zurück. Hierzu gehörte vor allem die Rückbesinnung auf die

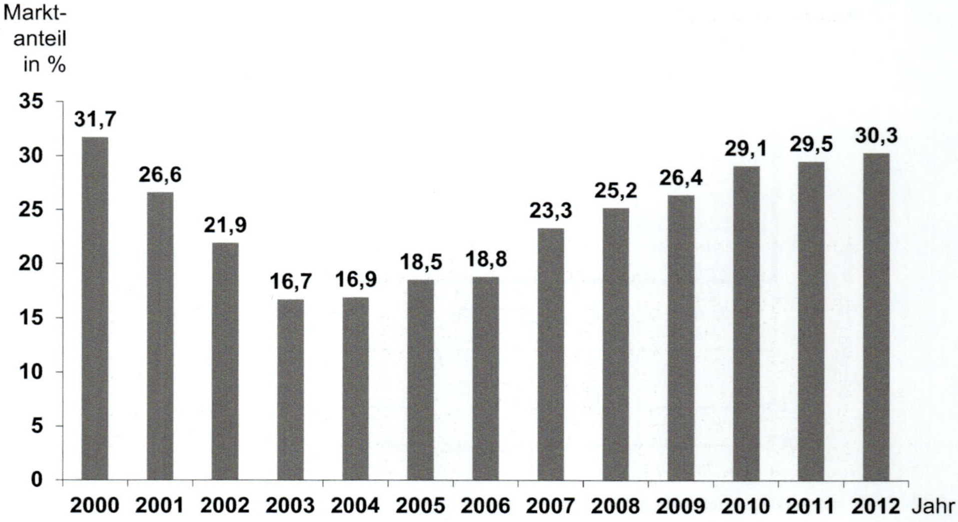

Abb. 2.24 Entwicklung des Marktanteils von FRoSTA von 2000 bis 2012

alte Markenpersönlichkeit, indem der Slogan „Frosta ist für alle da" sowie die Werbefigur „Peter von Frosta" wieder reaktiviert wurden. Auch wurden u. a. Maßnahmen zur erhöhten Distribution und zur vermehrten Positionierung von Frosta-Produkten im Lebensmitteleinzelhandel ergriffen. Diese Maßnahmen führten zu einem baldigen Anstieg von Marktanteilen und Umsatzzahlen (vgl. Abb. 2.24). Zehn Jahre später war Frosta die am stärksten wachsende Marke in der Kategorie „Tiefkühlkost". Dieser Fall zeigt, dass Identitätsänderungen graduell statt radikal und hinsichtlich der essenziellen Identitätsmerkmale mit Bedacht erfolgen sollten (vgl. Burmann et al. 2015, S. 226 ff.).

Zwei weitere bekannte Beispiele für die Durchführung einer proaktiven Identitätsänderung finden sich in der Fast Food Branche. McDonald's hat in den vergangen Jahren durch die Einführung gesünderer Produkte und einer entsprechenden Kommunikation den neuen Markennutzen „gesunde Ernährung" hinzugefügt. Bei McDonald's basierte die Repositionierung auf dem gestiegenen Gesundheitsbewusstsein der Nachfrager sowie der hieraus entstandenen Kritik an Fast Food insgesamt und McDonald's als Marktführer im Besonderen. Im Zusammenhang mit dieser neuen Positionierung wurden u. a. die Filialgestaltung überarbeitet, die Unternehmensfarbe Rot in Europa durch Grün ersetzt, Heidi Klum als Testimonial genutzt und Salate sowie natürlich-bäuerliche Lieferanten in TV-Spots in den Mittelpunkt gestellt (vgl. Abb. 2.25).

Den entgegengesetzten Weg beschritt Burger King. Nachdem in der Marktforschung herausgefunden wurde, dass „typisch amerikanisch" zu sein für das Kaufverhalten der

Abb. 2.25 Repositionierung durch eine proaktive Identitätsänderung am Beispiel McDonald's. (McDonald's 2017)

Zielgruppe irrelevant ist, wurde hierauf in der gesamten Markenführung verzichtet. Ziel war es, durch die Veränderung der Markenidentität und des Markennutzenversprechens eine Fokussierung auf die für Nachfrager relevanten Nutzen zu erreichen (z. B. guter Geschmack durch Zubereitung der Speisen auf offenem Grill) und dadurch die Klarheit und Prägnanz des Markenimages zu stärken.

2.4 Markenarchitektur

Besitzt ein Unternehmen mehrere Marken, so muss die identitätsbasierte Führung der Marken miteinander koordiniert werden. Eine solche Abstimmung verschiedener Marken erfolgt im Rahmen der Markenarchitekturgestaltung (vgl. Abb. 2.26; Kanitz 2013).

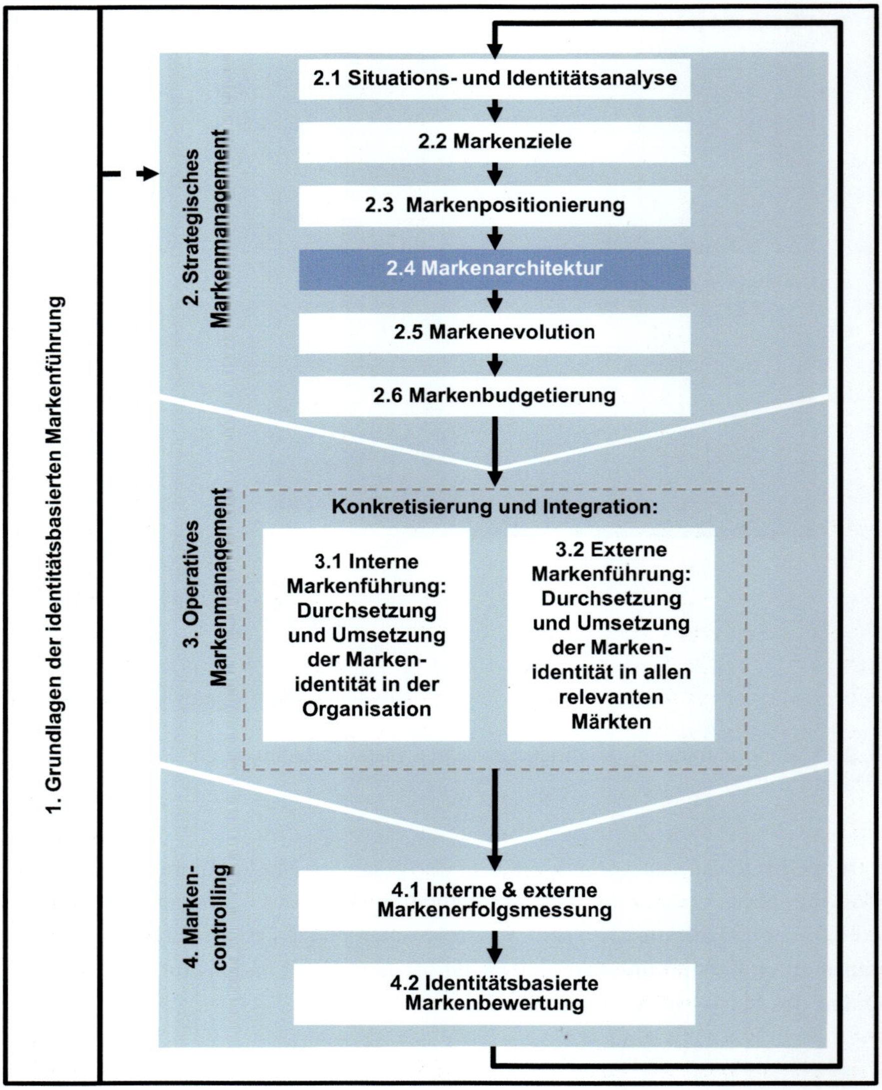

Abb. 2.26 Einordnung der Markenarchitektur in den Managementprozess der identitätsbasierten Markenführung

2.4.1 Einordnung und Abgrenzung der Markenarchitektur

Der Begriff **Markenarchitektur** wird häufig synonym mit vielen anderen Begriffen verwendet. Während in der deutschsprachigen Literatur die Begriffe Markenarchitektur (vgl. z. B. Meffert und Burmann 1996, S. 18 ff.; Strebinger 2010, S. 12 ff.; Schweiger und Schrattenecker 2017, S. 107 ff.), Markenstruktur (vgl. z. B. Homburg und Schäfer 2001), markenbezogene Integrationsstrategie (vgl. z. B. Sattler und Völckner 2013, S. 82 ff.), Markensysteme bzw. Markenverbundsysteme (vgl. z. B. Arbe 1999, S. 22; Schiele 1999, S. 232; Schweiger et al. 1999, S. 6) und Markenstrategie (vgl. z. B. Baumgarth 2014, S. 225) verwendet werden, ist das Konstrukt im Englischen unter den Begriffen brand architecture (vgl. z. B. Aaker und Joachimsthaler 2000; Douglas et al. 2001), brand hierarchy (vgl. z. B. Keller 2013), brand structure (vgl. z. B. Laforet und Saunders 1994, S. 68 f., 2007, S. 40 f.), brand system (vgl. z. B. Aaker 1996, S. 212) und brand strategy bzw. branding strategy (vgl. z. B. Kapferer 2008, S. 355 ff.; Kotler 2003, S. 406; Rao et al. 2004) zu finden.

Unter dem Begriff **Markenportfolio** wird die Gesamtheit aller Marken eines Unternehmens verstanden (vgl. Meffert und Burmann 1996, S. 18 ff.), zu deren Einsatz das Unternehmen als Markeninhaber oder durch vertragliche Vereinbarungen (Lizenz, Allianz etc.) mit dem Markeninhaber berechtigt ist (vgl. Aaker und Joachimsthaler 2000, S. 134). Dies umfasst auch Marken, die gemeinsam mit anderen Unternehmen geführt werden.

Der Begriff **Markenhierarchie** kennzeichnet die Zuordnung der Marken des Markenportfolios zu den organisationalen Ebenen eines Unternehmens. Wichtige Markenhierarchieebenen sind die Gesamtunternehmens-, Geschäftsfeld-, Produktgruppen-, Produkt- und Variantenebene.

Die Gestaltung der Markenarchitektur umfasst die **formale und inhaltliche Struktur des Markenportfolios**. Die formale Struktur bezieht sich auf die Festlegung der Hierarchieebenen der Markenarchitektur, die Bestimmung der auf den einzelnen Hierarchieebenen zu verwendenden Marken und auf die Art der Markierung der Marken im Portfolio eines Unternehmens. Die inhaltliche Struktur bezieht sich auf die Verknüpfung der einzelnen Portfoliomarken mit Produkten bzw. Dienstleistungen, Marktsegmenten, geografischen Marktarealen und entsprechenden Markenidentitäten und Nutzenversprechen. Grundlage für die Gestaltung der Markenarchitektur ist die **Markenarchitekturstrategie**, ein globaler, langfristiger, bedingter Verhaltensplan für die Führung des gesamten Markenportfolios. Die mit dieser Strategie verfolgten Ziele der Markenarchitekturgestaltung liegen in der Hebung interner Synergien und in der optimalen Ausschöpfung der Nachfragepotenziale in den vom Unternehmen bearbeiteten Märkten (vgl. Aaker 2004, S. 13 f.; Burmann und Meffert 2005, S. 165). Die von Nachfragern **subjektiv wahrgenommene Markenarchitektur** kann von der seitens des Unternehmens tatsächlich realisierten Markenarchitektur abweichen. Die wahrgenommene Markenarchitektur ist von hoher Bedeutung, weil sie das Verhalten der Nachfrager und den Grad der Zielerreichung bestimmt.

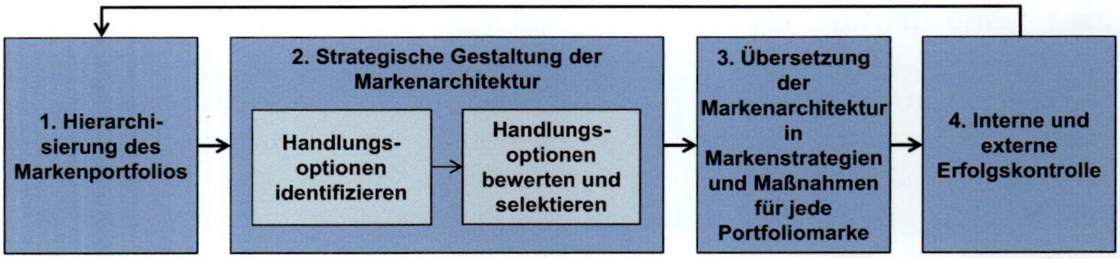

Abb. 2.27 Identitätsbasierter Prozess der Markenarchitekturgestaltung. (In Anlehnung an Burmann und Kanitz 2010, S. 39)

Eine Analyse der bisher vorliegenden Ansätze zur Gestaltung der Markenarchitektur zeigt, dass eine **Trennung von Hierarchisierung und Strategiefestlegung** zweckmäßig ist. Die Hierarchisierung des Markenportfolios ermöglicht eine übersichtliche, geordnete Darstellung aller Marken des Unternehmens zur Analyse des Portfolios. Auf dieser Basis erfolgt eine strategisch ausgerichtete, zielorientierte Gestaltung der Markenarchitektur. Sie befasst sich zunächst mit der Identifikation strategischer Handlungsoptionen. Im Anschluss daran werden diese Handlungsoptionen systematisch bewertet (vgl. Abb. 2.27) und umgesetzt.

Von großer Bedeutung ist dabei die Unterscheidung **der strategischen Perspektive der Markenarchitekturgestaltung von der implementierungsbezogenen, detaillierteren Perspektive.** Letztere befasst sich mit der Umsetzung und Durchsetzung der gewählten Markenarchitektur an den Brand Touch Points. Sie übersetzt die Markenarchitektur in eine Strategie und Maßnahmen für jede einzelne Marke innerhalb des Portfolios.

Die Markenarchitektur sollte einer **regelmäßigen Erfolgskontrolle** unterzogen werden, die auf Basis empirischer Zielerreichungsgrade eine systematische Anpassung der Markenarchitektur ermöglicht. Dabei muss bspw. die Akzeptanz der Markenarchitektur bei Mitarbeitern und Führungskräften ebenso untersucht werden wie die Wahrnehmung und Bewertung der Markenarchitektur bei den Nachfragern. Im Folgenden wird der in Abb. 2.27 dargestellte Prozess der Markenarchitekturbildung detailliert vorgestellt.

2.4.2 Hierarchisierung des Markenportfolios

Der identitätsbasierte Prozess zur Markenarchitekturbildung orientiert sich an Aaker (1996), der eine sehr detaillierte Gestaltung des Markenportfolios ermöglicht. Als **Hierarchiestufen** werden die Gesamtunternehmens-, die Geschäftsfeld-, die Produktgruppen-, die Produkt- und die Produktmerkmalsebene berücksichtigt (vgl. Abb. 2.28), die im

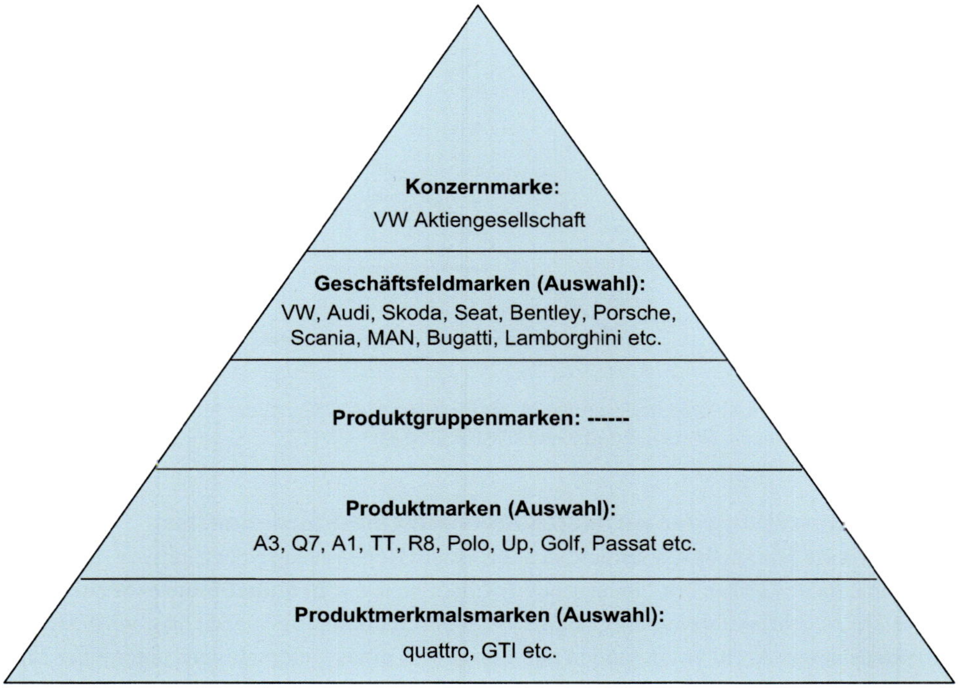

Abb. 2.28 Hierarchisierung des Markenportfolios am Beispiel des Volkswagen Konzerns (Auszug)

Einzelfall jedoch nicht alle mit Marken besetzt werden müssen. In Anlehnung an das Ingredient Branding (vgl. Kotler und Pfoertsch 2010) werden unter einzelne Produktmerkmalsmarken Gebrauchsgüter (z. B. Rohstoffe, Einsatzstoffe, Produktbestandteile) verstanden, die aus der Sicht der jeweiligen Zielgruppe eine eigenständige Marke bilden (vgl. Freter und Baumgarth 2005, S. 462). Es handelt sich dabei um Bestandteile von Produktmarken oder Nebenprodukten, welche als unabhängige Marken geführt werden können (vgl. Aaker 1996, S. 243).

2.4.3 Gestaltung der Markenarchitektur

Zur Systematisierung von Handlungsoptionen hat sich ein an drei Dimensionen orientiertes Vorgehen bewährt (vgl. Abb. 2.29).

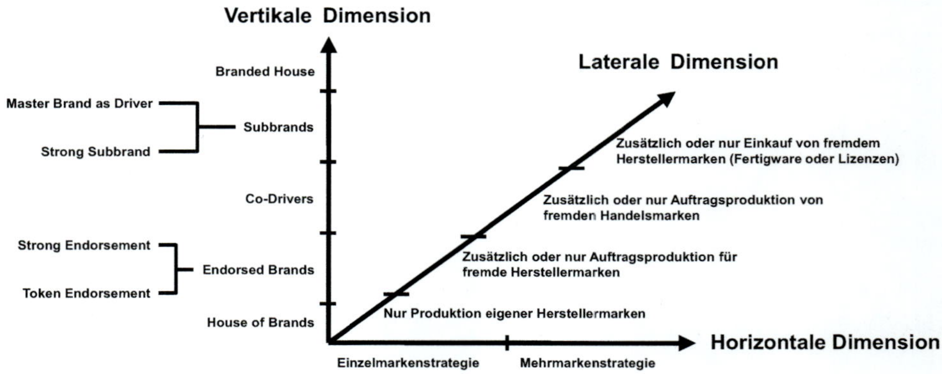

Abb. 2.29 Strategische Handlungsoptionen zur Gestaltung der Markenarchitektur aus Herstellersicht. (In Anlehnung an Burmann und Kanitz 2010, S. 41 f.)

2.4.3.1 Gestaltung der vertikalen Markenarchitekturdimension

Die **vertikale Dimension** orientiert sich am Brand Relationship Spectrum von Aaker und Joachimsthaler (2000). An einem Ende befindet sich die **Branded-House-Architektur**, die auch als „corporate branding" bzw. als „umbrella branding" bezeichnet wird. Bei der Branded-House-Architektur werden alle Leistungen eines Unternehmens unter einer Marke vermarktet, die oft durch sachlich-beschreibende Zusätze, sog. Deskriptoren, ergänzt wird (z. B. „Express" bei FedEx in Abb. 2.30).

Die **House-of-Brands**-Architektur liegt am anderen Ende der vertikalen Dimension. Hier wird jede Leistung eines Unternehmens mit einer eigenen Marke versehen, unabhängig von allen anderen Portfoliomarken. Diese Architektur nutzt bspw. das Unternehmen Procter & Gamble, zu dem u. a. Pampers, Gillette, Ariel und Febreze gehören (vgl. Abb. 2.31).

Zwischen den beiden Extrema bestehen Mischformen, bei denen stets mindestens zwei Marken für die Markierung einer Leistung verwendet werden. Die **Subbrands**-Architektur umfasst den Fall der dominierenden Dachmarke. Die Dachmarke ist der primäre Treiber der Kaufentscheidung, dennoch hat die mit ihr verknüpfte organisationshierarchisch untergeordnete Marke mehr als nur eine rein beschreibende Rolle (vgl. Aaker 2004, S. 57 f.). Diese Architektur bietet sich an, wenn ein starker Imagetransfereffekt der Dachmarke genutzt werden soll, die Heterogenität der Marktsegmente und Käuferbedürfnisse jedoch einen differenzierenden Markenauftritt in den Segmenten erfordert (vgl. Abb. 2.32).

Bei der Option „Master Brand as Driver" steht die übergeordnete Marke klar im Mittelpunkt und wird lediglich durch einen Zusatz ergänzt. Bei der Option Strong Subbrand wird eine untergeordnete Marke kombiniert mit einer dominierenden, hierarchisch übergeordneten Dachmarke. Diese unterscheidet sich von der „Master Brand as Driver" durch eine stärkere Präsenz der untergeordneten Marke und von der **Co-Drivers**-Architektur

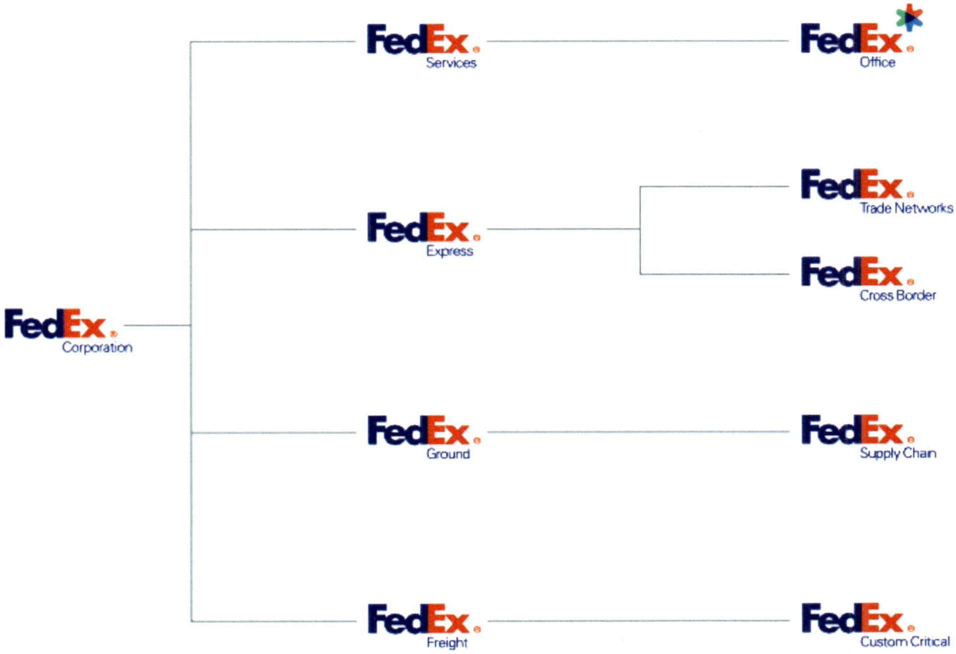

Abb. 2.30 Branded-House-Markenarchitektur von FedEx mit Deskriptoren. (Vgl. FedEx 2017)

Abb. 2.31 House-of-Brands-Markenarchitektur von Procter & Gamble. (Procter & Gamble 2017)

dadurch, dass kein gleichberechtigter Auftritt zwischen hierarchisch über- und untergeordneten Marken realisiert wird, sondern die übergeordnete Marke im Fokus steht (vgl. Aaker 2004, S. 54 ff.).

Bei der **Endorsed-Brands**-Architektur dominieren die organisationshierarchisch untergeordneten Marken (z. B. Produktmarken). Die mit diesen jeweils verbundene Dachmarke (z. B. eine Konzernmarke) hat eine rein unterstützende Rolle. Die organisationshierarchisch auf einer niedrigeren Ebene stehende Marke ist hier der primäre Treiber der Kaufentscheidung (vgl. Aaker 2004, S. 52 f.). Die Endorsed-Brands-Architektur kann

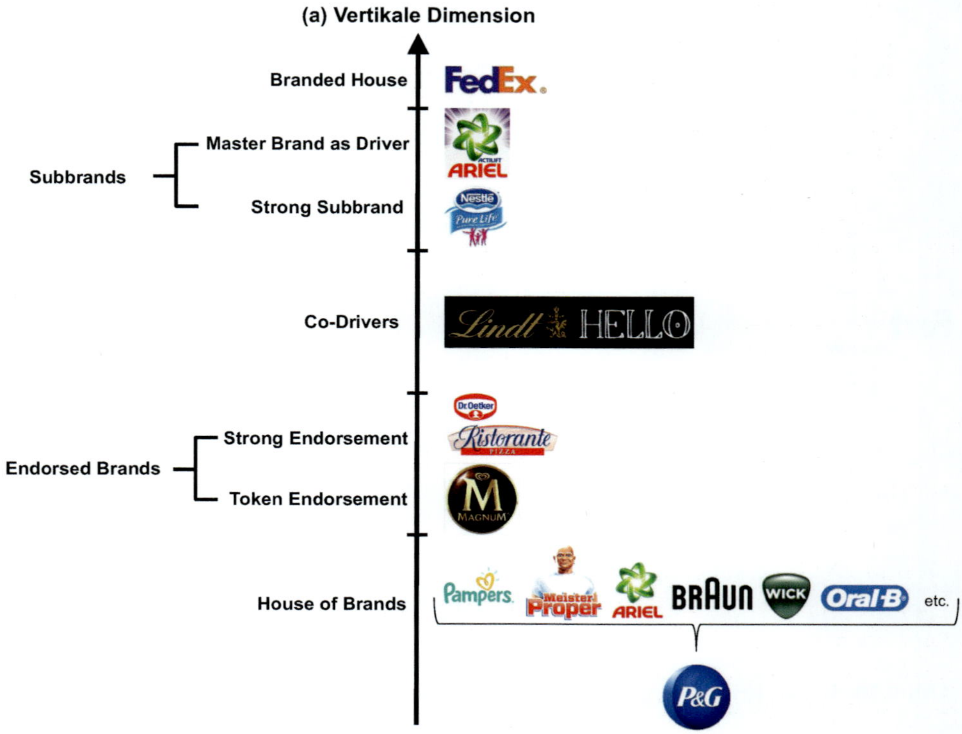

Abb. 2.32 Beispiele zu den Ausprägungen der vertikalen Dimension der Markenarchitektur. (Nestlé® und Pure Life® sind geschützte Marken der Société des Produits Nestlé S.A)

weiter unterteilt werden (vgl. Abb. 2.32). Während das Token Endorsement lediglich einen eher schwachen symbolischen Verweis zur organisationshierarchisch übergeordneten Marke ermöglicht, handelt es sich beim Strong Endorsement um eine umfassende Unterstützung durch die organisationshierarchisch übergeordnete Marke. Abb. 2.32 verdeutlicht die Ausprägungen anhand ausgewählter Beispiele.

Nachdem die Handlungsoptionen auf der vertikalen Dimension dargestellt wurden, müssen **geeignete Bewertungskriterien** zur Selektion einer geeigneten Handlungsoption hergeleitet werden (vgl. Abb. 2.33). Entsprechend der identitätsbasierten Markenführung wird hierbei zwischen **internen und externen Bewertungskriterien** unterschieden. Bei den internen Kriterien ist v. a. die **interne Akzeptanz** aller Mitarbeiter von entscheidender Bedeutung für die erfolgreiche Umsetzung der Markenarchitektur. Fällt eine Entscheidung zu Gunsten von Marken, die nur ein geringes Brand Commitment (BC) aufweisen, besteht die Gefahr, dass sich die Mitarbeiter nicht im Sinne dieser Marke verhalten. Fehlt das BC, ist nicht mit einem Brand Citizenship Behavior (BCB) der Mitarbeiter zu rechnen. Dies führt zu einer Schwächung der Marke. Als Beispiel kann hier die Marke Seat

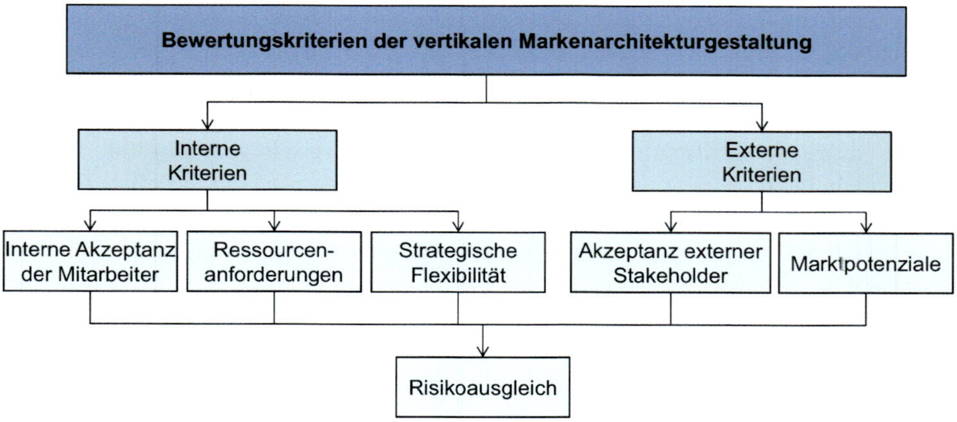

Abb. 2.33 Bewertungskriterien zur Beurteilung von Handlungsoptionen der Markenarchitekturgestaltung auf der vertikalen Dimension

aus dem VW-Konzern genannt werden. Seat hat in den letzten Jahrzehnten durchgehend Verluste erwirtschaftet. Die Marke versuchte in den letzten Jahren, sich mit dem Claim „auto emoción" und der Betonung von spanischem Temperament und Leidenschaft im Markennutzenversprechen von anderen Marken abzugrenzen. In der Produktpolitik geht diese Differenzierung wegen der großen Ähnlichkeit zwischen Seat-Produkten und den Fahrzeugen von VW und Audi jedoch verloren.

Ebenso wird das Markennutzenversprechen auch intern nur mangelhaft umgesetzt. Der damalige Vorstandsvorsitzende von Seat, James Muir, äußerte sich 2010 wie folgt: „Wenn man das Unternehmen wirklich loswerden möchte, müsste man dem Käufer noch Geld zahlen, damit er Seat nimmt." (Krogh 2010). Ebenso kritisierte Muir das Markenbild von Seat. Solche Aussagen des Top-Managements lassen auf geringes Brand Commitment von Führungskräften und Mitarbeitern schließen. Ein aus England stammender CEO, der die wirtschaftliche Existenz des Unternehmens in Frage stellt und selbst nicht an spanisches Temperament und Leidenschaft glaubt, zerstört die Marke von innen heraus.

Ein weiteres internes Kriterium sind die **Ressourcenanforderungen**. Hierzu zählen u. a. Marktinvestitionen, der Umfang möglicher Synergienutzung, die Implementierungsdauer und der Koordinationsbedarf. Wird eine Marke in verschiedenen Geschäftsbereichen genutzt, können sich durch Imagetransfereffekte und eine potenziell höhere Markenbekanntheit Synergieeffekte ergeben. Zum Beispiel nutzt das Unternehmen Essity Synergien durch die Verwendung der Marke Tempo für feuchte Toilettentücher und Taschentücher. Nutzt ein Unternehmen mehrere am Markt vollständig unabhängig voneinander agierende Marken in demselben Geschäftsfeld (Mehrmarkenstrategie), entstehen sehr hohe Marketingkosten. Ein Beispiel sind die Marken Zewa und Tempo des Unternehmens Essity im Bereich Toilettenpapier. Grundsätzlich lässt sich für verschiedene Architekturansätze festhalten, dass eine steigende Komplexität im Markenportfolio zu höheren

Kosten und geringeren Synergien führt, sich jedoch gleichzeitig der Ausschöpfungsgrad der Nachfragepotenziale in den relevanten Absatzmärkten erhöht, weil die einzelnen Marken gezielter auf die Bedürfnisse der jeweiligen Zielgruppe ausgerichtet werden können und zusätzlich ein Teil der Markenwechsler im Markenportfolio gehalten werden können.

Das letzte interne Kriterium befasst sich mit der **strategischen Flexibilität**. Strategische Flexibilität beschreibt einerseits die Fähigkeit des Unternehmens, operative Prozesse und die hiermit verbundenen organisationalen Fähigkeiten und Ressourcen für mehrere Marken effizient zu multiplizieren (Replikationsfähigkeit). Andererseits bezieht sich strategische Flexibilität auf die Fähigkeit des Unternehmens, Ressourcen und Kompetenzen umfassend neu zu ordnen und weiterzuentwickeln (Rekonfigurationsfähigkeit). Letzteres dient dem Erwerb neuer organisationaler Fähigkeiten (vgl. Burmann 2002). Im Rahmen der Markenarchitekturgestaltung beschreibt strategische Flexibilität die Fähigkeit, sich mit dem Markenportfolio an Veränderungen der Umwelt erfolgreich anzupassen. Ist ein Unternehmen in verschiedenen Geschäftsfeldern aktiv, die sich unterschiedlich wandeln, würde eine Branded-House-Architektur eine flexible Anpassung behindern. Im Rahmen einer House-of-Brands-Architektur hingegen muss aufgrund der hohen Unabhängigkeit zwischen den Marken innerhalb des Markenportfolios wenig Rücksicht auf die Situation in anderen Geschäftsfeldern genommen werden. Die strategische Flexibilität ist hier deswegen größer.

Verdeutlichen lässt sich dies an der House-of-Brands-Architektur von Procter & Gamble, die mit Old Spice und Meister Proper zwei Marken mit einer sehr maskulinen Positionierung besitzen. Auf der anderen Seite gehören auch die Marken Always, Ariel und Gillette Venus zum Portfolio des Unternehmens. Diese Marken richten sich an weibliche Zielgruppen. Würden die Produkte unter einer gemeinsamen Dachmarke oder mit Querverweisen zueinander vermarktet, würde die Abhängigkeit der einzelnen Marken untereinander steigen und dadurch die strategische Flexibilität sinken. Zudem wäre der Verkauf oder Erwerb von Marken erschwert, dies würde die strategische Flexibilität ebenfalls reduzieren. Während die ersten beiden Bewertungskriterien individuell für Marken auf unterschiedlichen Hierarchieebenen angewendet werden können, lässt sich die strategische Flexibilität nur für das gesamte Markenportfolio bestimmen. Letztlich empfiehlt sich bei einer hohen angestrebten strategischen Flexibilität des Unternehmens die Nutzung einer Vielzahl unabhängig agierender Einzelmarken (House of Brands).

Neben den internen Kriterien existieren zwei wesentliche externe Kriterien. Das erste Kriterium befasst sich mit der **Akzeptanz bei externen Stakeholdern**. Zu diesen Stakeholdern zählen neben den Nachfragern u. a. auch Allianz- und Kooperationspartner sowie die Shareholder. Dabei ist zu beachten, dass Marken verschiedener Hierarchieebenen eines Unternehmens einen unterschiedlichen Einfluss auf das Verhalten von Stakeholdern besitzen können. Obwohl die empirische Erforschung der Verhaltensrelevanz einzelner Marken bereits weit fortgeschritten ist, wurde die Erforschung mehrerer Marken auf unterschiedlichen Hierarchieebenen, die zugleich zur Markierung einer Leistung eingesetzt werden, bislang nicht detaillierter untersucht.

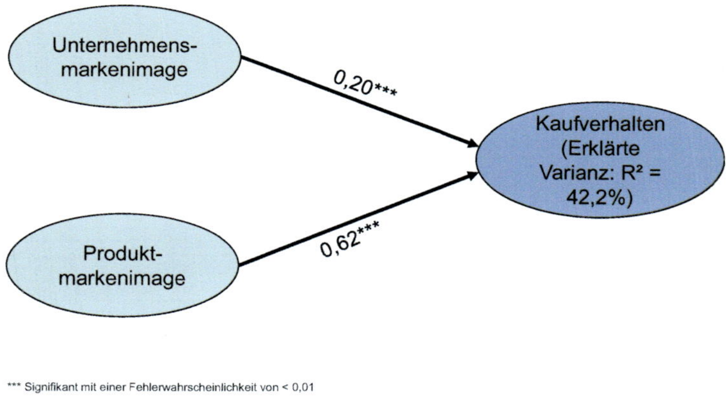

Abb. 2.34 Einfluss von Unternehmens- und Produktmarkenimages auf das Kaufverhalten. (Vgl. Kanitz 2013, S. 180)

Diese Forschungslücke aufgreifend untersuchte Kanitz (2013) in einer großzahligen Konsumentenstudie in Deutschland die Verhaltensrelevanz von Unternehmens- und Produktmarken. Im Rahmen dieser empirischen Studie wurde eine Datenerhebung in acht Branchen durchgeführt. Zusammenfassend bietet die Studie drei primäre Erkenntnisse (vgl. Abb. 2.34):

- Sowohl das Unternehmensmarkenimage als auch das Produktmarkenimage haben einen signifikant positiven Einfluss auf das Kaufverhalten der Konsumenten.
- Über alle Branchen hinweg weisen die Produktmarken eine höhere Verhaltensrelevanz auf als die Unternehmensmarken.
- Die wahrgenommene Breite des von der Unternehmensmarke angebotenen Leistungsprogramms hat einen signifikanten Einfluss auf die Kaufverhaltensrelevanz von Unternehmens- und Produktmarken. Je breiter das wahrgenommene Leistungsprogramm einer Unternehmensmarke ist, desto geringer ist die Verhaltensrelevanz der Unternehmensmarke. Mit einem breiten Leistungsangebot wird es sehr schwierig, die Vielfalt des Leistungsangebots in angemessener Weise in der Positionierung der Unternehmensmarke zu berücksichtigen (vgl. Kanitz 2013, S. 124). Durch eine in der Folge zu komplexe oder zu generische Positionierung verliert die Unternehmensmarke an Verhaltensrelevanz. Dagegen nimmt die relative Verhaltensrelevanz der Produktmarken zu, denn über diese können spezifische Nutzen glaubwürdiger und gezielter vermittelt werden. Daher ist bei einem breiten Leistungsangebot eine House-of-Brands- oder Endorsed-Brands-Architektur oft zweckmäßig.

Darüber hinaus hat Kanitz eine branchenspezifische Analyse durchgeführt (vgl. Abb. 2.35). In dieser konnte er zeigen, dass bspw. in der Lebensmittel- und Pharma-

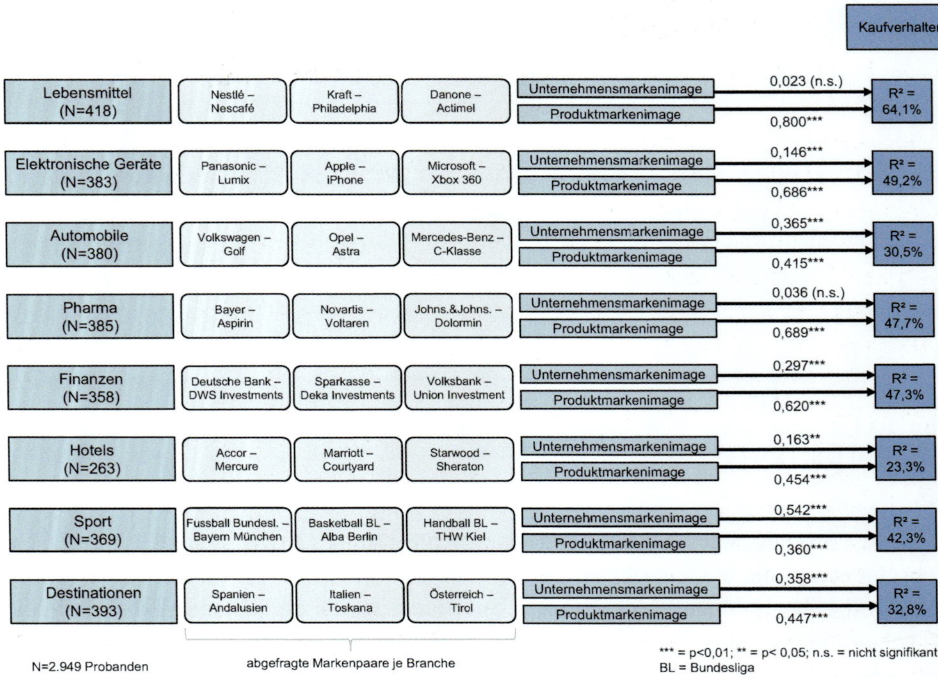

Abb. 2.35 Kaufverhaltensrelevanz von Unternehmens- und Produktmarken in verschiedenen Branchen. (In Anlehnung an Kanitz 2013, S. 189)

industrie die Produktmarken eine sehr hohe Verhaltensrelevanz besitzen, da in diesen Branchen das wahrgenommene Leistungsprogramm der Unternehmensmarken sehr breit ist. Beispielhaft kann hier die Marke Actimel von Danone angeführt werden. Die komplette Kommunikation ist um die Produktmarke herum aufgebaut. Die Unternehmensmarke Danone steht im Hintergrund. Lediglich auf der Produktverpackung ist das Danone-Logo platziert. Der Fokus auf die Produktmarke zeigt sich u. a. daran, dass eine eigenständige Produktmarkenseite www.actimel.de existiert und zusätzlich die Seite www.teamactimel.de, in welcher der „Planet Actimel" vorgestellt wird. Diese Seite ist an Kinder und ihre Eltern gerichtet (vgl. Kanitz 2013, S. 198).

Ein anderes Bild zeigt sich bei Automobilen. Hier bietet es sich an, eine Co-Driver-Strategie zu verfolgen (vgl. Kanitz 2013, S. 230). Dies kann am Beispiel der Mercedes-Benz C-Klasse verdeutlicht werden: Im aktuellen Markenauftritt werden sowohl die Unternehmens- als auch die Produktmarke gleichberechtigt verwendet. Die Ergebnisse von Kanitz (2013) zeigen einen ähnlich hohen Einfluss beider Marken auf das Kaufverhalten. Dies korrespondiert mit dem relativ engen Produktportfolio von Mercedes, welches sich auf Automobile beschränkt und seit Jahrzehnten bekannt ist.

Die Ergebnisse verdeutlichen, dass es in vielen Fällen zweckmäßig ist, sich mit den Optionen Subbrands, Co-Driver und Endorsed Brands intensiv zu befassen, bei denen durch die Kombination zweier Marken eine Erhöhung der Kaufverhaltensrelevanz des „Markenbündels" erreicht werden kann.

Ein weiteres externes Bewertungskriterium greift die Ausschöpfung von **Marktpotenzialen** auf. Dies umfasst sowohl die aktuelle und potenzielle Marktausschöpfung des Kernmarktes als auch Cross-Selling-Potenziale. Hierbei gilt es abzuwägen, welche Markenarchitekturoption unter Berücksichtigung von Kannibalisierungs- und Partizipationseffekten (Gewinnung zusätzlicher Markenkäufer von anderen Marken des eigenen Portfolios vs. Gewinnung zusätzlicher Markenkäufer von der Konkurrenz) die höchste Ausschöpfung von Nachfragerpotenzialen ermöglicht. Mit wachsender Unabhängigkeit der Marken innerhalb des Markenportfolios steigt in der Regel der Grad der Marktpotenzialausschöpfung und damit zumeist auch die Partizipation am Absatzerfolg von Konkurrenzmarken. Gleichzeitig steigen jedoch oft auch die Kannibalisierungseffekte innerhalb des eigenen Markenportfolios und es wachsen die Ressourcenanforderungen.

Ein übergeordnetes Bewertungskriterium für die Gestaltung der Markenarchitektur ist der **Risikoausgleich** innerhalb des Markenportfolios. Hierzu kann auf die Portfoliotheorie von Markowitz zurückgegriffen werden (vgl. Markowitz 1952, 1959). Dieser Ansatz interpretiert Unternehmen als ein Portfolio aus strategischen Geschäftseinheiten bzw. Marken. Kern des Gedankens ist hierbei die Verteilung des Risikos auf viele Marken. Es ist sehr wahrscheinlich, dass ein Unternehmen mit einer Branded-House-Architektur bei einer gescheiterten Produktentwicklung unternehmensweit unter negativen Imageeffekten leidet. Dieses Risiko kann durch eine House-of-Brands-Architektur begrenzt werden, da die einzelnen Marken unabhängig voneinander sind. Verdeutlichen lässt sich dies am Beispiel des Unternehmens Kraft Foods und der Marke Onko im Jahr 2010. Kraft Foods veränderte die Rezeptur von Onko Kaffee und fügte dem Produkt Maltrodextrin und Karamell als Geschmacksersatzstoffe bei und verringerte somit den Anteil von teurerem Röstkaffee. Daher handelte es sich bei Onko Kaffee nur noch um eine Kaffeemischung/Melange (vgl. Hesseling 2010). Da dies nicht klar kommuniziert wurde, geriet die Marke Onko in die Kritik von Verbraucherschützern. Aufgrund der House-of-Brands-Architektur von Kraft Foods konnte in diesem Fall ein Imageschaden für die anderen Marken von Kraft Foods vermieden werden.

2.4.3.2 Gestaltung der horizontalen Markenarchitekturdimension

Die **horizontale Markenarchitekturdimension** bezieht sich auf die **Anzahl der von einem Unternehmen angebotenen Marken je Marktsegment.** Sie gibt an, inwiefern ein ausgewähltes Marktsegment mit ausschließlich einer Marke oder mit mehreren konkurrierenden Marken bearbeitet wird. Bei der **Einzelmarkenstrategie** wird jedes Marktsegment lediglich von einer Marke eines Unternehmens bearbeitet. Ein Beispiel ist die Produktmarke Viagra von Pfizer. Bei der **Mehrmarkenstrategie** werden von einem Unternehmen mindestens zwei Marken zur Bearbeitung eines identischen Marktsegmentes eingesetzt.

Ein Beispiel hierfür sind die Marken VW, Seat und Skoda des Volkswagen-Konzerns. Vor allem bei der Bearbeitung größerer und heterogener Marktsegmente ist eine Mehrmarkenstrategie von Vorteil. Hierbei sind ausreichend finanzielle Ressourcen zum Aufbau mehrerer Marken und ein umfassendes Markenmanagement-Know-how (personelle Ressourcen) notwendig, um eine erfolgreiche Führung und Differenzierung der Marken sicherzustellen. Die größte Gefahr der Mehrmarkenstrategie ist die **Kannibalisierung** durch wenig trennscharf agierende Marken eines Unternehmens (vgl. Koers 2001; Meffert und Koers 2005, S. 297 ff.). Tab. 2.1 gibt einen Überblick der wichtigsten Chancen und Risiken von Einzel- bzw. Mehrmarkenstrategien, die zugleich als Bewertungskriterium zur Selektion der geeigneten Strategie verwendet werden können.

Tab. 2.1 Chancen und Risiken von Einzel- und Mehrmarkenstrategien

Bewertung	Strategien	
	Einzelmarkenstrategie: Bearbeitung eines Segments mit nur einer Marke	Mehrmarkenstrategie: Bearbeitung eines Segments mit mindestens zwei Marken
Chancen	– Authentischere Marken durch markenexklusive Ressourcen und Kompetenzen (inkl. Mitarbeiterzuordnung) – Geringer Koordinationsbedarf zwischen den Marken	– Bessere Marktausschöpfung (jede Zielgruppe bekommt ihre eigene Marke) – Halten von potenziellen Markenwechslern (verringerte Abwanderung zur Konkurrenz) – Erhöhte Markteintrittsbarrieren für Konkurrenzmarken dank breiterer Markt- und Regalflächenabdeckung – Schutz der übrigen Marken des Unternehmens vor Preiskämpfen durch Einführung eigener, preisaggressiver „Kampfmarken" – Risikostreuung auf mehrere Marken
Risiken	– Zurechnung aller Markenführungskosten auf nur eine Marke – Ungenügende Amortisation aller Aufwendungen bei kurzer Lebensdauer der Einzelmarke – Markenname kann bei großem Erfolg zur Bezeichnung der Produktgattung werden und dadurch preisaggressive „Me-too" Marken anlocken	– Kannibalisierung der eigenen Marken durch gegenseitige Substitution der Marktanteile – Hohe Belastung der finanziellen und personellen Unternehmensressourcen
Zentrale Anforderungen	– Ausreichende wirtschaftliche Attraktivität des Marktsegments, damit Marktbearbeitung lohnenswert ist	– Hohe Finanzkraft und umfassendes Markenmanagement-Know-how (Qualität und Quantität) – Wirkungsvolle Differenzierung der eigenen Marken

2.4.3.3 Gestaltung der lateralen Markenarchitekturdimension

Die **laterale Dimension** der Markenarchitekturgestaltung legt fest, ob ein Unternehmen nur seine eigenen Marken produziert, zusätzlich bzw. ausschließlich **für Dritte** Marken produziert oder zusätzlich bzw. ausschließlich Marken **von Dritten** bezieht. Der Zukauf fremder Herstellermarken kann bspw. zur Abrundung des Sortiments an selbsterstellten Herstellermarken oder für eine bessere Auslastung des eigenen Vertriebs erfolgen. Bei der **Produktion für Dritte** kann es sich um die Produktion für fremde Hersteller von Marken (**Herstellermarken**) handeln oder um die Produktion von Eigenmarken des Handels (**Handelsmarken**). Insbesondere die Auftragsfertigung von Handelsmarken wird als Folge des Machtzuwachses der Handelskonzerne für Herstellermarken immer wichtiger. Wie aus Abb. 2.36 ersichtlich wird, erhöht sich der Marktanteil der Handelsmarken im deutschen Lebensmitteleinzelhandel seit vielen Jahren. Dieses Wachstum basiert oft auf einer Verdrängung mittelpreisig positionierter Herstellermarken („Mittemarken"). Für die Hersteller steigt durch die zusätzliche Auftragsproduktion für den Handel die Gefahr einer Kannibalisierung ihrer eigenen Marken (vgl. Burmann und Kiefel 2012, S. 17 ff.), zugleich jedoch auch die Auslastung der eigenen Kapazitäten verbunden mit einem entsprechenden Kostendegressionseffekt.

► Handelsmarken (**Private Label Brands**) sind „Waren- oder Firmenzeichen, mit denen eine einzelne Handelsunternehmung oder Verbundgruppe Waren markiert oder markieren lässt, um die so gekennzeichneten Waren exklusiv und im Allgemeinen nur in den eigenen Verkaufsstätten zu vertreiben." (Ausschuss für Begriffsdefinitionen aus der Handels- und Absatzwirtschaft 2006, S. 73).

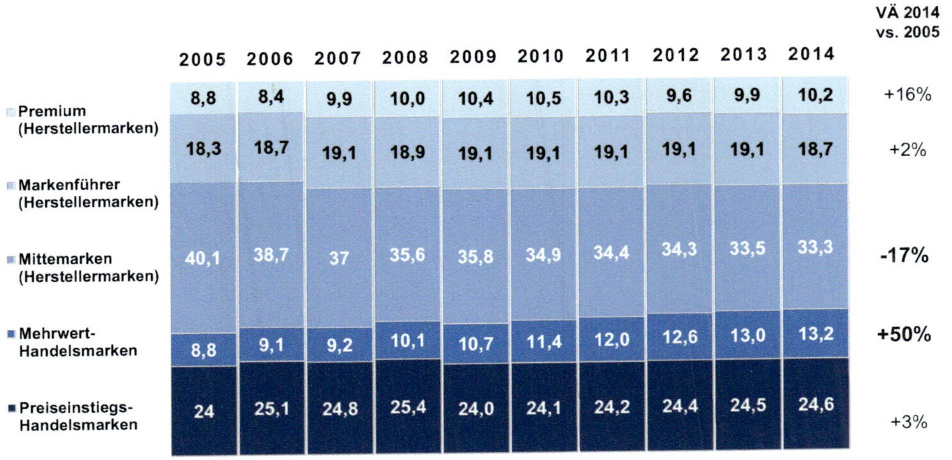

Abb. 2.36 Marktanteile von Herstellermarken und Handelsmarken im Lebensmitteleinzelhandel in Deutschland. (In Anlehnung an GfK 2012, 2015)

Handelsunternehmungen lassen im Rahmen einer Handelsmarkenstrategie eigene Produkte und v. a. Imitate von am Markt erfolgreichen Herstellermarken durch Fertigungsunternehmen produzieren. Als Produzenten kommen dabei Unternehmen in Betracht, die sich entweder ausschließlich auf die Produktion von Handelsmarken spezialisiert haben (z. B. die Handelsmarken GmbH in Offenburg) oder Unternehmen, die neben der Produktion ihrer eigenen Marken freie Kapazitäten für die Herstellung von Handelsmarken verwenden, wie z. B. die Konditorei Coppenrath & Wiese oder die FRoSTA AG.

Der Grund für das Angebot von Private Label Brands durch Handelsunternehmen liegt v. a. in attraktiven Margen (Deckungsspannen) und in der hohen Austauschbarkeit der **Händlermarken** (Retailer Brands), die als Folge oft identischer Sortimente mit vielfach denselben Herstellermarken wie Persil, Maggi oder Iglo für Konsumenten kaum noch zu unterscheiden sind (vgl. Batten & Company 2014, S. 8).

► Eine Händlermarke (**Retailer Brand**) wird definiert als ein Bündel aus funktionalen und nicht-funktionalen Nutzen, dessen Ausgestaltung sich aus Sicht der Zielgruppen nachhaltig gegenüber konkurrierenden Angeboten differenziert und zur Kennzeichnung einer Vertriebslinie eines Handelsunternehmens dient (vgl. Horstmann 2017, S. 10).

Deswegen wird die Differenzierung durch Ausbildung eines eigenständigen Profils (Profilierung) einer Vertriebslinie im Einzelhandel immer wichtiger. Durch den Umstand, dass Private Label Brands nur in den Einkaufsstätten einer bestimmten Vertriebslinie zu erhalten sind, werden die Handelsunternehmen in die Lage versetzt, sich mit ihren jeweiligen Vertriebslinien besser im Wettbewerb zu differenzieren. Die Marge (Differenz zwischen Endverbraucherpreis und Einkaufspreis) ist bei Private Label Brands in der Regel höher als bei Herstellermarken, weil der Händler keine F&E-Aufwendungen und keine Marketing- und Vertriebsaufwendungen zu tragen hat. Vor allem in solchen Sortimentsbereichen, in denen ein vom Händler gewünschtes Preisniveau von Herstellermarken nicht bedient wird oder besonders hohe Margen zu erzielen sind, werden Private Label Brands von Handelsunternehmen eingesetzt.

Verschiedene Erscheinungsformen von Private Label Brands können anhand der Kriterien aus Tab. 2.2 voneinander unterschieden werden. Dadurch kann die strategisch wichtige Frage beantwortet werden, mit welcher Marke, auf welchem Preisniveau, mit welcher geografischen Reichweite und unter welchem Namen ein Händler tätig werden soll und welche Bedeutung die einzelnen Private Label Brands innerhalb des gesamten Sortiments einnehmen.

Die **Kompetenzbreite** gibt Auskunft über das Spektrum und damit den notwendigen inhaltlichen Fit der unter einer Marke angebotenen Einzelprodukte. **Einzelmarken** wie bspw. Tandil von ALDI bieten den Vorteil einer klaren Positionierung bei gleichzeitiger Reduktion der Gefahr durch negative Imagetransfereffekte auf andere Marken (vgl. Meffert und Heinemann 1990). Nachteilig bei Einzelmarken ist der hohe finanzielle und personelle Ressourcenaufwand. Bei **Warengruppenmarken** wird das Produktangebot eines gesamten Warenbereichs unter einer Marke angeboten. Ein Beispiel für eine Warengrup-

Tab. 2.2 Kriterien zur Abgrenzung verschiedener Erscheinungsformen von Private Label Brands. (In Anlehnung an Bruhn 2012, S. 552)

Kriterien	Ausprägung
Kompetenzbreite	Einzelmarke/Warengruppenmarke/Sortimentsmarke
Preislage	Premiummarke/Imitationsmarke/Gattungsmarke
Kompetenztiefe	Regional/National/International/Global
Markenname	Firmenname/Phantasiename
Sortimentsbedeutung	Kernmarke/Zusatz- bzw. Randmarke

penmarke, unter der ausschließlich Wurst- und Fleischprodukte angeboten werden, sind die zum Discounter Lidl gehörende Marke Dulano oder die zur REWE-Group gehörende Marke Wilhelm Brandenburg. Bietet eine Marke Waren aus einer Vielzahl verschiedener Warengruppen oder sogar über das gesamte Sortiment eines Einzelhändlers an, wird sie als **Sortimentsmarke** bezeichnet. Durch den omnipräsenten Auftritt z. B. der Sortimentsmarke EDEKA vom gleichnamigen Handelskonzern innerhalb der Einkaufsstätte (Retailer Brand und Private Label Brand sind in diesem Fall identisch) wird ein möglichst umfassender und schneller Markenaufbau bezweckt. Besonders problematisch bei Sortimentsmarken ist der Aufbau eines differenzierenden, inhaltlich gehaltvollen Markenimages. Letztlich wird bei dieser speziellen Sortimentsmarke das Image der Retailer Brand unverändert und pauschal auf alle oder viele Waren des Sortiments übertragen.

Bezüglich der **Preislage** ist zu entscheiden, auf welchem Qualitäts- und Preisniveau Private Label Brands angesiedelt werden. **Premiumhandelsmarken** zeichnen sich durch eine sehr hohe Qualität, einen aktiven Markenauftritt und die Positionierung im oberen Preissegment aus (vgl. Bruhn 2012, S. 551). Im Rahmen einer **Imitationsmarkenstrategie** werden dem Konsumenten mit einer Herstellermarke qualitativ vergleichbare Private Label Brands zu einem geringeren Preis offeriert. Diese Marken werden auch als „Me-too"-Marken bezeichnet (vgl. Berentzen 2010, S. 46). Oft ist die Verpackung dieser Handelsmarken so gestaltet, dass sie mit der imitierten Herstellermarke verwechselt werden kann. Um darüber hinaus bei einem direkten Preisvergleich die Preisgünstigkeit hervorzuheben, erfolgt eine Platzierung am Point of Sale direkt neben den imitierten Herstellermarken (vgl. Kumar und Steenkamp 2007, S. 27 f.). Zudem bieten Handelsunternehmen regelmäßig **Gattungsmarken** an, um Produkte des täglichen Bedarfs mit einer sehr einfachen Gestaltung, einer niedrigstmöglichen Mindestqualität und einem im Vergleich zu Herstellermarken wesentlich geringeren Preis anzubieten (vgl. Berentzen 2010, S. 43 f.). Als Beispiele können Gut & Günstig von EDEKA oder TiP und „Ohne Schnickschnack. Ohne teuer" von real angeführt werden.

Im Rahmen der **Kompetenztiefe** wird festgelegt, ob eine Handelsmarke auf regionaler, nationaler oder internationaler Ebene angeboten wird. Insbesondere in der jüngeren Vergangenheit setzen Handelsunternehmen verstärkt auf regionale Private Label Brands. Ein Beispiel ist die von EDEKA im Jahr 2006 aufgelegte Handelsmarke „Unsere Heimat – echt und gut", die regionale Produkte anbietet und darüber hinaus nur auf den geografischen Absatzraum im Südwesten Deutschlands beschränkt ist. Anders verhält es sich bspw. mit den Marken REWE regional oder EDEKA regional. Es handelt sich hierbei um Marken, die die regionale Herkunft der in der jeweiligen Einkaufsstätte angebotenen Produkte dokumentieren, jedoch deutschlandweit angeboten werden und somit nationale Marken darstellen. Durch die zunehmende internationale Ausrichtung von Handelsunternehmen werden Private Label Brands ebenfalls international oder global vertrieben (vgl. Bruhn 2012, S. 552). So werden bspw. unter der Private Label Brand „Lacura" von ALDI Kosmetikprodukte u. a. in Deutschland, Großbritannien und Australien vertrieben.

Die Ausgestaltung der Kompetenztiefe hat auch Einfluss auf die **Wahl des Markennamens**. Sind der Name der Private Label Brand und des Handelsunternehmens identisch, ist die Übertragung des Images des Handelsunternehmens auf die Private Label Brand möglich (vgl. Bruhn 2012, S. 551 f.). Werden hingegen fiktive Namen verwendet, ist ein Imagetransfer schwieriger. Darüber hinaus ist zu entscheiden, ob eine Private Label Brand eine Rand- bzw. Ergänzungsmarke darstellt oder ob sie eine zentrale Rolle im gesamten Markenportfolio besitzt (**Sortimentsbedeutung**). Soll eine Marke als Zusatz- bzw. Randmarke zur Befriedigung von Bedürfnissen einer zahlenmäßig kleinen Zielgruppe positioniert werden, so wird diese nur in ausgesuchten Sortimentsbereichen auftreten und ein tendenziell eher flaches und schmales Produktportfolio anbieten. Ein Beispiel ist die Marke MinuLakt von ALDI Süd, unter der ausschließlich laktosefreie Milch, Joghurt und Schlagsahne angeboten wird. Wird eine Marke als Kernmarke eingesetzt, so besitzt sie dagegen ein breites und tiefes Produktportfolio wie bspw. die Marke ja! von REWE. Die unterschiedlichen Typen von Private Label Brands können von Handelsunternehmen sowohl einzeln als auch in Kombination in das Sortiment aufgenommen werden (vgl. Abb. 2.37).

Private Label Brands bieten das Potenzial, das Image der hinter ihr stehenden Retailer Brand zu verbessern. Eine aktuelle empirische Untersuchung mit vier Retailer Brands (REWE, real, Kaufland, Lidl) und neun Private Label Brands (ja!, REWE Beste Wahl, REWE Feine Welt, TiP, real QUALITY, real SELECTION; k classic, Exquisit, Deluxe) aus dem Lebensmitteleinzelhandel zeigt zunächst, dass das Image einer Private Label Brand v. a. durch **hedonistische und funktionale Nutzen** geprägt wird und der soziale Nutzen hier bislang keine Relevanz besitzt (vgl. Abb. 2.38). Private Label Brands dienen Konsumenten demnach nicht zur Selbstdarstellung bzw. zur Darstellung des sozialen Status, da sich diese aufgrund ihres oft niedrigen Preisniveaus und der damit von Nachfragern verbundenen niedrigeren Qualitätswahrnehmung weniger zur Übermittlung von Prestige eignen (vgl. Horstmann 2017, S. 165). Vielmehr sind es die funktionalen und v. a. hedonistischen Nutzen, die das Image von Private Label Brands bestimmen (vgl. Horstmann 2017, S. 215 f.).

Die Images der Private Label Brands haben einen positiven Einfluss auf das **Brand Attachment zur Retailer Brand** und beeinflussen damit auch positiv die **Loyalität zur Retailer Brand**. Die Stärke dieses Einflusses ist jedoch auch vom Typ der Private Label Brand (Gattungs-, Imitations- und Premium-Private Label Brand) abhängig. So ist der Einfluss des Images von Handelsmarken aus dem Premiumsegment auf das Brand Attach-

Kriterien \ Handelsunternehmen	REWE	EDEKA	ALDI Süd
Kompetenzbreite			
Einzelmarke	▪ -	▪ Booster Energy Drink	▪ Tandil
Warengruppenmarke	▪ Wilhelm Brandenburg	▪ Bauerngut	▪ Choceur
Sortimentsmarke	▪ REWE Beste Wahl	▪ EDEKA	▪ One World
Preislage			
Premiummarke	▪ REWE Feine Welt	▪ EDEKA SELECTION	▪ Gourmet
Imitationsmarke	▪ REWE Beste Wahl	▪ EDEKA	▪ Alpenmark
Gattungsmarke	▪ ja!	▪ Gut & Günstig	▪ -
Kompetenztiefe			
Regional	▪ REWE regional	▪ Unsere Heimat*	▪ -
National	▪ clever (Österreich)	▪ EDEKA regional	▪ -
International	▪ ja!	▪ -	▪ alio Geschirrspültabs
Markenname			
Firmenname	▪ REWE Feine Welt	▪ EDEKA	▪ -
Phantasiename	▪ VIVESS	▪ Booster	▪ Moser Roth
Sortimentsbedeutung			
Kernmarke	▪ ja!	▪ EDEKA	▪ Cucina
Zusatz- bzw. Randmarke	▪ REWE regional	▪ EDEKA España	▪ MinuLakt

* Regionale Marke der EDEKA Südwest

Abb. 2.37 Private Label Brands der Unternehmen REWE, EDEKA und ALDI Süd

ment von Retailer Brands schwächer als der von Imitations-Private Label Brands (z. B. REWE Beste Wahl) oder Gattungs-Private Label Brands (z. B. ja!). Dies könnte ein Hinweis auf Defizite bei der Konsumentenakzeptanz von Premium-Private Label Brands oder auf Defizite bei der Führung von Premium-Private Label Brands sein.

Auch die Gestaltung der vertikalen Markenarchitekturdimension hat Auswirkungen auf den Einfluss von Private Label Brands auf das Brand Attachment zu Retailer Brands. Wird bei Private Label Brands ein expliziter Bezug zur Retailer Brand hergestellt (bspw. durch eine Subbrands-Architektur), ist der Einfluss auf das Brand Attachment höher als bei Private Label Brands ohne einen solchen Bezug zur übergeordneten Retailer Brand (vgl. Horstmann 2017, S. 217 f.).

Vor dem Hintergrund der immer höheren **Austauschbarkeit von Retailer Brands im Lebensmitteleinzelhandel** liefern die Ergebnisse dieser Studie interessante Erkenntnisse. Im Hinblick auf die Markennutzen erscheint es empfehlenswert, die funktionalen und/oder hedonistischen Nutzen von Private Label Brands in den Vordergrund der Kommunikationsmaßnahmen zu stellen. Ein positives Beispiel für die Vermittlung eines hedonistischen

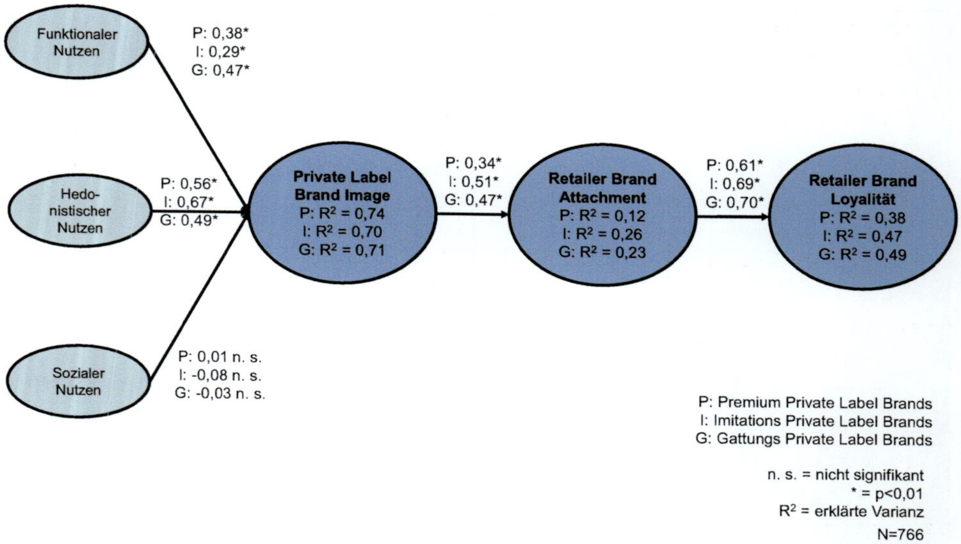

Abb. 2.38 Wirkung von Private Label Brands auf Retailer Brand Attachment und Loyalität. (In enger Anlehnung an Horstmann 2017, S. 173)

Nutzens von Private Label Brands bietet die „Supergeil"-Werbekampagne von EDEKA aus dem Jahr 2013. In den Werbespots tanzte der Unterhaltungskünstler Friedrich Liechtenstein durch die Regale eines EDEKA-Marktes und bewarb die Private Label Brands von EDEKA mit dem Begriff „supergeil" (EDEKA 2014). Zudem wurde der Slogan „supergeil" für einige Marken um weitere Attribute wie z. B. „super fresh" oder „super süß" ergänzt.

Auch sind Imitations-Private Label Brands und Gattungs-Private Label Brands mehr als Premium-Private Label Brands in der Lage, das Image der Retailer Brand positiv zu beeinflussen. Daher sollte in den Kommunikationsmaßnahmen der Retailer Brand der Fokus weniger auf den Premium-Private Label Brands liegen.

Nachdem die Bedeutung und das Management von Handelsmarken aus der Perspektive der Handelsunternehmen dargelegt wurden, wird im Folgenden die **Perspektive der Hersteller** betrachtet.

Durch die steigende Marktanteilsbedeutung der Handelsmarken in Deutschland stehen Herstellermarken vor dem Problem, dass sich der Handel als Distributionspartner immer häufiger zum stärksten Wettbewerber entwickelt. Die hieraus entstehende Macht des Einzelhandels zeigt sich in einer verbesserten Verhandlungsposition und setzt die Gewinnmargen der Herstellermarken stark unter Druck. Im Rahmen der Markenführung bieten sich den Herstellermarken verschiedene Strategien, um darauf zu reagieren.

Zunächst besitzen Herstellermarken oft einen klaren **Vorteil gegenüber Handelsmarken**, da der Fokus von Herstellermarken meist auf der Spezialisierung in einem bestimmten Warenbereich liegt. So ist die Marke Schöfferhofer auf Bier- bzw. Biermixgetränke spezialisiert. Sie besitzt ein sehr enges Produktportfolio und kann dadurch ein sehr klares Markenimage aufbauen. Demgegenüber ist bspw. die Private Label Brand TiP von real nicht auf einen speziellen Warenbereich beschränkt, sondern bietet eine weitaus größere Anzahl an Produkten aus nahezu sämtlichen Warengruppen von real an. Dadurch kann die Marke TiP außer ihrem niedrigen Preis nur ein sehr diffuses Markenimage aufbauen und nur sehr bedingt eine eigenständige Markenidentität entwickeln. Solche Handelsmarken haben zudem keine vergleichbare **Innovationskompetenz** wie Herstellermarken. Die Wettbewerbsposition von Herstellermarken gegenüber Private Label Brands wird sich jedoch insbesondere dann verschlechtern, wenn Private Label Brands zukünftig vermehrt als Einzelmarke statt als Warengruppen- oder Sortimentsmarken aufgestellt werden und wenn Herstellermarken ihre Innovationskompetenz erodieren lassen (vgl. Indrest 2013, S. 27).

Einen Beleg dafür, dass dieses Szenario durchaus realistisch ist, bietet bspw. der Lebensmitteldiscounter Lidl. Mit den Firmen Bonback (Backwaren), Solent (Schokolade) und MEG (Getränke) produzieren bereits drei Unternehmen Private Label Brands ausschließlich für den Discounter und befinden sich ausschließlich im Besitz von Lidl (vgl. Brück 2015). Der nächste Schritt könnte die Entwicklung eigener Innovationen und Einzelmarken sein. Diese Entwicklung zwingt die Herstellermarken zu einer erhöhten Innovationstätigkeit und zu einer Modernisierung ihrer Markenführung in Richtung auf ein konsequent identitätsbasiertes Markenmanagement, um ihre Wettbewerbsposition gegenüber Handelsmarken von innen heraus wieder zu stärken.

Weitere Strategien für Herstellermarken (vgl. Tab. 2.3) sind der Aufbau einer engen, stark emotional geprägten Beziehung zum Konsumenten, der Aufbau eines Online- bzw. Direktvertriebs und die „erzwungene“ Aufnahme in das Sortiment der Handelsunternehmen durch die Generierung eines sehr starken Nachfragepull-Effektes (vgl. Szeliga 1996) im Rahmen ihrer identitätsbasierten Markenführung mit einem Fokus auf authentische und hochgradig kaufverhaltensrelevante Markennutzenversprechen. Eine solch hohe Kaufverhaltensrelevanz schaffen Herstellermarken vor allem durch eine emotionale Ansprache der Nachfrager (vgl. ManagementCircle 2016, S. 10).

Die Ziele dieser Strategien liegen v. a. im **Ausbau des Marktzugangs** sowie der **Intensivierung des direkten Kontakts zu den Nachfragern**. Letzteres ist besonders wichtig, da in diesem Bereich häufig ein deutliches Defizit gegenüber den Handelsunternehmen vorliegt. Durch die Einführung von Kundenkarten ist der Handel im Besitz von aktuellen kundenbezogenen Daten, die es ihm potenziell ermöglichen, schneller und präziser die Wünsche und das Verhalten der Konsumenten vorherzusagen. Dieses Problem kann aus Herstellersicht durch den Aufbau eigener Marken- und Onlineshops adressiert werden. Durch den direkten bzw. onlinegestützten Vertrieb können auch Herstellermarken kundenbezogene Daten erheben und nutzen. Zudem kann der Hersteller den Konsumenten an exklusiven Verkaufspunkten ein einzigartiges Markenerlebnis bieten, welches in dieser Form im klassischen Einzelhandel oft nicht generiert werden kann. Eine besondere Variante des Direktvertriebs sind sog. **Pop-Up-Stores** (vgl. Baumgarth und Kastner

Tab. 2.3 Strategiealternativen von Markenherstellern im Wettbewerb mit Private Label Brands

Strategie	Beschreibung
Innovationsstrategie	Kontinuierliche Investitionen in neue Produkte, neue Kommunikations- und Vertriebskanäle und neue Services
Attachment-Strategie	Aufbau einer engen, vor allem emotional geprägten Beziehung zwischen Retailer Brand und Konsument (hohes Brand Attachment)
Direktvertriebsstrategie	Vertrieb von Retailer Brands durch eigene oder fremde Online-Shops oder markenexklusive Einkaufsstätten
Kommunikations-Pull	Generierung von Nachfrage durch direkte Ansprache des Konsumenten unter Umgehung des Einzelhandels mit hoher Authentizität und Kaufverhaltensrelevanz

2012, S. 5). Hierbei handelt es sich um speziell für den Zweck der Aufmerksamkeitsgenerierung entwickelte Stores, die an einem ausgewählten Standort für einen nur kurzen Zeitraum installiert werden. Pop-Up-Stores generieren oft hohes mediales Interesse und zielen letztlich darauf ab, durch eine vorübergehend hohe Besucherfrequenz neue Zielgruppen für eine Marke zu gewinnen (vgl. Duncan 2008, S. 48). Beispielsweise hat die Marke Ritter Sport am 1. März 2014 einen sog. „Pop-Up-SchokoLaden" in Hamburg eröffnet und nach viermonatiger Öffnungszeit eine durchweg positive Bilanz ziehen können: mehr als 63.000 Besucher und rund 27.000 verkaufte Tafeln Schokolade (vgl. Ritter Sport 2014).

Zusätzlich besteht für Herstellermarken die Option, durch die **direkte und ungewöhnliche Ansprache der Konsumenten** den Bedarf des Konsumenten anzuregen (Kommunikations-Pull). Der Handel sieht sich hierdurch im Idealfall dazu veranlasst, die Marke ins Sortiment aufzunehmen (vgl. Meffert et al. 2015, S. 546). Ein Beispiel hierfür ist der 2002 im US-Markt eingeführte Energy-Drink Monster. Bis zum Jahr 2009 war der Bezug nicht über den filialisierten Einzelhandel möglich. Durch den Einsatz von Sponsoring in den Bereichen Motorsport, Motocross und Monster-Truck-Rennen sorgte das Unternehmen für eine verstärkte Nachfrage seitens der Konsumenten im Einzelhandel. Seit dem Jahr 2009 ist der Energy-Drink nun auch im filialisierten Lebensmitteleinzelhandel in Deutschland erhältlich und hat im Jahr 2013 einen Marktanteil von 39 % erreicht (vgl. o.V. 2013).

Ergänzend zu diesen Strategien sollten größere **Konflikte mit dem Einzelhandel** generell vermieden werden. Diese stellen für Herstellermarken ein Problem dar, da Konflikte im Extremfall zur vorübergehenden oder sogar dauerhaften Auslistung führen können. So beispielhaft geschehen Anfang des Jahres 2014, als das Handelsunternehmen Lidl nach gescheiterten Preisverhandlungen (es ging um eine Preiserhöhung von rund 2 %) die Marke Coca-Cola aus dem Sortiment nahm und stattdessen auf den Vertrieb seiner Handelsmarken setzte (vgl. o.V. 2014). Zwar wurde Coca-Cola später wieder in das Sortiment aufgenommen, dennoch zeigt das Beispiel die möglichen negativen Folgen von Konflikten zwischen Herstellermarken und dem Einzelhandel – selbst für so große Marken wie Coca-Cola.

2.5 Markenevolution

2.5.1 Einordnung und Abgrenzung der Markenevolution

Bei den bislang diskutierten Markenführungsentscheidungen erfolgte eine **zeitpunkt-bezogene** Betrachtung. Im Rahmen der **Markenevolution** (vgl. Abb. 2.39) wird nun eine **zeitablauf**bezogene **Perspektive** eingenommen. Dies ist notwendig, weil aufgrund sich ändernder Markt- und Unternehmensbedingungen Marken und ihre Führung über die Zeit weiterentwickelt werden müssen.

Im Gegensatz zur Markenarchitektur, die sich auf alle Marken des Portfolios bezieht, muss die Markenevolution für jede einzelne Marke geplant und umgesetzt werden. Die Markenevolution wird durch die in der Identität jeder Marke verankerte Markenvision geprägt und ist ein Bestandteil der strategischen Markenführung. Abb. 2.40 gibt die Handlungsoptionen zur Ausgestaltung der Markenevolution wieder, welche nachfolgend erläutert werden.

2.5.2 Markenkonsolidierung

Unternehmen sehen sich verstärkt der Problematik stagnierender und schrumpfender Märkte gegenüber. Dies hat zur Folge, dass Unternehmen immer häufiger ihr Markenportfolio verkleinern. Bei dieser Markenkonsolidierung werden Unternehmensressourcen von einzelnen Marken abgezogen, um sie für andere Verwendungszwecke einzusetzen. Eine

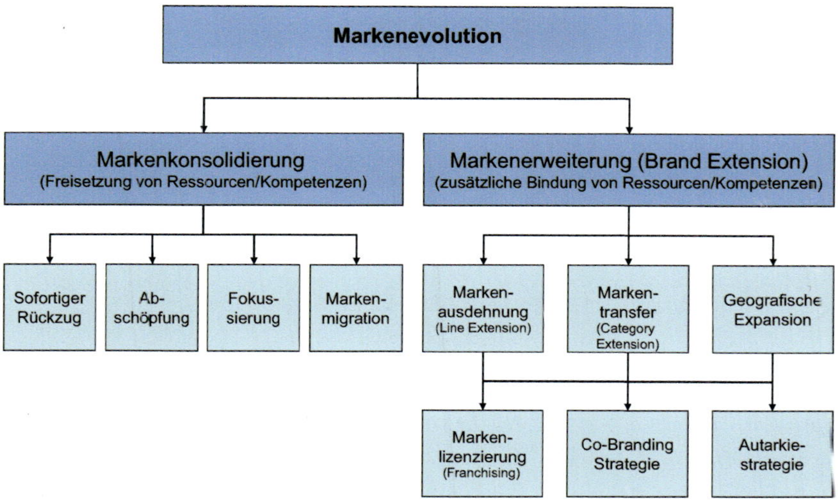

Abb. 2.39 Einordnung der Markenevolution in den Managementprozess der identitätsbasierten Markenführung

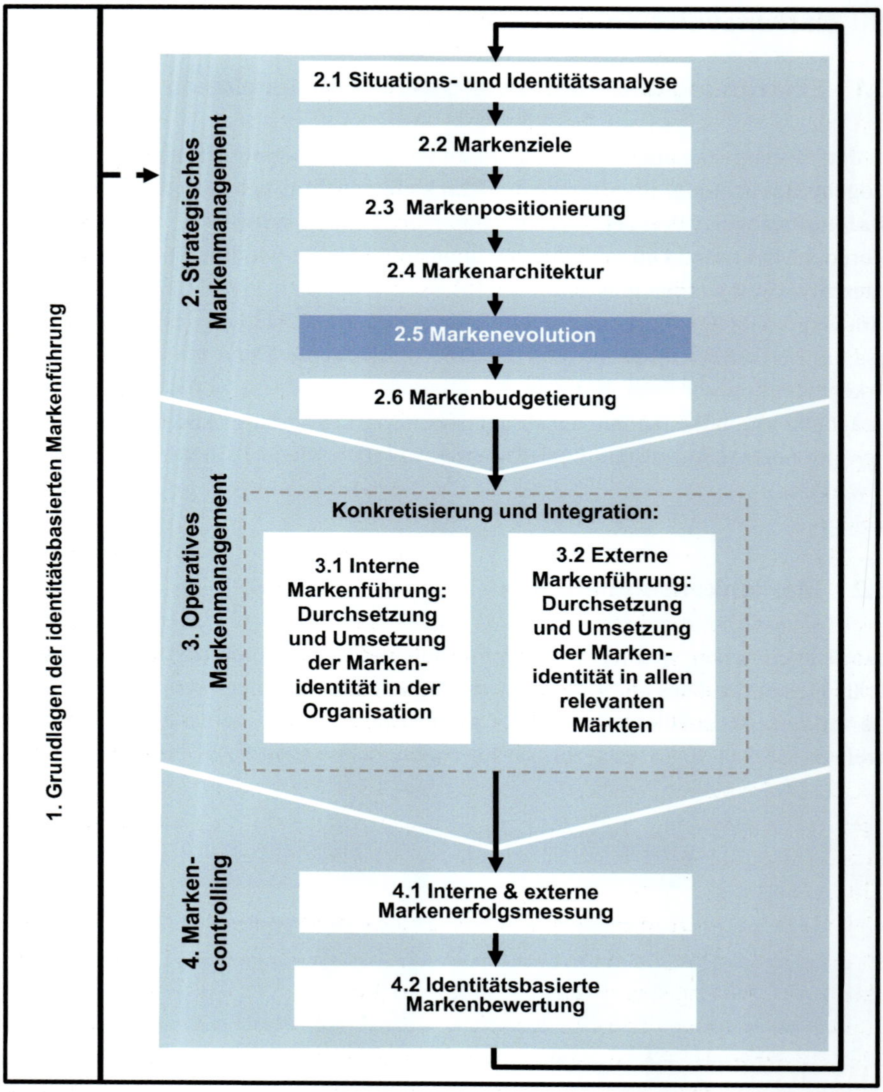

Abb. 2.40 Handlungsoptionen zur Ausgestaltung der Markenevolution

Markenkonsolidierung sollte immer dann erfolgen, wenn die in einer Marke gebundenen Ressourcen effizienter und effektiver für andere Aktivitäten eingesetzt werden können.

Die **Überkomplexität vieler Markenportfolios** resultiert oftmals aus Mergers & Acquisitions (vgl. Rippe 2017). Sie behindert häufig die Expansion des Unternehmens (vgl. Sachs 2002, S. 9). Seit Mitte der 1990er-Jahre konsolidieren daher viele Unternehmen ihre Markenportfolios. Unilever verfolgte bspw. seit 1999 unter dem Titel „Path to Growth" eine Markenkonsolidierungsstrategie, die das Portfolio von 1600 Marken im Jahr 1999 bis Ende 2004 auf rund 400 Marken reduzieren sollte. Ein Grund für diese Entscheidung war, dass mehr als 1000 der 1600 Marken nur 8 % des Gesamtumsatzes von Unilever erzielten. Mit der Markenkonsolidierung gingen der Verlust von 25.000 Arbeitsplätzen und die Schließung zahlreicher Produktionsstätten einher. Letztendlich verfehlte die „Path to Growth"-Strategie jedoch ihre Ziele. Zwar sparte Unilever zwischen 1999 und 2004 etwa 4 Mrd. € ein, jedoch sanken sowohl der Marktanteil als auch Umsatz und Gewinn. So gingen die Umsätze allein im Jahr 2004 um 31 % zurück. Darüber hinaus wuchsen die Umsätze der Kernmarken von Unilever nur um 0,9 % statt der zuvor anvisierten fünf bis sechs Prozent (vgl. The Economist 2004; Mishra und Muthukumar 2011, S. 6).

Wichtige Gründe für die Markenkonsolidierung können vier Bereichen zugeordnet werden:

- **Sättigungsdruck:** Vor allem in westlichen Ländern weisen viele Branchen Marktsättigungstendenzen auf. Es wird dadurch für Unternehmen immer schwieriger, ihren Marktanteil auszubauen. Dies ist oft nur durch die Verdrängung von Wettbewerbern möglich. Eine Erhöhung des Wettbewerbsdrucks und steigende Ausgaben für die Markenführung, die von schwachen Marken nicht mehr getragen werden können, sind die Folge. Darüber hinaus wird auch die klare Positionierung von Marken aufgrund der hohen Zahl angebotener Marken immer schwieriger (Positionierungsenge durch „Markeninflation"). Ohne eigenständige Positionierung verlieren Marken langfristig Marktanteile und erhöhen damit die Notwendigkeit zur Markenkonsolidierung.
- **Rentabilitätsdruck:** Durch sich verkürzende Produktlebenszyklen, verschärfte Renditeanforderungen mächtiger werdender internationaler Finanzinvestoren und globaler Kapitalmärkte steigt der Rentabilitätsdruck auf Marken. Empirische Untersuchungen haben ergeben, dass Unternehmen mit einem fokussierten Markenportfolio stärker wachsen als Unternehmen, die eine Vielzahl ähnlicher Marken aufweisen (vgl. Sachs 2002, S. 9).
- **Handelsmarkendruck:** Die zunehmende Konzentration im Einzelhandel und die anbieter- wie nachfragerseitige Popularisierung von Handelsmarken führen zu einer sinkenden Bedeutung sog. B- und C-Marken der klassischen Markenartikelunternehmen. Immer öfter verbleiben heute lediglich starke A-Marken der Hersteller im Sortiment des Einzelhandels. Diese werden dann durch Handelsmarken mit mittleren und niedrigen Qualitäts- und Preisniveaus ergänzt. Diese Entwicklung verstärkt den Konsolidierungsdruck auf Seiten der Herstellermarken.
- **Globalisierungsdruck:** Die zunehmende Globalisierung führt in einigen Bereichen zu sich angleichenden Lebensstilen. Dies eröffnet global ausgerichteten Marken zusätzliche Chancen. Die Implementierung einer globalen Markenstrategie stellt jedoch hohe Anforderungen an die Ressourcenausstattung des Unternehmens (vgl. Meffert et al. 2010, S. 69 ff.). Ebenso wird die Verteidigung etablierter Marktpositionen gegenüber neu in einen Markt eindringenden globalen Marken immer aufwendiger. Beide Globalisierungseffekte erhöhen die Notwendigkeit zur Markenkonsolidierung, um dadurch für die globalen Marken mehr Ressourcen zur Verfügung zu haben.

Marken, die in den letzten Jahren in Deutschland eliminiert wurden, sind bspw. Nixdorf Computer, Attika (Zigaretten), Atari Computer, Amiga Computer, Lipobay (Medikament), Heisse Tasse (Trockenfertiggericht), Spüli (Haushaltsreiniger), BfG Bank AG, Texaco und DEA (Tankstellen). Unternehmen stehen bei einer Markenkonsolidierung **vier Optionen zur Verfügung**: der sofortige Rückzug der Marke, ein abgestufter Rückzug (Abschöpfung), die Fokussierung oder eine Markenmigration (vgl. Bieling 2005; Varadarajan et al. 2006; Mao et al. 2009; Haas 2010, S. 131 ff.).

2.5.2.1 Sofortiger Rückzug

Hier wird versucht, die Marke so schnell wie möglich vom Markt zu nehmen. Diese Strategie sollte gewählt werden, wenn die Marke einen hohen **negativen Cashflow** aufweist und sich darüber hinaus **negativ auf das Image** anderer Marken des Unternehmens auswirkt. So wählte bspw. das Chemie- und Pharmaunternehmen Bayer diese Strategie, um seine Produktmarke Lipobay nach dem Auftreten mehrerer Todesfälle aufgrund der Einnahme dieses Medikamentes vom Markt zu nehmen. In einigen Fällen wird angestrebt, die betroffene Marke an Dritte zu veräußern. Zur Implementierung einer Strategie des sofortigen Rückzugs sind erhebliche sachliche und personelle Barrieren zu überwinden. Zum einen können durch eine Veräußerung oftmals **nur geringe Erlöse** aus den Vermögenswerten der Marke realisiert werden, was oft zu einem Aufschub notwendiger Entscheidungen führt. Darüber hinaus entstehen ggf. **hohe Kosten** für die Auflösung der die Marke betreuenden Unternehmensteile. Zum anderen müssen oftmals **negative Ausstrahlungseffekte** auf andere Marken des Unternehmens in Kauf genommen werden. So kann die Umsetzung eines schnellen Rückzugs negativ auf die Motivation der gesamten Belegschaft wirken, wenn bspw. die Gründe für den Rückzug mangelhaft vom Top-Management an die betroffenen internen und externen Anspruchsgruppen kommuniziert werden. Auf der anderen Seite kann die Eliminierung von Marken **Ressourcen freisetzen**, die langfristig zur Unterstützung anderer Marken des Unternehmens genutzt werden können (vgl. Varadarajan et al. 2006, S. 196 f.).

2.5.2.2 Abschöpfung

Bei einer Abschöpfungsstrategie sind die Zahl der loyalen Kunden und das Kosteneinsparpotenzial noch groß genug, um kurz- bis mittelfristig eine ausreichende Kapitalrentabilität der betreffenden Marke zu gewährleisten. Zu diesem Zweck werden **gezielte Desinvestitionen** vorgenommen. Dies beginnt in der Regel mit einem Abbau des Kommunikationsbudgets der Marke und einer Reduktion der den Abverkauf unterstützenden Maßnahmen im Vertrieb. Darüber hinaus wird oft die Anzahl der Produkte und Produktvarianten der Marke reduziert sowie das Serviceniveau im Kundendienst verringert. Im letzten Schritt können Einsparungen durch eine Verschlechterung der Produktqualität (z. B. Umstellung auf minderwertigere Zutaten bzw. Vorprodukte) realisiert und Preiserhöhungen durchgesetzt werden. Alle diese Maßnahmen senken die Kosten bzw. erhöhen die Erträge. Die Marke lebt bei dieser Strategie von ihrer Substanz, die sich langsam abbaut. Sie wird ohne größere Investitionen so lange am Markt gehalten, wie sie positive Cashflows zur Erfüllung der Ziel-Kapitalrentabilität generiert.

2.5.2.3 Fokussierung

Ein ähnliches Vorgehen liegt bei der **Fokussierungsstrategie** vor. Hierbei wird das Leistungsprogramm einer Marke signifikant verkleinert. Hiermit geht in der Regel ein Rückzug aus einzelnen Marktsegmenten einher. Durch das stärker fokussierte Leistungsprogramm können v. a. **Komplexitätskosten reduziert** (vgl. Bliss 2000) und das **Markenimage gestärkt** werden. Eine qualitative Verschlechterung der Markenführung sowie ihrer Produkte und Dienstleistungen sind mit der Fokussierung nicht verbunden. Dadurch unterscheidet sich diese Strategie von der Abschöpfung. Ferner zielt die Fokussierung auf einen Verbleib im Markt, die Abschöpfung dagegen auf ein Verlassen des Marktes. Die Marke Nivea der Beiersdorf AG hat bspw. eine Fokussierungsstrategie durchlaufen und sich dabei von vielen im Laufe der Zeit eingeführten Submarken, wie z. B. Nivea Beauté, getrennt (vgl. Brandtner 2011, S. 30 ff.).

Fokussierungsstrategien können z. B. notwendig werden, wenn eine Marke im Laufe der Zeit zu stark durch Markenausdehnungen (Line Extensions Abschn. 2.5.3.1) und Markentransfers (Category Extensions Abschn. 2.5.3.2) erweitert wurde und die Marke durch eine mangelhafte Konsistenz der verschiedenen Leistungen beschädigt wurde. Eine Fokussierungsstrategie kann in diesem Fall helfen, die Erweiterungsprodukte mit geringem Fit zur Markenidentität zu eliminieren. Hierdurch wird einerseits die **Klarheit und Prägnanz des Markenimages gestärkt**. Andererseits können oft in erheblichem Maße Einzel- und v. a. **Gemeinkosten eingespart** werden. Diese Einsparungen können dann zur Verbesserung der Qualität und Ausstattung der verbleibenden Produkte und zur Steigerung der Ertragskraft der Marke (nutzbar für zukünftige Investitionen in die Markenstärkung) verwendet werden. Die Fokussierungsstrategie ähnelt in ihren Zielen der Repositionierung durch eine proaktive Identitätsänderung (Abschn. 2.3.4). Hierbei erfolgt eine Fokussierung auf relevante Identitätsmerkmale, um die Klarheit und Prägnanz des Markenimages zu erhöhen. Im Unterschied zur Repositionierung mittels proaktiver Identitätsänderung ist die Fokussierungsstrategie auf eine Freisetzung von Ressourcen und Kompetenzen ausgerichtet und nicht auf ein nachhaltig gestärktes Wachstum der Marke.

2.5.2.4 Markenmigration

Bei einer **Migrationsstrategie** bleibt das vorhandene Angebotsprogramm (Produkte und/oder Dienstleistungen) einer Marke und ihre internen Strukturen und Prozesse meist weitestgehend unverändert erhalten, aber die bislang verwendeten Markenzeichen werden durch eine andere Markierung ersetzt. Synonym wird daher auch von einer Substitutionsstrategie gesprochen (vgl. Burmann und Blinda 2004). Die Migration fällt häufig mit dem Verkauf von Unternehmensteilen und der betroffenen Marke zusammen, um auf diese Weise Aktiva freisetzen zu können. Ferner wird sie im Rahmen einer Internationalisierungsstrategie eingesetzt, um nationale durch internationale Marken zu ersetzen. Letzteres war ausschlaggebend für die Substitution des vom amerikanischen Unternehmen

Mars Inc. nur in Deutschland verwendeten Markennamens Raider durch die international verwendete Markierung Twix (für einen Schokoriegel, vgl. Mars Deutschland 2017).

Für eine erfolgreiche Migrationsstrategie sollte die Marke folgende **Voraussetzungen** erfüllen (vgl. Sachs 2002; Lieberknecht und Esch 2014, S. 141 ff.):

- Die Nachfrager müssen gewillt sein, die Leistungen der Ursprungsmarke unter einer anderen Markierung zu akzeptieren bzw. besser erfüllt zu sehen. Die Kundenbindung gegenüber der Ursprungsmarke sollte also primär auf dem funktionalen Nutzen der Ursprungsmarke beruhen, denn die funktionalen Leistungsmerkmale bleiben durch eine Migrationsstrategie zumeist unangetastet.
- Die Assoziationen der externen Zielgruppen bzgl. der neuen Markierung müssen zum Image der alten Marke passen.
- Die Kosteneinsparungen aus der Standardisierung der Markierung und der Markenführung als Folge einer Migrationsstrategie müssen die entfallenden Deckungsbeiträge aufgrund von Kundenabwanderungen überkompensieren.
- Die internen Zielgruppen müssen von der Migration überzeugt sein. Dies sollte v. a. durch eine offene top-down Kommunikation der strategischen Beweggründe für die Markenmigration gewährleistet werden. Zudem müssen die essenziellen Merkmale der Markenidentität zur Identität der aufnehmenden Marke passen.

Beispiele für Markenmigrationen sind die zweimalige Migration von Texaco zu DEA und einige Jahre später zu Shell, die Migration der Marke PriceWaterhouseCoopers Consulting zu IBM Business Consulting Services, die zweimalige Migration der KKB zur Citibank und danach zur Targobank, die zweimalige Migration der BfG Bank zur SEB und später zur Santander Bank oder auch die Migration von der Marke BASF (im Markt für Ton- und Datenträger) zu EMTEC.

Eine Markenmigration kann grundsätzlich sukzessiv oder ad-hoc erfolgen. Bei einer **sukzessiven Migration** werden die Markenzeichen schrittweise über einen Zeitraum mehrerer Monate oder sogar Jahre durch die Zeichen der neuen Marke substituiert (vgl. Backhaus und Bieling 2005, S. 886 f.; Bieling 2005, S. 64 ff.). Dabei kommt es für eine Übergangszeit zu einem parallelen Auftritt der alten und neuen Markierung und damit oft zu erheblicher Verunsicherung bei Kunden und Mitarbeitern. Dies ist bei Migrationen im Zusammenhang mit Fusionen und Akquisitionen besonders ausgeprägt, weil hier oft Unklarheit bezüglich der strategischen Ziele des neuen Markeneigentümers besteht. Die sukzessive Markenmigration weist ein hohes Maß an Kontinuität auf, da sich Mitarbeiter und Kunden langsam auf den Wechsel der Markenzeichen einstellen können. Darüber hinaus können die notwendigen Investitionen für die Markenmigration über einen längeren Zeitraum gestreckt und damit leichter finanziert werden. Ein Beispiel für die Umsetzung dieser sukzessiven Vorgehensweise bei einer Markenmigration ist die Migration der Marke D2-Mannesmann zu Vodafone (vgl. Abb. 2.41).

Darüber hinaus wird diese Form der Migration verwendet, wenn Unternehmen ihr Markenportfolio international angleichen wollen und mit einem einheitlichen Markennamen

Abb. 2.41 Sukzessive Markenmigration am Beispiel der Marken D2-Mannesmann/Vodafone und Calgonit/Finish. (Vodafone 2017; Finish 2017)

u. a. Verpackungskosten sparen möchten. So vertrieb bspw. der Konzern Reckitt Benckiser seine Geschirrspülprodukte in Deutschland unter dem Markennamen Calgonit und in anderen europäischen Ländern – darunter Italien und Großbritannien – unter dem Namen Finish. Zu Beginn des Jahres 2010 wurde der deutsche Markenname Calgonit in Finish geändert (vgl. Abb. 2.41). Die Entscheidung für eine sukzessive Migration wird seitens des Markenmanagements folgendermaßen begründet: „Wir haben uns für einen langsamen Übergang zum neuen Markennamen entschieden, damit Verbraucher die Möglichkeit haben, sich allmählich an das neue Logo zu gewöhnen." (Busch 2009).

Bei der **ad-hoc Migration** werden die Markenzeichen der zu substituierenden Marke umgehend durch die neue Markierung ersetzt, ohne dass es zu einem parallelen Auftreten von alten und neuen Markenzeichen kommt. Dies ist v. a. dann zu bevorzugen, wenn die substituierende Marke über eine andere Positionierung als die zu ersetzenden Marke verfügt. Darüber hinaus sollte diese Form der Markenmigration gewählt werden, wenn ein klarer Bruch zur Vergangenheit und Herkunft der alten Marke angestrebt wird. Dieser „Neubeginn" wurde bspw. bei der Migration der Marke VIAG Interkom zu o2 im Jahr 2002 aufgrund sinkender Marktanteile angestrebt (vgl. Schloemer et al. 2009). Der wesentliche Nachteil dieser Migrationsoption ist die weitgehende Vernichtung des über die Zeit aufgebauten Markenwerts der substituierten Marke und die hohen Investitionen innerhalb eines sehr kurzen Zeitraums.

Allgemein sollte eine Migrationsstrategie nur dann angewendet werden, wenn dadurch langfristig eine stärkere Marke entsteht. Dies ist nicht immer der Fall, wie das Beispiel der Migration der deutschen Spülmittelmarke Fairy Ultra von Procter & Gamble zu der auch international verwendeten Marke Dawn verdeutlicht (vgl. Esch 2014, S. 395 f.). Fairy Ultra war v. a. durch seine TV- und Print-Kampagne, in der ein Putzwettstreit der beiden spanischen Nachbardörfer „Villa Arriba" und „Villa Bacho" im Mittelpunkt stand, bekannt geworden. Procter & Gamble nutzte im Rahmen seiner Internationalisierungsstrategie eine ad-hoc Migration, um die Marke Fairy Ultra zu substituieren. Der neue Markenname und die Etikettengestaltung von Dawn wurden lediglich durch einen kleinen Hinweis auf Fairy Ultra ergänzt. Die Migration verfehlte jedoch die Erwartungen und nach hohen Marktanteilsverlusten führte Procter & Gamble die Marke Fairy Ultra nach 2 Jahren im Jahr 2002 wieder ein.

Bei einer Markenmigration sollte darüber hinaus sichergestellt werden, dass die Rechte der substituierten Marke so lange wie möglich geschützt bleiben, um sie vor dem Zugriff der Konkurrenz zu bewahren. So sicherte sich bspw. Wal-Mart nach dem Zusammenschluss der Toilettenpapiermarken White Cloud und Charmin des Herstellers Procter & Gamble in den USA die Rechte von White Cloud und vertrieb unter diesem Markennamen erfolgreich eigene Windelprodukte als Private Label Brand. Wal-Mart konnte dabei aus dem existierenden Markenimage von White Cloud sowohl psychografische als auch ökonomische Vorteile ziehen, die sich negativ für Procter & Gamble auswirkten (vgl. Keller 2013, S. 500).

2.5.3 Markenerweiterung

Die Markenerweiterung ist als eine Unternehmensaktivität zu verstehen, bei der die positiven Komponenten einer existierenden Marke auf neue Produkte und/oder Dienstleistungen aus einer bereits bearbeiteten, verwandten oder völlig neuen Warengruppe übertragen werden. Dadurch werden z. B. Nachfrager beim Markenwahlprozess kognitiv entlastet und emotional stimuliert. Die Vorteile der Markenerweiterung für Unternehmen liegen in der Möglichkeit, schnell und kostengünstig einen **hohen Bekanntheitsgrad und ein positives Image** für neue Leistungen aufbauen zu können und im Erfolgsfall die Marke durch höhere Motivation auch nach innen zu stärken.

Markenerweiterungen werden von Unternehmen v. a. bei **Produktneueinführungen** angewendet. So belegt eine in den USA durchgeführte Studie, dass bei Produkteinführungen in Fast Moving Consumer Goods (FMCG)-Märkten der Einsatz von Markenerweiterungsstrategien gegenüber Neumarkenstrategien im Zeitraum von 1977 bis 1991 von 40 % auf ca. 90 % gestiegen ist (vgl. Rangaswamy et al. 1993, S. 61). Dies hat auch in der Wissenschaft zu verstärkten Forschungsbemühungen geführt (vgl. z. B. Zatloukal 2002; Völckner 2003). Durch die Implementierung von Markenerweiterungsstrategien verändert sich auch die Markenarchitektur. Das Management der sich hieraus ergebenden zusätzlichen Interdependenzen stellt die Markenführung vor erhebliche Herausforderungen (vgl. Kanitz 2013).

Der Begriff der Markenerweiterung ist durch eine starke terminologische Heterogenität gekennzeichnet. Abhängig von der jeweiligen Situation werden Begriffe wie Markentransfer, Brand-Stretching, Brand-Extension, Markendehnung und Markenausweitung teilweise synonym verwendet oder mit völlig anderen Inhalten belegt. Gemeinsam haben alle Begriffe, dass die Identität einer etablierten Marke für neue Produkte und/oder Dienstleistungen durch die Verwendung eines gemeinsamen Markenkonzeptes für Stamm- und Erweiterungsleistungen verwendet werden. Ziel ist die **Übertragung positiver Imagebestandteile auf die neuen Markenleistungen** (vgl. Völckner 2004, S. 74).

Studien belegen die hohe Bedeutung von **vier Determinanten** für den Erfolg von Markenerweiterungen (vgl. Sattler et al. 2003; Völckner 2003; Wang et al. 2017, 85 ff.): **Der Fit** der neuen Produkte bzw. Dienstleistungen zur Muttermarke (auch als globale Ähnlichkeit zwischen Ursprungsmarke und Erweiterungsleistungen bezeichnet), die **Marketingunterstützung** für die Erweiterungsleistung, die davon stark beeinflusste **Handelsakzeptanz** für die Erweiterungsleistung sowie das **Involvement** der Nachfrager gegenüber der Muttermarke (vgl. Abb. 2.42). Andere Determinanten, wie bspw. die Breite der Produktpalette der Muttermarke, die Qualitätseinschätzung der Muttermarke durch Nachfrager, der Erfolg vergangener Erweiterungen sowie die allgemeine Einstellung der Nachfrager gegenüber neuen Produkten weisen einen geringeren Erfolgsbeitrag auf (vgl. Sattler et al. 2003; Völckner 2003).

Die an den Pfeilen in der Abbildung angegebenen Koeffizienten geben das Maß für die relative Stärke der Beziehungen wieder. Sie können Werte zwischen −1 und +1 annehmen. Die durchgezogenen Linien in Abb. 2.42 kennzeichnen besonders wichtige Einflüsse.

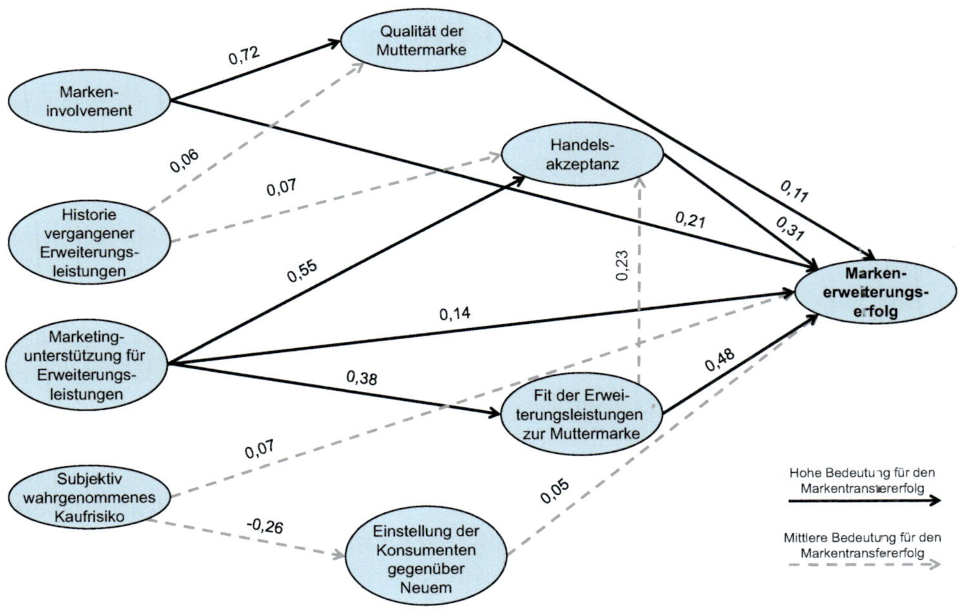

In der empirischen Untersuchung (n=2.426 Probanden) wurden 66 Erweiterungsprodukte aus 49 Produktkategorien von 22 Muttermarken untersucht

Abb. 2.42 Erfolgsfaktoren von Markenerweiterungen. (In enger Anlehnung an Völckner 2004, S. 76)

Beispielsweise hat die Marketingunterstützung für die Erweiterungsleistungen mit +0,55 einen hohen positiven Einfluss auf die Handelsakzeptanz. Die Handelsakzeptanz wiederum hat mit +0,31 einen hohen Einfluss auf den Markenerweiterungserfolg, der nur vom Fit der Erweiterungsleistung zur Muttermarke mit +0,48 übertroffen wird. Dieser Fit wird ebenfalls stark positiv durch die Marketingunterstützung beeinflusst.

Die Positionierung der Erweiterungsleistung sollte auf der Identität der Muttermarke basieren. Wichtig für den **dynamischen Erfolg einer Markenerweiterung** im Zeitablauf ist dreierlei:

Erstens muss den internen und externen Zielgruppen der Marke **genügend Zeit** gegeben werden, die jeweilige Erweiterung der ursprünglichen Marke zu erlernen. Dies erfordert Geduld und entsprechende finanzielle Reserven beim Markeninhaber. Zweitens sollten die jeweiligen Erweiterungen stets **in kleinen Schritten** erfolgen, um auf diese Weise das Lernen der Zielgruppen zu erleichtern. Drittens sollten bei allen Veränderungen im Zeitablauf die essenziellen, d. h. die **wichtigsten Identitätsmerkmale** der Marke, unverändert bleiben (vgl. Boch 2013, S. 133). Ein gutes Beispiel für eine geduldige, behutsam in kleinen Schritten vorgehende Markenerweiterung war die Marke Nivea, die zunächst ihre Produktpalette innerhalb mehrerer Jahre auf weitere Cremeprodukte ausweitete und danach in verwandte Pflegeprodukte expandierte, ohne bei diesen Schritten den Kern der Markenidentität, die bezahlbare Pflege, zu verwässern. Die späteren Erweiterungen u. a. in den Bereich der dekorativen Kosmetik überdehnten und schwächten die Marke Nivea. Deswegen wurde u. a. die dekorative Kosmetik (Nivea Beauté) 2011 eliminiert.

Markenerweiterungen können weitergehend in Markenausdehnungen, Markentransfers und die geografische Expansion differenziert werden (vgl. Abb. 2.39). Die **Markenausdehnungsstrategie** (Line Extension) beschreibt die Expansion einer Marke in **gleiche oder verwandte Produktkategorien**, die **Markentransferstrategie** (Category Extension) demgegenüber die Expansion in **neue, mit den bisher angebotenen Markenleistungen nicht verwandte Produktkategorien.** Beispielsweise handelt es sich bei der Expansion der Automobilmarke Porsche in das Segment der Sport Utility Vehicle (SUV) durch Einführung der Fahrzeuge Panamera und Cayenne um eine Markenausdehnungsstrategie, bei der Expansion der Marke in modische Accessoires oder Einbauküchen hingegen um eine Markentransferstrategie (vgl. Abb. 2.43).

Die Markenausdehnung, der Markentransfer und die geografische Expansion können als Lizenzierungs- bzw. Franchisingstrategie, als Co-Branding- oder als Autarkiestrategie implementiert werden. Identifiziert ein Unternehmen ein Erweiterungspotenzial für eine seiner Marken, gilt es festzustellen, ob es über die notwendigen Ressourcen und Kompetenzen verfügt, die Markenerweiterung eigenständig durchzuführen (Autarkiestrategie). Sind die notwendigen Ressourcen und Kompetenzen nicht in ausreichendem Maße intern vorhanden, kann das Unternehmen dennoch Erweiterungspotenziale ausschöpfen, indem es eine Lizenzierungs- bzw. Franchisestrategie oder eine Co-Branding-Strategie verfolgt.

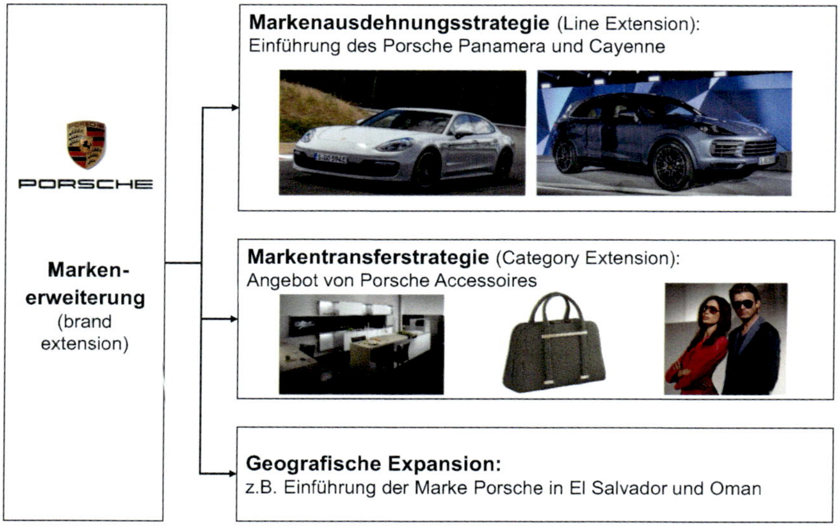

Abb. 2.43 Markenerweiterung am Beispiel der Marke Porsche. (Vgl. Porsche 2017; Poggenpohl 2017; Porsche Design 2017)

2.5.3.1 Markenausdehnung

Bei einer Markenausdehnungsstrategie (Line Extension) wird die Anzahl der unter einer Marke angebotenen Produkte und Dienstleistungen innerhalb der bisher bearbeiteten Produktkategorie vergrößert. Der überwiegende Teil der Produktneueinführungen fällt heute unter die Kategorie der Line Extensions (vgl. Keller et al. 2012, S. 568 f.). Der wesentliche Vorteil der Markenausdehnungsstrategie liegt im schnellen und kostengünstigen Aufbau von Bekanntheit und eines attraktiven Images für das Neuprodukt (vgl. Völckner und Sattler 2006, S. 18 f.). Die Ausdehnung kann in dreifacher Weise realisiert werden.

Erstens kann in einem „**klassischen Brand Stretch**" eine Marke durch das zusätzliche Angebot von technisch-funktional ähnlichen Leistungen innerhalb der Produktkategorie und in Marktsegmenten, die an den bislang bedienten Ursprungsmarkt angrenzen, ausgedehnt werden. Hierbei besteht jedoch die Gefahr, dass bei einer zu geringen Differenzierung **Intramarkenimagekonfusion** seitens der Nachfrager entsteht, die sich letztlich negativ auf den Erfolg der Markenausdehnung auswirkt (vgl. Kothes 2017). Als Beispiele für erfolgreiche Markenausdehnungen können die Erweiterungen von Nivea-Creme auf Nivea-Milk und andere Hautcreme-Produkte sowie die Erweiterung der Tafelschokolade-Marke Milka auf weitere Schokoladeprodukte wie I love Milka oder M-Joy genannt werden.

Zweitens kann die Ausdehnung der Marke in preislich und qualitativ höhere bzw. niedrigere Marktsegmente (Trading-Up bzw. Trading-Down) erfolgen. Ein Beispiel für **Trading-Down** in der Modebranche ist die Marke Boss mit der die Einführung der jüngeren und preisaggressiveren Marke Hugo (vgl. Abb. 2.44).

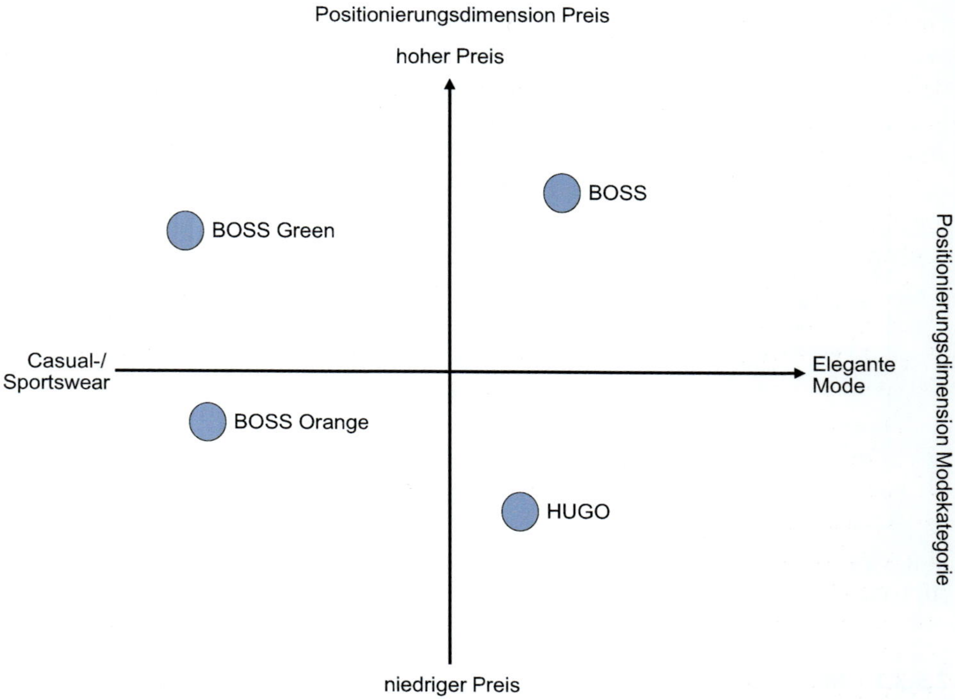

Abb. 2.44 Positionierung der Marken der Hugo Boss AG. (Vgl. Hugo Boss AG 2017)

Ein **Trading-Up** stellt v. a. Massenmarken (Zielgruppe: „Mainstream") vor große Herausforderungen. Dieses Problem wird im Folgenden am Beispiel der Markenausdehnung Milka Amavel veranschaulicht: In den Jahren 2007/2008 führte Milka eine Markenausdehnung durch die Aufnahme des Schokoladenproduktes Amavel durch. Amavel war eine mit Mousse gefüllte Premium-Tafelschokolade. Milka verfolgte mit dieser Markenausdehnung eine Trading-Up Strategie, um durch Premiumprodukte ein neues Nachfragesegment preislich oberhalb des bisher bearbeiteten Segments zu erschließen. Im Gegensatz zum Standardsortiment der 100 g Tafelschokolade, die meist 0,79 € kostete, war Amavel eine 160 g schwere Tafelschokolade und kostete 1,99 €. Die optischen Gestaltungsmerkmale des neuen Produktes ließen jedoch nicht auf ein Premiumprodukt schließen, da die gestaltbildlichen Merkmale wie bspw. die lila Farbe, das Schriftzeichen, die lila Kuh und die geschwungene Schoko-Linie des sehr ähnlichen 100 g Tafelschokoladen-Produktes „Milka Dessert au Chocolat" auch auf der Milka Amavel „Mousse au Chocolat" zu finden waren. Der Markenauftritt von Amavel war somit zu undifferenzierend, so dass kein eigenes Produktmarkenimage gebildet werden konnte. Milka Amavel wurde deswegen nicht als eigenständiges Premiumprodukt wahrgenommen. Milka hat deshalb reagiert und die gestaltbildlichen Merkmale von Amavel optimiert. Beispielsweise wurde in 2009 die

Schoko-Linie entfernt, 2011 die lila Oberfläche mit blütenähnlichen Mustern bedruckt und 2012 das Milka-Logo verkleinert. Milka war es aufgrund der bestehenden starken Assoziationen als Marktführer und Mainstreammarke letztlich jedoch nicht möglich, ein Premiumprodukt in das Produktportfolio der Marke Milka zu integrieren. Die Produktion von Amavel wurde folglich in Deutschland eingestellt (vgl. Bielefeld 2014).

Sind die Unterschiede zwischen der Muttermarke und den Erweiterungsleistungen zu groß, können im Gedächtnis mehrere unterschiedliche assoziative Markennetze entstehen, was zur Folge hat, dass kein klares Markenimage mehr existiert (vgl. Bielefeld 2014, S. 71 ff.). Mainstreammarken stehen somit beim Trading-Up vor einem Dilemma: Unterscheiden sich die Erweiterungsleistungen nur wenig von der Muttermarke, wird die Neueinführung vom Nachfrager nicht im Premiumsegment wahrgenommen. Erweckt das Trading-Up Produkt ganz unterschiedliche Assoziationen, so verschwimmt das zuvor verfestigte neuronale Netz der Mainstreammarke und das ehemals klare Markenimage erodiert. Dieses Dilemma ist beim Trading-Down weniger stark ausgeprägt, weil der Nachfrager hier oft nur eine Preisreduktion bei der ihm vertrauten Marke wahrnimmt und damit keine tiefere Reflektion seines Markenimages verbunden ist. In jedem Fall ist sicherzustellen, dass beim Trading-Up und Trading-Down die Erweiterungsleistungen einen möglichst hohen Fit zur Identität der Muttermarke aufweisen.

Eine **dritte** Form der Markenausdehnung ist die Ausweitung des Leistungsangebotes einer Marke in vor- und/oder nachgelagerten Stufen der Wertschöpfungskette (**Vorwärtsintegration** bzw. **Rückwärtsintegration**). Als Beispiel für eine Vorwärtsintegration können hier die Ausdehnung der HiFi-Marke Bang & Olufsen (B&O) in den Einzelhandel durch den Aufbau markenexklusiver Einzelhandelsgeschäfte im Besitz von B&O oder die Ausdehnung der Reiseveranstaltungsmarke TUI in den Endverbrauchervertrieb durch Aufbau der Reisebürokette TUI ReiseCenter angeführt werden. Beispiele für Rückwärtsintegrationen sind die Übernahme des Zulieferers dtw durch SMA Solar Technik oder die Übernahme des Zulieferers Bejing Skywing Technology durch den deutschen Chemie- und Pharmakonzern Merck.

2.5.3.2 Markentransfer

Bei der Markentransferstrategie (Category Extension) wird die Marke in grundlegend **neue Märkte** übertragen, die **keinen technisch-funktionalen Zusammenhang** mit dem Ursprungsmarkt der Marke aufweisen. Auf diese Weise dehnte bspw. die Zigarettenmarke Camel ihre Produktpalette aus. Heute werden unter der Marke Camel auch Herren- und Damenbekleidung sowie Uhren angeboten, die mittlerweile einen erheblichen Teil des Gesamtumsatzes ausmachen. 2017 umfasste das Bekleidungssortiment folgende Kategorien: Hemden, Hosen, Jacken & Mäntel, Jeans, Pullover & Strickware, Sakkos & Blazer, Schuhe, Shirts und Accessoires. Ein weiteres Beispiel für einen Markentransfer ist das Unternehmen Apple. Hierbei wurde der Transfer in die Bereiche Unterhaltungselektronik (iPod 2002, Apple TV 2007), Mobilfunktelefone (iPhone 2007) und interaktive Armbanduhren (iWatch 2015) durchgeführt.

Eine wesentliche Voraussetzung für den Erfolg des Markentransfers bildet erneut die **Ähnlichkeit zwischen der Marke und dem neuen Transferprodukt** (vgl. Zatloukal 2002, S. 59 ff.). Aufgrund des nicht existenten technisch-funktionalen Zusammenhanges zwischen Ursprungs- und Transferprodukt muss das Markenmanagement diese Ähnlichkeit über andere sachbezogene (Denotationen) und insbesondere über symbolhafte, oft stark gefühlsgeprägte Assoziationen (Konnotationen) herstellen (vgl. Hätty 1989, S. 82; Meffert und Heinemann 1990). So lassen sich mit einem Sportwagen z. B. denotative Assoziationen wie Schnelligkeit, hohe Verarbeitungsqualität und hoher Preis verbinden, während Luxus, Exklusivität und Erotik mögliche Konnotationen darstellen. Wie bedeutend diese Sicherung der Ähnlichkeit ist, kann an dem Misserfolg von Levis Ende der 1980er-Jahre verdeutlicht werden. In diesem Fall misslang dem Markenmanagement von Levis die Herstellung einer überzeugenden Verbindung zwischen seinem Image als Jeanshersteller und einer neu unter der Marke Levis auf den Markt gebrachten Herrenanzugslinie (vgl. Aaker 1990, S. 50). Ein weiteres Beispiel für einen gescheiterten Markentransfer ist die Einführung eines Joghurts durch die Zeitschrift Cosmopolitan im Jahr 1999. Nach 18 erfolglosen Monaten wurde das Produkt eingestellt. Auch hier war es der Markenführung nicht gelungen, eine Verbindung zwischen dem Image als Lifestyle-Magazin und dem Angebot von Lebensmitteln herzustellen (vgl. Brook 2004).

Die **Herausstellung eines gemeinsamen Verwendungsumfeldes** oder gemeinsamer Erlebniswelten und Lebensstile kann ebenfalls Grundlage eines erfolgreichen Markentransfers sein. Michelin-Autoreifen und der Guide-Michelin mit dem gleichen Verwendungsumfeld des Autofahrens, Marlboro-Zigaretten und Marlboro-Freizeitkleidung mit der gemeinsamen Erlebniswelt Freiheit und Männlichkeit können hier als Beispiele genannt werden.

Mit der Nutzung einer vorhandenen Marke und ihres sog. „**Goodwills**" (positive Markenimagebestandteile) durch Markentransferstrategien sind eine Reihe von Chancen verbunden, die sich zum Teil aus den allgemeinen Vorteilen von Markenerweiterungen ableiten. Geringere Markteintrittsbarrieren reduzieren das Flop-Risiko und erleichtern den Eintritt in völlig neue Produktbereiche. Dies erlaubte bspw. dem amerikanischen Unternehmen Mars Inc., das ursprünglich nur Schokoladenriegel anbot, ab 1989 auch Speiseeis in „Riegelform" anzubieten (vgl. Mars Deutschland 2017). Dies ermöglichte die Gewinnung zusätzlicher Käufergruppen und die Erschließung eines neuen strategischen Geschäftsfeldes (vgl. Perrey et al. 2015, S. 198 ff.).

Neben den Vorteilen für das Transferprodukt kann allerdings in umgekehrter Richtung auch ein **Image-Rücktransfer** auf die Stamm-Marke erfolgen (vgl. Dietert 2018). Dies stärkt und erweitert potenziell das Markenimage der Stamm-Marke, kann diese aber auch schwächen. So konnte die Marke Mövenpick durch den Erfolg der Transfers im Eiscreme-, Kaffee- und Saucenbereich nicht nur diese Märkte erfolgreich erschließen, sondern auch ihr traditionelles Restaurant- und Hotelgeschäft stärken. Weitere Vorteile der Markentransferstrategie sind die Verringerung der Kosten für die Markenbildung sowie die Abschwächung bzw. Umgehung von Werbebeschränkungen bspw. im Bereich alkoholischer Getränke und Tabakwaren. Deswegen transferierte die russische Wodkamarke

„Russian Standard“ ihre Marke in den Markt für Bankdienstleistungen (vgl. Grigorian 2002).

Diesen Chancen stehen erhebliche **Risiken** des Markentransfers gegenüber. Es ist mit einer **Erosion der Markenidentität** und nachfolgend dem Verlust der Glaubwürdigkeit der Marke zu rechnen, wenn Stamm- und Transferprodukte sich in ihrer Positionierung zu sehr voneinander entfernen, zu unterschiedliche Zielgruppen ansprechen (vgl. Schulze-Bentrop 2014) und/oder zu viele oder zu schnell aufeinander folgende Markentransfers vorgenommen werden. Ein typisches Beispiel hierfür stellte in der Vergangenheit die Marke Gucci mit zeitweise circa 14.000 verschiedenen Produkten dar. Die Diversifikation in neue Produktbereiche, v. a. über Lizenzvergabe, führte hier zu einem hohen Koordinationsbedarf der markenpolitischen Maßnahmen von Hauptmarke und Transferprodukten. Eine ungenügende Koordination führte schließlich zu sehr unterschiedlichen Qualitätsniveaus und Marketingkonzepten für die zahlreichen Gucci-Produkte und in der Folge zu einem massiven Glaubwürdigkeits- und Kompetenzverlust der Marke (vgl. Schulze-Bentrop 2014).

Die aufgezeigten Risiken machen deutlich, dass zum Erfolg einer Markentransferstrategie eine Analyse des Transferpotenzials von Marken und eine Ähnlichkeitsmessung von Stamm- und Transferprodukt unerlässlich sind (vgl. Zatloukal 2002, S. 6; Dietert 2018).

2.5.3.3 Geografische Expansion

Die **geografische Expansion** behandelt die Ausweitung der Markenführungsaktivitäten auf neue, zusätzliche Märkte (bspw. von national auf international). Für eine erfolgreiche geografische Expansion bzw. eine Internationalisierung der Markenführung sollten verschiedene Aspekte berücksichtigt werden. Grundsätzlich muss eine Entscheidung zwischen einer standardisierten oder differenzierten Marktbearbeitung getroffen werden (Abschn. 6.1). Von hoher Relevanz für eine internationale Markenerweiterung ist zudem die Kenntnis über wichtige Determinanten des Nachfragerverhaltens gegenüber Marken auf internationalen Märkten, wie bspw. der Landeskultur, dem nationalökonomischen Entwicklungsstand, der soziodemographischen Gesellschaftsstruktur und der Markenherkunft (Abschn. 6.2). Entsprechend des vorgestellten Prozesses des identitätsbasierten Markenmanagements muss ebenfalls eine Anpassung der strategischen und operativen Ausgestaltung der Markenführung auf den internationalen Kontext erfolgen (Abschn. 6.3).

2.5.3.4 Markenlizensierung

Bei einer **Lizenzierungs- oder Franchisestrategie** gewährt der Markeninhaber einem anderen Unternehmen das Recht zur Nutzung seiner Marke (vgl. Binder 2005, S. 525; Brinkel 2015, S. 3). Der Markeninhaber bedient sich bei dieser Form der Markenerweiterung nahezu ausschließlich oder weitgehend der Ressourcen und Kompetenzen der jeweiligen Lizenznehmer oder Franchisepartner. Im Jahr 2016 gab es fast 120.000 Franchisenehmer in Deutschland (vgl. DVF & Institut für Markenfranchise 2017) und Schätzungen zufolge im Jahr 2005 im deutschsprachigen Raum ca. 1050 Markenlizenzverträge für Markener-

Tab. 2.4 Potenzielle Vorteile der Markenlizensierung für den Markeninhaber. (Eigene Darstellung in Anlehnung an Binder 2005, S. 529 ff.)

1.	Erhöhung der Markenloyalität
2.	Steigerung des Bekanntheitsgrads
3.	Schneller Ausbau des Leistungsprogramms der Marke
4.	Stärkung des Markenimages
5.	Nutzung weiterer Vertriebskanäle
6.	Erzielung von Lizenzeinnahmen
7.	Erhöhung des Kommunikationsdrucks durch die Budgets der Lizenzpartner

weiterungen durch neue Produkte mit einem geschätzten Gesamtumsatz von 8,5 Mrd. € (ohne Vertriebslizenzen; vgl. Binder 2005, S. 525 f.). Manche Marken, wie bspw. Joop oder Natreen, erwirtschaften durch Markenlizenzierungen höhere Umsätze als durch ihre selbsterstellten Produkte.

Für den Markeninhaber ergeben sich durch die Lizenzvergabe eine Reihe von potenziellen Vorteilen (vgl. Tab. 2.4).

Durch den stärkeren Marktauftritt (höherer Kommunikationsdruck) ist eine **Steigerung der Markenbekanntheit** möglich. Insbesondere Modemarken nutzen Markenlizenzen, um ihre Markenbekanntheit zu steigern. Beispielhaft können hier die Marken Calvin Klein, Joop oder Boss angeführt werden. Bei der Beurteilung von Marken durch die Nachfrager spielt das Leistungsprogramm einer Marke eine wesentliche Rolle. Diesbezüglich ist es ein Vorteil von Markenlizenzen, dass Unternehmen durch sie das Leistungsangebot ihrer Marke schnell und kostengünstig um zusätzliche Produkte und Dienstleistungen erweitern können. Durch den Rückgriff auf externe Ressourcen und Kompetenzen der Kooperationspartner kann das von den Nachfragern wahrgenommene Markenimage vertieft und gestärkt werden, ohne dabei in einem langfristigen und aufwendigen Prozess unternehmensinterne Kompetenzen aufbauen zu müssen.

Durch die Erweiterung der Produktpalette mittels Lizenzen erhöht sich potenziell die Kontakt- und Verwendungshäufigkeit der Marke. Dies kann langfristig über die Markenbekanntheit und die Markenzufriedenheit positive Auswirkungen auf die Markenloyalität und das Brand Attachment haben (vgl. Weinberg und Diehl 2001, S. 28). So können insbesondere Hersteller von FMCG-Marken durch das Angebot von langlebigen Produkten die Markenloyalität stärken.

Durch die Vergabe von Lizenzen erzielt der Markeninhaber **Einnahmen aus Lizenzgebühren**. Diesen stehen üblicherweise keine wesentlichen Ausgaben gegenüber. So machen vereinnahmte Lizenzgebühren bei Marken wie bspw. Mövenpick, Jil Sander, Boss oder Adidas einen erheblichen Teil des gesamten Unternehmensgewinns aus. Diese finanziellen Ressourcen können von den Herstellern genutzt werden, um sie in die weitere Stärkung ihrer Marke zu investieren. Die Höhe der Lizenzgebühren liegt je nach Bemessungsregel häufig zwischen 2 und 15 % vom Umsatz des Lizenznehmers (vgl. Binder 2011).

Markenlizenzen können zu einer Verbesserung des Umfanges und der Intensität des **rechtlichen Markenschutzes** führen (Kap. 5). In den meisten Fällen beschränkt sich der rechtliche Markenschutz lediglich auf die Warengruppen, in denen tatsächlich Produkte unter der Marke angeboten werden. Marken ohne „notorische Bekanntheit" (MarkenG § 4 Abs. 3) verfügen außerhalb ihrer Stammbereiche somit in der Regel über keinen Markenschutz und sind daher für andere Unternehmen rechtmäßig verfügbar. Eine Lizenzvergabe, die sich auf neue Warengruppen erstreckt, weitet den Schutz der Marke auf diese Bereiche aus. Darüber hinaus gehen Lizenznehmer verstärkt gegen Produktpiraterie und Plagiate vor und erhöhen auch dadurch die Intensität des Markenschutzes.

Der Einsatz von Markenlizenzen bzw. Franchiseverträgen eröffnet oft auch die Chance, die Nachfrager durch **neue Vertriebswege** anzusprechen. Hierdurch erhöht sich die Anzahl der Brand Touch Points, ohne dass der Lizenzgeber wesentliche Investitionen in die neuen Vertriebskanäle tätigen muss. Hier sind insbesondere Franchiseverträge von Bedeutung.

Bei **Franchiseverträgen** handelt es sich im Kern um Vertriebslizenzen, d. h. um eine sehr enge Kooperation zwischen Markeninhaber (Franchisegeber) und einem bzw. vielen Vertriebspartnern (Franchisenehmer). Den Franchisenehmern wird gegen eine Franchisegebühr das Recht eingeräumt, Produkte und Dienstleistungen unter den Marken- und Warenzeichen und der Ausstattung des Franchisegebers anzubieten (vgl. Duong Dinh et al. 2010, S. 31). Beispiele hierfür sind bekannte Fast-Food Marken wie McDonald's und Burger King oder Essanelle Friseursalons und Sunpoint Sonnenstudios. Der Markeninhaber erhält in der Regel eine fixe Eintrittsgebühr zu Vertragsbeginn sowie umsatzabhängige Zahlungen.

Bei dieser Form der Markenerweiterung behält der Markeninhaber in erheblichem Umfang die Kontrolle über die Verwendung seiner Marke. Der Umgang mit der Marke wird seitens des Markeninhabers durch Ergebnis- und Verhaltenskontrollen überprüft. Ferner schränkt der Markeninhaber in der Regel die wirtschaftliche Selbstständigkeit durch direkte Weisungsbefugnisse über den Franchisenehmer stark ein. Die besonderen Vorteile eines Franchisesystems auf Seiten des Markeninhabers liegen neben den teils erheblichen Einkünften aus Franchisegebühren in der Kontrolle über die Franchisenehmer und den Marktauftritt der eigenen Marke. Das in der Regel standardisierte Auftreten der Marke am Markt führt zu einem konsistenten Markenimageaufbau bei den Nachfragern. Darüber hinaus spart der Markeninhaber erhebliche Investitionen in neue Filialen und realisiert dadurch ein höheres Wachstums- bzw. Expansionstempo.

Trotz ihrer Vorteile beinhalten Markenlizenzierungs- und Franchisestrategien auch **Risiken** für den Markeninhaber. Die Risiken beziehen sich v. a. auf die Beeinträchtigung der **Konsistenz**. Wird bei der Selektion ein Partner gewählt, der eine grundsätzliche Divergenz in der Unternehmenskultur und Markenführung aufweist, kann dies zu Missverständnissen und Spannungen führen, die die Marke beschädigen. Darüber hinaus erwirbt der Lizenznehmer das Recht zur Entwicklung und Herstellung von Lizenzprodukten. Existiert dabei ein Misfit zwischen den neuen Produkten und der Markenidentität besteht die Gefahr, die Marke zu schwächen. Dieses Risiko ist umso größer, je umfassender der Markeninhaber die Produktion und Kommunikation der Produkte dem Lizenznehmer überlässt. Ein Lizenzprogramm sollte daher als ein bestmöglich integriertes Instrument des Markenmanagements umgesetzt werden. Die Partnerselektion und die laufende Betreuung und Koordination der Lizenznehmer sind wesentliche Erfolgsfaktoren, um mit einer Marke durch Lizenzierungen erfolgreich zu expandieren.

2.5.3.5 Co-Branding-Strategie

Eine weitere Form der Markenerweiterung stellt das **Co-Branding** dar. Im Gegensatz zur Addition eines Nutzens wie bei der Markenrepositionierung (Abschn. 2.3.4) wird das Leistungsangebot bei einer Co-Branding-Strategie durch zwei oder mehr Marken im Verbund markiert. Co-Branding zeichnet sich durch vier wesentliche Merkmale aus (vgl. Baumgarth 2003, S. 22 f.):

- Verknüpfung von mindestens zwei Marken,
- die für den Nachfrager wahrnehmbar kooperieren,
- um durch die Kooperation der Marken ein gemeinsames Leistungsbündel zu schaffen
- und sowohl vor als auch während und nach der Co-Branding-Kooperation als selbstständige Marken bestehen zu bleiben.

Das Co-Branding hat in den letzten Jahren an Bedeutung gewonnen, da viele Hersteller sich von diesen Kooperationen eine Imageverbesserung sowie eine Verbreiterung ihrer Markenkompetenz erhoffen. Die Besonderheit des Co-Branding besteht in der Problematik, mindestens zwei Identitäten von eigenständig bleibenden Marken unter Berücksichtigung der zugrundeliegenden gemeinsamen Leistung verbinden zu müssen, ohne dass es zu Konflikten zwischen den Identitäten und Images der Marken kommt (vgl. z. B. Xiao und Lee 2014).

Bekannte Beispiele für **horizontales Co-Branding** (auf einer Wertschöpfungsstufe kooperierend) sind u. a. McDonald's und PiCK UP! mit den Eissorten McFlurry PiCK UP! Wildberry, McFlurry PiCK UP! Choco Caramel und McFlurry PiCK UP! Choco (vgl. Abb. 2.45). Eine Sonderform des Co-Branding ist die Schaffung einer neuen, zusätzlichen Markenidentität für die Kooperation (sog. Mega-Brand) unter Einschränkung der individuellen markenbezogenen Handlungsfreiheiten (vgl. Rao und Ruekert 1994, S. 87 ff.; Blackett und Boad 1999; Nielsen 2009). Exemplarisch ist hier die Star Alliance als Zusammenschluss mehrerer Luftverkehrsdienstleister zu nennen, wobei die beteiligten Marken auch nach der Kooperationsvereinbarung weiterhin als eigenständige Marken existent bleiben (vgl. Netzer 1999, S. 158 ff.).

Bei der **vertikalen Form des Co-Branding** bezieht sich die Zusammenarbeit auf vor- und nachgelagerte Wertschöpfungsstufen. Diese Form des Co-Branding wird auch als **Ingredient Branding** bezeichnet. Ingredient Branding stellt eine mehrstufige Markenstrategie dar, welche darauf abzielt, eine Nutzensteigerung des Endproduktes durch einen wahrgenommen Mehrwert zu erreichen (vgl. Schlüter und Villeda 2011, S. 96). So arbeitet bspw. die Computerfirma Dell (Host Brand) mit dem Chiphersteller Intel (Ingredient

Abb. 2.45 Co-Branding am Beispiel der Marken McFlurry & PiCK UP! (©Mc Donald's) und der Star-Alliance. (Mc-Donalds 2017; Deutsche Lufthansa AG 2017)

Brand) zusammen. Durch diese Art der Markenerweiterung können beidseitige Wirkungseffekte in Richtung des Vorproduktes (Ingredient Brand) und des Endproduktes (Host Brand) entstehen. Die Ingredient Brand steht hierbei immer vor der Herausforderung, von den Nachfragern wahrgenommen und als wesentlicher Bestandteil des Gesamtproduktes bewertet zu werden. Versucht eine Host Brand selbst Wirkungseffekte durch die Kooperation mit einer Ingredient Brand zu erzielen, wird auch von **Inversem Ingredient Branding** gesprochen (vgl. Kotler und Pfoertsch 2010, S. 15 ff.). Beispielsweise kann durch die erfolgreiche Zusammenarbeit mit einer qualitativ hochwertigen Ingredient Brand ein differenzierender Wettbewerbsvorteil und gleichzeitig ein aus Nachfragersicht positiver Imagetransfer auf die Host Brand erzielt werden (vgl. Burmann und Launspach 2010, S. 171; Moon und Sprott 2016, S. 5768 ff.).

Der Erfolg des Co-Branding wird durch zwei wesentliche Faktoren determiniert (vgl. Baumgarth 2014, S. 278 ff.; Xiao und Lee 2014, S. 1239 ff.; Kumar 2005, S. 1 ff.):

1. **Komplementarität der Markenidentitäten** – die Identitäten der kooperierenden Marken müssen in hohem Maße komplementär zueinander sein. Ein Zusatznutzen wird sowohl für die Nachfrager als auch für die Markenmitarbeiter nur dann geschaffen, wenn die kooperierenden Marken sich ergänzende Identitäten, v. a. sich ergänzende Kompetenzen in die Co-Brand einbringen (vgl. Park et al. 1996, S. 453 ff.). Ein hoher Fit im Sinne von vollständiger Deckungsgleichheit der kooperierenden Marken ist nicht erstrebenswert.
2. **Fit der Zielgruppen** – ohne eine größere Überlappung der Zielgruppen ist das jeweilige Markenimage des Kooperationspartners für die eigenen Kunden nicht oder nur bedingt verhaltensrelevant.

Die **Chancen** bzw. Vorteile des Co-Branding liegen v. a. in der Möglichkeit des gegenseitigen Imagetransfers und der Nutzung eines Kompetenz- und Vertrauensbonus des

Partners. Darüber hinaus lassen sich durch Co-Branding zusätzliche Umsatzpotenziale und Preisprämien ausschöpfen sowie neue Märkte erreichen, die für die einzelnen Marken durch hohe Eintrittsbarrieren schwer zugänglich sind. Ein positives Beispiel ist das Co-Branding von Philips und Nivea bei dem Nivea for Men Rasierer. Während der Rasierer von Philips angeboten wird, vertreibt Nivea die dazugehörige Rasier-Emulsion (vgl. Philips 2017).

Das Co-Branding ist jedoch auch mit **Nachteilen** verbunden. Den Chancen eines positiven Imagetransfers stehen in gleicher Weise die Gefahren negativer Ausstrahlungen zwischen den beteiligten Marken gegenüber. Des Weiteren wächst durch die Kombination von Marken die Gefahr der Verwirrung von Kunden und Mitarbeitern durch eine Erosion vormals klarer Positionierungen. Der gemeinsame Auftritt erfordert zudem eine enge Abstimmung zwischen den Beteiligten im Hinblick auf ihre markenbezogenen Aktivitäten (Koordinationskosten) und engt die individuellen Positionierungsspielräume ein.

2.5.3.6 Autarkiestrategie

Eine wichtige Entscheidung bei der Durchführung einer Markenerweiterung betrifft die Verfügbarkeit interner Ressourcen und Kompetenzen. Stehen einem Unternehmen bei einer Markenerweiterung alle notwendigen Ressourcen und Kompetenzen intern ausreichend zur Verfügung, kann eine Autarkiestrategie verfolgt werden. Im Gegensatz zur Markenlizensierung oder der Co-Branding-Strategie ist das Unternehmen in diesem Fall dazu befähigt, die Erweiterung der Marke eigenständig durchzuführen. Der entscheidende Vorteil einer Autarkiestrategie liegt in der vollständigen Kontrolle des Unternehmens über sämtliche Aktivitäten der Markenführung. Zudem verbleiben alle Lerneffekte, Rechte und folglich auch die Erträge der Markenerweiterung im vollständigen Besitz des Markeninhabers.

2.6 Markenbudgetierung

2.6.1 Aufgaben der Markenbudgetierung

Die **Markenbudgetierung** ist die letzte Stufe des strategischen Markenmanagementprozesses (vgl. Abb. 2.46). Im Zuge der Markenbudgetierung muss entschieden werden, wie viele finanzielle Ressourcen für die Marke investiert werden sollen und wie die finanziellen Mittel auf Marken zu verteilen sind (vgl. Hermes 2009, 33 ff.). Der Budgetierung obliegt es, unter Berücksichtigung der klar und operational formulierten Markenziele den einzelnen Marken Budgets zur Erreichung dieser Ziele zuzuweisen (vgl. Heemann 2008, S. 6 f.). Sie übernimmt somit eine sehr wichtige Steuerungs- und Koordinationsaufgabe. Welge et al. (2017, S. 871) bezeichnen die Budgetierung deswegen zu Recht als das wichtigste Instrument für die **Umsetzung strategischer Pläne in operative Maßnahmen**.

Die große Bedeutung der Budgetierung wird auch durch die Verwendung formaler Budgetierungssysteme in 99 % der europäischen Unternehmen verdeutlicht (vgl. Kenne-

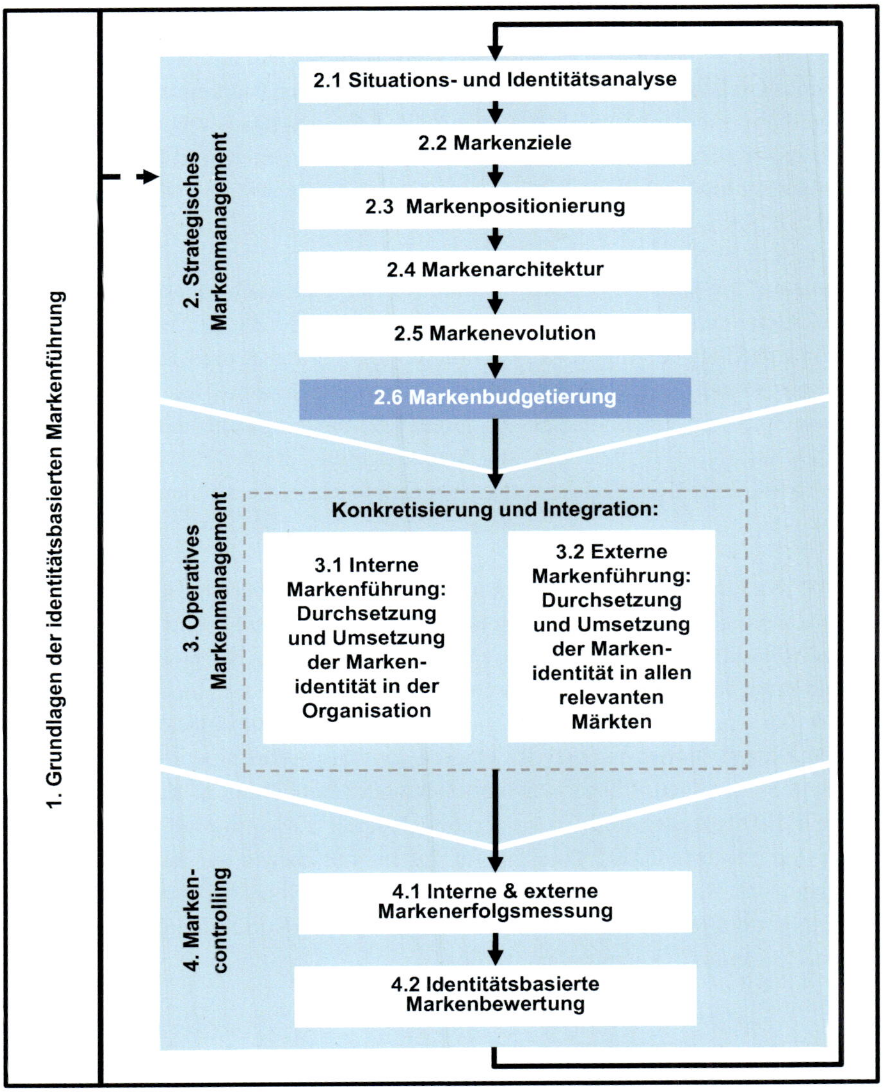

Abb. 2.46 Einordnung der Markenbudgetierung in den Managementprozess der identitätsbasierten Markenführung

dy und Dudgale 1999, S. 22). Trotzdem wird die Budgetierung in Unternehmen oftmals stärker von machtpolitischen und sachfremden Motiven als von den strategischen Zielen und Chancen der betreffenden Marke dominiert (vgl. Greiner 2004, S. 499). Dabei sollte sich die Budgetierung an der Situations- und Identitätsanalyse und den Markenzielen ausrichten. Stattdessen kommt es bei der Budgetierung oftmals zu einer unzureichenden finanziellen Ausstattung der Marken, was in der Folge oft zu einem Scheitern der Strategie und einer Nichterreichung der Markenziele führt (vgl. Kaplan und Norton 2000, S. 294). Folglich muss sich die Markenbudgetierung im strategischen Markenmanagement v. a. mit der Budgethöhe und der Mittelallokation auf die einzelnen Marken befassen. Die weitere Detaillierung der Einzelmarkenbudgets, z. B. im Zuge der Inter- und Intramedienselektion, kann danach im operativen Markenmanagement vorgenommen werden (vgl. Meffert et al. 2015, S. 338).

► Heemann (2008) definiert den **identitätsbasierten Markenbudgetierungsprozess** als die Entwicklung und Anwendung derjenigen Kompetenzen, „die eine markenführende Organisation langfristig befähigen, den gesamten Budgetierungsprozess auf den Markenkern auszurichten sowie [...] strategische Positionierungsziele einer Marke zu konkretisieren und in Form einzelner Subziele [...] den Entscheidungseinheiten der Organisation vorzugeben und [...] finanzielle Mittel bereitzustellen, die die Entscheidungseinheiten zur Erreichung ihrer [...] Ziele eigenverantwortlich einsetzen können" (Heemann 2008, S. 249 f.).

Um die machtpolitischen Einflüsse auf die Markenbudgetierung zu minimieren, muss diese auf einem **objektivierten Budgetierungsmodell** basieren. Um eine intersubjektive Nachprüfbarkeit zu erreichen, müssen unter Einbeziehung der beteiligten Mitarbeiter Richtlinien zum Budgetierungsprozess entwickelt werden, die sich an objektiven Kriterien überprüfen lassen. Hierbei ist es von hoher Bedeutung, dass die einbezogenen Mitarbeiter mit der Markenpositionierung und der Markenidentität vertraut sind und über ausreichend Markenwissen verfügen. Ebenso von entscheidender Bedeutung ist die Abstimmung gemeinsamer Erfolgskennziffern und operationalisierter Ziele, die auf den Markenzielen basieren (vgl. Hermes 2009). Dies gilt für das interne ebenso wie für das externe Markenmanagement. Nur so kann die jeweilige Marke im Rahmen des Markencontrollings an den vereinbarten Zielen gemessen werden und mögliche Korrekturen bei einer erneuten Markenbudgetierung vorgenommen werden.

2.6.2 Budgetierungsprozess

Zunächst ist im Prozess der Budgetierung der **Ist-Zustand der Markenbudgetierung** zu analysieren. Zentrale Fragestellungen sind hierbei: Wie hoch ist das Marketingbudget? Wie ist das Budget heute aufgeteilt? Wofür wird es bisher verwendet? (vgl. Meurer und Rügge 2012, S. 30 ff.). Nachdem diese Informationen aufbereitet wurden, muss das „investive Marketingbudget" ermittelt werden. Hierzu muss das Gesamtbudget um markenunabhängige Budgets, wie z. B. Marktforschungsbudgets oder Unternehmens-PR, verringert werden. Das verbleibende investive Budget kann im weiteren Verlauf der Markenbudgetierung den einzelnen Marken zugewiesen werden (vgl. Abb. 2.47).

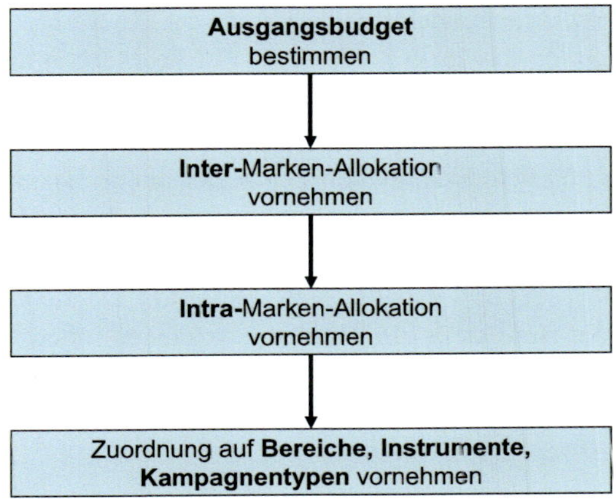

Abb. 2.47 Darstellung des Budgetierungsprozesses

Die Situationsanalyse muss hierbei v. a. die relative Stärke der Marken zueinander ermitteln. Trägt eine Marke in hohem Maß zum ökonomischen Erfolg des Unternehmens bei, erhält sie ein höheres Budget als eine schwächere Marke. Um zu verhindern, dass jüngere bzw. kleinere Marken mit einem hohen Entwicklungspotenzial aufgrund des bisherigen geringeren ökonomischen Erfolgs zu starken Budgetrestriktionen unterliegen, müssen ebenso die Wachstumschancen der einzelnen Marken im Verhältnis zum jeweiligen Marktwachstum beachtet werden.

Um diesen Anforderungen gerecht zu werden, wird oft zwischen einem „**Sicherungsbudget**" (zur Stabilisierung des Ist-Geschäftes) und einem „**Wachstumsbudget**" unterschieden. Das Sicherungsbudget basiert hierbei auf dem bisherigen Beitrag zum ökonomischen Erfolg des Unternehmens. Das Wachstumsbudget hingegen orientiert sich an den relativen Wachstumsprognosen der Marke im Verhältnis zur Entwicklung des jeweiligen Marktes bzw. Marktsegments. Eine Marke mit überdurchschnittlicher Wachstumswahrscheinlichkeit erhält somit ein höheres Wachstumsbudget als Marken mit geringerer Wachstumswahrscheinlichkeit.

Die in den Markenzielen und der Markenbudgetierung definierten Ziele mit den dazugehörigen allokierten Mitteln müssen im Rahmen des Markencontrollings einer Untersuchung der Zielerreichung unterzogen werden, um bei der nächsten Budgetierung notwendige Anpassungen vorzunehmen.

Die hohe Komplexität und schwer nachvollziehbare Verteilung der Marketingbudgets führte auch bei der TUI 2008 zu einer Überarbeitung der Marketingbudgets. Seitdem orientiert sich die Verteilung der Marketingbudgets zwischen den Marken an ihrem Wertschöpfungsbeitrag. Ziel hierbei war eine „Budgetierung, die sich am Beitrag einer Marke oder Submarke zum wirtschaftlichen Unternehmensergebnis orientiert. Konkret bedeutet das: Je höher der Grenzertrag – gemessen in EBITA – einer Marketingmaßnahme, je mehr Budget [kann für eine Marke bereitgestellt werden]" (TUI Marketingdirektor Michael Lambertz in Hermes 2009, S. 33). Nach der Ermittlung gemeinsamer Erfolgsziffern und operationaler Ziele wurde die Ist-Analyse der Budgets durchgeführt. Im Ergebnis wurde das investive Budget für die Marken airtours, 1-2-Fly, TUI Schöne Ferien, TUI Weltentdecker und TUI Premium ermittelt. Danach wurden die Ziele als Basis des Budgetierungsmodells definiert. Dies waren v. a. EBITA, Markeninszenierung und die Stärkung des persönlichen Kundenkontakts. Basierend auf diesen Zielen wurde der Beitrag der einzelnen Marken zur Erreichung dieser Ziele ermittelt. Hohe Bedeutung hatte hierbei die Einbeziehung der Wachstumschancen als Zukunftsperspektive, die im Rahmen des Wachstumsbudgets erfasst wurde. Da die Entwicklung der Budgetierungslogik sowie die Bewertung der Wachstumschancen unter der Mitarbeit der Markenverantwortlichen durchgeführt wurden, wurde ein hohes internes Commitment für die neue Markenbudgetierung erreicht (vgl. Hermes 2009).

Literatur

Aaker, D. A. (1990). Brand extensions: the good, the bad, and the ugly. *Sloan Management Review, 31*(4), 47–56.

Aaker, D. A. (1996). Misconceptions about brands. *The Journal of Brand Management, 3*(4), 212–214.

Aaker, D. A. (2004). *Brand portfolio strategy. Creating relevance, differentiation, energy, leverage, and clarity*. New York: Free Press.

Aaker, D. A., & Joachimsthaler, E. (2000). *Brand leadership*. New York: Free Press.

Aaker, D. A., & Shansby, J. G. (1982). Positioning your product. *Business horizons, 25*(3), 56–62.

Alpert, L., & Gatty, R. (1969). Product positioning by behavioural life-styles. *Journal of Marketing, 33*(2), 65–69.

Andrews, T., & Chew, W. (2017). *Building brands in Asia*. London, New York: Routledge.

Arbe, D. (1999). *Markensysteme: Der Einfluss der Branche auf ihre Gestaltung*. Bamberg: Difo-Druck.

Ausschuss für Begriffsdefinitionen aus der Handels- und Absatzwirtschaft (2006). *Katalog E. Definitionen zu Handel und Distribution*. Köln: Inst. für Handelsforschung an der Univ. zu Köln.

Backhaus, K., & Bieling, M. (2005). Markenmigration. In F.-R. Esch (Hrsg.), *Moderne Markenführung – Grundlagen. Innovative Ansätze. Praktische Umsetzungen* (S. 883–901). Wiesbaden: Gabler.

Backhaus, K., Erichson, B., Plinke, W., & Weiber, R. (2016). *Multivariate Analysemethoden – eine anwendungsorientierte Einführung*. Berlin: Springer.

Baker, T. L., Rapp, A., Meyer, T., & Mullins, R. (2014). The role of brand communications on front line service employee beliefs, behaviors, and performance. *Journal of the Academy of Marketing Science, 42*(6), 642–657.

Bartz, T., & Clausen, S. (2015). Deutsche Bank, Deutsches Drama. *Manager Magazin, 1/2015*, 30.

Batten & Company (2014). Markenstärke Retail Brands 2014 – Die Klarheit der Markenimages deutscher Retail Brands nimmt drastisch ab. http://www.batten-company.com/presse/marketing-news/studie-markenstaerke-retail-brands-2014.html. Zugegriffen: 5. Mai 2015.

Baumgarth, C. (2003). *Wirkungen des Co-Brandings*. Wiesbaden: Dt. Univ.-Verlag.

Baumgarth, C. (2014). *Markenpolitik: Markentheorien, Markenwirkungen, Markenführung, Markencontrolling, Markenkontexte*. Wiesbaden: Springer Gabler.

Baumgarth, C., & Kastner, O. L. (2012). *Pop-up-Stores im Modebereich: Erfolgsfaktoren einer vergänglichen Form der Kundeninspiration*. Arbeitspapier der Hochschule für Wirtschaft und Recht, Bd. 69. Berlin: Hochschule für Wirtschaft und Recht Berlin.

Baumgarth, C., & Schmidt, M. (2010). How strong is the business-to-business brand in the workforce? An empirically-tested model of 'internal brand equity' in a business-to-business setting. *Industrial Marketing Management, 39*(8), 1250–1260.

Berentzen, J. (2010). *Handelsmarkenmanagement: Solution Selling in vertikalen Wertschöpfungsnetzwerken*. Wiesbaden: Gabler.

Berger, H., Willner, R.-G., & Einhorn, M. (2007). Kundenorientierte Produktentwicklung am Beispiel des Audi Q7. In S. Albers & A. Herrmann (Hrsg.), *Handbuch Produktmanagement* (S. 969–980). Wiesbaden: Gabler.

Bielefeld, K. W. (2014). *Markenführung ist Kopfarbeit: Neurowissenschaftliche Grundlagen für den Markenerfolg – neue Erkenntnisse für die Marketingwissenschaft?* Arbeitspapier des Lehrstuhls für innovatives Markenmanagement (LiM) der Universität Bremen. Bremen: Universität Bremen.

Bieling, M. (2005). *Internationalisierung von Marken – Eine Analyse aus konzeptioneller und empirischer Perspektive*. Hamburg: Kovac.

Binder, C. (2005). Lizenzierung von Marken. In F.-R. Esch (Hrsg.), *Moderne Markenführung – Grundlagen. Innovative Ansätze. Praktische Umsetzungen* (S. 523–548). Wiesbaden: Gabler.

Binder, C. (2011). *Was kostet eine Marken-Lizenz?* 361° White Paper on Brand Diversification and Brand Licensing, 5. Reutlingen: Capstone Branding GmbH.

Blackett, T., & Boad, B. (1999). *Co-branding*. Houndmills: MacMillan Business.

Blankson, C., Kalafatis, S. P., Cheng, J. M., & Hadjicharalambous, C. (2008). Impact of positioning strategies on corporate performance. *Journal of Advertising Research, 48*(1), 106–122.

Bliss, C. (2000). *Management von Komplexität*. Wiesbaden: Gabler.

BMW Group (2003). Customer innovation lab. http://www.bmwgroup.com/d/nav/index.html?http://www.bmwgroup.com/d/0_0_www_bmwgroup_com/forschung_entwicklung/science_club/veroeffentlichte_artikel/2003/news200318.html. Zugegriffen: 22. Juni 2011.

Boch, S. (2013). *Bestimmung des Repositionierungsspielraums von Marken – Markenführung mit Hilfe neuroökonomischer Forschungserkenntnisse*. Wiesbaden: Springer Gabler.

Bohmann, T. (2011). *Nachhaltige Markendifferenzierung von Commodties – Besonderheiten und Ansatzpunkte im Rahmen der identitätsbasierten Markenführung*. Wiesbaden: Springer Gabler.

Borth, B.-O. (2004). *Beschwerdezufriedenheit und Kundenloyalität im Dienstleistungsbereich – Kausalanalysen unter Berücksichtigung moderierender Effekte*. Wiesbaden: Dt. Univ.-Verlag.

Böttger, E. (2012). *Employer Branding – Verhaltenstheoretische Analysen als Grundlage für die identitätsorientierte Führung von Arbeitgebermarken*. Wiesbaden: Gabler.

Bowlby, J. (1979). *The making and breaking of affectional bonds*. London: Routledge.

Brands & Values & Markenverband (2009). *Ethical Brand Monitor*

Brandtner, M. (2011). Einladung zum Markenfrühjahrsputz. *Absatzwirtschaft – Marken*, Sonderausgabe zum Markenaward 2011, 30–33.

Brexendorf, T. O., & Tomczak, T. (2005). *Interne Markenführung. Führungspraxis: motivieren, kooperieren, führen*. Düsseldorf: Symposion.

Brinkel, G. (2015). *Erfolgreiches Franchise-System-Management*. Wiesbaden: Springer Gabler.

Brockhoff, K. (1999). *Produktpolitik*. Stuttgart: Lucius & Lucius.

Brook, S. (2004). Spin-off brands „more likely to fail". https://www.theguardian.com/media/2004/sep/07/marketingandpr. Zugegriffen: 16. Aug. 2017.

Brück, M. (2015). Der Handelsgigant wird zum Selbstversorger. http://www.wiwo.de/unternehmen/handel/lidl-macht-jetzt-eis-wie-lidl-zum-selbstversorger-wurde/12239862-2.html. Zugegriffen: 16. Aug. 2017.

Bruhn, M. (2008). Der Einfluss der Mitarbeitenden auf den Markenerfolg – Konzeptualisierung und Operationalisierung Interner Markenbarometer. In H. H. Bauer, F. Huber & C.-M. Albrecht (Hrsg.), *Erfolgsfaktoren der Markenführung* (S. 159–177). München: Vahlen.

Bruhn, M. (2012). Handelsmarken – Erscheinungsformen, Potentiale und strategische Stoßrichtungen. In J. Zentes, B. Swoboda, D. Morschett & H. Schramm-Klein (Hrsg.), *Handbuch Handel* (S. 453–563). Wiesbaden: Springer Gabler.

Bruhn, M., & Eichen, F. (2007). Marken-Konsumenten-Beziehungen: Bestandsaufnahme, kritische Würdigung und Forschungsfragen aus Sicht des Relationship Marketing. In A. Florack & E. Primosch (Hrsg.), *Psychologie der Markenführung* (S. 221–256). München: Vahlen.

Burmann, C. (2002). *Strategische Flexibilität und Strategiewechsel als Determinanten des Unternehmenswertes (zugl. Habilitationsschrift Universität Münster)*. Wiesbaden: Dt. Univ.-Verlag.

Burmann, C. (2005). Interne und externe Kommunikation. In Ad-hoc Krisen, C. Burmann, J. Freiling & M. Hülsmann (Hrsg.), *Management von Ad-hoc Krisen* (S. 461–479). Wiesbaden: Gabler.

Burmann, C. (2017). *Identitätsbasierte Markenführung. Verantwortung zählt. Beitrag für „Marketing Weiterdenken" zum 80. Geburtstag von Prof. Heribert Meffert*

Burmann, C., & Blinda, L. (2004). Identitätsbasiertes Markenmanagement. In B. Wirtz & O. Göttgens (Hrsg.), *Integriertes Marken- und Kundenwertmanagement*. Wiesbaden: Gabler.

Burmann, C., & Kanitz, C. (2010). *Gestaltung der Markenarchitektur – Stand der Forschung und Entwicklung eines Managementprozesses*. Arbeitspapier Nr. 45 des Lehrstuhls für innovatives Markenmanagement (LiM) der Universität Bremen. Bremen: Universität Bremen.

Burmann, C., & Kiefel, N. (2012). *Online-Handel und digitales Marketing – eine strategische Option für die Markenhersteller zur Verringerung der Verhandlungsmacht des Einzelhandels*. Arbeitspapier Nr. 51 des Lehrstuhls für innovatives Markenmanagement (LiM) der Universität Bremen. Bremen: Universität Bremen.

Burmann, C., & Kranz, M. (2008). *Die Markenidentität zum Leben erwecken – Interner Markenaufbau durch Mitarbeiterqualifikation*. Bremen: Universität Bremen.

Burmann, C., & Launspach, J. (2010). Identitätsbasierte Betrachtung von B-to-B-Marken. In C. Baumgarth (Hrsg.), *B-to-B-Markenführung. Grundlagen, Konzepte, Best Practice* (S. 155–178). Wiesbaden: Gabler.

Burmann, C., & Meffert, H. (2005). Gestaltung von Markenarchitekturen. In H. Meffert, C. Burmann & M. Koers (Hrsg.), *Markenmanagement – Identitätsorientierte Markenführung und praktische Umsetzung* (S. 163–212). Wiesbaden: Gabler.

Burmann, C., & Piehler, R. (2013). Employer Branding vs. Internal Branding: Ein Vorschlag zur Integration im Rahmen der identitätsbasierten Markenführung. *Die Unternehmung*, *67*(3), 223–245.

Burmann, C., & Piehler, R. (2016). Interne und externe Markenkommunikation im Rahmen des Internal Branding. In F.-R. Esch (Hrsg.), *Handbuch Markenführung* (S. 1–25). Wiesbaden: Springer.

Burmann, C., & Recke, T. (2009). Das Diktat der Markenführung: Gestaltung der Repositionierungsintensität als Herausforderungen an die Markenführung. In H. Hannemann & F. Keuper (Hrsg.), *Das Diktat der Markenführung – 11 Thesen zur nachhaltigen Markenführung und -implementierung mit einem umfassenden Fallbeispiel der Loewe AG*. Wiesbaden: Springer Gabler.

Burmann, C., & Schallehn, M. (2010). *Konzeptualisierung von Markenauthentizität*. Arbeitspapier Nr. 44 des Lehrstuhls für innovatives Markenmanagement (LiM) der Universität Bremen. Bremen: Universität Bremen.

Burmann, C., & Zeplin, S. (2005). Building brand commitment: a behavioural approach to internal brand management. *Journal of Brand Management*, *12*(4), 279–300.
Burmann, C., Meffert, H., & Feddersen, C. (2007). Identitätsbasierte Markenführung. In A. Florack, M. Scarabis & E. Primosch (Hrsg.), *Psychologie der Markenführung* (S. 3–30). München: Vahlen.
Burmann, C., Zeplin, S., & Riley, N.-M. (2009). Key determinants of internal brand management success: an exploratory empirical analysis. *Journal of Brand Management*, *16*(4), 264–284.
Burmann, C., Piehler, R., & Löwa, A. (2015). Strategy changes, flexibility and brand management. In H. Albach, H. Meffert, A. Pinkwart & R. Richwald (Hrsg.), *Management of permanent change*. New York: Springer Gabler.
Busch, U. (2009). Reckitt Benckiser: Calgonit heißt jetzt Finish. https://www.wuv.de/marketing/reckitt_benckiser_calgonit_heisst_jetzt_finish. Zugegriffen: 16. Mai 2017.
Calloway, J. (2003). *Becoming a category of one – how extraordinary companies transcend commodity and defy comparsion*. Hoboken: John Wiley & Sons.
Charvet, S. R. (2010). *Oh nein, schon wieder ein Kunde*. Paderborn: Junfermann.
de Chernatony, L., & Cottam, S. (2006). Internal brand factors driving successful financial services brands. *European Journal of Marketing*, *40*(5/6), 611–633.
Coca-Cola (2017). http://www.coca-colacompany.com/content/dam/journey/us/en/private/2016/01/TastetheFeeling3-highres.jpg. Zugegriffen: 8. Sept. 2017.
Dahl, D. W., Fuchs, C., & Schreier, M. (2014). Why and when consumers prefer products of user-driven firms: a social identification account. *Management Science*, *61*(8), 1978–1988.
Dean, D., Arroyo-Gamez, R. E., Punjaisri, K., & Pich, C. (2016). Internal brand co-creation: The experiential brand meaning cycle in higher education. *Journal of Business Research*, *69*(8), 3041–3048.
Deutsche Lufthansa AG (2017). http://www.lufthansa.com/de/de/Lufthansa-Group-Star-Alliance-und-Partner-Airlines. Zugegriffen: 8. Sept. 2017.
Dietert, A.-C. (2018). *Die Erfolgssicherung von Marken durch Authentizität*. Dissertation [in Druck].
Dohmen, F., Hawranek, D., & Traufetter, G. (2017). Die Geisterfahrer. *Der Spiegel*, *24/2017*, 56–63.
Douglas, S. P., Craig, C. S., & Nijssen, E. J. (2001). Integrating branding strategy across markets: building international brand architecture. *Journal of International Marketing*, *9*(2), 97–114.
Duncan, E. (2008). Here today, gone tomorrow. *In the Black*, *78*(8), 48–51.
Duong Dinh, H. V., Gehrmann, K., & Ahlert, D. (2010). Franchising – Ein Überblick. In H. V. Duong Dinh, K. Gehrmann & D. Ahlert (Hrsg.), *Handbuch Franchising und Cooperation – das Managementkooperativer Unternehmensnetzwerke* (S. 29–58). Frankfurt: Dt. Fachverlag.
DVF & Institut für Markenfranchise (2017). Franchise Partner und Franchise-Betriebe. http://franchisemonitor.de/wp-content/uploads/2017/01/FFS_Franchise-Partner_16.jpg. Zugegriffen: 16. Aug. 2017.
EDEKA (2014). Werbespot EDEKA auf YouTube. https://www.youtube.com/watch?v=jxVcgDMBU94. Zugegriffen: 11. Mai 2017.
Edelmann, R. (2011). Edelman trust barometer. http://www.edelman.com/trust/2011. Zugegriffen: 4. Mai 2011.
Einwiller, S. (2003). *Vertrauen durch Reputation im elektronischen Handel*. Wiesbaden: Deutscher Universitäts-Verlag.
Enke, M., Geigenmüller, A., & Leischnig, A. (2014). *Commodity Marketing. Grundlagen – Besonderheiten – Erfahrungen*. Wiesbaden: Springer Gabler.
Esch, F.-R. (2014). *Strategie und Technik der Markenführung*. München: Vahlen.

Esch, F.-R., Rutenberg, J., Strödter, K., & Vallaster, C. (2005). Verankerung der Markenidentität durch Behavioral Branding. In F.-R. Esch (Hrsg.), *Moderne Markenführung* (S. 985–1008). Wiesbaden: Gabler.

Esch, F.-R., Knörle, C., & Strödter, K. (2014). *Internal Branding – Wie Sie mit Mitarbeitern die Marke stark machen*. München: Vahlen.

Eurowings (2017). Bild- und Filmmaterial. https://www.eurowings.com/de/4u/unternehmen/presse/bild-und-filmmaterial.html. Zugegriffen: 31. Juli 2017.

Feddersen, C. (2010). *Repositionierung von Marken – Ein agentenbasiertes Simulationsmodell zur Prognose der Wirkungen von Repositionierungsstrategien*. Wiesbaden: Gabler.

FedEx (2017). Company overview. http://investors.fedex.com/company-overview/overview-of-services/default.aspx. Zugegriffen: 9. Sept. 2017.

Fichtner, U., Goos, H., & Hesse, M. (2016). Finanzskandale – Aufstieg und Fall der Deutschen Bank. *Der Spiegel, 43/2016*, 10–24.

Finish (2017). http://www.finish.de/. Zugegriffen: 1. Aug. 2017.

Freter, H., & Baumgarth, C. (2005). Ingredient Branding – Begriff und theoretische Begründung. In F.-R. Esch (Hrsg.), *Moderne Markenführung* (S. 455–482). Wiesbaden: Gabler.

Füller, J., Matzler, K., & Hoppe, M. (2008). Brand community members as a source of innovation. *Journal of Product Innovation Management, 25*(6), 608–619.

Füller, J., Mühlbacher, H., & Bartl, M. (2009). Beziehungsmanagement durch virtuelle Kundeneinbindung in den Innovationsprozess. In H. H. Hinterhuber & K. Matzler (Hrsg.), *Kundenorientierte Unternehmensführung* (S. 197–221). Wiesbaden: Gabler.

Gallup (2017). Engagement Index Deutschland 2016. http://www.gallup.de/183104/engagement-index-deutschland.aspx. Zugegriffen: 27. Apr. 2017.

GfK Gesellschaft für Konsumforschung (2012). GfK consumer index total grocery 01/2012. http:// www.gfkps.com/imperia/md/content/ps_de/consumerindex/ci_01_2012_od.pdf. Zugegriffen: 24. Juli 2012.

GfK Gesellschaft für Konsumforschung (2015). GfK consumer index total grocery 12/2014. https://www.gfk.com/fileadmin/user_upload/dyna_content_import/2015-09-01_news/data/de/Documents/News%20Deutschland/CI_12_2014.pdf. Zugegriffen: 12. Mai 2017.

Gladwell, M. (2012). *The tipping point – how little things can make a big difference*. New York: Little, Brown & Company.

Greiner, O. (2004). *Strategiegerechte Budgetierung – Anforderungen und Gestaltungsmöglichkeiten der Budgetierung im Rahmen der Strategierealisierung*. München: Vahlen.

Grigorian, V. (2002). *Russian standard vodka: strategies for global branding and expansion into the US market*. Fontainebleau: INSEAD.

Gummesson, E. (1987). The new marketing – developing long-term interactive relationships. *Long Range Planning, 20*(4), 10–20.

Haas, S. (2010). *Markenportfoliobereinigungen – Entwicklung eines Planungsprozesses zur Strategieformulierung*. Wiesbaden: Gabler.

Hätty, H. (1989). *Der Markentransfer*. Heidelberg: Physica.

Heemann, J. (2008). *Markenbudgetierung*. Wiesbaden: Gabler.

Hegner, S. (2012). *Die Relevanz des Vertrauens für das identitätsbasierte Management globaler Marken – Ein interkultureller Vergleich zwischen Deutschland, Indien und Südafrika*. Wiesbaden: Springer Gabler.

Hermes, V. (2009). Die TUI revolutioniert ihre Budgetplanung. *Absatzwirtschaft, 01*, 32–35.

Herrmann, A., Huber, F., & Wittke-Kothe, C. (2002). Interne Markenführung – Verankerung der Markenidentität im Mitarbeiterverhalten. *Journal für Betriebswirtschaft, 52*(5-6), 186–205.

Hesseling, C. (2010). Gestreckter Kaffee – Wie Röstereien tricksen. http://www.blogmaxe.de/2010/10/20/gestreckter-kaffe-wie-roestereien-tricksen. Zugegriffen: 27. Okt. 2014.

Himmelreich, S., & Einwiller, S. (2015). Wenn der „Shitstorm" überschwappt. Eine Analyse digitaler Spillover in der deutschen Print- und Onlineberichterstattung. In O. Hoffjann & T. Pleil (Hrsg.), *Strategische Online-Kommunikation. Theoretische Konzepte und empirische Befunde* (S. 183–205). Wiesbaden: Springer.

Homburg, C., & Schäfer, H. (2001). Strategische Markenführung in einer dynamischen Umwelt. In R. Köhler, W. Majer & H. Wiezorek (Hrsg.), *Erfolgsfaktor Marke: Neue Strategien des Markenmanagements* (S. 157–173). München: Vahlen.

Horstmann, F. (2017). *Wirkung von Private Label Brands auf Retailer Brands – Möglichkeiten zur Markenprofilierung im Lebensmitteleinzelhandel*. Wiesbaden: Springer Gabler.

Hugo Boss AG (2017). Hugo Boss Markenübersicht. http://group.hugoboss.com/de/konzern/ueber-hugo-boss/marken/. Zugegriffen: 15. Mai 2017.

Indrest, R. (2013). Implications of buyer power and private labels on vertical competition and innovation. http://www.markenverband.de/publikationen/studien/Vertical%20Competition%20and%20Innovation%20Report%20-%20Roman%20Inderst.pdf. Zugegriffen: 5. Mai 2015.

Ipsos Mori (2009). The flight to value. http://www.ipsos-mori.com/Assets/Docs/The-flight-to-value.pdf. Zugegriffen: 27. Okt. 2014.

Jentschke, M. (2016). *Innengerichtete Markenführung in Unternehmen mit mehreren Marken – Wirkungen und Determinanten multipler Brand Commitments*. Wiesbaden: Springer Gabler.

Kanitz (2013). *Gestaltung komplexer Markenarchitekturen – Eine empirische Untersuchung zur Ermittlung der Verhaltensrelevanz von Marken unterschiedlicher Hierarchieebenen*. Wiesbaden: Springer Gabler.

Kapferer, J.-N. (2008). *Strategic brand management: creating and sustaining brand equity long term*. London: Kogan Page.

Kaplan, R., & Norton, D. P. (2000). *The strategy-focused organization*. Boston: Harvard Business School Press.

Keller, K. L. (2013). *Strategic brand management. Building, measuring and managing brand equity*. Boston: Pearson.

Keller, K. L., Aperia, T., & Georgson, M. (2012). *Strategic brand management – a European perspective*. Harlow: Prentice Hall.

Kennedy, A., & Dudgale, D. (1999). Getting the most from budgeting. *Management Accounting*, *79*, 22–24.

Kenning, P. (2003). *Customer Trust Management. Ein Beitrag zum Vertrauensmanagement im Lebensmitteleinzelhandel*. Wiesbaden: Dt. Univ.-Verlag.

Kimpakorn, N., & Tocquer, G. (2009). Employees' commitment to brands in the service sector: luxury hotel chains in Thailand. *Journal of Brand Management*, *16*(8), 532–544.

King, C., & Grace, D. (2008). Internal branding: exploring the employee's perspective. *Journal of Brand Management*, *15*(5), 358–372.

King, C., & Grace, D. (2010). Building and measuring employee-based brand equity. *European Journal of Marketing*, *44*(7/8), 938–971.

King, C., & Grace, D. (2012). Examining the antecedents of positive employee brand-related attitudes and behaviours. *European Journal of Marketing*, *46*(3), 469–488.

Kleine-Kalmer, B. (2016). *Brand page attachment – an empirical study on Facebook users' attachment to brand pages*. Wiesbaden: Springer Gabler.

Koers, M. (2001). *Steuerung von Markenportfolios: ein Beitrag zum Mehrmarkencontrolling am Beispiel der Automobilwirtschaft*. Frankfurt am Main: Peter Lang.

Kohli, A. K., & Jaworski, B. (1990). Market orientation: the construct, research propositions and managerial implications. *Journal of Marketing*, *54*, 1–18.

König, V. (2010). *Markenmanagement im Call Center: Eine empirische Analyse zur Konzeptionalisierung, Operationalisierung und Wirkung von Maßnahmen zum Aufbau von Brand Commitment in Call Centern*. Wiesbaden: Gabler.

Kothes, R. (2017). Intramarkenimagekonfusion. Eine empirische Untersuchung zur Ermittlung der Wirkung von Intramarkenimagekonfusion am Beispiel der Automobilindustrie. Universität Bremen: Dissertation [in Druck].

Kotler, P. (2003). *Marketing management*. Upper Saddle River: Prentice Hall.

Kotler, P., & Pfoertsch, W. (2010). *Ingredient branding. Making the invisible visible*. Berlin, Heidelberg: Springer.

Kotler, P., Keller, K. L., & Bliemel, F. (2011). *Marketing-Management. Strategien für wertschaffendes Handeln*. München: Pearson Studium.

Kotler, P., Keller, K. L., & Opresnik, M. O. (2015). *Marketing-Management. Konzepte – Instrumente – Unternehmensfallstudien*. Hallbergmoos: Pearson.

Krogh, H. (2010). Seat-Chef Muir spricht Klartext über Probleme der spanischen VW-Marke. http://www.automobilwoche.de/article/20100513/NACHRICHTEN/100519972/seat-chef-muir-spricht-klartext-uber-probleme-derspanischen-vw-marke#.VE4sxfl5PHQ. Zugegriffen: 27. Okt. 2014.

Kumar, P. (2005). The impact of cobranding on customer evaluation of brand counterextensions. *Journal of Marketing*, *69*(3), 1–18.

Kumar, N., & Steenkamp, J.-B. (2007). *Private label strategy – how to meet the store brand challenge*. Boston: Harvard Business School Press.

Laforet, S., & Saunders, J. (1994). Managing brand portfolios: how the leaders do it. *Journal of Advertising Research*, *34*(5), 64–76.

Laforet, S., & Saunders, J. (2007). How brand portfolios have changed: a study of grocery suppliers brands from 1994 to 2004. *Journal of Marketing Management*, *23*(1/2), 39–58.

Lawler, E. J. (1992). Affective attachment to nested groups: a choice-process theory. *American Sociological Review*, *57*(3), 327–339.

Li, F., Zhou, N., Kashyap, R., & Yang, Z. (2008). Brand trust as a second-order factor. *International Journal of Market Research*, *50*, 817–839.

Lieberknecht, J., & Esch, F.-R. (2014). Fallstudie: Rebranding – vom Ende her denken. In F.-R. Esch, T. Tomczak, J. Kernstock, T. Langner & J. Redler (Hrsg.), *Corporate Brand Management – Marken als Anker strategischer Führung von Unternehmen* (S. 139–148). Wiesbaden: Springer Gabler.

Löhndorf, B., & Diamantopoulos, A. (2014). Internal branding: social identity and social exchange perspectives on turning employees into brand champions. *Journal of Service Research*, *17*(3), 310–325.

Mael, F. A., & Ashforth, B. E. (1992). Alumni and their alma mater: a partial test of the reformulated model of organizational identification. *Journal of Organizational Behavior*, *13*(2), 103–123.

Maloney, P. (2007). *Absatzmittlergerichtetes, identitätsbasiertes Markenmanagement: Eine Erweiterung des innengerichteten, identitätsbasierten Markenmanagements unter besonderer Berücksichtigung von Premiummarken*. Wiesbaden: Gabler.

ManagementCircle (2016). Handelsmarken Forum. Rückblick 2016. http://management-circle.de/wp-content/uploads/pdf/RB-Handelsmarken.pdf. Zugegriffen: 15. Aug. 2017.

Mao, H., Luo, X., & Jain, S. P. (2009). Consumer responses to brand elimination: an attributional perspective. *Journal of Consumer Psychology*, *19*(3), 280–289.

Markowitz, H. M. (1952). Portfolio selection. *Journal of Finance*, *7*, 77–91.

Markowitz, H. M. (1959). *Portfolio selection: efficient diversification of investments*. New York: Yale University Press.

Mars Deutschland (2017). http://international.mars.com/germany/de/index.aspx. Zugegriffen: 8. Sept. 2017.

McDonald's (2017). https://www.mcdonalds.de/. Zugegriffen: 9. Sept. 2017.

Meffert, H., & Burmann, C. (1996). Identitätsorientierte Markenführung – Grundlagen für das Management von Markenportfolios. In H. Meffert, H. Wagner & K. Backhaus (Hrsg.), *Arbeitspapier Nr. 100 der Wissenschaftlichen Gesellschaft für Marketing und Unternehmensführung e. V.* Münster: Wiss. Ges. für Marketing und Unternehmensführung.

Meffert, H., & Heinemann, G. (1990). Operationalisierung des Imagetransfers. *Marketing*, *1*, 5–10.

Meffert, H., & Koers, M. (2005). Markenkannibalisierung in Markenportfolios. In H. Meffert, C. Burmann & M. Koers (Hrsg.), *Markenmanagement* (S. 297–318). Wiesbaden: Gabler.

Meffert, H., Burmann, C., & Becker, C. (2010). *Internationales Marketing-Management: Ein marktorientierter Ansatz*. Stuttgart: Kohlhammer.

Meffert, H., Burmann, C., & Kirchgeorg, M. (2015). *Marketing: Grundlagen marktorientierter Unternehmensführung*. Wiesbaden: Springer Gabler.

Meurer, J., & Rügge, M. (2012). Kafka für Marketers. *Absatzwirtschaft*, *7*, 30–34.

Mishra, A. S., & Muthukumar, R. (2011). *Unilever's power brands strategy*. Wellesley, MA: IBS Center for Management Research.

Moon, H., & Sprott, D. E. (2016). Ingredient Branding for a luxury brand. The role of brand and product fit. *Journal of Business Research*, *69*, 5768–5774.

Müller, A. (2012). *Symbole als Instrumente der Markenführung. Eine kommunikations- und wirtschaftswissenschaftliche Analyse unter besonderer Berücksichtigung von Stadtmarken*. Wiesbaden: Springer.

Muzellec, L., & Lambkin, M. (2006). Corporate rebranding: destroying, transferring or creating brand equity? *European Journal of Marketing*, *40*(7/8), 803–824.

Nee, I. (2016). *Managing negative word-of-mouth on social media platforms*. Wiesbaden: Springer Gabler.

Netzer, F. (1999). *Strategische Allianzen im Luftverkehr: nachfragerorientierte Problemfelder ihrer Gestaltung*. Frankfurt am Main: Peter Lang.

Neumann, M. M. (2007). *Konsumentenvertrauen. Messung, Determinanten und Konsequenzen*. Wiesbaden: Deutscher Universitätsverlag.

Nielsen (2009). What makes a megabrand. http://www.nielsen.com/us/en/insights/news/2009/what-makes-a-megabrand.html. Zugegriffen: 17. Aug. 2017.

Nink, M. (2009). Ungenutztes Potenzial. *Die Bank*, *4*, 78–83.

Nitschke, A. (2006). *Event-Marken-Fit und Kommunikationswirkung – Eine Längsschnittsbetrachtung am Beispiel der Sponsoren der FIFA-Fußballweltmeisterschaft 2006*. Wiesbaden: Gabler.

o. V. (2013). Mächtige Allianz will Red Bull die Flügel stutzen. http://www.welt.de/wirtschaft/article131344085/Maechtige-Allianz-will-Red-Bull-die-Fluegel-stutzen.html. Zugegriffen: 05. Mai 2015.

o. V. (2014). Lidl listet wieder Coca-Cola. https://www.derhandel.de/news/unternehmen/pages/Lebensmitteldiscounter-Lidl-listet-wieder-Coca-Cola-10329.html. Zugegriffen: 05. Mai 2015.

Park, C., Jun, S. Y., & Shocker, A. D. (1996). Composite branding alliances. *Journal of Marketing Research*, *33*(4), 453–466.

Park, C. W., MacInnis, D. J., Priester, J., Eisingerich, A. B., & Iacobucci, D. (2010). Brand attachment and brand attitude strength: conceptual and empirical differentiation of two critical brand equity drivers. *Journal of Marketing*, *74*(6), 1–17.

PepsiCo (2017). http://www.pepsico.com/Media/Multimedia-Downloads. Zugegriffen: 8. Sept. 2017.

Perrey, J., Freundt, T., & Spillecke, D. (2015). *Power brands. Measuring, making and managing brand success*. Weinheim: Wiley.

Philips (2017). Nivea for men rasierer. https://www.philips.de/c-p/HS8460_25/nivea-nivea-for-men-rasierer#see-all-benefits. Zugegriffen: 16. Aug. 2017.

Piehler, R. (2011). *Interne Markenführung – Theoretisches Konzept und fallstudienbasierte Evidenz*. Wiesbaden: Gabler.

Piehler, R., Hanisch, S., & Burmann, C. (2015). Internal branding – relevance, management and challenges. *Marketing Review St. Gallen*, *32*(1), 52–60.

Piehler, R., King, C., Burmann, C., & Xiong, L. (2016). The importance of employee brand understanding, brand identification, and brand commitment in realizing brand citizenship behaviour. *European Journal of Marketing*, *50*(9/10), 1575–1601.

Plötner, O. (1995). *Das Vertrauen des Kunden. Relevanz, Aufbau und Steuerung auf industriellen Märkten*. Wiesbaden: Gabler.

Poggenpohl (2017). http://www.poggenpohl.com/imagevault/publishedmedia/rr5cdlx3kbcf1w2j94tt/Poggenpohl_Porsche_Design_Kitchen_P7340_-_Full_Sho.jpg. Zugegriffen: 8. Sept. 2017.

Porsche (2011). http://www.porsche.com/germany/aboutporsche/overview/principleporsche. Zugegriffen: 25. Juli 2012.

Porsche (2017). https://newsroom.porsche.com/en/. Zugegriffen: 8. Sept. 2017.

Porsche Design (2017). http://press.porsche-design.com/index.php?id=159&L=1. Zugegriffen: 8. Sept. 2017.

Porter, M. (2006). Leader as strategist – gain and sustain a unique position. *Leadership excellence*, *23*(6), 6.

Procter & Gamble (2017). Images. http://news.pg.com/multimedia/images. Zugegriffen: 15. Mai 2017.

Punjaisri, K., & Wilson, A. (2007). The role of internal branding in the delivery of employee brand promise. *Journal of Brand Management*, *15*(1), 57–70.

Punjaisri, K., & Wilson, A. (2011). Internal branding process: key mechanisms, outcomes and moderating factors. *European Journal of Marketing*, *45*(9/10), 1521–1537.

Punjaisri, K., Wilson, A., & Evanschitzky, H. (2008). Exploring the influences of internal branding on employees' brand promise delivery: implications for strengthening customer-brand relationships. *Journal of Relationship Marketing*, *7*(4), 407–424.

Punjaisri, K., Evanschitzky, H., & Wilson, A. (2009). Internal branding: an enabler of employees' brand-supporting behaviours. *Journal of Service Management*, *20*(2), 209–226.

Rangaswamy, A., Burke, R., & Oliva, T. (1993). Brand equity and the extendibility of brand names. *International Journal of Research in Marketing*, *10*, 61–75.

Rao, A. R., & Ruekert, R. W. (1994). Brand alliances as signals of product quality. *Sloan Management Review*, *36*(1), 87–97.

Rao, V. R., Agarwal, M. K., & Dahlhoff, D. (2004). How is manifest branding strategy related to the intangible value of a corporation? *Journal of Marketing*, *68*(4), 126–140.

Recke, T. (2011). *Die Bestimmung der Repositionierungsintensität von Marken. Ein entscheidungsunterstützendes Modell auf Basis von semantischen Netzen*. Wiesbaden: Gabler.

Reeves, R. (1960). *Reality in advertising*. New York: Knopf.

Ries, A., & Trout, J. (2001). *Positioning: the battle for your mind, 20th anniversary edition*. New York: McGraw-Hill.

Rippe, K. (2017). *Strategische Marken-Due-Diligence. Konzeptionelles Modell zur Messung des identitätsbasierten Markenfit bei M&As*. Wiesbaden: Springer.

Ritter Sport (2014). Schön war's: Der Pop Up SchokoLaden verabschiedet sich aus Hamburg. https://www.ritter-sport.de/blog/2014/06/25/schon-wars-der-pop-up-schokoladen-verabschiedet-sich-aus-hamburg/. Zugegriffen: 28. Juni 2017.

Röben, P. (2015). Hoffnungsträger SunExpress – Lufthansa setzt Ferienflieger auf Langstrecke ein. *Weser Kurier*, 20.02.2015, S. 2.

Roosdorp, A. (1998). *Positionierungspflege: Phänomen, Herausforderungen und Konzept*. St. Gallen: Univ. Diss.

Rosenberg, M. (1979). *Conceiving the self*. New York: Basic Books.

Sachs, A. (2002). Portfolio-Management bei Unilever. *Marketingjournal, 2*, 8–17.

Samland, B. M. (2006). *Unverwechselbar. Name, Claim & Marke*. Freiburg: Haufe.

Sasserath Munzinger Plus (2014). Markenvertrauen 2013. http://sasserathmunzingerplus.com/leistungen/studien/vertrauen/markenvertrauen-2013/. Zugegriffen: 25. Aug. 2017.

Sasserath Munzinger Plus (2015). Markenvertrauen 2014. http://sasserathmunzingerplus.com/leistungen/studien/vertrauen/brand-experience-trust-monitor-2015/vertrauen-made-in-germany/. Zugegriffen: 15. Mai 2017.

Sasserath Munzinger Plus (2016). Markenvertrauen 2015. http://sasserathmunzingerplus.com/leistungen/studien/vertrauen/brand-experience-trust-monitor-2015/. Zugegriffen: 15. Mai 2017.

Sasserath Munzinger Plus (2017). Marken in der Vertrauenskrise. http://sasserathmunzingerplus.com/leistungen/studien/vertrauen/brand-experience-trust-monitor-2016/marken-in-der-vertrauenskrise/. Zugegriffen: 16. Mai 2017.

Sattler, H., & Völckner, F. (2013). *Markenpolitik*. Stuttgart: Kohlhammer.

Sattler, H., Völckner, F., & Zatloukal, G. (2003). Erfolgsfaktoren von Markentransfers. *Marketing ZFP, 25*(3), 147–168.

Schiele, T. P. (1999). *Markenstrategien wachstumsorientierter Unternehmen*. Wiesbaden: Springer.

Schloemer, A., Esch, F.-R., & Krieger, K. H. (2009). Aus VIAG Interkom wird o2. Erfolgreiche Migration und Turnaround einer Marke. In F.-R. Esch & W. Ambrecht (Hrsg.), *Best Practice in der Markenführung* (S. 202–224). Wiesbaden: Gabler.

Schlüter, T., & Villeda, I. V. (2011). Markendifferenzierung durch Ingredient Branding. Ein Überblick über empirische Studien. In F. Völckner, C. Willers & T. Weber (Hrsg.), *Markendifferenzierung. Innovative Konzepte zur erfolgreichen Markenprofilierung* (S. 95–116). Wiesbaden: Gabler.

Schmitt, B. (2003). *Customer experience management – a revolutionary approach to connecting with your customers*. Weinheim: John Wiley & Sons.

Schulze-Bentrop, C. (2014). *Management von Markentransfers. Der Einfluss des Kaufentscheidungsverhaltens auf die Erfolgsfaktoren*. Wiesbaden: Springer Gabler.

Schweiger, G., & Schrattenecker, G. (2017). *Werbung: Eine Einführung*. München: UVK.

Schweiger, G., Strebinger, A., Otter, T., & Friederes, G. (1999). Markenstrukturen in den Köpfen der Konsumenten – Vom Reißbrett zur Realität. *Zeitschrift für Automobilwirtschaft, 2*(3), 6–12.

Sirianni, N. J., Bitner, M. J., Brown, S. W., & Mandel, N. (2013). Branded service encounters: strategically aligning employee behavior with the brand positioning. *Journal of Marketing, 77*(6), 108–123.

Skala-Gast, D. (2012). *Zusammenhang zwischen Kundenzufriedenheit und Kundenloyalität: Eine empirische Analyse am Beispiel der deutschen Automobilindustrie*. Wiesbaden: Springer Gabler.

Sneakermuseum (2016). http://www.sneakermuseum.de/project/quotes-archive-3-stripes-15-years/. Zugegriffen: 24. Aug. 2017.

Sponheuer, B. (2010). *Employer Branding als Bestandteil einer ganzheitlichen Markenführung*. Wiesbaden: Gabler.

Starbucks (2017). My Starbucks Idea. https://www.starbucks.com/coffeehouse/learn-more/my-starbucks-idea. Zugegriffen: 24. Aug. 2017.

Strebinger, A. (2010). *Markenarchitektur – Strategien zwischen Einzel- und Dachmarke sowie lokaler und globaler Marke*. Wiesbaden: Gabler.

Szeliga, M. (1996). *Push und Pull in der Markenpolitik: ein Beitrag zur modellgestützten Marketingplanung am Beispiel des Reifenmarktes*. Frankfurt: Peter Lang.

Terglav, K., Konečnik Ruzzier, M., & Kaše, R. (2016). Internal branding process: exploring the role of mediators in top management's leadership-commitment relationship. *International Journal of Hospitality Management, 54*, 1–11.

The Economist (2004). Path to no growth. http://www.economist.com/node/3222955. Zugegriffen: 17. Aug. 2017.

The Good Will Out (2017). Store front. https://www.facebook.com/185310892696/photos/a.10150720579007697.423194.185310892696/10155946997742697/?type=1&theater. Zugegriffen: 24. Aug. 2017.

Thomson, M., MacInnis, D., & Park, C. W. (2005). The ties that bind: Measuring the strength of consumers' emotional attachments to brands. *Journal of Consumer Psychology, 15*(1), 77–91.

TNS Infratest (2009). Building brands in troubled times. http://www.tnsinfratest.com/presse/pdf/Antworten_auf_die_Krise/TNS_Infratest_Markenfuehrung_in_der_. Zugegriffen: 15. Mai 2017.

Tomczak, T., Esch, F.-R., Kernstock, J., & Herrmann, A. (2012). *Behavioral branding*. Wiesbaden: Gabler.

Tomczak, T., Kuß, A., & Reinecke, S. (2014). *Marketingplanung – Einführung in die marktorientierte Unternehmens- und Geschäftsfeldplanung*. Wiesbaden: Gabler.

Trommsdorff, V. (1975). *Die Messung von Produktimages für das Marketing: Grundlagen und Operationalisierung*. Köln: Heymanns.

Trout, J. (1969). "Positioning" is a game people play in today's me-too market place. *Industrial Marketing, 54*(6), 51–55.

Vallaster, C., & de Chernatony, L. (2005). Internationalisation of services brands: the role of leadership during the internal brand building process. *Journal of Marketing Management, 21*(1/2), 181–203.

Vallaster, C., & de Chernatony, L. (2006). Internal brand building and structuration: the role of leadership. *European Journal of Marketing, 40*(7/8), 761–784.

Varadarajan, R., DeFanti, M. P., & Busch, P. S. (2006). Brand portfolio, corporate image, and reputation: managing brand deletions. *Journal of the Academy of Marketing Science, 34*(2), 195–205.

Visible Measures (2012). www.visiblemeasures.com. Zugegriffen: 24. Juli 2012.

Vodafone (2017). https://www.vodafone.de/unternehmen/index.html. Zugegriffen: 1. Aug. 2017.

Völckner, F. (2003). *Neuprodukterfolg bei kurzlebigen Konsumgütern: Eine empirische Analyse der Erfolgsfaktoren von Markentransfers*. Wiesbaden: Dt. Univ.-Verlag.

Völckner, F. (2004). Fünf Faktoren entscheiden über den Erfolg von Markentransfers. *Absatzwirtschaft*, (9), 74–79.

Völckner, F., & Sattler, H. (2006). Drivers of brand extension success. *Journal of Marketing, 70*(2), 18–34.

Wang, C.-Y., Wu, L.-W., Lin, C.-Y., & Chen, R.-J. (2017). Purchase intention toward the extention and parent brand: the role of brand commitment. *Journal of Economics and Management, 13*(1), 83–103.

Weinberg, P., & Diehl, S. (2001). Aufbau und Sicherung von Markenbindung unter schwierigen Konkurrenz- und Distributionsbedingungen. In R. Köhler, W. Majer & H. Wiezorek (Hrsg.), *Erfolgsfaktor Marke – Neue Strategien des Markenmanagements* (S. 26–35). München: Vahlen.

von Weizsäcker, E. (1974). Erstmaligkeit und Bestätigung als Komponente der pragmatischen Information. In E. von Weizsäcker (Hrsg.), *Offene Systeme I. Beiträge zur Zeitstruktur von Information, Entropie und Evolution* (S. 82–113). Stuttgart: Klett-Cotta.

Welge, M. K., Al-Laham, A., & Eulerich, M. (2017). *Strategisches Management: Grundlagen – Prozess – Implementierung*. Wiesbaden: Springer Gabler.

Westfälische Provinzial (2017). https://www.provinzial-online.de/export/sites/wpv/_resources/bilder/privat_vorsorge/kampagne_vorfreude-01a.jpg. Zugegriffen: 24. Aug. 2017.

Wiancko, R. (2010). And the „Oldspice Maneuver" is created, blows the doors off of advertising. http://ryanwiancko.com/2010/07/15/and-the-oldspice-maneuver-is-created-blows-the-doors-off-of-advertising. Zugegriffen: 24. Juli 2012.

Xiao, N., & Lee, S. H. M. (2014). Brand identity fit in co-branding. The moderating role of C-B identification and consumer coping. *European Journal of Marketing*, *48*(7/8), 1239–1254.

Xiong, L., King, C., & Piehler, R. (2013). 'That's not my job': exploring the employee perspective to becoming brand ambassadors. *International Journal of Hospitality Management*, *35*(December), 348–359.

Zatloukal, G. (2002). *Erfolgsfaktoren von Markentransfers*. Wiesbaden: Dt. Univ.-Verlag.

Zeplin, S. (2006). *Innengerichtetes, identitätsbasiertes Markenmanagement*. Wiesbaden: Gabler.

Operatives Markenmanagement 3

Inhaltsverzeichnis

Aufbau und Lernziele des Kapitels

Im dritten Kapitel steht die operative Umsetzung des Markenmanagements gegenüber den internen und externen Zielgruppen der Marke im Vordergrund (vgl. Abb. 3.1).

Aufbauend auf der strategischen Planung befasst sich das operative interne Markenmanagement mit der Vermittlung der Markenidentität an die internen Zielgruppen der Marke (Abschn. 3.1). Hierbei sollen folgende Fragen beantwortet werden:

- Welche Moderatoren beeinflussen die Wirkungen von Markenwissen und Brand Commitment auf das Brand Citizenship Behavior der Mitarbeiter?
- Mit welchen Instrumenten können die Zielgrößen des internen Markenmanagements erreicht werden?

Darüber hinaus richtet sich das operative externe Markenmanagement an die externen Zielgruppen der Marke (Abschn. 3.2). Ziel ist es, das Nutzenversprechen über die Brand

C. Burmann et al., *Identitätsbasierte Markenführung*,
https://doi.org/10.1007/978-3-658-20063-3_3

Touch Points entlang der Customer Journey an die externen Zielgruppen zu vermitteln. Von zentralem Interesse hierbei sind die Fragen:

- Welche Bedeutung hat das Management von Brand Touch Points und Customer Journey im Rahmen des operativen externen Markenmanagements?

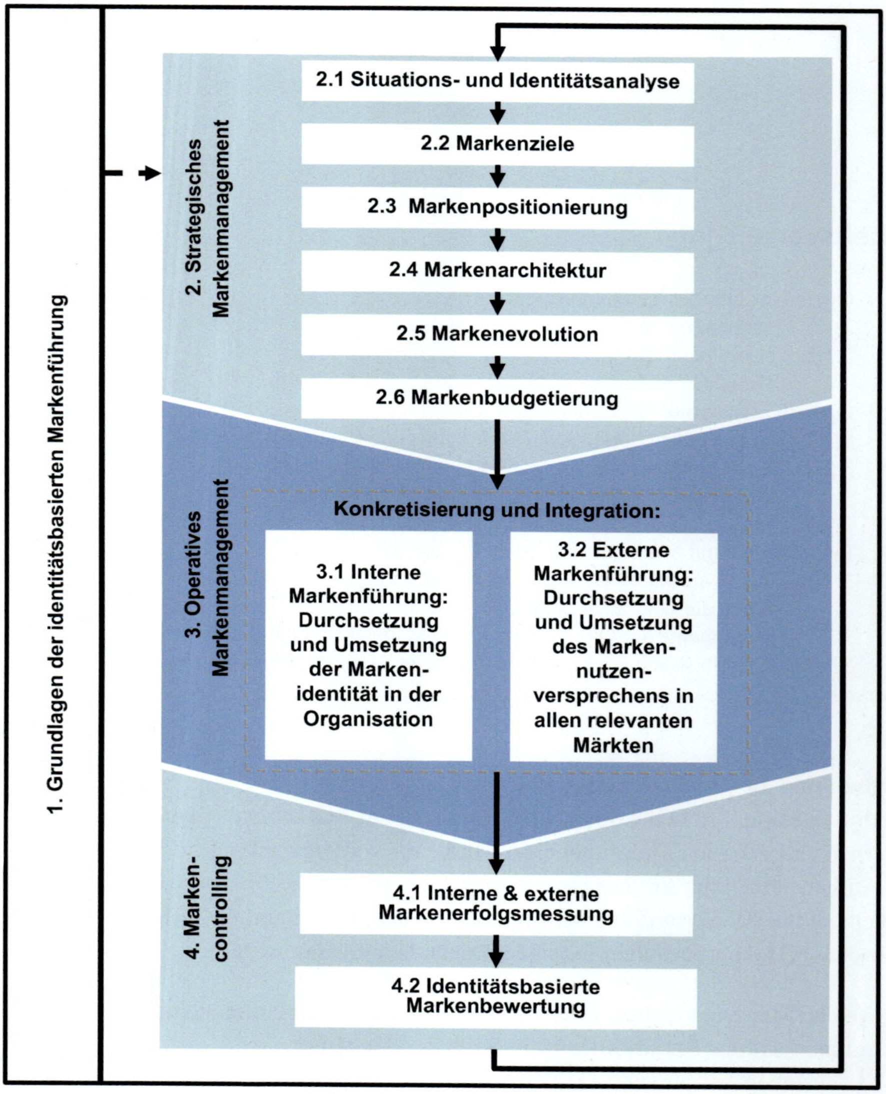

Abb. 3.1 Operatives Markenmanagement im Rahmen der identitätsbasierten Markenführung

- Welche Rolle spielt die konkrete Ausgestaltung des Marketing-Mix (Produkt- und Programmpolitik, Preispolitik, Distributionspolitik sowie Kommunikationspolitik) für die Erreichung relevanter externer Zielgrößen?
- Welche Rolle spielt die multisensuale Markenführung bei der Generierung von Markenerlebnissen?

Aufgrund der Entwicklungen im Bereich der Digitalisierung wird ein besonderer Fokus auf das Markenmanagement im digitalen Kontext gelegt (Abschn. 3.3). Hierbei stehen folgende Fragen im Vordergrund:

- Welchen zentralen Herausforderungen sieht sich die Markenführung in der Ära der Digitalisierung gegenüber?
- Welche Instrumente der Online- und Social-Media-Kommunikation stehen Marken zur Verfügung?
- Welche Bedeutung haben soziale Medien für die operative externe Markenführung und wie können soziale Medien zur Beeinflussung externer Zielgruppen der Marke genutzt werden?

3.1 Operatives internes Markenmanagement

Bedeutung und Ziele des internen Markenmanagements wurden in Abschn. 2.2.1 bereits ausführlich dargelegt. Die Steuerung der drei Zielgrößen **Brand Citizenship Behavior, Brand Commitment** und **Markenwissen** bildet den Kern des internen Markenmanagements. Piehler (2011) und Piehler et al. (2015) konnten anhand großer Mitarbeiterbefragungen bei deutschen Dienstleistungsunternehmen bestätigen, dass Markenwissen und Brand Commitment das Brand Citizenship Behavior in hohem Maße positiv beeinflussen. Zusätzlich wurde eine positive Wirkung des Markenwissens auf das Brand Commitment nachgewiesen (vgl. Abb. 3.2). Zum gleichen Ergebnis kommt auch die australische Studie von Xiong et al. (2013) und Piehler et al. (2016). Die Wirkung von Markenwissen und Brand Commitment auf das Brand Citizenship Behavior wird durch den Struktur- und Prozess-Fit sowie den Ressourcen- und Kompetenz-Fit moderiert (vgl. Piehler 2011, S. 33; Zeplin 2006, S. 148).

3.1.1 Moderierende Einflüsse auf das Brand Citizenship Behavior

3.1.1.1 Struktur- und Prozessfit

Die Entstehung von Brand Citizenship Behavior bei den Mitarbeitern einer Marke basiert auf deren Markenwissen und Brand Commitment. Dieser Wirkungszusammenhang wird beeinflusst durch die Organisationsstrukturen und Arbeitsprozesse, die es einem Mitarbeiter innerhalb der Organisation erst ermöglichen, Brand Citizenship Behavior zu leben.

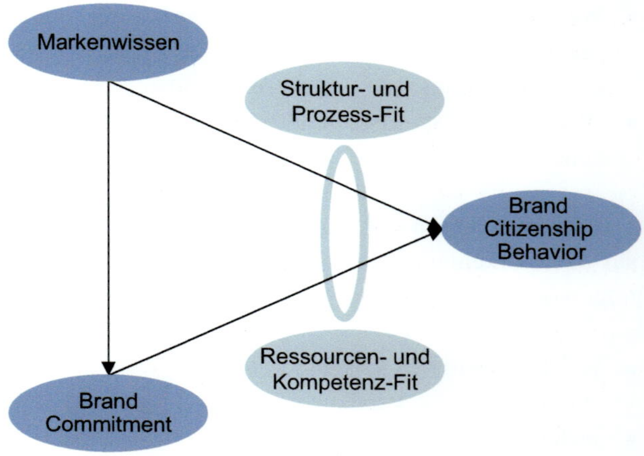

Abb. 3.2 Zusammenhang zwischen den Zielgrößen des internen Markenmanagements und moderierenden Einflüssen auf das Brand Citizenship Behavior. (In Anlehnung an Piehler 2011, S. 333; Zeplin 2006, S. 233)

Der **Struktur-Fit** beschreibt, inwieweit die Organisationsstruktur eines Unternehmens geeignet ist, die Mitarbeiter bei der Umsetzung der Markenidentität und der Einlösung des Markennutzenversprechens an allen Brand Touch Points zu unterstützen (vgl. Piehler 2011, S. 188 f., 276, 332; Zeplin 2006, S. 136 ff.). Wenn die Organisationsstruktur Mitarbeiter darin unterstützt, markenkonformes Verhalten zu zeigen, unterstreicht dies auch die Relevanz der Marke und die Relevanz des Mitarbeiterverhaltens. Steht eine Marke bspw. für „umfassenden Service, alles aus einer Hand", muss auch die Organisationsstruktur es den Mitarbeitern erlauben, im Sinne des Kunden Zugriff auf alle Belange der Markenleistung zu haben. Ist die interne Organisation hingegen so gestaltet, dass einzelne Leistungsbestandteile von vielen Abteilungen betreut werden, ist es dem einzelnen Mitarbeiter kaum möglich, das Leistungsversprechen in seinem eigenen Handeln gegenüber dem Kunden umzusetzen. Bietet bspw. eine Telekommunikationsmarke Festnetz-, Internet- und Mobilfunkanschlüsse als integrierte Leistungen an, sollten die Organisationseinheiten, welche die jeweiligen Leistungen verantworten, nicht unabhängig voneinander geführt werden. Ebenso wird das Markennutzenversprechen „Schnelligkeit" durch eine komplexe Organisationsstruktur mit vielen Hierarchieebenen konterkariert. Genauso widerspricht es dem Markennutzenversprechen einer Pauschalreisemarke, die für weltweit einheitliche Qualitätsstandards stehen möchte, wenn sie stark dezentral organisiert ist und jede Landesgesellschaft hohe Freiheitsgrade bei der Umsetzung von Qualitätsvorgaben im eigenen Land hat.

Der **Prozess-Fit** beschreibt, inwieweit die organisationalen Prozesse und hierbei insbesondere die Prozesse der Leistungserstellung die Mitarbeiter bei der Einlösung des Markennutzenversprechens unterstützen (vgl. Piehler 2011, S. 189, 276 f., 332). Besteht bspw. ein Teil des Markennutzenversprechens in der schnellen und unbürokratischen Bearbeitung von Kundenwünschen, muss bereits ein Mitarbeiter im Call-Center in der Lage sein, entsprechende Maßnahmen zur schnellen Erfüllung eines Kundenwunsches einzuleiten, ohne hierzu erst Rücksprache mit vielen Vorgesetzten halten zu müssen.

3.1.1.2 Ressourcen- und Kompetenz-Fit

Der **Ressourcen- und Kompetenz-Fit** befasst sich mit den Fähigkeiten und Arbeitsmitteln der einzelnen Mitarbeiter. Neben dem Wissen um die Erfolgsrelevanz und den Inhalt der Markenidentität benötigen Mitarbeiter auch die notwendigen Kompetenzen zur Umsetzung dieses Markenwissens in konkretes Verhalten (vgl. Piehler 2011, S. 330 f.; Zeplin 2006, S. 144 ff.). Für Mitarbeiter mit direktem Kontakt zu Nachfragern bezieht sich dies z. B. auf die Sozial- und Sprachkompetenzen. Besteht bspw. die Vision einer Bank darin, ein weltweit agierendes Finanzdienstleistungsunternehmen zu sein, müssen auch die Kundenberater in lokalen Filialen in der Lage sein, neben der Landessprache zumindest eine Fremdsprache zu sprechen, um internationalen Nachfragern vor Ort behilflich zu sein.

Damit Mitarbeiter ihr Brand Commitment in Brand Citizenship Behavior umsetzen können, bedarf es neben fachlichen Kompetenzen auch Ressourcen, wie bspw. finanzielle, personelle oder arbeitstechnische Mittel (vgl. Zeplin 2006, S. 145 ff.). Der Forderung nach angemessenen Ressourcen zur Umsetzung des Markennutzenversprechens in das Handeln der Mitarbeiter stehen oftmals Rationalisierungsmaßnahmen entgegen, bei deren z. B. ein direkter Kontakt zwischen dem zuständigen Mitarbeiter und dem Nachfrager durch die Einführung zentraler Call-Center ersetzt wird. Ein Beispiel für einen schlechten Ressourcen-Fit wäre eine Bank, deren Markennutzenversprechen ein hohes Maß an Diskretion zusichert, ihre Mitarbeiter aber ausschließlich in Großraumbüros arbeiten lässt. Ebenso wäre hier an einen Baumaschinen- oder Flugzeughersteller zu denken, der einen weltweiten 48-Stunden Reparaturservice für seine Produkte verspricht, seine Mitarbeiter vor Ort aber nicht mit den notwendigen Werkzeugen und Ersatzteilen ausstattet, die für eine schnelle Reparatur notwendig sind.

3.1.2 Instrumente zur Beeinflussung von Markenwissen, Brand Commitment und Brand Citizenship Behavior

Aufbau, Erhalt und Ausbau von Markenwissen, Brand Commitment und Brand Citizenship Behavior sind die zentralen Ziele des operativen internen Markenmanagements. Um diese Aufgabe zu bewältigen, stehen dem Management unterschiedliche Instrumente zur Verfügung. In der Internal Branding-Literatur haben sich (1) die Ausgestaltung der Markenidentität, (2) die interne Markenkommunikation, (3) die externe Markenkommunikation, (4) das markenorientierte HR-Management sowie (5) die markenorientierte Führung als wichtige Instrumente etabliert (vgl. Abb. 3.3).

Diese fünf Instrumente lassen sich wiederum in weitere Komponenten unterteilen (vgl. Abb. 3.4), welche nachfolgend detailliert erläutert werden.

3.1.2.1 Ausgestaltung der Markenidentität

Zu dieser Kategorie zählen die Differenzierung, die interne Operationalisierung und der Kultur-Fit. Die **Differenzierung** repräsentiert das Erkennen und Unterscheiden von konkreten Merkmalen und spezifischen Verhaltensweisen der eigenen Marke im Vergleich zu

Wettbewerbsmarken durch die Mitarbeiter. Eine hohe Austauschbarkeit der eigenen Marke und ihrer Identität verhindert, dass Mitarbeiter die Erfolgsrelevanz der Marke erkennen können. Darüber hinaus erleichtert die wahrgenommene Einzigartigkeit der eigenen Marke es den Mitarbeitern, sich mit der Marke als Gruppe zu identifizieren. Kann ein Mitarbeiter die eigene Marke nicht von Wettbewerbsmarken unterscheiden, wird die Identifikation mit der Marke erschwert, da er selbst keinen positiven Nutzen aus seiner Gruppenzugehörigkeit im Sinne einer Erhöhung seines Selbstwerts erzielt. Wird die Marke jedoch als etwas Einzigartiges und Positives vom Mitarbeiter erlebt, so führt eine Kongruenz zwischen seiner eigenen Identität und der Markenidentität zu einer persönlichen Aufwertung (vgl. Piehler 2011, S. 538).

Die **Operationalisierung der Markenidentität** beschreibt, wie die zunächst für das tägliche Handeln der Mitarbeiter abstrakte Markenidentität inhaltlich konkretisiert wird. Eine Vermittlung der Markenidentität durch Broschüren, in denen die Identitätsausgestaltung nur auf einem hohen Aggregationsgrad dargestellt wird, reicht nicht aus, um dem einzelnen Mitarbeiter zu verdeutlichen, welche Anforderungen die Identität an ihn tatsächlich richtet. Sportlichkeit als Attribut der Markenidentität einer Automobilmarke gibt einem Entwicklungsingenieur zunächst keine Hinweise darauf, wie er diesen Aspekt der Identität in seinem täglichen Handeln umsetzen kann. Eine konkrete Operationalisierung der Sportlichkeit für den Ingenieur kann jedoch darin bestehen, dass er Motoren entwickeln soll, die schnell hohe Drehzahlen erreichen, ein hohes Drehmoment sicherstellen

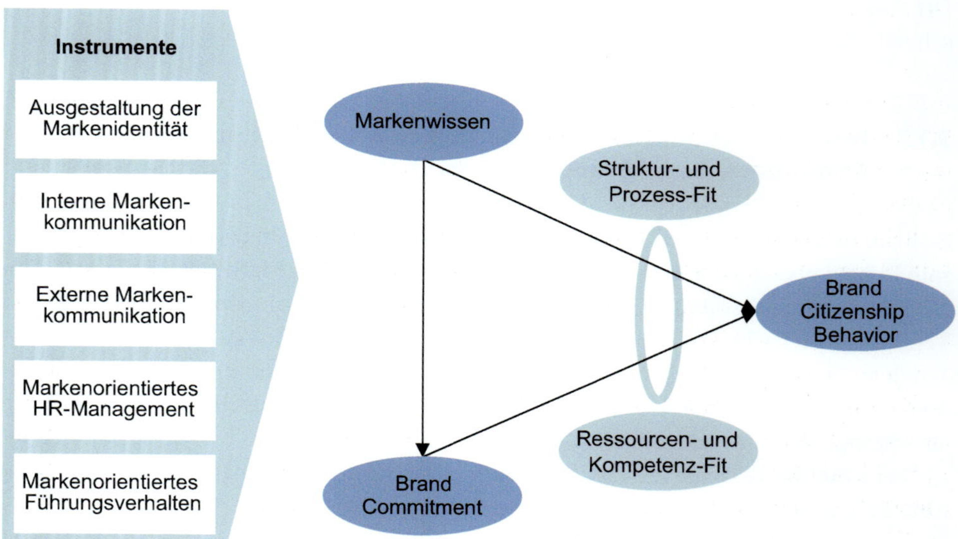

Abb. 3.3 Instrumente des internen Markenmanagements im Überblick. (In Anlehnung an Piehler 2011, S. 543; Zeplin 2006, S. 233)

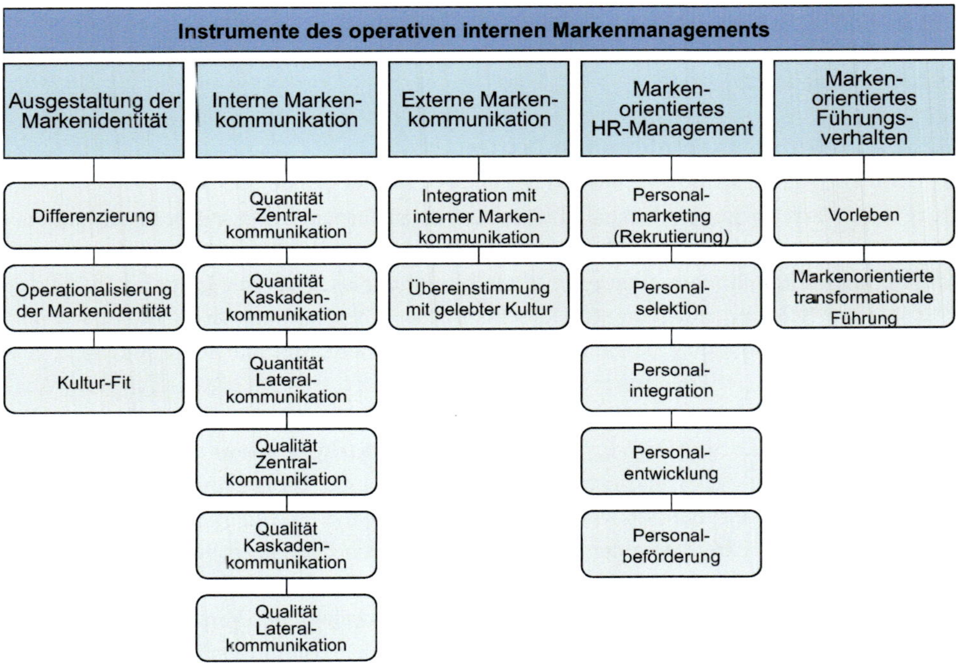

Abb. 3.4 Detaillierte Darstellung der Instrumente des operativen internen Markenmanagements. (Eigene Darstellung in Anlehnung an Piehler 2011, S. 543; Zeplin 2006, S. 116, 215)

und einen spezifischen Sound entwickeln. Für das Attribut Eleganz der Markenidentität kann eine Operationalisierung für den Ingenieur darin bestehen, dass er besonders hochwertige Materialien im Innenraum einsetzt. Für einen Vertriebsmitarbeiter derselben Marke hingegen kann Eleganz in seiner Kleidung und seinem Sprachstil im Kundenkontakt eine konkrete Umsetzung erfahren. Die Operationalisierung führt auf Seiten der Mitarbeiter zu einer besseren Kenntnis und einem leichteren Verständnis der Marke und ihrer Identität. Gleichzeitig wird die wahrgenommene Relevanz der Marke gefördert und der Mitarbeiter kann leichter erkennen, dass sein eigenes Verhalten einen Einfluss auf die Wahrnehmung der Marke bei Nachfragern hat (vgl. Piehler 2011, S. 549).

Kultur-Fit bezeichnet den Grad der Übereinstimmung zwischen der Markenidentität und der Unternehmenskultur. Ziel ist es, die Markenwerte in Übereinstimmung mit den im Unternehmen akzeptierten Werten und Normen zu bringen. Eine Verinnerlichung (Internalisierung) der Markenwerte ist unwahrscheinlich, wenn sich diese von den gelebten Werten der Unternehmenskultur stärker unterscheiden. In einer solchen Situation sind Mitarbeiter Rollenkonflikten ausgesetzt (vgl. Piehler 2011, S. 544).

Die empirische Überprüfung im Rahmen einer Mitarbeiterbefragung bei einem Unternehmen aus der Tourismusbranche (n = 740) ergab für alle drei Instrumente dieser Kategorie einen signifikant positiven Einfluss auf das Markenwissen und auch das Brand

Commitment. In Abb. 3.5 sind die entsprechenden Pfadkoeffizienten, die Werte zwischen −1,0 (starker negativer Zusammenhang) und +1,0 (starker positiver Zusammenhang) annehmen können, dargestellt.

3.1.2.2 Interne Markenkommunikation

Die **interne Markenkommunikation** beinhaltet „alle Aktivitäten der Botschaftsübermittlung mit Markenbezug zwischen Mitarbeitern einer Organisation auf unterschiedlichen hierarchischen Ebenen" (Piehler 2011, S. 144). Saleem und Iglesias (2016) identifizieren die interne Markenkommunikation in ihrer Literaturanalyse als ein zentrales Instrument des internen Markenmanagements. Dementsprechend beschäftigen sich zahlreiche Publikationen mit der Wirkung der internen Markenkommunikation auf mitarbeiterbezogene Zielgrößen.

Schon Thomson et al. (1999) belegen die Wirkung der internen Markenkommunikation auf den „Intellectual Buy-In", der Aspekte des **Markenwissens** abdeckt. Herrmann et al. (2002) sehen in der internen Markenkommunikation ein Instrument, das Mitarbeiter über die Ziele der internen Markenführung, die angestrebte Markenidentität und ihre Bedeutung für die Erreichung der Ziele informiert. Auch Burmann und Zeplin (2005) sowie Zeplin (2006) betrachten die interne Markenkommunikation als ein Instrument zur Vermittlung der Markenidentität an die Mitarbeiter. Ein ähnliches Verständnis liegt bei de Chernatony et al. (2006) vor, die in der internen Markenkommunikation ein Instrument

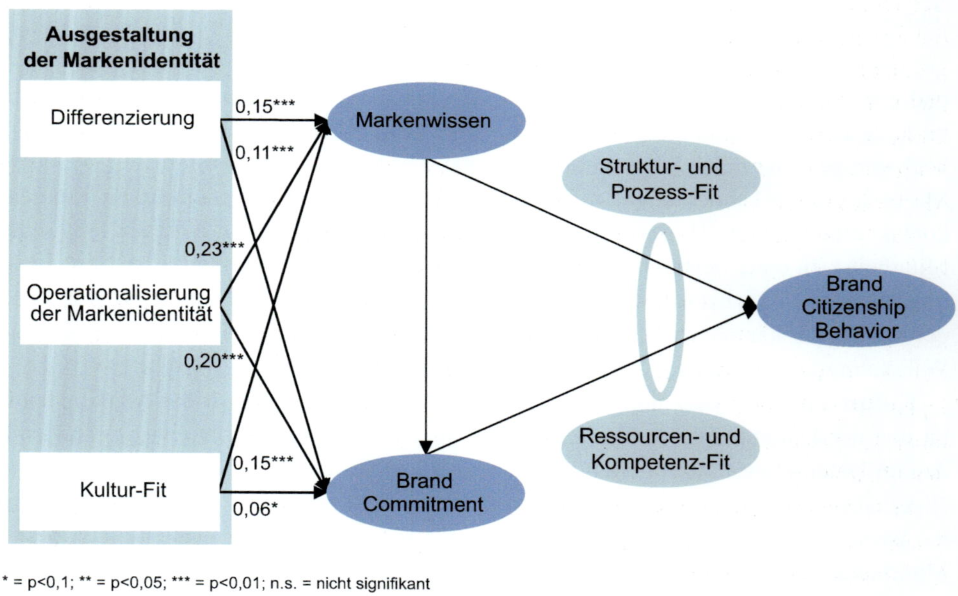

Abb. 3.5 Wirkung der Ausgestaltung der Markenidentität auf die Zielgrößen des internen Markenmanagements im Rahmen einer Kausalanalyse. (In Anlehnung an Piehler 2011, S. 543)

zur Vermittlung der Markenwerte an die Mitarbeiter sehen. Im Rahmen der Weiterentwicklung des Modells des internen Markenmanagements von Burmann und Zeplin (2005) wird in späteren Publikationen des Lehrstuhls für innovatives Markenmanagement die interne Markenkommunikation explizit als Einflussfaktor des Markenwissen von Mitarbeitern aufgeführt (vgl. Burmann und Piehler 2013, S. 232; Piehler et al. 2015, S. 57). Schließlich findet die interne Kommunikation auch im Behavioral-Branding-Ansatz im Kontext des Aufbaus von Markenwissen Berücksichtigung (vgl. Brexendorf et al. 2012, S. 346 ff.; Esch und Eichenauer 2016, S. 301 ff.).

Auch im Hinblick auf das **Brand Commitment** der Mitarbeiter belegen bereits Thomson et al. (1999) die Wirkung der internen Markenkommunikation auf den „Emotional Buy-In". Empirisch bestätigen Punjaisri und Wilson (2007, 2011) sowie Punjaisri et al. (2008, 2009) die zentrale Bedeutung der internen Markenkommunikation für den Aufbau von Brand Commitment. Auf Basis des „Mere-Exposure"-Effekts weist Hartmann (2010) empirisch nach, dass die Kontakthäufigkeit mit einer Marke über die interne Kommunikation eine Wirkung auf das Brand Commitment der Mitarbeiter hat. Matanda und Ndubisi (2013) sowie Baker et al. (2014) belegen eine Wirkung der internen Markenkommunikation auf den Fit zwischen Person und Organisation bzw. die Kongruenz zwischen persönlichen Werten von Mitarbeitern und Markenwerten, was der Internalisierungsdimension des Brand Commitment entspricht. Auch im Behavioral-Branding-Ansatz wird die interne Markenkommunikation im Kontext der Stärkung von Brand Commitment berücksichtigt (vgl. Brexendorf et al. 2012, S. 346 ff.; Esch und Eichenauer 2016, S. 301 ff.). Schließlich betrachtet die Forschung am Lehrstuhl für innovatives Markenmanagement die interne Markenkommunikation als zentralen Hebel zur Beeinflussung des Brand Commitment der Mitarbeiter (vgl. Burmann und Zeplin 2005, S. 288 ff.; Burmann und Piehler 2016, S. 8 ff.), was in empirischen Studien bestätigt werden konnte (vgl. Burmann et al. 2009, S. 276 ff.; Zeplin 2006, S. 213 f.). In Anlehnung an diese Forschung können auch Porricelli et al. (2014) sowie Du Preez und Bendixen (2015) einen Einfluss der internen Markenkommunikation auf das Brand Commitment der Mitarbeiter nachweisen.

Auch bezüglich des **markenbezogenen Mitarbeiterverhaltens** findet die interne Markenkommunikation im Behavioral-Branding-Ansatz Berücksichtigung (vgl. Brexendorf et al. 2012, S. 346 ff.; Esch und Eichenauer 2016, S. 301 ff.). Empirisch können Punjaisri und Wilson (2007, 2011) sowie Punjaisri et al. (2008, 2009) die zentrale Bedeutung der internen Markenkommunikation für das markenbezogenen Mitarbeiterverhalten belegen. Ebenso bestätigen Porricelli et al. (2014) sowie Du Preez und Bendixen (2015) einen Einfluss der internen Markenkommunikation auf das Brand Citizenship Behavior der Mitarbeiter.

In Anlehnung an die bisherige Forschung kann daher von einer Wirkung der internen Markenkommunikation auf die Zielgrößen Markenwissen, Brand Commitment und Brand Citizenship Behavior ausgegangen werden.

Da es sich bei der internen Markenkommunikation um einen Sonderfall der internen Kommunikation handelt, kommen dementsprechend als **Instrumente der internen Markenkommunikation** alle Instrumente der internen Kommunikation in Frage (vgl. Bruhn

2014, S. 1166). Interne Markenkommunikation kann dabei grundsätzlich auf drei verschiedene Arten erfolgen. Dem Management stehen neben der zentralen Kommunikation, Maßnahmen der Kaskadenkommunikation sowie der lateralen Kommunikation zur Verfügung. Alle drei Kommunikationsformen unterscheiden sich hinsichtlich der Wege, mit denen Informationen weitergegeben werden (vgl. Abb. 3.6).

Bei der **zentralen Kommunikation** werden Informationen von einem zentralen Absender an die Informationsempfänger gesendet. Organisatorisch handelt es sich hierbei oftmals um eine zentrale Kommunikationsabteilung innerhalb eines Unternehmens (vgl. Zeplin 2006, S. 116). Im Rahmen der zentralen Kommunikation kommen sowohl primär abwärts gerichtete Massenkommunikationsinstrumente wie Mitarbeiterzeitschriften, Mitarbeiterbroschüren, Rundschreiben, Intranet oder E-Mail-Newsletter als auch eher persönlich ausgerichtete interaktive Instrumente wie Workshops und Seminare oder Events zum Einsatz. Aufgrund der einseitigen und zentralen Versendung der Informationen besteht bei Massenkommunikationsinstrumenten zumeist keine Möglichkeit zu kontrollieren, ob die Mitarbeiter die Kommunikationsinhalte erhalten haben. Darüber hinaus bietet diese Form der Kommunikation keine Möglichkeit, individuelle Unterschiede beim Markenwissen, Brand Commitment oder Brand Citizenship Behavior der Mitarbeiter zu berücksichtigen, da keine Anpassung der Informationen an die individuellen Bedürfnisse der Adressaten erfolgt. Daher sollten Instrumente der Massenkommunikation lediglich als unterstützende und vorprägende Medien eingesetzt werden, da die Informationen nur mit geringem Involvement aufgenommen werden (vgl. Esch und Eichenauer 2016, S. 310). Mit diesen Instrumenten zu erreichende Kommunikationsziele sind insbesondere der Aufbau von Markenbekanntheit sowie die Thematisierung der Marke im Unternehmen (vgl. Esch et al. 2012, S. 105). Empirisch bestätigen Punjaisri et al. (2008) in ihrer qualitativen Untersuchung, dass Mitarbeiter massenmediale Instrumente wie Newsletter oder schwarze Bretter lediglich als Backupmedien betrachten. Im Unterschied dazu bieten eher persönlich ausgerichtete interaktive Instrumente der zentralen Kommunikation die Möglichkeit

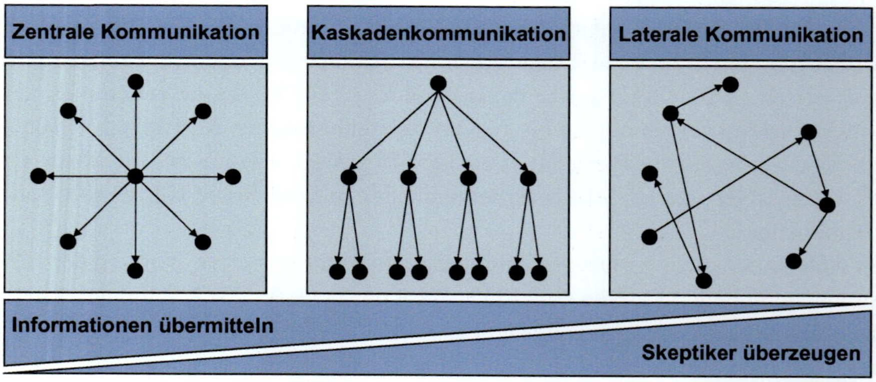

Abb. 3.6 Arten interner Markenkommunikation. (Zeplin 2006, S. 116)

zur interaktiven Kommunikation zwischen den Beteiligten. Hierdurch steigert sich die Informations- und Überzeugungswirkung der Kommunikation. Andererseits haben solche Instrumente häufig eine geringere Effizienz, da der Adressatenkreis oft klein und der finanzielle Aufwand meist groß ist (vgl. Zeplin 2006, S. 117).

Die zweite Grundform der internen Markenkommunikation ist die **Kaskadenkommunikation**. Hierbei werden Informationen schrittweise von höheren Hierarchiestufen an niedrigere Stufen gereicht. Auf diese Weise kann die Informationsweitergabe auch auf Teilbereiche der Unternehmenshierarchie begrenzt werden. Eine häufig genutzte Organisationsform im Rahmen der Kaskadenkommunikation sind Besprechungen. So kann bspw. der Geschäftsführer eines Unternehmens zu Beginn der Informationsvermittlung eine Besprechung mit den Leitern der Geschäftsbereiche des Unternehmens abhalten. Diese wiederum berufen Besprechungen mit ihren jeweiligen Abteilungsleitern ein, bei denen nur noch solche Informationen weitergegeben werden, die für den entsprechenden Geschäftsbereich relevant sind. Im nächsten Schritt geben die Abteilungsleiter die Information an die ihnen unterstehenden Gruppenleiter weiter. Die persönliche Weitergabe der Informationen durch einen Vorgesetzten verleiht der Kaskadenkommunikation ein gesteigertes Maß an Wertschätzung und Glaubwürdigkeit (vgl. Zeplin 2006, S. 117). Darüber hinaus ergeben sich Vorteile aufgrund des besseren Verständnisses des Empfängers sowie aufgrund der Anpassung an die Bedürfnisse des Empfängers und somit die Erleichterung der Akzeptanz der Inhalte (vgl. Esch et al. 2012, S. 112). Unter Rückgriff auf die Media-Richness-Theorie, die den Komplexitätsgrad der Kommunikationsaufgabe zum Leistungspotenzial der Instrumente in Beziehung setzt, betont Herbst (2005) die Wirksamkeit persönlicher Kommunikation, da mit der Information, Interaktion, Interpretation und Beeinflussung mehrere Funktionen gleichzeitig erfüllt werden. Gerade im Hinblick auf die Erzeugung eines tiefergehenden Verständnisses der Marke sowie zur Vermittlung komplexerer Zusammenhänge kommt daher insbesondere diesem Instrument der persönlichen Kommunikation eine entscheidende Rolle zu (vgl. Esch et al. 2012, S. 110). Aber auch für das Brand Commitment wird eine Überlegenheit des persönlichen Kontaktes angenommen (vgl. Esch und Eichenauer 2016, S. 314). Tatsächlich kann Hartmann (2010) dies empirisch bestätigen, indem sie den höchsten Einfluss auf das Brand Commitment durch die Kontakthäufigkeit mit der Marke über Gespräche mit Führungskräften und Kollegen ermittelt. Auch Punjaisri et al. (2008) bestätigen in ihrer qualitativen Untersuchung, dass Mitarbeiter insbesondere dieser persönlichen Kommunikation in Form von täglichen Briefings oder Gruppentreffen eine hohe Bedeutung beimessen.

Die dritte Form der internen Markenkommunikation ist die **laterale Kommunikation**. Sie beschreibt die informelle Weitergabe von Informationen zwischen den Mitarbeitern ohne Berücksichtigung von Hierarchiestufen oder Organisationseinheiten (vgl. Laux und Liermann 2005, S. 275). Aufgrund ihres informellen und persönlichen Charakters weist die laterale Kommunikation von allen Kommunikationsformen die höchste Überzeugungskraft auf. Da sie jedoch oftmals spontan und unkontrolliert stattfindet, ist sie gleichzeitig am wenigsten zur reinen Informationsweitergabe geeignet. So kann es vorkommen, dass Informationen verfälscht, hinzugefügt oder weggelassen werden. Laterale Kommunikation bedingt daher stets ein hohes Maß an Vertrauen gegenüber den Mitarbeitern (vgl. Zeplin 2006, S. 120 f.). Auch wenn sich ein gezielter Einsatz lateraler Kommunikation oftmals schwierig gestaltet, hat sich gezeigt, dass insbesondere **Storytelling** dazu genutzt werden kann, aus Sicht der Marke vorteilhafte Informationen bezüglich des markenkonformen Verhaltens und der Relevanz der Marke zu transportieren. So kann bspw. im Rahmen persönlicher Erfahrungsberichte die Wirkung des markenkonformen Verhaltens eines Mitarbeiters und dessen positive Wirkung auf Seiten des Nachfragers als Storytelling weitergegeben werden. Mitarbeiter, die bereits ähnliche Situationen erlebt haben, können problemlos einen direkten Bezug zu sich selbst herstellen und zukünftig das erzählte Verhalten übernehmen. Markengeschichten können identitäts- und sinnstiftend wirken, schaffen emotionale Bindung, bleiben lange im Gedächtnis und wirken nicht belehrend (vgl. Kernstock und Brexendorf 2014, S. 258 f.). Sie erfüllen eine präskriptive Funktion, indem sie aufzeigen, welche Werte im Unternehmen von Bedeutung sind, sowie eine deskriptive Funktion, indem sie darstellen, wie die Werte im Unternehmen angewendet und umsetzt werden (vgl. Brexendorf et al. 2012, S. 351; Kernstock und Brexendorf 2014, S. 259; Wentzel et al. 2012, S. 428 f.). Auf diese Weise können Markenwissen, Brand Commitment und Brand Citizenship Behavior gestärkt werden.

Ein Beispiel für gelungenes Storytelling ist die Erfindung der **Post-it Haftzettel bei 3M** (vgl. Wentzel et al. 2012, S. 427 ff.). Die Story beginnt mit Dr. Spencer Silver, einem Wissenschaftler von 3M, der an der Entwicklung von Klebstoffen arbeitete. Während seiner Arbeit entdeckte er einen Klebstoff, der leicht an Oberflächen klebt, sich aber nicht fest mit ihnen verbindet. Da er einen stärkeren Klebstoff entwickeln wollte, konnte der Wissenschaftler zunächst jahrelang keine Anwendungsmöglichkeit für seine Erfindung finden, auch wenn er sie Kollegen vorstellte. Hartnäckig arbeitete er weiter und wurde als „Mr. Persistent" im Unternehmen bekannt, da er nicht aufgeben wollte. Der Durchbruch kam als Art Fry, ein anderer Wissenschaftler von 3M, eine Anwendungsmöglichkeit fand. Er sang im Kirchenchor und ihn frustrierte, dass die Zettel, mit denen er Passagen in seinem Gesangbuch markierte, immer wieder herausfielen. Er erinnerte sich an die Erfindung von Dr. Silver, die er in einem Seminar vorgestellt bekam, und hatte die Idee, mit dem Klebstoff Notizzettel zu versehen, die die Seiten nicht beschädigen. Zusammen entwickelten beide Wissenschaftler schließlich die Post-it Haftzettel. Diese Geschichte, die heute noch auf der Website der Marke erzählt wird (vgl. Abb. 3.7), verdeutlicht einerseits den Mitarbeitern, dass Innovationsgeist und Eigeninitiative zentrale Werte von 3M darstellen, und veranschaulicht andererseits, wie diese Werte im beruflichen Alltag gelebt werden können (vgl. Wentzel et al. 2012, S. 429).

In Bezug auf die Wirkung der Zentral-, Kaskaden- und Lateralkommunikation auf mitarbeiterbezogene Zielgrößen konnte Piehler (2011) empirisch bestätigen, dass die Nutzungshäufigkeit der Zentral- und Kaskadenkommunikation einen signifikant positiven Einfluss auf das Markenwissen ausübt. Darüber hinaus konnte Zeplin (2006) über eine stärker qualitätsbezogene Operationalisierung einen Effekt der Kaskaden- und Lateralkommunikation auf das Brand Commitment nachweisen (vgl. Abb. 3.8). Dies unterstützt die These, dass für das Brand Commitment nicht die reine Quantität, sondern insbesondere die Qualität von Relevanz ist. Zusammenfassend sticht vor allem die Wirkung der

Kaskadenkommunikation und somit der Einfluss der Kommunikation direkter Vorgesetzter auf mitarbeiterbezogene Zielgrößen heraus.

Um entsprechende positive Wirkungen zu erzielen, wurden für die interne Markenkommunikation in der Literatur zahlreiche **Anforderungen** formuliert (vgl. Burmann und Piehler 2016, S. 11 ff.).

Seit über 40 Jahren können Menschen mit den Produkten von Post-it® Brand produktiver sein, besser kommunizieren und sich in vielerlei Hinsicht kreativ entfalten.

So universell, wie diese Produkte inzwischen geworden sind, so unsicher waren ihre Anfänge. Im Rückblick hat uns das Phänomen Canary Yellow™ eine wichtige Lektion gelehrt: Bei der Umsetzung von Ideen ist Fleiß genauso wichtig wie Einfallsreichtum.

UND SO HAT ALLES BEGONNEN:

Die Entdeckung...

Dr. Spencer Silver, Wissenschaftler bei 3M, war gerade mitten bei den Laboruntersuchungen von Klebstoffen. In dieser Phase entdeckte er etwas Besonderes: ein Klebstoff, der sicher auf Oberflächen anhaftete, sich aber auch leicht lösen ließ.

„Meine Aufgabe als Forscher bestand u.a. darin, neue Klebstoffe zu entwickeln, und

Damals ging es uns darum, wirkungsvollere, stärkere und kräftigere Klebstoffe zu entwickeln", so Dr. Silver. „Die neue Entdeckung entsprach den Vorgaben überhaupt nicht."

Silver hatte sogenannte Mikrosphären entdeckt, durch die Klebstoffe ihre Hafteigenschaften behalten, sich aber aufgrund ihrer speziellen Beschaffenheit leicht von Oberflächen lösen lassen.

Alles für den Gottesdienst

Silver suchte einige Jahre vergeblich nach einer Einsatzmöglichkeit für seine Erfindung. Aber das hielt ihn nicht davon ab, die Vorteile seinen Kollegen anzupreisen.

„Weil ich einfach nicht locker ließ, nannten mich viele schon „Mr. Persisent".

Art Fry, ein weiterer Wissenschaftler bei 3M, war gerade ziemlich genervt. Er markierte jeden Mittwochabend während der Probe im Kirchenchor mit kleinen Papierstreifen im Gesangbuch die Kirchenlieder, die im nächsten Gottesdienst gesungen werden sollten. Am Sonntag waren sie jedoch schon alle wieder herausgefallen.

Er benötigte ein Lesezeichen, das auf dem Papier haften würde, ohne die Seiten zu beschädigen.

...das Aha-Erlebnis!

Da kam ihm sein Seminar zu den Mikrosphären von Dr. Silver wieder in den Sinn, das bei ihm für das entscheidende Aha-Erlebnis sorgte. „Das mit dem Adrenalinschub".

Gemeinsam mit Dr. Silver begab er sich an die Entwicklung eines neuen Produkts. Als sie anfingen, im Büro Mitteilungen auf die neuen Haftnotizen zu schreiben, wurde ihnen klar, welches Potenzial hinter dieser Idee steckte.

„Da wurde mir klar, dass es sich nicht nur um ein einfaches Lesezeichen handelt", erzählt Fry. „Sondern um ein neues Kommunikationsmedium."

Abb. 3.7 Storytelling am Beispiel von Post-it. (3M 2017)

So sind auch im Rahmen der internen Markenkommunikation die Mitarbeiter zu **segmentieren** und die **Botschaft** an diese Segmente **anzupassen** (vgl. Esch und Eichenauer 2016, S. 309; Kernstock und Brexendorf 2014, S. 252 f.). Potenzielle Segmentierungskriterien sind z. B. die Bedürfnisse der Mitarbeiter, die Dauer der Unternehmenszugehörigkeit, die Zugänglichkeit zu bestimmten Kommunikationsformen, die Stellung und Bedeutung im Unternehmen und im Leistungserstellungsprozess, der Tätigkeitsbereich, die Bereichs- oder Abteilungszugehörigkeit, der Ort der Tätigkeit, demografische und psychografische Kriterien, das Involvement sowie die Art und Häufigkeit des Kundenkontaktes (vgl. Brexendorf et al. 2012, S. 342 f.; Esch et al. 2012, S. 105 ff.). Neben der Anpassung der Botschaft wird unter Rückgriff auf die Forschung zur **Kommunikationsqualität** die Sicherstellung von Genauigkeit, Pünktlichkeit, Nutzbarkeit, Vollständigkeit, Glaubwürdigkeit und Verständlichkeit der Informationen gefordert (vgl. Piehler 2011, S. 156 ff., 231 f.).

Darüber hinaus wird eine **Streuung der Information** über verschiedene Instrumente empfohlen (vgl. Joachimsthaler 2002, S. 33; Kernstock und Brexendorf 2014, S. 253). Tatsächlich kann Piehler (2011) empirisch einen positiven Einfluss der Anzahl der durch Mitarbeiter genutzten internen Markenkommunikationsinstrumente auf das Markenwissen der Mitarbeiter bestätigen. Durch die steigende Anzahl an eingesetzten Instrumenten

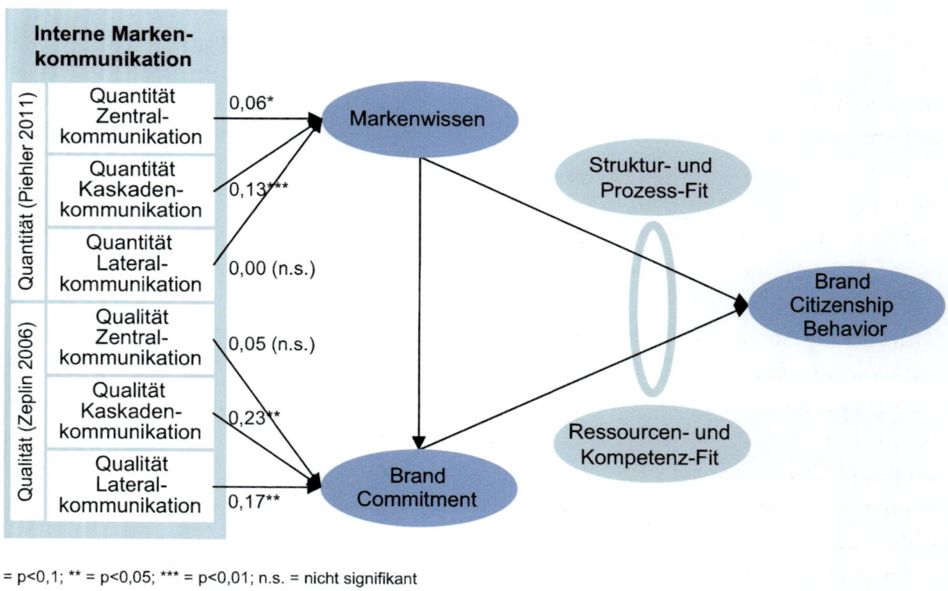

Abb. 3.8 Wirkung der internen Markenkommunikation auf die Zielgrößen des internen Markenmanagements im Rahmen einer Kausalanalyse. (In Anlehnung an Piehler 2011, S. 543; Zeplin 2006, S. 215)

gewinnt die inhaltliche, formale und zeitliche **Integration** aller internen Markenkommunikationsinstrumente zunehmend an Bedeutung (vgl. Esch und Eichenauer 2016, S. 311).

In Bezug auf das **Timing** sollten zunächst Mitarbeiter markenbezogene Informationen erhalten, bevor externe Zielgruppen über die externe Markenkommunikation informiert werden (vgl. Kernstock und Brexendorf 2014, S. 253). Des Weiteren sollte die interne Markenkommunikation als eine **dauerhafte Kommunikationsaufgabe** und nicht nur als einmalige Kampagne betrachtet werden (vgl. Kernstock und Brexendorf 2014, S. 254). Dies resultiert daraus, dass einerseits Marken und ihre Identitäten Veränderungen unterliegen (z. B. durch Veränderungen der Nachfragerbedürfnisse oder der Wettbewerbssituation) und andererseits die natürliche Mitarbeiterfluktuation dauerhafte Anstrengungen zur Vermittlung der Marke an die Mitarbeiter erfordert.

Schließlich wird im Kontext der bereits bei der Kaskadenkommunikation thematisierten Forderung nach weniger massenmedialer und mehr persönlicher Kommunikation die **Interaktivität** als Anforderung an die interne Markenkommunikation vorgebracht (vgl. Kernstock und Brexendorf 2014, S. 253 f.; Piehler 2011, S. 155 f., 231). Schon Zeplin (2006) sieht die Interaktivität als Voraussetzung zur Sicherstellung eines wirklichen Verständnisses des Markenkonzeptes bei den Mitarbeitern, weil sie eine höhere Informations- und Überzeugungswirkung hat. Auch de Chernatony et al. (2006) fordern eine interaktiv ausgestaltete interne Markenkommunikation, damit Mitarbeiter die Werte internalisieren. Ein gutes Beispiel hierfür ist die **TUI Deutschland**, die im Rahmen der internen Einführung ihrer neuen Markenidentität sowohl auf klassische Instrumente wie Online-Newsletter, Mitarbeiterzeitung und Intranet als auch auf Workshops als interaktives Kommunikationsinstrument setzte. So wurden über 140 mehrstündige Workshops durchgeführt, mit denen 1500 Mitarbeiter in Deutschland erreicht und in denen die neue Identität mit den Mitarbeitern diskutiert wurde. Eine Mitarbeiterbefragung des Lehrstuhls für innovatives Markenmanagement der Universität Bremen bestätigte den Erfolg dieses interaktiven Kommunikationsansatzes durch den Nachweis von positiven Wirkungen auf Markenwissen und Brand Commitment (vgl. Piehler et al. 2015, S. 57).

3.1.2.3 Externe Markenkommunikation

Die **externe Markenkommunikation** umfasst alle Aktivitäten der Botschaftsgestaltung zwischen einer markenführenden Organisation und ihren externen Zielgruppen (vgl. Piehler 2011, S. 159). Auch wenn sich die externe Markenkommunikation (z. B. TV-Werbung) hauptsächlich an externe Zielgruppen wendet, um bei diesen Markenbekanntheit sowie ein positives, kaufverhaltensrelevantes Markenimage aufzubauen, wird sie auch von den Mitarbeitern eines Unternehmens besonders intensiv verarbeitet. Ursächlich für diese starke interne Wirkung ist die hohe Verbindlichkeit der externen Kommunikation, der die Mitarbeiter deswegen mehr Glaubwürdigkeit und Relevanz zuschreiben als der internen Markenkommunikation. Insofern sind Mitarbeiter als „second audience" (George und Berry 1981, S. 52) eine weitere wichtige Zielgruppe der externen Markenkommunikation. Aufbauend auf zahlreichen Publikationen, die sich mit der Wirkung der externen Markenkommunikation auf mitarbeiterbezogene Zielgrößen beschäftigen, identifizieren Saleem und Iglesias (2016) die externe Markenkommunikation als ein zentrales Instrument des internen Markenmanagements.

In der Forschung zum internen Markenmanagement bemerkt bereits Mitchell (2002), dass Unternehmen Mitarbeiter als Zielgruppe externer Markenkommunikation berücksichtigen sollten, um die Mitarbeiter auf die Idee der Marke auszurichten und ihnen ein Gefühl von Orientierung und Sinn zu geben. Miles und Mangold (2004, 2005) berücksichtigen Mitarbeiter als Rezipienten von Botschaften der Werbung und Öffentlichkeitsarbeit. Sie argumentieren, dass diese formalen, externen Botschaften das Wissen von Mitarbeitern über die Marke beeinflussen können, was von Miles et al. (2011) empirisch bestätigt wird. Ebenso identifizieren de Chernatony et al. (2006) in ihrer qualitativen Studie die externe Markenkommunikation, insbesondere Werbung, als Instrument zur Vermittlung von Markenwerten an Mitarbeiter. Dementsprechend kann von einer Wirkung der externen Markenkommunikation auf das **Markenwissen** der Mitarbeiter ausgegangen werden (vgl. Burmann und Piehler 2016, S. 10 f.; Piehler 2011, S. 159 ff.).

Darüber hinaus führen bereits Brexendorf und Tomczak (2004) im Rahmen ihrer Kategorisierung von Markenkommunikationsinstrumenten nach außen gerichtete Kommunikation an Mitarbeiter an, die extern mit internen Zielsetzungen wie z. B. Mitarbeitermotivation und -bindung eingesetzt werden. Auch Henkel et al. (2012) sowie Burmann und Zeplin (2005) nehmen in Anlehnung an Gilly und Wolfinbarger (1998) einen Einfluss der externen Markenkommunikation auf das **Brand Commitment** der Mitarbeiter an, was Zeplin (2006) empirisch validieren kann (vgl. Abb. 3.10). Insbesondere im Vergleich zur oft schwachen Wirkung interner Markenkommunikationsinstrumente (vgl. Abb. 3.8) kann ein überragender Einfluss der externen Markenkommunikation auf das Brand Commitment nachgewiesen werden (vgl. Zeplin 2006, S. 215). Auch Du Preez und Bendixen (2015) bestätigen den positiven Einfluss der externen Markenkommunikation auf das Brand Commitment der Mitarbeiter empirisch. Ein Beispiel für eine solch positive Wirkung externer Markenkommunikation auf Mitarbeiter ist das Telekommunikationsunternehmen **Deutsche Telekom** mit dem „Paul Potts" TV-Spot. So hat die Telekom den Auftritt des Außenseiters Paul Potts bei der Talentshow „Britain's Got Talent" in einem TV-Spot für den seinerzeit neuen Claim „Erleben, was verbindet" verwendet. Der Slogan wurde im Werbespot dadurch erlebbar, dass Menschen überall auf der Welt den Auftritt über Internet oder Smartphone verfolgt haben. Nicht nur bei externen Zielgruppen weckte der Spot Emotionen und kam so gut an, dass sogar das Album und die Single „Nessun Dorma" von Paul Potts in Deutschland in die Charts kamen. Auch bei Mitarbeitern hat der Spot positive Wirkungen im Sinne einer stärkeren emotionalen Bindung erzielt.

Schließlich liefert die externe Markenkommunikation auch Aussagen über das Verhalten, das von Mitarbeitern erwartet wird und beeinflusst damit das **Verhalten der Mitarbeiter** (vgl. Henkel et al. 2007, S. 312; M'zungu et al. 2010, S. 614). Empirisch kann Hughes (2013) mittels Befragungsdaten und objektiven Performancezahlen nachweisen, dass die von Vertriebsmitarbeitern wahrgenommene Quantität und Qualität von Werbung einen positiven Einfluss auf ihren Einsatz für die Marke hat. Ein Beispiel dafür, wie mit externer Markenkommunikation auch Verhaltenserwartungen an Mitarbeiter kommuniziert werden können, ist der TV-Spot des Touristikunternehmens **TUI Deutschland** mit Joachim Löw. Dargestellt wurden diverse Serviceleistungen der TUI (z. B. Gepäcktransport, Begrüßungsgetränk, Obstkorb) zur Kommunikation des Claims „Sie haben es sich verdient". In der Annahme, es handele sich um einen Sonderservice für den Bundestrainer bedankt sich Joachim Löw an der Rezeption und bittet darum, wegen ihm keinen gesonderten Aufwand („keine Extra-Würste") zu betreiben, woraufhin die Empfangsdame verwundert fragt, welche Extra-Würste er meint. Neben der Kommunikation des besonderen TUI-Service an externe Zielgruppen wird auch den Mitarbeitern verdeutlicht, was der besondere TUI-Service bedeutet und was das Management von ihnen erwartet. In Anlehnung an die bisherige Forschung kann daher von einer Wirkung der externen Markenkommunikation auf die Zielgrößen Markenwissen, Brand Commitment und Brand Citizenship Behavior ausgegangen werden.

Als **Instrumente** der externen Markenkommunikation kommen alle gängigen Instrumente der externen Kommunikation wie z. B. klassische Werbung, Out-of-Home-Medien, Online-Kommunikation inklusive sozialer Medien, Direktkommunikation, Public Relations, Verkaufsförderung, Messen und Ausstellungen, Event Marketing, Sponsoring sowie Product-Placement in Frage (vgl. Meffert et al. 2015, S. 569 ff.).

Um positive Wirkungen zu erzielen, wurden für die externe Markenkommunikation in der Literatur einige **Anforderungen** formuliert (vgl. Burmann und Piehler 2016, S. 17 f.). So wird eine **Kongruenz von extern kommuniziertem Markennutzen mit dem tatsächlich erbrachten Markennutzen** gefordert (Piehler et al. 2015, S. 58). Stark übertriebene Markennutzenversprechen, die die Marke und die Mitarbeiter in ihrem Verhalten nicht einhalten können, sollten daher in der externen Markenkommunikation nicht abgegeben werden. Empirisch können Henkel et al. (2007) einen positiven Einfluss der Kongruenz zwischen Marke und Kommunikation durch Massenmedien auf die Mitarbeiterperformance nachweisen. In einer anderen Studie wurde empirisch validiert, dass Mitarbeiter positiver auf moderat übertriebene als auf stark übertriebene werbliche Verhaltensvorbilder reagieren (vgl. Henkel et al. 2009, S. 50).

Des Weiteren wird in Anlehnung an Gilly und Wolfinbarger (1998) sowie Wolfinbarger und Gilly (2005) eine **Übereinstimmung zwischen der in der externen Markenkommunikation dargestellten und der im Unternehmen gelebten Kultur** gefordert (vgl. Piehler et al. 2015, S. 58). Dies impliziert eine authentische Darstellung der Markenorganisation und ihrer Werte. Empirisch kann Piehler (2011) einen positiven Einfluss der Übereinstimmung zwischen in der externen Markenkommunikation dargestellter und tatsächlich im Unternehmen gelebter Kultur auf das Brand Commitment der Mitarbeiter ermitteln (vgl. Abb. 3.10).

Zur Sicherstellung der Glaubwürdigkeit empfehlen Bowers und Martin (2007) die Verwendung von tatsächlichen Mitarbeitern in der externen Markenkommunikation. Diese Forderung nach **Authentizität bzw. Ähnlichkeit von in der externen Markenkommunikation dargestellten Mitarbeitern mit tatsächlichen Mitarbeitern** wird sowohl von Piehler et al. (2015) als auch im Behavioral-Branding-Ansatz gefordert (vgl. Henkel et al. 2012, S. 457 ff.). Ein exzellentes Beispiel für einen Einsatz von tatsächlichen Mitarbeitern im Rahmen der externen Markenkommunikation ist der Logistikdienstleister **FedEx**. Mit der „I am FedEx: Understanding FedEx culture through the stories of our people"-Kampagne nutzt das Unternehmen Geschichten von tatsächlichen Mitarbeitern, um die Markenidentität und das Markennutzenversprechen von FedEx sowohl an Nachfrager als auch an Mitarbeiter zu kommunizieren (vgl. Abb. 3.9). Mitarbeiter können ihre Geschichten einreichen, die dann in einem Video festgehalten werden. Derzeit können zahlreiche Geschichten von Mitarbeitern aus den USA (176), China (58), Kanada (38), Indien (26), den Vereinigten Arabischen Emiraten (5), Frankreich (5), Deutschland (4), Italien (3), Brasilien (2), Kolumbien (2), Singapur (1) und der Schweiz (1) abgerufen werden. Zahlreiche Auszeichnungen hat das Unternehmen als Arbeitgeber bereits erhalten. So ist FedEx im Jahr 2017 in der „FORTUNE 100 Best Companies To Work For"-Liste zu finden (Great Place To Work Institute 2017). Darüber hinaus taucht FedEx seit dem Jahr 2000 regelmäßig in den Top 20 der „FORTUNE's Most Admired Companies"-Liste auf (Subramaniam 2016).

Schließlich wird eine **Integration der internen Markenkommunikation mit der externen Markenkommunikation** gefordert (vgl. Kernstock und Brexendorf 2014, S. 253; Piehler 2011, S. 166 ff.; 232 ff.). Inkonsistenzen können auf Mitarbeiterseite zu Irritationen und Unsicherheiten führen und damit insbesondere den Aufbau von Markenwissen behindern. Empirisch kann Piehler (2011) einen positiven Einfluss des Grades der Inte-

Abb. 3.9 „I am FedEx"-Kampagne. (FedEx 2017)

gration der externen und internen Markenkommunikation auf das Markenwissen der Mitarbeiter nachweisen (vgl. Abb. 3.10). Darüber hinaus führen Inkonsistenzen zu Konfusion und Rollenkonflikten der Mitarbeiter, die wiederum das Brand Commitment und Brand Citizenship Behavior negativ beeinflussen. So sollte bspw. ein Anbieter von Gesundheitsdienstleistungen, der im Rahmen der externen Markenkommunikation qualitätsorientierte Botschaften aussendet, wie z. B. das Versprechen einer Top-Behandlung an alle Patienten, keine widersprüchlichen quantitätsorientierten Botschaften im Rahmen der internen Markenkommunikation vermitteln, wie z. B. die Minimierung der Zeiten, die für Diagnosen zu Verfügung stehen, oder die Reduzierung des Behandlungsaufwandes für geringvergütete Behandlungen (vgl. Miles et al. 2011, S. 495). Andernfalls wird der Aufbau von Markenwissen und Brand Commitment und damit Brand Citizenship Behavior behindert.

3.1.2.4 Markenorientiertes HR-Management

Ziel des **markenorientierten HR-Managements** ist eine **markenbezogene Personalsozialisation.** Diese bezeichnet den Prozess des Erlernens von markenbezogenen Kenntnissen, Fähigkeiten, Überzeugungen, Normen und Werten, die es den Mitarbeitern erst erlauben, sich als „Brand Citizen" zu verhalten (vgl. Piehler 2011, S. 170). Das markenorientierte HR-Management umfasst die markenorientierte Personalrekrutierung, Personalselektion, Personaleinführung, Personalentwicklung, Entgelt- und Anreizgestaltung,

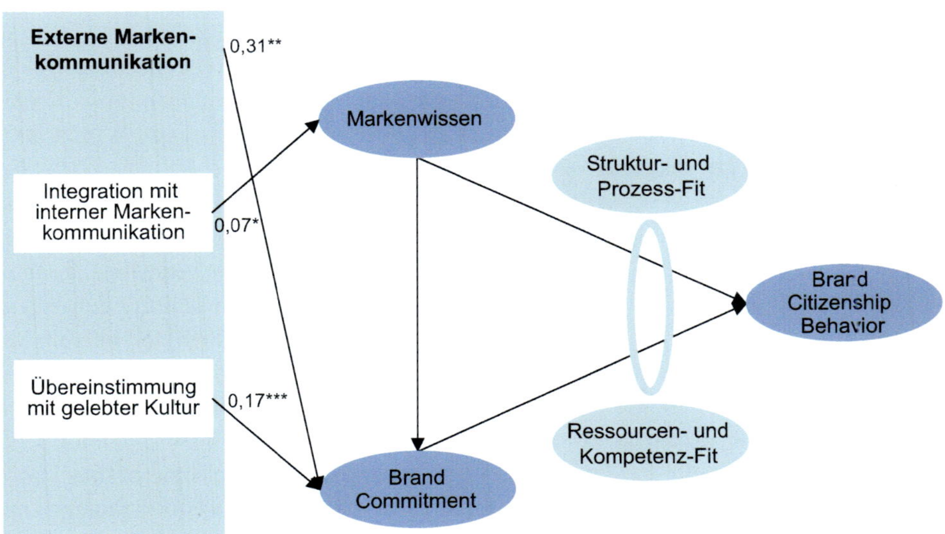

Abb. 3.10 Wirkung der externen Markenkommunikation auf die Zielgrößen des internen Markenmanagements im Rahmen einer Kausalanalyse. (In Anlehnung an Piehler 2011, S. 543; Zeplin 2006, S. 215)

Personalbeurteilung und -beförderung sowie Personalfreisetzung (vgl. Burmann und Piehler 2013, S. 231 ff.). Saleem und Iglesias (2016) identifizieren das markenorientierte HR-Management in ihrer Literaturanalyse als ein zentrales Instrument des internen Markenmanagements.

Die einzelnen Maßnahmen können dahingehend unterschieden werden, ob es sich um die Rekrutierung neuer Mitarbeiter (**Vor-Eintritts-Phase**), die Einführung dieser in die Organisation (**Eintritts-Phase**) oder die weitergehende Sozialisation (**Metamorphose-Phase**) handelt.

In der **Vor-Eintritts-Phase** bieten sich dem markenorientierten HR-Management vor allem in der Personalrekrutierung und -selektion Ansatzpunkte. Bereits bei der **Rekrutierung** sollten im Rahmen des Personalmarketings Informationen zur Markenidentität und die Bedeutung der Mitarbeiter für die Erreichung der Markenziele gezielt kommuniziert werden (vgl. de Chernatony et al. 2006, S. 822). So kann bereits im Rahmen von markenorientierten Personalanzeigen Markenwissen bei Mitarbeitern aufgebaut werden. Beispielhaft kann auf die „Values stronger than steel"-Kampagne des indischen Stahlherstellers **Tata Steel** verwiesen werden. Im Rahmen der Kampagne wurden Werte, die für das Unternehmen wichtig sind, anhand von tatsächlichen Mitarbeitern vorgestellt und damit die Markenidentität und das Markennutzenversprechen an potenzielle Mitarbeiter kommuniziert (vgl. WordPress.com 2012).

Aus dem Pool potenzieller, zur Verfügung stehender Mitarbeiter sollte eine markenorientierte **Personalselektion** diejenigen Mitarbeiter auswählen, die eine besonders hohe Passung zur Markenidentität aufweisen (vgl. Burmann und Zeplin 2005, S. 287), da es im Vergleich zur Entwicklung von fachlichen Qualifikationen der Mitarbeiter schwieriger ist, die persönliche Identität von Mitarbeitern durch weitere HR-Maßnahmen oder die übrigen Instrumente der internen Markenführung zu ändern (vgl. Punjaisri und Wilson 2007, S. 60). **„Hire for attitude, train for skill"** ist deswegen das Motto der US-amerikanischen Fluggesellschaft **Southwest Airlines** (vgl. Gallo 2013), die 1971 mit drei Flugzeugen gestartet ist und inzwischen die größte Fluggesellschaft bei Inlandsflügen in den USA ist (vgl. Conaway 2016, S. 2 f.). Im Rahmen der Einstellungsinterviews versuchen die Interviewer durch Fragen die Persönlichkeit der Bewerber zu ermitteln und mit den Werten von Southwest Airlines (vgl. Abb. 3.11) abzugleichen (vgl. Gallo 2013). So hält ein Manager der Personalabteilung bezüglich des Wertes „warrior spirit" fest: „So much of our history was born out of battles – fighting for the right to be an airline, fighting off the big guys who wanted to squash us, now fighting off the low-cost airlines trying to emulate us. We are battle-born, battle-tried people. Anyone we add has to have some of that warrior spirit." (Taylor 2011). Der Fokus auf die Mitarbeiter zahlt sich für das Unternehmen aus. Eine Mitarbeiterbefragung im Jahr 2014 kommt zum Ergebnis, dass 86 % der Mitarbeiter stolz darauf sind, bei dem Unternehmen zu arbeiten, und 80 % der Mitarbeiter das Unternehmen als guten Arbeitgeber sowie 86 % als Fluggesellschaft weiterempfehlen (vgl. Conaway 2016, S. 12). Zu den zahlreichen Auszeichnungen zählen bspw. Platz 7 auf der „Best Companies for Work-Life Balance 2017"-Liste (vgl. Indeed 2017), Platz 17 auf der „2017 Workforce 100"-Liste (vgl. Workforce Magazine 2017), Platz 33 auf der „100 Best

Abb. 3.11 Werte von Southwest Airlines. (Southwest Airlines 2017a)

Corporate Citizens"-Liste (vgl. Corporate Responsibility Magazine 2017) sowie Platz 35 auf der „America's Best Employers of 2017"-Liste (vgl. Forbes 2017). Darüber hinaus taucht Southwest Airlines zum 23. Mal hintereinander in der „FORTUNE's Most Admired Companies"-Liste auf (vgl. Southwest Airlines 2017b), wobei das Unternehmen in 2017 Platz 8 belegt (vgl. FORTUNE 2017). Daher ist es wenig überraschend, dass Southwest Airlines im Jahr 2015 für 6000 zu besetzende Stellen über 371.000 Bewerbungen erhalten hat (vgl. Conaway 2016, S. 6). Über diese Sicherstellung eines hohen Fits zwischen Markenidentität und Bewerber können im Rahmen der markenorientierten Personalselektion auch die Einstellungsinterviews oder Assessment Center genutzt werden, um Kenntnisse über die Marke zu vermitteln (vgl. Piehler 2011, S. 174 ff.).

Die **Eintritts-Phase** bezeichnet den Zeitraum, in dem erfolgreich rekrutierte neue Mitarbeiter in das Unternehmen eintreten. Zu diesem Zeitpunkt werden die neuen Mitarbeiter mit einem Anpassungsdruck durch ihre Kollegen konfrontiert. Gleichzeitig treffen ihre eigenen Vorstellungen und Erwartungen auf die realen Gegebenheiten innerhalb des Unternehmens. Die Aufgabe des HR-Managements in dieser Phase besteht in einer markenorientierten **Personaleinführung**. Diese kann einerseits durch geeignete Einstiegstrainings und -veranstaltungen für neue Mitarbeiter zum Aufbau von Markenwissen, Brand Commitment und Brand Citizenship Behavior beitragen (vgl. Brexendorf et al. 2012, S. 363 f.; Piehler 2011, S. 174 f.; Punjaisri et al. 2009, S. 210 ff.). So müssen bei der Luxushotelkette **Ritz-Carlton** alle neuen Mitarbeiter ein zweitätiges Einstiegstraining absolvieren, bei dem ihnen die Erwartungen und Werte von Ritz-Carlton vorgestellt werden (vgl. Ritz-Carlton Leadership Center 2015a). Im Fokus steht dabei nicht der Aufbau fachlicher Qualifikationen (z. B. als Kellner, Rezeptionist oder Zimmermädchen), sondern die

Vermittlung der Kultur und Philosophie durch Videos, Präsentationen von Managern und Gruppendiskussionen (vgl. Ritz-Carlton Leadership Center 2015b). Auf diese Weise vermittelt das Unternehmen neuen Mitarbeitern nicht nur Markenwissen, sondern gibt ihnen auch Orientierung und Sinn, was wiederum in Brand Commitment und Brand Citizenship Behavior resultiert. Zahlreiche Auszeichnungen belegen den Erfolg des markenorientierten Personalmanagements der Hotelkette (vgl. Ritz-Carlton Leadership Center 2015c). Über Einstiegstrainings und -veranstaltungen für neue Mitarbeiter hinaus kann durch die bewusste Verwendung von **Sozialisationstaktiken** eine beschleunigte Vermittlung und Verinnerlichung der Markeninhalte erzielt werden (vgl. Piehler 2011, S. 176 ff., 239 ff.). Um dies zu erreichen, können neue Mitarbeiter bspw. gezielt in Teams eingesetzt werden, in denen sie einen engen Kontakt zu erfahrenen Kollegen mit hohem Brand Commitment und Markenwissen haben.

In der **Metamorphose-Phase** beschränkt sich das markenorientierte HR-Management nicht mehr nur auf die Einstellung neuer Mitarbeiter, sondern beinhaltet das markenorientierte Management sämtlicher Mitarbeiter. In dieser Phase kommt der **markenorientierten Personalentwicklung** mit Instrumenten wie Trainings, Events, Coachings, Mentoren-Programmen sowie Weiterbildungs- und Führungsnachwuchsprogrammen eine besondere Bedeutung zu. Ein Best Practice für die markenorientierte Personalentwicklung sind die **BMW Group Brand and Customer Institutes** (ehemals BMW Group Brand Academy). Seit 15 Jahren vermitteln die Brand and Customer Institutes Mitarbeitern die Bedeutung von starken, differenzierten und begehrenswerten Premiummarken als wesentlichen Erfolgsfaktor der BMW Group. Ausgangspunkt allen Handelns ist die Markenidentität. Dies gilt für alle markenprägenden Dimensionen: Ob für die Gestalt, die Botschaft, Produkte und Services als auch das Brand Behavior. Und dies gilt für alle BMW Group Mitarbeiter von der Entwicklung, Produktion, Controlling, Einkauf, Personal bis hin zum Vertrieb. Bereits im Jahr 2002 wurde die Brand Academy zur Erhöhung der Markenorientierung von Mitarbeitern bei BMW eröffnet (vgl. BMW Group 2005). Aufgrund der Zukäufe der Marken MINI und Rolls-Royce hatte das Unternehmen neben der Marke BMW weitere Marken im Portfolio. Um weiterhin erfolgreich zu bleiben, werden Mitarbeitern und Partnern in der Brand Academy die unterschiedlichen Markenidentitäten vermittelt. Später wurde die Brand Academy zu den BMW Group Brand and Customer Institutes weiterentwickelt und damit um die Zielgruppen Händler und Endkunden erweitert. Die Besucher erhalten im Rahmen eines eintägigen Events durch Workshops und Seminare sowie durch aktive Diskussionen von praktischen Beispielen ein Basiswissen zu Marken im Allgemeinen und zu den Marken der BMW Group im Speziellen (vgl. BMW Group 2005). Die Teilnehmer erleben hierbei die drei Konzernmarken in eigens für sie geschaffenen Räumen (vgl. Abb. 3.12). Laut Jörg Dohmen (Head of Brand and Customer Institutes BMW Group) haben die Brand and Customer Institutes bis zum Jahr 2016 bereits 100.000 Manager, Händler und Dienstleister besucht. Inzwischen werden weltweit an 8 stationären Standorten und mittels 8 mobiler Kits jährlich über 8000 Markenbotschafter ausgebildet.

Darüber hinaus kommt in der Metamorphose-Phase die markenorientierte **Entgelt- und Anreizgestaltung, Personalbeurteilung und -beförderung sowie -freisetzung** zur

Abb. 3.12 BMW Group Brand and Customer Institutes. (BMW Group Brand and Customer Institutes)

Anwendung. Alle genannten Bereiche sollten dabei gezielt eingesetzt werden, um die Erreichung von Markenzielen und ein markenkonformes Verhalten zu belohnen. So können bspw. Beurteilungen und Bonuszahlungen an die Erreichung von Markenzielen geknüpft werden. Mit Hilfe von markenorientierten Beförderungskriterien steigen speziell solche Mitarbeiter in der Hierarchie auf, welche die Marke fest verinnerlicht haben und sich mit hohem Engagement für die Marke einsetzen. Bei der Freisetzung von Mitarbeitern kann sich eine Marke hingegen gezielt von solchen Mitarbeitern trennen, die nur eine sehr geringe Passung mit der Markenidentität aufweisen.

Empirisch ermitteln de Chernatony et al. (2006) in ihrer qualitativen Studie, dass Aktivitäten des HR-Managements wie Mitarbeiterselektion, -einführung und -entwicklung Mitarbeitern die Markenwerte vermitteln und damit Markenwissen aufbauen können. Diese Ergebnisse bestätigen können Miles et al. (2011) mit einer quantitativen Studie, in der sie validieren, dass die Werte reflektierende Rekrutierung und Selektion, Training und Entwicklung, Beurteilungs- sowie Anreizsysteme das Wissen der Mitarbeiter über die Marke erhöhen. Die umfassende empirische Untersuchung von Zeplin (2006) zeigt, dass in allen Phasen des HR-Managements hochsignifikante Wirkungsbeziehungen zum Brand Commitment bestehen (vgl. Abb. 3.13). Zu einem identischen Ergebnis kommen qualitative und quantitative Studien von Punjaisri und Wilson (2007, 2011) sowie Punjaisri et al. (2008, 2009), in denen ermittelt wird, dass markenorientierte Trainings und Einführungen sich positiv auf das Brand Commitment sowie markenbezogenes Verhalten von Mitarbeitern auswirken. Auch Aurand et al. (2005) weisen empirisch nach, dass eine starke Beziehung zwischen dem Involvement des HR-Managements in das interne Markenmanagement und der Berücksichtigung der Markenbotschaft in der täglichen Arbeit von Mitarbeitern existiert. In Anlehnung an die bisherige Forschung kann daher von einer Wirkung des markenorientierten HR-Managements auf die Zielgrößen Markenwissen, Brand Commitment und Brand Citizenship Behavior ausgegangen werden.

3.1.2.5 Markenorientiertes Führungsverhalten

Die **markenorientierte Führung** hat eine sehr hohe Erfolgsrelevanz, weil es das konstitutive Identitätsmerkmal der Wechselseitigkeit aufgreift und zur Vermittlung der Markenidentität nach innen nutzt. In ihrer Literaturanalyse identifizieren Saleem und Iglesias (2016) die markenorientierte Führung als ein wichtiges Instrument des internen Markenmanagements. Dementsprechend beschäftigen sich zahlreiche Publikationen mit der Wirkung der markenorientierten Führung auf mitarbeiterbezogene Zielgrößen.

Konkret werden in diesem Kontext spezifische Führungsstile wie die markenorientierte transaktionale und transformationale Führung untersucht. Burmann und Zeplin (2005) definieren die **markenorientierte transaktionale Führung** als Verhaltensweisen, die auf sozialen Austauschprozessen beruhen. Solche Verhaltensweisen umfassen (1) die Festle-

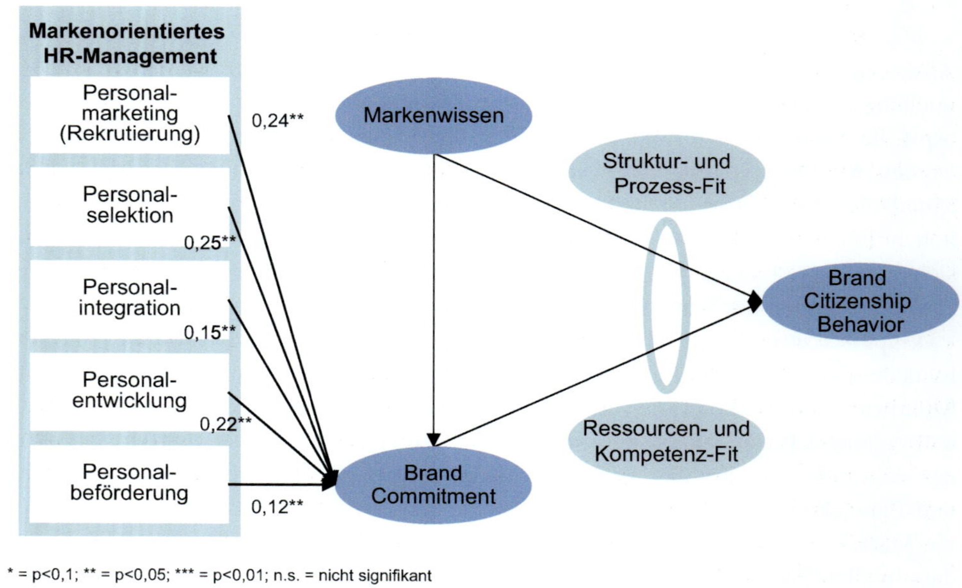

Abb. 3.13 Wirkung des markenorientierten HR-Managements auf die Zielgrößen des internen Markenmanagements im Rahmen einer Kausalanalyse. (In Anlehnung an Zeplin 2006, S. 215)

gung von Verhaltensstandards, wie Mitarbeiter ihre Rolle als Markenrepräsentanten auszuüben haben, und die Belohnung von Mitarbeitern, wenn die Erwartungen erfüllt werden, sowie (2) die Klarstellung, was nicht erwünschte Verhaltensweisen sind, und die Bestrafung von Mitarbeitern, die sich nicht im Einklang mit den festgelegten Standards verhalten (vgl. Morhart et al. 2009, S. 124).

Vorteile der markenorientierten transaktionalen Führung liegen in der Schaffung von Klarheit für Mitarbeiter über Rollen, Aufgaben und Leistungskriterien, was wiederum Vertrauen, Fairness und Sicherheit fördert und die Mitarbeiter dazu motiviert, die Erwartungen ihrer Vorgesetzten zu erfüllen (vgl. Morhart et al. 2012, S. 394). **Nachteile** einer solchen Führung liegen darin, dass die Mitarbeiter wie austauschbare Roboter wirken und die Verhaltensweisen nicht authentisch sein können. Zu nennen ist hier bspw. das immer gleiche „Herunterleiern" einer standardisierten Begrüßung von Kunden durch Mitarbeiter. Dadurch werden Mitarbeiter ihrer Spontanität und Flexibilität im Umgang mit Nachfragern beraubt, sodass nicht von einem authentischen Leben der Rolle als Markenrepräsentant gesprochen werden kann (vgl. Morhart et al. 2012, S. 394). Nichtsdestotrotz hat die markenorientierte transaktionale Führung durchaus ihre Berechtigung. So kann die Übersetzung einer abstrakten Markenidentität und eines verdichteten Markennutzenversprechens in konkrete Verhaltenserwartungen an Mitarbeiter durchaus zum Aufbau von Markenwissen, Brand Commitment und Brand Citizenship Behavior (insbesondere im Hinblick auf die Dimension Markenakzeptanz) beitragen. Empirisch können Morhart et al. (2009) nachweisen, dass eine moderate markenorientierte transaktionale Führung die Wirkung einer markenorientierten transformationalen Führung verstärkt.

Die **markenorientierte transformationale Führung** definieren Burmann und Zeplin (2005) als Verhaltensweisen, die die Werte und Einstellungen von Mitarbeitern so beeinflussen („transformieren"), dass diese ihre eigenen Interessen hinter die Markenziele zurückstellen. Ähnlich verstehen Morhart et al. (2009) markenorientierte transformationale Führung als Verhaltensweisen von Führungskräften, um Mitarbeiter zu motivieren, sich im Sinne der Marke zu verhalten, indem sie ihre Werte und persönlichen Überzeugungen ansprechen. Ziel ist es, die Bedürfnisse, Motive und Ziele der Mitarbeiter im Sinne der Marke zu verändern (vgl. Morhart et al. 2012, S. 394 f.). Entsprechende Führungsverhaltensweisen umfassen (1) das authentische Vorleben der Marke im täglichen Verhalten, (2) die Kommunikation einer bestechenden und differenzierenden Markenvision und die Schaffung von Involvement und Stolz bezüglich der Marke, (3) die Unterstützung von Mitarbeitern bei der Interpretation ihrer Arbeit aus der Perspektive eines Markenrepräsentanten und bei der Interpretation des Markennutzenversprechens für ihre tägliche Arbeit sowie (4) das Coaching der Mitarbeiter im Hinblick auf ihre Rolle als Markenrepräsentant (vgl. Morhart et al. 2009, S. 123 f.).

Vorteile der markenorientierten transformationalen Führung liegen darin, dass Mitarbeiter ihre Rolle als Markenrepräsentant in ihr Selbstkonzept integrieren, wodurch Brand Citizenship Behavior ganz automatisch erfolgt und keine vordefinierte Rolle gespielt wird (vgl. Morhart et al. 2012, S. 397). **Nachteile** einer solchen Führung liegen darin, dass sie Mitarbeiter in manchen Situationen überfordern kann, insbesondere neue Mitarbeiter, die

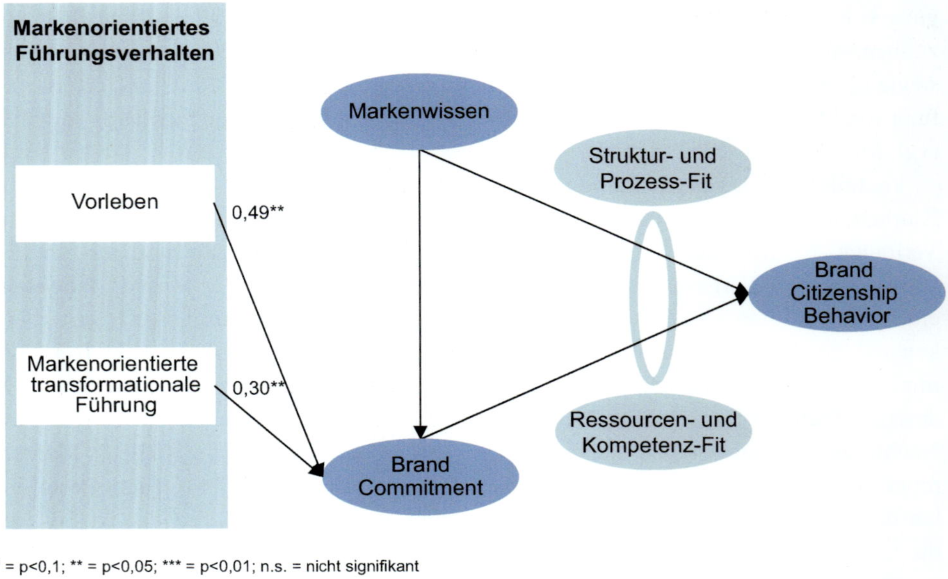

Abb. 3.14 Wirkung der markenorientierten Führung auf die Zielgrößen des internen Markenmanagements im Rahmen einer Kausalanalyse. (In Anlehnung an Zeplin 2006, S. 215)

aufgrund des hohen Ausmaßes an Autonomie und Eigenverantwortung orientierungslos sind. Eine weitere Gefahr besteht in der Entwicklung einer starken Bindung an den transformational führenden Vorgesetzten, die sich zu einem starken Abhängigkeitsverhältnis entwickeln kann, was für den Fall des Weggangs dieses Vorgesetzen bei Mitarbeitern in Führungs- und Hilflosigkeit resultieren kann (vgl. Morhart et al. 2012, S. 397). Trotz dieser Herausforderungen hat die markenorientierte transformationale Führung das Potenzial, zum Aufbau von Markenwissen, Brand Commitment und Brand Citizenship Behavior (nicht nur die Dimension Markenakzeptanz, sondern auch die Dimensionen Markenmissionierung und Markenpartizipation betreffend) beizutragen. Empirisch weisen Terglav et al. (2016) einen positiven Effekt der markenorientierten transaktionalen Führung auf das Markenwissen der Mitarbeiter nach. Darüber hinaus ermittelt Zeplin (2006) eine positive Wirkung der markenorientierten transformationalen Führung auf das Brand Commitment der Mitarbeiter (vgl. Abb. 3.14).

Die Dimension des authentischen **Vorlebens der Marke** in Form von Brand Citizenship Behavior der Führungskräfte spielt im Rahmen der markenorientierten transformationalen Führung eine besondere Rolle (vgl. Burmann und Zeplin 2005, S. 292 f.; Esch und Knörle 2012, S. 375 ff.; Piehler 2011, S. 544): „Managers' behavior should reinforce the corporate brand identity [. . .]. While staff's presentation of their brand's identity will affect customers' perceptions, managers' behavior will affect staff's perceptions and acceptance of the brand's identity" (de Chernatony und Harris 2000, S. 272). Auch nach de

Abb. 3.15 Titelbild DER SPIEGEL 43/2016. (DER SPIEGEL 2016)

Chernatony et al. (2006) ist das Verhalten der Führungskräfte ein zentrales Element zur Kommunikation der Markenwerte an Mitarbeiter. Aus der Kommunikations- und Lerntheorie ist bekannt (vgl. Bandura 1977; Watzlawick et al. 2017), dass Menschen Einstellungen und Verhaltensweisen insbesondere durch die Beobachtung von Verhaltensweisen anderer Menschen lernen. Da Führungskräfte in einem Unternehmen durch ihre hervorgehobene Stellung eine besondere Signalwirkung haben, dienen sie den übrigen Mitarbeitern als Vorbild. Diese Vorbildfunktion ist nicht nur für Gründungsunternehmen anzunehmen, bei denen zumeist eine enge Zusammenarbeit zwischen Gründern und Mitarbeitern erfolgt (vgl. Burmann et al. 2015, S. 489), sondern auch bei etablierten Unternehmen. In diesem Zusammenhang kommt vor allem dem Verhalten des Top-Managements eine besondere Bedeutung zu. Empirisch bestätigen Miles et al. (2011), dass das Werte reflektierende Verhalten von Führungskräften einen positiven Effekt auf das Markenwissen von Mitarbeitern hat. Darüber hinaus ermittelt Zeplin (2006) empirisch einen positiven Effekt des Vorlebens der Marke auf das Brand Commitment der Mitarbeiter (vgl. Abb. 3.14).

Die Kehrseite dieser herausgehobenen Rolle des Top-Managements ist, dass bereits wenige unbedachte Worte oder Taten, z. B. des CEO, das Markenimage und Selbstverständnis der Mitarbeiter nachhaltig schädigen können. Beispielhaft kann hier auf das Verhalten von zahlreichen Top-Managern der Deutschen Bank verwiesen werden (vgl. Abb. 3.15), das die Deutsche Bank in die größte Krise ihrer Geschichte gestürzt hat.

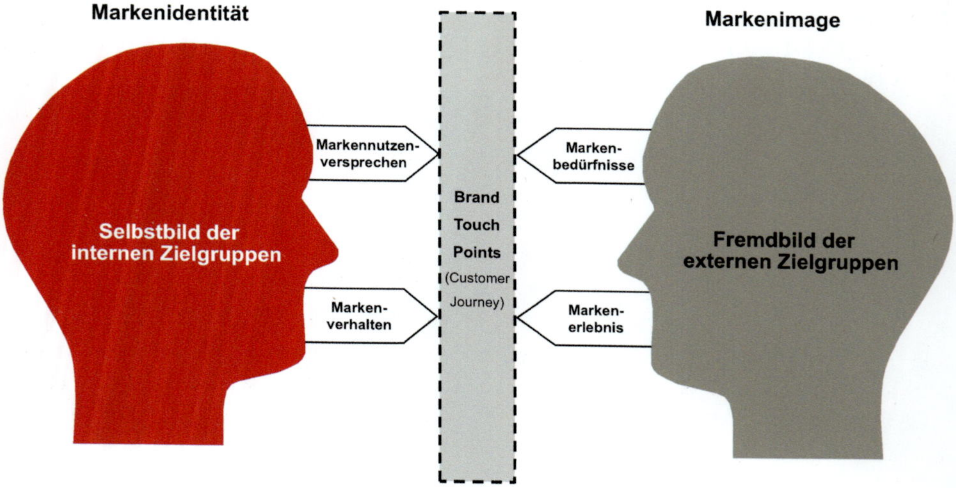

Abb. 3.16 Brand Touch Points als Bindeglied zwischen Markenidentität und Markenimage

Eine weitere Gefahr liegt darin, dass die Markenidentität so abhängig von der Persönlichkeit des CEO wird, dass sie nach einem Wechsel des CEO substanzlos ist. Dies war z. B. bei easyJet nach dem Abgang des charismatischen Gründers Stelios Haji-Ionnou der Fall. Deshalb ist es dringend notwendig, dass der CEO die Markenidentität stützt und nicht umgekehrt. Ein CEO mit Charisma und innerer Stärke kann die Markenidentität unterstützen, wenn er bereit ist, seine Persönlichkeit der Markenidentität unterzuordnen (vgl. Pälike 2000). Josef Hattig, über mehr als 20 Jahre CEO der Brauerei Beck & Co. formuliert dies so: „Ist die Marke der Boss oder der Boss die Marke? [. . .] Der Verbraucher spricht mit der Marke, nicht mit dem Unternehmen und so ist auch die eingangs gestellte Frage beantwortet: **Die Marke ist der Boss!**“ (Hattig 2005). Diese Vorbildfunktion der Geschäftsführung überträgt sich über die einzelnen Hierarchiestufen eines Unternehmens auf jede Führungskraft (vgl. Vallaster und de Chernatony 2005, S. 196 f.).

3.2 Operatives externes Markenmanagement

Das operative Markenmanagement befasst sich grundsätzlich mit dem Management von Brand Touch Points, die das Bindeglied zwischen Markenidentität und Markenimage darstellen und damit die Marke für Externe erlebbar machen (vgl. Abb. 3.16).

Das operative externe Markenmanagement hat zunächst die Aufgabe, die relevanten Brand Touch Points, an denen Nachfrager mit der Marke in Kontakt kommen, zu identifizieren (Abschn. 3.2.1) und das Nutzenversprechen an den einzelnen Brand Touch Points adäquat zu vermitteln. Das zu vermittelnde Nutzenversprechen muss dazu in die vier klassischen Instrumente des Marketing-Mix übersetzt werden (Abschn. 3.2.2). Deren Ausgestaltung muss inhaltlich, zeitlich und formal aufeinander abgestimmt sein. Hierbei ist die Übersetzung des Nutzenversprechens in konkrete produkt- und programmpolitische Entscheidungen von zentraler Bedeutung. Damit einher geht eine auf das Nutzenversprechen und das Leistungsangebot abgestimmte Preispolitik. Die Distributionspolitik gewährleistet die Verfügbarkeit der Markenleistungen für den Nachfrager, dort wo es dieser erwartet. Die Absatzkanäle sollten demgemäß und mit Blick auf das Nutzenversprechen ausgewählt und gesteuert werden. Mittels der Kommunikationspolitik wird das Nutzenversprechen der Marke an Nachfrager übermittelt.

Die **Vermittlung des Markennutzenversprechens** sollte nicht einzelne Sinne isoliert ansprechen. Das externe Markenmanagement kann nur erfolgreich sein, wenn auch die multisensuale Vermittlung des Nutzenversprechens professionell und identitätsbasiert erfolgt (Abschn. 3.2.3). Die Güte des operativen externen Markenmanagements wird sehr stark durch das interne Markenmanagement (Abschn. 3.1) geprägt. Je weniger innerhalb der markenführenden Organisation Klarheit über das eigene Selbstbild und die konkrete interne Rollenverteilung bei der Vermittlung des Markennutzenversprechens besteht, desto größer ist die Wahrscheinlichkeit, mit der externen Markenführung lediglich ein diffuses, austauschbares Markenimage zu erzeugen, weil Mitarbeiter dann letztlich nur als ein Kostenblock betrachtet werden. Damit droht dann langfristig das Scheitern der Marke.

3.2.1 Management von Brand Touch Points und Customer Journey

Um Nachfrager im Rahmen des identitätsbasierten Markenmanagements zum Kauf einer Marke zu führen, ist es wichtig, das Management sämtlicher Brand Touch Points ganzheitlich zu gestalten. Eine Voraussetzung dafür ist das klare Verständnis, an welchen Brand Touch Points die Nachfrager im Laufe ihres Kaufprozesses mit der Marke in Berührung kommen. Die chronologische Abfolge dieser Kontaktpunkte – oder auch „Reise" eines potenziellen Nachfragers – bis zum Produktkauf wird als **Customer Journey** bezeichnet (vgl. Holland und Flocke 2014, S. 827). Die Customer Journey stellt demnach den Ablauf sämtlicher Brand Touch Points eines Nachfragers dar, mit denen er bis zur definierten Zielhandlung in Berührung kommt. Diese Zielhandlung kann auch eine Newsletteranmeldung oder die freiwillige Preisgabe von Kontaktdaten des Nachfragers sein. In den meisten Fällen wird die Customer Journey jedoch im Hinblick auf einen Markenkauf betrachtet.

Da es sich bei der Customer Journey um eine prozessuale Betrachtung der Kaufentscheidung handelt, ist es möglich, diesen Kaufentscheidungsprozess in Phasen zu untergliedern und in stilisierter Form zu betrachten. Eine gängige Betrachtungsweise ist der sogenannte **Brand (Purchase) Funnel** (vgl. Perrey et al. 2015, S. 130 ff.; Burmann und Dierks 2015), welcher auch als Markentrichter bezeichnet wird. Der Brand Purchase Funnel ist ein wichtiges Tool für Marketingverantwortliche, um die Markenleistung einzelner Brand Touch Points entlang des Kaufentscheidungsprozesses zu identifizieren (vgl. Burmann et al. 2017, S. 294). Im Rahmen des Brand Funnel wird ein typischer Ablauf des Kaufentscheidungsprozesses über fünf Stufen beschrieben (vgl. Abb. 3.17).

Diese fünf Stufen bauen aufeinander auf, sodass sich die Anzahl der sich in den einzelnen Stufen befindlichen Marken im Laufe des Prozesses verringert. Die erste Stufe umfasst sämtliche Marken, die einem Nachfrager im Hinblick auf eine bestimmte Produktkategorie bekannt sind, während in der zweiten Stufe nur solche Marken berücksichtigt werden, die dem Nachfrager vertraut sind. Nicht alle diese Marken gelangen jedoch in das Consideration Set des Nachfragers und befinden sich demnach unter den Marken, die in der dritten Stufe für einen Kauf in Erwägung gezogen werden. Die vierte Stufe des Kaufprozesses beschreibt den eigentlichen Markenkauf. Die Markenloyalität wird dagegen in der folgenden fünften Stufe erfasst.

Entlang dieses Kaufprozesses kann nun analysiert werden, welche Brand Touch Points welchen Anteil an der Erreichung der Zielhandlung haben. Diese Erkenntnisse ermöglichen im Rahmen des Markencontrollings eine **zielgerichtete Verteilung des Marketingbudgets und des Managementaufwandes** (Abschn. 4.1). Dennoch sorgt die stark abstrahierte Darstellung des Kaufentscheidungsprozesses in Wissenschaft und Praxis für einen Diskurs über die Aussagekraft dieses Modells (vgl. Burmann et al. 2017, S. 295). So unterstellt es einerseits einen linearen Ablauf des Kaufentscheidungsprozesses und ignoriert zum anderen neuartige Kontaktpunkte, die bspw. durch die digitalen Medien (Abschn. 3.3) entstanden sind. Oftmals recherchieren Verbraucher bspw. auf Preisvergleichsseiten nach möglichst günstigen Preisen für Marken, die sie für einen Kauf in Erwägung ziehen und entdecken dabei ihnen bis dato unbekannte Marken. So können Marken auch nachträglich in das Consideration Set (Stufe 3) der Nachfrager gelangen, ohne dass sie bereits Bestandteil der ersten oder zweiten Stufe des Kaufentscheidungsprozesses waren. Zudem ist es üblich, dass Nachfrager einzelne Phasen des Prozesses

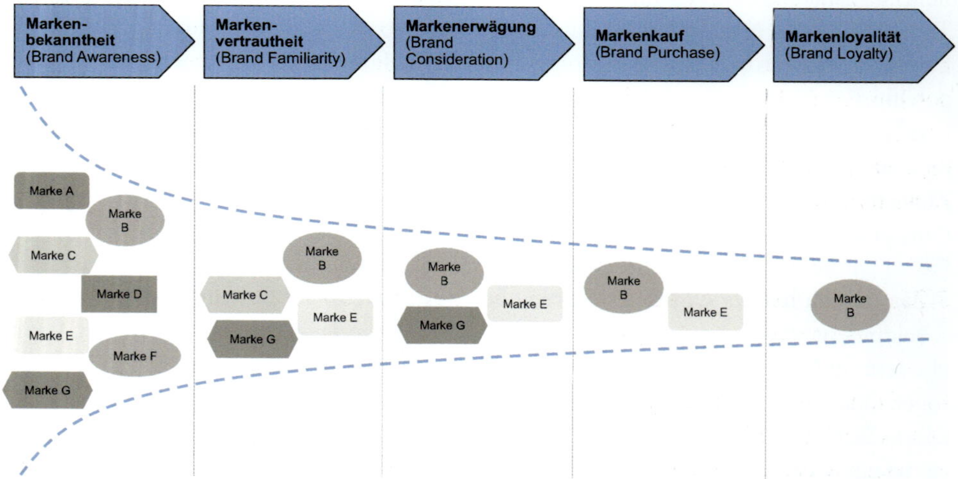

Abb. 3.17 Beispielhafte Darstellung des Brand Funnel. (Eigene Darstellung in Anlehnung an Burmann et al. 2017, S. 294)

wiederholen oder den Prozess zwischenzeitlich abbrechen und zu einem anderen Zeitpunkt wieder aufnehmen. Einen solchen typischen Ablauf der Informationsgewinnung und Entscheidungsfindung von Nachfragern bildet der Brand Funnel bisher jedoch (noch) nicht ab. Ebenso fehlen in dieser Prozessabbildung Aussagen zu Verhaltensweisen von Nachfragern, die nach der definierten Zielhandlung erfolgen, wie z. B. die Verbreitung von Erfahrungen mit dem Produkt on- oder offline (i. e. S. Word-of-Mouth; vgl. Burmann et al. 2017, S. 296 ff.).

Nichtsdestotrotz unterstützt die Darstellung des Kaufentscheidungsprozesses mittels eines Modells wie dem Brand Purchase Funnel das Management der Brand Touch Points. Hierfür muss zunächst zwischen **zwei zentralen Entscheidungsproblemen** unterschieden werden. Im ersten Schritt müssen die Brand Touch Points identifiziert werden, an denen ein Nachfrager mit der Marke in Kontakt kommt. Im zweiten Schritt ist zu entscheiden, wie einzelne Touch Points zielgerichtet bearbeitet werden. Dieses Vorgehen könnte dazu führen, Nachfrager an sämtlichen Brand Touch Points anzusprechen. Gleichzeitig muss jedoch die Erzeugung von Reaktanz und negativen Emotionen durch eine zu häufige Ansprache von Nachfragern vermieden werden. So berichtet Alexander Schlaubitz, Vice President Marketing von Lufthansa, in einem Interview im März 2017: „Das heißt nicht, dass wir jeden an allen Kontaktpunkten bespielen wollen. Es heißt vielmehr, dass wir jemanden, den wir schon an Kontaktpunkt eins und fünf angesprochen haben, bei sechs und sieben in Ruhe lassen." (Herrmann 2017, S. 20 f.). Ein ausgesuchter Verzicht der Ansprache von Nachfragern an bestimmten Brand Touch Points ist darüber hinaus auch aus effizienztechnischen Überlegungen heraus sinnvoll (vgl. Herrmann 2017, S. 20 f.).

Für das Management von Brand Touch Points entlang der Customer Journey ist zudem zu beachten, dass die **Dauer einer Customer Journey individuell** ist, abhängig davon, welche Zielhandlung definiert wurde und um welches Produkt und welche Zielperson es sich handelt. Der Beginn und das Ende der Customer Journey können zudem von den Marketingverantwortlichen selbst definiert werden. So beginnt die Customer Journey bei der Lufthansa dann, wenn ein Nachfrager seine Reise beendet. An diesem Punkt wird versucht, die Sehnsucht nach einer neuen Reise zu wecken und den Nachfrager wieder in die erste Stufe des Kaufentscheidungsprozesses zu führen, indem er sich über die nächste Reise informiert (vgl. Herrmann 2017, S. 20 f.).

3.2.2 Gestaltung des Marketing-Mix zum Aufbau von Brand Attachment und Markenvertrauen

Das Brand Attachment und das Markenvertrauen bilden wichtige Zielgrößen in der identitätsbasierten Markenführung (Abschn. 2.2.2.2 und 2.2.2.3). Dementsprechend sind die einzelnen Maßnahmen des Marketing-Mix so auszugestalten, dass sie zum Aufbau und Erhalt dieser Zielgrößen beitragen.

Die **Produkt- und Programmpolitik** legt fest, wie die von einer Marke angebotenen Leistungen auszugestalten sind. Der **Begriff „Produkt"** wird definiert als ein Bündel objektiv-technischer Eigenschaften, das dem Nachfrager einen Nutzen stiftet (vgl. Meffert et al. 2015, S. 362). Hier zeigt sich die Verbindung zwischen dem Produkt- und Markenbegriff, denn beide werden nutzenbasiert definiert. Während Produkte bzw. Dienstleistungen nur über ihre utilitaristische Nutzenstiftung definiert werden, sind Marken breiter definiert. Sie umfassen zusätzlich die ökonomische, soziale, sinnlich-ästhetische, hedonistische und risikoreduktionsorientierte Nutzenstiftung.

Das finale Kaufverhalten wird vom gesamten angebotenen Nutzenbündel bestimmt (= Marke) und nicht nur vom utilitaristischen Nutzen (= Produkt). Lange Zeit stand im Marketing und in der Markenführung der utilitaristische Nutzen im Mittelpunkt des Interesses. Dies entsprach dem in der Betriebswirtschaftslehre und anderen Wissenschaftsdisziplinen lange vorherrschenden Menschenbild eines „homo oeconomicus". Die Abkehr von diesem Menschenbild und damit die Erkenntnis, dass Menschen sehr viel weniger rational handeln als lange vermutet, hat die **Bedeutung der Markenführung für den Erfolg von Unternehmen** deutlich erhöht. Dieser Relevanzgewinn ging zu Lasten der technischen Produktgestaltung. Unterstützt wird diese Entwicklung durch eine immer stärkere Angleichung objektiv-technischer Produktmerkmale als Folge einer immer schnelleren Diffusion technologischen Know-hows. Zudem werden Marken auch wegen des dramatisch wachsenden Informationsangebotes im Internet für das Kaufverhalten stetig wichtiger. Menschen verarbeiten diese Informationsüberflutung nicht wie ein Computer, sondern durch eine sich immer stärker auf Emotionen verlassende Informationsverarbeitung, weil diese sehr viel leistungsfähiger ist als eine kognitiv-rationale Informationsverarbeitung. Marken geben Menschen die Sicherheit, sich innerhalb eines unübersichtlichen Angebots für das richtige Produkt zu entscheiden, wie u. a. eine Studie von McKinsey&Company in Zusammenarbeit mit Prof. Dr. Marc Fischer mit über 3000 Nachfragern zeigt (McKinsey&Company und Fischer 2016, S. 2).

Der **Begriff „Programm"** einer Marke kann definiert werden als die Gesamtheit aller Leistungen (Produkte und/oder Dienstleistungen), die eine Marke den Nachfragern zum Kauf anbietet. Ziel der Produkt- und Programmpolitik im Rahmen der identitätsbasierten Markenführung ist es, diese Leistungen identitätsbasiert an die Bedürfnisse der Nachfrager optimal anzupassen und damit die wirtschaftliche Existenz der Marke langfristig abzusichern. Voraussetzung für diese Anpassung ist die **Innovationsfähigkeit** der die Marke führenden Institution (vgl. Hauschildt et al. 2016; Sammerl 2006). Neuprodukteinführungen weisen eine hohe Flop-Rate auf. Deswegen ist es notwendig, einen systematischen, kompetenzbasierten Innovationsprozess zu implementieren. Die Entwicklung von Neuprodukten kann dabei sowohl auf Basis von Nachfragerbedürfnissen („market pull") als auch initiiert von technischen Erfindungen („technology push") sowie aus der Kombination beider Vorgehensweisen geschehen (zur Vertiefung produkt- und programmpolitischer Entscheidungen vgl. Meffert et al. 2015, S. 361 ff.).

Entscheidungen im Rahmen der **Preispolitik** für eine Marke umfassen alle Vereinbarungen über das Entgelt der Markenleistungen, über mögliche Rabatte und darüber hinausgehende Lieferungs-, Zahlungs-, und Kreditierungsbedingungen sowie die Preisdurchsetzung am Markt. Diese Instrumente sind im Hinblick auf die Ziele der Markenführung auszugestalten. Preispolitische Maßnahmen zeichnen sich durch eine **hohe Wirkungsstärke** aus, da Preisänderungen sehr schnell direkt kaufverhaltensrelevant sind. Durch ihre kurzfristige Variierbarkeit führt eine Anpassung der Preise oft zu einer unverzüglichen Reaktion bei den Nachfragern. Eine Herausforderung für Unternehmen ist es, die Richtung von Preisanpassungen zu ändern. Insbesondere Preissenkungen lassen sich nur schwer revidieren. Eine wichtige Komponente der Preispolitik ist die Festlegung der **preispolitischen Strategie**. Eine Hochpreisstrategie für eine Luxusmarke hat bspw. zur Folge, dass auch die Markenleistungen, die Distributionskanäle sowie die Kommunikation dem Luxusanspruch gerecht werden müssen, da es andernfalls zu Dissonanzen beim Nachfrager kommen kann, wenn das Markenerlebnis nicht an allen Brand Touch Points den Erwartungen an das Luxussegment entspricht (vgl. Burmann et al. 2012a; zur Vertiefung preispolitischer Entscheidungen vgl. Meffert et al. 2015, S. 437 ff.).

Die **Distributionspolitik** umfasst alle Entscheidungen und Handlungen, welche die Verteilung von materiellen und/oder immateriellen Leistungen vom Hersteller zum Endkäufer betreffen. Die distributionspolitischen Ziele leiten sich aus den übergeordneten Markenzielen ab. Die Erreichung dieser Ziele obliegt dem **Absatzkanalmanagement**. Es umfasst das Selektions- und das Kontraktkonzept. Das Selektionskonzept bestimmt die vertikale und horizontale Struktur der Absatzkanäle der Marke. Das Kontraktkonzept legt den Grad der vertraglichen Bindung von Absatzmittlern fest. Die operative Umsetzung und Steuerung des Absatzkanalsystems ist Aufgabe des Stimulierungskonzeptes, des Supply Chain Managements (SCM) und des Efficient Consumer Response Managements (ECR). Das **Stimulierungskonzept** beinhaltet die Gewinnung und Bindung von Absatzmittlern. Aufgabe des **Supply Chain Managements** ist die Analyse der gesamten Lieferkette zur Steigerung der Effektivität und Effizienz. Beim **Efficient Consumer Response Management** handelt es sich um eine spezifische Kooperation zwischen Hersteller und Handel, die darauf ausgerichtet ist, Nachfragerbedürfnisse jederzeit bestmöglich zu befriedigen (zur Vertiefung distributionspolitischer Entscheidungen vgl. Meffert et al. 2015, S. 511 ff.).

Absatz- oder Distributionskanäle lassen sich unterscheiden in physische und virtuelle Kanäle. Zur physischen Distribution gehören die klassischen Vertriebswege über den Versand- bzw. Kataloghandel, der stationäre Handel oder die Distribution über das Telefon oder Fernsehen. Erfolgt der Verkauf von Markenleistung hingegen über einen virtuellen, elektronischen Kanal, wird es als **electronic Commerce (e-Commerce)** bezeichnet. Darüber hinaus kann der e-Commerce neben der Absatzfunktion auch kommunikative Funktionen übernehmen (z. B. Steigerung der Markenbekanntheit und Markenpräferenz).

Elektronische Vertriebskanäle können wie in der physischen Distribution sowohl von Einzelhändlern (z. B. Amazon) als auch direkt von Herstellermarken (z. B. Adidas) betrieben werden. Die permanente Erreichbarkeit rund um die Uhr (7 Tage, 24 Stunden) von fast jedem Ort sowie die Möglichkeit zur Anreicherung des Warenangebots mit Value-Added-Services zeichnen den elektronischen Vertriebskanal aus. Die Abkopplung der physischen Präsenz der Produkte von stationären Verkaufsstätten erlaubt es im e-Commerce eine weitaus **größere Sortimentsbreite** und erheblich **mehr zielgruppenspezifische Infor-**

mationen und Services anzubieten. Zudem müssen nicht alle Produkte zwischengelagert werden, weil Bestellaufträge an Hersteller erst zum Zeitpunkt der Kundenbestellung weitergegeben werden können. Dadurch lassen sich Lagerhaltungskosten senken. Im Zusammenspiel mit einer Reduktion des Personal- und Raumbedarfs (im Vergleich zu physischen Filialen) bietet der e-Commerce damit **erhebliche Kosteneinsparpotenziale**, die entweder die Margen erhöhen oder über Preisreduktionen an Nachfrager weitergegeben werden können.

Aus Sicht der Markenführung besteht die **zentrale Herausforderung** im e-Commerce im fehlenden oder reduzierten persönlich-physischen Kontakt zwischen Marke und Nachfrager. Der ausschließlich virtuelle Kontakt zwischen Nachfrager und Marke schließt bestimmte Zielgruppen aus und erschwert die Vermittlung von emotionalen Markenerlebnissen (vgl. Burmann et al. 2014). In diesem Zusammenhang kann eine Verbindung von e-Commerce und sozialen Medien helfen, auch online positive Markenerlebnisse zu generieren (Abschn. 3.3). Ebenso ergänzen viele Marken, die bislang ausschließlich im e-Commerce tätig waren, ihre Distribution um physische Einkaufsstätten.

Die erfolgreiche Umsetzung einer e-Commerce-Lösung basiert auf unterschiedlichen Erfolgsfaktoren. Zu diesen gehören u. a. die Schaffung einer hohen Anziehungskraft und eines differierenden Nutzenversprechens. Insbesondere in der Online-Umgebung haben Nachfrager die Möglichkeit, schnell Vergleiche zwischen sehr vielen Konkurrenzangeboten durchzuführen. Vor diesem Hintergrund rückt die **Bedeutung eines einzigartigen und stark emotional geprägten Markenerlebnisses** auch online in den Vordergrund. Zudem ist es für den Erfolg im e-Commerce von zentraler Bedeutung, über die technische Gestaltung der Internetpräsenz hinaus einen bestmöglichen, selbsterklärenden Service zu bieten. Hierzu bedarf es u. a. einer übersichtlichen Gestaltung der Benutzeroberfläche sowie gut strukturierter Suchfunktionen (vgl. Heinemann 2017, S. 114 ff.).

Die Abwicklung von Geschäftsvorgängen im Internet findet oft vor dem Hintergrund zahlreicher Sicherheitsbedenken auf Seiten der Nachfrager statt (vgl. Burmann et al. 2014). Immer wieder auftretende Datendiebstähle und Missbrauchsfälle von Kundendaten haben zu einer hohen Unsicherheit geführt. Der **Etablierung und Kommunikation hoher Sicherheitsstandards** kommt deswegen eine sehr große Bedeutung zu. Die Betonung dieser Standards in der Kundenansprache kann zudem genutzt werden, um langfristig eine positive Reputation als vertrauenswürdiger Anbieter aufzubauen und dadurch die Marke zu stärken (vgl. Heinemann 2017, S. 114 ff.). Notwendig sind hohe Sicherheitsstandards für Marken vor allem auch bei der Durchführung von **Location-based-Advertising** (Abschn. 3.3.2.1), der standortbezogenen Werbung, die Nutzern auf ihr Smartphone gesendet wird. Hier sind das Brand Attachment und das Markenvertrauen sehr wichtige Erfolgsfaktoren (vgl. Warwitz 2016).

Selten findet die Markendistribution nur über einen Distributionskanal statt. Sind zwei oder mehr Absatzwege miteinander kombiniert, spricht man von einer **Multi-Channel-Distribution** (vgl. Heinemann 2017; Schögel 2012; Schramm-Klein 2006). Fehlt bei der Kombination mehrerer Kanäle der virtuelle Kanal, wird auch von einem „traditionellen" Mehrkanalsystemen gesprochen (vgl. Heinemann 2017, S. 113). Das Ziel der Multi-

Channel-Distribution besteht in der nahtlosen Integration sämtlicher Absatzkanäle, um für Nachfrager zusätzlichen Nutzen zu stiften (vgl. Meffert et al. 2015, S. 526). Der Nutzen besteht darin, jederzeit von überall so einfach wie möglich einkaufen zu können. Dieser Mehrwert ersetzt trotz der großen Bedeutung der Multi-Channel-Distribution nicht das kaufverhaltensrelevante und wettbewerbsdifferenzierende Nutzenversprechen einer Marke (Positionierung), sondern ist als Nebenbedingung zu interpretieren. Allein die jederzeitige Überall-Verfügbarkeit einer Marke in einer Vielzahl von Absatzkanälen führt nicht dazu, dass sich ein anvisierter Zielkunde bei seinem Kauf für diese Marke entscheidet. Entscheidend ist vielmehr der konkrete Nutzen einer Marke zur Befriedigung wichtiger Bedürfnisse. Wettbewerbsdifferenzierend kann jedoch die spezifische Multi-Channel-Distribution einer Marke sein.

Die **Kommunikationspolitik** beschreibt im Marketing allgemein das Senden von Informationen, um beim Empfänger eine Wirkung zu erzielen. Die Planung und Steuerung aller Kommunikationsmaßnahmen einer Marke ist in der heutigen Medienlandschaft eine große Herausforderung. Technologische Entwicklungen und die daraus resultierende Dichte neuer Medien haben eine hohe Komplexität bei der Auswahl geeigneter Kommunikationsinstrumente zur Folge. Darüber hinaus werden Nachfrager mit einer großen Fülle an Informationen konfrontiert, die das Aufnahmevermögen des Menschen oft überfordern (**Informationsüberlastung**). Deswegen kommt der Schaffung von Aufmerksamkeit für die eigene Kommunikationsbotschaft heute ein noch höherer Stellenwert zu als in der Vergangenheit.

Umso wichtiger ist die professionelle Planung und Steuerung aller Kommunikationsmaßnahmen. Zunächst werden hierzu aus den übergeordneten Unternehmens- und Markenzielen die **Kommunikationsziele** abgeleitet. Um die Zielerreichung zu gewährleisten, bedarf es einer langfristigen **Kommunikationsstrategie**. In ihr wird vor allem der Einsatz der **Kommunikationsinstrumente** festgelegt. Die Festlegung und Verteilung des **Kommunikationsbudgets** geschieht auf Basis der gesteckten Ziele und eines adäquaten Budgetierungsprozesses (Abschn. 2.6.2). Die kommunikative Botschaft sollte positionierungskonform gestaltet werden. In der Markenkommunikation findet man ebenfalls einen Multi-Channel-Ansatz. **Kommunikatives Multi-Channeling** nutzt verschiedene Instrumente und Kanäle parallel, um mit den Zielgruppen zu interagieren. Da hierbei unterschiedliche Medienformen oder -gattungen zur Anwendung kommen, wird auch von **Cross-Media** gesprochen (vgl. weiterführend Meffert et al. 2015, S. 569 ff.).

3.2.3 Multisensuale Markenführung zur Generierung von Markenerlebnissen

Eine Vielzahl von Märkten ist heute weitestgehend gesättigt. In diesen Märkten mit quasi homogenen Produkten sind funktional-technische Positionierungseigenschaften zur Markendifferenzierung kaum mehr nutzbar. Insbesondere auf diesen Märkten wird heute eine **emotionale Ausrichtung von Marken** als entscheidend für den Erfolg angesehen (vgl.

Freundt 2006; Khan und Fatma 2017, S. 1). Eine ausgeprägt emotionale Markenführung profitiert darüber hinaus vom Trend eines **erlebnisorientierten Konsums**. Weitere Einflussfaktoren, die zum Bedeutungsanstieg der Emotionalität in der Markenführung führen, sind der **Wertewandel in der Gesellschaft** sowie die **Informationsüberlastung** der Nachfrager. Der Wertewandel ist seit Mitte des 20. Jahrhunderts in der Gesellschaft zu beobachten und zeigt sich in einer Verschiebung der sozialen Werte von einer Akzeptanz- und Pflichtkultur zu einer Kultur der Selbstverwirklichung, in der Ziele wie Hedonismus und Individualität immer größeren Einfluss haben. Verstärkt wird dieser Einfluss durch die zunehmende Freizeit der Menschen. Einhergehend mit dem Beginn des Wertewandels sank die Bedeutung der Existenzsicherung als primärem Konsumziel. Konsum dient heute immer stärker dem **Ausdruck der persönlichen Identität und des eigenen Lebensstils** (vgl. Springer 2008, S. 3; Müller 2012, S. 37 f.). Die Nachfrage nach individuellen Erlebnissen, die dem Ausdruck des Lebensstils und der Selbstverwirklichung dienen, hat deswegen stark zugenommen. Als weiterer Einflussfaktor erschwert die Informationsüberlastung der Nachfrager die Vermittlung von Markenbotschaften im Rahmen klassischer Kommunikationsinstrumente. **Informationsüberlastung** beschreibt den Anteil der individuell nicht wahrgenommenen Informationen an der Gesamtheit der für eine Person verfügbaren Informationen. Hierdurch steigt die Relevanz **visueller Kommunikation**. Diese verringert das Problem der kognitiven Überlastung der Nachfrager und eignet sich in besonderem Maß zur Vermittlung emotionaler Erlebnisse (vgl. Kroeber-Riel und Gröppel-Klein 2013).

Die hohe Bedeutung von Emotionen und Gefühlen wird auch durch aktuelle neurobiologische Erkenntnisse bestätigt. Die mit einer Marke verbundenen **Emotionen und Gefühle** werden gemeinsam mit den Markenattributen im Gedächtnis des Nachfragers gespeichert. Kommt ein Nachfrager danach wieder in Kontakt mit der Marke, werden neben den Markenattributen auch die damit verbundenen Emotionen und Gefühle abgerufen. Somit kann der Nachfrager den subjektiven „Belohnungswert" einer Marke vor dem Kauf abschätzen. Herrmann und Stefindes (2011, S. 142) konnten in ihrer Studie (n = 32) mittels funktioneller Magnetresonanztomographie belegen, dass hoch emotional verankerte Marken insgesamt eine stärker belohnende Wirkung evozieren. Zudem konnten die Autoren zeigen, dass negatives Wissen über die Marke bei stark emotionalen Marken einen vergleichsweise geringen Einfluss auf die Markenbewertung ausübt. Die Relevanz von Markenerlebnissen für den Markenerfolg konnten auch Brakus et al. (2009) in ihrer Untersuchung nachweisen. Die Autoren entwickelten im Rahmen eines mehrstufigen Verfahrens eine Skala zur Messung der Brand Experience. In einer abschließenden Studie mit 209 Studierenden können die Autoren sowohl einen direkten als auch einen indirekten Einfluss über die Markenpersönlichkeit auf die Kundenzufriedenheit und die Markenloyalität feststellen (vgl. Brakus et al. 2009, S. 63 ff.).

► **Markenerlebnisse** sind individuelle Sinneseindrücke, Gefühle und Wahrnehmungen, die durch markenbezogene Stimuli an den Brand Touch Points hervorgerufen werden (vgl. Brakus et al. 2009, S. 53).

Markenerlebnisse treten in allen Phasen des Kaufprozesses der Nachfrager auf. Entlang der Customer Journey werden an sämtlichen Berührungspunkten die mit der Marke assoziierten Reize (Stimuli) direkt oder indirekt wahrgenommen. Als markenbezogene Stimuli werden dabei bspw. das Markenlogo, Markensymbole oder die Markenpersönlichkeit betrachtet, welche wiederum z. B. über die Markenkommunikation oder die Verpackungsgestaltung an die Nachfrager vermittelt werden. Erlebnisse werden von Nachfragern jedoch nicht zwingend auf die gleiche Art und Weise wahrgenommen. Je nach individuellem Involvement gegenüber der Marke können sie hinsichtlich Intensität und Valenz unterschiedlich interpretiert werden. Für die erfolgreiche Gestaltung von Markenerlebnissen bedarf es daher neben einem grundlegenden Verständnis von Nachfragerbedürfnissen auch dem Wissen über die mit verschiedenen Erlebnisbestandteilen verbundenen Einsatzmöglichkeiten (vgl. Burmann et al. 2014, S. 57). Nach Schmitt (2009, S. 702 ff.) setzen sich Markenerlebnisse aus verschiedenen Komponenten zusammen, die jeweils einzeln oder in Kombination auftreten und gestaltet werden können:

- sensorische Erlebnisse,
- affektive Erlebnisse,
- kognitive Erlebnisse,
- verhaltensbezogene Erlebnisse und
- soziale Erlebnisse.

Sensorische Erlebnisse basieren auf der Ansprache mehrerer Sinne der Nachfrager, also Sehen, Hören, Fühlen, Riechen und Schmecken. Ein Markenerlebnis wirkt umso stärker auf das Kaufverhalten, je mehr Sinnesorgane angesprochen werden. Die multisensuale Ansprache der Sinne vermittelt reichhaltige und damit überzeugende Erlebnisse und trägt auf diese Weise zur intensiven Erfahrbarkeit und Erlebbarkeit einer Markenbotschaft bei, ebenso wie zu einer wirkungsvollen Speicherung im Langzeitgedächtnis (vgl. Springer 2008, S. 16 und 191). Zentrales Erfolgskriterium hierbei ist die Verbindung von **kognitiver Konsistenz und sensorischer Abwechslung**, d. h., dass das Erlebnis für Kunden markenspezifisch, klar erkennbar und gleichzeitig immer wieder neu und innovativ sein muss (vgl. Springer 2008, S. 202; Stone et al. 2014).

Die umfassende Sinnesansprache muss auf die Positionierung und damit auf das Nutzenversprechen und die Identität der Marke abgestimmt sein, nur dann kommt es zu positiven und langanhaltenden Einspeicherungseffekten im Gedächtnis. Für die Gestaltung der Markenbotschaft muss deswegen grundsätzlich entschieden werden, welche Sinne wie angesprochen werden können. Genau an dieser markenspezifischen und authentischen Gestaltung von sensorischen Markenerlebnissen mangelt es in der Praxis oft. Vor allem der Konsistenz zwischen klassischer und Online-Markenführung kommt zur Schaffung von Markenerlebnissen eine besondere Bedeutung zu. Hier müssen vor allem die sensorischen Erlebnisse in den sozialen Medien zur multisensualen Ansprache im Offline-Bereich passen (vgl. Springer 2008, S. 202).

Die **hohe Relevanz von visuellen Reizen** (Bildern) ist dabei unumstritten. Auch die ästhetische **Gestaltung von Markenstores** kann die Vermittlung sensorischer und vor allem auch visueller Markenerlebnisse verstärken. Zum Beispiel tauchen Kunden beim Betreten der **Nespresso-Boutiquen** in eine vollständig auf die Marke abgestimmte sensorische Erlebniswelt ein (vgl. Nespresso 2017). Sowohl das Design als auch die Ausstattung zielen darauf ab, den Kunden entsprechend der Positionierung als exklusive Kaffeemarke ein exklusives und individuelles Markenerlebnis zu vermitteln. Hierzu wird ein schlichtes und modernes Design verfolgt, ergänzt um eine Ausstattung in edlem dunklem Holz. Die Grundfarben Braun und Beige sollen zudem an Espresso erinnern. Auch die Raumaufteilung der Boutique zielt darauf ab, den Kunden verschiedene sensorische Erlebnisse zu vermitteln. Beispielsweise werden die Kunden im sog. „Club Room“ durch die Nespresso-Mitarbeiter zu Marke und Services beraten, der „Exclusive Room“ bietet bereits registrierten Nespresso-Kunden die Möglichkeit, mittels individueller Clubkarte einzukaufen, und der „Coffee Room“ mit hauseigener Bar lädt zur Verkostung sämtlicher Kaffeesorten ein (vgl. Lebensmittel Zeitung 2010).

Ebenso wie visuelle Reize werden auch **akustische Reize**, z. B. einzelne Töne, Klänge, Jingles, Musik, direkt am Point of Sale oder klassischerweise in der externen Markenkommunikation eingesetzt. Dieses sog. **Sound Branding** kann in verschiedenen Formen angewendet werden und dazu führen, dass nachfragerseitig positive Emotionen entstehen und so die von der Marke gesendeten Informationen schneller und nachhaltiger abgespeichert werden können. Insbesondere non-verbale akustische Reize können von Nachfragern einfacher erinnert werden (vgl. Steiner 2014, S. 10; Steiner 2017, S. 88 ff.). Die Bandbreite akustischer Reize erstreckt sich dabei von einzelnen Tönen wie dem bekannten Telekom-Jingle über einzigartige Klänge wie den einprägsamen Motorengeräuschen von Harley Davidson bis hin zu ganzen Songs wie der Integration von „Sail Away“ in der Kommunikation der Marke Beck’s.

Von etwas geringerer Bedeutung für die Kommunikation einer Marke ist die **Haptik**, d. h. das Fühlen oder Tasten von Produkten oder Verpackungen. Typischerweise dient die haptische Beschaffenheit von Produkten als Indikator für deren Qualität. So werden bspw. weiche Stoffe wie Seide mit Luxus verbunden, wohingegen Jeansstoffe als praktisch und langlebig eingeschätzt werden (vgl. Solomon et al. 2016, S. 135). Nichtsdestotrotz lassen sich auch durch die Gestaltung von Materialoberflächen, Formen oder Temperaturen Emotionen und Erlebnisse schaffen. In der Markenkommunikation werden häufig visuelle und akustische Reize als „Stellvertreter-Reize“ genutzt, um die Haptik eines Produkts zu vermitteln (wie z. B. bei dem Weichspüler der Marke Kuschelweich, vgl. Abb. 3.18).

Olfaktorische Reize können sowohl zur Schaffung einer positiven Stimmung als auch zur Vermittlung besonderer emotionaler Erlebnisse eingesetzt werden (vgl. Müller 2012, S. 114). Wie akustische Reize können auch Gerüche Erinnerungen hervorrufen, sodass die Marke in diesem positiven Kontext im Bewusstsein der Nachfrager abgespeichert wird. Auf verhaltensbezogener Ebene bewirken Düfte einen positiven Einfluss auf die Bewertung von Marken, sie erhöhen die Verweildauer am Point of Sale und können die Kaufintention steigern (vgl. Rempel 2006, S. 109 ff.).

Abb. 3.18 Beispielhafte Vermittlung haptischer Reize im aktuellen TV-Spot der Marke Kuschelweich. (Fit 2017)

Der menschliche Geschmackssinn wird unterteilt in Grundqualitäten (süß, salzig, bitter, sauer und umami) und Nebenqualitäten (alkalisch und metallisch) (vgl. Birbaumer und Schmidt 2010, S. 440 f.). In der Markenkommunikation spielen **gustatorische Reize** eine vermeintlich untergeordnete Rolle. In Kombination mit anderen Reizen, bspw. visuellen Stimuli, wächst ihre Bedeutung jedoch. Nachfrager verbinden demnach einen bestimmten Geschmack mit einer spezifischen Farbe (vgl. Kilian 2007, S. 349). Stimmt die gelernte Verbindung zwischen Geschmack und Farbe nicht überein, hat dies negative Auswirkungen auf die Geschmackswahrnehmung, wie bereits der Geschmackstest von DuBose et al. (1980, S. 1397 ff.) bestätigt. In einem Experiment mit verschiedenen Fruchtgetränken (Zitrus, Kirsche, Orange) konnten die Autoren feststellen, dass bspw. eine nicht dem eigentlichen Geschmack entsprechende Farbe der Getränke dazu führt, dass die Probanden den Geschmack nicht mehr erkennen können.

Bei **affektiven Erlebnissen** werden positive Gefühle beim Nachfrager erweckt (vgl. Schmitt et al. 2015, S. 731). Daher ist es das Ziel, positive Gefühle beim Nachfrager in möglichst vielen Situationen des Kontaktes zwischen ihm und der Marke auszulösen. Erreicht werden kann dies u. a. durch einen hohen Spaß-Faktor in der Interaktion zwischen User und Marke (vgl. Springer 2008, S. 88; Ashley und Tuten 2015, S. 19). Der Auftritt von Red Bull in den sozialen Medien zielt bspw. darauf ab, durch Spaß positive Erlebnisse bei den Nachfragern zu vermitteln. Verschiedene interaktive Applikationen und Spiele auf der Facebook-Seite erlauben den Usern bspw. ihre eigenen Flugzeuge zu kreieren und damit durch einen virtuellen Red Bull Parcours zu fliegen. Ebenfalls verlinkt sind Videos und Bilder von Fun- und Actionsportarten (vgl. Red Bull 2015).

Die dritte Erlebniskomponente sind die **kognitiven Erlebnisse**. Hier wird der Intellekt der Nachfrager angesprochen und durch die kreative Einbindung ein Nutzen für den Nachfrager generiert (vgl. Schmitt 2003, S. 106). Diese Erlebnisse entstehen bspw. durch die Interaktion innerhalb von Communities (vgl. Algesheimer und Herrmann 2005, S. 751). Dort von Marken initiierte Wettbewerbe fördern die intellektuelle Auseinandersetzung der Nachfrager mit der Marke und schaffen somit ein kognitives Erlebnis. Die Interaktion wird hierbei vor allem durch Kommentare und die Bewertung des User Generated Content (Abschn. 3.3.3.2) anderer Nutzer gefördert. Als Beispiel für die Schaffung kognitiver Erlebnisse kann die Marke **Joey's Pizza** (seit 2016 unter dem Namen Domino's Pizza) angeführt werden (vgl. Abb. 3.19). Joey's Pizza ermöglicht Nutzern im Rahmen der „Fanpizza-Aktion" mittels eines Konfigurators eine Pizza nach ihren eigenen Vorstellungen zu kreieren. Die Facebook-User konnten dann per Voting unter 8500 Kreationen abstimmen. Die acht Gewinner-Pizzen wurden in das Sortiment von Joey's Pizza aufgenommen und die erstplatzierten Ideengeber zudem mit 5 Cent pro verkaufter Pizza prämiert. Für diese Kampagne erhielt die dazugehörige Hamburger Agentur Havas beebop 2014 den Digital Communication Award in der Kategorie „Online Competition" (vgl. Havas beebop GmbH 2017).

Verhaltensbezogene Erlebnisse implizieren eine Verhaltensänderung der Nachfrager. Beispielsweise können alternative Nutzungsmöglichkeiten der Marke durch das Unternehmen oder von anderen Nutzern vorgeschlagen werden. Das Internet ermöglicht die genaue Dokumentation dieser Nutzungsmöglichkeiten in Form von Videos oder Bildern. Somit wird die Nachahmung durch andere Nutzer vereinfacht (vgl. Schmitt und Mangold 2005, S. 298; Prahalad und Ramaswamy 2004). Die Marke bleibt dadurch aktuell und bietet neue Impulse und alternative Verwendungsanlässe. In sozialen Medien finden sich bspw. etliche Communities, in denen alternative Verwendungsmöglichkeiten von Marken und deren Produkten aufgezeigt werden.

Die fünfte Komponente sind die **sozialen Erlebnisse**. Sie bauen auf den vier vorangegangenen Komponenten auf. Soziale Erlebnisse ermöglichen es dem Nachfrager, in

Abb. 3.19 Fanpizza-Aktion von Joey's Pizza (seit 2016: Domino's Pizza). (Havas beebop GmbH 2017)

Interaktion mit anderen zu treten, ein Zugehörigkeitsgefühl zu entwickeln und die eigene soziale Identität zu stärken. Sie betten somit die individuellen Erlebnisse in ein soziales Umfeld ein (vgl. Schmitt 1999, S. 62). Durch das gemeinsame Erleben kann der Nachfrager das Bedürfnis nach sozialer Anerkennung und Selbstdarstellung befriedigen. Als Folge hieraus entsteht oft ein hohes Brand Attachment (vgl. Schmitt 2009, S. 705). Soziale Erlebnisse werden bspw. im Kontext von sozialen Medien besonders stark durch **Communities** vermittelt. Die Vernetzung von Nutzer und Marke und den Nutzern untereinander beeinflusst das Zugehörigkeitsgefühl und bietet oft einen sehr wichtigen Mehrwert. Die Harley-Davidson Community bspw. bietet ihren Community-Mitgliedern die Möglichkeit, ihre Identifikation mit der Marke auszudrücken sowie eine Beziehung unter den Nutzern aufzubauen (vgl. McAlexander et al. 2002, S. 38 ff.).

Differenzierende Erlebnisse sind für die Markenführung heute von zentraler Bedeutung. Die positiven Wirkungen von Markenerlebnissen sind jedoch nur dann zu erreichen, wenn das Erlebnis zur Identität der Marke passt und vom Nachfrager deswegen als **authentisch** wahrgenommen wird. Darüber hinaus ist insbesondere die **multisensuale Vermittlung von emotionalen Markenerlebnissen**, also die gleichzeitige Ansprache mehrerer (oder aller) Sinnesorgane der Nachfrager, in hohem Maße erfolgversprechend. Ein multisensual eingespeichertes Markenerlebnis ist mit größerer Wahrscheinlichkeit mit Emotionen und Gefühlen verknüpft als ein Markenreiz, der nur ein Sinnesorgan anspricht. Die Relevanz für die Markenführung wird dadurch erhöht, dass die Bewertung von Marken oftmals nicht über eine intensive kognitive Beurteilung, sondern über die mit der Marke verbundenen Gefühle erfolgt. Der Begriff Gefühle beschreibt die bewusst erlebten und artikulierbaren Emotionen als physiologische Erregungszustände. Da hierbei vom Individuum keine großen Mengen neuer Informationen verarbeitet werden müssen, kann auf diese Weise die Informationsüberlastung der Nachfrager reduziert werden (vgl. Bielefeld 2012, S. 205 ff.). Auch deswegen haben Emotionen und Gefühle großen Einfluss auf den Erfolg der Markenführung.

In ihrer Publikation zur Gestaltung der Ladenatmosphäre von Store Brands stellt Müller (2012, S. 133 ff.) fest, dass durch den Einsatz multisensualer Markenstimuli die Identität, insbesondere die emotional geprägte Markenpersönlichkeit, an die Nachfrager vermittelt werden kann. Hierbei bezieht sie sich auf visuelle (farbliche), olfaktorische und akustische (musikalische) Reize und entwickelt mithilfe der Persönlichkeitsdimensionen nach Aaker (1997) ein multisensuales Ausdrucksmodell der Markenpersönlichkeit (vgl. Abb. 3.20). Die Zuordnung der jeweiligen Reize erfolgt auf Basis einer umfangreichen Literaturanalyse und einer anschließenden Validierung der Befunde mittels Experimenten und Expertenbefragungen.

Ein weiterer Beleg für die steigende Bedeutung multisensualer Markenführung ist die zunehmende Zahl von Brand Lands sowie die multisensuale Gestaltung zahlreicher Brand Touch Points. **Brand Lands** zeichnen sich durch persönliche, direkte und zweiseitige Kommunikation aus. Sie lassen sich definieren als auf Dauer angelegte, meist stationäre, dreidimensionale, reale Orte, die von Unternehmen betrieben werden, um die Marke für interne und externe Zielgruppen multisensual erlebbar zu machen (vgl. Springer 2008,

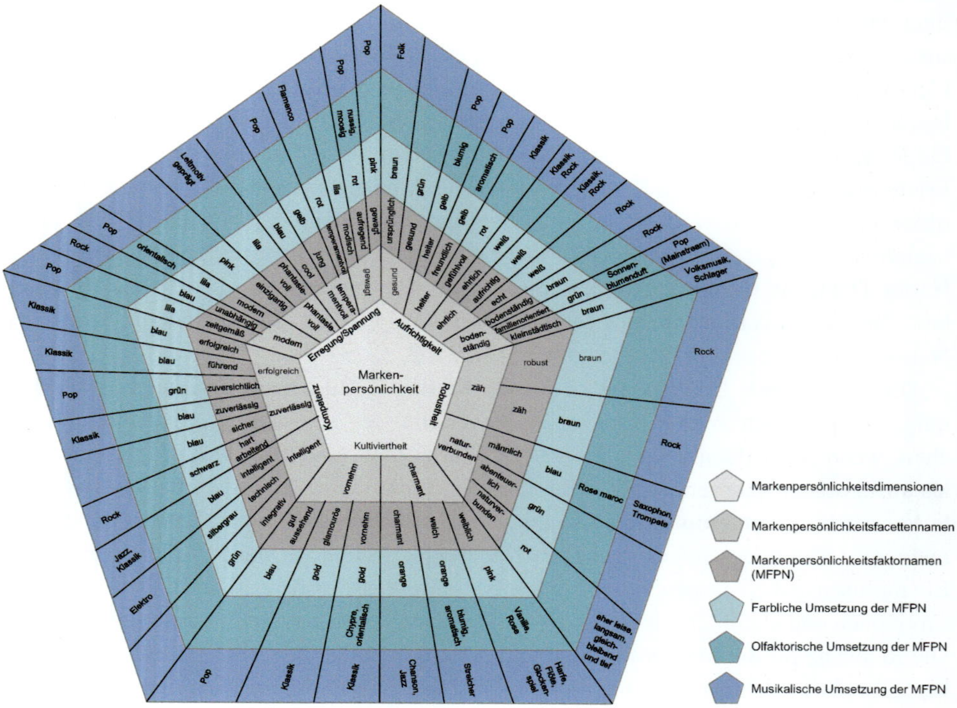

Abb. 3.20 Multisensuales Ausdrucksmodell der Markenpersönlichkeit (nach Aaker 1997). (Eigene Darstellung in Anlehnung an Müller 2012, S. 152)

S. 15 f.). Exemplarisch können hier die **BMW Welt** in München, die **Autostadt des Volkswagen-Konzerns** in Wolfsburg oder die **Swarovski Kristallwelten** in Wattens (Österreich) genannt werden. Ziel ist die nachhaltige Emotionalisierung der Marke, um so eine Differenzierung von Wettbewerbern zu erlangen. Bedingung hierfür ist die Existenz einer klaren Markenidentität, da multisensuale Erlebnisse andernfalls leicht kopierbar sind und kein nachhaltiges Differenzierungspotenzial besitzen. Die wichtigste Komponente für die multisensuale Gestaltung des Markennutzenversprechens ist die Markenpersönlichkeit (vgl. Schade 2012, S. 60 ff.; Müller 2012), da diese eng mit der affektiven Bewertung der Marke verknüpft ist. Hier muss im Rahmen der Markenpositionierung ermittelt werden, welche Sinnesreize sich im speziellen Fall zur Vermittlung der Markenpersönlichkeit besonders eignen und welche Ausprägungen der Markenpersönlichkeit multisensual umgesetzt werden sollen. Abb. 3.21 zeigt die notwendigen Schritte im Rahmen der multisensualen Gestaltung des Markennutzenversprechens.

Der Prozess der multisensualen Gestaltung kann beispielhaft anhand der Marke **Starbucks** dargestellt werden. Im ersten Schritt muss festgelegt werden, über welche Sinne das Markennutzenversprechen kommuniziert werden soll. In diesem Beispiel werden das

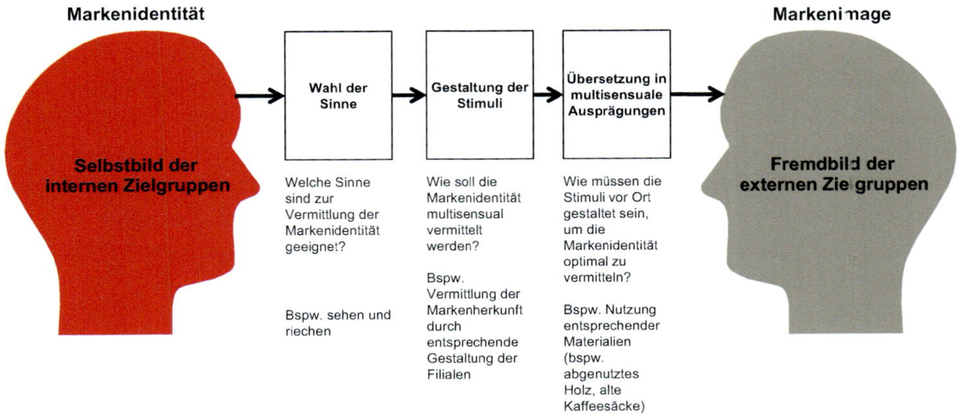

Abb. 3.21 Prozess der multisensualen Gestaltung des Markennutzenversprechens am Beispiel der Marke Starbucks. (Eigene Darstellung in Anlehnung an Müller 2012, S. 247 f.)

Sehen und das Riechen ausgewählt. In Schritt zwei folgt die Übersetzung in multisensuale Ausprägungen. Hierzu muss festgelegt werden, was (bspw. die Markenherkunft), wo (bspw. in der Starbucks-Filiale) und wie (bspw. über die Gestaltung der Inneneinrichtung) vermittelt werden soll. Im dritten Schritt muss dieses Ziel durch die Gestaltung der Stimuli vor Ort implementiert werden. Die Marke Starbucks setzt dies bspw. über eine Filialgestaltung unter dem Namen „Heritage" um. Hierbei werden abgenutztes Holz, Beton- oder Keramikfliesen mit Abnutzungsspuren, teilweise Sitzgelegenheiten aus Metall sowie Clubsessel, eine von einer Fabrik inspirierte Beleuchtung, große Gemeinschaftstische und hölzerne Jalousien eingesetzt. Dies soll die Atmosphäre zu Beginn des 20. Jahrhunderts widerspiegeln und an den Ursprung des Unternehmens als Handelshaus am Pike Place Market in Seattle erinnern (vgl. Starbucks 2017). Der Geruchssinn wird durch die Zubereitung des Kaffees sowie durch an den Wänden aufgehängte, alte Kaffeesäcke angesprochen.

Grundsätzlich gilt für multisensuale Markenerlebnisse, dass möglichst viele Sinne angesprochen werden sollten. Dies führt neben höherer Aufmerksamkeit, Wiedererkennung und stärkerer Differenzierung auch zu einer Erhöhung der Erinnerungswirkung und Emotionalität der Erlebnisse (vgl. Müller 2012, S. 129). Um die **Emotionalität der Erlebnisse** quantifizieren und somit den Erfolgsbeitrag von (multisensualen) Markenerlebnisse für die Markenführung messen zu können, bedarf es neben einem klaren Verständnis der Bedeutung von Emotionen einer Operationalisierung. Emotionale, gefühlshafte Nutzenassoziationen bestimmen in hohem Maße die Verhaltensrelevanz und damit die Stärke einer Marke. Deshalb muss definiert und regelmäßig geprüft werden, welche emotionalen Bedürfnisse befriedigt und welche Gefühle durch die Marke vermittelt werden sollen. Gefühle sind jedoch sehr individuell und eng mit persönlichen Erlebnissen verknüpft. Damit sind sie nur schwer systematisch zu steuern. **Universelle Emotionen** als physiologische

Grundlage und Auslöser von Gefühlen wirken beim Menschen demgegenüber stets in gleicher Art und Weise. Für die Markenführung ist meist nur die universelle Emotion der Freude relevant, da nur durch Freude positive Assoziationen mit entsprechenden Verhaltenswirkungen für die Marke ausgelöst werden können. Furcht, Trauer, Ärger und Ekel wirken dagegen in den meisten Fällen negativ. Für die Anwendung im Rahmen der Markenführung ist folglich die Ebene der universellen Emotionen zu undifferenziert und die Ebene der Gefühle oft zu individuell. Insofern fehlt ein Brückenmechanismus, der **die universelle Emotion Freude systematisch konkretisiert und damit eine Verbindung zur Gefühlsebene herstellt**.

Hierzu hat das Unternehmen LeadersEye® in Zusammenarbeit mit dem Lehrstuhl für innovatives Markenmanagement der Universität Bremen eine Methodik etabliert, die universelle Emotionen für die Markenführung operationalisierbar und steuerungsfähig macht (vgl. LeadersEye® 2017). Basis ist die Berechnung eines **EmotionIndex**, der die emotionale Markenstärke bestimmt. Untersucht wird dabei die Aktivierung der universellen Emotion Freude im Rahmen des Markenerlebnisses, differenziert nach der Belohnungserwartung (Vorfreude), der realisierten Belohnung (Erlebensfreude), einer eventuellen positiven Überraschung (Überraschungsfreude) und dem summarischen Lebensfreude-Beitrag, den die Nachfrager aus dem Markenerlebnis mitnehmen (Nachfreude). In diesem Zusammenhang konnten sehr positive und signifikante Verhaltenseffekte in zahlreichen, branchenübergreifenden empirischen Studien nachgewiesen werden. Zum Beispiel kann die Weiterempfehlungsquote einer Marke im Durchschnitt aller Branchen zu 57 % durch die Emotion Freude und ihre zugehörigen gefühlshaften Ausprägungen erklärt werden.

Die Operationalisierung erfolgt im sog. **EmotionRadar**, der sechs Markenerlebnisfaktoren als Treiber der Freude abgrenzt. Die Erlebnisfaktoren erfassen die innere Struktur von Markenerlebnissen und basieren auf den emotional-gefühlshaften Bedürfnissen, welche die Identität jedes Menschen und damit sein Selbstkonzept beeinflussen.

Im EmotionRadar sind die sechs Erlebnisfaktoren drei Achsen zugeordnet (vgl. Abb. 3.22). Die erste Achse „DREAMS/Idee" ist die **Inspirationsachse**. Mit ihr wird erfasst, wie intensiv verborgene Sehnsüchte der Nachfrager über Markenerlebnisse befriedigt werden. Diese Inspiration basiert einerseits auf dem Bedürfnis nach Stimulierung und damit der Lust auf Neues („PLAY/Abenteuer"). Inspirationskraft kann eine Marke andererseits auch dadurch entfalten, dass sie dem Nachfrager eine bestimmte inhaltliche Botschaft, positive Werte oder einen Lebensstil zur Identifikation anbietet („STORY/Sinn").

Die zweite Achse „CREATION/Lösung" ist die **Leistungsachse**. Sie erfasst die emotional unterfütterten Gefühlswirkungen, die entstehen, wenn eine technisch-funktionale Markenleistung herausragend gut ist und sich dadurch von Konkurrenten differenziert. Diese Gefühle entstehen meist als Folge von idealen, ganzheitlichen Problemlösungen und nur selten als Resultat eines einzelnen Produktes oder Leistungsmerkmals. Die Anziehungskraft einer Marke wird einerseits durch die vom Nachfrager erlebte technische Spitzenqualität, ein ansprechendes und ausgefallenes Design oder die Exklusivität der funktional-technischen Lösung („APPEAL/Attraktivität") sowie andererseits durch das

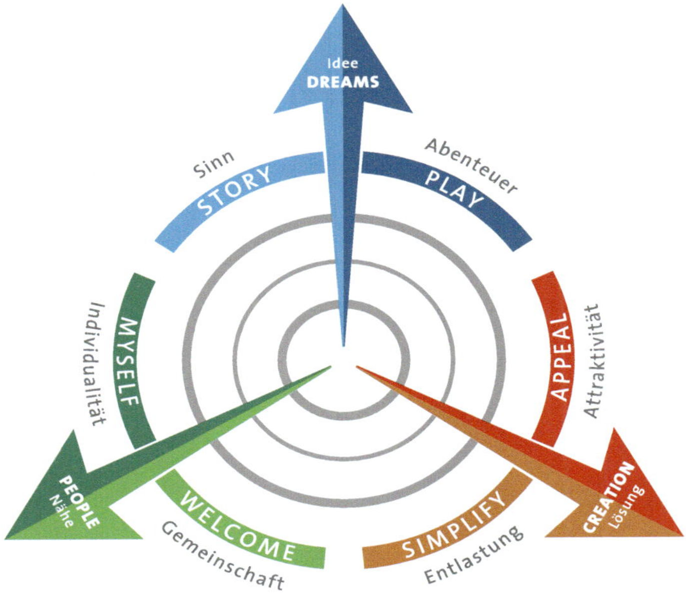

Abb. 3.22 Abgrenzung der Erlebnisfaktoren im EmotionRadar von LeadersEye®. (LeadersEye® 2017)

Nachfragerbedürfnis nach Einfachheit, Unkompliziertheit und Bequemlichkeit („SIMPLIFY/Entlastung") erzeugt.

Die dritte Achse „PEOPLE/Nähe" repräsentiert die **soziale Achse**. Sie erfasst die Intensität der subjektiv erlebten emotionalen Nähe der Marke. Dies umfasst einerseits das Ausmaß des empfundenen Willkommensgefühls („WELCOME/Gemeinschaft"). Es zählt hier nicht oberflächlich aufgesetztes, künstliches Mitarbeiterverhalten, sondern authentische, echte Freundlichkeit, Hilfsbereitschaft und Gastlichkeit. Andererseits geht es um das emotionale Bedürfnis des Nachfragers nach Unterstützung seiner Individualität durch das Fördern seiner persönlichen Wünsche und Interessen („MYSELF/Individualität").

Die emotionale Kraft einer Marke kann für jede Branche und jeden Erlebnisfaktor unterschiedlich ausgeprägt sein. LeadersEye® konnte in diesem Zusammenhang in einer repräsentativen Studie aus 2017 deutliche **Unterschiede in den emotionalen Profilen** nach Branchen und Marken nachweisen (vgl. Abb. 3.23). Die emotionale Kraft ist im Branchenschnitt bei den Automobil- und Smartphone-Marken am höchsten, gefolgt von den Marken der Drogerie- und Möbelhändler. Die Marken der Mode- und Lebensmittelhändler schnitten unterdurchschnittlich ab, jedoch auch hier mit großen Unterschieden im Einzelfall.

Die Branchen unterscheiden sich auch stark bezüglich der **Relevanz der sechs Markenerlebnisfaktoren**. Bei Automobilmarken hat die Leistungsachse einen deutlich überdurchschnittlichen Einfluss. Der vergleichsweise hohe Einfluss von SIMPLIFY/Entlastung

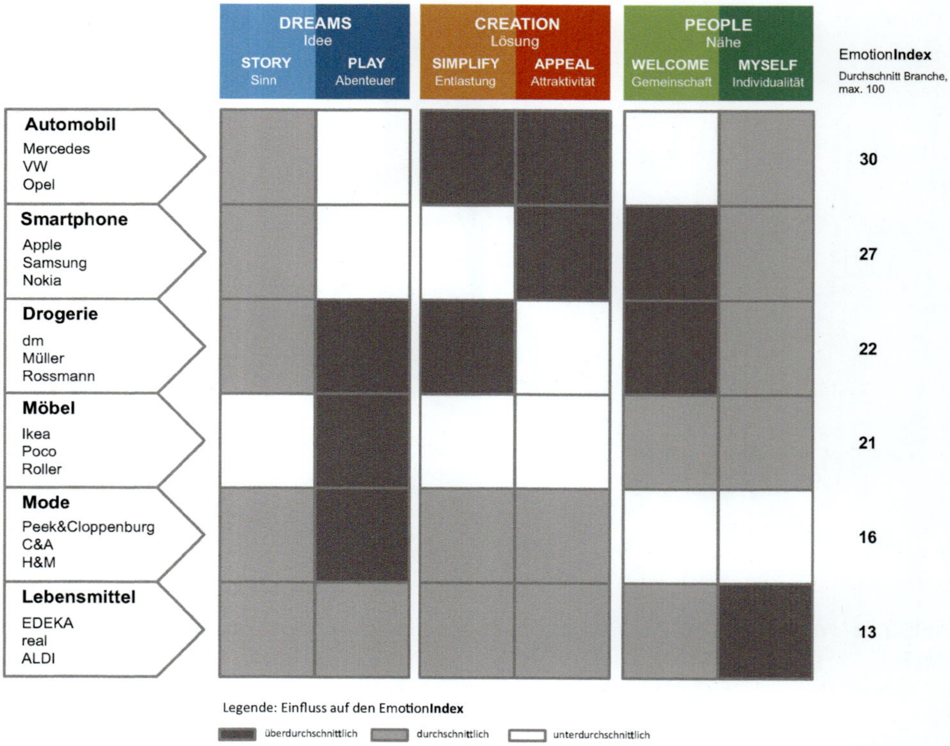

Abb. 3.23 Relevanz der Erlebnisfaktoren im Branchenvergleich (Emotionsstudie 2017). (In enger Anlehnung an LeadersEye® 2017)

macht die zunehmende Bedeutung des autonomen Fahrens emotional erklärbar. Auch bei den Smartphone-Marken konnte ein vergleichsweise starker Einfluss von APPEAL/Attraktivität nachgewiesen werden, gefolgt jedoch hier von WELCOME/Gemeinschaft. Dieses unterstreicht die Relevanz des Bedürfnisses nach sozialer Vernetzung in dieser Branche und erklärt die hohe Nachfrage nach Social-Media-Funktionalitäten. Auch bei den Drogeriemarken spielt der Faktor WELCOME/Gemeinschaft eine wichtige Rolle, verbunden mit SIMPLIFY/Entlastung. Es geht hier also im Kern um gefühlte menschliche Nähe beim täglichen entspannten Einkauf. Zusätzlich leben die Drogeriemarken jedoch emotional stark von dem Faktor PLAY/Abenteuer. Der tägliche Einkauf sollte auch eine kleine Entdeckungstour sein, bei der die Nachfrager durch Trends und Neuigkeiten inspiriert werden möchten. Der Faktor PLAY/Abenteuer ist auch der emotionale Mittelpunkt der Marken im Möbelhandel. Die Menschen möchten hier vor allem inspiriert werden und etwas erleben. Die Modehändler leben emotional stark von dem Faktor PLAY/Abenteuer. Mit Mode verbinden die Nachfrager das emotionale Bedürfnis, inspiriert zu werden und neue Mode- und Markentrends zu entdecken. Demgegenüber wirken bei den Lebensmittelhändlern alle Erlebnisfaktoren nahezu gleich intensiv. MYSELF/Individualität spielt dabei über das gewünschte Eingehen auf die persönlichen Wünsche und Interessen eine etwas stärkere Rolle.

Die Ergebnisse der LeadersEye® Studie unterstreichen die **Notwendigkeit einer tiefgehenden markenspezifischen Emotions- und Gefühlsanalyse**. Hierbei sollten neben der unterschiedlichen Wahrnehmung der relevanten Zielgruppen auch geschlechts- und altersspezifische Bedürfnisse untersucht werden. Das Erlebnistreibermodell aus Abb. 3.22 unterstützt die identitätsbasierte Markenführung bei der Steuerung der emotionalen Nutzenelemente der Marke und der gezielten Schaffung emotionaler Markenerlebnisse.

3.3 Interaktivität und Markenmanagement im digitalen Kontext

3.3.1 Herausforderungen für die Markenführung durch die Digitalisierung

Das Internet und seine zahlreichen Anwendungsmöglichkeiten sind heutzutage allgegenwärtig und neue Technologien verbreiten sich immer schneller (vgl. Meffert und Meffert 2017, S. 33). Weltweit sind bereits über eine Milliarde Webseiten registriert (vgl. Internet Live Stats 2017a). Mehr als 40.000 Suchanfragen werden weltweit pro Sekunde auf der Suchmaschine Google durchgeführt (vgl. Internet Live Stats 2017b). Mittlerweile sind 58 Mio. Menschen in Deutschland online – das sind über 80 % der Deutschen ab 14 Jahren (vgl. ARD und ZDF 2016).

Besonders die sogenannten **Digital Natives**, die Generation der ab etwa 1980 geborenen und bereits seit der Geburt mit der digitalen Welt vertrauten Menschen (vgl. Prensky 2001), nutzen das Internet nahezu ständig. Allein die heute 14- bis 29-jährigen Deutschen sind im Durchschnitt mehr als vier Stunden täglich online (vgl. ARD und ZDF 2016). Auch bei den sogenannten **Digital Immigrants**, also denjenigen, die nicht mit dem Internet und seinen Nutzungsmöglichkeiten aufgewachsen sind und sich erst im Laufe ihres Lebens damit auseinandersetzen mussten (vgl. Prensky 2001), steigt die Nutzungsintensität des Internets stark an (vgl. ARD und ZDF 2016). So ist bspw. die Altersgruppe der 50- bis 69-jährigen Deutschen in 2016 täglich im Durchschnitt etwa 1,5 Stunden online gewesen (vgl. ARD und ZDF 2016).

Zurückzuführen ist dieser Anstieg vor allem auf den zunehmenden mobilen Zugang ins Internet durch Smartphones, die mittlerweile am häufigsten zum Surfen genutzt werden: 76 % der deutschen Jugendlichen nutzen laut einer im Jahr 2016 durchgeführten Studie am häufigsten ihr Smartphone für den Zugang ins Internet (vgl. JIM 2016, S. 25; Abb. 3.24). Bei der Gesamtbevölkerung sind es 66 %, wie die ARD/ZDF-Onlinestudie, die ebenfalls im Jahr 2016 durchgeführt wurde, zeigt (vgl. ARD und ZDF 2016, S. 4).

Gleichzeitig tragen technische Weiterentwicklungen, z. B. leistungsfähigere und verbesserte Mobilfunknetze sowie sinkende Preise für die Nutzung des mobilen Internets, zur vermehrten Internetnutzung bei (vgl. Schnabel 2015, S. 149 ff.). Wie in Abb. 3.25

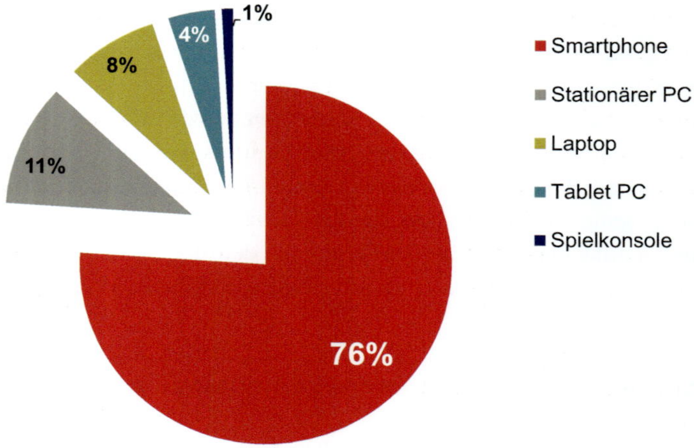

Abb. 3.24 Am häufigsten eingesetztes Gerät zur Internetnutzung. (Eigene Darstellung in Anlehnung an JIM 2016)

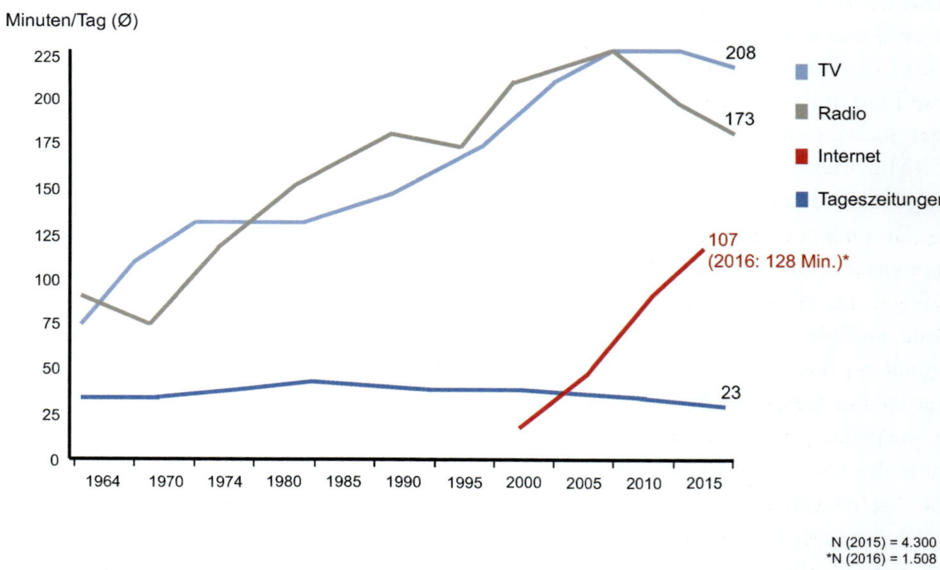

Abb. 3.25 Durchschnittliche tägliche Nutzungsdauer von Fernsehen, Radio, Internet und Tageszeitungen in Deutschland. (Eigene Darstellung in Anlehnung an ARD und ZDF 2015, 2016)

ersichtlich wird, führt die vermehrte Beschäftigung mit dem Internet jedoch nicht zwingend zu einer Verringerung des Konsums anderer Medien, wie z. B. der Fernsehnutzung. Vielmehr werden Informationsmedien heutzutage immer häufiger parallel genutzt und ergänzen sich (vgl. Busemann und Tippelt 2014).

Dieser Aspekt der Digitalisierung führt zu einer **drastischen Zunahme** der auf Menschen einströmenden **Informationsmenge**. Die Internetnutzung ist bedingt durch die geringe Displaygröße vieler Smartphones bilddominiert. Texte verlieren dadurch an Relevanz in der täglichen Nutzung des Internets mittels Smartphones. Zudem kann der Mensch Informationen am effektivsten und effizientesten über Bilder aufnehmen. Professor Kroeber-Riel sprach deswegen schon lange vor der Digitalisierung von Bildern als „Schnellschüssen ins Gehirn" (Kroeber-Riel 1996, S. 53). Zugleich bedient sich der Mensch dem Mechanismus der emotionalen Informationsverarbeitung, um große Informationsmengen schnell bewerten, selektieren und speichern zu können, denn Emotionen können im Gehirn effizienter verarbeitet werden als kognitiv zu verarbeitende Informationen (vgl. Roth 2003, S. 285 ff.; Bielefeld 2012, S. 43 ff.). Die Digitalisierung und die durch sie ausgelöste Informationsüberflutung verändern demnach die Informationsverarbeitung beim Menschen in Richtung einer **stärker bilddominierten Emotionsverarbeitung**. Dies betrifft nicht nur die private Kommunikation zwischen Menschen, sondern auch die kommerzielle Kommunikation von Marken zu Nachfragern. Somit hat die Digitalisierung einen großen Einfluss auf die Führung von Marken (vgl. Heun 2014, S. 33; Kreutzer und Land 2017) und führt zu einer gestiegenen Bedeutung von Online-Brand Touch Points. Marken stehen demnach im Rahmen der Digitalisierung vor der Herausforderung, mittels bildhaft-emotionaler Ansprache ein hohes Brand Attachment ihrer Nachfrager zu schaffen und durch ein entsprechendes Verhalten auch an allen Brand Touch Points ein hohes Vertrauen gegenüber der Marke aufzubauen (vgl. Burmann 2017).

Eine weitere Herausforderung für Marken liegt in der Verschiebung von einer Einwegkommunikation über eine dialogorientierte, interaktive Kommunikation bis hin zu einer triadischen Kommunikation, in der die Nachfrager nun nicht nur die Möglichkeit haben, aktiv mit Marken in Kontakt zu treten, sondern sich zunehmend auch untereinander vernetzen. Internetnutzer haben durch das Internet heute umfassende Möglichkeiten, selbst Inhalte zu erstellen, sich aktiv untereinander auszutauschen und ihre Meinungen und Ideen zu Marken miteinander zu teilen und bei einem großen Publikum dafür Aufmerksamkeit zu finden. Diese Entwicklung wird auch mit dem Begriff „Web 2.0(3.0/4.0)" bezeichnet (vgl. Bruhn 2014, S. 1038 ff.).

► **Web 2.0** (und nachfolgende Generationen) beschreibt eine **neue Verhaltensweise der Internetnutzer**. Die bisherige Einwegkommunikation im Internet von der Marke zum Nachfrager hat sich aufgelöst, **Nutzer generieren heute eigenständig Inhalte** und treten in **direkten Dialog** mit ihrer Umwelt und Marken (vgl. Bender 2011, S. 145).

Diese Änderung des Nutzerverhaltens manifestiert sich in der Entstehung von sozialen Medien. Der Begriff **soziale Medien dient als Sammelbegriff verschiedener technischer Plattformen im Internet,** auf denen Inhalte nicht nur von Marken, sondern auch von Nachfragern selbst verbreitet werden und so einen Austausch dieser Inhalte nicht nur zwischen Marken und Nachfragern, sondern auch zwischen Nachfragern untereinander ermöglichen (vgl. Arnhold 2010, S. 64 ff.). Dadurch können Beziehungen zwischen Marken und Nachfragern vertieft und um den Aufbau von Nachfrager-zu-Nachfrager-Beziehungen ergänzt werden (vgl. Tomczak et al. 2006, S. 525 f.).

► **Soziale Medien** umfassen ein **Bündel internetbasierter Anwendungen**, die auf dem veränderten Nutzerverhalten im Web 2.0 aufbauen und den **Austausch von marken- und nutzergenerierten Inhalten (Brand Generated Content, User Generated Content)** unterstützen (vgl. Burmann et al. 2012b, S. 131).

Dies hat zur Folge, dass die Kommunikation über eine Marke bis zu einem gewissen Grad außerhalb des direkten Einflussbereiches der Marken stattfindet und zugleich durch den Markeninhaber in weiten Teilen beobachtet werden kann (z. B. auf Facebook, Twitter, YouTube oder Instagram). Letzteres ist neu, wohingegen eine Kommunikation über Marken außerhalb von deren Einflussbereich immer schon stattgefunden hat, z. B. am Stammtisch oder im Gespräch mit Freunden beim Sport. Allerdings hat sich das Ausmaß der Einflussnahme von Nachfragern auf die Markenführung als Folge der Digitalisierung erheblich vergrößert. Deswegen können Nachfrager heute in hohem Maße zur Wertschöpfung der Marke beitragen (vgl. Bijmolt et al. 2010). Nachfrager tun dies bspw. durch elektronisches Word-of-Mouth (vgl. Nee 2016), Beteiligung an virtuellen Marken-Communities, wie bspw. denen der Marken SAP oder PlayStation (vgl. SAP 2017; PlayStation 2017), Entwicklung von Neuprodukt- und Verbesserungsvorschlägen und als von der Marke unterstützte oder unabhängige **Influencer** (vgl. Brown und Hayes 2015, S. 50 f.). Dieses Nachfragerengagement für oder gegen eine Marke ist von einer potenziell sehr großen Zahl anderer Nachfrager beobachtbar. Die moderne Markenkommunikation ist deswegen als ein **netzwerkorientiertes Interaktionsmodell** zu interpretieren (vgl. Gaiser und Theobald 2017, S. 140; Abb. 3.26).

Eine weitere wichtige Herausforderung moderner Markenführung ist die mehr denn je notwendige Übereinstimmung von Markenversprechen und Markenverhalten gerade auch im digitalen Bereich und deren Verankerung in der Markenidentität. Nur wenn dies gelingt, können Markenvertrauen und Brand Attachment entstehen. Besonders die sozialen Medien erzeugen eine große **Transparenz**, welche die Divergenzen zwischen dem Markennutzenversprechen und dem tatsächlichen Markenverhalten schnell erkennen lässt (vgl. Floreddu et al. 2014, S. 740; Munzinger und Wenhart 2012, S. 117). Das Nichteinhalten des Markenversprechens sowie nicht authentisches, nicht identitätsverankertes und unethisches Verhalten der Marke wird im digitalen Zeitalter deswegen schneller und konsequenter bestraft. So sah sich bspw. die amerikanische Fluggesellschaft **United Airlines** mit massiver Kritik in den sozialen Netzwerken konfrontiert, als sie – um eigene Mitarbeiter mit an Bord eines ausgebuchten Linienfluges nehmen zu können – einen Fluggast gewaltsam aus dem Flugzeug entfernen ließen. Mehrere Fluggäste filmten den rabiaten Umgang mit dem Passagier, der bei der Aktion verletzt wurde, und stellten die Videos ins Internet. Es folgten zahlreiche Boykott-Aufrufe, Beschwerden sowie auch Spott und Häme von Konsumenten und der Konkurrenz (vgl. Kort 2017).

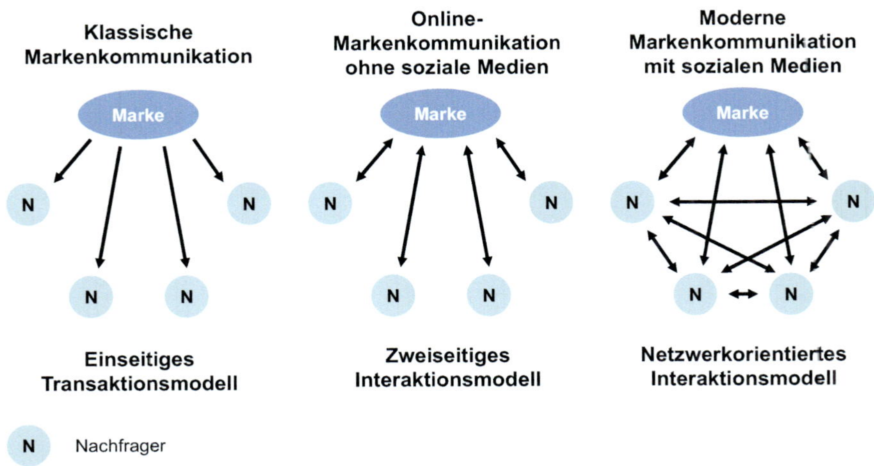

Abb. 3.26 Entwicklungsstufen der Interaktionsformen in der Markenkommunikation. (In Anlehnung an Tomczak et al. 2006, S. 526)

Eine weitere Herausforderung moderner Markenführung im digitalen Kontext besteht darin, konkrete **digitale Markennutzen** zu schaffen, die vom physischen Produkt offline getrennt, aber dennoch kongruent zu diesem sind, sodass sich ein kohärenter Gesamtnutzen ergibt. Ein Beispiel hierfür bietet die Kosmetikmarke **L'Oréal**, die mit ihrer App „Makeup Genius" Nachfragern die Möglichkeit bietet, virtuell Produkte der Marke zu testen und Styling-Ratschläge zu erhalten. Die App ist mit der Kamera des Smartphones verbunden und erkennt das Gesicht der Anwender. Die diversen Produkte können nun virtuell auf das Gesicht der Anwender „aufgetragen" und bei Bedarf mittels einer inkludierten Kaufoption direkt bestellt werden (vgl. Sander 2017, S. 199 ff.).

Eine zusätzliche Herausforderung (vgl. Abb. 3.27 zur Übersicht der erläuterten Herausforderungen) moderner Markenführung ist die **Koordination** der als Folge der Digitalisierung stark **gestiegenen Zahl interner Abteilungen und externer Dienstleister**, die für den Markenauftritt an den heute **sehr zahlreichen Brand Touch Points** verantwortlich sind. Eine schnelle und angemessene Reaktion der Marke ist wegen der Digitalisierung wichtiger denn je, weil Nutzer insbesondere bei Problemen mit der Marke eine schnelle und unkomplizierte Reaktion seitens der Marke erwarten und einfordern. Hierfür werden kurze Entscheidungswege, flache Hierarchien und eine geeignete Organisationsstruktur benötigt (vgl. Totz und Werg 2014, S. 119 ff.; Munzinger und Wenhart 2012, S. 119; Gaiser und Theobald 2017, S. 142).

3.3.2 Instrumente der Online- und Social-Media-Kommunikation

Alle Kommunikationsmaßnahmen von Unternehmen können in die Medientypen Paid, Owned und Earned Media eingeteilt werden. Diese Klassifikation lässt sich auch auf

Abb. 3.27 Herausforderungen für die Markenführung durch die Digitalisierung

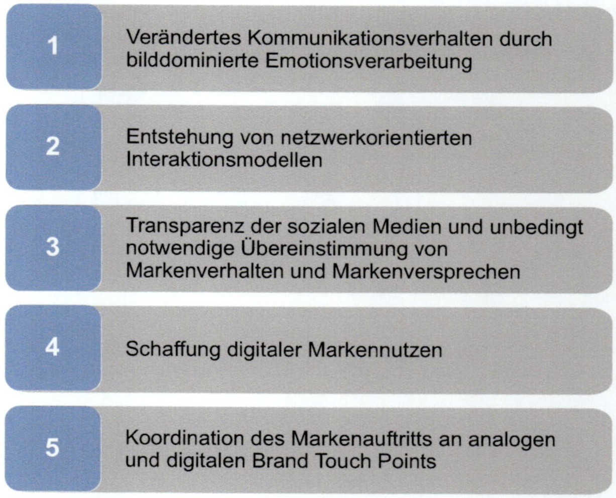

Online-Kommunikationsmaßnahmen übertragen. **Paid Media** beschreibt bezahlte Werbemaßnahmen der Marke, die ein Produkt oder eine Dienstleistung bewerben oder Aufmerksamkeit für andere Inhalte schaffen sollen. **Owned Media** umfasst sämtliche Maßnahmen der Kommunikation, die von der Marke initiiert und auf den eigenen Kommunikationsplattformen verbreitet werden. Über diese Plattformen, bspw. die eigene Webseite oder die eigenen Markenpräsenzen in unterschiedlichen Social-Media-Kanälen, besitzt das Unternehmen die vollkommene Kontrolle. Owned-Media-Kanäle gewinnen für Marken zunehmend an Bedeutung. So konnte eine US-amerikanische Studie, die im Zeitraum von 2010 bis 2015 die Aufwendungen für Paid und Owned Media von 802 Marken aus 56 Produktkategorien miteinander verglich, belegen, dass der Anteil an Aufwendungen für Paid Media leicht rückläufig ist, während die Aufwendungen für Owned Media steigen. Zudem zeigen ihre Ergebnisse, dass Marken, deren Umsatz im Untersuchungszeitraum stieg, auch vermehrt in Owned Media investierten. Die einzelnen Wirkmechanismen, die diesen Ergebnissen zugrunde liegen, sollen nun weiter untersucht werden (vgl. Spiegel Research Center 2017).

Zur Kategorie **Earned Media** gehören sämtliche Kommunikationsbotschaften, die von Dritten erstellt wurden und von diesen in Kanälen veröffentlicht werden, die nicht einem Unternehmen oder einer Marke gehören und deren Erstellung auch nicht von diesen beauftragt oder kontrolliert wird. Hierzu gehören bspw. Erfahrungsberichte mit einer Marke auf einem privaten Weblog oder Artikel von Journalisten in Online-Ausgaben von Tageszeitungen (vgl. Burcher 2012, S. 9; Stephen und Galak 2012, S. 5; Lange 2016). Es ist darüber hinaus möglich, dass sich Medienaktivitäten oder Kommunikationsmaßnahmen von Unternehmen nicht eindeutig einer Kategorie zuordnen lassen. So kann eine Bloggerin auf dem eigenen Blog bzw. bei den Meinungsäußerungen in sozialen Medi-

Tab. 3.1 Vor- und Nachteile von Paid, Owned und Earned Media

Medientypen	Vorteile	Nachteile
Paid Media	Maximale Kontrolle Hohe Reichweite	Fehlende Authentizität Hohe Schaltkosten
Owned Media	Maximale Kontrolle Niedrige Schaltkosten	Oft geringe Reichweite Hoher personeller Aufwand
Earned Media	Hohe Glaubwürdigkeit Hohe Reichweite Geringer Aufwand (für die Marke)	Mangelnde Kontrolle Hohes Risiko

en Erfahrungen über Markenprodukte verbreiten, für die sie vom Unternehmen bezahlt wurde. Hierbei handelt es sich dann um eine Mischform aus Paid und Earned Media.

Die drei Medientypen zeigen unterschiedliche **Vor- und Nachteile** (vgl. Tab. 3.1). Mit Paid Media können Unternehmen die vollkommene Kontrolle über die veröffentlichten Inhalte behalten und zuverlässig eine hohe Reichweite der Inhalte erzielen. Diese Reichweite erfordert meist große Budgets. Gleichzeitig droht ein Verlust von Authentizität und Glaubwürdigkeit, da Nachfrager werbenden Inhalten zunehmend skeptisch gegenüber stehen (vgl. Eck und Eichmeier 2014, S. 199; Ward 2015, S. 92 f.)

Für die Verbreitung von Medieninhalten über Owned-Media-Kanäle fallen hingegen vergleichsweise geringe Kosten an. Auch hier behält das Unternehmen die Kontrolle über die veröffentlichten Inhalte, muss sich aber konsequent um den Aufbau von Reichweite bemühen (vgl. Ward 2015, S. 91).

Inhalte, die zur Kategorie Earned Media gehören, zeichnen sich durch eine besonders hohe Glaubwürdigkeit aus und können eine sehr hohe Reichweite erzielen. Hierfür fallen geringe bis keine Kosten für Unternehmen und ihre Marken an. Allerdings liegen die hier vermittelten Inhalte weitgehend außerhalb des Kontroll- und Einflussbereiches eines Unternehmens, das bei starker Verbreitung negativer Inhalte nur schwer intervenieren kann (vgl. Löffler 2014, S. 607).

3.3.2.1 Instrumente der Online-Kommunikation

► Als **Online-Kommunikation** werden alle Kommunikationsaktivitäten zwischen Unternehmen und Nachfragern sowie zwischen Nachfragern untereinander verstanden, welche die Erreichung der Marketing- und Unternehmensziele beeinflussen und die über das Internet Protocol (IP) abgewickelt werden (vgl. Meffert et al. 2015, S. 633).

Online-Kommunikation begegnet den Internetnutzern in verschiedenen Formen. Die **Homepage einer Marke** ist dabei der zentrale Anlaufpunkt für die Nachfrager und weitere Anspruchsgruppen, wie z. B. Jobinteressenten, die auf der Homepage nach Stellenangeboten suchen. Da eine solche Homepage den Kern der gesamten Online-Kommunikation bildet, ist der Aufbau und die Pflege dieser eine der wichtigsten Aufgaben für Marken in der Online-Kommunikation (vgl. Kreutzer et al. 2015, S. 23). Die Homepage einer Marke kann der Kategorie **Owned Media** zugeordnet werden. Von zentraler Bedeutung ist hierbei, dass sich beim Abruf ein für den Nachfrager verhaltensrelevanter Nutzen ergibt, der sich sowohl auf die Inhalte als auch auf die optische und funktionale Gestaltung und die Systematik der Homepage bezieht. Auch bietet sich der Marke hier die Möglichkeit, an zentraler Stelle auf alle weiteren Aktivitäten im Internet hinzuweisen, z. B. auf den markeneigenen Blog, eine Marken-Community oder auf die Profile in verschiedenen sozialen Netzwerken (vgl. Kreutzer 2014, S. 2).

Einen großen Bereich der Online-Kommunikation bilden verschiedene Formen der **Online-Werbung**, die meist der Kategorie **Paid Media** zugeordnet werden. Ursprünglich begannen Unternehmen mit der Platzierung von Werbeanzeigen auf verschiedenen Webseiten. Diese klassische **Bannerwerbung** ist in ihrem Erscheinungsbild erweitert worden. So existieren heute bspw. Anzeigen, die am rechten oder linken Rand der Webseite platziert werden („Skyscraper") oder solche, die den Webseiteninhalt überlagern („Layer Ads") (vgl. Lammenett 2017, S. 295 ff.). Eine im September 2016 durchgeführte Befragung bei 64 Marketingexperten zeigt, dass 66 % der Befragten Bannerwerbung immer noch häufig bis sehr häufig einsetzen (vgl. Statista 2017). Jedoch neigen Nutzer aufgrund der hohen Anzahl von Werbebannern zunehmend dazu, diese zu ignorieren. Wie das Marktforschungsunternehmen Nielsen in fünf separaten Untersuchungen zwischen Februar 2014 und Februar 2015 mit führenden Marken aus den Branchen Luftfahrt, Konsumgüter, Schnellrestaurants, Gesundheit und Kosmetik herausfand, liegt Bannerwerbung nur im peripheren Blickfeld der Betrachter und wird oft nicht bewusst angesehen oder gelesen. Hierzu wurden EEG-Daten (Messung der Gehirnaktivität) und Eye-Tracking-Daten (Aufzeichnung und Analyse von Blickbewegungen) der teilnehmenden Probanden ausgewertet, denen zuvor ein Video gezeigt wurde, dass dem Scrollen durch eine Nachrichtenseite nachempfunden war (vgl. Sharethrough 2015).

Um diesem Konsumentenverhalten entgegenzuwirken, wird Online-Werbung mittlerweile vermehrt in sog. Rich-Media-Formaten gezeigt, die eine höhere (bewusste) Aufmerksamkeit erregen sollen.

► **Rich Media** bezeichnet Formate der Online-(Banner-)Werbung, die interaktive Merkmale wie Audio oder Bildanimationen enthalten können und mittels Videos ausgespielt werden (vgl. Lammenett 2017, S. 300).

Eine weitere Möglichkeit, die Aufmerksamkeit von Bannerwerbung zu erhöhen, liegt in der **Personalisierung der Werbebanner**. Indem auf das bisherige Surf- und Informationsverhalten der Nachfrager zurückgegriffen wird, können personalisierte Banner mit Marken und Produkten gezeigt werden, die dem zuvor gezeigten Surfverhalten der Zielperson entsprechen. Bleier und Eisenbeiß (2015a) untersuchten hierzu mehr als eine Million Werbebanner eines großen Online-Händlers für Bekleidung und Sportartikel, der mehr als 30.000 Produkte von über 600 Marken verkauft. In zwei Feldexperimenten, deren Ergebnisse von 2 Laborexperimenten unterstützt wurden, konnten sie zeigen, dass die Klickraten auf Banner grundsätzlich positiv von einer erhöhten Personalisierung der

Werbebanner beeinflusst werden. Eine Personalisierung liegt vor, wenn das Werbebanner Produkte der vom Betrachter zuvor am meisten angesehenen Produktkategorie oder der am häufigsten betrachteten Marke enthält. Dieser positive Effekt verringert sich jedoch, je weiter der Nachfrager in seinem Kaufentscheidungsprozess voranschreitet, da sich seine Markenpräferenzen zunehmend festigen und er deswegen weniger auf die Kaufhinweise der Werbebanner zurückgreift. Zusätzlich wurde beobachtet, dass Werbebanner mit einer erhöhten Personalisierung, die auf spezifische Marken- und Produktpräferenzen Bezug nehmen, effektiver sind, wenn der Betrachter den entsprechenden Onlinestore kurz zuvor besucht hat. Auch hier lässt jedoch die Wirkung im Zeitverlauf nach. Weil Markenpräferenzen zu Beginn des Kaufentscheidungsprozesses noch nicht gefestigt sind und sich im Zeitablauf verändern können, verfehlen stark personalisierte Werbebanner, die auf die Präferenzen zu Beginn des Entscheidungsprozesses ausgerichtet sind, im Zeitablauf zunehmend ihre Wirkung. Dieses Phänomen wird als **Überpersonalisierung** bezeichnet. In diesem Fall empfiehlt sich ein geringerer Personalisierungsgrad der Werbebanner (vgl. Bleier und Eisenbeiß 2015a, S. 686 f.).

Eine weitere sehr häufig genutzte Form der Online-Werbung ist die **Suchmaschinenwerbung** oder auch **Search Engine Advertising** (SEA). Unternehmen bezahlen dabei die Anbieter von Suchmaschinen, um Werbeanzeigen auf den Ergebnisseiten der Suchenden schalten zu können (vgl. Kreutzer et al. 2015, S. 83; Abb. 3.28).

Aufgrund des monopolistischen Verhaltens von Google, das alle anderen Anbieter weltweit zur Bedeutungslosigkeit hat schrumpfen lassen, werden solche Werbeanzeigen heute fast ausschließlich auf den Ergebnisseiten der Suchmaschine Google angezeigt. Diese Form der Online-Werbung ist die Haupteinnahmequelle von Google: 89 % des weltweiten Umsatzes von Google wurden 2016 allein mit dem Verkauf von Werbeanzeigen erzielt (vgl. Alphabet 2016, S. 47). Für eine Vielzahl der Nachfrager sind Suchmaschinen und vor allem Google der erste Anlaufpunkt im Kaufentscheidungsprozess. Der größte Vorteil der auf den Ergebnisseiten angezeigten Werbeanzeigen liegt darin, dass die Anzeigen mit den **Suchworten (Keywords)** und so mit dem Bedarf der Nachfrager in direkter Verbindung stehen. Auf diese Weise sind sie häufig effektiver als die klassische Bannerwerbung (vgl. Lammenett 2017, S. 143 ff.).

Von der Suchmaschinenwerbung abzugrenzen ist die **Suchmaschinenoptimierung** oder auch **Search Engine Optimization** (SEO). Ziel ist es hier, die eigene Homepage möglichst auf der ersten Ergebnisseite solcher Suchanfragen, die einen Bezug zur eigenen Marke haben, zu platzieren. Eine **Listung auf der ersten Ergebnisseite** von Suchmaschinen ist für Unternehmen von enormer Bedeutung. So zeigt eine Studie mit Daten zum Besucherverkehr auf Webseiten, denen eine Suche auf Google vorausging, von mehr als 100.000 Probanden aus den USA und Kanada von 2013, dass fast 92 % des Besucherverkehrs auf Webseiten von Google auf die erste Ergebnisseite entfallen. Die zweite Ergebnisseite erzielt mit nur noch knapp 5 % weitaus weniger Besucherverkehr während alle nachfolgenden Seiten zusammen auf nur noch ca. 3 % kommen (vgl. Chitika 2013).

Doch nicht nur ein Ranking auf der ersten Ergebnisseite ist von hoher Bedeutung. Auch innerhalb der ersten Ergebnisseite hat der Listenplatz eines Ergebnisses einen hohen

Abb. 3.28 Beispiel für Werbeanzeigen auf der Google Ergebnisseite bei einer Suche mit dem Begriff „Autoversicherung". (Google 2017)

Einfluss darauf, ob dieses vom Benutzer angeklickt wird. Mit Daten von mehr als 63.000 Webseiten konnte im Juni 2017 ermittelt werden, dass bei einer Suche mittels Desktop-PC ca. 28 % der Klicks auf das an erster Stelle gelistete Ergebnis entfallen, bei Suchen mit mobilen Endgeräten sind es 23 %. Auf das Suchergebnis, das an zweiter Stelle steht, entfallen nur noch 13 bzw. 14 % der Klicks (vgl. AWR 2017; Abb. 3.29).

Bei der Suchmaschinenoptimierung werden die Eigenschaften der Markenhomepage auf den **Suchalgorithmus der Suchmaschine** ausgerichtet (vgl. Kaiser 2009, S. 37; Kreutzer et al. 2015, S. 95). Eine solche Anpassung an den Suchalgorithmus einer Suchmaschine ist wichtig zur Erzielung eines guten Listenplatzes beim Ergebnisranking. Google gewichtet mehr als 200 Eigenschaften von Websites und bestimmt danach, in welcher Reihenfolge diese in der Ergebnisseite erscheinen. Zu diesen Eigenschaften gehören z. B. Suchworte und die Links, die auf die Website verweisen (vgl. Eugster 2015, S. 261 f.).

Häufig wird Online-Werbung auch in Form von **E-Mails** und **Newslettern** versendet, um den Nachfragern Produkt- und Unternehmensinformationen zukommen zu lassen. Informationen können hier relativ kostengünstig und standardisiert an einzelne Personen oder Personengruppen in reiner Textform oder ergänzt um digitale Inhalte (Grafiken, Bilder, Musik etc.) verschickt werden. Dennoch ist der Umfang der Informationsvermittlung begrenzt. Dies versuchen Unternehmen durch Links zu anderen Seiten zu umgehen. Zudem trugen die geringen Kosten dieser Werbemaßnahme zu einem verstärkten Aufkommen von **Spam-Mails**, also unverlangt zugesendeter E-Mails mit oftmals aggressiv

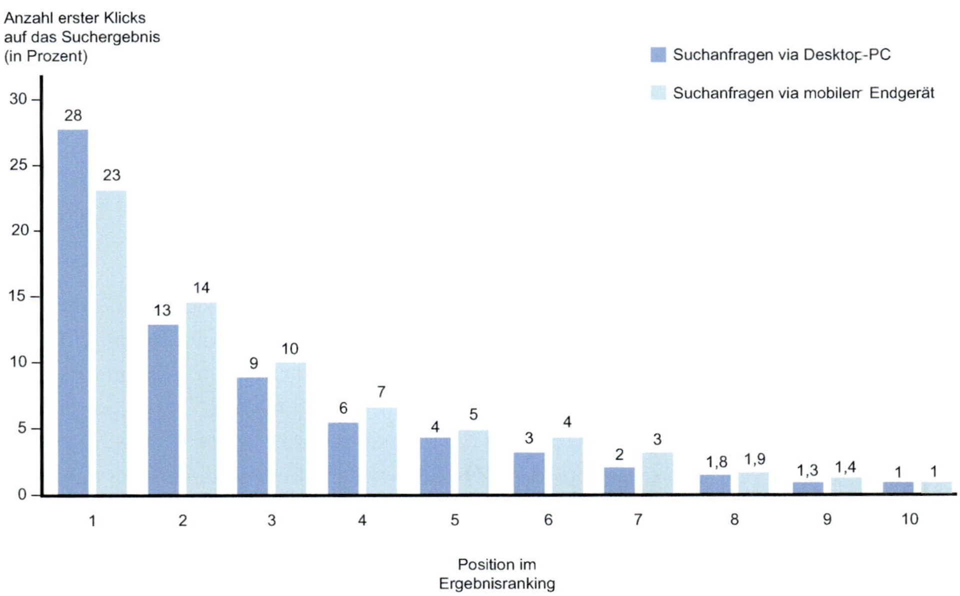

Abb. 3.29 Anzahl Klicks nach Ergebnisrang. (Eigene Darstellung in Anlehnung an AWR 2017)

werbenden Botschaften, bei, worauf die Anbieterdienste von E-Mail-Programmen mit der Einrichtung von entsprechenden Spam-Filtern reagiert haben. Dies erschwert seriöse E-Mail-Werbung, da diese Spam-Filter nicht immer zwischen Spam-Mails und seriösen Werbe-E-Mails unterscheiden können (vgl. Lammenett 2017, S. 91 ff.).

Die vermehrte **„E-Mail-Flut“** hat darüber hinaus dazu geführt, dass die Empfänger diese oft nicht mehr lesen. Eine Studie von Epsilon hat im Zeitraum von Januar bis März 2016 weltweit mehr als 8,5 Mrd. Werbe-E-Mails von 150 Marken aus verschiedenen Branchen untersucht und kommt zu dem Ergebnis, dass nur etwa ein Drittel der E-Mails vom Empfänger überhaupt geöffnet werden (vgl. Epsilon 2016, S. 2). Vor diesem Hintergrund gewinnt die Personalisierung von E-Mail-Inhalten an Bedeutung, wie eine im Jahr 2016 durchgeführte Studie mit 217 Mitarbeitern bei deutschen Unternehmen aus den Branchen Handel, B2B, Versicherungen, Krankenversicherungen sowie auf E-Mail-Marketing spezialisierten Agenturen ermittelte (vgl. Absolit 2016). Trotz der Schwierigkeiten liegt der Return-on-Investment (ROI) bei Kommunikations- und Werbemaßnahmen via E-Mail teilweise über dem anderer Maßnahmen wie etwa klassischen Werbebriefen und dem Investment in die Suchmaschinenwerbung und -optimierung (vgl. Schwarz 2017, S. 348; DMA 2015).

Das **Affiliate Marketing** ist eine weitere Einsatzform der Online-Werbung. Hier wird eine Werbeanzeige auf der Webseite oder auf anderen markeneigenen Kanälen, wie bspw. YouTube, eines Partnerunternehmens (Affiliate) platziert. Nutzer, die auf diese Werbeanzeige klicken, werden dann zur Webseite des werbenden Unternehmens (Merchant) weitergeleitet. Der Partner erhält für seine Vermittlung und die damit verbundene Transaktion eine Provision.

Auch auf **Facebook** haben Unternehmen bzw. Marken die Möglichkeit, Werbung zu veröffentlichen. Facebook ermöglicht hier einen relativ breiten Spielraum hinsichtlich der Gestaltung der Werbeanzeigen. Diese können aus einem Text, Fotos oder Videos oder einer Kombination dieser Elemente bestehen und entweder im Newsfeed des Nutzers angezeigt werden oder am Rand platziert werden (vgl. Facebook 2017a; Abb. 3.30). Allein im ersten Quartal 2017 erwirtschaftete Facebook mit Werbung 7,86 Mrd. US-Dollar, dies sind 97 % des Gesamtumsatzes von Facebook. Auf mobile Endgeräte entfallen ca. 80 % dieses Werbeumsatzes (vgl. Facebook 2017b; Lammenett 2017, S. 309).

Neben den klassischen Instrumenten der Online-Werbung ergeben sich für die Internetnutzung via Smartphones **besondere Werbeformen**. Werbung kann nun innerhalb einer bestimmten App angezeigt werden (**In-App Advertising**) oder auf den Internetseiten, die sich ein Nutzer auf seinem Smartphone aufruft (**Mobile Advertising**). Auch hier handelt es sich um Werbebanner, deren Anzeige für die kleineren Displays von Smartphones und Tablets optimiert sind. Die sog. **App-Store-Optimierung** befasst sich – analog zur Suchmaschinenoptimierung – mit Maßnahmen, die darauf abzielen, die Wahrnehmung einer bestimmten App im App-Store oder Google Play Store zu verbessern.

Des Weiteren befasst sich das **„Location-based Advertising“** mittels GPS-Tracking mit ortsbezogenen Maßnahmen der Markenführung. Durch die Kombination aus Geo-Lokations- und Bewegungsdaten, dem Surfverhalten und soziodemografischen Profilda-

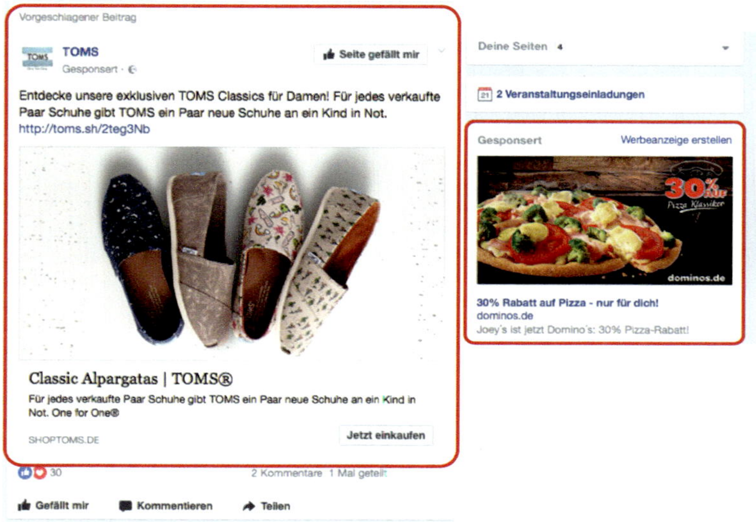

Abb. 3.30 Werbeanzeigen auf Facebook, platziert im Newsfeed und am Seitenrand

ten ist es möglich, dem Smartphone-Nutzer kontextbezogene Werbung in Abhängigkeit von seinem jeweiligen Aufenthaltsort zukommen zu lassen (vgl. Warwitz 2016, S. 2; Lammenett 2017, S. 404). In einer umfassenden Studie zur Akzeptanz von Location-based Advertising (LBA) wurde die Wirkung von Brand Attachment, Markenvertrauen und Privatsphärebedenken auf die Nutzungsintention von Location-based Advertising bei Dienstleistern, die Location-based Advertising anbieten (LBA-A) und bei werbenden Unternehmen (wU), die LBA für sich nutzen, untersucht. Hierzu wurden im November und Dezember 2015 online 1237 Smartphone-Nutzer befragt. Zu den LBA-anbietenden Dienstleister-Marken gehörten u. a. Google, Facebook, O_2 sowie die Online-Plattform der Bildzeitung, Bild.de. Marken der mit LBA werbenden Unternehmen wurden aus den Branchen Gastronomie (McDonald's, Starbucks), FMCG (Coca-Cola, Dr. Oetker), Elektronikhandel (Telekom, Media Markt) und dem Lebensmitteleinzelhandel (REWE, EDEKA) selektiert.

Die Ergebnisse (vgl. Abb. 3.31) bestätigen zunächst, dass das Brand Attachment maßgeblich vom Markenimage beeinflusst wird. Dies entspricht der theoretischen Herleitung im zweiten Kapitel. Zudem zeigt sich, dass die Markenauthentizität in hohem Maße das Markenvertrauen prägt. Hinsichtlich der Bereitschaft, LBA zu nutzen, konnte eine hochsignifikante Wirkung des **Brand Attachments** nachgewiesen werden. Die vor allem emotional geprägte Verbundenheit der Nachfrager mit der LBA-anbietenden Marke und der Marke des mit LBA werbenden Unternehmens determiniert die Nutzung von LBA am stärksten. Überraschend erscheint zunächst der für LBA-Anbieter geringe und für mit LBA werbende Unternehmen nicht signifikante Einfluss von **Privatsphärebedenken** auf die Nutzungsintention von LBA. Offenkundig führen ein hohes Brand Attachment und

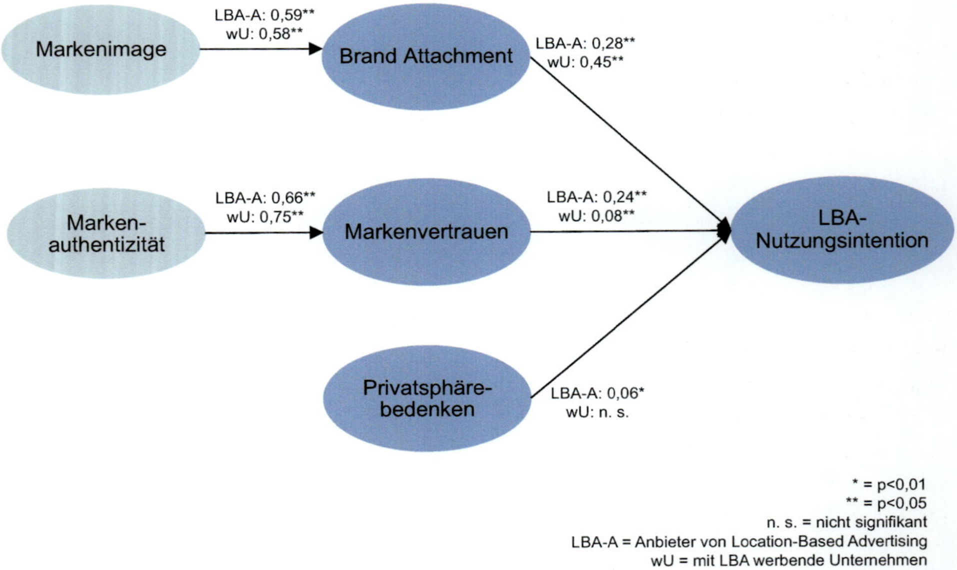

Abb. 3.31 Determinanten der Nutzungsintention von Location-based Advertising. (Eigene Darstellung in Anlehnung an Warwitz 2016, S. 203)

Markenvertrauen dazu, die Privatsphärebedenken beiseite zu legen und LBA zu nutzen. Fühlt sich ein Nachfrager mit einer Marke verbunden und vertraut ihr, sinken die individuellen Risiken, von der Marke „verletzt" zu werden und damit auch die Bedenken hinsichtlich der Sicherheit der eigenen Daten (vgl. Warwitz 2016, S. 175 ff. und 202 ff.). Vor dem Hintergrund dieser Ergebnisse ist die Verhaltensrelevanz der vielerorts empfohlenen Kommunikation von Datensicherheitsstandards (vgl. Heinemann 2017, S. 114 ff.) mindestens zweifelhaft. Stattdessen sollten Marken in Brand Attachment und Markenvertrauen und damit in ihre emotionale Anziehungskraft investieren und sich weniger auf Sachlogik und zweifelhafte Sicherheitszertifikate verlassen.

3.3.2.2 Instrumente der Social-Media-Kommunikation

Die Landschaft der sozialen Medien gestaltet sich aufgrund der Vielzahl an Kanälen und möglichen Anwendungsformen sehr komplex und eine überschneidungsfreie Zuordnung zu Paid, Owned oder Earned Media ist nicht immer möglich. Ständig werden neue Plattformen entwickelt, wie bspw. der fotobasierte Instant-Messaging-Dienst Snapchat, während andere Plattformen obsolet werden. So sank die Attraktivität der deutschen sozialen Netzwerke SchülerVZ, StudiVZ und MeinVZ drastisch als Facebook in den deutschen Markt eintrat und zusätzlich zur deutschlandweiten auch eine internationale Vernetzung ermöglichte.

Um soziale Medien zielführend in der identitätsbasierten Markenführung einsetzen zu können, müssen die verschiedenen Plattformen sowie ihre Eigenschaften bekannt sein und bewertet werden. Eine Möglichkeit hierfür bietet die Kategorisierung nach Tuten und Solomon (vgl. Abb. 3.32). Einige Instrumente können jedoch nicht eindeutig einer Kategorie zugeordnet werden. Dies trifft z. B. auf Instagram zu, welches aufgrund seines Fokus auf die Veröffentlichung von Fotos und der gleichzeitigen Vernetzung mit anderen Usern mehreren Bereichen zugeordnet wird.

Social Communities

Social Communities umfassen Plattformen mit einem auf **Beziehungen** ausgerichteten Fokus. Nutzer mit gemeinsamen Interessen und Eigenschaften finden auf dieser Plattformen zusammen und können Erfahrungen, Fotos oder Videos austauschen. Diese Kanäle fördern einerseits die Interaktion der Nutzer untereinander, andererseits können auch Marken hier mit aktuellen und potenziellen Kunden in Kontakt treten und Beziehungen zu ihnen aufbauen. Zu dieser Kategorie zählen soziale Netzwerke, Online-Communities, Foren, Chats und Wikis.

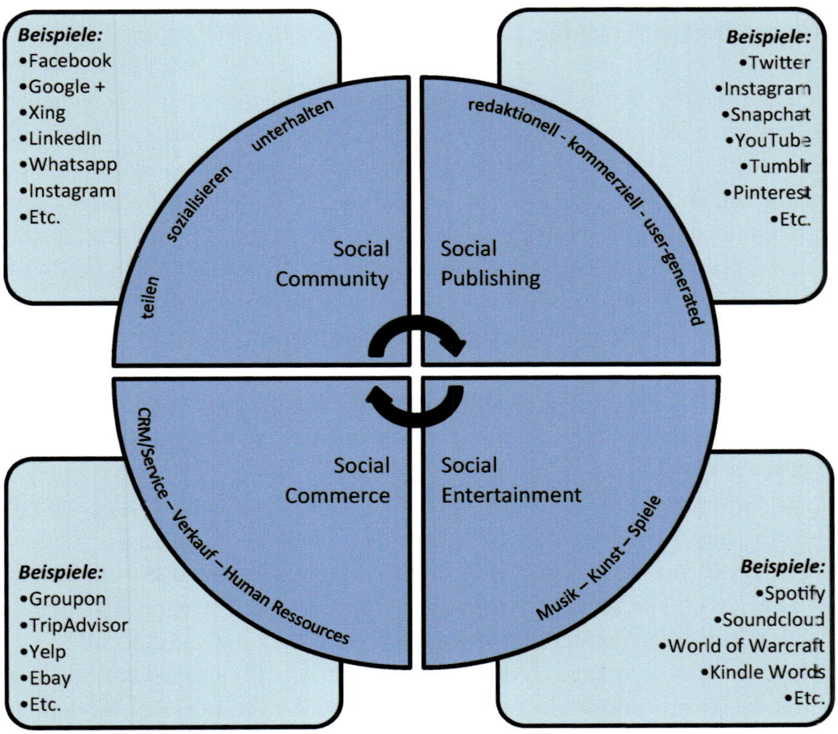

Abb. 3.32 Die vier Arten der sozialen Medien. (Nach Tuten und Solomon 2015, S. 8 und 11)

Die zu den Social Communities gehörenden **sozialen Netzwerke** befriedigen ein Kommunikationsbedürfnis, das keine Entsprechung im Bereich der klassischen Kommunikation findet. Hier stehen Motive wie der Austausch mit Gleichgesinnten oder das Knüpfen von Kontakten im Vordergrund. Reale Personen vernetzen sich digital und tauschen Informationen und Multimedia-Inhalte aus. Bedeutend ist demnach vor allem die **soziale Komponente der Interaktion** (vgl. Burmann et al. 2010, S. 11 f.). Soziale Netzwerke ermöglichen dies ohne die reale Anwesenheit der Personen. Mitglieder von sozialen Netzwerken nehmen eine drastische Einschränkung ihrer Privatsphäre in Kauf, indem sie den Betreibern dieser Netzwerke offen oder verdeckt einen vollständigen Zugriff auf alle ihre Daten ermöglichen und die Rechte an privaten Fotos durch das Hochladen im Netzwerk auf den Betreiber des Netzwerks übertragen. Problematisch ist zudem, dass Inhalte in sozialen Netzwerken schwer verifizierbar und häufig gefälscht sind. Einen maßgeblichen Anteil an dieser Situation hat die sehr stark steigende Anzahl sog. Social Bots.

► Als **Social Bots** werden Computerprogramme bezeichnet, die eigenständig Inhalte generieren und verbreiten können sowie eine von Menschen initiierte, natürliche Interaktion in sozialen Netzwerken vortäuschen. Diese Programme sind in der Lage zu bestimmten Themen vollständig automatisiert Beiträge zu generieren oder eigene „Leserkommentare" zu verfassen (vgl. Gumz und Kar 2017; Varol et al. 2017).

Social Bots können für Marken nützlich sein, etwa indem sie in der Kundenbetreuung eingesetzt werden und mittels automatisierter Antworten Kundenanliegen bearbeiten (vgl. Gumz und Kar 2017; Ferrara et al. 2016). Social Bots bergen jedoch auch erhebliche Risiken. Sie werden im politischen Diskurs zunehmend zur Verzerrung der Meinungsbildung genutzt, indem sie Falschnachrichten (Fake News), Hassreden (Hate Speech) sowie Propaganda und Verschwörungstheorien schnell und wirkungsvoll verbreiten (vgl. Varol et al. 2017; Helbing 2017; Gumz und Kar 2017). Da Social Bots in sozialen Netzwerken als gewöhnliche Nutzer auftreten und die Unterscheidung von „echten" menschlichen Nutzern aufgrund der Nachahmung menschlicher Verhaltensweisen sehr schwierig ist, wird es immer leichter, die Anhängerschaft jeder Marke und jedes Themas künstlich zu vergrößern und die Meinungsbildung in sozialen Netzwerken massiv zu manipulieren (vgl. Edwards et al. 2014).

Je mehr Geld für diesen Zweck zur Verfügung steht, desto umfassender kann die Meinungsbildung manipuliert werden. Für Marken besteht somit das Risiko eines **Reputationsverlusts** durch eine von Social Bots manipulierte negative Berichterstattung (vgl. Messias et al. 2013; Ferrara et al. 2016) sowie ein möglicher **Verlust des Vertrauens** von Nachfragern in die digitale Markenkommunikation (vgl. Gumz und Kar 2017).

Trotz dieser Gefahren kann es Marken zunächst lukrativ erscheinen, Social Bots zu nutzen, da diese bspw. in der Lage sind, eine große Anzahl positiver Bewertungen für die Marke in den sozialen Netzwerken oder auf Preisvergleichsseiten zu streuen und somit potenzielle Nachfrager vom Kauf einer Marke überzeugen können. Mit dieser Vorgehensweise gehen Marken jedoch das Risiko ein, bei Bekanntwerden von gefälschten

Bewertungen und der Nutzung von Social Bots von den Nachfragern als **nicht authentisch** und **nicht vertrauenswürdig** wahrgenommen zu werden. Darüber hinaus machen sie sich in Deutschland strafbar, denn die Verbreitung gefälschter Produktbewertungen gilt als unlauterer Wettbewerb. Marken, die dies tun, verstoßen demnach gegen das Wettbewerbsgesetz (vgl. Vogt 2015).

Wie viele Nutzerprofile in den sozialen Medien in Wahrheit Social Bots und damit sog. Fake-Profile sind, ist unklar. Bei dem Microblogging-Dienst Twitter wird die Anzahl der Fake-Profile im Jahr 2017 bereits auf bis zu 15 % geschätzt – dies wären etwa 49 Mio. Nutzerprofile, hinter denen keine reale Person steht (vgl. Varol et al. 2017). Auf **Facebook** – dem am weitesten verbreiteten und weltweit bedeutendsten sozialen Netzwerk – wurde schon 2015 von ca. 170 Mio. solcher Fake-Profile ausgegangen (vgl. Parsons 2015). Angesichts der aktuellen Wachstumsrate von Facebook und den damit zu erwartenden 2 Mrd. monatlich aktiven Nutzern (vgl. Facebook 2017b) kann davon ausgegangen werden, dass auch die Anzahl der gefälschten Profile durch Social Bots bei Facebook sehr schnell ansteigt.

Facebook wurde im Februar 2004 gegründet und bietet Marken die Möglichkeit, eine Facebook Page (eine Facebook-Seite mit dem Markenprofil) einzurichten. Um sich mit der Marke zu verbinden, steht Usern die Gefällt mir- bzw. Like-Funktion zur Verfügung. Mit dieser drückt der User aus, dass er die Marke mag und Informationen über die Marke erhalten möchte. Nutzt ein User diese Funktion, wird er über die Veröffentlichungen einer Marke bei Facebook durch den Newsfeed informiert. Die Fußballvereine FC Barcelona und Real Madrid sind mit ihren jeweils über 100 Mio. Fans die Fußballmarken mit den meisten Fans auf Facebook.

Facebook bietet darüber hinaus Marken die Möglichkeit zur direkten Interaktion mit Nachfragern, die Posts jeglicher Art auf der Pinnwand einer Marke hinterlassen und somit in Verbindung mit der Marke treten können. Nutzer haben außerdem heute die Möglichkeit, differenzierter auf Posts von Marken oder Freunden zu reagieren. Ergänzend zur Like-Funktion erlauben diverse Buttons nun eine Gefühlsreaktion innerhalb der von Facebook zur Verfügung gestellten Kategorien „Love", „Dankbar", „Haha", „Wow", „Traurig" oder „Wütend".

Facebook stellt zudem eine geeignete Plattform für **virale Videos** dar, die sich in kürzester Zeit auf der Plattform verbreiten können. Virale Videos bieten die Möglichkeit, Botschaften zu transportieren, die nicht direkt als Werbung wahrgenommen werden. Ein wesentlicher Erfolgsfaktor für eine hohe Weiterverbreitungsrate eines Videos ist dessen emotionale Attraktivität. Die Nutzer verbreiten den Inhalt meist nicht aufgrund des beworbenen Produktes, sondern um mit dem eigenen Netzwerk in den sozialen Medien die Unterhaltung zu teilen (vgl. Stenger 2012, S. 149). Voraussetzung dafür, dass das virale Video auch für die Marke eine positive Wirkung zeigt, ist die indirekte und emotionale Integration der eigentlichen Werbebotschaft in das Video. Ein positives Beispiel für ein erfolgreiches virales Video liefert die Marke LG. Ziel des Videos war es, die eigenen Monitore mit IPS Displays zu bewerben, welche durch die hohe Farbgenauigkeit sehr realitätsnahe Bilder wiedergeben. Für das Video wurde ein Fahrstuhl mit versteckten

Kameras und Lautsprechern ausgestattet. In den Fahrstuhlboden wurden die Monitore eingelassen, sodass diese aussahen wie der echte Fahrstuhlboden. Nach kurzer Fahrt wurden die Fahrstuhlgäste von knarrenden Geräuschen überrascht und unter ihnen lösten sich die virtuellen Bodenplatten. Die erschrockenen Reaktionen von zahlreichen Fahrstuhlgästen werden in dem viralen Video gezeigt. Der Marke LG ist es gelungen, durch Humor eine Relevanz für die Nutzer zur Weiterverbreitung des Videos zu bieten. Das Video wurde mehr als 22 Mio. Mal gesehen und knapp 600.000 Mal durch Nutzer bei Facebook weiterverbreitet. Zudem wurde es in unzähligen Blogs und TV-Formaten gezeigt (vgl. LG 2012). Außerdem gelang es der Marke, die Produkte so zu platzieren, dass deren herausragende Eigenschaft der Realitätsnähe kommuniziert wurde. Im Anschluss an die hohe Verbreitung des Videos konnte die Marke bspw. ihren Marktanteil in den Niederlanden bei TV-Geräten dieser Art auf 20 % vergrößern (vgl. LG 2012).

Zur Promotion des Horrorfilms „Rings" wurde im Januar 2017 auf der zum Film gehörenden Facebook-Seite ein Video veröffentlicht, in dem nichtsahnenden Besuchern eines TV-Geschäftes mehrere Fernseher gezeigt wurden. Aus einem der Geräte klettert im Verlauf des Verkaufsgesprächs der Geist des Films heraus, um die Besucher zu erschrecken. Seit seiner Veröffentlichung wurde der Clip mehr als 300 Mio. Mal angesehen und mehr als 7 Mio. Mal innerhalb des Netzwerks geteilt. Somit konnte eine große Aufmerksamkeit für den Film bei den Nachfragern erzeugt werden (vgl. Rings Movie 2017). Die Produktionskosten des Films betrugen 25 Mio. Dollar, seit seiner Veröffentlichung im Februar 2017 konnte der Film weltweit 83 Mio. Dollar an den Kinokassen einspielen (vgl. The Numbers 2017).

Online-Communities sind Personengruppen im Internet, welche die gleichen Interessen teilen. Neben dem Gemeinschaftsgedanken liegt der Fokus auf dem Austausch von Informationen und Erfahrungen mit Gleichgesinnten (vgl. Schau et al. 2009, S. 30 f.). Online-Communities sind in der Regel ausschließlich für Mitglieder zugänglich und dienen der Schaffung eines hohen Identifikationspotenzials unter ihren Anhängern (vgl. Stichnoth 2008, S. 21 ff.). Die Mitgliedschaft ermöglicht einen erweiterten Zugang zu Informationen und communityspezifischen Interaktionsmöglichkeiten (z. B. Chats und Foren). Diese schaffen ein starkes Gemeinschaftsgefühl und eine soziale Identität (vgl. von Loewenfeld 2006, S. 133). Es existieren kostenlose und kostenpflichtige Online-Communities. Ihre Entstehung basiert auf den **Spiele-Communities**, in denen sich User über bestimmte Computerspiele, ihre Erfahrungen und Tipps und Tricks zur Überwindung von Hürden in den Spielen ausgetauscht haben. Inzwischen sind Online-Communities über die verschiedensten Genres verteilt, z. B. Reise-Communities, Sport-Communities, Dating-Communities oder auch **markenbezogene Communities** (vgl. Zhang et al. 2017, S. 840). Solche zeichnen sich durch eine enge Bindung der Mitglieder an eine spezielle Marke aus (vgl. Tomczak et al. 2006, S. 523 ff.) und bieten Unternehmen damit die Möglichkeit zu einem persönlichen und direkten Austausch mit ihren Zielgruppen. Dies kann für eine Integration der Nachfrager in die unternehmerischen Prozesse genutzt werden. Studien haben belegt, dass Online-Communities effektive Instrumente zur Beeinflussung des Kaufverhaltens sind, unabhängig davon, ob es sich um unternehmenseigene oder unabhängige Webseiten handelt. Positive Informationen, welche von den Community-Mitgliedern geteilt werden, haben sogar einen stärkeren Effekt auf das Kaufverhalten als negative Informationen (vgl. Adjei et al. 2010, S. 634 ff.). Diese Erkenntnisse gelten sowohl für erfahrene als auch für unerfahrene Nachfrager, welche noch keinen vertiefenden Kontakt mit der Marke hatten. Community-Maßnahmen sollten demnach ein breiteres Publikum als nur die Fans einer Marke adressieren (vgl. Algesheimer et al. 2010, S. 711 ff.). Marken können Online-Communities in ihre eigene Kommunikation einbauen und damit von deren Glaubwürdigkeit und Überzeugungskraft profitieren. Hierzu können einzelne einflussreiche Mitglieder der Community angesprochen werden (**Influencer Branding**) oder auch die gesamte Community durch die Marke unterstützt werden (**Community Branding**). In einer 2014 durchgeführten Studie mit 800 Mitarbeitern aus den Bereichen Marketing, Kundenservice und Produktmanagement, die für Marken in 12 verschiedenen Branchen tätig sind, gaben 62 % der Befragten an, dass die von den Nutzern der Community erstellten Inhalte von anderen Nachfragern als sehr glaubwürdig wahrgenommen werden und hierdurch das Markenvertrauen gestärkt werden kann (vgl. Get Satisfaction 2014).

Zumeist werden **Foren** in Online-Communities eingebunden. Im Gegensatz zu Blogs, die der zweiten Zone (Social Publishing) angehören (vgl. Abb. 3.32), steht in einem Forum nicht die Meinungsäußerung eines Einzelnen im Vordergrund, sondern der themenspezifische Informationsaustausch unter Interessierten. Bis zur Entwicklung sozialer Medien waren Foren die einzige tatsächlich interaktive Form der Online-Kommunikation. Das Forum rezeptwiese.de wird bspw. von Dr. Oetker gesponsert und ermöglicht Back- und Kochbegeisterten den Austausch von Rezepten. Sowohl die Marke selbst als auch die Nutzer erstellen kontinuierlich neue Rezeptkreationen, in denen bestehende Produkte und Rezepte in abgewandelter Form vorgestellt werden (vgl. Dr. Oetker 2017a).

Das Betreiben eines Forums kann für Marken vorteilhaft sein. So konnte 2014 in einer Studie mit 569 US-amerikanischen Nachfragern, die Mitglieder eines Markenforums sind, festgestellt werden, dass die durch den Austausch im Forum aufgebauten Beziehungen zur Marke, zum jeweiligen Produkt und zum Unternehmen selbst, das Markenvertrauen positiv beeinflussen (vgl. Habibi et al. 2014, S. 157 f.).

Wiki-Websites (wie z. B. Wikipedia) werden primär als Medium der Informationsbeschaffung genutzt. Besondere Stärke sind der große Informationsumfang, die Verständlichkeit, eine hohe Aktualität sowie die zeit- und ortsunabhängige und kostenlose Verfügbarkeit. Problematisch ist die schwankende und teilweise sehr schlechte Qualität der Beiträge, sodass Wikipedia zumeist nur als Ausgangspunkt weiterer Recherchen genutzt wird. Ursächlich für diese Defizite ist der freie Zugang zur Erstellung und Modifikation von Inhalten. Weil jedwede Privatperson Inhalte erstellen kann, besteht eine sehr große Gefahr, dass unwahre bzw. unvollständige Markeninformationen in Wiki-Websites auftauchen. Die Richtigkeit der Informationen ist dadurch schwer zu überwachen. Für Unternehmen gilt es vor allem, **die sie betreffenden Einträge kontinuierlich auf Richtigkeit, Aktualität und Attraktivität zu überprüfen**.

Social Publishing

Die zweite Erscheinungsform sozialer Medien ist vorrangig dazu gedacht, sich einem Publikum zu präsentieren. Der Austausch mit anderen ist aber auch hier stets gegeben. Die Instrumente erlauben es Nutzern und Marken, Inhalte verschiedener Art zu **veröffentlichen**. Hier können auch Inhalte, die offline zu finden sind, wie ein Zeitungsausschnitt oder ein Werbeplakat, den Weg ins Internet finden, wenn Nutzer ihn abfotografieren und teilen. Zu den Inhalten zählen Meinungen und Einstellungen bezüglich verschiedener Themen, Informationen, Ratschläge, Anleitungen und vor allem die Darstellung von eigenen Projekten wie bspw. Videoclips, Fotografie oder Handarbeit. Inhalte sind in vielfältiger Form zu finden: durch Blogeinträge, Pressemeldungen, Newsletter, Videos, Fotos, Podcasts, Webinare und weitere. Kanäle dieser Zone sind bspw. Foto- und Video-Communities, Blogs und Microblogging-Dienste sowie Nachrichtenseiten (vgl. Tuten und Solomon 2015, S. 168 f.).

Blogs können mit in Zeitungen und Zeitschriften veröffentlichten Kolumnen verglichen werden, in denen einzelne Personen ihre Erfahrungen z. B. zu Reisen, Produkten oder Marken mitteilen möchten oder ihre Meinung aus eigenem Antrieb äußern und ihren Lesern die Möglichkeit geben, darauf zu reagieren. Aber auch Unternehmen können durch eigene Blogs oder die Teilnahme an anderen Blogs die Wahrnehmung der eigenen Marke beeinflussen. Es ist heute eine gängige Praxis, dass Unternehmen ihre Produkte bekannten Bloggern kostenfrei oder sogar mit zusätzlicher Bezahlung zur Verfügung stellen. Durch eine positive Beurteilung der Markenprodukte durch die Blogger sollen Nachfrager in ihrer Kaufentscheidung beeinflusst werden (Influencer Branding). Diese Methode hat in den letzten Jahren an Relevanz gewonnen, da viele Nutzer heutzutage bei einer Kaufentscheidung viel Wert auf die Meinung anderer Verwender legen und vor einem Kauf entweder über Blogs, Produktvergleichsseiten oder anderen Onlinequellen Informationen zur Marke einholen. Außerdem kann entweder direkt oder verdeckt unter fremder Identität eine aktive Teilnahme der Marke auf Blogs stattfinden. Wobei eine Teilnahme mit offen gelegter Identität und der offen kommunizierten Verbindung zur Marke immer bevorzugt werden sollte, da bei Nutzung einer verdeckten Identität die Gefahr droht, dass die Verbindung zur Marke bekannt wird und dies der Glaubwürdigkeit der Marke schweren Schaden zufügt.

Eine Studie mit mehr als 2000 Teilnehmern aus Taiwan zeigt zudem, dass die Kaufintention einer auf einem Blog gezeigten Marke und die Risikowahrnehmung hinsichtlich des Markenkaufes von der Art des Blogs abhängig sind. Werden Inhalte eines Blogs von einem Experten auf einem speziellen Themengebiet verfasst, liegt die Kaufintention höher und die Risikowahrnehmung niedriger als für Blogs, die von Prominenten verfasst werden. Die Aussagen und Meinungen eines Experten werden als verlässlicher und glaubwürdiger empfunden (vgl. Ho et al. 2015, S. 355 ff.).

Microblogging-Dienste funktionieren ähnlich wie Blogs. Sie ermöglichen es den Nutzern, Kurznachrichten zu veröffentlichen, welche von einem angeschlossenen Netzwerk gelesen werden können. Diese Nachrichten sind üblicherweise in der Zeichenanzahl begrenzt. Dieses Netzwerk kann die Nachrichten weiterleiten und kommentieren. Ebenfalls können sich die User direkt Nachrichten schicken, welche jedoch privat sind. Ein Vorteil ist hierbei die schnelle und breite Informationsweiterleitung. Der bekannteste Vertreter dieser Kategorie ist Twitter.

Twitter ermöglicht seinen Usern, Nachrichten mit einer Länge von maximal 140 Zeichen zu versenden, sog. Tweets. Rund 328 Mio. User erstellen weltweit pro Minute etwa 350.000 Tweets (vgl. Internet Live Stats 2017c). Obwohl Twitter 2016 einen Umsatz von 2,529 Mrd. US-Dollar verzeichnen konnte, musste das Unternehmen einen Verlust von rund 457 Mio. US-Dollar hinnehmen. Tatsächlich konnte das Unternehmen in den zehn Jahren seines Bestehens noch keinen Gewinn verzeichnen (vgl. Twitter 2017a). Auf Twitter haben User die Möglichkeit, anderen Usern zu folgen. Dies macht sie dann zu einem Follower. Die Zahl der Follower wird häufig als ein Indiz für den Einfluss von Twitter-Usern angesehen. In jüngerer Vergangenheit werden hierzu jedoch mit der Anzahl der Retweets (Weiterleitung eines Tweets durch andere User) und der Zusammensetzung der Follower (z. B. einflussreiche Personen) noch weitere Einflussindikatoren hinzugezogen (vgl. O'Reilly et al. 2013). Die Twitteraccounts mit den meisten Followern gehören u. a. zu den Popstars Katy Perry (97 Mio. Follower), Justin Bieber (93 Mio. Follower) und Taylor Swift (84 Mio. Follower) sowie dem ehemaligen US-amerikanischem Präsidenten Barack Obama (88 Mio. Follower, vgl. Twittercounter 2017).

Erstmals wurde auf Twitter das Doppelkreuz (#), der sog. **Hashtag**, zur Markierung zuerst von Gruppen, dann von Nachrichten und besonderen Ereignissen genutzt. Alle Beiträge mit demselben Hashtag werden von Twitter verlinkt, sodass eine vereinfachte Suche nach Tweets zu einem Ereignis durchgeführt werden kann und die Nutzer ihre Befürwortung oder Ablehnung einer aktuellen Begebenheit kundtun können. So erlebte 2016 die Geflügelfleischmarke Wiesenhof einen Twitter-Aufruhr, als sich Nutzer dort unter dem Hashtag #Wiesenhof über den aktuellen Werbespot mit Komiker Atze Schröder beklagten. In dem Spot bewirbt Schröder neue Bratwurstsorten und verweist indirekt auf das zu diesem Zeitpunkt noch laufende Gerichtsverfahren um Erotik-Model Gina Lisa Lohfink, die zwei Männer fälschlicherweise der Vergewaltigung beschuldigt hatte. Nutzer empfanden den Spot als sexistisch und herablassend gegenüber dem Model und machten ihrem Ärger auf Twitter Luft. Kritik äußerte auch der Fußballverein Werder Bremen, dessen Hauptsponsor Wiesenhof ist, sowie der deutsche Musiker Jan Delay. Letzterer drohte damit, sein Mandat als Botschafter Werder Bremens niederzulegen, sollte der Werbespot von Wiesenhof weiter gezeigt werden. Sowohl Atze Schröder als auch Wiesenhof sahen sich daraufhin gezwungen, sich öffentlich zu entschuldigen. Zudem nahm Wiesenhof den Werbespot aus dem Programm (vgl. Spiegel Online 2016; Welt 2016).

Twitter bietet Unternehmen im Rahmen der Markenführung verschiedene Nutzungsmöglichkeiten. Ein bedeutender Vorteil von Twitter ist die hohe Geschwindigkeit bei der Vermittlung von Nachrichten. Neben dem Einsatz zum Beziehungsaufbau **wird Twitter von vielen Unternehmen als Service-Kanal genutzt**. Hierzu gehören bspw. die Deutsche Bahn AG und die Deutsche Telekom AG. Beide Unternehmen bieten ihren Kunden und Nicht-Kunden an, auf direktem und vor allem schnellem Weg Anfragen zu bearbei-

Abb. 3.33 Zwei Beispiele für Marke-Nachfrager-Kommunikation über Twitter (www.twitter.com/db_bahn, betrieben von DB Vertrieb GmbH, Stand August 2017). (Deutsche Bahn 2017)

ten. Kunden nutzen diese Möglichkeit, um spezifische Fragen zu Produkten zu klären oder auch um Beschwerden vorzubringen (vgl. Abb. 3.33).

Foto- und Video-Communities, wie z. B. Pinterest und Instagram für Fotos und Videos und YouTube für Videos, sind eine spezielle Form von datenbasierten Communities, die in erster Linie zur Unterhaltung genutzt werden. Bei Video-Communities entspricht das Nutzungsverhalten am ehesten dem des Fernsehens, weil es stark auf die Befriedigung des Motivs nach Unterhaltung ausgerichtet ist. Allerdings ist die Nutzung wesentlich aktiver als beim TV. Die persönliche Unterhaltung kann vom Nutzer selbst aktiv durch z. B. die Wahl bestimmter Videos gestaltet werden. Für Nutzer attraktiv ist die Integration der Videos in die persönliche Kommunikation, bspw. durch Anhänge in E-Mails. Problematisch sind die damit oft verbundenen **Verletzungen von Urheberrechten**. So findet sich in verschiedenen Video-Communities oder auch in den sozialen Netzwerken, wenn sie dort per Link geteilt werden, eine Vielzahl von Videos (z. B. Musikvideos, Fernsehserien, Filmausschnitte), die ohne die Genehmigung des Urheberrechtinhabers hochgeladen wurden. Zum anderen existieren rechtliche Bedenken hinsichtlich der Verletzung von Persönlichkeitsrechten durch hochgeladene Inhalte. Viele private Videos werden ohne die ausdrückliche Genehmigung aller in dem Video auftretenden Personen in Video-Communities veröffentlicht.

Auf **YouTube**, der größten Video-Community weltweit, werden täglich von mehr als 1 Mrd. einzelner Nutzer mehrere hundert Millionen Stunden Videomaterial konsumiert. 70.000 Videos werden pro Sekunde weltweit angesehen. Jede Minute werden von den Nutzern 400 Stunden Videomaterial hochgeladen. Die Plattform ist in mehr als 88 Ländern verfügbar (vgl. YouTube 2017a). Dies zeigt die starke Vernetzung der Nutzer untereinander und ist ein Hinweis auf die Schnelligkeit, mit der sich Videos verbreiten können.

Gesteigert wird dieses Potenzial noch dadurch, dass die Videos auch in andere soziale Medien eingebunden werden können. Dies kann durch die Marke selbst geschehen, indem Videos aus dem markeneigenen Kanal bei YouTube auch in dem markeneigenen Account bei Facebook veröffentlicht werden.

YouTube-Videos, insbesondere solche, in denen Produkte ausführlich präsentiert werden, die Anleitungen enthalten (bspw. zur Bearbeitung von Fotos) und/oder unterhaltend sind, können einen großen Einfluss auf die Kaufentscheidung von Nachfragern ausüben. In einer 2014 durchgeführten Studie mit fast 2500 zufällig ausgewählten Nachfragern aus den USA, die kurz vor der Befragung mindestens ein Produkt aus den Kategorien PKW, Kosmetik oder Smartphones gekauft hatten, gaben 64 % an, dass solche Videos auf YouTube sie hinsichtlich ihrer Kaufentscheidung beeinflusst haben (vgl. Bulbul et al. 2014). Wie groß dieser Einfluss relativ zu anderen Markenführungsmaßnahmen oder dem Einfluss Dritter war, wurde in dieser Studie leider nicht untersucht.

Marken können sich jedoch auch auf eine andere Art YouTube bzw. deren Mitglieder zu Nutze machen. Der Drogeriekonzern dm gewann Deutschlands erfolgreichste YouTuberin Bianca Heinicke für eine Zusammenarbeit. Heinicke betreibt den **YouTube-Kanal „BibisBeautyPalace"** mit aktuell 4,5 Mio. Abonnenten. In ihren Videos, mit denen sie monatlich mehr als 50.000 € verdienen soll, gibt sie ihrer 8- bis 20-jährigen, vorrangig weiblichen Zielgruppe Schönheits-, Beziehungs- und Alltagstipps (vgl. Manager Magazin 2017; YouTube 2017b). Gemeinsam mit Heinicke entwickelte dm die Marke „bilou" (ein Akronym für „Bibi loves you") und brachte unter dieser diverse Duschschäume auf den Markt, die am Erscheinungstag innerhalb weniger Stunden ausverkauft waren. Durch die Influencerin „Bibi" konnte eine Zielgruppe erreicht werden, die „(...) von klassischen Werbeformen weitgehend nicht mehr erreicht wird." (Manager Magazin 2017).

Dies bestätigt auch eine weitere Studie, für die 14.000 US-amerikanische Konsumenten befragt wurden. Ziel der Studie war es, Erkenntnisse darüber zu gewinnen, wie das Informationsverhalten online das Kaufverhalten offline beeinflusst. Etwa 30 % der Befragten würden demnach eher eine Marke kaufen, die von einem Video-Blogger auf YouTube empfohlen wurde, als eine Marke, die von einer prominenten Person beworben wurde. Für die Befragten war YouTube einer der einflussreichsten Kanäle, die sie in ihrer Kaufentscheidung beeinflusst haben (vgl. Vaughan 2016).

Instagram ist die weltweit am meisten genutzte Foto-Applikation, mit der Bilder hochgeladen, mit speziellen Filtern bearbeitet und geteilt werden können. Dies geschieht nicht nur im Netzwerk selbst sondern auch im sozialen Netzwerk Facebook, zu dem das Unternehmen seit 2012 (zwei Jahre nach seiner Gründung) gehört. Mittlerweile nutzen rund 700 Mio. Menschen die App, um schnell und einfach von unterwegs Bilder oder bis zu 15 Sekunden lange Videos aufnehmen und teilen zu können (vgl. Instagram 2017). Auch Instagram arbeitet inzwischen mit den durch Twitter bekannten Hashtags und der Adressierung einzelner Mitglieder durch das @-Zeichen. So können Nutzer die auf Bildern gezeigten Freunde, Personen des öffentlichen Lebens oder Marken darauf aufmerksam machen. Durch die Fokussierung auf Bilder als hauptsächliches Werkzeug zur Übermittlung von Botschaften eignet sich Instagram besonders für die Übermittlung von Emotionen (vgl. Faßmann und Moss 2016, S. 27). Dies können Marken nutzen. So vermittelt z. B. American Express auf seinem Instagram-Account häufig Bilder, die an das Fernweh der Nachfrager appellieren und zeigt gleichzeitig, wo die markeneigenen Kreditkarten auf der Welt eingesetzt werden können.

Auch Inhalte auf Instagram können die Kaufentscheidungen von Nachfragern beeinflussen. So gaben 2017 72 % von 2000 befragten Instagram-Nutzern in den USA an, eine Marke aus den Bereichen Bekleidung und/oder Kosmetik gekauft zu haben, nachdem sie ein Produkt dieser Marke oder ein ähnliches Produkt zuvor auf Instagram gesehen haben. Ziel der Studie war es, vor allem für die Branchen Kleidung und Kosmetik herauszufinden, inwiefern die Kaufentscheidungen von Instagram-Nutzern von entsprechenden Inhalten auf der Plattform beeinflusst werden (vgl. Dana Rebecca Designs 2017).

Pinterest ist ebenfalls eine fotobasierte Plattform. Nutzer können hier Fotos auf einer virtuellen Pinnwand anheften und somit Pinnwände zu verschiedenen Themen wie bspw. Reisen, Sport oder Rezepten erstellen. Im Gegensatz zu Instagram stehen auf Pinterest nicht einzelne Personen bzw. Nutzer im Vordergrund, sondern Themen, für die sich der Nutzer interessiert. Die 2010 gegründete Plattform zählt mittlerweile mehr als 175 Mio. monatlich aktive Nutzer weltweit (vgl. Cohen 2017).

Snapchat ist ein Instant-Messaging-Dienst, der hauptsächlich zum Versenden von Fotos und Videos genutzt wird und es Nutzern erlaubt, sich untereinander zu vernetzen und gegenseitig zu folgen. Auch hier können Bilder und Videos veröffentlicht werden, die zuvor mit Filtern, comichaften Stickern oder Emoticons verziert wurden. Aktuell verzeichnet Snapchat 150 Mio. Nutzer weltweit, davon rund 9 Mio. in Deutschland und plant 2017 den Gang an die Börse (vgl. Steuer 2017). Im Unterschied zu Instagram zerstören sich die an Freunde versendeten Bilder oder Videos nach einer Anzeigezeit von 10 Sekunden selbst. Mit dieser Funktion soll die Privatsphäre der Nutzer geschützt und verhindert werden, dass Fotos ohne Zustimmung der auf ihnen gezeigten Personen im Netz verbreitet werden. Mittels eines Screenshots können die Bilder allerdings dennoch gespeichert werden. Marken haben trotz der „Selbstzerstörungsfunktion“ die Möglichkeit, via Snapchat mit Konsumenten in Kontakt zu treten. Wie bei anderen Plattformen auch müssen Nutzer den Marken folgen, um die Posts ansehen zu können. Fotos und Videos können nicht nur mittels direkter Kommunikation versendet werden. Nutzer (und Marken) haben auch die Möglichkeit, diese zu ihrer „Story“ hinzuzufügen, wo die Inhalte 24 Stunden online und damit abrufbar bleiben, bevor sie verschwinden. Diese Zeitlimits sorgen für eine hohe Kommunikationsdynamik, die zum Markenzeichen von Snapchat geworden ist.

Social Entertainment

Auf Spaß und Unterhaltung ist die dritte Erscheinungsform der sozialen Medien ausgerichtet (vgl. Abb. 3.32). Hierzu gehören Spiele-Websites, virtuelle Welten und weitere Communities zur Unterhaltung wie Musik- oder Kunstplattformen. Der Bereich der Spiele ist hierbei das am stärksten wachsende Gebiet innerhalb der sozialen Medien (vgl. Tuten und Solomon 2015, S. 202).

Social Games sind zum einen Spiele, die ausschließlich über soziale Netzwerke gespielt werden. Eines der prominentesten Beispiele ist hier FarmVille auf Facebook (vgl. Wegener 2018). Der Nutzer führt dort seine eigene Farm, kann aber auch die Farmen seiner ebenfalls spielenden Freunde besuchen und mit ihnen interagieren. Aber auch Spiele, die über Konsolen gespielt werden, die mit dem Internet verbunden sind, gehören dazu, wie bspw. Xbox Live mit Kinect, welches die Möglichkeit bietet, mit weltweit verteilten Spielern zu spielen oder seine Spielerfolge online zu teilen. Sobald ein Spiel die Möglichkeit bietet, sich mit anderen zu verbinden oder anderen aus dem Spiel heraus seine Erfolge mitzuteilen, kann dies als Social Game bezeichnet werden. Aufgrund der **großen Reichweite** und dem meist **sehr hohen Engagement von Spielern** wird Social Games oft ein hohes Potenzial für die Markenführung zugesprochen. Marken können gezielt auf ihre Konsumenten ausgerichtete Spiele entwickeln und so ihre Botschaft unterbringen oder sie beteiligen sich an bereits vorhandenen erfolgreichen Spielen und platzieren ihre Marke dort bspw. durch Product Placement (vgl. Tuten und Solomon 2015, S. 210 ff.). So wurde Tiger Woods in den virtuellen PGA Tour Golfspielen von Electronic Arts (EA) Sports wie im wahren Leben mit Kleidung und Equipment von seinem damaligen Sponsor Nike ausgestattet. Viele wissenschaftlich fundierte Wirkungsstudien kamen in den letzten Jahren jedoch zu dem ernüchternden Ergebnis, dass von der Markenpräsenz in Social Games keine oder bestenfalls eine sehr schwache Wirkung auf das Markenimage und den Kauf dieser Marken ausgeht. Ursächlich hierfür ist die lediglich periphere Wahrnehmung und damit eher beiläufige Beschäftigung mit der Marke zugunsten der im Aufmerksamkeitsfokus stehenden Beschäftigung mit dem Spiel (vgl. Wegener 2018).

Spotify, Deezer, Pandora oder Ampya sind die bekanntesten **Musikdienste im Internet**. Alle Anbieter zeichnen sich dadurch aus, dass sie es den Nutzern ermöglichen, Musik zu hören, ohne diese vorher gekauft haben zu müssen. Die Nutzer können von verschiedenen Labels und aus den unterschiedlichsten Musikrichtungen Musik anhören und nach Anlegen eines Profils auch in individuellen Playlists speichern. Zu einem Instrument der sozialen Medien werden diese **Streaming-Dienste** dadurch, dass sie es den Nutzern ermöglichen, den Aktivitäten anderer Nutzer zu folgen, mit ihnen gemeinsame Playlisten zu erstellen, sich über Facebook einzuloggen und dort auch mitzuteilen, welchen Song sie gerade hören. Die Streaming-Dienste sind aber nicht unumstritten. Der Erlös pro gestreamtem Song liegt zwar über dem eines im Radio abgespielten Liedes, aber immer noch weit unter dem Erlös, den ein Künstler oder eine Band mit CD-Verkäufen erzielt. Trotzdem ist es ökonomisch sinnvoll, wenn ein Künstler auf den gängigen Plattformen vertreten ist. Gegebenenfalls hören Nutzer bereits ähnliche Musik und entdecken neue Künstler durch Freunde oder durch das Stöbern und buchen Tickets für ein Konzert.

Social Commerce

Die letzte Erscheinungsform der sozialen Medien betrifft alle mit dem Kauf und Verkauf von Marken verbundenen Plattformen (vgl. Abb. 3.32). **Social Commerce** bietet Kunden die Möglichkeit, durch soziale Medien und Smartphone-Applikationen während ihres Einkaufs mit anderen zu interagieren und sich von diesen beraten zu lassen. Gleichzeitig können die Kunden Feedback an die Retailer und Marken geben, wenn bspw. Kleidung zu groß oder zu klein ausfällt (vgl. Tuten und Solomon 2015, S. 234 ff.).

Eines der besten Beispiele für das Phänomen des ortsgebundenen Einkaufens im Social Commerce ist **Groupon**, eine Coupon-Seite, auf der es täglich wechselnde und stadtspezifische Angebote für Mitglieder gibt, die über E-Mail oder die sozialen Netzwerke informiert werden und die sich diese über die Homepage oder das Smartphone ansehen können. Marken haben die Möglichkeit, potenziellen Kunden vergünstigt die eigenen Produkte und Dienstleistungen anzubieten. Aber auch Bestandskunden können durch die Gutscheine, die oftmals wiederholt angeboten werden, zu Wiederholungskäufen gebracht und enger an die Marke gebunden werden. Interessante Angebote werden ggf. auch in den sozialen Netzwerken mit den Freunden geteilt oder als Gutscheine verschenkt, woraufhin neue potenzielle Käufer auf die Angebote aufmerksam werden.

TripAdvisor bietet bspw. Restaurants, Unterkünften, Städten oder Regionen die Möglichkeit, direkt auf Kritik von Nutzern zu reagieren und sich mit diesen auszutauschen. Zudem bietet das Portal den Unternehmen an, auf der eigenen Internetseite ein sogenanntes Widget einzubauen. Mit diesem können die aktuellsten im Portal abgegebenen Bewertungen auf der eigenen Internetpräsenz eingebunden werden (vgl. TripAdvisor 2015). Diese Offenheit seitens der Marken sorgt dafür, dass die Bewertungen auch von Nutzern wahrgenommen werden, die nicht selbst auf dem Reisebewertungsportal recherchieren. Studien belegen, dass sich Konsumenten auf das Urteil anderer Kunden verlassen und deren Meinungen mehr Vertrauen schenken als den durch eine Marke verbreiteten Informationen (vgl. Kardon 2007, S. 30; Trusov et al. 2009; Lee und Youn 2009; Li und Bernhoff 2008). **Bewertungsportale** sind daher eine der ersten und wichtigsten Anlaufstellen für Nachfrager, um dort zu erfahren, welche positiven und negativen Erfahrungen andere Nutzer mit Produkten, Dienstleistungen und Marken gemacht haben und wie sie diese bewerten. Eine Studie aus dem Jahr 2015 mit 7000 Nachfragern aus Deutschland zeigt, dass die Bewertungen an Relevanz gewinnen, je höher der Preis des Produktes ist, das gekauft werden soll. So stufen 64 % die Bewertungen auf einem Bewertungsportal bei einem Preissegment ab 250 € als sehr wichtig ein. Bei Produktkosten unter 50 € hingegen sind nur für 17 % der Befragten die Bewertungen von Bedeutung (vgl. Groß 2016). Insgesamt beeinflussen sowohl positive als auch negative Bewertungen das Kaufverhalten von Konsumenten. Eine Studie mit 1600 US-Verbrauchern fand heraus, dass Bewertungen auf Online-Portalen genauso vertrauenswürdig für Konsumenten sind wie persönliche Weiterempfehlungen (vgl. Bright Local 2016). Negatives Feedback hat jedoch einen stärkeren Einfluss auf das Konsumentenverhalten als positives (vgl. Lee und Rodgers 2009, S. 6 ff.; Sen und Lerman 2007, S. 81).

3.3.3 Identitätsbasiertes Markenmanagement in sozialen Medien

Die Instrumente der Social-Media-Kommunikation können eine **hohe zielgruppenspezifische Reichweite** entfalten und durch ihre Interaktivität **das Markenimage nachhaltig**

prägen. Sowohl die Aufwendungen für den Aufbau einer Präsenz in den sozialen Medien als auch für die aktive Gestaltung von Web 2.0-Inhalten sind im Vergleich zu anderen Mediaaufwendungen meist eher gering. Allerdings fallen oft in erheblichem Maße **Prozesskosten** und **personelle Ressourcen** an, wenn das Engagement in sozialen Medien den Erfolg einer Marke auch langfristig positiv prägen soll und deswegen im gesamten Unternehmen vernetzt wird. Die Gestaltungsmöglichkeiten sind durch die **Vielfalt der Anwendungen** sehr groß und die zeitliche Einsetzbarkeit ist unbegrenzt möglich, denn die Instrumente der sozialen Medien stehen jederzeit zur Verfügung, was eine **hohe zeitliche Einsatzflexibilität** ermöglicht.

Nicht nur für Privatpersonen, sondern auch für Marken ist es wichtig zu realisieren, dass alle jemals im Internet getätigten Aktionen **dauerhaft gespeichert** werden und kaum wieder zu entfernen sind. Wenn auch der ursprüngliche Kommentar, ein Video oder Foto gelöscht wurde, kann es seit seiner Veröffentlichung bereits mehrfach geteilt und an anderer Stelle im Internet ohne Kenntnis des Urhebers veröffentlicht worden sein. Denn die Technologie ermöglicht heutzutage eine schnelle und verlustfreie Vervielfältigung von Daten, die sich mittels Suchmaschinen aus den unterschiedlichsten Quellen auch lange nach der ersten Veröffentlichung auffinden lassen (vgl. Schmidt 2013, S. 33 ff.).

3.3.3.1 Erfolgsfaktoren für das identitätsbasierte Markenmanagement sozialer Medien

Nachdem in den vorangegangenen Abschnitten zunächst die verschiedenen Plattformen und Instrumente des Online-Marketings und der sozialen Medien näher erläutert wurden, wird im Folgenden auf das Management dieser eingegangen. Hierzu werden im Rahmen der identitätsbasierten Markenführung Erfolgsfaktoren identifiziert, die sich aus den in Abschn. 3.3.1 genannten Herausforderungen ableiten und unter deren Beachtung es Marken gelingen kann, diese Herausforderungen zu bewältigen (vgl. zusätzlich Tuten und Solomon 2015, S. 44 ff.; Munzinger und Wenhart 2012, S. 59 ff.; Bruhn 2014, S. 1058 ff.; Mohammadian und Mohammadreza 2012, S. 60 ff.).

Ein erster, wichtiger Erfolgsfaktor ist die **konsistente und kontinuierliche Bearbeitung der digitalen Brand Touch Points**. Das Content Marketing, das maßgeblichen Einfluss auf die Bearbeitung der Brand Touch Points nimmt, sollte dabei besonders das veränderte Informations- und Kommunikationsverhalten der Digital Natives berücksichtigen. Nur so kann es Marken gelingen, Aufmerksamkeit zu generieren und ihr Nutzenversprechen sowie ihren digitalen Markennutzen zu vermitteln. Hierzu sollte bei der Gestaltung der Kommunikation auf den verschiedenen Social-Media-Kanälen eine grundsätzlich **einheitliche Geschichte** erzählt werden, die das Nutzenversprechen der Marke in für die einzelnen Kanäle angepasste **Botschaften** übersetzt. Die Vermittlung des Nutzenversprechens darf dabei nicht dem an den Offline-Brand Touch Points vermittelten Markennutzenversprechen widersprechen.

Ein positives Beispiel, wie Markenbotschaften an verschiedene Kanäle angepasst werden, jedoch trotzdem konsistent zueinander sind, ist **Dr. Oetker**. Auf der Homepage der Marke wird das Sortiment der Marke sachlich vorgestellt, während auf der Facebook-Seite

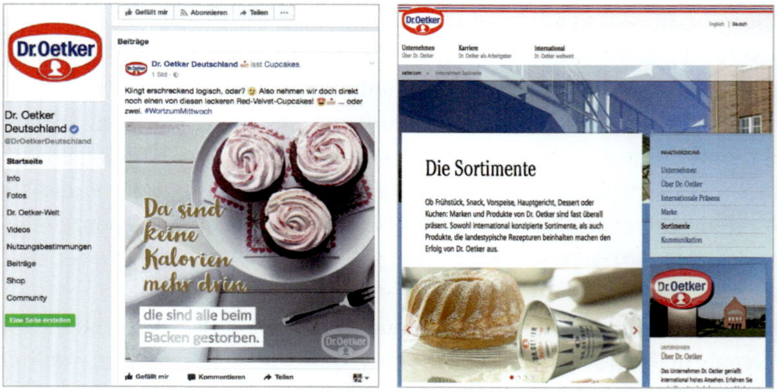

Abb. 3.34 Gegenüberstellung der Facebook-Seite (*links*) und der Homepage von Dr. Oetker (*rechts*). (Dr. Oetker 2017b, 2017c)

von Dr. Oetker mit Produkten der Marke hergestellte Backwaren humoristisch präsentiert werden (vgl. Abb. 3.34).

Dieses Vorgehen, das in der Praxis und wissenschaftlichen Literatur häufig als **Social-Media-Strategie** bezeichnet wird, ermöglicht eine gezieltere Koordination der Social-Media-Aktivitäten einer Marke (vgl. Tuten und Solomon 2015, S. 46 f.; McKinsey 2012, S. 12). Findet eine Koordination nicht statt, können die Maßnahmen und die Auswahl der Social-Media-Kanäle, auf denen eine Marke vertreten ist, beliebig wirken und das Markennutzenversprechen kann nicht klar an die Nachfrager vermittelt werden (vgl. Munzinger und Wenhart 2012, S. 120). Dennoch scheint Markenverantwortlichen die Bedeutung einer Social-Media-Strategie nicht immer bewusst zu sein. Im Rahmen einer Studie des Deutschen Instituts für Marketing (DIM) wurden im Januar und Februar 2016 528 Mitarbeiter, die in verschiedenen deutschen Unternehmen im Marketing tätig sind, zu den aktuellen Social-Media-Maßnahmen ihrer Unternehmen befragt. Nur 46 % der Befragten gaben an, dass in ihrem Unternehmen eine ausgearbeitete Social-Media-Strategie existiert (vgl. DIM 2016). Auch die Koordination der wichtigsten Brand Touch Points befindet sich laut den Befragten nur auf einem mittleren Niveau, denn die Studienteilnehmer benoteten die Koordination der wichtigsten Brand Touch Points ihrer Marke auf einer Schulnotenskala nur mit der Note 2,8 (vgl. DIM 2016).

Ein zweiter, wichtiger Erfolgsfaktor liegt in der Bildung einer unterstützenden **Organisationsstruktur** für die Markenführungsmaßnahmen in sozialen Medien, die auf die hohe Dynamik der sozialen Medien Rücksicht nimmt (vgl. Hau und Theobald 2011, S. 130; Beekmann und Kock 2014, S. 161). Die Anpassung der Organisationsstruktur ermöglicht es einer Marke, in hoher Geschwindigkeit auf die online über sie getätigten Aussagen zu reagieren und somit mit ihren Nachfragern in einen Dialog treten zu können. Auf diese Weise gelingt es einer Marke, bis zu einem gewissen Grad die Kontrolle über den Dialog zu behalten. Social-Media-Aktivitäten können grundsätzlich auf drei verschiedene

Weisen in die Organisationsstruktur integriert werden. Die erste Möglichkeit besteht darin, eine zentrale Abteilung für die Organisation, Planung und Durchführung der Social-Media-Maßnahmen zu schaffen, die neben den anderen Abteilungen des Unternehmens besteht. Eine zweite Option sieht vor, dem Marketing, Produktmanagement und anderen Geschäftsbereichen sog. Social-Media-Experten zuzuteilen, die von einer übergeordneten Social-Media-Abteilung koordiniert werden. In der dritten Variante werden einzelnen Geschäftsbereichen zwar auch Social-Media-Experten zugewiesen, jedoch wird auf die übergeordnete Abteilung verzichtet.

In der Praxis zeigen sich allerdings erhebliche Schwierigkeiten, geeignete Organisationsstrukturen zu etablieren. In einer Studie des Bundesverbandes Digitale Wirtschaft (BVDW) mit 469 Mitarbeitern in deutschen Unternehmen gaben 84 % der Befragten an, Probleme bei der Umsetzung von Social-Media-Maßnahmen zu haben. Zu den Gründen für diese Schwierigkeiten gehörten mit 22 % die fehlende abteilungsübergreifende Zusammenarbeit und mit jeweils 19 % fehlende und falsche organisatorische Zuständigkeiten für Social-Media-Aktivitäten sowie interne Widerstände durch bspw. die Geschäftsleitung (vgl. BVDW 2014, S. 25 ff.).

Eng verbunden mit der Organisationsstruktur sind die **Mitarbeiter** als dritter wesentlicher Erfolgsfaktor für die Social-Media-Maßnahmen einer Marke. Denn die Mitarbeiter sind auch in den sozialen Medien in erheblichem Maße für das Verhalten einer Marke verantwortlich. Sie stellen die Übereinstimmung zwischen dem Markennutzerversprechen und dem tatsächlichen Markenverhalten online sicher. Dem **Internal Branding** (vgl. Abschn. 3.1) kommt für den Erfolg von Social-Media-Aktivitäten deswegen eine hohe Bedeutung zu. Insbesondere müssen diejenigen Mitarbeiter, welche die Marke in den sozialen Medien repräsentieren und dort im Namen der Marke auftreten, besonders auf diese Aufgabe vorbereitet werden.

Das Unternehmen Dell hat bspw. bis zum Jahr 2015 insgesamt 15.000 Mitarbeiter zu Social-Media-Experten ausgebildet. Aktive Social-Media-Experten bei Dell beantworten mehr als 4000 Serviceanfragen pro Woche (vgl. Dell 2015). PepsiCo etablierte in den USA eigens eine Abteilung, die nicht nur für das Screening und Testen neuer digitaler Konzepte, sondern auch für die „digital fitness" der Mitarbeiter verantwortlich ist (vgl. Blader 2011). Dieser Aufgabenbereich beinhaltet interne Trainings zum Umgang mit den Instrumenten der sozialen Medien. Die Mitarbeiter von PepsiCo sollen dadurch ermutigt werden, sich in sozialen Medien zu engagieren. Auch der Lebensmittelhersteller FRoSTA bestärkt seine Mitarbeiter, in den sozialen Medien aktiv zu sein. Die Beiträge im FRoSTA-Blog schreiben Mitarbeiter aus den Abteilungen Forschung und Entwicklung, Produktion, Einkauf, Marketing, Verbraucherservice, Öffentlichkeitsarbeit und der Geschäftsleitung (vgl. Arnhold 2010, S. 192 ff.; FRoSTA 2012).

In der Praxis werden darüber hinaus im Idealfall sog. **Social Media Guidelines** oder **Social Media Policies** entwickelt, welche die Mitarbeiter einer Marke zum Dialog in den sozialen Medien befähigen sollen (vgl. Tuten und Solomon 2015, S. 66 f.).

► **Social Media Guidelines** legen die Richtlinien und Vorgehensweisen für den Umgang der Mitarbeiter einer Marke mit den sozialen Medien fest. Diese Richtlinien beziehen sich auf die Veröffentlichung markenbezogener Inhalte, wenn die Mitarbeiter als Markenrepräsentanten oder als Privatperson in den sozialen Medien auftreten (vgl. Tuten und Solomon 2015, S. 66).

Zweckmäßige Social Media Guidelines sollten den Mitarbeitern Anhaltspunkte geben, wie sie sich in den sozialen Medien verhalten sollten, z. B. ob sie die Nachfrager mit „Du" oder „Sie" ansprechen, ob sie distanziert oder humoristisch auftreten oder ob sie im Namen der Marke zu aktuellen politischen Themen Stellung beziehen dürfen. Sie geben Mitarbeitern darüber hinaus auch Hinweise, ob und unter welchen Umständen sie markeninterne Daten veröffentlichen dürfen, wie bspw. den aktuellen Stand der Entwicklung neuer Produkte. Weiterhin sollten Guidelines Mitarbeitern aufzeigen, wie sie sich in den sozialen Medien zu erkennen geben. Dies kann z. B. durch entsprechende Kürzel, Grußformeln oder Hashtags geschehen (vgl. WOMMA 2017). Ein Beispiel für die Kommunikation in den sozialen Medien und Social Media Guidelines bietet die Marke **O$_2$** bzw. der dahinterstehende Telekommunikationskonzern Telefónica. Dort wurden Social Media Guidelines für den (privaten) Umgang der Mitarbeiter mit den sozialen Medien definiert (vgl. Abb. 3.35).

Eng mit dem Erfolgsfaktor Mitarbeiter ist der vierte Erfolgsfaktor – **Identität** – verknüpft. Zwar lässt sich das Mitarbeiterverhalten mittels der erwähnten Social Media Guidelines bis zu einem gewissen Grad beeinflussen und vorgeben, allerdings ist eine langfristige Steuerung des Verhaltens der Mitarbeiter nur durch die Markenidentität und die Identifikation mit dieser möglich. Die Instrumente der internen Markenführung zum Aufbau von Markenwissen, Brand Commitment und Brand Citizenship Behavior (vgl. Abschn. 3.1.2) sind für Mitarbeiter, die in den sozialen Medien als „Stimme" der Marke auftreten, von besonderer Relevanz. Dies zeigt auch das Beispiel der Techniker Krankenkasse. Im März 2017 fragte ein User auf Twitter nach, ob die Krankenkasse wissenschaftliche Studien für die Wirksamkeit von Homöopathie vorweisen könne, da sie die Kosten für entsprechende Behandlungsmethoden übernimmt. Die einigermaßen saloppe und unhöflich formulierte Antwort des Mitarbeiters, der Nutzer möge doch im Gegenzug lieber selbst Studien zur Unwirksamkeit von Homöopathie nachweisen, löste einen kleinen Sturm der Entrüstung aus, der mit einem höheren Bewusstsein für die Marke sicherlich vermeidbar gewesen wäre (vgl. Die Techniker 2017; Wagner 2017).

Transparenz ist ein fünfter, wichtiger Erfolgsfaktor. Dies betrifft vor allem das Auftreten in den sozialen Medien. So müssen sich die Marke und ihre Mitarbeiter stets klar zu erkennen geben, wenn sie für die Marke sprechen. Der Versuch, unerkannt die Kommunikation in den sozialen Medien zu beeinflussen, kann bei Aufdeckung zu starken negativen Reaktionen der Nutzer führen und die Marke nachhaltig schädigen. Ein transparenter Markenauftritt in den sozialen Medien ist eine grundlegende Voraussetzung für den Aufbau von Markenauthentizität, die langfristig das Vertrauen in die Marke stärkt. Nur wenn Marken von Nachfragern als authentisch und vertrauenswürdig wahrgenommen werden, sind

Abb. 3.35 Social Media Guidelines von O_2/Telefónica. (O_2/Telefónica 2017)

diese bereit, eine emotionale Bindung zur Marke aufzubauen. Hierzu gehört, Fehler nicht zu leugnen, sondern aktiv Lösungsmaßnahmen anzubieten sowie auf Kritik konstruktiv einzugehen und diese nicht zu löschen (vgl. Rauschnabel et al. 2017, S. 396 f.). Facebook wirbt zwar vermehrt damit, dass Nutzer die Funktionen der Plattform individuell und bedürfnisgerecht anpassen können. Damit soll ihnen auch die Möglichkeit gegeben werden, bereits veröffentlichte Inhalte wieder zu löschen (vgl. Facebook 2017c). Dennoch zeigte sich das Unternehmen in der Vergangenheit nicht kooperativ, wenn es um die Entfernung von Fake-News oder Hassreden innerhalb des Netzwerkes ging. Auf öffentlichen Druck hin hat der Konzern mittlerweile eine Abteilung geschaffen, deren Mitarbeiter Inhalte, die von anderen Nutzern als problematisch gemeldet wurden, beurteilen und gegebenenfalls von der Plattform entfernen (vgl. Süddeutsche Zeitung 2017). Aufgrund der Größe des Netzwerkes verbreiten sich Falschaussagen jedoch sehr schnell und werden erst nach vergleichsweise langer Dauer entfernt. Dies erschwert es Marken zusätzlich, einen transparenten Markenauftritt auf Facebook zu gewährleisten. Den Erfolgsfaktor Transparenz nutzte hingegen die US-amerikanische Schnellrestaurantkette Chipotle und begann im März 2017 sämtliche Zutaten ihrer Speisen offenzulegen. Dazu gehörte auch, die Nachfrager über die Lieferwege und Bezugsorte aller Zutaten zu informieren. Hierzu wurde u. a. ein Beitrag auf Facebook veröffentlicht und für ausführliche Informationen auf die Homepage der Marke verwiesen (vgl. Abb. 3.36). Auch FRoSTA als Hersteller von Tiefkühlkost stellt schon seit einigen Jahren die Transparenz hinsichtlich der Zutaten der hergestellten Fertiggerichte in den Vordergrund (vgl. Abschn. 2.3.4).

3.3.3.2 Bedeutung von Content Marketing und Influencern für die identitätsbasierte Markenführung in sozialen Medien

Das Nutzenversprechen einer Marke kann online mittels Werbemaßnahmen über Paid Media vermittelt werden. Eine immer größere Bedeutung kommt jedoch der Vermittlung des Markennutzenversprechens über die Owned-Media-Kanäle einer Marke zu (Abschn. 3.3.2). In diesen Kanälen steht jedoch nicht die werbliche Kommunikation des markeneigenen Leistungsangebotes im Vordergrund. Vielmehr soll die Markenkommu-

Abb. 3.36 Transparenz über alle Zutaten bei der US-amerikanischen Schnellrestaurantkette Chipotle. (Chipotle 2017)

Abb. 3.37 Beispiele für Brand Generated Content mit leistungsbezogenen und mit nicht-leistungsbezogenen Attributen. (Deutsche Telekom 2017)

nikation zusätzlich Nutzen für den Nachfrager enthalten und seine Interessen treffen. Die Kreation und Erstellung dieser markenbezogenen Inhalte bilden das Aufgabengebiet des **Content Marketings** (vgl. Pulizzi 2013, S. 2013; Rowley 2008, S. 524).

► **Content Marketing** bezeichnet den Managementprozess der zielgerichteten Gestaltung von Inhalten, welche die Marke betreffen und auf zumeist digitalen Kommunikationsplattformen bereitgestellt werden. Diese Inhalte können einen direkten oder indirekten Bezug zum Leistungsangebot der Marke enthalten (vgl. Hilker 2017, S. 4; Rowley 2008, S. 522).

Das Content Marketing stellt die Erreichung **psychografischer Markenzielsetzungen** in den Vordergrund. Dazu zählen bspw. die Emotionalisierung der Marke und die klarere Profilierung des Markenimages sowie die Stärkung des Brand Attachments (vgl. Tropp und Baetzgen 2013, S. 13 f.).

Werden im Rahmen des Content Marketings Inhalte von einer Marke selbst erstellt, handelt es sich um **Brand Generated Content** (BGC) (vgl. Eilers 2014, S. 46). Dieser kann in zwei Kategorien differenziert werden: BGC mit leistungsbezogenen Attributen (z. B. technische Produkteigenschaften) und BGC mit nicht-leistungsbezogenen Attributen (z. B. Kommunikation über das Sponsoring einer Marke; vgl. Eilers 2014, S. 47). Abb. 3.37 verdeutlicht die Kategorien anhand der Marke Deutsche Telekom.

Ein weiteres Beispiel für BGC bietet Hootsuite. Die Marke bietet Tools zur professionellen und zentralen Verwaltung von Social-Media-Auftritten als Dienstleistung für

Abb. 3.38 Auszüge aus dem YouTube-Spot von Hootsuite. (Hootsuite 2017)

andere Marken an. Um diesen Service zu visualisieren, stellte die Marke 2015 ein Video auf YouTube online, das den Trailer der äußerst populären Serie „Game of Thrones“ mit den Logos der bekanntesten Social-Media-Plattformen nachstellt (vgl. Abb. 3.38). Auf diese Weise gelang es der Marke, das eigene Leistungsangebot mit einem aktuellen popkulturellen Thema, welches eine große Anhängerschaft hat, zu verbinden.

Kommunikationsinhalte, die durch Nutzer sozialer Medien generiert werden, können als **User Generated Content** (UGC) bezeichnet werden. Der Begriff User beschränkt sich in diesem Zusammenhang auf die nicht zur markenführenden Institution gehörenden Nutzer. Diese Gruppe umfasst vor allem aktuelle und potenzielle Nachfrager der Marke, aber auch andere externe Zielgruppen. Die von dieser Gruppe erstellten Inhalte sind sehr heterogen und werden in Form von Text, Fotos, Grafiken, Bildern, Musik, Audio und Videos über das Internet auf verschiedenen Plattformen und Kanälen distribuiert, wie bspw. über Fotos auf Instagram oder Einträgen auf privaten Blogs.

Als Teilmenge des UGC kommt dem sog. **brand-related UGC** eine besondere Bedeutung zu. Er wird verstanden als freiwillige Kreation und Veröffentlichung persönlicher, markenbezogener Inhalte seitens aktueller und potenzieller Nachfrager der Marke im Internet (vgl. Burmann und Arnhold 2008, S. 40). Brand-related UGC kann Auswirkungen auf das Markenimage und dadurch auch Rückwirkungen auf die Markenidentität haben (vgl. Arnhold 2010, S. 338).

Einer der ersten brand-related UGC, der weltweit Aufmerksamkeit erregte, ist das im Juli 2009 auf YouTube veröffentlichte Video des kanadischen Musikers David Carroll bzw. seiner Band „Sons of Maxwell“. In dem Video singt er über eine Reise mit der Fluggesellschaft United Airlines, bei der seine Gitarre zerstört wurde. Mehr als ein Jahr lang versuchte Carroll eine Entschädigung für sein Instrument zu erhalten. Als er nach diversen Anfragen über die regulären Kontaktwege keine Hilfe erhielt, veröffentlichte er das Video auf YouTube, welches bereits innerhalb der ersten zwei Tage mehr als 100.000-mal angesehen wurde (vgl. sonsofmaxwell 2009; Spiegel Online 2009). Bis heute hat sich die Anzahl der Ansichten auf mehr als 17 Mio. erhöht. Dieses Beispiel zeigt, wie wichtig seit Jahren der professionelle Umgang mit brand-related UGC seitens einer Marke ist.

Brand-related UGC kann darüber hinaus in **non-sponsored** und **sponsored UGC** unterschieden werden (vgl. Arnhold 2010, S. 42). Unter non-sponsored UGC werden Inhalte verstanden, die von Nutzern ohne gewerbliche Absichten und ohne aktives Einwirken einer

Marke auf den Nutzer erstellt und verbreitet werden. Demgegenüber steht sponsored UGC. Dieser wird zwar ebenfalls vom Nutzer selbst erstellt und geteilt, jedoch erhält dieser hierfür einen monetären oder nicht-monetären Gegenwert (z. B. Produkte der Marke). Für Unternehmen ist die Unterscheidung insbesondere in Bezug auf die Motivation der Nachfrager bei der Kreation von brand-related UGC relevant. Da non-sponsored brand-related UGC ohne Anreize durch Unternehmen entsteht, ist die Motivation der Erschaffer hauptsächlich intrinsischer Natur, um dem Bedürfnis nach Kreation und Selbstausdruck nachzukommen. Im Gegensatz dazu gewinnen Erschaffer von sponsored brand-related UGC ihre Motivation vor allem durch das Streben nach Einkommenserzielung sowie nach Ruhm und Anerkennung durch andere Nutzer und die sie beauftragende Marke. Diese Nutzer würden ohne die Incentivierung durch die Marke zumeist kein brand-related UGC kreieren. (vgl. Arnhold 2010, S. 127 ff.). Abb. 3.39 verdeutlicht die Kategorisierung von UGC.

In den sozialen Medien gibt es einige Nutzer, die in besonders großem Umfang UGC veröffentlichen und mit ihren Beiträgen eine hohe Zahl anderer Nutzer erreichen und von diesen hinsichtlich ihrer Meinung zu bestimmten Themen konsultiert werden. Sie besitzen eine große Anzahl an Fans, Abonnenten und Followern und teilen regelmäßig ihre Meinungen und Erfahrungen. Diese können sich auf Marken (brand-related UGC) oder auf andere Themen beziehen (non-brand-related UGC). Diese Nutzer werden als **Meinungsführer** bezeichnet.

► **Meinungsführer** (sog. Opinion Leader) sind jene Mitglieder einer Gruppe, die im Rahmen von Kommunikationsprozessen einen stärkeren persönlichen Einfluss als andere ausüben und daher die Meinung anderer Gruppenmitglieder beeinflussen (vgl. Meffert et al. 2015, S. 132). In den letzten Jahren hat sich mit dem Begriff **Influencer** eine weitere Bezeichnung etabliert, die eine Teilmenge der Meinungsführer beschreibt. Abgeleitet

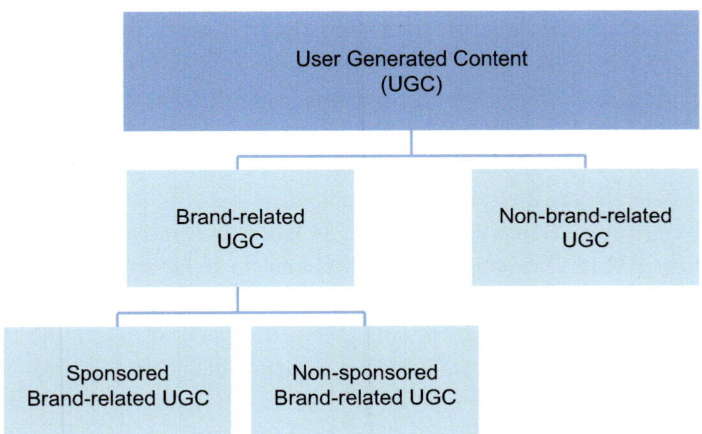

Abb. 3.39 Kategorisierung von User Generated Content. (Eigene Darstellung in Anlehnung an Arnhold 2010)

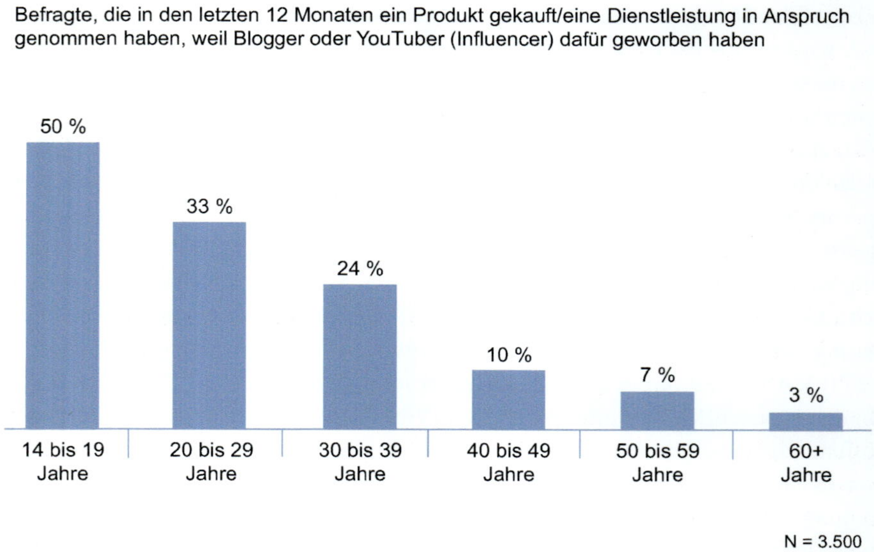

Abb. 3.40 Einfluss von Influencern auf die Kaufentscheidung von Nachfragern. (Faktenkontor 2017a)

vom englischen Wort „influence" („beeinflussen"), wird dieser Begriff für Nachfrager verwendet, die als besonders einflussreich angesehen werden und sich als Meinungsführer in sozialen Medien betätigen (vgl. Brown und Hayes 2015, S. 50; Gründerszene 2015; Cambridge Dictionary 2014).

Aufgrund des Wachstums der sozialen Medien und der zunehmenden Vernetzung von Nachfragern innerhalb dieser ist die Bedeutung der Influencer für die Markenführung im Vergleich zu den seit Jahrzehnten bekannten klassischen Meinungsführern deutlich gestiegen. Influencer zeichnen sich durch ein **überdurchschnittliches Markenbewusstsein** aus (vgl. Webguerillas 2014, S. 12 ff.). Da vor allem die Digital Natives weniger Akzeptanz für klassische Kommunikationsmaßnahmen wie bspw. TV-Werbung aufweisen, erreichen Influencer vor allem jüngere Zielgruppen zunehmend besser (vgl. Granados 2017, S. 5 f.). So zeigt eine Studie mit 3500 Internetnutzern ab 14 Jahren in Deutschland, die Ende des Jahres 2016 zu ihrem Kaufverhalten und ihrer Meinung zu Influencern befragt wurden, dass 50 % der 14- bis 19-jährigen in den vergangenen 12 Monaten schon einmal ein Produkt gekauft haben, weil es ein Influencer auf seinem Blog oder YouTube-Kanal empfohlen hat. Der Einfluss der Influencer sinkt jedoch mit zunehmendem Alter der Befragten. In der Gruppe der 20 bis 29-jährigen kaufte ein Drittel der Befragten ein Produkt aufgrund der Empfehlung eines Influencers, bei den 30 bis 39-jährigen waren es noch 24 % (vgl. Abb. 3.40).

Da Influencer eine Marke in ihren persönlichen Alltag und auf ihren eigenen Social-Media-Kanälen integrieren, werden ihre Markenbotschaften als besonders **authentisch** empfunden (vgl. Granados 2017, S. 5 ff.; Abidin 2016, S. 88 ff.; Leinemann 2011, S. 15). Die hohe Authentizität von Influencern führt dazu, dass andere Nachfrager ihnen viel Vertrauen entgegenbringen. Dieses Vertrauen haben Influencer sich oftmals während des Aufbaus ihrer Zuhörerschaft über einen langen Zeitraum erarbeitet. Je größer das Vertrauen von Nachfragern in Influencer ist, desto eher lassen sich Nachfrager von diesen beeinflussen (vgl. Online Marketing Rockstars 2017, S. 9). Nachfrager empfinden Influencer aufgrund ihrer **Expertise,** ihrer umfassenden **Erfahrungen** hinsichtlich der Themen, zu denen sie sich in den sozialen Medien äußern, und aufgrund der **persönlichen Nähe (hohe Emotionalität)** zu anderen Nachfragern als besonders authentisch (vgl. Brown und Hayes 2015, S. 44 ff.) Die Einstellung gegenüber Influencern wird positiv von der Zahl ihrer Follower beeinflusst, da eine große Zahl Follower auf die Beliebtheit des Influencers hinweist. Andererseits kann eine solch große Fangemeinde für die Markenführung auch hinderlich sein. Wird eine Marke von einem Influencer mit einer hohen Followerzahl beworben, so kann es dazu führen, dass die Marke nicht mehr als einzigartig wahrgenommen wird, da sie bereits einer großen Zahl anderer Nachfrager bekannt ist (vgl. de Veirman et al. 2017, S. 804 ff.).

Zu den deutschen Influencern, denen es gelungen ist, eine große Fangemeinde aufzubauen gehören u. a. Bianca Heinicke (Abschn. 3.3.2.2), Erik Range mit seinem YouTube-Kanal „Gronkh“ (4,6 Mio. Abonnenten), auf dem er hauptsächlich Videospiele testet, sowie der auf Instagram aktive Lifestyle-Blogger Julian Claßen alias Julienco (4 Mio. Abonnenten) und die auf Beauty- und Fashionthemen spezialisierte Shirin David (3,8 Mio. Abonnenten; vgl. Faktenkontor 2017b; Rondinella 2017).

Marken versprechen sich durch die Zusammenarbeit mit Influencern positive Effekte auf ihre Markenbekanntheit, ihre Markenloyalität und/oder ihr Brand Attachment. Dies begründet sich mit der hohen Authentizität, Emotionalität und Reichweite von Influencern. Die häufigste Form der aktiven Zusammenarbeit von Marken und Influencern sieht vor, dass Influencer eine Marke innerhalb ihrer eigenen Kanäle präsentieren. Abb. 3.41 zeigt beispielhaft eine Zusammenarbeit der deutschen Modebloggerin Caroline Daur und des Online-Shops Net-a-Porter.

Vorab erfolgt eine Einigung über Art und Umfang der Aufwandsentschädigung für die Influencer. Diese kann sowohl in der Zahlung eines Geldbetrages als auch in der Zusendung kostenfreier Produkte liegen. Influencer sind jedoch dazu verpflichtet, die Werbebestimmungen der jeweiligen Plattformen, auf denen sie agieren, sowie die gesetzlichen Vorgaben zur Kenntlichmachung von Werbung einzuhalten. Kommen sie diesen Verpflichtungen nicht nach, müssen sie u. U. empfindliche Geldstrafen zahlen. Schwerer wiegt in solchen Fällen jedoch der **Vertrauensverlust** der Nachfrager in Marken und Influencer, sowie die **Erosion der Authentizität** dieser. So musste jüngst der auf YouTube unter dem Namen „Flying Uwe“ bekannt gewordene Uwe Schüder mehr als 10.000 € Strafgebühren zahlen, da er trotz mehrfacher Aufforderung entsprechende Videos, in denen er Fitnessprodukte bewarb, nicht entsprechend kennzeichnete (vgl. Meedia 2017).

Abb. 3.41 Kooperation von Modebloggerin Caroline Daur und dem Online-Shop Net-a-Porter. (Caro Daur 2017)

Hinsichtlich der Zusammenarbeit zwischen Marken und Influencern ergeben sich **drei zentrale Herausforderungen** für die Markenführung:

1. **Sicherung eines hohen Identitätsfits (Marke-Influencer-Fit)**: Bei der Auswahl eines geeigneten Influencers muss die Marke darauf achten, dass dieser zur Markenidentität passt und damit das Markennutzenversprechen glaubwürdig vermitteln kann (vgl. Webguerillas 2017).
2. **Wahrung der Authentizität**: Gerade durch die Pflicht zur Kennzeichnung werblicher Inhalte müssen Influencer offenlegen, wenn sie für einen bestimmten Beitrag bezahlt oder anderweitig unterstützt wurden. Unter ihren Abonnenten kann dann der Eindruck entstehen, dass durch die Bezahlung des Influencers seine Unabhängigkeit nicht mehr gegeben ist und er als weniger authentisch wahrgenommen wird. Dies kann auch einen negativen Effekt auf die Authentizität der Marke haben. Wird die Zusammenarbeit jedoch nicht offiziell bestätigt und finden Nachfrager erst im Laufe der Zeit heraus, dass es sich um eine bezahlte Kooperation handelt, können sie sich betrogen fühlen und dem Influencer und der Marke zukünftig ihr Vertrauen entziehen.

3. **Einhaltung rechtlicher Rahmenbedingungen**: Werden Influencer von einer Marke dafür bezahlt, einen bestimmten Beitrag zu veröffentlichen, sind sie dazu verpflichtet, dies in ihrem Beitrag kenntlich zu machen. Gemäß des Gesetzes gegen den unlauteren Wettbewerb (UWG) und des Telemediengesetzes (TMG) muss kommerzielle Kommunikation als solche erkennbar sein. Bei einem Verstoß gegen die Kennzeichnungspflichten haften sowohl Marke als auch Influencer (vgl. Inreach 2017, S. 29). Dies kann bspw. durch die Verwendung bestimmter Hashtags wie z. B. „sponsored" oder „ad" erfolgen.

3.3.3.3 Kundenservice in den sozialen Medien

Die sozialen Medien sind für Marken nicht nur hinsichtlich der Verbreitung markenbezogener Inhalte oder hinsichtlich des Content Marketings von Bedeutung. Sie etablieren sich auch zunehmend als weiterer **Servicekanal** für Nachfrager. Eine Studie mit 1062 US-amerikanischen Verbrauchern, die im April 2016 online dazu befragt wurden, wie sie mit Marken in Verbindung treten, zeigt, dass Nachfrager sich zuerst mit ihren Anfragen an einen Social-Media-Kanal einer Marke wenden. Erst danach werden für Anfragen andere Kontaktwege, wie bspw. die Homepage oder die Servicerufnummer einer Marke, ausgewählt (vgl. Abb. 3.42).

Des Weiteren wurde untersucht, wie viele der Serviceanfragen von der Marke bzw. ihren Mitarbeitern beantwortet wurden. Dazu wurden zusätzlich zur Befragung der Ver-

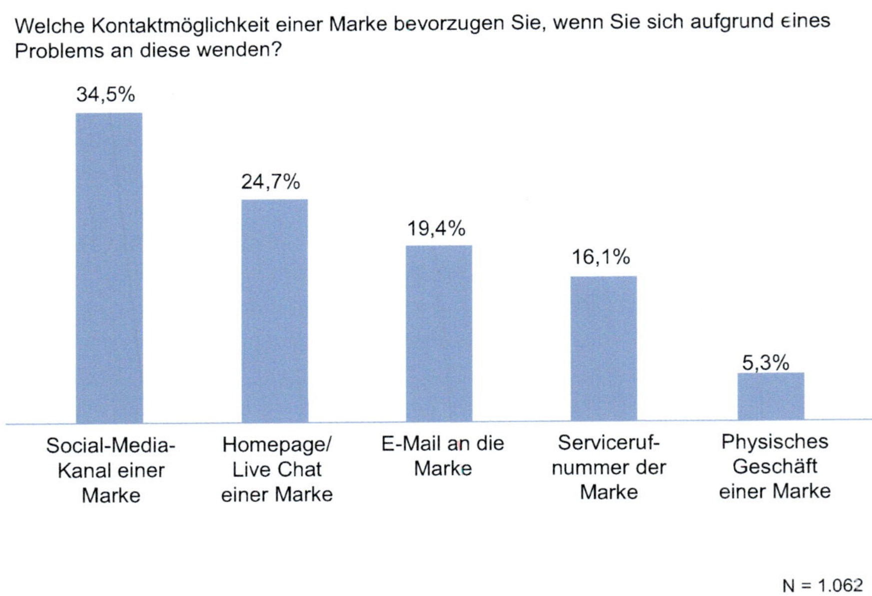

Abb. 3.42 Die erste Wahl für Serviceanfragen US-amerikanischer Verbraucher bei Marken. (Vgl. Sprout Social 2016)

braucher 2,9 Mrd. Nachrichten von 247.000 öffentlichen Social-Media-Profilen von Marken (aufgeteilt in 93.000 Facebook-Profile, 114.000 Twitter-Profile und 40.000 Instagram-Profile), die von Januar 2015 bis zum Befragungszeitraum im April 2016 durchgehend aktiv waren, analysiert. Es zeigte sich, dass Nachfrager, die eine Anfrage über die Social-Media-Kanäle einer Marke versendeten, nur in 11 % der Fälle eine Antwort von der Marke erhielten. Die durchschnittliche Antwortzeit lag zudem bei etwa 10 Stunden. Im Durchschnitt erwarteten Nachfrager jedoch innerhalb von vier Stunden eine Antwort auf ihr Anliegen (vgl. Sprout Social 2016).

Marken stehen also vor der Herausforderung, ihre **Interaktionskapazitäten** so anzupassen, dass mit allen Nachfragern eine bedürfnisgerechte und zum Nutzenversprechen der Marke passende Interaktionsintensität hergestellt werden kann. Des Weiteren liegt es in der Verantwortung der Marke, ein konsistentes Auftreten an allen Brand Touch Points zu gewährleisten. Um die Interaktionen mit der Marke in sozialen Medien zielführend zu gestalten, bedarf es der umfassenden **Mitwirkung aller Markenmitarbeiter**. Denn die Mitarbeiter eines Unternehmens sind für den Markenauftritt von zentraler Bedeutung. Allerdings sitzen sie zwischen zwei Stühlen: Die Mitarbeiter haben einerseits ihre eigene Identität, andererseits sind sie Teil einer ganzheitlichen Markenidentität. Folglich ist es notwendig, die Mitarbeiter zu markenkonformen Verhalten zu motivieren, ohne dass sie sich zu sehr „verbiegen" müssen. Hierfür ist es zunächst notwendig, Mitarbeiter mit einem hohen Identitätsfit zur Marke auszuwählen und entsprechend auf ihre Aufgaben in den sozialen Medien vorzubereiten. Dazu gehört ferner der Aufbau von Markenwissen und Brand Commitment (Abschn. 3.1). Hebt sich eine Marke durch einen guten Kundenservice von Konkurrenten ab, kann sie damit die Kaufintention der Nachfrager positiv beeinflussen und vor allem in den sozialen Medien ein sehr positives und weitreichendes Echo erzeugen. Dies belegt auch eine im Januar 2017 online durchgeführte Studie mit 1000 US-amerikanischen Verbrauchern. 71 % der Befragten gaben an, dass es für sie wahrscheinlicher ist, eine Marke zu kaufen, mit der sie zuvor ein positives Interaktionserlebnis in den sozialen Medien hatten (vgl. Sprout Social 2017).

Wie eine Marke auf Serviceanfragen – speziell auf Beschwerden – reagiert, kann auch **Auswirkungen auf die Kaufintention anderer Nachfrager** haben, die nicht selbst von der Beschwerde betroffen sind. So konnte Nee (2016) in einem Online-Experiment mit 381 deutschen Verbrauchern zeigen, dass die Buchungsintention von Nachfragern, die auf Vergleichswebseiten für Hotels surfen, am stärksten beeinflusst wird, wenn das Hotel auf eine Beschwerde von Dritten mit einer monetären Kompensation und einer entsprechenden Erklärung hinsichtlich des in der Beschwerde Dritter dargestellten Sachverhalts reagiert. Der schwächste Einfluss auf die Kaufverhaltensintention der Probanden zeigte sich, wenn keine Reaktion seitens des Hotels vorliegt, d. h. keine Erklärung und keine monetäre Kompensation für die Qualitätsmängel erfolgte. Ein mittlerer Effekt tritt ein, wenn das Hotel nur mithilfe einer Erklärung oder nur mit einer monetären Kompensation auf die Beschwerde reagiert. Dabei ergibt sich statistisch kein signifikanter Unterschied zwischen einer alleinigen Erklärung oder einer alleinigen monetären Kompensation. Eine Erklärung reduziert beim interessierten, aber selbst nicht betroffenen Beobachter die subjektiv empfundene Wahrscheinlichkeit, dass der in der Beschwerde geschilderte Sachverhalt erneut

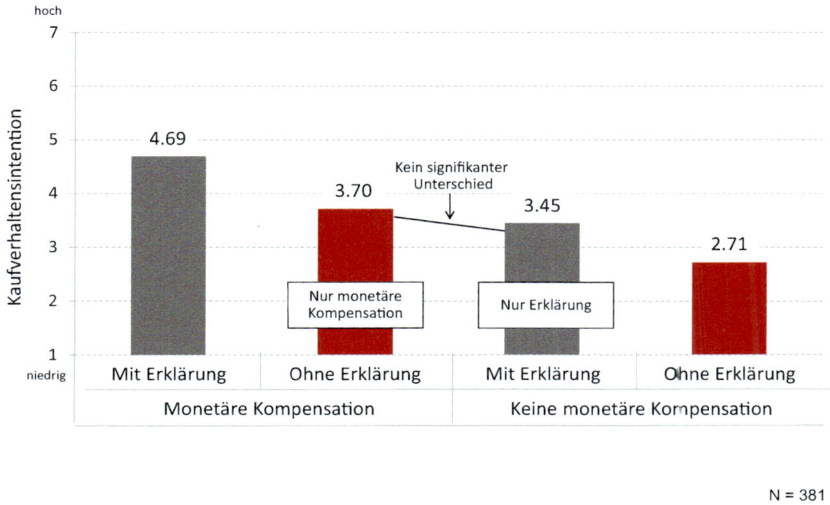

Abb. 3.43 Auswirkungen verschiedener Reaktionen auf Kundenbeschwerden auf die Kaufintention unbeteiligter Dritter (Beobachter). (Eigene Darstellung in Anlehnung an Nee 2016, S. 147 ff.)

auftreten wird, da das Hotel den Sachverhalt rückblickend anerkennt und Maßnahmen zu seiner zukünftigen Vermeidung schildert. Eine monetäre Kompensation wiederum verringert subjektiv die zu befürchtenden finanziellen Schäden, sollte der Beschwerdegrund erneut auftreten, da potenzielle Kunden davon ausgehen können, dass auch bei ihnen eine finanzielle Entschädigung erfolgt. Daher sind die Wirkungen der beiden Maßnahmen „nur Erklärung" und „nur monetäre Kompensation" als gleich effektiv zu beurteilen (vgl. Nee 2016, S. 147 ff.; Abb. 3.43).

3.3.3.4 Interaktionskompetenz einer Marke

Die Dynamik sozialer Medien erhöht die Anforderungen an die Reaktionsschnelligkeit und -qualität von Marken. In der Konsequenz **muss die Interaktionskompetenz von Marken im Vergleich zu den Zeiten vor der Digitalisierung deutlich steigen.** Aus der Forschung können die folgenden **sieben Komponenten der Interaktionskompetenz einer Marke** abgeleitet werden (vgl. Burmann et al. 2010, S. 61):

- Interaktionsadäquanz,
- Interaktionskonsistenz,
- Interaktionsrelevanz,
- Interaktivitätsgrad,
- Interaktionsdauer,
- Interaktionshäufigkeit,
- Interaktionsgeschwindigkeit.

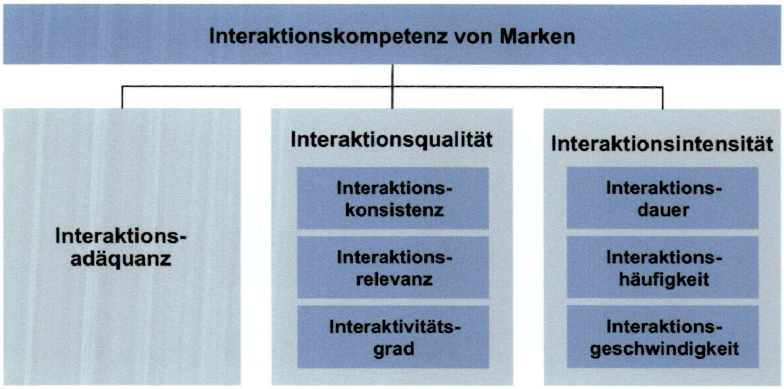

Abb. 3.44 Komponenten der Interaktionskompetenz von Marken. (In Anlehnung an Burmann et al. 2010, S. 61)

Die Interaktionskonsistenz, -relevanz und der Interaktivitätsgrad bilden zusammen die **Interaktionsqualität**. Analog lassen sich die Interaktionsdauer, -häufigkeit und -geschwindigkeit zur **Interaktionsintensität** zusammenfassen (vgl. Abb. 3.44).

Interaktionsadäquanz ist gegeben, sofern die Interaktion mit dem Nachfrager keinen Selbstzweck darstellt, sondern der Bedürfnisbefriedigung des Nachfragers und der Zielerreichung der Marke dient. Das Kriterium der Interaktionsadäquanz unterliegt dem **Prinzip der Wirtschaftlichkeit** und stellt den Aufwand dem ökonomischen Ergebnis der Interaktion gegenüber. Ein gutes Beispiel ist Lego. Diese Marke gibt ihren Nachfragern mit der Online-Community „Lego Ideas" die Möglichkeit, Ideen für neue Spielesets einzureichen. Bekommt eine Idee im Community-Voting mindestens 10.000 Stimmen, wird diese von Markenverantwortlichen geprüft und dann eventuell weltweit in den Verkauf gebracht (vgl. Lego 2017a; Abb. 3.45). Die Erfinder werden an den Verkaufserlösen beteiligt und namentlich auf den Verpackungen erwähnt (vgl. Lego 2017b). Somit schafft Lego ein besonderes Markenerlebnis für loyale Fans und entwickelt gleichzeitig Produkte, die aus direkten Bedürfnissen der Nachfrager generiert werden.

Interaktionskonsistenz setzt voraus, dass dem interagierenden Mitarbeiter alle Informationen über die gegenwärtigen sowie vergangenen Interaktionen zwischen der Marke und dem Nachfrager zur Verfügung stehen (vgl. Belz et al. 2008, S. 16). Ein konsistentes Markenbild kann in den Augen der Nachfrager darüber hinaus nur dann erzeugt werden, wenn die Botschaftsinhalte in der Off- und Online-Kommunikation übereinstimmen. Beispielsweise erzeugt die Direktbank ING-DiBa ein konsistentes formales Markenbild über verschiedene Kommunikationskanäle. Der orange-blaue Farbcode, der Auftritt von Dirk Nowitzki als Celebrity-Testimonial sowie die inhaltliche Botschaft sind sowohl im TV-Spot als auch auf Print-Anzeigen, der Website und der Facebook-Seite konsistent wiederzufinden (vgl. ING-DiBa 2015).

Interaktionsrelevanz erfasst das Ausmaß des verhaltensrelevanten Nutzens der Interaktion für den Nachfrager. In einer empirischen Studie konnte belegt werden, dass die

Abb. 3.45 Kreation eines Flaschenschiffs von einem Markenfan für Lego Ideas. (Lego Ideas 2017c)

persönliche Interaktion bei fehlender Relevanz für den Nutzer nur eine äußerst geringe Wirkung auf das Markenimage und die Kaufintention zeigt (vgl. Eilers 2014, S. 166). Eine hohe Interaktionsrelevanz wird dem Nutzer bspw. durch das Lösen eines Problems oder das Bearbeiten einer Beschwerde geliefert. Als Positivbeispiel kann der Twitter-Account der Telekom herangezogen werden (vgl. Telekom_hilft 2017). Kunden der Telekom können sich mit ihren Fragen und Problemen via Twitter an das Service Team der Telekom wenden. Die Antworten gibt es unmittelbar in Echtzeit und den Nachfragern wird schnell geholfen. Aus diesem Grund haben die Nachfrager eine hohe Motivation, an der Interaktion mit der Marke teilzunehmen (vgl. Abb. 3.46).

Ein Beispiel mangelnder Interaktionsrelevanz bietet der FC Bayern München. Der Verein kündigte eine spektakuläre Spielerverpflichtung an, die exklusiv über eine Live-Pressekonferenz auf Facebook verkündet werden würde. Um die Pressekonferenz verfolgen zu können, musste neben dem „Gefällt mir"-Button eine Anwendung autorisiert werden, die Zugriff auf die Basisdaten und das Profilfoto des Fans erhält. Die Fans erwarteten durch die Informationen über die Spielerverpflichtung einen individuellen Nutzen. Auch Journalisten griffen dies auf, da die Ankündigung ebenfalls auf der Homepage erwähnt wurde. In der Pressekonferenz stellte sich heraus, dass jeder einzelne Fan die „spektakuläre Neuverpflichtung" sei. Bei Fans und Medienvertretern wurde dies sehr negativ aufgenommen, da sie sich nicht ernstgenommen fühlten. Durch den Aufbau einer falschen Erwartungshaltung und fehlender Wertschätzung wurden viele User enttäuscht. Die Aktion rief Beschwerde-Posts auf der Facebook Seite hervor. Auch über Twitter und andere Kanäle verbreitete sich die negative Kritik (vgl. Lerch 2012).

Abb. 3.46 Serviceanfragen auf dem Twitter-Kanal der Telekom. (Telekom_hilft 2017)

Schafft eine Marke es nicht, dem Nachfrager in der Interaktion einen relevanten Nutzen zu bieten, besteht die Gefahr, dass dieser die Interaktion ablehnt. Dieses Verhalten zeigt sich auf der Facebook-Seite der Deutschen Bank. Die Reaktionen auf die Posts der Deutschen Bank sind eher spärlich. Außerdem ist es Usern nicht erlaubt, eigene Posts auf der Seite zu veröffentlichen. Lediglich Kommentare als Antwort auf Posts der Deutschen Bank sind zugelassen (vgl. Deutsche Bank 2015). Diese Kommentarfunktion wird jedoch häufig von Usern genutzt, um negative Kommentare abzugeben, die nichts mit den eigentlichen Posts zu tun haben.

Der **Interaktivitätsgrad** kann verschiedene Ausprägungen haben (in aufsteigender Reihenfolge): Passivität, Scheininteraktivität (Durchblättern eines Online-Katalogs), instrumentelle Interaktivität (Online-Bestellung) und interpersonelle Interaktivität (persönlicher Dialog). Mit wachsendem Interaktivitätsgrad steigen ceteris paribus die Anforderungen an die Interaktionskompetenz der Marke. Der Interaktionsgrad sollte auf die individuellen Bedürfnisse der Nachfrager ausgerichtet sein. Vodafone überlässt es bspw. seinen Kunden auf der Website, den Interaktivitätsgrad selbst zu bestimmen. Die Besucher der Website können das Angebot sichten, online Bestellungen vornehmen, interaktive Anleitungen und Videos zur Konfiguration ihrer Geräte anschauen, aber auch an der Diskussion im Forum teilnehmen und Fragen im Live-Chat stellen (vgl. Vodafone 2015).

Von großer Bedeutung für die Interaktionskompetenz ist auch die **Interaktionsintensität**. Danach erhöht ein intensiver Austausch zwischen Marke und Nachfrager das gegenseitige Vertrauen und festigt potenziell die Beziehung zwischen Marke und Nachfrager. Die Interaktionsintensität umfasst die **Interaktionsdauer** und die **Interaktionshäufigkeit**. Darüber hinaus wird zwischen standardisierten und individualisierten Interaktionen unterschieden. Mit dem Grad der Individualisierung steigt auch die Intensität der Interaktion zwischen Nachfrager und Marke (vgl. Jost-Benz 2009, S. 113). Die **Interakti-**

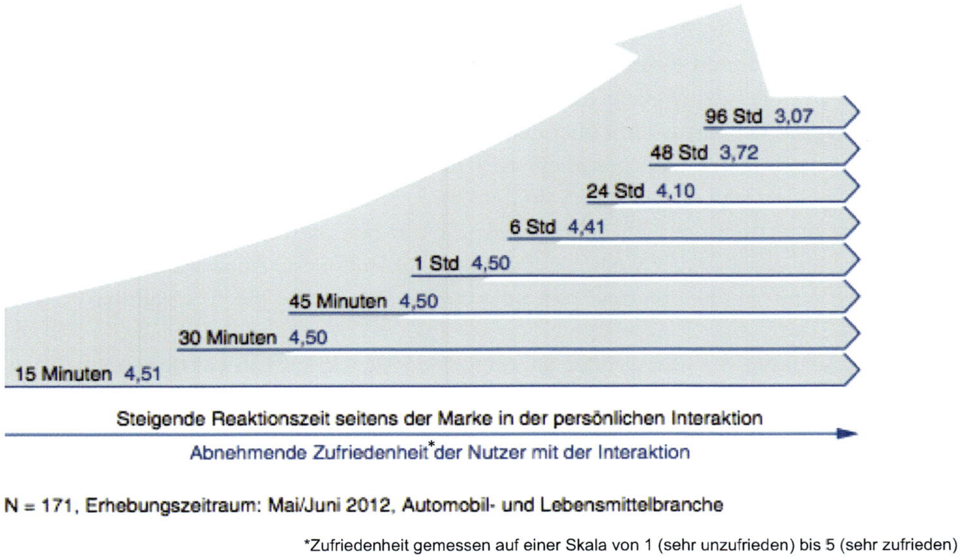

Abb. 3.47 Zusammenhang zwischen der Reaktionszeit einer Marke und der Zufriedenheit der Nachfrager mit der persönlichen Interaktion. (Eigene Darstellung in Anlehnung an Eilers 2014)

onsgeschwindigkeit stellt ebenfalls eine erfolgsrelevante Kompetenz in der persönlichen Interaktion in den sozialen Medien dar (vgl. Abb. 3.47).

3.3.3.5 Erfolgsmessung in sozialen Medien

Sowohl Forschung als auch Praxis beschäftigen sich erst seit wenigen Jahren mit der Implementierung einer Erfolgsmessung sozialer Medien. Erschwerend kommt hinzu, dass in kurzer Abfolge immer neue Maßzahlen und Tools entwickelt werden, die sich die jeweils neusten technischen Innovationen zu Nutze machen und neue Einblicke in die Marke-Nachfrager-Interaktion ermöglichen sollen. Hierbei ist jedoch die simple Übertragung traditioneller Kennzahlen der Kontaktbewertung auf die sozialen Medien als kritisch anzusehen. Denn aufgrund der hohen Komplexität sozialer Medien ist es schwierig, diesbezüglich eine Vergleichbarkeit zwischen sozialen und traditionellen Medien herzustellen. Dennoch haben sich inzwischen einige **Key-Performance-Indikatoren (KPI)** herausgebildet, die Unternehmen standardmäßig auswerten sollten, um den Erfolg ihrer Social-Media-Maßnahmen beurteilen zu können.

Die immer noch weit verbreitete Praxis, soziale Medien anhand von **Fanzahlen** und **Followern** zu bewerten, greift zu kurz. Diese Kennzahlen geben nur Auskunft über die Zahl der Kontakte, die generiert wurden und sind in hohem Maße durch **Social Bots** verzerrt und nicht aussagekräftig. Darüber hinaus werden auch diejenigen erfasst, die aus einem einmaligen Impuls heraus der Social-Media-Plattform beitreten, jedoch kein nachhaltiges Interesse an der Marke haben. Ein attraktives Gewinnspiel kann bspw. zu einer hohen Anzahl an Teilnehmern führen, unabhängig davon, ob ein Interesse an der Marke besteht. Zudem **können Fans und Follower bei spezialisierten Dienstleistern gekauft werden** (bspw. über die Website „Fanslave"). Die isolierte Betrachtung von Fans (Followern) gibt somit keine Auskunft über den Erfolg von Social-Media-Maßnahmen.

Grundsätzlich lassen sich geeignete KPI in **quantitative** und **qualitative Messzahlen** unterscheiden (vgl. Tuten und Solomon 2015, S. 301; Abb. 3.48). Obwohl die Zahl der quantitativen KPI deutlich höher ist als die der qualitativen, kann die Wirkung der Maßnahmen in den sozialen Medien nur durch eine kombinierte Auswertung dieser Kennzahlen bestimmt werden, da eine rein quantitative Bewertung der Maßnahmen zu kurz greift.

Zu den quantitativen Messgrößen gehören jene KPI, die auf **Interaktionen** von Nachfragern in den sozialen Medien Bezug nehmen und darauf abzielen, das **Word-of-Mouth** einer Marke positiv zu beeinflussen. Des Weiteren zählen hierzu Messgrößen, die mit der Generierung neuer Käufer und dem **Produktkauf** in Verbindung stehen.

Quantitative KPIs	Interaktionsbezogene /Word-of-Mouth-KPIs	Anzahl Fans/Follower		
		Reichweite	Gesamtreichweite	Organic Reach
				Paid Reach
			Impressions	
		Content-Interaktionsrate	Anzahl Likes/Favorites etc.	
			Anzahl Shares/Retweets	
			Anzahl Comments	
			Anzahl Ratings	
		Engagement-Rate		
		Wachstumsrate	Wachstum Fans/Follower/Abonnenten	
			Wachstum Abonnenten Newsletter/RSS-Feeds	
		Plattform-Interaktionsrate	Anzahl Seitenaufrufe auf Webseite/Social-Media-Plattformen	
			Verweildauer auf Webseite/Social-Media-Plattformen	
			Wiederkehrrate auf Webseite/Social-Media-Plattformen	
			Handlungen auf der Seite einer Marke (z. B. Klick auf Kontaktdaten, Routenplaner)	
			Anzahl User Generated Content auf der Seite einer Marke	
		Share of Voice		
		Share of Buzz		
	Kaufbezogene KPIs	Leadgenerierung		
		Conversion Rate		
		Click-Through-Rate		
Qualitative KPIs	Sentiment			
	Inhaltsbezogene KPIs	Meistgenannte Themen zur Marke		
		Backlinks		

Abb. 3.48 Beispielhafte Key-Performance-Indikatoren von Social Media Maßnahmen

► **Elektronisches Word-of-Mouth** (e-Word-of-Mouth/eWOM) bezeichnet Meinungsäußerungen von und zwischen Nachfragern über Marken und/oder Unternehmen im digitalen Umfeld. Diesen Äußerungen liegt zumeist eine Wertung zugrunde, die positiv oder negativ sein kann.

Die interaktionsbezogenen KPI umfassen Kennzahlen zur **Reichweite** eines Beitrags. Vor allem für Aktivitäten von Marken auf Facebook ist diese Größe relevant. Grundsätzlich gibt die Reichweite Auskunft über die Gesamtzahl an Personen, denen ein Beitrag, z. B. im Newsfeed auf Facebook, angezeigt wurde. Für Marken gibt es allerdings keine Garantie, dass jeder ihrer Facebook-Fans die von der Marke erstellten Beiträge sieht, da Facebook zur eigenen Gewinnmaximierung selbst bestimmt, welche Inhalte im Newsfeed welchem User angezeigt werden. Die Verteilung von Beiträgen auf Facebook kann deshalb durch Zahlungen der Marke an Facebook beeinflusst werden. Aus diesem Grund wird zwischen organischer und bezahlter Reichweite – Organic und Paid Reach – unterschieden. Unter Organic Reach wird die Gesamtzahl der Personen verstanden, denen ein Beitrag durch unbezahlte Verbreitung angezeigt wurde. Paid Reach hingegen erfasst die Gesamtzahl der Personen, denen ein Beitrag wegen der Zahlung an Facebook seitens der Marke angezeigt wurde. Davon abzugrenzen sind die sogenannten Impressions. Diese beschreiben, wie oft ein Beitrag insgesamt angezeigt wurde. Dabei kann ein Beitrag einer Person mehrere Male angezeigt werden (vgl. Facebook 2017d, 2017e). Kennzahlen zur Reichweite gibt es nicht nur für Aktivitäten auf Facebook. So gibt z. B. auch Twitter Kennzahlen heraus, mit denen sich die Reichweite von Tweets ermitteln lässt. Allerdings trennt Twitter nicht eindeutig zwischen Impressions und Reichweite (vgl. Twitter 2017b). Darüber hinaus werden Reichweitenkennzahlen allein von den einzelnen Anbietern sozialer Medien ermittelt (z. B. durch Facebook) und unterliegen keinerlei Qualitätskontrolle durch objektive Dritte. Die Reichweite liefert Unternehmen und Marken letztlich nur erste und vage Erkenntnisse darüber, wie weit sich ihre Inhalte innerhalb des Netzwerks verbreitet haben könnten.

Die **Content-Interaktionsrate** beschreibt, wie User mit Beiträgen im Verhältnis zur Reichweite interagieren. Erfasst werden hierbei die Anzahl an Gefällt mir-Markierungen oder Favorisierungen von Beiträgen sowie die Gesamtzahl der Kommentare zu einem Beitrag. Des Weiteren werden hierunter die Anzahl an Shares bzw. Retweets oder Ratings erfasst (vgl. BVDW 2016, S. 16 ff.).

Das Verhältnis von Interaktionen mit dem Content einer Marke zur Reichweite ihrer Beiträge wird als **Engagement-Rate** bezeichnet. Diese Kennzahl ist von besonderer Bedeutung für die Erfolgsbeurteilung von Social-Media-Aktivitäten, obwohl es auch hier erneut zu starken Verfälschungen durch Social Bots kommt. Sie zeigt prinzipiell auf, wie viele echte User und Social Bots aktiv mit der Marke in Verbindung treten und sich mit ihren Inhalten auseinandersetzen. Die Engagement-Rate bietet mehr Aussagekraft als die Anzahl an Fans oder Followern. Mit ihr kann eine erste Grobschätzung erstellt werden, wie groß der Anteil passiver User ist, die kaum oder gar nicht mit der Marke interagieren.

Eine hohe Reichweite mit geringem Engagement deutet darauf hin, dass eine Marke ihre Zielgruppe nicht geeignet anspricht (vgl. Sukhraj 2016).

Ebenfalls aussagekräftiger als die bloße Anzahl an Fans oder Followern einer Marke ist die **Wachstumsrate**, also der Zuwachs von Fans, Followern oder Abonnenten (vgl. BVDW 2016, S. 11). Die Wachstumsrate beschreibt, wie sehr der Social-Media-Kanal oder die Online-Community wächst. Ein hohes Wachstum kann ein erster vager Indikator für erfolgreiche Social-Media-Aktivitäten sein. Sind die veröffentlichten Beiträge interessant und bieten einen Mehrwert, dann ziehen sie Interessenten und infolgedessen möglicherweise auch neue Kunden an. Eine negatives Wachstum, also eine Abwanderung von Fans, Followern oder Abonnenten lässt hingegen das Gegenteil vermuten. Diese Kennzahl verliert jedoch an Bedeutung, wenn sich die Wachstumsrate auf den Zukauf von Fans oder Followern oder die Aktivitäten von Social Bots zurückführen lässt.

Weitere Interaktionen von Usern, die sich nicht auf einen bestimmten Beitrag beziehen, werden in der **Plattform-Interaktionsrate** berücksichtigt. Auch sie unterliegt denselben Verfälschungen durch Social Bots und den Zukauf von Fake-Fans und -Followern wie alle anderen Social-Media-KPIs. Die Plattform-Interaktionsrate erfasst die Zahl der Aufrufe der Webseite oder des entsprechenden Social-Media-Kanals, wie bspw. der Facebook- oder Twitter-Seite einer Marke. Zudem werden die Verweildauer und die Wiederkehrrate erfasst. Darüber hinaus können auch Handlungen auf einer Plattform ausgewertet werden, wie z. B. ein Klick auf die Kontaktdaten oder die Anwendung eines Routenplaners bis zur nächsten Filiale. Auch die Veröffentlichung von User Generated Content, wie bspw. ein vom User erstelltes Bild, das auf der Facebook-Seite der Marke gepostet wird, fließt mit in die Betrachtung ein (vgl. BVDW 2016, S. 12). Diese KPI liefern den Markenverantwortlichen erste Erkenntnisse darüber, wie Nachfrager abseits von bestimmten Beiträgen generell mit und auf den Social-Media-Markenpräsenzen agieren.

Ein weiterer KPI ist der **Share of Voice**. Ursprünglich wurde unter dem Share of Voice das Verhältnis des Werbebudgets einer Marke im Verhältnis zum Werbebudget aller ihrer Wettbewerber in einer Branche verstanden. Obwohl es Autoren gibt, die diese Definition auch auf Online-Werbemaßnahmen ausdehnen, hat sich darüber hinaus im Kontext des Social-Media-Marketings eine andere Bedeutung dieser Kennzahl etabliert. Unter dem Share of Voice wird hier der Anteil der Erwähnungen einer Marke im Rahmen von Unterhaltungen von Usern in den sozialen Medien im Verhältnis zu den Erwähnungen der Konkurrenzmarken verstanden (vgl. Dichtl 2016). Im Rahmen dieser Definition liefert der Share of Voice eine erste Indikation darüber, welchen Stellenwert eine Marke gegenüber konkurrierenden Marken in den Köpfen der Nachfrager hat. Wird z. B. die Marke Nutella in Online-Konversationen besonders häufig erwähnt, wenn es um süße Brotaufstriche geht, lassen sich hieraus erste Rückschlüsse auf die Verhaltensrelevanz der Marke ableiten. Abb. 3.49 zeigt beispielhaft den Share of Voice verschiedener Fast-Food-Restaurants in den USA. Zur Ermittlung des Share of Voice wurden hier im Zeitraum von Januar bis April 2015 über sämtliche Social-Media-Kanäle hinweg eine Million Erwähnungen von 50 Restaurant-, Lebensmittel- und Getränkemarken analysiert (vgl. Brandwatch 2015).

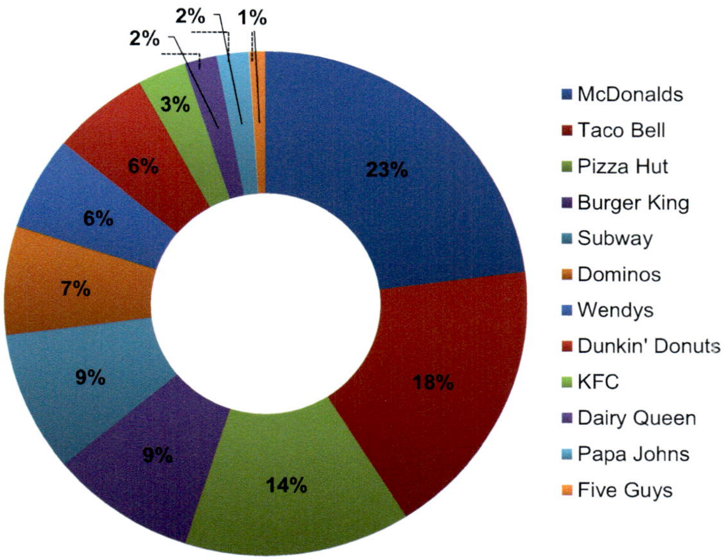

Abb. 3.49 Der Share of Voice in sozialen Medien von verschiedenen Fast-Food-Restaurants in den USA. (Brandwatch 2015)

Beim **Share of Buzz** hingegen wird die Menge von Beiträgen, die zu einem bestimmten Thema existieren, erfasst (vgl. VICO 2017). Im Gegensatz zum Share of Voice wird also nicht erfasst, wie häufig die Marke im Vergleich zu konkurrierenden Marken, sondern wie häufig sie zu einem bestimmten Thema erwähnt wird. Gerade bei Trendthemen ist es für Marken interessant, welchen Anteil am „Stimmengewirr" sie einnehmen.

Hinsichtlich des Share of Buzz sollten Marken darauf achten, in welcher Form sie sich gegenüber Trend-Themen positionieren möchten. US-Präsident Trump sorgte im Mai 2017 auf Twitter unfreiwillig für eine erheiterte Diskussion über die Bedeutung des Wortes „covfefe" als er den folgenden Tweet absetzte: „Despite the constant negative press covfefe" (Tagesschau 2017). Innerhalb weniger Stunden wurde der Tweet mehr als 100.000 Mal geteilt. In ebenso kurzer Zeit wurde der Hashtag #Covfefe geschaffen und User überlegten fieberhaft, was mit „covfefe" gemeint sein könnte. Dieses Szenario machte sich auch die Fluggesellschaft Eurowings zu Nutze, in dem sie scherzhaft günstige Flüge nach Covfefe bewarb (vgl. Abb. 3.50).

Neben diesen Kennzahlen werden in der Regel weitere KPI ausgewertet, die in einem engeren Zusammenhang mit dem Produktkauf stehen. Hierzu gehören die Leadgenerierung, die Conversion Rate sowie die Click-Through-Rate. Die **Leadgenerierung** ermittelt sich aus denjenigen Nachfragern, die auf Basis von vorangegangenen Interaktionen in sozialen Medien ein aktives Interesse an der Marke und ihren Produkten zeigen. Dies geschieht z. B. durch Downloads von Informationsmaterial oder durch die freiwillige Preisgabe von Kontaktdaten oder anderen persönlichen Informationen, wie

Abb. 3.50 Facebook-Post von Eurowings zum Hashtag #Covfefe. (Eurowings 2017)

bspw. dem Geburtsdatum. Als Qualified Leads werden dabei diejenigen Interessenten bezeichnet, die wahrscheinlich zum Käufer einer Marke umgewandelt werden können (vgl. Andrew 2016). Diese Abschätzung unterliegt jedoch einem hohen Maß an Subjektivität und Willkür. Die konkrete Umwandlung zum Käufer wird in der **Conversion Rate** gemessen. Die Conversion Rate ist eine der wichtigsten quantitativen Kennzahlen zur Beurteilung der Online- bzw. Social-Media-Aktivitäten, denn so können echte Umsätze einzelnen Aktivitäten in den sozialen Medien zugeordnet werden (vgl. Dichtl 2016). Ist bspw. die Umwandlungsrate von Facebook-Fans in tatsächliche Käufer des Produktes sehr gering, so kann dies auf ein Content Marketing hinweisen, das nicht auf die Zielgruppe ausgerichtet ist. Die **Click-Through-Rate** (CTR) misst die Anzahl der Klicks auf eine Online-Werbeanzeige oder einen Werbepost im Verhältnis zu ihren gesamten Impressions. Die durchschnittliche CTR für Online-Werbeanzeigen lag weltweit formatübergreifend bei 0,05 %, gemessen von November 2016 bis April 2017. Das sind 5 Klicks auf eine online angezeigte Werbung pro 1000 Anzeigen (vgl. Think with Google 2017). Viele Werbetreibende versprechen sich eine höhere CTR, wenn sie die **Werbeanzeigen stark personalisieren** und damit an das Interessengebiet des Nachfragers annähern. Die Wirksamkeit der Personalisierung von Online-Werbeanzeigen hängt jedoch stark davon ab, wie sehr Nachfrager der Marke vertrauen und in welchem Ausmaß eine Online-Werbeanzeige personalisiert wurde.

Dies zeigt eine vergleichende Studie mit CTRs von zwei Online-Händlern aus der Bekleidungsbranche. Mittels einer Vorstudie mit 72 Probanden, die mit Online-Shopping vertraut sind, konnte zunächst ermittelt werden, dass sich die beiden Händler hinsichtlich des ihnen entgegengebrachten Vertrauens seitens der Probanden maßgeblich unterscheiden. In einer weiteren Untersuchung wurden nun für beide Händler die CTRs ihrer Online-Werbeanzeigen untersucht. Hierzu standen für beide Unternehmen als Datenbasis jeweils 1,5 Mio. Impressions der jeweiligen Online-Werbeanzeigen zur Verfügung. Wiesen die Werbeanzeigen beider Händler einen geringen Personalisierungsgrad aus, so blieben die CTRs für beide Händler in etwa gleich. Wurden die Werbeanzeigen jedoch stark personalisiert, so erhöhten sich die CTRs um 27 % für den Händler, von dem die in der Vorstudie befragten Probanden angaben, ihm zu vertrauen, und sanken um 46 % für denjenigen Händler, dem wenig Vertrauen entgegengebracht wurde. Mit personalisierter Online-Werbung lassen sich also nur dann höhere CTR erzeugen, wenn Nachfrager der Marke vertrauen. Andernfalls wird das Gefühl erzeugt, **mit der Personalisierung in die Privatsphäre des Nachfragers einzudringen** (vgl. Bleier und Eisenbeiß 2015b, S. 392 f.; Eisenbeiß und Bleier 2017, S. 13).

Diese vorgestellten quantitativen KPI können insgesamt nur bedingt etwas über den Erfolg oder Misserfolg von Social-Media-Aktivitäten aussagen. Deswegen **sollte die Erfassung der KPIs stets durch eine aussagekräftige Primärmarktforschung** (eigeninitiierte, spezifische Marktforschungsstudie der Marke) **ergänzt werden**. Darüber hinaus sollte eine Marke das **Sentiment** jeder Interaktion von Nachfragern mit den markenrelevanten Inhalten erfassen, um die Wirkung der Social-Media-Aktivitäten besser einschätzen zu können. Die Kennzahl Sentiment beschreibt die Emotion, die hinter der Interaktion von Usern in den sozialen Medien steht (vgl. Dunham 2014) und wie das Verhältnis positiver, neutraler und negativer Meinungsäußerungen zueinander ist.

Eine hohe Anzahl von bspw. Videoklicks und Ratings allein sagt noch nichts über das Gefallen des Videos aus. So hat die Veröffentlichung des erstens Songs der YouTuberin Bianca Heinicke auf ihrem Kanal BibisBeautyPalace zwar seit seiner Veröffentlichung am 5. Mai 2017 mehr als 44 Mio. Aufrufe und über 370.000 „Daumen-hoch"-Wertungen generiert. Allerdings klickten 2,5 Mio. User den „Daumen runter"-Button und drückten so ihr Missfallen an dem Lied aus (vgl. YouTube 2017c).

Zu beobachten ist auch, ob die Kommentare zu einem Posting mehrheitlich positiv gestimmt sind oder ob User sich dort über einzelne Markenleistungen beschweren. Große Aufmerksamkeit in den sozialen Medien erregte bspw. der Computerspiel- und Konsolenhändler **GameStop**, der im April 2017 mit einer Umtauschaktion für ältere PlayStation 4-Konsolen gegen neuere PlayStation 4 Pro-Modelle warb. Das Kontingent war jedoch bereits vor dem Beginn der Aktion erschöpft, da sich einzelne Filialen nicht an den kommunizierten Ablauf der Aktion hielten und mit der Tauschaktion bereits vor dem vereinbarten Termin begannen. Das Ergebnis waren zahllose verärgerte Kommentare von enttäuschten Nachfragern auf der Facebook-Seite der Marke (vgl. Kümmeler 2017), sodass GameStop die Aktion vorzeitig nach bereits drei Tagen wieder einstellte (vgl. Der Standard 2017). Ein solcher Sturm der Entrüstung, der sich in einer Welle negativer Kritik gegenüber der Marke äußert, wird als **Shitstorm** bezeichnet. Im englischen Sprachgebrauch sind auch die Begriffe **Firestorm** und **Collaborative Brand Attack** üblich (vgl. Pfeffer et al. 2014; Rauschnabel et al. 2017).

► Ein **Shitstorm** (Firestorm, Collaborative Brand Attack) bezeichnet einen gemeinschaftlichen Angriff auf eine Marke durch eine große Anzahl an Nachfragern in den sozialen Medien. Dieser Angriff äußert sich zumeist durch negative, kritische und/oder beleidigende Kommentare auf den Präsenzen einer Marke in den sozialen Medien. Ein Shitstorm kann das Ziel haben, die Marke auf einen Fehltritt aufmerksam zu machen und eine Verhaltensänderung zu erzwingen und/oder ihr zu schaden (vgl. Pfeffer et al. 2014, S. 117; Rauschnabel et al. 2017, S. 381).

Ein Shitstorm kann sowohl kurzfristige als auch langfristige Konsequenzen für Marken haben. Dazu gehören u. a. Imageschäden, der Verlust von Kunden und potenziellen Kunden sowie Auswirkungen auf den Aktienwert einer Marke (vgl. Rauschnabel et al. 2017, S. 392 f.).

Das Beispiel von GameStop zeigt, dass eine Erfolgsbeurteilung der Aktion anhand der Anzahl der Kommentare allein irreführend ist und nur mittels einer Analyse des Sentiments realistisch eingeschätzt werden kann. Sentiment-Analysen vereinen verschiedene wissenschaftliche Disziplinen, wie bspw. Psychologie, Sprachverarbeitung oder maschinelles Lernen (vgl. Paltoglou und Thelwall 2017, S. 98). Obwohl mittlerweile eine große Anzahl an Tools zur automatisierten Sentiment-Analyse existiert, sind diese Systeme derzeit noch nicht in der Lage, komplexere Textpassagen sowie ironische und sarkastische Äußerungen zuverlässig einzuordnen. Eine Nachbearbeitung der automatischen Kategorisierung bei der Einordnung von Aussagen in den sozialen Medien ist daher nach wie vor notwendig (vgl. Thambimuthu et al. 2017, S. 75).

Darüber hinaus sollten Marken beobachten, welche die **meistgenannten Themen** sind, im Rahmen derer sie online erwähnt werden. Marken können dabei sowohl mit positiven als auch mit negativen Themen in Verbindung gebracht werden. Im ersten Quartal 2015 waren unter den Top 10 der am meisten im Zusammenhang mit der Marke Burger King verwendeten Hashtags „deforestation" (Abholzung), „climate" und „palmoil". Nachfrager machten auf diese Weise in den sozialen Medien auf die umweltschädigende Verwendung von Palmöl durch Burger King aufmerksam (vgl. Brandwatch 2015, S. 9). Ebenfalls interessant sind die sogenannten **Backlinks**, also die Links, die von anderen Webseiten auf den Blog oder die Webseite der Marke verweisen (vgl. Dichtl 2016).

Kleine-Kalmer (2016) entwickelte darüber hinaus mit dem **Brand Page Attachment (BPA)**, aufbauend auf der Definition des Brand Attachments von Park et al. (2010), ein branchenübergreifendes Konstrukt, um die **Bindung von Internetnutzern zu Markenseiten** in sozialen Netzwerken zu messen (vgl. Tab. 3.2).

► **Brand Page Attachment** reflects the strength of the connection a person feels toward a brand page (Kleine-Kalmer 2016, S. 93).

In einer empirischen Studie wurden von ihr im Jahr 2014 590 Probanden aus Deutschland über Marken aus den drei Branchen Automobil, FMCG und Restaurantketten befragt.

Tab. 3.2 Messitems des Brand Page Attachments. (Vgl. Kleine-Kalmer 2016, S. 157 ff.)

Items
The brand page of [BRAND] represents who I am.
I feel emotionally bonded to the brand page of [BRAND].
I feel personally connected to the brand page of [BRAND].
There is a special bond that connects me to the brand page of [BRAND].
I feel closeness to the brand page of [BRAND].
The thoughts and feelings about the brand page of [BRAND] come to my mind naturally and instantly.
I often think about the brand page of [BRAND] spontaneously.
The thoughts and feelings about the brand page of [BRAND] come to my mind automatically, coming seemingly on their own.
The brand page of [BRAND] evokes memories.
Overall, I feel attached to the brand page of [BRAND].

Voraussetzung für die Teilnahme war ein aktives Facebook-Konto. Die in Abb. 3.51 dargestellten Ergebnisse zeigen über alle drei Branchen hinweg starke Wirkungen des Brand Page Attachments auf das Verhalten gegenüber der Marke auf Facebook. Damit konnte Kleine-Kalmer (2016) bestätigen, dass das Brand Page Attachment branchenübergreifend das Nutzerverhalten in sozialen Medien determiniert.

Das Brand Page Attachment bietet einen hohe Prognosegüte zur Erklärung der aktiven Teilnahme von Nutzern in sozialen Medien („Useractivity"), bspw. durch die Erstellung eigener Inhalte auf der Markenseite sowie die Verbreitung von Word-of-Mouth. Stark mit einer Markenseite verbundene Nutzer beteiligen sich eher aktiv auf der Seite als solche, die weniger stark mit ihr verbunden sind. Somit bietet die emotionale Bindung, die sich im Brand Page Attachment widerspiegelt, einen hohen Erklärungsgehalt für das Nutzerverhalten in den sozialen Medien.

Nachfrager, die ein hohes Brand Page Attachment aufweisen, zeigen eine höhere Bereitschaft mit ihr in den sozialen Median in Verbindung zu bleiben („Intention to maintain") und dieser dort nicht zu „entfolgen". Diese Bereitschaft ist für Marken wichtig, denn sie sichert ihnen eine gewisse Reichweite, wenn sie in den sozialen Medien markenrelevante Informationen verbreiten. Des Weiteren wirkt sich das Brand Page Attachment auch positiv auf die Bereitschaft von Nachfragern aus, persönliche und demografische Daten mit der Marke zu teilen („Willingness to share demographic/personal data"). Diese Informationen sind für Marken von besonders hoher Relevanz, denn sie ermöglichen ihnen, ihre Markenleistungen genauer auf die Bedürfnisse ihrer Zielgruppe auszurichten (vgl. Kleine-Kalmer 2016, S. 114 ff.).

Für Manager ist es daher wichtig, sich mit den Faktoren auseinander zu setzen, die das Brand Page Attachment positiv beeinflussen. In der Studie von Kleine-Kalmer (2016) wurden drei Determinanten von Brand Page Attachment identifiziert: Infotainment, soziale Interaktionen (social value) und wirtschaftliche Anreize. Dabei haben **soziale Interaktio-**

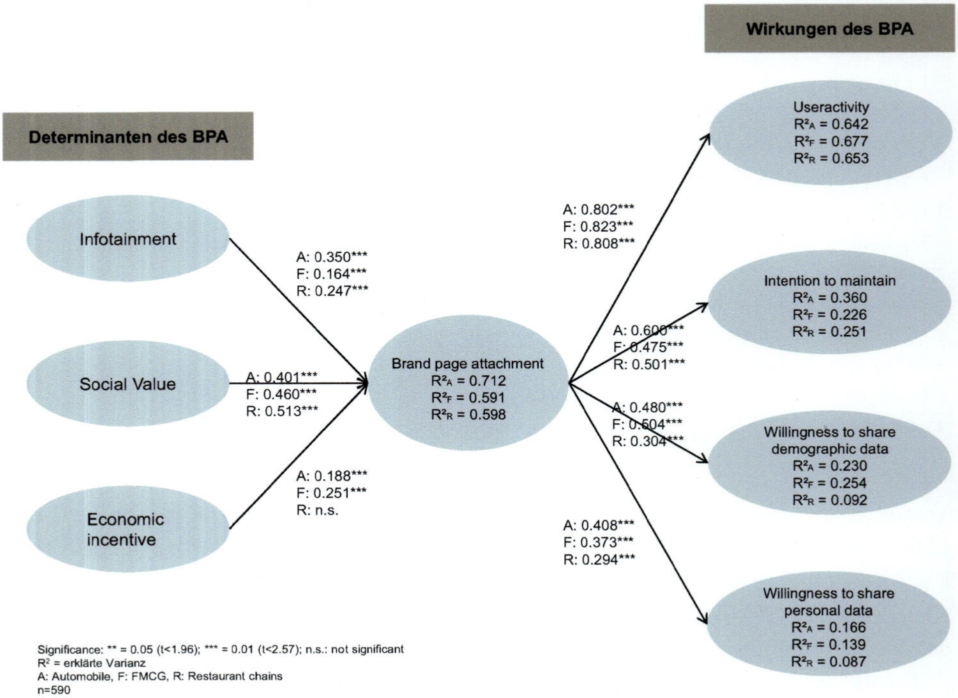

Abb. 3.51 Kausalanalytische Untersuchung von Determinanten und Wirkungen des Brand Page Attachments. (Kleine-Kalmer 2016, S. 186)

nen (social value) den stärksten Effekt. Dies impliziert, dass Markenseiten die Interaktion zwischen den Nutzern der Seite fördern sollten, indem sie ihnen die Möglichkeit bieten, sich mit anderen Nachfragern, die sich ebenfalls für die Marke begeistern, auszutauschen und soziale Kontakte aufzubauen. Das **Infotainment** stellt eine Kombination aus Informationen und Entertainment dar. Neben Informationen über die Marke wollen Nutzer auf der Markenseite auch unterhalten werden. Folgt ein Nachfrager einer Marke in den sozialen Medien, hat er die Möglichkeit Informationen über die Marke zu erhalten oder Fragen zur Marke und ihren Produkten zu stellen. Dies führt zu einem verringerten wahrgenommenen Risiko eines Fehlkaufs. Da die von der Marke in den sozialen Medien bereitgestellten Informationen oft auch humorvoll aufbereitet sind, können diese Inhalte Nachfragern zusätzlichen Nutzen bieten, wie z. B. gefühlte Langeweile zu reduzieren oder kurz ihrem Alltag zu entfliehen. Nicht zuletzt erhöht die Bereitstellung **wirtschaftlicher Anreize**, wie Verlosungen, Gutscheine oder Rabatte, die Verbundenheit mit einer Markenseite, da Nutzer diese dann regelmäßig besuchen, um sich wiederholt Vorteile verschaffen zu können (vgl. Kleine-Kalmer 2016, S. 108 ff.).

Literatur

3M (2017). Über Post-it Brand. http://www.3mdeutschland.de/3M/de_DE/post-it-notes/contact-us/about-us/. Zugegriffen: 31. Juli 2017.

Aaker, J. (1997). Dimensions of brand personality. *Journal of Marketing Research, 34* 347–356.

Abidin, C. (2016). Visibility labour: engaging with influencers' fashion brands and #OOTD advertorial campaigns on Instagram. *Media International Australia, 161*(1), 86–100.

Absolit (2016). E-Mail-Marketing-Trends. https://www.absolit.de/studien/emailtrends. Zugegriffen: 21. Juli 2017.

Adjei, M. T., Noble, S. M., & Noble, C. H. (2010). The influence of C2C communications in online brand communities on customer purchase behavior. *Journal of the Academy of Marketing Science, 38*(5), 634–653.

Algesheimer, R., & Herrmann, A. (2005). Brand Communities – Grundidee, Konzept und empirische Befunde. In F.-R. Esch (Hrsg.), *Moderne Markenführung – Grundlagen. Innovative Ansätze. Praktische Umsetzungen* (S. 747–764). Wiesbaden: Gabler.

Algesheimer, R., Borle, S., Dholakia, U. M., & Singh, S. S. (2010). The impact of customer community participation on customer behaviors – an empirical investigation. *Marketing Science, 29*(4), 711–726.

Alphabet (2016). Annual report 2016. https://abc.xyz/investor/pdf/20161231_alphabet_10K.pdf. Zugegriffen: 9. Mai 2017.

Andrew, K. (2016). Lead vs. conversion: why the difference matters. http://measuremedia.com/blog/optimization-strategy/lead-vs-conversion/. Zugegriffen: 30. Mai 2017.

ARD & ZDF (2015). Langzeitstudie Massenkommunikation. http://www.ard-werbung.de/media-perspektiven/studien/ardzdf-studie-massenkommunikation/. Zugegriffen: 5. Mai 2017.

ARD & ZDF (2016). Online Studie 2016. http://www.ard-zdf-onlinestudie.de/index.php?id=568. Zugegriffen: 9. Mai 2017.

Arnhold, U. (2010). *User-Generated Branding (UGB) – An exploration of a new field of study focusing on the effectiveness of participatory communication programmes*. Wiesbaden: Gabler.

Ashley, C., & Tuten, T. (2015). Creative strategies in social media marketing – an exploratory study of branded social content and consumer engagement. *Psychology and Marketing, 32*(1), 15–27.

Aurand, T. W., Gorchels, L., & Bishop, T. R. (2005). Human resource management's role in internal branding: an opportunity for cross-functional brand message synergy. *Journal of Product & Brand Management, 14*(3), 163–169.

AWR (2017). CTR study. https://www.advancedwebranking.com/cloud/ctrstudy/. Zugegriffen: 21. Juli 2017.

Baker, T. L., Rapp, A., Meyer, T., & Mullins, R. (2014). The role of brand communications on front line service employee beliefs, behaviors, and performance. *Journal of the Academy of Marketing Science, 42*(6), 642–657.

Bandura, A. (1977). *Social learning theory*. Englewood Cliffs: Prentice-Hall.

Beekmann, A., & Kock, A. (2014). „Augen auf und durch!" – Wie man trotz steigender Komplexität im digitalen Zeitalter den Durchblick für strategische Entscheidungen behält. In S. Dänzler & T. Heun (Hrsg.), *Marke und digitale Medien* (S. 157–173). Wiesbaden: Springer Gabler.

Belz, C., Schögel, M., & Arndt, O. (2008). Grenzen technologie-gestützter Kundeninteraktion. In C. Belz, M. Schögel, O. Arndt & V. Walter (Hrsg.), *Interaktives Marketing – neue Wege zum Dialog mit Kunden* (S. 3–20). Wiesbaden: Gabler.

Bender, G. (2011). Die Marketingrevolution in Zeiten von Web 2.0 – Herausforderungen und Chancen für ein neues beziehungsaktives Kundenmanagement. In B. Hass, G. Walsh & T. Kilian (Hrsg.), *Web 2.0: Neue Perspektiven für Marketing und Medien* (S. 143–156). Berlin: Springer.

Bielefeld, K. W. (2012). *Consumer Neuroscience – Neurowissenschaftliche Grundlagen für den Markenerfolg*. Wiesbaden: Springer Gabler.

Bijmolt, T. H. A., Leeflang, P. S. H., Block, F., Eisenbeiß, M., Hardie, B. G. S., Lemmens, A., & Saffert, P. (2010). Analytics for customer engagement. *Journal of Service Research*, *13*(3), 341–356.

Birbaumer, N.-P., & Schmidt, R. F. (2010). *Biologische Psychologie*. Heidelberg: Springer.

Blader, R. F. (2011). *Harnessing the power of social media*. Vortrag CMO-Circle, München, 17.11.2011.

Bleier, A., & Eisenbeiß, M. (2015a). Personalized online advertising effectiveness: the interplay of what, when, and where. *Marketing Science*, *34*(3), 669–688.

Bleier, A., & Eisenbeiß, M. (2015b). The importance of trust for personalized Online advertising. *Journal of Retailing*, *91*(3), 390–409.

BMW Group (2005). BMW Group presents its Brand Academy. https://www.press.bmwgroup.com/latin-america-caribbean/article/detail/T0050598EN/bmw-group-presents-its-brand-academy?language=en. Zugegriffen: 1. Aug. 2017.

Bowers, M. R., & Martin, C. L. (2007). Trading places redux: employees as customers, customers as employees. *Journal of Services Marketing*, *21*(2), 88–98.

Brakus, J. J., Schmitt, B. H., & Zarantonello, L. (2009). Brand experience – what is it? How is it measured? Does it affect loyalty? *Journal of Marketing*, *73*(3), 52–68.

Brandwatch (2015). Brandwatch releases restaurant, food and beverage industry report. https://www.brandwatch.com/brandwatch-releases-restaurant-food-and-beverage-industry-report/. Zugegriffen: 2. Aug. 2017.

Brexendorf, T. O., & Tomczak, T. (2004). Interne Markenführung. In S. Albers, V. Hassmann & T. Tomczak (Hrsg.), *Verkauf: Kundenmanagement, Vertriebssteuerung, E-Commerce* (S. 1–26). Düsseldorf: Symposion Publishing.

Brexendorf, T., Tomczak, T., Kernstock, J., Henkel, S., & Wentzel, D. (2012). Der Einsatz von Instrumenten zur Förderung von Brand Behavior. In T. Tomczak, F.-R. Esch, J. Kernstock & A. Herrmann (Hrsg.), *Behavioral Branding: Wie Mitarbeiterverhalten die Marke stärkt* (3. Aufl. S. 337–371). Wiesbaden: Springer Gabler.

Bright Local (2016). Customer review survey 2016. https://www.brightlocal.com/learn/local-consumer-review-survey/. Zugegriffen: 13. Mai 2017.

Brown, D., & Hayes, N. (2015). *Influencer Marketing. Who really influences your customers?* London: Routledge Taylor & Francis Group.

Bruhn, M. (2014). *Unternehmens- und Marketingkommunikation: Handbuch für ein integriertes Kommunikationsmanagement* (3. Aufl.). München: Vahlen.

Bulbul, C., Gross, N., Shin, S., & Katz, J. (2014). When the path to purchase becomes the path to purpose; think with Google. https://storage.googleapis.com/think-v2-emea/docs/article/the-path-to-purpose_articles_1.pdf. Zugegriffen: 8. Sept. 2017.

Burcher, N. (2012). *Paid, owned, earned*. Great Britain: Kogan Page.

Burmann, C. (2017). Markenvertrauen im digitalen Kommunikationsgewitter. http://www.spot-on-marketing.com/beitraege/markenvertrauen-im-digitalen-kommunikationsgewitter/. Zugegriffen: 20. Juli 2017.

Burmann, C., & Arnhold, U. (2008). *User generated branding: state of the art of research*. Berlin: LIT.

Burmann, C., & Dierks, A. (2015). *Re-modelling the brand funnel to address changes in consumer behaviour*. Arbeitspapier Nr. 56 des Lehrstuhls für innovatives Markenmanagement (LiM). Bremen: Universität Bremen.

Burmann, C., & Piehler, R. (2013). Employer Branding vs. Internal Branding – Ein Vorschlag zur Integration im Rahmen der identitätsbasierten Markenführung. *Die Unternehmung*, *67*(3), 223–245.

Burmann, C., & Piehler, R. (2016). Interne und externe Markenkommunikation im Rahmen des Internal Branding. In F.-R. Esch (Hrsg.), *Handbuch Markenführung* (S. 1–25). Wiesbaden: Springer.

Burmann, C., & Zeplin, S. (2005). Building brand commitment: a behavioural approach to internal brand management. *Journal of Brand Management*, *12*(4), 279–300.

Burmann, C., Zeplin, S., & Riley, N.-M. (2009). Key determinants of internal brand management success: an exploratory empirical analysis. *Journal of Brand Management*, *16*(4), 264–284.

Burmann, C., Eilers, D., & Hemmann, F. (2010). *Bedeutung der Brand Experience für die Markenführung im Internet*. Arbeitspapier Nr. 46 des Lehrstuhls für innovatives Markenmanagement (LiM). Bremen: Universität Bremen.

Burmann, C., König, V., & Meurer, J. (2012a). *Identitätsbasierte Luxusmarkenführung: Grundlagen – Strategien – Controlling*. Wiesbaden: Springer Gabler.

Burmann, C., Eilers, D., Hemmann, F., & Kleine-Kalmer, B. (2012b). Authentizität in der Interaktion als zentraler Erfolgsfaktor der Markenführung in Social Media. In A. Horx, A. Mertens & M. Schulten (Hrsg.), *Social Branding: Strategien – Praxisbeispiele – Perspektiven* (S. 129–145). Wiesbaden: Springer Gabler.

Burmann, C., Kleine-Kalmer, B., & Hemmann, F. (2014). Vermittlung von Markenerlebnissen durch die Nutzung von Big Data. *Marketing Review St. Gallen*, *1*, 56–67.

Burmann, C., Piehler, R., Schade, M., & Beckmann, C. S. (2015). Identität und Marke im Entrepreneurial Marketing. In J. Freiling & T. Kollmann (Hrsg.), *Entrepreneurial Marketing* (S. 473–499). Wiesbaden: Springer Gabler.

Burmann, C., Dierks, A., & Fink, T. (2017). Brand Purchase Funnel. In C. Zerres (Hrsg.), *Handbuch Marketing-Controlling* (S. 293–312). Wiesbaden: Springer Gabler.

Busemann, K., & Tippelt, F. (2014). Second Screen: Parallelnutzung von Fernsehen und Internet. Ergebnisse der ARD/ZDF-Onlinestudie 2014. http://www.ard-zdf-onlinestudie.de/fileadmin/Onlinestudie_2014/PDF/0708-2014_Busemann_Tippelt.pdf. Zugegriffen: 20. Juli 2017.

BVDW (2014). Social Media in Unternehmen. http://www.bvdw.org/medien/bvdw-studie-social-media-in-unternehmen?media=5991. Zugegriffen: 22. Aug. 2017.

BVDW (2016). Erfolgsmessung in Social Media. http://www.bvdw.org/presseserver/Publikationen/BVDW_Leitfaden_Social_Media_Erfolgsmessung.pdf. Zugegriffen: 15. Mai 2017.

Cambridge Dictionary (2014). Influencer. http://dictionary.cambridge.org/de/worterbuch/englisch/influencer. Zugegriffen: 31. Juli 2017.

De Chernatony, L., & Harris, F. (2000). Developing corporate brands through considering internal and external stakeholders. *Corporate Reputation Review*, *3*(3), 268–274.

De Chernatony, L., Cottam, S., & Segal-Horn, S. (2006). Communicating services brands' values internally and externally. *Service Industries Journal*, *26*(8), 819–836.

Chipotle (2017). Facebook-Seite von Chipotle Mexican Grill. https://www.facebook.com/chipotle/photos/a.132022259252.104096.124149619252/10155140814039253/?type=3&theater. Zugegriffen: 7. Sept. 2017.

Chitika (2013). The value of Google result positioning. https://chitika.com/google-positioning-value. Zugegriffen: 9. Mai 2017.

Cohen, D. (2017). Pinterest is now up to 175 Million Monthly Active User. www.adweek.com/digital/pinterest-175-million-monthly-active-users/. Zugegriffen: 1. Sept. 2017.

Conaway, S. (2016). Best place to work: It starts with your people. https://www.slideshare.net/Glassdoor/chicago-best-places-to-work-roadshow-southwest-airlines. Zugegriffen: 1. Aug. 2017.

Corporate Responsibility Magazine (2017). CR's 100 best corporate citizens. http://www.thecro.com/wp-content/uploads/2017/05/CR_100Bestpages_digitalR.pdf. Zugegriffen: 1. Aug. 2017.

Dana Rebecca Designs (2017). The fashion impact of Instagram. https://www.danarebeccadesigns.com/resources. Zugegriffen: 22. Aug. 2017.

Daur, C. (2017). Instagram Screenshot. https://www.instagram.com/p/BWvgRpYhdaM/?taken-by=carodaur&hl=de. Zugegriffen: 2. Aug. 2017.

Dell (2015). 5 years of making social superheroes. https://blog.dell.com/en-us/5-years-of-making-social-superheroes/. Zugegriffen: 31. Juli 2017.

Der Spiegel (2016). Titelbild Ausgabe 43/2016. https://magazin.spiegel.de/SP/2016/43. Zugegriffen: 1. Aug. 2017.

Der Standard (2017). Gamestop muss PS4-Pro-Tauschaktion vorzeitig einstellen. http://www.giga.de/konsolen/playstation-4-pro/news/gamestop-ps4-pro-tauschaktion-geht-schief-shitstorm-auf-facebook/. Zugegriffen: 31. Mai 2017.

Deutsche Bahn (2017). Tweets und Antworten. https://twitter.com/db_info?lang=de. Zugegriffen: 25. Juli 2017.

Deutsche Bank (2015). Facebook-Seite der Deutschen Bank. https://www.facebook.com/DeutscheBank. Zugegriffen: 12. Mai 2015.

Deutsche Telekom (2017). Facebook-Seite. https://www.facebook.com/deutschetelekom/?hc_ref=ARTA5ppqxbTXs80eyAe_6P7E6bjJGeL2-mVrXdG44yGnAqJBnvEsNGhTEuSojvckdOo&fref=nf. Zugegriffen: 28. Juli 2017.

Dichtl, M. (2016). Social Media ist messbar: Die 26 wichtigsten Social Media-KPIs für Ihr Marketing. https://blog.hootsuite.com/de/die-wichtigsten-social-media-kpis/. Zugegriffen: 30. Mai 2017.

Die Techniker (2017). Tweet vom 6. März 2017. https://twitter.com/dietechniker/status/838902730802487298?lang=de. Zugegriffen: 1. Sept. 2017.

DIM (2016). Social media marketing 2016. https://www.marketinginstitut.biz/shop/Downloads/Studie_Social_Media_Marketing_2016_E_Learning_Kit.html. Zugegriffen: 26. Juli 2017.

DMA (2015). National client email report 2015. http://cdn.emailmonday.com/wp-content/uploads/2015/04/National-client-email-2015-DMA.pdf. Zugegriffen: 21. Juli 2017.

Dr. Oetker (2017a). Rezeptwiese. www.rezeptwiese.de. Zugegriffen: 12. Juli 2017.

Dr. Oetker (2017b). Homepage. http://www.oetker.com/de/unternehmen/sortimente.html. Zugegriffen: 26. Juli 2017.

Dr. Oetker (2017c). Facebook-Seite. https://www.facebook.com/DrOetkerDeutschland. Zugegriffen: 26. Juli 2017.

DuBose, C. N., Cardello, A. V., & Maller, O. (1980). Effects of colorants and flavorants on identification, perceived flavor intensity, and hedonic quality of fruit-flavored beverages and cakes. *Journal of Food Science*, *45*, 1393–1399.

Dunham, K. (2014). The beginner's guide to social media metrics: sentiment. https://blog.hootsuite.com/beginners-guide-sentiment/. Zugegriffen: 30. Mai 2017.

Eck, K., & Eichmeier, D. (2014). *Die Content-Revolution im Unternehmen: Neue Perspektiven durch Content-Marketing und -Strategie*. Freiburg: Haufe.

Edwards, C., Edwards, A., Spence, P. R., & Shelton, A. K. (2014). Is that a bot running the social media feed? Testing the differences in perceptions of communication quality for a human agent and a bot agent on Twitter. *Computers in Human Behavior*, *33*, 372–376.

Eilers, D. (2014). *Wirkung von Social Media auf Marken – Eine ganzheitliche Abbildung der Markenführung in Social Media*. Wiesbaden: Springer Gabler.

Eisenbeiß, M., & Bleier, A. (2017). Lieber nicht zu persönlich werden. *Harvard Business Manager*, (2), 12–13.

Epsilon (2016). Q1 2016 email trends and benchmarks. http://engage.epsilon.com/Q1-2016-email-trends-benchmarks. Zugegriffen: 9. Mai 2017.

Esch, F.-R., & Eichenauer, S. (2016). Bedeutung der Internen Kommunikation für die Unternehmenskommunikation. In M. Bruhn, F.-R. Esch & T. Langner (Hrsg.), *Handbuch Instrumente der Kommunikation: Grundlagen – Innovative Ansätze – Praktische Umsetzungen* (2. Aufl. S. 301–324). Wiesbaden: Springer Gabler.

Esch, F.-R., & Knörle, C. (2012). Führungskräfte als Markenbotschafter. In T. Tomczak, F.-R. Esch, J. Kernstock & A. Herrmann (Hrsg.), *Behavioral branding* (3. Aufl. S. 373–387) Wiesbaden: Gabler.

Esch, F.-R., Fischer, A., & Strödter, K. (2012). Interne Kommunikation zum Aufbau von Markenwissen bei den Mitarbeitern. In T. Tomczak, F.-R. Esch, J. Kernstock & A. Herrmann (Hrsg.), *Behavioral Branding: Wie Mitarbeiterverhalten die Marke stärkt* (S. 101–120). Wiesbaden: Springer Gabler.

Eugster, J. (2015). Die ganze Welt des Online-Marketings – Gesamtausgabe November 2015. http://www.bpx.ch/eBook-Online-Marketing-FHNW.pdf. Zugegriffen: 21. Juli 2017.

Eurowings (2017). Facebook-Post vom 31. Mai 2017. https://www.facebook.com/eurowings/photos/a.168808826415.158743.62179351415/10155780145561416/?type=3&theater. Zugegriffen: 31. Mai 2017.

Facebook (2017a). Adverts guide. https://www.facebook.com/business/ads-guide?tab0=Mobile%20News%20Feed. Zugegriffen: 11. Mai 2017.

Facebook (2017b). Facebook reports first quarter 2017 results. https://investor.fb.com/investor-news/press-release-details/2017/Facebook-Reports-First-Quarter-2017-Results/default.aspx. Zugegriffen: 12. Mai 2017.

Facebook (2017c). Wiederaufnahme der Kampagne „Mache Facebook zu deinem Facebook". https://de.newsroom.fb.com/news/2017/07/wiederaufnahme-mache-facebook-zu-deinem-facebook/. Zugegriffen: 31. Aug. 2017.

Facebook (2017d). Worin unterscheiden sich Impressionen und Reichweite? https://www.facebook.com/help/274400362581037. Zugegriffen: 30. Mai 2017.

Facebook (2017e). Was ist der Unterschied zwischen organischer Reichweite, bezahlter Reichweite und Gesamtreichweite? https://www.facebook.com/help/285625061456389?helpref=related. Zugegriffen: 30. Mai 2017.

Faktenkontor (2017a). Social Media: Die Influence der Influencer. http://www.faktenkontor.de/pressemeldungen/social-media-die-influence-der-influencer. Zugegriffen: 31. Juli 2017.

Faktenkontor (2017b). Deutschlands erfolgreichste YouTuber! http://www.faktenkontor.de/corporate-social-media-blog-faktzweinull/infografik-deutschlands-erfolgreichste-youtuber/. Zugegriffen: 31. Juli 2017.

Faßmann, M., & Moss, C. (2016). *Instagram als Marketing-Kanal*. Wiesbaden: Springer Gabler.

FedEx (2017). I am FedEx: Understanding FedEx culture through the stories of our people. https://www.iamfedex.com/. Zugegriffen: 1. Aug. 2017.

Ferrara, E., Varol, O., Davis, C., Menczer, F., & Flammini, A. (2016). The rise of social bots. *Communications of the ACM*, *59*(7), 96–104.

Fit (2017). Kuschelweich TV-Werbung 2017. http://www.fit.de/kuschelweich/kuschelweich-im-tv. Zugegriffen: 1. Aug. 2017.

Floreddu, P. B., Cabidou, F., & Evaristo, R. (2014). Inside your social media ring: How to optimize online corporate reputation. *Business Horizons*, *57*(6), 737–745.

Forbes (2017). America's best employers. https://www.forbes.com/best-employers/list/#tab:rank. Zugegriffen: 1. Aug. 2017.

Fortune (2017). The worlds most admired companies. http://fortune.com/worlds-most-admired-companies/list/. Zugegriffen: 1. Aug. 2017.

Freundt, T. C. (2006). *Verhaltensrelevanz emotionaler Markenimages – eine interindustrielle Analyse auf empirischer Grundlage*. Wiesbaden: Dt. Univ.-Verlag.

FRoSTA (2012). FRoSTA-Blog. http://www.frostablog.de. Zugegriffen: 22. Aug. 2017.

Gaiser, B., & Theobald, E. (2017). Marketingkommunikation im digitalen Wandel. In E. Theobald (Hrsg.), *Brand Evolution* (S. 125–146). Wiesbaden: Springer Gabler.

Gallo, C. (2013). How southwest and Virgin America win by putting people before profit. https://www.forbes.com/sites/carminegallo/2013/09/10/how-southwest-and-virgin-america-win-by-putting-people-before-profit/#59d77f1d695a. Zugegriffen: 1. Aug. 2017.

George, W. R., & Berry, L. L. (1981). Guidelines for the advertising of services. *Business Horizons*, *24*(4), 52–56.

Get Satisfaction (2014). Get satisfaction survey reveals online customer communities are becoming a higher priority for organizations. https://getsatisfaction.com/corp/about/press-releases/read/get-satisfaction-survey-reveals-online-customer-communities-are-becoming-a-higher-priority-for-organizations/. Zugegriffen: 25. Juli 2017.

Gilly, M. C., & Wolfinbarger, M. F. (1998). Advertising's internal audience. *Journal of Marketing*, *62*(1), 69–88.

Google (2017). Suchanfrage „Autoversicherung". https://www.google.de/#q=Autoversicherung. Zugegriffen: 9. Mai 2017.

Granados, M. (2017). Der Influencer: Die neue rechte Hand des Online-Marketings. *Marketing & Kommunikation*, *45*(6–7), 5–8.

Great Place To Work Institute (2017). Fortune 100 best companies to work for. https://www.greatplacetowork.com/best-workplaces/100-best/2017. Zugegriffen: 1. Aug. 2017.

Groß, O. (2016). 90 % der Verbraucher vertrauen auf Bewertungen. https://www.trustedshops.de/shop-info/verbraucher-vertrauen-bewertungen/. Zugegriffen: 22. Aug. 2017.

Gründerszene (2015). Das Zeitalter der Influencer. https://www.gruenderszene.de/allgemein/influencer-marketing. Zugegriffen: 31. Juli 2017.

Gumz, J. D., & Kar, R. M. (2017). Social Bots. Öffentliche Informationstechnologie in der digitalisierten Gesellschaft. http://www.oeffentliche-it.de/-/social-bots. Zugegriffen: 24. Juli 2017.

Habibi, M. R., Laroche, M., & Richard, M.-O. (2014). The roles of brand community and community engagement in building brand trust on social media. *Computers in Human Behavior*, *37*, 152–161.

Hartmann, K. (2010). *Wirkung der Markenwahrnehmung auf das Markencommitment von Mitarbeitern: Eine empirische Untersuchung der Wirkung von Markenimage, interner Kommunikation und Fit zwischen persönlichen und Markenwerten auf das Commitment*. Hamburg: Dr. Kovac.

Hattig, J. (2005). *Festrede zum 50-jährigen Bestehen des Marketing Clubs Bremen*. Arbeitspapier Nr. 15 des Lehrstuhls für innovatives Markenmanagement (LiM). Bremen: Universität Bremen.

Hau, S.-M., & Theobald, E. (2011). Erfolgsfaktoren und Grenzen der Markenführung im Internet. In E. Theobald & P. T. Haisch (Hrsg.), *Brand Evolution* (S. 127–149). Wiesbaden: Gabler.

Hauschildt, J., Salomo, S., Schultz, C., & Kock, A. (2016). *Innovationsmanagement*. München: Vahlen.

Havas beebop GmbH (2017). Joey's Crossmedia Kampagne Facebook Fanpizza. http://havas-beebop.de/projekte/joeys-fanpizza/. Zugegriffen: 7. Aug. 2017.

Heinemann, G. (2017). *Der neue Online-Handel: Geschäftsmodell und Kanalexzellenz im Digital Commerce*. Wiesbaden: Springer Gabler.

Helbing, D. (2017). Social Bots: So werden Nutzer in den sozialen Netzwerken manipuliert. Interview mit Prof. Dirk Helbing. https://www.pcwelt.de/a/social-bots-so-werden-nutzer-in-den-sozialen-netzwerken-manipuliert,3446637. Zugegriffen: 25. Juli 2017.

Henkel, S., Tomczak, T., Heitmann, M., & Herrmann, A. (2007). Managing brand consistent employee behaviour: relevance and managerial control of behavioural branding. *Journal of Product & Brand Management*, *16*(5), 310–320.

Henkel, S., Wentzel, D., & Tomczak, T. (2009). Die Rolle der Werbung in der internen Markenführung. *Marketing ZFP*, *31*(1), 43–56.

Henkel, S., Tomczak, T., & Jenewein, W. (2012). Werbung als Verhaltensvorbild für Mitarbeiter. In T. Tomczak, F.-R. Esch, J. Kernstock & A. Herrmann (Hrsg.), *Behavioral Branding: Wie Mitarbeiterverhalten die Marke stärkt* (S. 443–467). Wiesbaden: Springer Gabler.

Herbst, U. (2005). Corporate Branding als Herausforderung an die interne Kommunikation. In J. Klewes (Hrsg.), *Unternehmenskommunikation auf dem Prüfstand* (S. 113–145). Wiesbaden: DUV.

Herrmann, L. (2017). Customer Journey. Interview mit Alexander Schlaubitz, Vice President Marketing Lufthansa. *W&V*, *13*, 16–23.

Herrmann, A., & Stefindes, J. (2011). Wechselspiel zwischen emotionalem und kognitivem Markenerlebnis – Ergebnisse und Implikationen einer neurowissenschaftlichen Studie. In M. Bruhn & R. Köhler (Hrsg.), *Wie Marken wirken. Impulse aus der Neuroökonomie für die Markenführung* (S. 131–143). München: Vahlen.

Herrmann, A., Huber, F., & Wittke-Kothe, C. (2002). Interne Markenführung – Verankerung der Markenidentität im Mitarbeiterverhalten. *Journal für Betriebswirtschaft*, *52*(5–6), 186–205.

Heun, T. (2014). Die Erweckung des Verbrauchers – Zum Nutzen von Marken im Zeitalter digitaler Medien. In S. Dänzler & T. Heun (Hrsg.), *Marke und digitale Medien* (S. 33–48). Wiesbaden: Springer Gabler.

Hilker, C. (2017). *Content Marketing in der Praxis*. Wiesbaden: Springer Gabler.

Ho, C.-H., Chiu, K.-H., Chen, H., & Papazafeiropoulou, A. (2015). Can internet blogs be used as an effective advertising tool? The role of product blog type and brand awareness. *Journal of Enterprise Information Management*, *28*(3), 346–362.

Holland, H., & Flocke, L. (2014). Customer-Journey-Analyse. Ein neuer Ansatz zur Optimierung des (Online-)Marketing-Mix. In H. Holland (Hrsg.), *Digitales Dialogmarketing* (S. 825–855). Wiesbaden: Springer.

Hootsuite (2017). Auszüge aus YouTube-Video. https://www.youtube.com/watch?v=2zCw_-XsTPE. Zugegriffen: 28. Juli 2017.

Hughes, D. E. (2013). This ad's for you: The indirect effect of advertising perceptions on salesperson effort and performance. *Journal of the Academy of Marketing Science*, *41*(1), 1–18.

Indeed (2017). Best corporate employers in the US. https://www.indeed.com/Best-Places-to-Work. Zugegriffen: 1. Aug. 2017.

ING-DiBa (2015). Online-Auftritt. http://www.ing-diba.de. Zugegriffen: 25. März 2015.

Inreach (2017). Influencer Marketing Leitfaden. http://inreach.de/wp-content/uploads/INREACH_Whitepaper.pdf?utm_source=White_paper_download&utm_medium=CPC&utm_campaign=INREACH2017_White_Paper&utm_content=download. Zugegriffen: 31. Juli 2017.

Instagram (2017). 700 Million. http://blog.instagram.com/post/160011713372/170426-700million. Zugegriffen: 13. Mai 2017.

Internet Live Stats (2017a). Total Number of Websites. http://www.internetlivestats.com/total-number-of-websites/. Zugegriffen: 11. Mai 2017.

Internet Live Stats (2017b). Google search statistics. http://www.internetlivestats.com/google-search-statistics/. Zugegriffen: 11. Mai 2017.

Internet Live Stats (2017c). Twitter usage statistics. http://www.internetlivestats.com/twitter-statistics/. Zugegriffen: 13. Mai 2017.

JIM (2016). Jugend, Information, (Multi-)Media – Basisstudie zum Medienumgang 12- bis 19-Jähriger in Deutschland. https://www.mpfs.de/fileadmin/files/Studien/JIM/2016/JIM_Studie_2016.pdf. Zugegriffen: 20. Juli 2017.

Joachimsthaler, E. (2002). Mitarbeiter – Die vergessene Zielgruppe für Markenerfolge. *Absatzwirtschaft*, *45*(11), 28–34.

Jost-Benz, M. (2009). *Identitätsbasierte Markenbewertung – Grundlagen, theoretische Konzeptualisierung und praktische Anwendung am Beispiel einer Technologiemarke*. Wiesbaden: Gabler.

Kaiser, T. (2009). *Top Platzierungen bei Google & Co*. Göttingen: Business Village.

Kardon, B. (2007). They're saying nasty things. *Marketing news*, *41*(20), 30.

Kernstock, J., & Brexendorf, T. O. (2014). Die Corporate Brand in Richtung Mitarbeiter gestalten und verankern. In F.-R. Esch, T. Tomczak, J. Kernstock & T. Langner (Hrsg.), *Corporate Brand Management* (3. Aufl. S. 243–265). Wiesbaden: Springer Gabler.

Khan, I., & Fatma, M. (2017). Antecedents and outcomes of brand experience: an empirical study. *Journal of Brand Management*, *24*(5), 439–452.

Kilian, K. (2007). Multisensuales Markendesign als Basis ganzheitlicher Markenkommunikation. In A. Florack, M. Scarabis & E. Primosch (Hrsg.), *Psychologie der Markenführung* (S. 323–356). München: Vahlen.

Kleine-Kalmer, B. (2016). *Brand page attachment – an empirical study on Facebook users' attachment to brand pages*. Wiesbaden: Springer Gabler.

Kort, K. (2017). Passagier wird gewaltsam aus überbuchtem Flieger gezerrt. http://www.handelsblatt.com/unternehmen/handel-konsumgueter/shitstorm-gegen-united-airlines-passagier-wird-gewaltsam-aus-ueberbuchtem-flieger-gezerrt/19655814.html. Zugegriffen: 11. Mai 2017.

Kreutzer, R. T. (2014). *Praxisorientiertes Online-Marketing*. Wiesbaden: Springer Gabler.

Kreutzer, R. T., & Land, K.-H. (2017). *Digitale Markenführung*. Wiesbaden: Springer Gabler.

Kreutzer, R. T., Rumler, A., & Wille-Baumkauff, B. (2015). *B2B-Online-Marketing und Social Media*. Wiesbaden: Springer Gabler.

Kroeber-Riel, W. (1996). *Bildkommunikation. Imagerystrategie für die Werbung*. München: Vahlen.

Kroeber-Riel, W., & Gröppel-Klein, A. (2013). *Konsumentenverhalten*. München: Vahlen.

Kümmeler, L. (2017). GameStop: PS4-Pro-Tauschaktion geht schief – Shitstorm auf Facebook. http://www.giga.de/konsolen/playstation-4-pro/news/gamestop-ps4-pro-tauschaktion-geht-schief-shitstorm-auf-facebook/. Zugegriffen: 31. Mai 2017.

Lammenett, E. (2017). *Praxiswissen Online-Marketing – Affiliate- und E-Mail-Marketing, Suchmaschinenmarketing, Online-Werbung, Social Media, Facebook-Werbung*. Wiesbaden: Springer Gabler.

Lange, M. (2016). Strategisches Content-Marketing: Inhalte richtig promoten. *T3N Magazin für digitales Business*. https://t3n.de/magazin/teil-3-unserer-serie-strategisches-content-marketing-240112/. Zugegriffen: 20. Dez. 2017.

Laux, H., & Liermann, F. (2005). *Grundlagen der Organisation: die Steuerung von Entscheidungen als Grundproblem der Betriebswirtschaftslehre*. Berlin: Springer.

LeadersEye (2017). http://www.leaderseye.de. Zugegriffen: 31. Juli 2017.

Lebensmittel Zeitung (2010). Bildstrecke: Store Check Nespresso München. http://www.lebensmittelzeitung.net/storechecks/Store-Check-Nespresso-Muenchen-155. Zugegriffen: 7. Aug. 2017.

Lee, M., & Rodgers, S. K. M. (2009). Effects of valence and extremity of eWOM on attitude toward the brand and website. *Journal of Current Issues and Research in Advertising*, *31*(2), 1–11.

Lee, M., & Youn, S. (2009). electronic word of mouth (eWOM). *International Journal of Advertising*, *28*(3), 473–499.

Lego (2017a). Lego Ideas: How It Works. https://ideas.lego.com/howitworks. Zugegriffen: 26. Mai 2017.

Lego (2017b). Lego Ideas Guidelines and House Rules. https://ideas.lego.com/guidelines#anchor-29. Zugegriffen: 26. Mai 2017.

Lego Ideas (2017c). Twitter-Seite. https://twitter.com/LEGOIdeas/status/866653062076792832. Zugegriffen: 25. Mai 2017.

Leinemann, R. (2011). *IT-Berater und soziale Medien. Wer beeinflusst die Technologiekunden?* Berlin: Springer.

Lerch, H. (2012). FC Bayern München blamiert sich auf Facebook. http://www.stuttgarter-zeitung.de/inhalt.social-media-fc-bayern-muenchen-blamiert-sich-auf-facebook.12251234-80b4-425b-86bb-57a14d2e2104.html. Zugegriffen: 4. Mai 2012.

LG (2012). Der Fahrstuhltest: IPS-Monitore von LG sind zum Fürchten realistisch. http://www.lgblog.de/2012/10/23/der-fahrstuhltest-ips-monitore-von-lg-sind-zum-furchten-realistisch. Zugegriffen: 28. Aug. 2013.

Li, C., & Bernhoff, J. (2008). *Groundswell: winning in a world transformed by social technologies*. Boston: Harvard Business Press.

von Loewenfeld, F. (2006). *Brand Communities: Erfolgsfaktoren und ökonomische Relevanz von Markengemeinschaften*. Wiesbaden: Deutscher Universitätsverlag.

Löffler, M. (2014). *Think Content! Content-Strategie, Content-Marketing, Texten fürs Web*. Bonn: Galileo Press.

Manager Magazin (2017). So verdient Deutschlands YouTube-Star Bibi rund 110.000 Euro monatlich. http://www.manager-magazin.de/koepfe/bibi-so-verdient-deutschlands-youtube-star-rund-110-000-euro-monatlich-a-1141648.html. Zugegriffen: 13. Mai 2017.

Matanda, M. J., & Ndubisi, N. O. (2013). Internal marketing, internal branding, and organisational outcomes: the moderating role of perceived goal congruence. *Journal of Marketing Management*, *29*(9/10), 1030–1055.

McAlexander, J. H., Schouten, J. W., & Koenig, H. F. (2002). Building brand community. *Journal of Marketing*, *66*(1), 38–54.

McKinsey (2012). Turning buzz into gold. https://www.mckinsey.de/files/Social_Media_Brochure_Turning_buzz_into_gold.pdf. Zugegriffen: 26. Juli 2017.

McKinsey, & Fischer, M. (2016). McKinsey. Comeback der Marke als Statussymbol. Pressemitteilung vom 6. Oktober 2016. https://www.mckinsey.de/files/161006_pm_markenrelevanz.pdf. Zugegriffen: 22. Aug. 2017.

Meedia (2017). Medienanstalt verdonnert YouTuber „Flying Uwe" zu 10.500 Euro Bußgeld wegen Schleichwerbung. Meedia.de/2017/06/08/medienanstalt-verdonnert-youtube-flying-uwe-zu-10-500-euro-bussgeld-wegen-schleichwerbung. Zugegriffen: 1. Sept. 2017.

Meffert, J., & Meffert, H. (2017). *Eins oder Null*. Berlin: Econ.

Meffert, H., Burmann, C., & Kirchgeorg, M. (2015). *Marketing: Grundlagen marktorientierter Unternehmensführung*. Wiesbaden: Springer Gabler.

Messias, J., Schmidt, L., Oliveira, R., & Benevenuto, F. (2013). You followed my bot! Transforming robots into influential users in Twitter. *First Monday*, *18*(7), http://firstmonday.org/ojs/index.php/fm/article/view/4217/3700. Zugegriffen: 20. Dez. 2017.

Miles, S. J., & Mangold, W. G. (2004). A conceptualization of the employee branding process. *Journal of Relationship Marketing*, *3*(2–3), 65–87.

Miles, S. J., & Mangold, W. G. (2005). Positioning Southwest Airlines through employee branding. *Business Horizons*, *48*(6), 535–545.

Miles, S. J., Mangold, W. G., Asree, S., & Revell, J. (2011). Assessing the employee brand: a census of one company. *Journal of Managerial Issues*, *23*(4), 491–507.

Mitchell, C. (2002). Selling the brand inside. *Harvard Business Review*, *80*(1), 99–105.

Mohammadian, M., & Mohammadreza, M. (2012). Identify the success factors of social media (marketing perspective). *International Business and Management*, *4*(2), 58–66.

Morhart, F., Jenewein, W., & Tomczak, T. (2012). Mit transformationaler Führung das Brand Behavior stärken. In T. Tomczak, F.-R. Esch, J. Kernstock & A. Herrmann (Hrsg.), *Behavioral Branding – Wie Mitarbeiterverhalten die Marke stärkt* (S. 389–406). Wiesbaden: Springer Gabler.

Morhart, F. M., Herzog, W., & Tomczak, T. (2009). Brand-specific leadership: turning employees into brand champions. *Journal of Marketing*, *73*(5), 122–142.

Müller, J. (2012). *Multisensuale Gestaltung der Ladenatmosphäre zur Profilierung von Store Brands – Ein theoriegeleitetes, experimentelles Design zum Shopperverhalten*. Wiesbaden: Gabler.

Munzinger, U., & Wenhart, C. (2012). *Marken erleben im digitalen Zeitalter*. Wiesbaden: Springer Gabler.

M'zungu, S. D. M., Merrilees, B., & Miller, D. (2010). Brand management to protect brand equity: a conceptual model. *Journal of Brand Management*, *17*(8), 605–617.

Nee, I. (2016). *Managing negative word-of-mouth on social media platforms*. Wiesbaden: Springer Gabler.

Nespresso (2017). Pictures. http://www.nestle-nespresso.com/media/library/pictures. Zugegriffen: 1. Aug. 2017.

O2/Telefónica (2017). Social media guidelines. https://www.telefonica.de/file/public/465/Social-Media-Guidelines-Telefonica-Germany-201207.pdf?attachment=1. Zugegriffen: 26. Juli 2017.

Online Marketing Rockstars (2017). *Influencer Marketing. So nutzt du den Einfluss der neuen Medienstars für dein Unternehmen*. Rockstars Report, 1. (S. 1–78).

O'Reilly, T., Milstein, S., Bombien, V., Pahrmann, C., & Pelz, N. (2013). *Das Twitter-Buch*. Köln: O'Reilly.

Pälike, F. (2000). Die Manager-Marke kommt! Persönlichkeit ist ein Added Value. *Absatzwirtschaft*, *43*, 16–18.

Paltoglou, G., & Thelwall, M. (2017). A range of approaches for sentiment analysis. In J. A. Holyst (Hrsg.), *Cyberemotions – collective emotions in cyberspace* (S. 97–117). Cham: Springer.

Park, C. W., MacInnis, D. J., Priester, J., Eisingerich, A. B., & Iacobucci, D. (2010). Brand attachment and brand attitude strength: conceptual and empirical differentiation of two critical brand equity drivers. *Journal of Marketing*, *74*(6), 1–17.

Parsons, J. (2015). Facebook's war continues against fake profiles and bots. http://www.huffingtonpost.com/james-parsons/facebooks-war-continues-against-fake-profiles-and-bots_b_6914282.html. Zugegriffen: 24. Juli 2017.

Perrey, J., Freundt, T. C., & Spillecke, D. (2015). *Power brands: measuring, making and managing brand success*. Weinheim: Wiley.

Pfeffer, J., Zorbach, T., & Carley, K. M. (2014). Understanding online firestorms: negative word-of-mouth dynamics in social networks. *Journal of Marketing Communications*, *20*(1–2), 117–128.

Piehler, R. (2011). *Interne Markenführung – Theoretisches Konzept und fallstudienbasierte Evidenz*. Wiesbaden: Gabler.

Piehler, R., Hanisch, S., & Burmann, C. (2015). Internal branding – relevance, management, and challenges. *Marketing Review St. Gallen*, *32*(1), 52–60.

Piehler, R., King, C., Burmann, C., & Xiong, L. (2016). The importance of employee brand understanding, brand identification, and brand commitment in realizing brand citizenship behaviour. *European Journal of Marketing*, *50*(9/10), 1575–1601.

PlayStation (2017). Community. http://community.eu.playstation.com/t5/Deutsches-Forum/ct-p/38. Zugegriffen: 22. Aug. 2017.

Porricelli, M. S., Yurova, Y., Abratt, R., & Bendixen, M. (2014). Antecedents of brand citizenship behavior in retailing. *Journal of Retailing and Consumer Services*, *21*(5), 745–752.

Prahalad, C. K., & Ramaswamy, S. (2004). Co-creation experiences – the next practice in value creation. *Journal of Interactive Marketing*, *18*(3), 5–14.

Du Preez, R., & Bendixen, M. T. (2015). The impact of internal brand management on employee job satisfaction, brand commitment and intention to stay. *International Journal of Bank Marketing*, *33*(1), 78–91.

Prensky, M. (2001). Digital natives, digital immigrants. *On the Horizon*, *9*(5), 1–6.

Pulizzi, J. (2013). *Epic content marketing*. New York: McGraw-Hill.

Punjaisri, K., & Wilson, A. (2007). The role of internal branding in the delivery of employee brand promise. *Journal of Brand Management*, *15*(1), 57–70.

Punjaisri, K., & Wilson, A. (2011). Internal branding process: key mechanisms, outcomes and moderating factors. *European Journal of Marketing*, *45*(9/10), 1521–1537.

Punjaisri, K., Wilson, A., & Evanschitzky, H. (2008). Exploring the influences of internal branding on employees' brand promise delivery: implications for strengthening customer-brand relationships. *Journal of Relationship Marketing*, *7*(4), 407–424.

Punjaisri, K., Evanschitzky, H., & Wilson, A. (2009). Internal branding: an enabler of employees' brand-supporting behaviours. *Journal of Service Management*, *20*(2), 209–226.

Rauschnabel, P. A., Kammerlander, N., & Ivens, B. I. (2017). Collaborative brand attacks in social media: exploring the antecedents, characteristics, and consequences of a new form of brand crises. *Journal of Marketing Theory and Practice*, *24*(4), 381–410.

Red Bull (2015). Facebook-Seite von Red Bull. www.facebook.com/redbull. Zugegriffen: 13. Mai 2015.

Rempel, J. E. (2006). *Olfaktorische Reize in der Markenkommunikation. Theoretische Grundlagen und empirische Erkenntnisse zum Einsatz von Düften*. Wiesbaden: Deutscher Universitäts-Verlag.

Rings Movie (2017). Video. https://www.facebook.com/RingsMovie/videos/1214263308651325/. Zugegriffen: 22. Aug. 2017.

Ritz-Carlton Leadership Center (2015a). Significant stat: onboarding orientation. http://ritzcarltonleadershipcenter.com/2015/08/onboarding. Zugegriffen: 1. Aug. 2017.

Ritz-Carlton Leadership Center (2015b). Culture and onboarding. http://ritzcarltonleadershipcenter.com/2015/12/culture-and-onboarding. Zugegriffen: 1. Aug. 2017.

Ritz-Carlton Leadership Center (2015c). An Award-Winning Journey. http://ritzcarltonleadershipcenter.com/about-us/awards. Zugegriffen: 1. Aug. 2017.

Rondinella, G. (2017). Die 10 größten deutschen Influencer und Marken auf Instagram. http://www.horizont.net/marketing/nachrichten/Bibi-BVB-und-Co-Die-10-groessten-deutschen-Influencer-und-Marken-auf-Instagram-156960. Zugegriffen: 31. Juli 2017.

Roth, G. (2003). *Fühlen, Denken, Handeln – Wie das Gehirn unser Verhalten steuert*. Frankfurt: Suhrkamp.

Rowley, J. (2008). Understanding digital content marketing. *Journal of Marketing Management*, *24*, 517–540.

Saleem, F. Z., & Iglesias, O. (2016). Mapping the domain of the fragmented field of internal branding. *Journal of Product & Brand Management*, *25*(1), 43–57.

Sammerl, N. (2006). *Innovationsfähigkeit und nachhaltiger Wettbewerbsvorteil – Messung – Determinanten – Wirkungen*. Wiesbaden: Gabler.

Sander, M. (2017). Der Einfluss der Digitalisierung auf die Markenstrategie und das Markenerlebnis. In E. Theobald (Hrsg.), *Brand Evolution* (S. 197–214). Wiesbaden: Springer Gabler.

SAP (2017). Community. https://www.sap.com/community.html. Zugegriffen: 22. Aug. 2017.

Schade, M. (2012). *Identitätsbasierte Markenführung professioneller Sportvereine – Eine empirische Untersuchung zur Ermittlung verhaltensrelevanter Markennutzen und der Relevanz der Markenpersönlichkeit*. Wiesbaden: Gabler.

Schau, H. J., Muniz, A. M., & Arnould, E. J. (2009). How brand community practices create value. *Journal of Marketing*, *73*(5), 30–51.

Schmidt, J.-H. (2013). *Social media*. Wiesbaden: VS.

Schmitt, B. (1999). Experiential marketing. *Journal of Marketing Management*, *15*(1–3), 53–67.

Schmitt, B. (2003). *Customer experience management – a revolutionary approach to connecting with your customers*. Weinheim: John Wiley & Sons.

Schmitt, B. (2009). Customer experience management. In M. Bruhn, F.-R. Esch & T. Langner (Hrsg.), *Handbuch Kommunikation* (S. 697–711). Wiesbaden: Gabler.

Schmitt, B., & Mangold, M. (2005). Customer Experience Management als zentrale Erfolgsgröße der Markenführung. In F.-R. Esch (Hrsg.), *Moderne Markenführung – Grundlagen. Innovative Ansätze. Praktische Umsetzungen* (S. 287–304). Wiesbaden: Gabler.

Schmitt, B. H., Brakus, J., & Zarantonello, L. (2015). The current state and future of brand experience. *Journal of Brand Management*, *21*(9), 727–733.

Schnabel, P. (2015). *Kommunikationstechnik-Fibel*

Schögel, M. (2012). *Distributionsmanagement. Das Management der Absatzkanäle*. München: Vahlen.

Schramm-Klein, H. (2006). Multi-Channel-Retailing – Erscheinungsformen und Erfolgsfaktoren. In Zentes (Hrsg.), *Handbuch Handel Strategien – Perspektiven – Internationaler Wettbewerb* (S. 501–522). Wiesbaden: Gabler.

Schwarz, T. (2017). E-Mail-Marketing im Zeichen der Markenführung. In E. Theobald (Hrsg.), *Brand Evolution* (S. 347–360). Wiesbaden: Springer Gabler.

Sen, S., & Lerman, D. (2007). Why are you telling me this? An examination into negative consumer reviews on the web. *Journal of Interactive Marketing*, *21*(4), 76–95.

Sharethrough (2015). A neuroscience perspective: assessing visual focus, message processing & the ability to strengthen associations through mobile native advertising. http://www.sharethrough.com/downloads/Sharethrough_Neuroscience_Report.pdf. Zugegriffen: 21. Juli 2017.

Solomon, M. R., Bamossy, G. J., Askegaard, S., & Hogg, M. K. (2016). *Consumer behaviour. A European perspective*. Harlow: Pearson.

sonsofmaxwell (2009). Youtube: united breaks guitars. https://www.youtube.com/watch?v=5YGc4zOqozo. Zugegriffen: 28. Juli 2017.

Southwest Airlines (2017a). Culture. https://www.southwest.com/html/about-southwest/careers/culture.html. Zugegriffen: 1. Aug. 2017.

Southwest Airlines (2017b). Southwest corporate fact sheet. https://www.swamedia.com/pages/corporate-fact-sheet. Zugegriffen: 1. Aug. 2017.

Spiegel Online (2009). Folk-Band beschwert sich per Song über Fluglinie. http://www.spiegel.de/reise/aktuell/united-zerstoert-gitarren-folk-band-beschwert-sich-per-song-ueber-fluglinie-a-635071.html. Zugegriffen: 28. Juli 2017.

Spiegel Online (2016). Wiesenhof und Atze Schröder entschuldigen sich. http://www.spiegel.de/panorama/wiesenhof-und-atze-schroeder-entschuldigen-sich-fuer-gina-lisa-werbespot-a-1099817.html. Zugegriffen: 13. Mai 2017.

Spiegel Research Center (2017). The impact of owned media and paid media on brand sales. http://spiegel.medill.northwestern.edu/paid-vs-owned-media/#viscroll. Zugegriffen: 20. Juli 2017.

Springer, C. (2008). *Multisensuale Markenführung – Eine verhaltenswissenschaftliche Analyse unter besonderer Berücksichtigung von Brand Lands in der Automobilwirtschaft*. Wiesbaden: Gabler.

Sprout Social (2016). Q2 2016 sprout social index – shunning your customers on social? https://sproutsocial.com/insights/data/q2-2016/. Zugegriffen: 24. Mai 2017.

Sprout Social (2017). Q1 2017 sprout social index – the social generations: millennials ask, gen X buys & baby boomers observe. https://sproutsocial.com/insights/data/q1-2017/. Zugegriffen: 31. Juli 2017.

Starbucks (2017). Starbucks store design. http://www.starbucks.com/coffeehouse/store-design. Zugegriffen: 24. Aug. 2017.

Statista (2017). Wie oft nutzt Ihr Unternehmen normalerweise Bannerwerbung? https://de.statista.com/statistik/daten/studie/617472/umfrage/nutzungshaeufigkeit-von-bannerwerbung-in-deutschland/. Zugegriffen: 21. Juli 2017.

Steiner, P. (2014). *Sound Branding. Grundlagen akustischer Markenführung*. Wiesbaden: Springer Gabler.

Steiner, P. (2017). *Sensory Branding. Grundlagen multisensualer Markenführung*. Wiesbaden: Springer Gabler.

Stenger, D. (2012). *Virale Markenkommunikation: Einstellungs- und Verhaltenswirkungen viraler Videos*. Wiesbaden: Springer Gabler.

Stephen, A. T., & Galak, J. (2012). The effects of traditional and social earned media on sales: a study of a microlending marketplace. *Journal of Marketing Research*, *29*(5), 624–639.

Steuer, P. (2017). Snap me if you can. http://snapmeifyoucan.net. Zugegriffen: 13. Mai 2017.

Stichnoth, F. (2008). *Virtuelle Brand Communities zur Markenprofilierung – Der Einsatz virtueller Brand Communities zur Stärkung der Marke-Kunden-Beziehung*. Arbeitspapier Nr. 35 des Lehrstuhls für innovatives Markenmanagement (LiM). Bremen: Universität Bremen.

Stone, D., Pulido, A., & Strevel, J. (2014). Customer satisfaction survey: who's up and who's down. http://www.mckinsey.com/business-functions/marketing-and-sales/our-insights/customer-satisfaction-survey-who039s-up-and-who039s-down. Zugegriffen: 7. Aug. 2017.

Subramaniam, R. (2016). Congratulations team! Fedex makes FORTUNE's most admired companies list. http://about.van.fedex.com/blog/congratulations-team-fedex-makes-fortunes-most-admired-companies-list. Zugegriffen: 1. Aug. 2017.

Süddeutsche Zeitung (2017). 3000 neue Kontrolleure sollen Facebook säubern. http://www.sueddeutsche.de/digital/facebook-neue-kontrolleure-sollen-facebook-saeubern-1.3489694. Zugegriffen: 31. Aug. 2017.

Sukhraj, R. (2016). 10 social media KPis you should track and monitor. https://blog.hootsuite.com/de/die-wichtigsten-social-media-kpis/. Zugegriffen: 30. Mai 2017.

Tagesschau (2017). Immer diese negative Covfefe! https://www.tagesschau.de/ausland/covfefe-101.html. Zugegriffen: 31. Mai 2017.

Taylor, B. (2011). Hire for attitude, train for skill. https://hbr.org/2011/02/hire-for-attitude-train-for-sk. Zugegriffen: 1. Aug. 2017.

Telekom_hilft (2017). Twitter-Seite. https://twitter.com/telekom_hilft?lang=de. Zugegriffen: 2. Aug. 2017.

Terglav, K., Konečnik Ruzzier, M., & Kaše, R. (2016). Internal branding process: exploring the role of mediators in top management's leadership-commitment relationship. *International Journal of Hospitality Management*, *54*, 1–11.

Thambimuthu, B., Klein, E., & Asprion, P. M. (2017). Social media controlling. In K. O. Tokarski, J. Schellinger & P. Berchtold (Hrsg.), *Zukunftstrends Wirtschaft 2020* (S. 59–86). Wiesbaden: Springer Gabler.

The Numbers (2017). Rings. www.the-numbers.com/movie/Rings-(2017)#tab=summary. Zugegriffen: 31. Aug. 2017.

Think with Google (2017). Display benchmarks. http://www.richmediagallery.com/tools/benchmarks. Zugegriffen: 2. Aug. 2017.

Thomson, K., de Chernatony, L., Arganbright, L., & Khan, S. (1999). The buy-in benchmark: How staff understanding and commitment impact brand and business performance. *Journal of Marketing Management*, *15*(8), 819–835.

Tomczak, T., Schögel, M., & Wentzel, D. (2006). Communities als Herausforderung für die Markenführung. In B. W. Wirtz & C. Burmann (Hrsg.), *Ganzheitliches Direktmarketing* (S. 523–546). Wiesbaden: Gabler.

Totz, C., & Werg, F. (2014). Interaktionen machen Marken – wie die Digitalisierung Interaktionen zum Kern der Markenführung macht. In S. Dänzler & T. Heun (Hrsg.), *Marke und digitale Medien* (S. 113–131). Wiesbaden: Springer Gabler.

TripAdvisor (2015). Willkommen in der TripAdvisor-Widget-Zentrale. http://tripadvisor.de/Widgets. Zugegriffen: 20. Apr. 2015.

Tropp, J., & Baetzgen, A. (2013). Die Marke als Medium. Eine Einführung in das Brand Content Management. In A. Baetzgen & J. Tropp (Hrsg.), *Brand Content, Die Marke als Medienereignis* (S. 3–17). Stuttgart: Schäffer-Poeschel.

Trusov, M., Bucklin, R. E., & Pauwels, K. (2009). Effects of word-of-mouth versus traditional marketing: findings from an internet social networking site. *Journal of Marketing*, *73*(5), 90–102.

Tuten, T. L., & Solomon, M. R. (2015). *Social Media Marketing*. Los Angeles: SAGE.

Twitter (2017a). Quarterly Results – First Quarter 2017. http://files.shareholder.com/downloads/AMDA-2F526X/4463125338x0x939177/FC07EB7E-7EC1-40CE-A918-27CE4ADF1EDF/Q117_Selected_Company_Metrics_and_Financials.pdf. Zugegriffen: 13. Mai 2017.

Twitter (2017b). Tweet-Aktivität-Dashboard. https://support.twitter.com/articles/20174608. Zugegriffen: 30. Mai 2017.

Twittercounter (2017). Twitter Top 100 Most Followers. https://twittercounter.com/pages/100. Zugegriffen: 13. Mai 2017.

Vallaster, C., & de Chernatony, L. (2005). Internationalisation of services brands: the role of leadership during the internal brand building process. *Journal of Marketing Management*, *21*(1/2), 181–203.

Varol, O., Ferrara, E., Davis, C. A., Menczer, F., & Flammini, A. (2017). Online human-bot interactions: detection, estimation, and characterization. https://arxiv.org/pdf/1703.03107.pdf. Zugegriffen: 24. Juli 2017.

Vaughan, C. (2016). Influencer marketing update: non-celebrity Influencers 10 times more likely to drive in-store purchases. http://collectivebias.com/blog/2016/03/influencer-marketing-update-non-celebrity-influencers-10-times-likely-drive-store-purchases/?utm_source=dlvr.it&utm_medium=linkedin. Zugegriffen: 22. Aug. 2017.

De Veirman, M., Cauberghe, V., & Hudders, L. (2017). Marketing through Instagram influencers: the impact of number of followers and product divergence on brand attitude. *International Journal of Advertising*, *36*(5), 798–828.

VICO (2017). Share of buzz. http://www.vico-research.com/share-of-buzz/. Zugegriffen: 30. Mai 2017.

Vodafone (2015). Vodafone Website. http://www.vodafone.de. Zugegriffen: 12. Mai 2015.

Vogt, H. (2015). Wettbewerbsrechtliche Unzulässigkeit von „Fake"-Bewertungen. https://www.ihk-fulda.de/recht/Recht/Online-Recht/Serie--Social-Media/Teil_7_Wettbewerbsrechtliche_Unzulaessigkeit_von_Fake_Bewertung/2504692. Zugegriffen: 25. Juli 2017.

Wagner, J. (2017). Techniker Krankenkasse: Shitstorm wegen Homöopathie-Tweet. www.ksta.de/ratgeber/gesundheit/techniker-krankenkasse-shitstorm-wegen-homoeopathie-tweet-26163164. Zugegriffen: 1. Sept. 2017.

Ward, B. (2015). *Fit für Content Marketing: Inhalt mit Nutzen statt leerer Versprechen*. Göttingen: Business Verlag.

Warwitz, C. (2016). *Location-based Advertising im Kontext von Big Data - Determinanten der Konsumentenakzeptanz*. Wiesbaden: Springer Gabler.

Watzlawick, P., Beavin, J. H., & Jackson, D. D. (2017). *Menschliche Kommunikation*. Bern: Hofgrefe.

Webguerillas (2014). Markenempfehlung in sozialen Medien. Internationale Studie zu generellen Einflussfaktoren und spezifischen Motiven im Plattformvergleich. https://www.territory-webguerillas.de/fileadmin/user_upload/PR_Material/201505_Macromedia_webguerillas_Markenempfehlung.pdf. Zugegriffen: 31. Juli 2017.

Webguerillas (2017). 360 Grad Influencer-Marketing. https://www.territory-webguerillas.de/de#!business/agentur/leistungen/360-influencer-marketing. Zugegriffen: 31. Juli 2017.

Wegener, K. (2018). *Die Markenprofilierungswirkung von Product Placement in Computerspielen – dargestellt am Beispiel Mercedes Benz*. Dissertation [im Druck].

Welt (2016). Werder Bremen distanziert sich von Wiesenhof-Werbung. https://www.welt.de/sport/fussball/bundesliga/werder-bremen/article156591639/Werder-Bremen-distanziert-sich-von-Wiesenhof-Werbung.html. Zugegriffen: 13. Mai 2017.

Wentzel, D., Tomczak, T., & Herrmann, A. (2012). Storytelling im behavioral branding. In T. Tomczak, F.-R. Esch, J. Kernstock & A. Herrmann (Hrsg.), *Behavioral Branding – Wie Mitarbeiterverhalten die Marke stärkt* (S. 425–442). Wiesbaden: Springer Gabler.

Wolfinbarger, M. F., & Gilly, M. C. (2005). How firm advertising affects employees' trust, organizational identification, and customer focus. *MSI-Reports*, *05-002*, 20–39.

WOMMA (2017). Social media disclosure guidelines. https://wommaorg.wufoo.com/confirm/womma-social-media-disclosure-guidelines-2017/. Zugegriffen: 26. Juli 2017.

WordPress.com (2012). TATA STEEL's "values stronger than steel" campaign advertisement. https://uniqueadideas.files.wordpress.com/2012/12/tata1.jpg. Zugegriffen: 1. Aug. 2017.

Workforce Magazine (2017). 2017 Workforce 100: ranking the world's top companies for HR. http://www.workforce.com/2017/04/21/2017-workforce-100-ranking-the-worlds-top-companies-for-hr. Zugegriffen: 1. Aug. 2017.

Xiong, L., King, C., & Piehler, R. (2013). „That's not my job": Exploring the employee perspective to becoming brand ambassadors. *International Journal of Hospitality Management*, *35*(1), 348–359.

YouTube (2017a). Statistik. https://www.youtube.com/yt/press/de/statistics.html. Zugegriffen: 13. Mai 2017.

YouTube (2017b). Übersicht BibisBeautyPalace. https://www.youtube.com/user/BibisBeautyPalace. Zugegriffen: 13. Mai 2017.

YouTube (2017c). Bibi H – how it is (wap bap) official video. https://www.youtube.com/watch?v=4gSOMba1UdM. Zugegriffen: 2. Aug. 2017.

Zeplin, S. (2006). *Innengerichtetes, identitätsbasiertes Markenmanagement*. Wiesbaden: Gabler.

Zhang, M., Hu, M., Lingyun, G., & Liu, W. (2017). Understanding relationships among customer experience, engagement, and word-of-mouth intention on online brand communities The perspective of service ecosystem. *Internet Research*, *27*(4), 839–857.

Identitätsbasiertes Markencontrolling 4

Inhaltsverzeichnis

Aufbau und Lernziele des Kapitels

Im vierten Kapitel wird das Markencontrolling im Rahmen der identitätsbasierten Markenführung vorgestellt. Hierbei sollen folgende Fragen beantwortet werden:

- Welche Aufgaben umfasst das identitätsbasierte Markencontrolling?
- Welche Verfahren stehen im Rahmen des identitätsbasierten Markencontrollings zur Verfügung?
- Inwiefern hängen die interne und externe Perspektive der identitätsbasierten Markenführung im Markencontrolling zusammen?

C. Burmann et al., *Identitätsbasierte Markenführung*,
https://doi.org/10.1007/978-3-658-20063-3_4

- Welchen aktuellen Herausforderungen steht das Markencontrolling bei der Markenbewertung gegenüber und welche Lösungsansätze gibt es?

Hierzu werden nacheinander alle Bereiche des Markencontrollings im Rahmen der identitätsbasierten Markenführung vorgestellt, Zusammenhänge erläutert und an Beispielen veranschaulicht.

► Das **Markencontrolling** umfasst die Informationsversorgung und Beratung aller mit der Markenführung befassten Stellen, verbunden mit einer übergeordneten Koordinationsfunktion zur Unterstützung der markenspezifischen Planungs-, Steuerungs- und Kontrollprozesse im Unternehmen (vgl. Meffert et al. 2015, S. 341).

Die Identitätsbasierung macht sich innerhalb des Markencontrollings (vgl. Abb. 4.1) dadurch bemerkbar, dass die Identität den inhaltlichen Rahmen für die **Markenerfolgsmessung** und das **Markenberichtswesen** bildet. Demgegenüber ändert die Identitätsbasierung den Prozess des Markencontrollings nicht.

Die Markenerfolgsmessung erfasst, analysiert und bewertet die Ergebnisse des Markenmanagements. Dies umfasst auch das Markenberichtswesen, welches die aus der Markenerfolgsmessung generierten Resultate in strukturierter und verdichteter Form dem Markenmanagement als Entscheidungsgrundlage zur Verfügung stellt (vgl. Heemann 2008, S. 8).

4.1 Interne und externe Markenerfolgsmessung

4.1.1 Grundzüge des identitätsbasierten Markencontrollings

Für eine erfolgreiche Markenführung im Sinne der Unternehmensziele ist eine intuitive oder gar „spirituelle Markenführung" wie bei Gerken (1994) unzureichend. Marken stellen keinen Selbstzweck dar, sondern dienen der Realisierung unternehmerischer Ziele. Der Aufbau einer starken Marke benötigt erhebliche Investitionen, so dass ein Höchstmaß an Professionalität in der Markenführung notwendig ist. Deswegen bedarf es auch in der Markenführung leistungsfähiger Controllingsysteme, die sowohl quantitative als auch qualitative Daten berücksichtigen und den **Ergebnisbeitrag der Markenführung** nachvollziehbar abbilden.

Primäres Ziel des hier verwendeten Controllingbegriffs ist die umfassende Unterstützung der Markenführung im Hinblick auf eine Ergebnisoptimierung. Das Markencontrolling umfasst systemgestaltende und systemnutzende Aufgaben (vgl. Grob und Bensberg 2005, S. 26). Die **systemgestaltende Funktion** befasst sich mit der Schaffung geeigneter Rahmenbedingungen, die koordinierte Entscheidungen ermöglichen. Aufgabe des Markencontrollings ist hier die Mitwirkung an der Entwicklung und Implementierung von Informationssystemen, organisatorischen Richtlinien, Prozessstrukturen sowie Planungs-

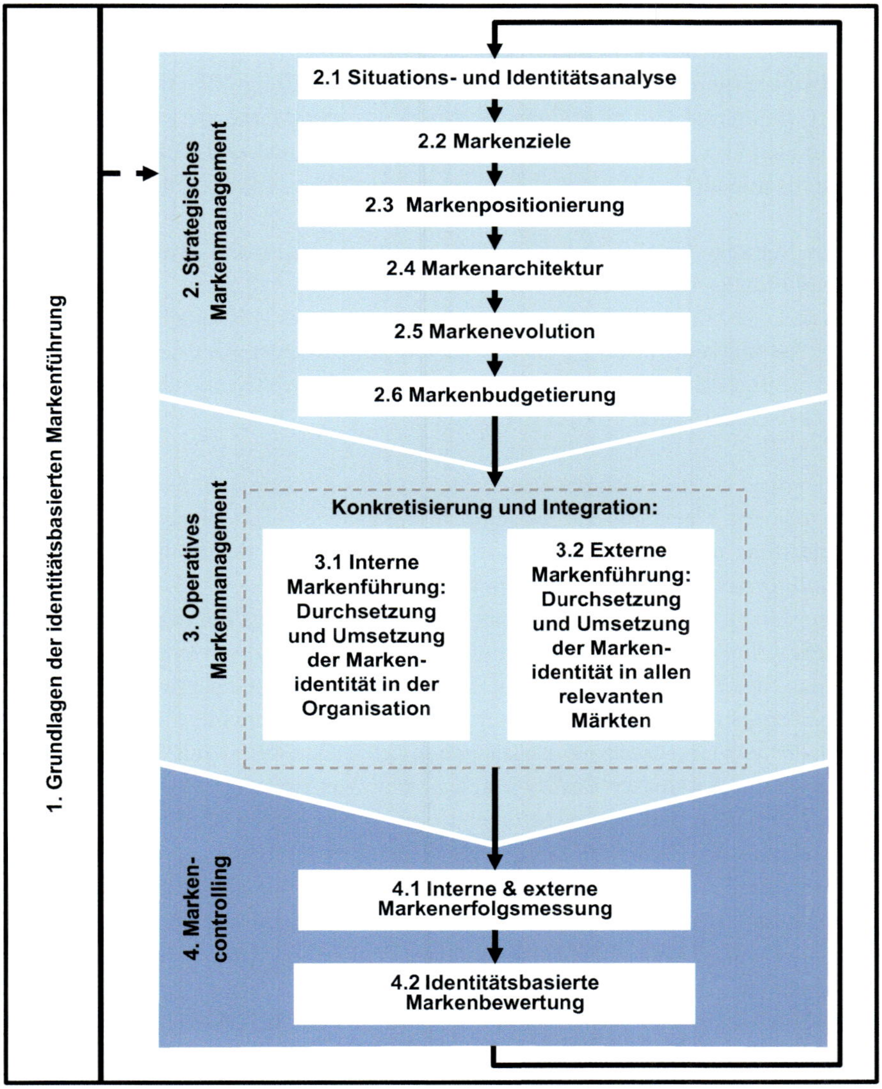

Abb. 4.1 Einordnung des Markencontrollings im Prozess der identitätsbasierten Markenführung

und Kontrollinstrumenten für die Markenführung. Die **systemnutzende Funktion** befasst sich mit der regelmäßigen Kontrolle der Umsetzung strategischer und operativer Pläne sowie der Sicherstellung der laufenden Informationsversorgung aller an der Markenführung Beteiligten. Das Markencontrolling muss zum einen nach dem Feedback-Prinzip eine **expost Überwachung** der Markenführung hinsichtlich ökonomischer, psychografischer und verhaltensbezogener Größen vornehmen. Zum anderen hat es als „Frühwarnsystem“ im

Sinne einer **ex-ante Überwachung** Soll-Ist-Abweichungen zu antizipieren und damit ihr Eintreten zu verhindern (vgl. Meffert und Koers 2005).

Als Ausgangspunkt einer Controllingkonzeption sind Zielgrößen des Markencontrollings zu formulieren. Um eine sinnvolle Abbildung der Markenperformance durch geeignete Indikatoren zu gewährleisten, ist neben der Validität und Reliabilität eine hohe Informationsqualität und Markenrelevanz zu gewährleisten. Deswegen

- hat das Markencontrolling sowohl ökonomische (Kernergebnisgrößen) als auch psychografische (Leistungstreiber) Größen zu umfassen,
- beinhaltet das Markencontrolling sowohl quantitative als auch qualitative Größen,
- nimmt das Markencontrolling gleichermaßen einen ex-post wie ex-ante Fokus ein,
- berücksichtigt das Markencontrolling sowohl interne Größen (Inside-out) als auch externe Größen der Markenführung (Outside-in).

Entscheidend ist, dass sich die Kennzahlen zu einem kohärenten System ergänzen und dazu dienen, eine klar definierte Strategie zu unterstützen. Das Markencontrolling dient der Überprüfung der Zielerreichung unter Berücksichtigung der Budgetierung und ggf. der Ermittlung des Return on Marketing Investment (ROMI).

Darüber hinaus ist die **Akzeptanz des Markencontrollings bei den Mitarbeitern** sicherzustellen. So sollten Sollvorgaben realisierbar sein, um motivierend zu wirken. Zur Bestimmung der Sollvorgaben sind die Erfassung von Vergleichsgrößen der relevanten Wettbewerber als Benchmark sowie interne Zeitvergleiche sinnvoll.

Innerhalb des Markencontrollings standen in den letzten Jahren mit dem **Brand Equity** Management und **Customer Equity** Management zwei Konzepte im Fokus von Wissenschaft und Praxis. Brand Equity betrachtet den ökonomischen Markenwert als zentrale Größe, während der Customer Equity (Kundenstammwert) den aggregierten ökonomischen Wert aller Kundenbeziehungen abbildet. Hierzu werden alle individuellen Kundenbeziehungen auf Basis ihres Kundenlebenszeitwerts (Customer Lifetime Value (CLV)) gemessen und danach kumuliert. Bestimmt wird der CLV als diskontierter Wert aller Zahlungsüberschüsse über den gesamten Lebenszyklus eines Kunden (vgl. Breusch 2009, S. 4). Im Folgenden werden die wichtigsten Instrumente des Markencontrollings näher erläutert. Tomczak et al. (2004, S. 1827 ff.) unterscheiden dabei die in Abb. 4.2 dargestellten fünf Instrumentenkategorien.

Die **Instrumente der ersten Kategorie** basieren auf Erkenntnissen der Kostenrechnung und liefern wertvolle Informationen zu den finanzwirtschaftlichen Erfolgsbeiträgen von Marken. Der **Markendeckungsbeitrag** erfasst die auf die Marke zurückzuführenden Deckungsbeiträge (vgl. Jost-Benz 2009, S. 15 f.). Die Nutzung des Markendeckungsbeitrags im Rahmen des Markencontrollings ist jedoch nicht unproblematisch, da eine Aufspaltung einzelner Geschäftsbeziehungen und Transaktionskosten auf einzelne Marken nicht immer möglich ist. Folglich ist die Steuerungsqualität für einzelne Marken begrenzt (vgl. Tomczak et al. 2004, S. 1847).

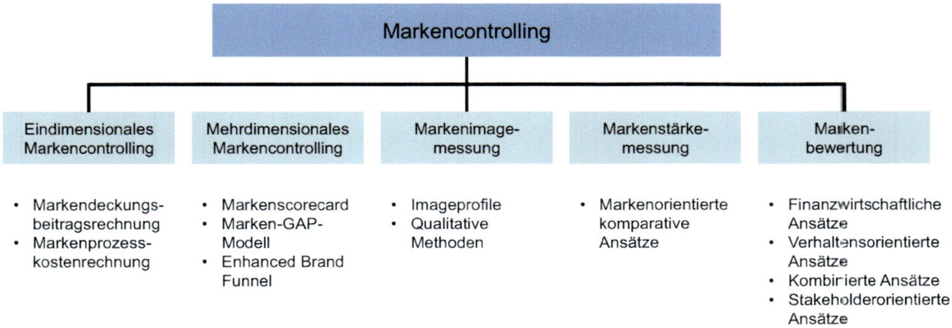

Abb. 4.2 Ausgewählte Instrumente des Markencontrollings. (In Anlehnung an Tomczak et al. 2004, S. 1827; Jost-Benz 2009, S. 15)

In der **Markenprozesskostenrechnung** werden die relevanten Kostentreiber betrieblicher Prozesse untersucht. Hierbei gilt es, nur diejenigen Kostenstellen zuzurechnen, die tatsächlich im Zuge eines Prozesses in Anspruch genommen werden. Ziel ist die verursachungsgerechte Zuordnung von entstehenden Markengemeinkosten (vgl. Reckenfelderbäumer 2006, S. 769 ff.; Bergmann 2017, S. 410 ff.). Dies ist jedoch oft nur mit sehr hohem Aufwand möglich.

Das **mehrdimensionale Markencontrolling** zielt auf eine möglichst umfassende Untersuchung sämtlicher relevanter Anspruchsgruppen ab. Die **Markenscorecard** basiert auf der Idee der Balanced Scorecard von Kaplan und Norton (1997) und dient der Operationalisierung der Markenstrategie anhand monetärer und nicht-monetärer Größen, die sowohl vergangenheits- als auch zukunftsorientiert sein können. Das Verfahren berücksichtigt durch Finanzen, Nachfrager/Markt, Prozesse und Potenziale vier verschiedene Perspektiven des Markencontrollings (vgl. Meffert und Koers 2005, S. 273 ff.).

Als ein weiteres Instrument des mehrdimensionalen Markencontrollings ist das **Marken-GAP-Modell** zu nennen. In diesem Modell wird ein Abgleich der internen und externen Perspektive vorgenommen (vgl. Abb. 4.3). Hierbei werden für die Markenidentität und das Markenimage jeweils Soll- und Ist-Zustände ermittelt. Auf Basis dieser Ergebnisse werden vier Lücken (GAPs) untersucht. GAP 1 zeigt die Wahrnehmungslücke zwischen den idealen Erwartungen der Nachfrager (Soll-Image) und den entsprechenden Erwartungen der Mitarbeiter (Soll-Identität). GAP 2 (Leistungslücke) stellt Soll-Identität und Ist-Identität gegenüber. GAP 3 untersucht die Unterschiede in der aktuellen Wahrnehmung der Nachfrager (Ist-Image) und dem aktuellen Selbstbild der Mitarbeiter (Ist-Identität). Dieses GAP wird auch als Kommunikationslücke bezeichnet. Die letzte Lücke (GAP 4), die sogenannte Identifikationslücke, liegt vor, wenn die idealen Markenerwartungen der Nachfrager (Soll-Image) von der tatsächlichen Wahrnehmung (Ist-Image) abweichen (vgl. Burmann und Meffert 2005, S. 107 ff.). Zur Untersuchung der Gaps und zur Offenlegung der Ursachen kann der Fit einzelner Markenführungsinstrumente und -aktivitäten zur Marke untersucht werden. Hierbei geht es um die Ermittlung der Passigkeit, um Rück-

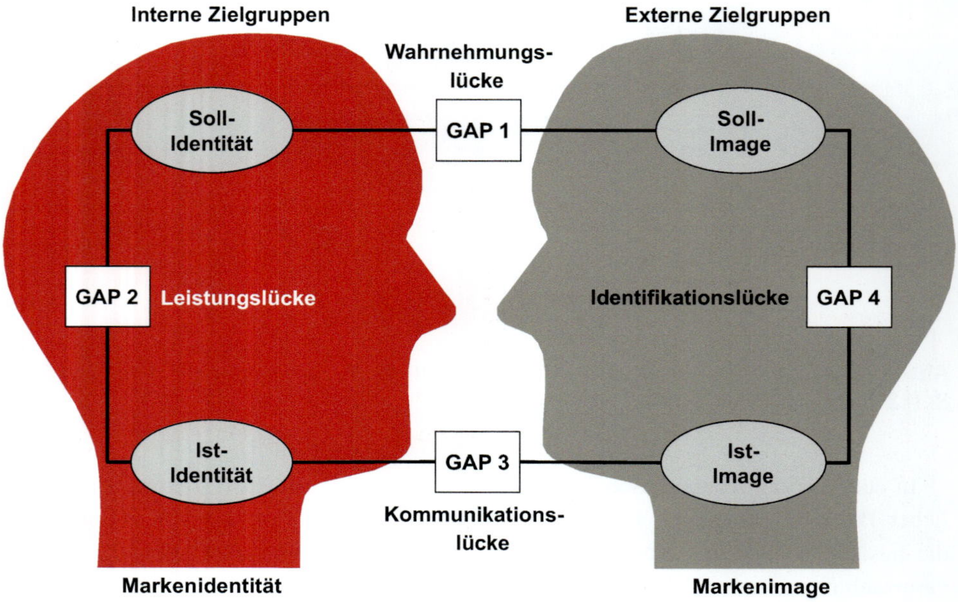

Abb. 4.3 GAP-Modell des identitätsbasierten Markencontrollings

schlüsse auf den Erfolg der eingesetzten Maßnahmen ziehen zu können (vgl. Jost-Benz 2009, S. 18 f.; Schneider 2004, S. 142 ff.).

Kaufprozessmodelle wie der **Brand Purchase Funnel** (Kauftrichter) sind gängige Instrumente im Rahmen des mehrdimensionalen Markencontrollings. Beim Brand Purchase Funnel handelt es sich um ein leicht verständliches Instrument zur Ermittlung der Markenleistung vom ersten Kontakt bis zur langfristigen Markenbindung (vgl. Abschn. 3.2.1). Die Basis des Funnel ist die Erfassung der Konversionsraten entlang von fünf aufeinander aufbauenden Prozessstufen: „Bekanntheit", „Vertrautheit", „Erwägung", „Kauf" und „Loyalität" (vgl. Abb. 4.4). Der Brand Funnel greift damit auf bekannte Werbewirkungsmodelle wie z. B. das AIDA-Modell zurück (vgl. Meffert et al. 2015, S. 713 ff.). Voraussetzung für die erfolgreiche Nutzung des Brand Purchase Funnel sind verlässliche Marktforschungsdaten. Sie bilden die Basis für eine verlässliche und belastbare Analyse. Ein Vorteil dieses Instruments ist die Transparenz sowie die gute Vergleichbarkeit zwischen verschiedenen Marken (vgl. Tomczak et al. 2004, S. 1843 f.).

Abb. 4.4 veranschaulicht den Brand Purchase Funnel beispielhaft für die Marken A und B. Es lässt sich erkennen, dass sowohl Marke A (95 %) als auch Marke B (94 %) eine hohe Markenbekanntheit aufweisen (Funnelwert). Demgegenüber gibt die Konversionsrate wieder, welcher Anteil der Nachfrager von einer Stufe zur nächsten Stufe gehalten werden kann. Beispielsweise wird Marke B von 47 % derjenigen Nachfrager, die sie zuvor in Erwägung gezogen haben, auch gekauft. Somit deckt der Brand Purchase Funnel

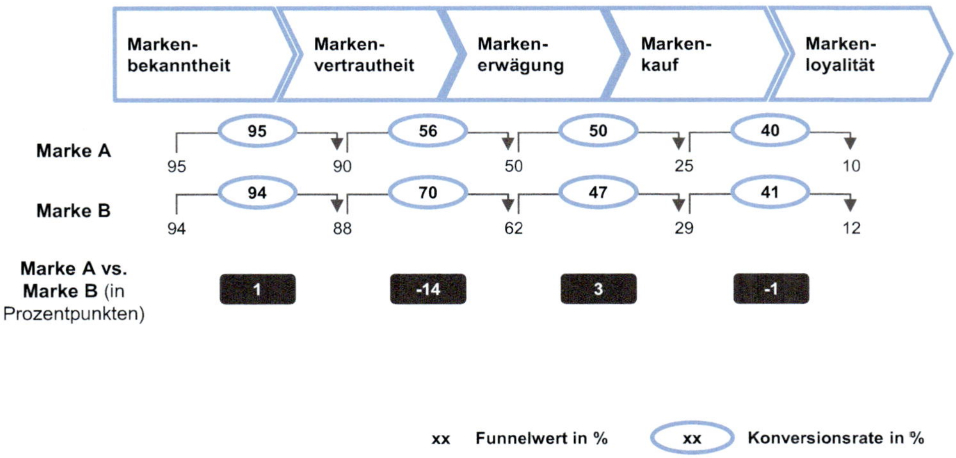

Abb. 4.4 Der klassische Brand Purchase Funnel. (Vgl. Burmann et al. 2017, S. 295)

auf, zwischen welchen Prozessphasen besonders viele potenzielle Nachfrager verloren werden. Zudem kann ermittelt werden, in welchen Phasen eine Marke im Vergleich zu Wettbewerbsmarken Stärken und Schwächen aufweist. Beispielsweise hat Marke A im Vergleich zu Marke B eine deutliche Schwäche von der Stufe Markenvertrautheit zur Stufe Markenerwägung. Marke A sollte also zukünftiges Marketingbudget zur Erhöhung der Markenerwägung bei den Nachfragern einsetzen.

Trotz der weiten Verbreitung des klassischen Brand Purchase Funnel gibt es in Wissenschaft und Praxis seit langem einen **Diskurs hinsichtlich seiner Aktualität und Anwendbarkeit**. Insbesondere das sich ändernde Informations- und Kaufverhalten durch die Digitalisierung führt zu einer höheren Flexibilität der Nachfrager und somit zu einer möglichen Veränderung der Prozessschritte im Rahmen der Customer Journey. So kann es sein, dass Nachfrager einzelne Prozessstufen überspringen, eine frühere Prozessstufe mehrmals durchlaufen oder den Prozess als Ganzes mehrfach durchlaufen (vgl. Nunes et al. 2013, S. 49). Insbesondere Letzteres kommt bspw. im Rahmen von Kaufentscheidungen bei Fast Moving Consumer Goods (FMCG) vor, die nur ein geringes Maß an kognitiver Kontrolle voraussetzen. Zudem verändern Marken wie Google oder Facebook den klassischen Entscheidungsprozess der Nachfrager. Online-Vergleichsportale ermöglichen bspw. eine schnelle, unkomplizierte Informationssuche. Dadurch kann es passieren, dass bis dato unbekannte Marken nachträglich in das Consideration Set (Markenerwägung) aufgenommen werden (vgl. Pauwels und van Ewijk 2013, S. 9). Der klassische Funnel hingegen unterstellt einen strikt sequenziellen Ablauf des Kaufprozesses und impliziert somit, dass Nachfrager alle fünf Stufen nur schrittweise durchlaufen können. Des Weiteren weist der klassische Funnel eine lineare, transaktionsorientierte Struktur auf. Demnach folgt Loyalität direkt im Anschluss an den Kauf. Zudem besteht keine Möglichkeit, den Einfluss vorheriger Interaktionen zwischen Marke und Nachfrager oder das Verhalten nach dem

Kauf, wie bspw. den Austausch mit anderen Nachfragern über die sozialen Medien, zu berücksichtigen (vgl. Moran et al. 2014, S. 202; Karimi et al. 2015, S. 138 f.).

Um dieser Problematik entgegenzutreten, wurde das klassische Funnel-Modell bereits in verschiedenen Ansätzen weiterentwickelt (vgl. z. B. Court et al. 2009; Lecinski 2011; Moran et al. 2014; Nunes et al. 2013; Pauwels und van Ewijk 2013; Freundt et al. 2015; Perrey et al. 2015 sowie für eine ausführliche Darstellung der Modelle Dierks 2017, S. 130 ff.). Exemplarisch sollen nachfolgend die Consumer Decision Journey (Court et al. 2009) als konsumentenorientiertes Modell sowie der Enhanced Brand Funnel von McKinsey (Freundt et al. 2015; Perrey et al. 2015) als markenorientiertes Modell beschrieben werden.

Das Modell der **Consumer Decision Journey** nach Court et al. (2009) stellt eine zyklische, stark konsumentenorientierte Abbildung des Kaufentscheidungsprozesses dar (vgl. Court et al. 2009; Dierks 2017, S. 130 ff.). Im Gegensatz zum linearen Modell des Brand Purchase Funnel wird der Kaufentscheidungsprozess als ein „Loop" verstanden, welcher aus insgesamt vier Phasen besteht (vgl. Abb. 4.5). Der Kaufprozess wird durch einen „Trigger" (z. B. die Entscheidung ein neues Auto zu kaufen) ausgelöst. Die Auswahl findet dabei zunächst auf Basis aller zu diesem Zeitpunkt vom Nachfrager in Erwägung gezogenen Marken (initiales Consideration Set) statt. Mittels verschiedener Informationsquellen (on- und offline) werden anschließend die zur Verfügung stehenden Markenalternativen bewertet (aktive Markenbewertung). Nach Court et al. (2009) muss sich die Anzahl der in Frage kommenden Marken in dieser Phase jedoch nicht zwingend reduzieren. Im Gegensatz zu den Annahmen des klassischen Funnel-Modells kann die Anzahl an Marken durch die Addition zuvor unbekannter Marken ebenfalls wachsen. In Anschluss folgen der Kauf sowie die erlebten Eindrücke und Erfahrungen nach dem Kauf (Nachkauf-Erlebnis). Hierbei kann es sich bspw. um eine nachträgliche Bewertung der Marke oder die Weiterempfehlung (on- und offline) dieser handeln. Die Nachkaufphase ist von hoher Relevanz, da hier alle zukünftigen Entscheidungen der Nachfrager geprägt werden. Die in

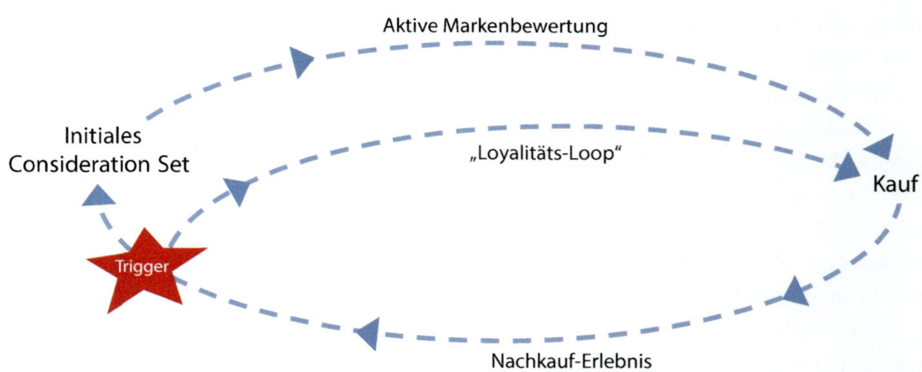

Abb. 4.5 Modell der Consumer Decision Journey. (Eigene Darstellung in Anlehnung an Court et al. 2009)

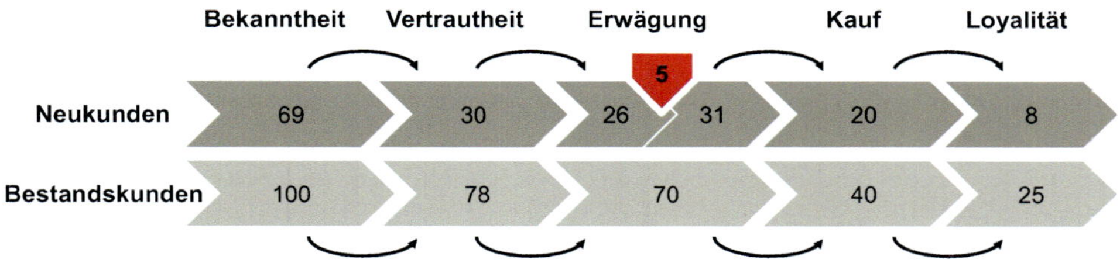

Abb. 4.6 Beispielhafte Darstellung des Enhanced Brand Funnel. (Eigene Darstellung in Anlehnung an Dierks 2017, S. 147; Perrey et al. 2015, S. 140)

der Nachkaufphase gesammelten Erlebnisse können somit den Grundstein für das initiale Consideration Set bei der nächsten Kaufentscheidung legen. Darüber hinaus kann es in dieser Phase auch dazu kommen, dass die Konsumenten in den sog. „Loyalitäts-Loop" gelangen und bei allen zukünftigen Kaufentscheidungen direkt auf die zuvor gekaufte Marke zurückgreifen.

Im Gegensatz zum Modell der Consumer Decision Journey orientiert sich der **Enhanced Brand Funnel** der Unternehmensberatung McKinsey (vgl. Abb. 4.6) stärker an der markenfokussierten Sichtweise des klassischen Funnel-Modells und ermöglicht somit ein prozessorientiertes Markencontrolling (vgl. Perrey et al. 2015, S. 137 ff.; Freundt et al. 2015, S. 90 ff.). Gegenüber dem klassischen Brand Purchase Funnel zeichnet sich der Enhanced Brand Funnel durch zwei grundlegende Erweiterungen aus. In einem ersten Schritt kann beim Enhanced Brand Funnel nun eine Unterscheidung zwischen Neu- und Bestandskunden vorgenommen werden. Hierdurch wird eine im Vergleich zum klassischen Brand Purchase Funnel differenziertere Betrachtung von Markenloyalität ermöglicht. Zur Gruppe der Neukunden zählen in diesem Zusammenhang alle Nachfrager, die bisher niemals ein Produkt oder einen Service der betrachteten Marke gekauft haben. Alle anderen Kunden gelten dementsprechend als Bestandskunden. Durch die Trennung wird im Rahmen der Analyse eine breite Faktenbasis geschaffen, die für eine zielgenaue Ableitung von Maßnahmen zur Kundengewinnung und Kundenbindung von hoher Relevanz ist. Beispielsweise liegt bei einer getrennten Betrachtung von Neu- und Bestandskunden die Markenbekanntheit bei Letztgenannten per Definition immer bei 100 %, wohingegen dieser Wert bei Neukunden regelmäßig niedriger ausfällt. Darüber hinaus ergeben sich zwei weitere zentrale Vorteile durch die Trennung:

- Es kann eine klare Trennung zwischen der **Kaufintention** (Ich werde die Marke erneut kaufen) und dem tatsächlichem **Kaufverhalten** (Ich habe diese Marke bereits gekauft) vorgenommen werden.
- Es besteht die Möglichkeit, die Treiber der Markenloyalität von Neu- und Bestandskunden getrennt voneinander zu ermitteln und auf dieser Basis entsprechende Maßnahmen abzuleiten (vgl. Perrey et al. 2015, S. 138).

Eine zweite Neuerung gegenüber dem klassischen Funnel ist zudem, dass Neukunden nun auch direkt auf der Prozessstufe der „Erwägung“ in den Entscheidungsprozess einsteigen können (vgl. Abb. 4.6). Mit dieser Erweiterung werden Personen erfasst, die eine Marke erst kurz vor ihrer Kaufentscheidung, bspw. aufgrund einer Empfehlung aus dem Freundeskreis oder dem überraschenden Auftauchen der Marke in einem Vergleichsportal, in die engere Auswahl aufnehmen (roter Pfeil). Ein solcher Direkteinstieg ist besonders in Bereichen von Bedeutung, in denen es überwiegend Impulskäufe oder Last-Minute-Entscheidungen gibt (vgl. Perrey et al. 2015, S. 139; Burmann et al. 2017, S. 301 f.).

Die beiden exemplarisch dargestellten Weiterentwicklungen des klassischen Brand Purchase Funnel beseitigen bereits einige der oben diskutierten Schwächen. Dierks (2017, S. 57 ff.) hat basierend auf einer umfassenden Literaturanalyse, die u. a. die dargestellten Modelle umfasste, eine gesamtheitliche Anforderungsliste an eine optimierte Darstellung des Brand Purchase Funnel abgeleitet. Beispielsweise kritisiert er, dass das Modell der Consumer Decision Journey Markenbekanntheit lediglich implizit als Voraussetzung für das Zustandekommen des initialen Consideration Sets integriert. Somit kann das Markenwissen der Nachfrager, im Sinne von Markenbekanntheit und Markenvertrautheit, nicht direkt gemessen werden. Diese beiden Größen werden zwar im Enhanced Brand Funnel explizit genannt, allerdings weist dieser ebenso wie die Consumer Decision Journey zwei weitere wesentliche Einschränkungen auf. In beiden Modellen werden weder die **Besonderheiten unterschiedlicher Kaufentscheidungstypen** noch der **Einfluss des Weiterempfehlungsverhaltens der Nachfrager**, im Sinne von (e)WOM, direkt integriert. Zudem konnte Dierks feststellen, dass die **Loyalität** der Nachfrager in vielen Modellen unterschiedlich und oft nicht ausreichend differenziert betrachtet wird. Aufbauend auf diesen und weiteren Einschränkungen entwickelt der Autor einen nuancierten Brand Purchase Funnel im Sinne einer optimierten Abbildung des Kaufverhaltens (vgl. Abb. 4.7).

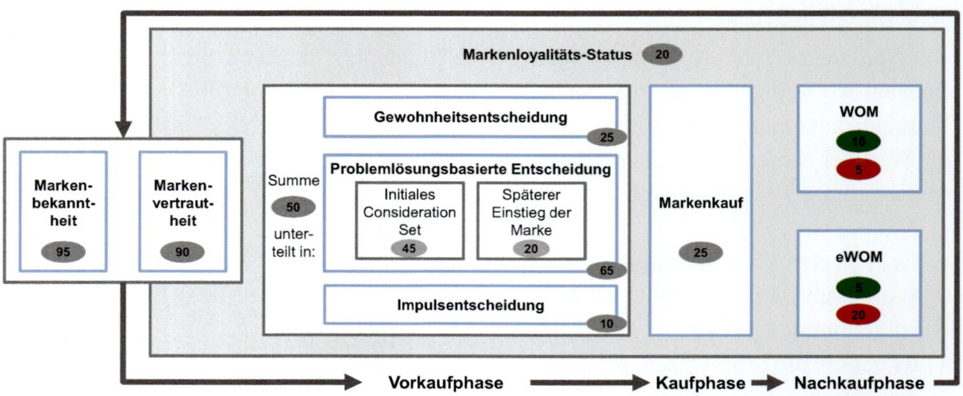

Abb. 4.7 Beispielhafte Anwendung des nuancierten Brand Purchase Funnel nach Dierks (2017). (Eigene Darstellung in enger Anlehnung an Dierks 2017, S. 292)

Der Aufbau des nuancierten Brand Purchase Funnel erinnert zunächst an die klassische Funnel-Variante, es wurden jedoch vier entscheidende Änderungen vorgenommen (vgl. Dierks 2017, S. 160 ff.; Burmann et al. 2017, S. 298 ff.):

- Dierks (2017) nimmt eine differenzierte Betrachtung der ursprünglichen Phase „Markenerwägung“ vor. Er unterscheidet hier zwischen **Gewohnheits- und Impulsentscheidungen sowie problemlösungsbasierten Entscheidungen**. Diese Unterscheidung ist insbesondere in Hinblick auf die Besonderheiten verschiedener Kaufentscheidungstypen sowie deren differenzierte Behandlung in der Markenführung von Relevanz. Beispielsweise sind Gewohnheits- und Impulskäufe (z. B. FMCG) stark emotional geprägt, wohingegen der Kauf eines neuen Automobils (problemlösungsbasierte Entscheidung) ein weitaus höheres Maß an kognitiver Kontrolle benötigt.
- Darüber hinaus wird die **dynamische Entwicklung des Consideration Set** im Rahmen von kognitiv geprägten problemlösungsorientierten Entscheidungen, die durch einen intensiveren Informationssuchprozess gekennzeichnet sind, berücksichtigt. Der Autor unterscheidet zwischen einem initialen Consideration Set und einer späteren Addition einer Marke in das Consideration Set.
- Bisherige Modelle adressieren die Nachkaufphase überwiegend durch die Größe Markenloyalität. Dadurch vernachlässigen sie den Einfluss von sozialem Verhalten, d. h. die Interaktion zwischen Nachfragern nach dem Kauf. Dieses direkte oder indirekte Weiterempfehlungsverhalten findet im Zuge der Digitalisierung vermehrt online statt, bspw. über soziale Medien. Aus diesem Grund ergänzt Dierks (2017) zwischen dem Kauf und der Markenloyalität das **Ausmaß von WOM bzw. eWOM**. Diese können sowohl positiver (grüner Kreis) als auch negativer Ausprägung (roter Kreis) sein und üben einen hohen Einfluss auf das Kaufentscheidungsverhalten anderer Nachfrager aus.
- Markenloyalität war bereits Bestandteil bisheriger Modelle und ist somit streng genommen keine Erweiterung. Dierks (2017) greift jedoch den konkreten **Status der Markenloyalität** auf und differenziert hier weiter zwischen einstellungs- und verhaltensbezogener Loyalität. Dies ermöglicht dem Markenmanagement eine differenzierte Kundensegmentierung und Messung dieser Segmente.

Die **dritte Instrumentenkategorie** im Markencontrolling sind die Ansätze zur Messung des Markenimages. Die bekannteste Methode in diesem Bereich ist die Erhebung von **Imageprofilen**. Hierbei werden Marken einer bestimmten Kategorie anhand einer Liste vorgegebener Nutzenassoziationen bzw. Imagefaktoren durch Nachfrager beurteilt. Häufiges Einsatzgebiet der Imageprofile ist das Controlling der Markenpositionierung. Hierzu müssen vorher die kaufverhaltensrelevanten Nutzenassoziationen zusammengestellt, die Zielgruppe bestimmt und die wichtigsten Konkurrenzmarken ermittelt werden. Bei der Erhebung von Imageprofilen sollten nur solche Assoziationen betrachtet werden, die für die Markenpräferenzbildung und den Kaufentscheidungsprozess von Bedeutung sind, durch Markenführungsinstrumente beeinflussbar sind und zur Differenzierung der Marken beitragen. In einer 2016 durchgeführten Studie des Lehrstuhls für innovatives

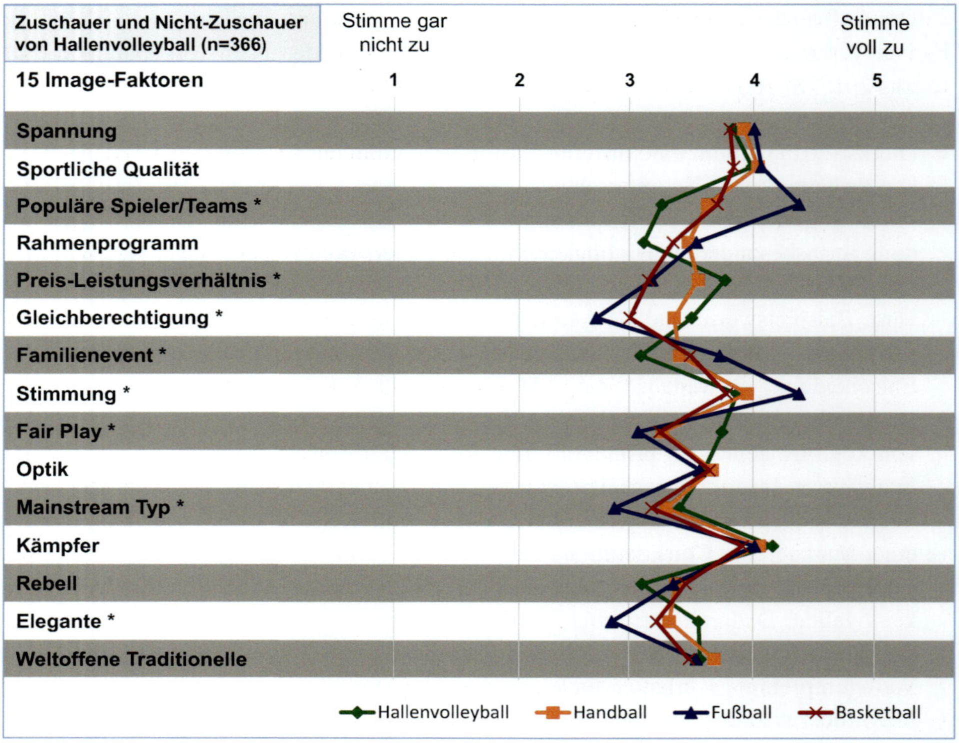

* = Signifikante Unterschiede (p < 0,10)

Abb. 4.8 Imageprofile ausgewählter Sportarten

Markenmanagement der Universität Bremen mit insgesamt 473 Teilnehmern wurden im Rahmen einer Online-Befragung die Imageprofile verschiedener Sportarten ermittelt. Die konkrete Zielsetzung der Studie lag in der Steigerung der Attraktivität der Sportart Hallenvolleyball. Abb. 4.8 zeigt das Ergebnis der Befragung von einer Teilstichprobe (366 Zuschauer und Nicht-Zuschauer der Sportart Hallenvolleyball). Anhand von 15 Imagefaktoren können nun vergleichende Aussagen zum Image der untersuchten Sportarten getroffen werden. Beispielsweise wird Fußball von den Befragten häufiger mit populären Spielern/Teams und Stimmung assoziiert als die anderen Sportarten.

Im Vergleich zu qualitativen Messverfahren haben Imageprofile den Vorteil, dass eine Konzentration auf die zentralen Assoziationen, eine repräsentative Erhebung und anschauliche Zeit- und Betriebsvergleiche möglich sind. Zentrale Defizite sind die fehlende Relevanzanalyse der Markenassoziationen sowie die fehlende Berücksichtigung von Wechselwirkungen zwischen den Marken (vgl. Tomczak et al. 2004, S. 1831).

Neben Imageprofilen als quantitativem Messinstrument gibt es **qualitative Methoden zur Messung des Markenimages**. Diese Methoden liefern generell detailliertere

Erkenntnisse zu den emotionalen und kognitiven Prozessen, die bei der Bildung von Markenassoziationen ablaufen. Sie liefern in der Regel jedoch keine repräsentativen Erkenntnisse, sondern dienen der Vorbereitung oder Vertiefung quantitativer Untersuchungen. Besondere Bedeutung bei der Erfassung des Markenimages haben die Untersuchung der Markenpersönlichkeit und der mit ihr zusammenhängenden Werte (vgl. Schade 2012, S. 91 ff.).

Die **vierte Instrumentenkategorie** sind Methoden zur Erfassung der Markenstärke. Hierbei sind besonders die **markenorientierten komparativen Ansätze** von Bedeutung (vgl. Keller 2005, S. 1319 ff.). Diese Ansätze stellen Vergleichsexperimente dar, bei denen die Auswirkungen auf eine Variable bei Veränderung einer anderen Variablen untersucht werden. Ein Beispiel hierfür sind Produkt-Blindtests. Weitere Einsatzgebiete sind die Untersuchung des Einflusses von Marken auf die Preisbereitschaft sowie der Markeneinfluss auf das Gefallen von Kommunikationsarten und -inhalten (vgl. Tomczak et al. 2004, S. 1842; Schmidt 2015, S. 95 f.).

Die **fünfte Instrumentenkategorie** stellt die im Rahmen des Markencontrollings wichtigste Kategorie dar. Die ökonomische **Markenbewertung** beinhaltet „die Erfassung, Diagnose und Steuerung des Markenwerts" (Jost-Benz 2009, S. 20). Bei den Markenbewertungsmodellen können

- finanzwirtschaftliche Markenbewertungsmodelle,
- verhaltensorientierte Markenbewertungsmodelle,
- kombinierte Markenbewertungsmodelle und
- stakeholderorientierte Markenbewertungsmodelle unterschieden werden.

Diese Ansätze sowie exemplarische Vertreter werden in Abschn. 4.4 näher erläutert.

Bei der Festlegung geeigneter Erfolgsgrößen des Markencontrollings empfiehlt es sich, mehrere Indikatoren zu einem integrierten Erfolgsindex (Spitzenkennzahl) zusammenzuführen. Spitzenkennzahlen der identitätsbasierten Markenführung sind der **ökonomische Markenwert** und die **interne und externe Markenstärke**.

4.1.2 Konzeptualisierung der externen und internen Markenstärke

► **Markenstärke** kann als das Ausmaß der Verhaltensrelevanz von Marken bei unternehmensexternen und -internen Bezugsgruppen definiert werden (vgl. Jost-Benz 2009, S. 63).

Die **externe Markenstärke** erfasst das Ausmaß der Kaufverhaltensrelevanz von Marken für Nachfrager. Im Rahmen der identitätsbasierten Markenführung sind die Markenbekanntheit, das Markenimage, das Markenvertrauen, das Brand Attachment und das Nachfragerverhalten (u. a. Kauf) die wichtigsten Determinanten der externen Markenstärke (vgl. Abb. 4.9). Die Markenbekanntheit bildet die Grundlage für das Markenimage

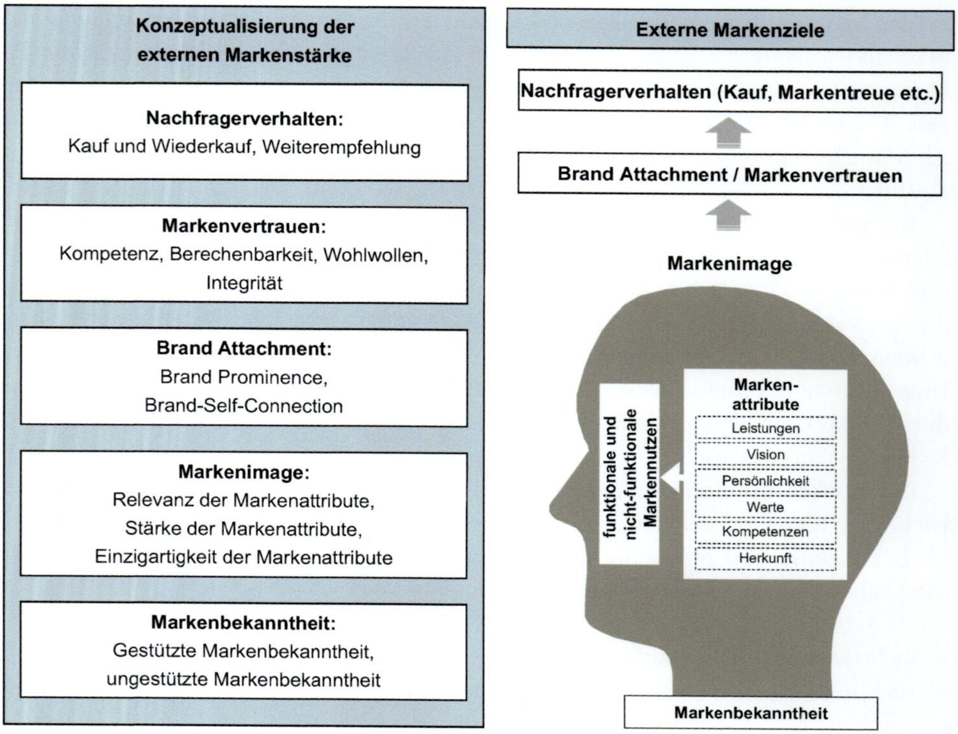

Abb. 4.9 Konzeptualisierung der externen Markenstärke

und beschreibt die Fähigkeit des Nachfragers, die Marke zu identifizieren und einer Produktkategorie zuzuordnen. Die Ausprägungen der Markenbekanntheit reichen von der Wiedererkennung bis zur Verankerung einer Marke im Gedächtnis als alleinigem Vertreter einer Produktkategorie (vgl. Abb. 4.10).

Die gestützte Markenbekanntheit umfasst die Wiedererkennung einer Marke auf der Basis visueller und/oder akustischer Stimuli und die richtige Zuordnung zu einer vorgelegten Kategorie. Die hierbei auftretende Markenwiedererkennung (Brand Recognition) beschreibt die schwächste Ausprägung der Markenbekanntheit. Die Markenvertrautheit (Brand Familiarity) erfasst neben der Wiedererkennung der Marke das subjektive Gefühl, eine Marke näher zu kennen. Bei der ungestützten Markenbekanntheit werden zwei Ausprägungsformen unterschieden: die Markenerinnerung (Brand Recall) und die dominante Markenkenntnis (Top of Mind Awareness). Je höher die Markenbekanntheit, desto höher ist folglich die Brand Prominence, welche die Stärke der Verankerung einer Marke im Gedächtnis der Nachfrager wiedergibt (vgl. Kleine-Kalmer 2016, S. 65 f.). Alle bekannten Marken, die für den Kauf eines Nachfragers in Betracht kommen, werden als „evoked set" oder „relevant set" bezeichnet.

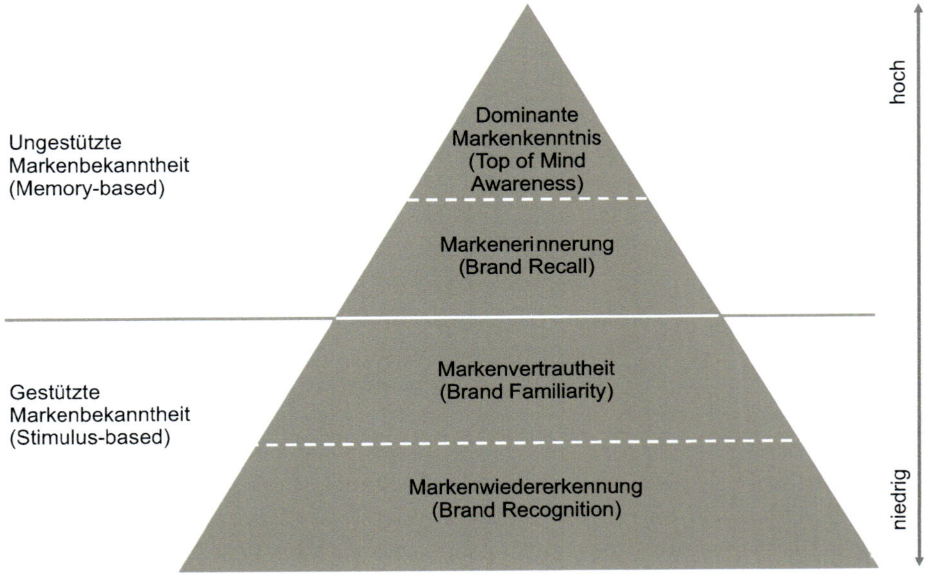

Abb. 4.10 Formen der Markenbekanntheit. (Eigene Darstellung in Anlehnung an Aaker 1996, S. 62; Walser 2004, S. 80 ff.)

Die weiteren Determinanten der externen Markenstärke zeigt Abb. 4.9. Hier kann das Markenimage in einem ersten Schritt über die wahrgenommene Relevanz, Stärke und Einzigartigkeit der Markenattribute erfasst werden (vgl. Keller 2013, S. 52 ff.). Im zweiten Schritt können die Markenattribute und Nutzenassoziationen im Detail gemessen werden. Die wahrgenommene **Relevanz** (Favourability) der Markenattribute setzt voraus, dass die kommunizierten Attribute des Markennutzenversprechens von den Nachfragern verstanden und als relevant zur Befriedigung der Nachfragerbedürfnisse betrachtet werden. Darüber hinaus sollten die Markenattribute in der Wahrnehmung der Nachfrager mit der Marke in Verbindung gebracht werden können (**Stärke**). Die **Einzigartigkeit** der Markenattribute (auch als Unique Selling Proposition bzw. USP bezeichnet) ist die Voraussetzung für eine klare und differenzierte Markenpositionierung. Hierfür müssen sowohl relevante Zielgruppen als auch Wettbewerbsmarken analysiert werden.

Im zweiten Schritt sollte die externe Markenstärke über das Markenvertrauen, das Brand Attachment und das Nachfragerverhalten (u. a. Kauf) erfasst werden. Für den Aufbau von Markenvertrauen spielt zunächst die wahrgenommene Authentizität der Marke an den Brand Touch Points eine wichtige Rolle. Fehlt es an Authentizität, hat es die Marke versäumt, deutlich zu machen, wofür sie steht. Dadurch wird ihr zukünftiges Verhalten schwer abschätzbar und nicht mehr berechenbar. Damit wird der Kauf der Marke sehr unwahrscheinlich. Die Messung des Markenvertrauens erfolgt anhand der vier Dimensionen Kompetenz, Berechenbarkeit, Wohlwollen und Integrität. Mit dem Brand Attachment wird vor allem die Bedeutung einer Marke für das eigene Selbst des Nachfragers (Brand-Self-Connection) und die Präsenz der Marke im Gedächtnis des Nachfragers (Brand Prominence) erfasst. Beides hat eine sehr hohe prognostische Relevanz für die Vorhersage des zukünftigen Kaufverhaltens des Nachfragers (vgl. Park et al. 2010). Bei der Messung des Nachfragerverhaltens müssen neben Kauf- und Wiederkaufverhalten auch die Weiterempfehlungsrate berücksichtigt werden.

Die **interne Markenstärke** bildet das Kernstück des identitätsbasierten Markenwerts. Sie reflektiert die Verankerung der Marke bei internen Zielgruppen und ist ein Frühindikator für zukünftige Markenwertentwicklungen. Die interne Markenstärke erfasst das Ausmaß des markenidentitätskonformen Verhaltens der Mitarbeiter, das geprägt wird durch ihre markenidentitätsbezogenen Kenntnisse, Einstellungen, Kompetenzen und Ressourcen.

Gemessen werden kann die interne Markenstärke über das Markenwissen, Brand Commitment und Brand Citizenship Behavior der Mitarbeiter. Brand Commitment beschreibt das Ausmaß der psychologischen Verbundenheit eines Mitarbeiters mit der Marke. Das Brand Citizenship Behavior erfasst das markenkonforme Mitarbeiterverhalten. Da das Markenwissen Voraussetzung für die Entstehung von Brand Commitment und Brand Citizenship Behavior ist, muss auch diese Komponente bei der Ermittlung der internen Markenstärke erfasst werden (vgl. Abb. 4.11).

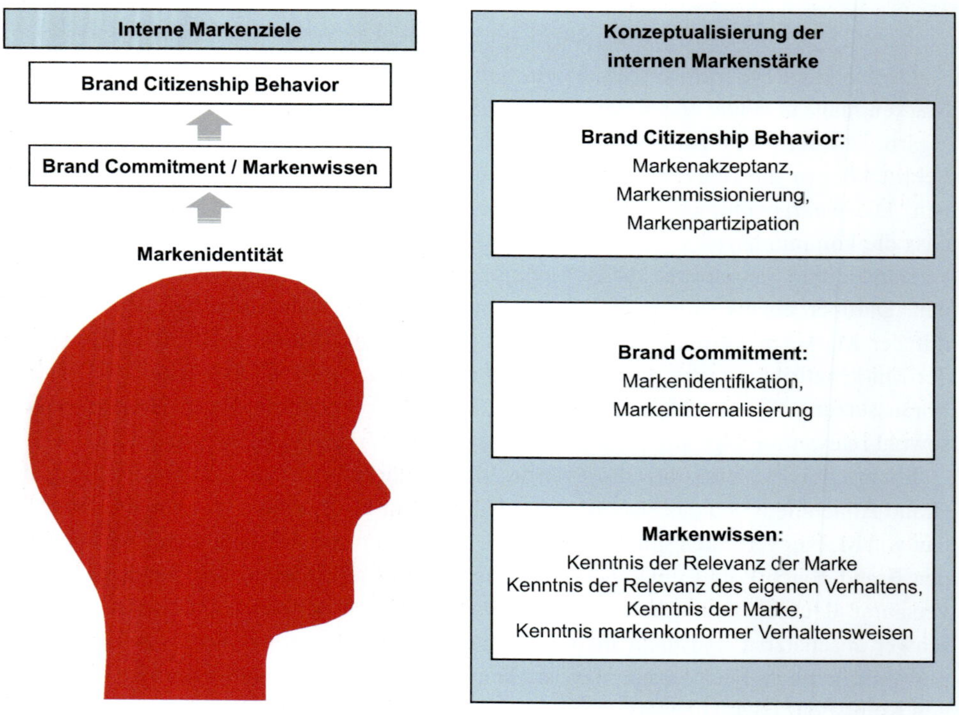

Abb. 4.11 Konzeptualisierung der internen Markenstärke

Die Bedeutung der internen und externen Markenstärke gilt auch in B2B-Märkten. Die Relevanz der Marke für Kaufentscheidungen in diesem Bereich konnte in mehreren Studien klar nachgewiesen werden. Sie variiert in Abhängigkeit von der Produktkategorie. Während in der Konsumgüterbranche der nicht-funktionale Markennutzen oftmals die höchste Bedeutung für die Kaufentscheidung besitzt, dominiert im B2B-Bereich oft die Risikoreduktionsfunktion der Marke (vgl. Krause 2013, S. 46 ff.). Auf Grund der hohen Leistungskomplexität ist der persönliche Kontakt zwischen Mitarbeitern der Marke und dem Kunden im B2B-Bereich besonders relevant. Krause (2013) konnte nachweisen, dass der Mitarbeiter seine Einstellungen und Werte gegenüber der Marke auf den Kunden übertragen kann. Folglich haben Markenwissen, Brand Commitment und Brand Citizenship Behavior der Mitarbeiter einen hohen Einfluss auf das Kaufverhalten von B2B-Nachfragern.

4.2 Customer Equity vs. Brand Equity als Spitzenkennzahlen des Markencontrollings

Innerhalb des Markencontrollings standen in den letzten Jahren mit dem Brand Equity Management und dem Customer Equity Management zwei Konzepte im Fokus von Wissenschaft und Praxis, die lange Zeit als konfliktär galten. Das Customer-Equity-Konzept betont, dass jeder Kunde potenziell werthaltig und einzigartig ist und deswegen individuell betrachtet werden muss (vgl. Bayón et al. 2002, S. 214; Di Benedetto und Kim 2016, S. 3721 ff.). Dies führt auf Seiten des Unternehmens bspw. dazu, dass die für das Unternehmen wichtigen Kunden identifiziert und individuell betreut werden sollten. Entsprechend wird eine Markenführung gefordert, die sich nach individuellen Kundenbedürfnissen ausrichtet. Rust et al. (2004) fordern sogar: „We should be willing to do whatever is necessary with our brands (including replacing them with new ones) to maintain our customer relationships. Our attitude should be that brands come and go – but customers [...] remain“ (Rust et al. 2004, S. 112). Marken könnten demnach beliebig und jederzeit neu erschaffen, eliminiert und verändert werden. Eine Vorstellung, die den identitätsbasierten Markenführungsgrundsätzen der Kontinuität und Konsistenz konträr entgegensteht. Rust et al. (2004) übersehen bei ihrer Aussage, dass Kunden in der Regel wesentlich stärker an Marken als an einzelne Produkte gebunden sind. Deswegen wechseln Kunden Produkte und Dienstleistungen oft häufiger als Marken. Dies trifft vor allem auf Corporate Brands, Geschäftsbereichsmarken und Dienstleistungsmarken zu, wohingegen Rust et al. (2004) implizit eher an Produktmarken aus dem FMCG-Bereich denken. Auch die zentralen Fragestellungen beider Forschungszweige unterscheiden sich. Während in der Brand-Equity-Forschung der finanzielle Wert von Marken untersucht wird, steht in der Customer-Equity-Forschung der Wert aller Kunden während ihres gesamten Lebenszyklus im Zentrum der Betrachtung.

Insgesamt kann festgestellt werden, dass zwar Unterschiede beider Forschungszweige existieren, diese aber überbrückbar sind. Deswegen streben aktuelle Forschungsansätze nach integrierten Lösungen. So fordern selbst Rust et al. (2004, S. 116): „A focus on customer equity doesn't mean brand equity is unimportant. To the contrary, improving brand equity remains one of the most important marketing tasks." Anstelle einer Abkehr von der Brand-Equity-Forschung fordern sie eine differenziertere Ausgestaltung der Brand-Equity-Instrumente, um die Aussagefähigkeit für das Customer-Equity-Management zu steigern. Das identitätsbasierte Markenmanagement liefert hierfür eine gute Grundlage (Abschn. 4.4.5).

4.3 Notwendigkeit eines identitätsbasierten Markenbewertungsansatzes

4.3.1 Defizite der bisherigen Markenbewertung in Wissenschaft und Praxis

Die Bedeutung von Marken ist auch im Rahmen von M&A-Transaktionen gestiegen (vgl. Rippe 2017, S. 6 ff.). Marken gelten heute als ein wichtiges strategisches Kaufmotiv. Unternehmen wollen sich über starke Marken gegenüber ihren Stakeholdern profilieren. Gleichzeitig wird der Markenneuaufbau gerade in gesättigten Märkten immer schwieriger und teurer. Das erhöht den Wert bestehender Marken und den Anreiz, sie zu akquirieren. Entsprechend kommentierten Buchan und Brown schon 1989: „It goes without saying that the motivation for companies to grow through acquisition has frequently arisen from the strategic requirement to establish leading positions in their chosen markets by controlling national and international brands." (Buchan und Brown 1989, S. 81). Dieser Trend wird dadurch unterstützt, dass im Zuge der Konzentration auf Kernkompetenzen viele Markenportfolios bereinigt und unpassende Marken abgestoßen werden (vgl. Brunner 2013, S. 9).

Neben dem Stellenwert von Marken als strategisch motiviertem Kaufobjekt ist auch ihre Relevanz als betrieblicher Vermögensgegenstand sehr stark gestiegen. Beides führt dazu, dass der Marken-Goodwill häufig den wesentlichen Teil des Kaufpreises für ein Zielunternehmen darstellt. Bahadir et al. (2008, S. 50) schätzen bspw., dass bei der Übernahme von Gilette durch Procter & Gamble ca. 50 % der gezahlten 53,5 Mrd. US-$ auf die Marke entfielen. Eine Studie des Markenverbandes mit der GfK im Jahr 2011 zeigte, dass 53 % der Befragten die aktuelle Bedeutung der Markenbewertung für das Unternehmen als groß einschätzten (vgl. Markenverband et al. 2012, S. 17).

Das große Interesse an der Markenbewertung ist auch eine Folge der kaum noch überschaubaren Vielzahl an Markenbewertungsansätzen als Folge verschärfter gesetzlicher Vorschriften zur Bewertung erworbener Marken. So existieren heute über 300 unterschiedliche Markenbewertungsansätze (vgl. Amirkhizi 2005). Die Konsequenzen lassen sich am Beispiel der TANK AG Studie veranschaulichen. Hanser et al. (2004) konnten hier aufzeigen, dass die existenten Markenbewertungsmodelle zu stark unterschiedlichen Ergebnissen hinsichtlich des ökonomischen Werts ein und derselben Marke führen. Bei der

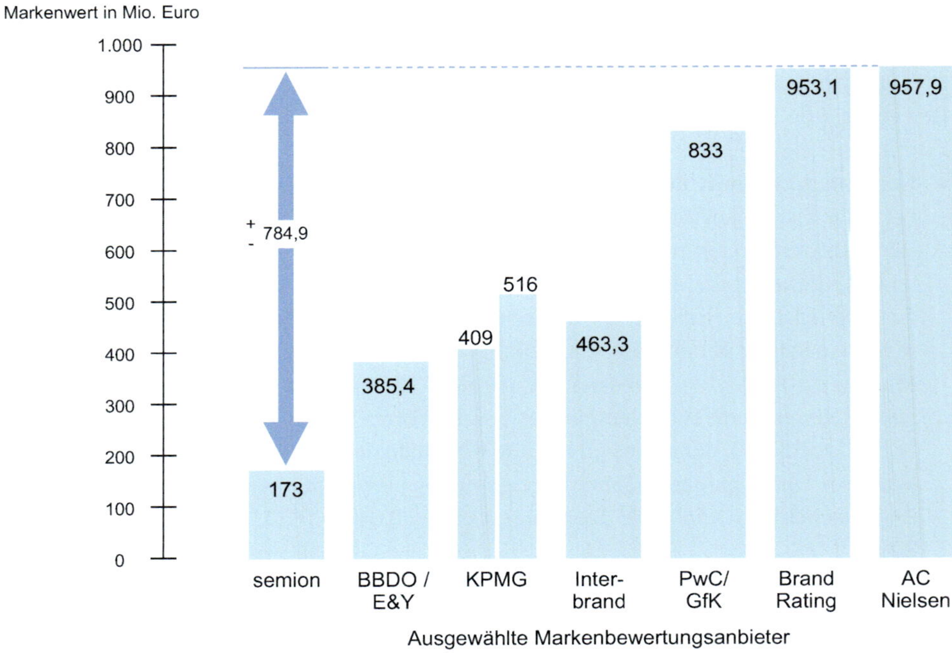

Abb. 4.12 Bewertung der Marke TANK AG. (In enger Anlehnung an Hanser et al. 2004, S. 226 ff.)

TANK AG war es erstmalig gelungen, einen transparenten Vergleich unterschiedlicher Markenbewertungsverfahren bezüglich desselben Bewertungsobjektes und bei gleichen Informationen für alle Markenbewerter durchzuführen. Die Ergebnisse lieferten trotz einheitlicher Datengrundlage eine Differenz von 784,9 Mio. EUR im Wert der anonymisierten Marke TANK AG (vgl. Abb. 4.12).

Die stark voneinander abweichenden Markenwerte sind die Folge eines sehr heterogenen Verständnisses darüber, wie die Quantifizierung des ökonomischen Markenwerts erfolgen sollte. Dies ist vor allem ein Resultat der bislang häufig **fehlenden theoretischen Fundierung der Markenführung**. Aufgrund dieser Defizite ist eine **Vielzahl willkürlich entwickelter Markenbewertungsmodelle mit stark eingeschränkter Aussagekraft entstanden**. Hier liefert das theoretisch fundierte Konzept der identitätsbasierten Markenführung einen Ausweg. Auf der Basis dieses Konzeptes ist es erstmalig möglich, die eigentlichen Quellen des ökonomischen Markenwerts, die Ressourcen und Kompetenzen der Marke, in die Bewertung zu integrieren und die Markenbewertung dadurch in der kompetenzbasierten Theorie der Unternehmensführung zu verankern (vgl. Freiling 2013, S. 29 ff.). Damit geht die identitätsbasierte Markenbewertung über das Niveau oberflächlicher „Fassadenbewertung" hinaus und betrachtet die tatsächliche Substanz einer Marke, die von allen anderen Markenbewertungsansätzen vernachlässigt wird.

Die identitätsbasierte Erweiterung auf die interne Steuerungsebene ist von hoher Relevanz, um Anpassungen in der Markenführung vornehmen zu können. Folgende Argumente zeigen, dass eine reine Betrachtung der externen Markenstärke bei der ökonomischen Bewertung von Marken zu kurz greift:

- **Erhöhte Aktualität des Markenwerts durch Integration der internen Perspektive:** Alle bisherigen Markenbewertungsverfahren stützen sich auf vergangenheitsbasierte Informationen und daraus abgeleitete Prognosen. Nur die Integration der internen Markenstärke ermöglicht eine ebenso aktuelle wie valide Bestandsaufnahme der Markenstärke, weil die zur Markenführung notwendigen Ressourcen und Kompetenzen sowie die Kenntnisse, Einstellungen und das Verhalten **der Mitarbeiter** einer Marke erfasst werden. Insbesondere vor dem Hintergrund von Unternehmenszusammenschlüssen kann eine identitätsbasierte Markenbewertung von großem Nutzen sein (vgl. Rippe 2017), denn Einstellung und Verhalten der Mitarbeiter gegenüber den Marken ihres Unternehmens können für den Erfolg eines Unternehmenszusammenschlusses entscheidend sein (vgl. Teerikangas et al. 2015, S. 424 ff.; Fairfield-Sonn et al. 2002).
- **Interne Markenstärke als direkte Steuerungsgröße der Markenführung:** In vielen Markenbewertungsmodellen bildet das Markenimage die Grundlage der Bewertung. Leider ist das Markenimage von Unternehmen weder direkt noch kurzfristig steuerbar. Es ergibt sich erst als Ergebnis des Mitarbeiterverhaltens und marktseitiger Entwicklungen. Im Gegensatz dazu sind die Markenidentität und die interne Markenstärke vom Unternehmen nutzbare Hebel zur direkten Steuerung von Marken.
- **Interne Markenstärke als Grundlage für den Markenpotenzialwert:** Die Berücksichtigung von zukünftigen Markenwertpotenzialen und zukünftigen Markenstrategien wurde in der Markenbewertung bislang oft vernachlässigt. Eine fundierte Abschätzung der Markenpotenziale ist jedoch nur möglich, wenn dabei das Verhalten der Mitarbeiter und die Markenidentität umfassend berücksichtigt werden.

Die Notwendigkeit einer nach interner und externer Markenstärke differenzierten Bewertung verdeutlichen die folgenden Beispiele. Zu diesem Zweck wurden die interne und die externe Markenstärke als Dimensionen einander gegenübergestellt. In der sich ergebenden 4-Felder-Matrix können vier Markenstärke-Typen unterschieden werden (vgl. Abb. 4.13).

1. **Ausgehöhlte und potenzialarme Marken:** Die Marken dieser Kategorie zeichnen sich durch geringe interne und externe Markenstärke aus. Hier sind oft erhebliche Diskrepanzen zwischen kommuniziertem und tatsächlichem Verhalten der Marke zu beobachten. Eine solche Situation ist bspw. bei der Marke AEG (vgl. Manager Magazin 2005) und der Marke Deutsche Bank (vgl. Spiegel Online 2016) anzutreffen.
2. **Substanzstarke Marken mit blockiertem Marktpotenzial:** Die Marken dieser Kategorie besitzen eine hohe interne Markenstärke. Die Mitarbeiter dieser Marken weisen

Abb. 4.13 Interne und externe Markenstärke als Fundament der identitätsbasierten Markenbewertung

ein überdurchschnittlich hohes Brand Commitment auf und verhalten sich überdurchschnittlich markenidentitätskonform. Dennoch zeichnet sich diese Kategorie durch ein geringes Niveau an externer Markenstärke aus. Eine solche Situation ist häufig bei jungen Marken anzutreffen. Hochmotivierte Mitarbeiter stehen begrenzten Ressourcen gegenüber (z. B. sehr geringe Bekanntheit der Marke). Ebenso können etablierte Marken dieser Kategorie zugerechnet werden. Mögliche Ursachen für geringe externe Markenstärke sind die Wahl der falschen Distributionsstrategie oder Skandale in der Markenhistorie. Sie behindern die Marktakzeptanz und wirken sich somit negativ auf den Markenwert aus. Beispielhaft für diese Kategorie kann die Marke des Finanzdienstleisters MLP genannt werden.

3. **Marktgerichtet starke Marken mit ausgehöhlter Substanz:** Diese Kategorie besteht aus Marken, deren interne Markenstärke im Vergleich zur externen Markenstärke schwach ausgeprägt ist. Marken dieser Kategorie erscheinen nach außen als stark und am Markt akzeptiert, jedoch ist die Substanz der Marke beschädigt. Dies ist insbesondere dann der Fall, wenn durch unternehmensinternes Missmanagement das Brand Commitment und das Brand Citizenship Behavior schwach ausgeprägt sind. In diese Kategorie ist bspw. die Marke Eurowings einzuordnen. Fehlende Markenführungskompetenz und die nahezu vollständige Aushöhlung nach innen zeigen sich hier z. B.

an der Umstellung auf Leiharbeiter-Crews und die Auslagerung von Flugbetrieb und -wartung auf markenfremde Unternehmen (vgl. Weserkurier 2015, S. 15). Im Markt profitiert die Marke Eurowings demgegenüber (noch) von ihrer engen Verbindung mit der Lufthansa und ihrer Vergangenheit als erfolgreiche Charter- und Regionalfluggesellschaft.

4. **Substanz- und marktpotenzialstarke Marken:** Diese Kategorie zeichnet sich durch eine sehr hohe interne und externe Markenstärke aus. Basis ist eine starke Substanz der Marke, die vor allem im hohen Commitment der Mitarbeiter begründet ist. Dies und die hohe externe Markenstärke führen zu einem hohen Wachstumspotenzial der Marke. Beispielhaft kann hier auf die Marken Google und Tesla sowie BMW verwiesen werden.

Insgesamt verdeutlicht Abb. 4.13, dass die interne Markenstärke einen wichtigen Beitrag zur Schaffung und Aufrechterhaltung einer wertvollen Marke leistet. In ähnlicher Form haben darauf auch Ailawadi et al. (2003) unter dem Begriff „**brand health**" hingewiesen, ohne ihre Analysen jedoch in einen Markenbewertungsansatz zu überführen.

4.3.2 Anforderungen und Anlässe der identitätsbasierten Markenbewertung

Ein zweiter Grund für die bislang wenig überzeugenden Versuche der Markenbewertung war lange Zeit das Fehlen klarer **Anforderungen an eine aussagekräftige Markenbewertung**. Hier hat der Arbeitskreis Markenbewertung im Markenverband durch die Erarbeitung allgemeingültiger Grundsätze der monetären Markenbewertung einen Fortschritt erzielt. Dessen zehn Grundsätze müssen aus Sicht der identitätsbasierten Markenführung um zwei weitere Anforderungen (vgl. Nr. 11 + 12 in Abb. 4.14) erweitert werden.

Der erste Grundsatz ist die **Berücksichtigung des Bewertungsanlasses und der Bewertungsfunktion**. Demnach soll eine dem Anlass geeignete Methodik verwendet werden (vgl. Abb. 4.15). Hierbei lassen sich unternehmensexterne und unternehmensinterne Anlässe unterscheiden (vgl. Jost-Benz 2009, S. 26). Bei den unternehmensexternen Anlässen steht die Berechnung eines monetären Markenwerts als Bewertungsfunktion im Mittelpunkt, während es bei den unternehmensinternen Anlässen die Berechnung verhaltensorientierter Markenkennzahlen ist. Unternehmensexterne Bewertungsanlässe sind z. B. die Erfassung erworbener Marken in der Bilanz (vgl. Rippe 2017, S. 7), die Ermittlung von Markenkaufpreisen, die Berechnung von Markenlizenzen oder die Bestimmung von Schadensersatzansprüchen. Demgegenüber steht bei einer unternehmensinternen Betrachtung die Diagnose und Steuerung von Marken und die markenbezogene Personalführung im Mittelpunkt. Dabei tritt die monetäre Wertermittlung in den Hintergrund und verhaltensorientierte Markensteuerungsaspekte treten in den Vordergrund. Bei unternehmensinternen Anlässen kommen zumeist verhaltenswissenschaftliche Markenbewertungsansätze zum Einsatz, wohingegen bei externen Anlässen finanzwirtschaftliche Bewertungsansätze

Nr.	Grundsatz	Quelle
1.	Berücksichtigung des Bewertungsanlasses und der Bewertungsfunktion	Brand Valuation Forum (2007)
2.	Berücksichtigung der Markenart und -funktion	
3.	Berücksichtigung des Markenschutzes	
4.	Berücksichtigung der Marken- und Zielgruppenrelevanz	
5.	Berücksichtigung des aktuellen Markenstatus auf Basis von repräsentativen Daten der relevanten Zielgruppe	
6.	Berücksichtigung des Markenpotenzials und der wirtschaftlichen Lebensdauer der Marke	
7.	Isolierung von markenspezifischen Zahlungsüberschüssen	
8.	Berücksichtigung eines kapitalwertorientierten Verfahrens und eines angemessenen Diskontierungssatzes	
9.	Berücksichtigung von markenspezifischen Risiken (Markt- und Wettbewerbsrisiken)	
10.	Nachvollziehbarkeit und Transparenz	
11.	Berücksichtigung von unternehmensinternen Markenwertdeterminanten (interne Markenstärke)	In Anlehnung an Jost-Benz (2009)
12.	Berücksichtigung des Kundenstammwerts (Customer Equity)	

Abb. 4.14 Grundsätze der monetären Markenbewertung. (Vgl. Brand Valuation Forum 2007, S. 10 ff.)

vorzuziehen sind. Sind beide Anlässe relevant, sollten verhaltenstheoretische und finanzwirtschaftliche Ansätze kombiniert werden.

Die **Berücksichtigung der Markenart und der Markenfunktion** wird im zweiten Grundsatz gefordert. Die „Markenart" beinhaltet die Ausgestaltung der Marke auf der Basis ihres Typs (Dienstleistung, Produkt), ihres geografischen Geltungsbereichs (regional, national, international) und ihrer Ausrichtung innerhalb der Markenarchitektur (Unternehmensmarke, Produktmarke etc.). Unter dem Begriff „Markenfunktion" werden die Eigenschaften einer Marke, mit denen eine Wertschöpfung erreicht werden kann, verstanden. Die Markenfunktion kann in vier Gruppen eingeteilt werden: die Identifikations-, Kommunikations-, Differenzierungs- und Qualitätsfunktion. Die Identifikationsfunktion beschreibt die eindeutige Kenntlichmachung des Absenders. Die Kommunikationsfunktion betrifft die Aktivierung des Markenwissens beim Nachfrager. Die Differenzierungsfunktion beschreibt die Unterscheidung der Marke vom Wettbewerb. Die Qualitätsfunktion dient als Gewähr einer gleichbleibenden Qualität von Produkt oder Dienstleistung. Die identitätsbasierte Markenbewertung unterliegt bei der Markenart und der Markenfunktion keinen Beschränkungen, denn es können alle Marken und Funktionen bewertet werden.

Die **Berücksichtigung des Markenschutzes** (Kap. 5) ist der dritte Grundsatz der monetären Markenbewertung. Dieser Punkt wird durch die stark zunehmende Produkt- und Markenpiraterie besonders brisant. Deswegen sollten alle rechtlichen Mittel zum Schützen der Marke eingesetzt und bei der Markenbewertung berücksichtigt werden (vgl. Keller

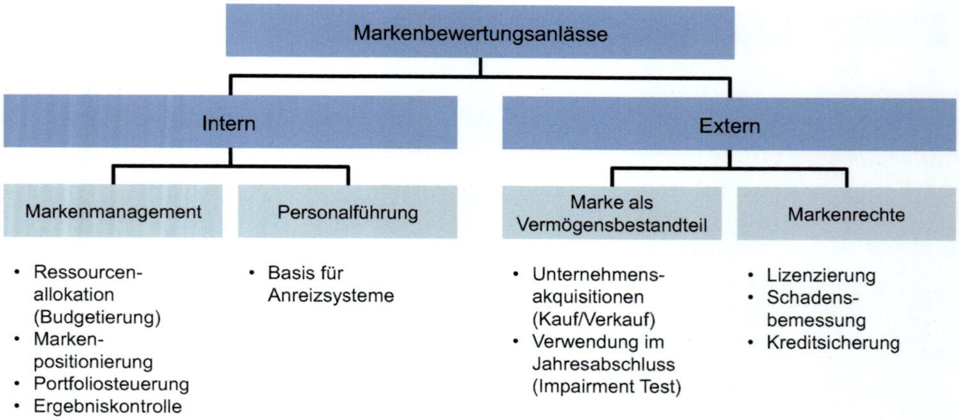

Abb. 4.15 Anlässe der Markenbewertung. (In Anlehnung an Jost-Benz 2009, S. 26)

2016). So gilt auch für die identitätsbasierte Markenbewertung, dass nur diejenigen Marken einer Bewertung unterzogen werden sollten, die rechtlich hinreichend geschützt sind.

Der vierte Grundsatz ist die **Berücksichtigung der Marken- und Zielgruppenrelevanz**. Die Markenrelevanz beschreibt den Einfluss der Marke auf die Kaufentscheidung (Markenstärke). Die Abgrenzung und Definition der Zielgruppen ist die Basis für die Bewertung einer Marke. Sie muss sowohl bestehende Geschäftsfelder als auch potenzielle Markenausdehnungen berücksichtigen. Die Markenrelevanz wird auch im Modell der identitätsbasierten Markenbewertung berücksichtigt. Sie muss separat für die einzelnen Zielgruppen ermittelt werden.

Die **Berücksichtigung des aktuellen Markenstatus** auf der Basis relevanter Zielgruppendaten ist der fünfte Grundsatz. Er fordert zum einen die Erfassung des Markenerfolgs mittels quantitativer Marktdaten. Sind solche Informationen nicht verfügbar, müssen sie über repräsentative Zielgruppenbefragungen erhoben werden. Der identitätsbasierte Markenbewertungsansatz sieht eine nach Kundensegmenten spezifische, empirisch fundierte Ermittlung der externen Markenstärke vor. Eine entsprechende Segmentierung muss auch bei der Ermittlung der internen Markenstärke vorgenommen werden, denn je nach Mitarbeitersegment variiert der Kontakt zu Nachfragern und folglich der Einfluss der internen Markenstärke auf die externe Markenstärke.

Die **Berücksichtigung des Markenpotenzials und der wirtschaftlichen Lebensdauer der Marke** wird im sechsten Grundsatz angesprochen. Dieser Grundsatz fordert zum einen die Berücksichtigung des Markenpotenzials durch Markenerweiterungen. Hier ist zu beachten, dass nur solche Erweiterungen berücksichtigt werden, in denen ein Markeneintritt tatsächlich geplant ist. Dieser Forderung kommt der identitätsbasierte Markenbewertungsansatz durch die Berechnung des Markenpotenzialwerts nach. Die zweite Forderung ist die Berücksichtigung der wirtschaftlichen Lebensdauer der Marke (vgl. Meffert und Burmann 1999). Bei der identitätsbasierten Markenbewertung findet die finanzwirtschaftliche Ermittlung des Markenwerts auf der Basis diskontierter Cashflows statt, sodass die Festlegung der wirtschaftlichen Lebensdauer schon formal unverzichtbar ist.

Der nächste Grundsatz ist die **Isolierung markenspezifischer Zahlungsüberschüsse**, wodurch sichergestellt werden soll, dass ausschließlich markeninduzierte Zahlungsströme in die Markenwertberechnung einfließen. Verfahren, wie bspw. das Mengen- bzw. Preispremium, hedonische Preise, markenkorrigierte Umsätze oder Lizenzpreisanalogien wurden zu diesem Zweck entwickelt (vgl. Sattler 2005, S. 42 ff.). Die identitätsbasierte Markenbewertung kommt dieser Forderung nach. In diesem Zusammenhang wird jedoch sehr restriktiv vorgegangen, denn das identitätsbasierte Markenverständnis ist ganzheitlich und sehr umfassend. Deswegen werden aus den Zahlungsströmen des Unternehmens meist nur wenige Bestandteile als nicht markeninduziert abgetrennt.

Die im achten und neunten Grundsatz (**Berücksichtigung eines kapitalwertorientierten Verfahrens und eines angemessenen Diskontierungssatzes sowie markenspezifischer Risiken**) diskutierten Aspekte beziehen sich auf die Festlegung eines angemessenen Risikoabschlags. Neben den Risiken des Marktes und des Unternehmens sollten auch Markenrisiken erfasst werden. Informationen zu diesen Risikoarten sollten demnach für eine identitätsbasierte Markenbewertung vorliegen. Als Ausgangsgröße des angemessenen Diskontierungssatzes können die durchschnittlichen Kapitalkosten des Unternehmens (Weighted Average Cost of Capital (WACC)) herangezogen werden. Der identitätsbasierte Markenbewertungsansatz berücksichtigt die Inflationsrate als marktspezifischen und die WACC als unternehmensspezifischen Diskontierungsfaktor. Die markenspezifischen Risiken werden durch den markenspezifischen Diskontierungsfaktor berücksichtigt. Dieser sollte sich an der internen und externen Markenstärke orientieren (je stärker die Marke, desto geringer sind die Risiken).

Im nächsten Grundsatz wird der von den meisten Ansätzen vernachlässigte **Aspekt der Nachvollziehbarkeit und Transparenz berücksichtigt.** Nur wenn diese Anforderung erfüllt ist, können Validität, Objektivität und Reliabilität eines Markenbewertungsansatzes überprüft werden. Die identitätsbasierte Markenbewertung erfüllt diesen Grundsatz durch die Publikation von Jost-Benz (2009).

Zusammenfassend ist bezüglich der zehn Standard-Grundsätze der monetären Markenbewertung zu konstatieren, dass die Einhaltung dieser Anforderungen eine notwendige, jedoch nicht hinreichende Bedingung für die identitätsbasierte Markenbewertung ist. Die 10 Grundsätze sollten durch zwei zusätzliche Grundsätze erweitert werden.

Die zusätzlichen Anforderungen basieren auf dem vorne erläuterten ganzheitlichen Markenverständnis. Dieses Verständnis erfordert die Integration der **unternehmensinternen Markenwertperspektive** sowie die **Berücksichtigung des Kundenstammwerts** (vgl. Burmann und Jost-Benz 2005; Hundacker 2005; Breusch 2009). Der Vorteil der Berücksichtigung des Kundenstammwerts liegt vor allem darin, dass sämtliche Determinanten zur Wertigkeit unterschiedlicher Kunden und Kundensegmente in dieser Kenngröße Berücksichtigung finden. Der Kundenstammwert übernimmt eine Überwachungs- und Steuerungsfunktion, die eine Beurteilung der wirtschaftlichen Attraktivität des durch die Marke verursachten Nachfragerverhaltens ermöglicht (vgl. Burmann 2003, S. 113 ff.).

Dies ist durch die Erfassung der Kundenakquisitionskosten, der durch das Kundenverhalten generierten Cashflows sowie der holistischen Betrachtung des Nachfragerverhaltens gegenüber dem gesamten Markenportfolio eines Unternehmens möglich. So können bspw. auch Cross-Selling-Effekte integriert werden (vgl. Jost-Benz 2009, S. 45 ff.). Die Einbeziehung des Kundenstammwerts und der darin enthaltenen individuellen Lebenszeitwerte einzelner Kunden (Customer Lifetime Values) verbessert die Güte der Markenbewertung durch eine gesteigerte Validität, Reliabilität und Objektivität.

4.3.3 Bilanzielle Rahmenbedingungen der Markenbewertung

Die bilanzielle Berücksichtigung des Markenwerts hat für zahlreiche Unternehmen heute große Relevanz. Einer der Hauptgründe ist die Tatsache, dass der Markenwert oft für einen großen Anteil am Unternehmenswert verantwortlich ist (vgl. Biesalski und Kilian 2016, S. 68 ff.). Erschwert wird die bilanzielle Berücksichtigung von Markenwerten durch erhebliche Abweichungen zwischen den deutschen HGB-Vorschriften und den internationalen IAS/IFRS-Rechnungslegungsvorschriften sowie das Fehlen eines allgemein akzeptierten Verfahrens zur monetären Markenbewertung (vgl. Huber 2014; Tafelmeier 2009, S. 31).

Nach dem deutschen Bilanzierungsgesetz gibt es zwar aktuell eine Ansatzpflicht für erworbene Marken, eine Aktivierung von im Unternehmen selbst erstellten Marken ist bislang jedoch nicht möglich (§ 248 II HBG). Grundlage dieses **Aktivierungsverbots von selbst erstellten Marken** ist eine besondere Ausprägung des Vorsichtsprinzips (§ 252 I 4). Begründet wird dies aus juristischer Sicht mit der fehlenden körperlichen Substanz von Marken ohne greifbaren Existenznachweis, hoher Unsicherheit in Bezug auf zukünftige Nutzenzuflüsse sowie einer problematischen Wertermittlung (vgl. Tafelmeier 2009, S. 92 f.). Auch nach IAS/IFRS gibt es ein explizites Aktivierungsverbot für selbst erstellte Marken (vgl. IAS 38.63). Es wird mit der nicht möglichen Unterscheidung der für den Markenaufbau notwendigen Kosten von den Kosten für die Unternehmensentwicklung (vgl. IAS 38.64) begründet. Im Fall von Unternehmenszusammenschlüssen und -übernahmen muss das kaufende Unternehmen die immateriellen Vermögensgegenstände (zu denen auch die Marke gezählt wird) im Rahmen der Purchase Price Allocation gesondert monetär bewerten und zum Zugangszeitpunkt aktivieren (vgl. Huber 2014; Pfeil und Vater 2002; Tafelmeier 2009, S. 88 ff.).

Der zugrundeliegende Wertmaßstab für diese Erstbewertung einer Marke ist der **Fair Value**. Der Fair Value entspricht dem Preis, zu dem ein Vermögenswert zwischen sachverständigen, vertragswilligen und voneinander unabhängigen Geschäftspartnern getauscht werden könnte bzw. getauscht wurde (nach IFRS 3/IAS 38 bzw. nach SFAS 141 für US-GAAP). Bei der Bilanzierung der Markenwerte in den Folgejahren ist zu unterscheiden, ob die Marke auf eine bestimmte Nutzungsdauer begrenzt ist oder eine unbestimmte Nutzungsdauer vorgesehen ist (vgl. Meffert und Burmann 1999, S. 244 ff.). Im ersten Fall dürfen Marken planmäßig gemäß der Nutzungsdauer abgeschrieben werden (vgl. IAS 38).

Im Fall einer unbestimmten Nutzungsdauer muss mindestens einmal jährlich eine **Werthaltigkeitsprüfung der Marke (Impairment Test)** vorgenommen werden (vgl. IAS 36 bzw. SFAS 142 für US-GAAP). Diese Vorschrift zur jährlichen Markenbewertung erworbener Marken hat deren praktische Relevanz für die Unternehmensführung deutlich erhöht und zu einem starken Wachstum des Marktes für Markenbewertungen geführt.

4.4 Systematisierung von Markenbewertungsansätzen

Markenbewertungsansätze können anhand unterschiedlichster Kriterien kategorisiert werden. Weit verbreitet ist eine Systematisierung auf Basis der wissenschaftlichen Herkunft in finanzwirtschaftliche, verhaltensorientierte, kombinierte und stakeholderorientierte Ansätze (vgl. Abb. 4.16).

4.4.1 Finanzwirtschaftliche Ansätze

Forscher und Praktiker fokussierten sich von Beginn der 1980er-Jahre bis zur Mitte der 1990er-Jahre zunächst auf die Entwicklung finanzwirtschaftlicher Ansätze ausschließlich auf der Basis markeninduzierter Zahlungsströme. Innerhalb dieses Forschungszweigs wurden vier Subkategorien entwickelt: die kostenorientierten (vgl. u. a. Kapferer 1992), preisorientierten (vgl. u. a. Crimmins 1992), kapitalmarktorientierten (vgl. u. a. Simon und Sullivan 1993) und zukunftserfolgswertorientierten (vgl. u. a. Kern 1962) Ansätze.

Die **kostenorientierten Ansätze** lassen sich in vergangenheits- und gegenwartsbezogene Bewertungen unterscheiden. Vergangenheitsbezogene Bewertungen verwenden die historischen Kosten. Der Markenwert ergibt sich hier als Summe der in der Vergangenheit getätigten Markeninvestitionen. Gegenwartsbezogene Bewertungen orientieren sich an den Wiederbeschaffungskosten, also die zum Bewertungsstichtag notwendigen Auf-

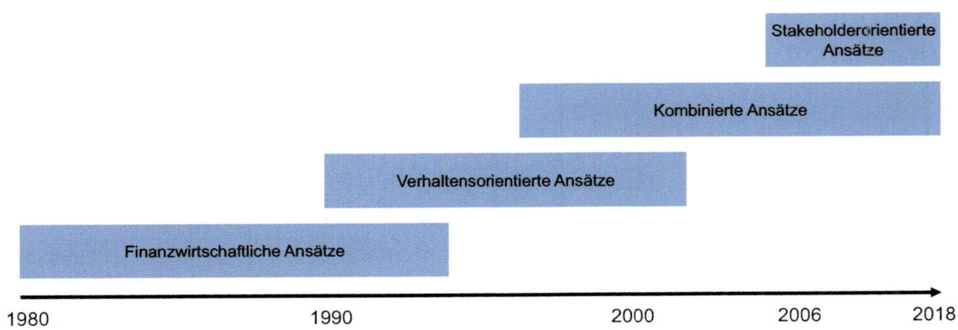

Abb. 4.16 Zeitliche Entwicklung von Markenbewertungsansätzen. (In Anlehnung an Jost-Benz 2009, S. 22)

wendungen zur Etablierung einer gleichwertigen Marke (vgl. Kapferer 1992, S. 299 ff.). Die **preisorientierten Ansätze** basieren auf der Annahme, dass eine starke Marke am Markt ein Preispremium erzielen kann, das als Grundlage der Markenbewertung dient. Den **kapitalmarktorientierten Verfahren** liegt die Annahme zu Grunde, dass der Wert eines Unternehmens am Kapitalmarkt auch die zukünftigen Zahlungsströme einer Marke widerspiegelt. Der Markenwert ist diesen Ansätzen zufolge ein Bestandteil des Aktienpreises. Bei den **zukunftserfolgswert- bzw. ertragswertorientierten Verfahren** umfasst

Tab. 4.1 Stärken und Schwächen finanzwirtschaftlicher Markenbewertungsansätze. (Eigene Darstellung in Anlehnung an Gerpott und Thomas 2004; Burmann und Jost-Benz 2005)

Ansatz	Stärken	Schwächen
Übergreifend	– Markenwert wird aus verfügbaren Unternehmensdaten bestimmt – Einfache Methodik – Schnelle, kostengünstige Berechnung – Finaler Markenwert als monetäre Größe	– Keine Berücksichtigung der Nachfragerperspektive (keine verhaltenstheoretischen Determinanten) – Keine Berücksichtigung der internen Markenstärke
Kostenorientierte Verfahren	– Einfacher Aufbau – Geringer Aufwand	– Rückschluss von vergangenen Ausgaben auf zukünftige Einzahlungen ist schwierig und unsicher – Vernachlässigung situativer Faktoren – Ausschließliche Vergangenheits- und Gegenwartsorientierung ohne Zukunftsbezüge
Preisorientierte Verfahren	– Hohe Praktikabilität – Kundenindividuelle Erhebung möglich – Transparente Methoden	– Vergleich mit unmarkierter Leistung nur schwer möglich bei identitätsbasierter Markenführung (Marke als Nutzenbündel ist „unmarkiert" nicht möglich) – Hoher Markenwert kann auch ohne Preispremium generiert werden (vgl. Discount-Marken wie ALDI oder Ryanair)
Kapitalmarktorientierte Verfahren	– Zukunftsorientierung – Direkte Transformation monetärer Größen in Markenwert	– Nur für börsennotierte Unternehmen möglich – Nur auf Gesamtunternehmensebene sinnvoll durchführbar (z. B. für Corporate Brands) – Validität der Ergebnisse auf Grund von Börsenkursschwankungen begrenzt – Keine kundenindividuellen Erkenntnisse
Zukunftserfolgswertorientierte Verfahren (DCF-Methode)	– Zukunftsorientierung – Direkte Verwendung monetärer Größen	– Schätzung zukünftiger Einzahlungsüberschüsse der Marke unsicher – Isolierung der markeninduzierten Zahlungsüberschüsse schwierig

Nr.	Grundsatz	Erfüllungsgrad
1.	Berücksichtigung des Bewertungsanlasses und der Bewertungsfunktion	◔
2.	Berücksichtigung der Markenart und -funktion	○
3.	Berücksichtigung des Markenschutzes	○
4.	Berücksichtigung der Marken- und Zielgruppenrelevanz	○
5.	Berücksichtigung des aktuellen Markenstatus auf Basis von repräsentativen Daten der relevanten Zielgruppe	○
6.	Berücksichtigung des Markenpotenzials und der wirtschaftlichen Lebensdauer der Marke	◑
7.	Isolierung von markenspezifischen Zahlungsüberschüssen	◑
8.	Berücksichtigung eines kapitalwertorientierten Verfahrens und eines angemessenen Diskontierungssatzes	◑
9.	Berücksichtigung von markenspezifischen Risiken (Markt- und Wettbewerbsrisiken)	◑
10.	Nachvollziehbarkeit und Transparenz	◕
11.	Berücksichtigung von unternehmensinternen Markenwertdeterminanten (interne Markenstärke)	○
12.	Berücksichtigung des Kundenstammwerts (Customer Equity)	○

○ gar nicht erfüllt ◔ kaum erfüllt ◑ mittelmäßig erfüllt ◕ größtenteils erfüllt ● vollkommen erfüllt

Abb. 4.17 Beurteilung der finanzwirtschaftlichen Markenbewertungsansätze bezüglich der Anforderungen an die monetäre Markenbewertung

der Markenwert den auf die Gegenwart diskontierten Zusatzgewinn der Marke im Sinne der Discounted-Cash-Flow-Methode (DCF) der Unternehmensbewertung (vgl. Holtz 2012, S. 108 ff.).

Zu den Stärken der finanzwirtschaftlich orientierten Ansätze zählen die einfache konzeptionelle Ausgestaltung, die hohe Transparenz sowie der vergleichsweise geringe Ressourcenaufwand (vgl. Bekmeier-Feuerhahn 1998, S. 69). Die zentrale Schwäche der Ansätze ist das geringe Steuerungspotenzial für die Markenführung, da durch die Vernachlässigung von verhaltenstheoretischen Größen keine Aussage zu den Ursachen und Steuerungshebeln des monetären Markenwerts möglich ist (vgl. Kriegbaum 2001, S. 118; Tab 4.1).

Auch in Bezug auf die zwölf Anforderungen an eine aussagekräftige monetäre Markenbewertung offenbaren die finanzwirtschaftlichen Ansätze zahlreiche Schwachpunkte (vgl. Abb. 4.17).

4.4.2 Verhaltensorientierte Ansätze

Verhaltensorientierte Markenbewertungsansätze stellen die Wirkungen von Marken beim Nachfrager in den Mittelpunkt. Die gestützte und ungestützte Bekanntheit sowie die

Assoziationen zu einer Marke prägen hier den sogenannten **psychografischen Markenwert**, der inhaltlich mit der externen Markenstärke eng verwandt ist. Keller definiert den psychografischen Markenwert als „differential effect that brand knowledge has on consumer response to the marketing of that brand“ (Keller 2013, S. 69). Wichtige verhaltensorientierte Ansätze sind der Customer-Based-Brand-Equity-Ansatz von Keller (CBBE), das Brand Assessment System (BASS) von GfK, PwC und Sattler sowie der Brand Asset Valuator (BAV) von Young & Rubicam.

Im Mittelpunkt des **Customer-Based-Brand-Equity(CBBE)-Ansatzes von Keller** (2013, S. 67 ff.) stehen die Wirkungen der Marke auf den einzelnen Kunden. Ziel ist es, herauszufinden, wie stark einzelne Markenführungsmaßnahmen den Wert der Marke beeinflussen. Hier sind drei Komponenten von besonderer Relevanz: Die Differenzierung (inwiefern unterscheidet sich die Marke von einer unmarkierten Leistung), das Markenwissen (Markenbekanntheit und Markenimage) und konkrete Nachfragerreaktionen (Wahrnehmung und Reaktion auf Markenführungsmaßnahmen). Die Erhebung des Markenwerts kann indirekt oder direkt vorgenommen werden. Bei der indirekten Erhebung wird das Markenwissen über die Markenbekanntheit sowie die Markenassoziationen gemessen. Die direkte Erhebung befasst sich mit der Messung der Wirkung des Markenwissens auf das Käuferverhalten. Hierzu muss experimentell erhoben werden, inwiefern sich die Reaktion bei zwei Gruppen unterscheidet, wenn bei der einen Gruppe die zu untersuchende Marke mit einem speziellen Markenattribut versehen wird und bei der Kontrollgruppe eine fiktive Marke ohne dieses Attribut auftritt (vgl. Keller 1993, S. 13 f.).

Das **Brand Assessment System (BASS)** basiert auf der Ermittlung des Markenwerts anhand von zwei Dimensionen. Die erste Dimension untersucht den erlösorientierten Anteil der Markenstärke und basiert auf „harten“ Erfolgskennzahlen. Ermittelt wird die „erlösorientierte Markenstärke“ anhand von fünf Indikatoren: Käuferreichweite der Marke, Anzahl der First Choice Buyer der Marke, First Choice Value (der auf die First Choice Buyer zurückzuführende Anteil am Gesamtumsatz einer Marke), Marktanteil der Marke und Preispremium der Marke. Die Erhebung der erlösorientierten Markenstärke erfolgt im Idealfall anhand von Paneldaten. Die zweite Dimension, die psychische Markenattraktivität, basiert auf dem Brand Potential Index (BPI) der GfK und ist in drei Subdimensionen unterteilt. Diese werden anhand verschiedener Indikatoren erhoben, die der Nachfrager jeweils mittels einer Frage auf einer siebenstufigen Ratingskala bewertet. Die emotionale Subdimension umfasst die Indikatoren Identifikation mit der Marke, Markensympathie und Markenvertrauen. Der rationale Teil des BPI wird anhand der Indikatoren Markenbekanntheit, wahrgenommene Qualität der Marke und Uniqueness erfasst. Die dritte Subdimension, der Verhaltensbereich, umfasst die Weiterempfehlungsbereitschaft, die Kaufabsicht, die Mehrpreisakzeptanz (Preispremium) und die Markenloyalität.

Diese beiden Dimensionen des BASS werden im nächsten Schritt ins Verhältnis zu Wettbewerbern gesetzt. Hierdurch wird ermittelt, wie stark die Marke im Vergleich zu den Wettbewerbern ist und welche Potenziale zukünftig vorhanden sind. Die zusammengefassten Ergebnisse werden abschließend auf einer Brand Score Card dargestellt (vgl. Högl und Hupp 2004, S. 124 ff.; Esch und Neudecker 2013, S. 455 ff.).

Der **Brand Asset Valuator (BAV) von Young & Rubicam** ist in der Praxis sehr weit verbreitet und basiert auf umfassenden Konsumentenbefragungen. Bis 2017 wurden 56.000 Marken in 51 Ländern anhand von 1,2 Mio. befragten Probanden bewertet (vgl. Young & Rubicam 2017). Die Markenbewertung wird auf vier Dimensionen vorgenommen: Differenzierung, Relevanz, Wertschätzung und Vertrautheit. Differenzierung und Relevanz werden zur Markenvitalität verdichtet, welche die kognitiv geprägte Stärke der Marke darstellen soll. Die anderen beiden Dimensionen werden zur Markenstatur zusammengefasst, die das emotionale Profil der Marke abbildet. Die Erhebung erfolgt anhand von 75 nicht veröffentlichten Kriterien. Im Ergebnis werden die Marken in eine 4-Felder-Matrix eingeordnet (vgl. Abb. 4.18) (vgl. Young & Rubicam Group Switzerland 2017).

Die wichtigsten Stärken und Schwächen der verhaltenstheoretischen Ansätze sind in Tab. 4.2 dargestellt.

Bei verhaltensorientierten Markenbewertungsansätzen stehen Diagnose und Steuerung des Markenwerts im Mittelpunkt. So liefert bspw. die Erhebung von Markenbekanntheit oder Markenassoziationen konkrete Hinweise auf Schwächen der Markenführung. Als zentrale Stärke ergibt sich folglich die direkte Übertragung von Markenbewertungsergebnissen in Markenführungsmaßnahmen. Ein großes Defizit bei den verhaltensorientierten Markenbewertungsansätzen ist der Mangel an monetären Größen. Die Anforderungen an

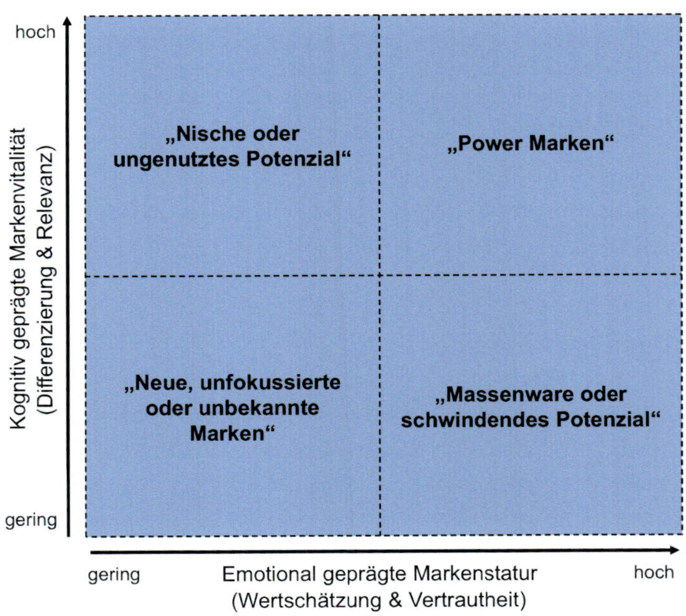

Abb. 4.18 4-Felder-Matrix des Brand Asset Valuator von Young & Rubicam. (In Anlehnung an Young & Rubicam Group Switzerland 2017)

Tab. 4.2 Stärken und Schwächen ausgewählter verhaltenstheoretischer Ansätze. (Eigene Darstellung in Anlehnung an Burmann und Jost-Benz 2005; Tafelmeier 2009; Ströbel 2012)

Ansatz	Stärken	Schwächen
Übergreifend	– Berücksichtigung verhaltenstheoretischer Größen – Isolierung der markenspezifischen Erfolgsgrößen	– Keine Angabe eines monetären Markenwerts – Keine Berücksichtigung der internen Markenstärke
Customer-Based Brand Equity (CBBE)	– Umfassende theoretische Basis – Aufschlüsselung einzelner Faktoren der Markenstärke – Vergleich mit Wettbewerbern möglich – Konsequente Ausrichtung auf die Nachfrager	– Interdependenz zwischen den Variablen nicht berücksichtigt – Großer Aufwand bei der Markenwertanalyse
Brand Assessment System (BASS)	– Berücksichtigung objektiver Kennzahlen (Paneldaten der GfK) – Zukunftsorientierung	– Doppelte Berücksichtigung einzelner Variablen (bspw. Markenloyalität und First Choice Buyer) – Doppelte Berücksichtigung von Variablen durch Überschneidungen zwischen BPI und erlösorientierter Markenstärke – Subjektivität bei der Ermittlung markenspezifischer Ergebnisse
Brand Asset Valuator (BAV)	– Sehr weite Verbreitung in der Praxis – Gute Grundlage für Benchmarks aufgrund umfassender empirischer Datenbasis	– Keine Angaben zur Befragung, Auswertung sowie Übertragung in Matrix (75 Detailkriterien bleiben verborgen)

die monetäre Markenbewertung werden von den verhaltensorientierten Ansätzen deswegen nur sehr eingeschränkt erfüllt (vgl. Abb. 4.19).

4.4.3 Kombinierte Ansätze

Aus der Einsicht heraus, dass eine isolierte Anwendung von verhaltens- oder finanzwirtschaftlich orientierten Ansätzen zu unbefriedigenden Ergebnissen führte, wurden **kombinierte Markenbewertungsansätze** entwickelt, die teilweise auch als „integrative Markenbewertungsansätze" bezeichnet werden (vgl. Heider und Strehlau 2006, S. 276). Wichtige Vertreter dieser Kategorie sind das Brand Valuation Model von Interbrand und der Brand Rating-Ansatz von Brand Networks (Joint Venture aus Wieselhuber & Partner und Icon Added Value).

Nr.	Grundsatz	Erfüllungsgrad		
		CBBE	BASS	BAV
1.	Berücksichtigung des Bewertungsanlasses und der Bewertungsfunktion	◔	◔	◔
2.	Berücksichtigung der Markenart und -funktion	◔	○	○
3.	Berücksichtigung des Markenschutzes	○	○	○
4.	Berücksichtigung der Marken- und Zielgruppenrelevanz	○	◑	○
5.	Berücksichtigung des aktuellen Markenstatus auf Basis von repräsentativen Daten der relevanten Zielgruppe	◕	◕	◕
6.	Berücksichtigung des Markenpotenzials und der wirtschaftlichen Lebensdauer der Marke	○	◔	◔
7.	Isolierung von markenspezifischen Zahlungsüberschüssen	○	○	○
8.	Berücksichtigung eines kapitalwertorientierten Verfahrens und eines angemessenen Diskontierungssatzes	○	○	○
9.	Berücksichtigung von markenspezifischen Risiken (Markt- und Wettbewerbsrisiken)	○	○	○
10.	Nachvollziehbarkeit und Transparenz	●	◑	◔
11.	Berücksichtigung von unternehmensinternen Markenwertdeterminanten (interne Markenstärke)	○	○	○
12.	Berücksichtigung des Kundenstammwerts (Customer Equity)	○	○	○

○ gar nicht erfüllt ◔ kaum erfüllt ◑ mittelmäßig erfüllt ◕ größtenteils erfüllt ● vollkommen erfüllt

Abb. 4.19 Beurteilung der verhaltensorientierten Markenbewertungsansätze bezüglich der Anforderungen an die monetäre Markenbewertung

Das **Brand Valuation Model von Interbrand** wurde in den 1980er-Jahren entwickelt (vgl. Interbrand 2017; Rocha 2014; Tafelmeier 2009, S. 225 ff.). Der Ansatz gliedert sich in fünf Prozessschritte (vgl. Abb. 4.20). Im ersten Schritt wird eine (Kunden-)Segmentierung durchgeführt. Die Segmente werden im weiteren Verlauf einzeln bewertet. Am Ende werden die Werte der einzelnen Segmente addiert und ergeben den Markenwert. Im zweiten Schritt erfolgt die Isolierung der markeninduzierten Zahlungsüberschüsse. Hierzu wird der Gewinn auf Basis einer 5-Jahres-Prognose herangezogen und um nicht markeninduzierte Komponenten bereinigt. Schritt drei dient der Ermittlung der Nachfragefaktoren zur Bestimmung des Markenanteils am Unternehmensvermögen. Hierbei geht es um die Feststellung des Markeneinflusses auf die Kaufentscheidung (Rolle der Marke bzw. Relevanz). Im vierten Prozessschritt wird auf Basis einer Wettbewerbsanalyse die relative Markenstärke zur Bestimmung des Markenrisikos ermittelt. Dies dient der Festlegung einer angemessenen Diskontrate. Hierzu wird die Markenstärke in jedem Segment im Vergleich zum Wettbewerb sowie einer idealen risikofreien Situation ermittelt (vgl.

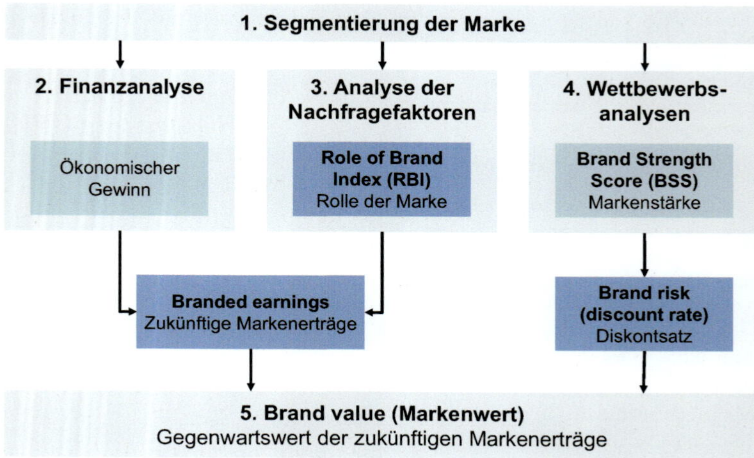

Abb. 4.20 Grundstruktur des Interbrand Brand Valuation Model. (In Anlehnung an Interbrand 2017; Rocha 2014, S. 3)

Stucky 2004, S. 430 ff.). Zur Ermittlung der Markenstärke werden zehn Dimensionen herangezogen, jeweils mit einer Skala von 0 bis 100 (vgl. Rocha 2014, S. 7):

- Interne Faktoren
  - Klarheit („Clarity")
  - Engagement („Commitment")
  - Schutz („Protection")
  - Reaktionsfähigkeit („Responsiveness")
- Externe Faktoren
  - Authentizität („Authenticity")
  - Relevanz („Relevance")
  - Differenzierung („Differentiation")
  - Konsistenz („Consistency")
  - Präsenz („Presence")
  - Verständnis („Understanding")

Abschließend wird im fünften Schritt der Markenwert ermittelt. Dieser basiert auf zwei Teilwerten. Der erste Teilwert bildet sich aus den diskontierten Markenerträgen des Prognosezeitraums. Der zweite Teilwert besteht aus dem Barwert des mit einer durchschnittlichen Wachstumsrate fortgeschriebenen Markenertrags des letzten Prognosejahres bis zum Ende der angenommenen Nutzungsdauer der Marke. Die Summe dieser beiden Werte ergibt den Markensegmentwert. Die Summierung aller Segmentwerte ergibt den gesamten Markenwert (vgl. Rocha 2014, S. 3 f.; Tafelmeier 2009, S. 225).

Der **Brand Rating-Ansatz von Brand Networks** basiert auf dem weit verbreiteten „Markeneisberg"-Modell von Kantar Added Value (ehemals Icon Added Value; vgl. Brand Networks 2017; Brand Rating 2015). Das Markeneisberg-Modell ist ein verhaltensorientierter Markenbewertungsansatz, der die Markenstärke in die zwei Dimensionen Markeniconografie und Markenguthaben unterteilt. Die Markeniconografie entspricht dem über der Wasseroberfläche liegenden Teil eines Eisbergs. Sie basiert auf dem für die Nachfrager sichtbaren Auftritt der Marke und umfasst die Dimensionen Markenbekanntheit, Imageklarheit, subjektiv wahrgenommener Kommunikationsdruck, Einprägsamkeit der Kommunikation, Markenuniqueness und Attraktivität. Die Markeniconografie stellt somit den aktuellen, kurzfristig anpassbaren Markenauftritt dar. Der unterhalb der Oberfläche liegende Teil des Eisbergs ist die Metapher für das Markenguthaben. Es erfasst die emotionale Beziehung zwischen der Marke und ihren Zielgruppen. Es setzt sich aus drei Dimensionen zusammen: Sympathie, Vertrauen und Loyalität. Das Markenguthaben ist die längerfristige, stabile Bewertung durch die Nachfrager und vom aktuellen Markenauftritt weitgehend losgelöst. Der Einfluss des Markenguthabens auf die Markenstärke wird als umso größer eingeschätzt, je älter die Marke ist (vgl. Gerpott und Thomas 2004, S. 398). Die Markenstärke wird auf Basis von Konsumentenbefragungen ermittelt. Die ermittelten Werte entsprechen hierbei nicht absoluten Zahlen, sondern zeigen die Marke in den verschiedenen Dimensionen im Verhältnis zum Wettbewerbsumfeld. Im nächsten Schritt werden die einzelnen Werte zu den Dimensionen Markeniconografie und Markenguthaben aggregiert und in einer 4-Felder-Matrix dargestellt.

In 2015 wurde das „Markeneisberg"-Modell von Kantar Added Value überarbeitet und entsprechend neuer Messungen modifiziert (vgl. Abb. 4.21). Die zweiteilige Struktur des Eisbergs hat weiterhin Bestand, lediglich die verwendeten Begriffe sowie die dahinterliegenden Indikatoren wurden angepasst. Aus der Markeniconografie wurde die Markenpräsenz, welche auf dem für die Nachfrager sichtbaren Auftritt der Marke (Sichtbarkeit) basiert und in die untergeordneten Dimensionen ungestützte Bekanntheit, Klarheit

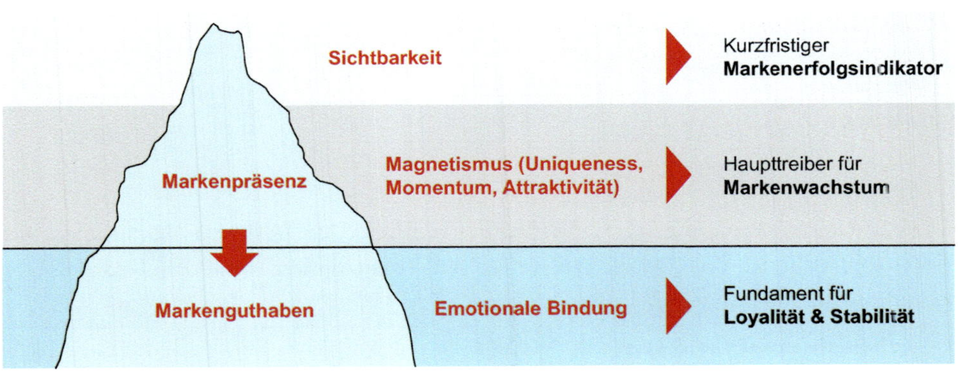

Abb. 4.21 Das neue „Markeneisberg"-Modell von Kantar Added Value. (Vgl. Kantar Added Value 2017)

des inneren Bildes und Kontakthäufigkeit mit der Marke aufgeteilt werden kann. Die Präsenz einer Marke ist die Grundvoraussatzung für den Markenerfolg. Der neu etablierte zweite Teil der Markenpräsenz wird als Magnetismus bezeichnet und besteht aus drei Dimensionen (Esch 2016, S. 3):

- Uniqueness (Eigenständigkeit und Einprägsamkeit des Markenauftritts),
- Momentum (wahrgenommene Dynamik und Entwicklungsfähigkeit der Marke) und
- Attraktivität (Attraktivität des Markenbildes und die Fähigkeit des Markenauftritts, Interesse zu wecken).

Die unterste Ebene des Eisbergs wird weiterhin durch das Markenguthaben repräsentiert, welches für die emotionale Bindung zwischen Marke und Nachfrager steht.

Zur Ermittlung des monetären Markenwerts wird der Markeneisberg-Index (qualitative Markenstärke) mit dem quantitativen Markenbonus und dem Markenpotenzial verknüpft (vgl. Brand Rating 2015, S. 5; Abb. 4.22).

Der diskontierte Preisabstand wird über das Preispremium (Δp) ermittelt und mit der abgesetzten Menge (q) multipliziert. Dies führt zu der absurden Situation, dass Marken ohne Preispremium gemäß der Formel von Brand Rating ökonomisch wertlos sind. Völlig unsinnig wird die Markenbewertung gemäß Brand Rating bei preisaggressiven Marken (z. B. Ryanair, ALDI), denen nach der Formel aus Abb. 4.22 ein negativer ökonomischer Markenwert zugewiesen wird, weil ihr Preispremium negativ ist. Zusätzlich müssen die für den Erhaltungsaufwand der Marke notwendigen Kosten von dem Betrag aus Preispremium und Menge subtrahiert werden. Das Ergebnis wird dann mit einem durch eine Branchenstrukturanalyse ermittelten Zinssatz (i) diskontiert. Dieser Zins setzt sich aus

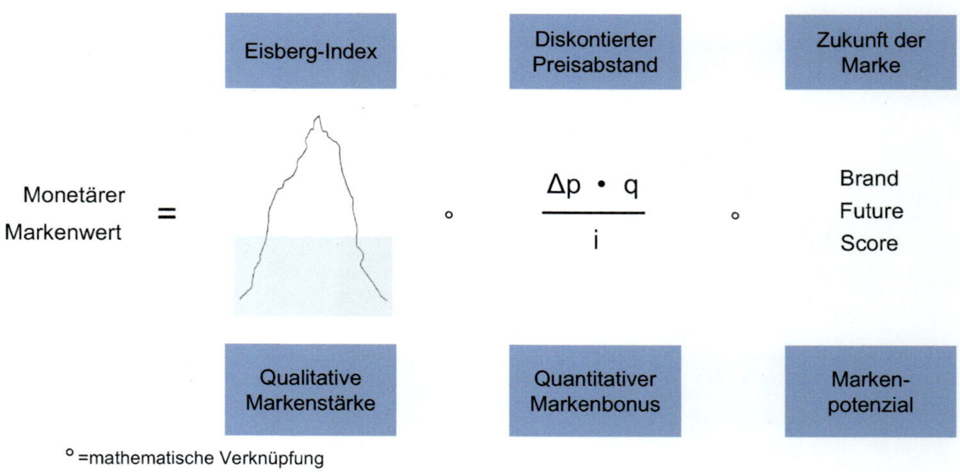

Abb. 4.22 Die drei Komponenten des Brand Rating-Ansatzes. (In Anlehnung an Musiol et al. 2004, S. 386; Brand Rating 2015)

dem risikolosen Zinssatz und dem Marktrisikozins zusammen (vgl. Brand Rating 2015, S. 11 f.).

Die dritte Komponente im Brand Rating-Ansatz stellt der Brand Future Score dar. Zur Ermittlung dieser Größe wird sowohl die Markenentwicklung im Kernmarkt als auch das Dehnungspotenzial der Marke untersucht. Das Dehnungspotenzial basiert zum einen auf der qualitativen Markenstärke und zum anderen auf Sekundäranalysen von Brand Rating. Das Dehnungspotenzial der Marke wird in die vier Kategorien Line Extension, Category Extension, geografische Expansion und Zielgruppenexpansion unterschieden. Zusätzlich wird die Attraktivität der möglichen Dehnungen bewertet. Zur Beurteilung der Kernmarkt-Entwicklung wird die Preis- und Mengenentwicklung der Marke im Vergleich zum Gesamtmarkt untersucht. Hierdurch soll festgestellt werden, ob die Entwicklung marken- oder marktinduziert ist. Weitere Hinweise auf mögliche Wachstumspotenziale sind die relative Markenstärke und die Markenuniqueness. Dritte Komponente innerhalb des Brand Future Score ist der rechtliche Markenschutz. Hierbei werden die juristische Absicherung und die Missbrauchsgefahr untersucht. Die drei Komponenten werden zum Brand Future Score verdichtet und durch einen Abgleich mit der Benchmark-Datenbank auf ihre Plausibilität überprüft (vgl. Musiol et al. 2004, S. 370 ff.).

Die jeweiligen Stärken und Schwächen der ausgewählten Ansätze sind in Tab. 4.3 dargestellt. Die Stärke der kombinierten Markenbewertungsansätze wird vor dem Hintergrund der Bewertungsanlässe deutlich. Im Gegensatz zu verhaltenstheoretischen Markenbewertungsansätzen können die Modelle nicht nur für interne, sondern zugleich auch für externe Anlässe eingesetzt werden (vgl. Abb. 4.23). Jedoch ist die Umrechnung von verhaltenstheoretischen Informationen in monetäre Größen sehr problematisch. Ferner beschäftigen sich die kombinierten Ansätze nur mit der Untersuchung der Nachfrager. Weitere Stakeholder der Marke wie Mitarbeiter werden nicht berücksichtigt.

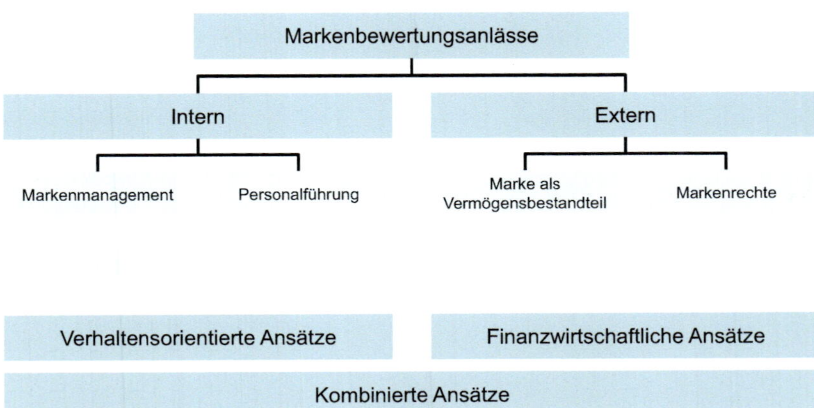

Abb. 4.23 Zuordnung der Markenbewertungsansätze zu Markenbewertungsanlässen

Tab. 4.3 Stärken und Schwächen ausgewählter kombinierter Markenbewertungsansätze. (In Anlehnung an Gerpott und Thomas 2004; Burmann und Jost-Benz 2005; Tafelmeier 2009; Ströbel 2012)

Ansatz	Stärken	Schwächen
Übergreifend	– Berücksichtigung verhaltensorientierter und finanzwirtschaftlicher Größen – Isolierung der markenspezifischen Erfolgsgrößen	– Keine Berücksichtigung der internen Markenstärke
Brand Valuation Model (Interbrand)	– Segmentspezifische Betrachtung – Zukunftsorientierung	– Subjektivität bei Auswahl und Gewichtung der Dimensionen der Markenstärke sowie den Operationalisierungskriterien – Intransparenz bei der Überführung des Markenstärke-Index in einen Multiplikator – Verrechnung mit dem Nachsteuergewinn macht den Markenwert von der Unternehmensbesteuerung abhängig (fehlende Vergleichbarkeit vor allem im internationalen Bereich)
Brand Rating (Kantar Added Value und Wieselhuber & Partner)	– Berücksichtigung kurzfristiger und langfristiger Perspektiven im Rahmen der qualitativen Markenstärke – Einfacher Vergleich mit den Wettbewerbern – Zukunftsorientierung – Universelle Anwendbarkeit	– Die Ermittlung der qualitativen Markenstärke beschränkt sich auf relative Größen (Marke X im Vergleich zum Wettbewerb), daher keine Allgemeingültigkeit – Preisaggressive Marken sind wertlos – Fehlende Unabhängigkeit von Markeniconographie und Markenguthaben – Fehlende Transparenz bei der Berechnung des Markenwerts – Nur wenige Publikationen zur Methodik und Erhebungsqualität (geringe Transparenz) – Keine Berücksichtigung von Ertragssteuern – Berücksichtigung der Eigenkapitalkosten anstatt der gewichteten durchschnittlichen Kapitalkosten

Die Anforderungen an die monetäre Markenbewertung werden auch von den kombinierten Ansätzen nur teilweise erfüllt (vgl. Abb. 4.24).

Nr.	Grundsatz	Erfüllungsgrad	
		Brand Valuation Model	Brand Rating
1.	Berücksichtigung des Bewertungsanlasses und der Bewertungsfunktion	●	●
2.	Berücksichtigung der Markenart und -funktion	○	○
3.	Berücksichtigung des Markenschutzes	●	○
4.	Berücksichtigung der Marken- und Zielgruppenrelevanz	●	◑
5.	Berücksichtigung des aktuellen Markenstatus auf Basis von repräsentativen Daten der relevanten Zielgruppe	◕	◕
6.	Berücksichtigung des Markenpotenzials und der wirtschaftlichen Lebensdauer der Marke	◔	◑
7.	Isolierung von markenspezifischen Zahlungsüberschüssen	●	●
8.	Berücksichtigung eines kapitalwertorientierten Verfahrens und eines angemessenen Diskontierungssatzes	◔	◔
9.	Berücksichtigung von markenspezifischen Risiken (Markt- und Wettbewerbsrisiken)	●	○
10.	Nachvollziehbarkeit und Transparenz	◑	◑
11.	Berücksichtigung von unternehmensinternen Markenwertdeterminanten (interne Markenstärke)	○	○
12.	Berücksichtigung des Kundenstammwerts (Customer Equity)	○	○

○ gar nicht erfüllt ◔ kaum erfüllt ◑ mittelmäßig erfüllt ◕ größtenteils erfüllt ● vollkommen erfüllt

Abb. 4.24 Beurteilung der kombinierten Markenbewertungsansätze bezüglich der Anforderungen an die monetäre Markenbewertung

4.4.4 Stakeholderorientierte Ansätze

Stakeholderorientierte Markenbewertungsansätze integrieren neben den Nachfragern zusätzliche Anspruchsgruppen. Als exemplarischer Vertreter dieser Kategorie gilt **Leslie de Chernatony** (2010), der sowohl die unternehmensinterne als auch die unternehmensexterne Perspektive berücksichtigt. Sein Ansatz setzt sich zum Ziel, die „Gesundheit der Marke" zu ermitteln (vgl. Ailawadi et al. 2003). Für dieses Vorhaben wurde ein Scoringmodell entwickelt, das Mitarbeiter und Nachfrager entlang der Dimensionen Brand Vision, Organisational Culture, Brand Objectives, Brand Essence sowie Implementation und Brand Resourcing befragt (vgl. de Chernatony 2010, S. 349 ff.). Die Dimensionen werden anhand von 70 Fragen auf einer 5er-Skala bewertet, von denen sich 47 Fragen an die interne und 23 Fragen an die externe Zielgruppe richten (vgl. Tab. 4.4). **Brand Vision** untersucht intern die Akzeptanz und Verankerung der Markenvision und der Markenwerte bei Mitarbeitern und Führungskräften. Aus externer Perspektive werden die Relevanz der Markenwerte und die Umsetzung der Markenvision überprüft. Die Dimension **Organisational Culture** wird nur aus der internen Sichtweise analysiert und betrachtet

Tab. 4.4 Dimensionen und beispielhafte Fragestellungen des „Brand Health"-Modells nach de Chernatony (2010). (Vgl. de Chernatony 2010, S. 353 ff.)

Brand Vision	Organisational Culture	Brand Objectives	Brand Essence	Implementation and Brand Resourcing
What level of awareness and understanding is there among staff about the brand's vision?	How able are employees to describe their organisational culture?	How consistent are the brand objectives with the brand vision?	How aware are staff of the elements of the brand pyramid and the resulting brand promise?	To what extent are the core competencies underpinning the brand benefiting from organisational learning and being protected against outsourcing?
How committed are staff to their brand's values?	How well do the values of the organisational culture support the brand vision?	How aware are staff of the brand's: (1) long-term objectives, (2) short-term objectives?	How much do the brand's target market welcome the brand's functional benefits?	How attractive is the employer brand?
How accurate are the assessments of stakeholders about the brand's value?	How do recruitment programmes reinforce the desired culture?	To what extent is the brand under- or over-achieving on its: (1) long-term objectives, (2) short-term objectives?	Does the positioning differentiate the brand from competitors?	How strong is the brand's relationship with its external stakeholders?

den Fit zwischen der Unternehmenskultur, den Markenwerten und der Markenvision. **Brand Objectives** erfasst die Verankerung und Angemessenheit der Markenziele sowie deren Erreichbarkeit aus interner und externer Perspektive. Im Rahmen der Dimension **Brand Essence** werden der Fit der Identitätskomponenten zueinander, die Umsetzung des Markenversprechens an den Brand Touch Points sowie der Fit von Markenidentität und Markenimage überprüft. Die Dimension **„Implementation and Brand Resourcing"** überprüft die Attraktivität der Employer Brand, die Marke-Mitarbeiter-Beziehung, den Fit organisationaler Kompetenzen zur Marke, den Fit von Markenerlebnis zu Markennutzenversprechen sowie die generelle Beziehung externer Stakeholder zur Marke. Die Bewertung der einzelnen Fragen wird am Ende über ungewichtete Mittelwerte zu einer Gesamtbewertung pro Kategorie zusammengeführt.

Ein weiterer stakeholderorientierter Ansatz stammt von **Jones** (2005). Dieser argumentiert, dass der Markenwert nicht nur in der Beziehung zwischen der Marke und den Kunden entsteht, sondern das Ergebnis der Beziehung der Marke zu allen relevanten Stakeholdern, dem Austausch mit diesen Gruppen und der Wahrnehmung der Marke durch

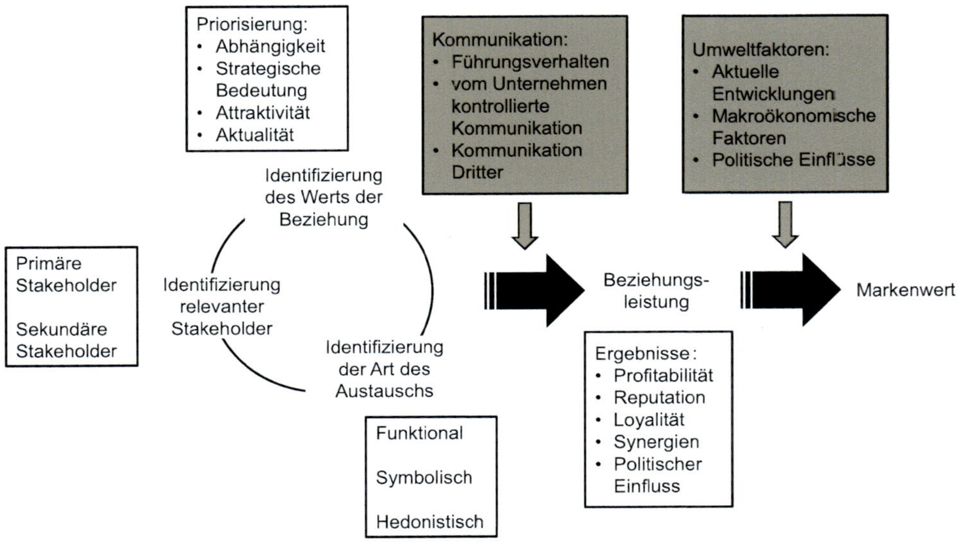

Abb. 4.25 Stakeholderorientierte Markenbewertung nach Jones (2005). (In enger Anlehnung an Jones 2005, S. 26)

diese Stakeholder ist. Als grundsätzlich relevante Stakeholder nennt Jones Konsumenten, die öffentliche Meinung, die Regierung, Nichtregierungsorganisationen (NGOs), Wettbewerber, Medien, Distributionspartner, Lieferanten, Mitarbeiter und Führungskräfte. Die Beziehung der Marke zu jeder dieser Gruppen stellt einen Teil des Markenwerts dar. Um diesen Markenwert optimal zu gestalten, gilt es, die Stakeholdergruppen zu priorisieren, ihre Erwartungen zu ermitteln und im Anschluss daran die Beziehungen gezielt zu managen (vgl. Abb. 4.25).

Die Priorisierung der Stakeholdergruppen erfolgt anhand von vier Dimensionen: Abhängigkeit, strategische Bedeutung, Attraktivität und Aktualität. Abhängigkeit bezieht sich auf die Beeinflussung der Marke durch die jeweiligen Stakeholdergruppen und Möglichkeiten, diese zu verändern. Die strategische Bedeutung zielt auf die Relevanz der Stakeholdergruppen für Markenkompetenzen und Markenwerte ab. Attraktivität ist eine qualitative Bewertung. Die Dimension erfasst, inwiefern das Markenimage für die jeweilige Stakeholdergruppe anziehend wirkt. Aktualität als letzte Dimension beschreibt, wie akut die Beziehung zu der Gruppe ist. Jones unterscheidet hierbei zwischen akuten Beziehungen, die bspw. jederzeit kritisch werden könnten und latenten, ruhenden Beziehungen. Nach der Priorisierung muss die Art des Austauschs mit den einzelnen Gruppen analysiert werden. Jones unterscheidet die Ausprägungen funktional, symbolisch und hedonistisch (vgl. Jones 2005. S. 22).

Die drei Schritte sind kein einmaliger Ablauf. Die Schritte müssen fortlaufend wiederholt werden und Veränderungen berücksichtigen, um den Markenwert zu optimieren.

Im Zuge dieser Analyse muss die Beziehungsleistung zu den einzelnen Gruppen analysiert werden. Diese wird vor allem durch die Kommunikation beeinflusst. Sie setzt sich aus dem Führungsverhalten, dem Unternehmenserfolg, vom Unternehmen kontrollierter Kommunikation und der Kommunikation Dritter (bspw. Medienberichte) zusammen. Die Bewertung der Beziehungsleistung erfolgt in Kategorien, die mögliche Ergebnisse der Beziehung darstellen: Profitabilität, Reputation, Loyalität, Synergien und politischer Einfluss. Im nächsten Schritt müssen externe Einflüsse betrachtet werden. Hierzu gehören politische Einflüsse, makroökonomische Faktoren und andere aktuelle Entwicklungen. Als Ergebnis ergibt sich der finale Markenwert (vgl. Jones 2005, S. 10 ff.). Das Modell von Jones weist mehrere Schwächen auf. Vor allem die fehlenden Angaben zu jeglicher Art von Messung sind zu bemängeln. Folglich kann auch eine empirische Überprüfung zur Beurteilung von Reliabilität und Validität des Modells bislang nicht stattfinden.

Der letzte hier vorgestellte stakeholderorientierte Ansatz wurde von **Burmann und Halaszovich** im Jahr 2016 entwickelt. Mit ihrem **Brand Reputation Monitor** analysieren Burmann und Halaszovich in einem dreistufigen Verfahren zunächst die Treiber der Reputation einer Marke bei sieben unterschiedlichen Stakeholdergruppen. Hierzu werden insgesamt 31 Fragen zu 7 unterschiedlichen Treiberkategorien bewertet. Aus den Ergebnissen dieser Befragung werden mithilfe eines Strukturgleichungsmodells eine affektive und eine kognitive Reputationskomponente ermittelt. Aus beiden Komponenten ergibt sich dann im Strukturgleichungsmodell die Gesamtreputation, sodass die Einflüsse jedes einzelnen Treibers und aller Treiberkategorien auf die Reputation einer Marke errechnet werden können. Die Bestimmung der Wirkung der Reputation auf gruppenspezifische Key Performance Indicators (KPIs) bildet den Abschluss des ersten Schrittes. Für Konsumenten bspw. gelten die Weiterempfehlungswahrscheinlichkeit und Wiederkaufsabsicht als KPIs.

Durch die Offenlegung der Einflussstärke jedes einzelnen Treibers ermöglicht der Brand Reputation Monitor die Beurteilung der Relevanz sämtlicher Treiber für ein gezieltes Reputationsmanagement. Über eine Erweiterung der Befragung um Wettbewerbsmarken können die Ergebnisse des ersten Schritts zudem für ein Benchmarking mit den wichtigsten Wettbewerbern herangezogen werden. Aus der Kombination beider Informationen ergibt sich die Relevanz-Performance-Beurteilung, die es dem Markenmanagement ermöglicht, die eigene Marke bei den relevanten Treibern gezielt vom Wettbewerber zu differenzieren.

Im zweiten Schritt misst der Ansatz, wie stark die einzelnen Stakeholdergruppen sich gegenseitig in ihrer Reputationseinschätzung beeinflussen. Hinsichtlich der Beeinflussung unterscheiden Burmann und Halaszovich die drei Kommunikationskanäle persönlicher Kontakt, klassische Medien und Internet. Relevante Stakeholdergruppen im Brand Reputation Monitor sind Konsumenten, Mitarbeiter, Nachwuchsführungskräfte, Politiker und NGOs, Journalisten und Online-Meinungsführer (z. B. Blogger). Die unterschiedlichen Stakeholdergruppen spiegeln eine möglichst große Bandbreite wirtschaftlicher und gesellschaftlicher Einflussgruppen einer Marke wider. Zudem trägt der Ansatz durch die explizite Berücksichtigung der Mitarbeiter einer Marke dem hohen Stellenwert der Markenidentität Rechnung. Die Einflussstärken (sog. Netzwerkgewichte) jeder Gruppe können bei unterschiedlichen Marken stark variieren. Während die Reputation einer Bekleidungsmarke bspw. primär von Konsumenten und Online-Meinungsführern beeinflusst werden kann, können z. B. bei Mineralölkonzernen Mitarbeiter, Politiker und NGOs sowie Journalisten eine größere Rolle spielen.

Im dritten Schritt erfolgt abschließend die Berechnung der Gesamtreputation einer Marke aus den Netzwerkgewichten der sieben Stakeholdergruppen und ihren gruppenspezifischen Reputationswerten. Durch die Gewichtung der Gruppenwerte anhand ihrer jeweiligen Netzwerkgewichte wird sichergestellt, dass in der Gesamtreputation die Relevanz der gegenseitigen Beeinflussungen berücksichtigt ist.

Die Zerlegung der gegenseitigen Beeinflussung in die unterschiedlichen Kommunikationskanäle ermöglicht weitergehende Implikationen für die Markenführung. So zeigte sich in der Vergangenheit, dass Nachwuchskräfte (z. B. Studenten) am ehesten durch persönlichen Kontakt und Online-Medien beeinflusst werden. Im Rahmen des Employer Brandings ermöglicht dies den gezielten Einsatz von Roadshows, bei denen Studenten in direkten Kontakt mit Mitarbeitern einer Marke kommen. Ein weiteres Instrument könnte die Einrichtung von Blogs für Praktikanten sein, wodurch Studenten Informationen über eine Marke von Praktikanten über das Internet erhalten. Im Vergleich unterschiedlicher, internationaler Reputationsmessungen zeigten sich zudem deutliche regionale Unterschiede in der Wirksamkeit der einzelnen Kommunikationskanäle. So wurden Politiker im europäischen Raum stärker von klassischen Medien beeinflusst, wohingegen Politiker im asiatischen Raum sich primär durch persönlichen Kontakt beeinflussen ließen und klassische Medien nahezu wirkungslos blieben.

Insgesamt kann bei den stakeholderorientierten Ansätzen die umfassende Betrachtung aller relevanten markenwerttreibenden Gruppen als Stärke benannt werden. Trotz ihres umfassenden Markenwertverständnisses sind diese Ansätze jedoch mit erheblichen Defiziten behaftet. Es wird bspw. meist nicht explizit berücksichtigt, dass eine Beziehung zwischen der bei Mitarbeitern entstehenden (unternehmensinternen) Markenstärke und der bei Nachfragern wahrgenommenen (unternehmensexternen) Markenstärke besteht. Eine positive Ausnahme ist das Stakeholder-Modell von Burmann und Halaszovich. Mitarbeiter werden daher in fast allen Markenbewertungsansätzen bislang nicht als die originäre Quelle für die unternehmensexterne Markenstärke angesehen. Auch in vielen Stakeholder-Ansätzen findet sich immer noch ein verkürztes Verständnis von Mitarbeitern als lediglich eine von vielen Bezugsgruppen. Zusätzlich ist die fehlende Betrachtung monetärer Größen bei den Stakeholder-Ansätzen zu bemängeln, womit diese Ansätze für externe Markenbewertungsanlässe ungeeignet sind (vgl. Tab. 4.5).

Die Anforderungen an die monetäre Markenbewertung werden von den stakeholderorientierten Ansätzen kaum erfüllt (vgl. Abb. 4.26).

Tab. 4.5 Stärken und Schwächen ausgewählter stakeholderorientierter Markenbewertungsansätze

Ansatz	Stärken	Schwächen
Übergreifend	– Betrachtung aller relevanten Stakeholdergruppen	– Keine explizite Berücksichtigung der Wirkungsbeziehung zwischen interner und externer Markenstärke – Keine Berücksichtigung monetärer Größen
de Chernatony (2010)	– Hohe Transparenz – Betonung der Rolle von Mitarbeitern	– Geringe Aussagekraft auf Grund reiner Mittelwertauswertungen – Keine Beurteilung von Reliabilität und Validität möglich
Jones (2005)	– Gewichtung der Stakeholdergruppen	– Unklare Methodik – Keine Beurteilung von Reliabilität und Validität möglich – Keine ökonomische Markenbewertung möglich
Burmann und Halaszovich (2016)	– Hohe Transparenz – Gewichtung der Stakeholdergruppen auf Basis ihres Einflusses, inkl. der Rolle von Mitarbeitern – Beurteilung von Reliabilität und Validität möglich	– Keine ökonomische Markenbewertung möglich

4.4.5 Identitätsbasierte Markenbewertung

4.4.5.1 Grundstruktur der identitätsbasierten Markenbewertung

Das Grundgerüst der identitätsbasierten Markenbewertung baut auf den in Abschn. 4.3.2 dargelegten Anforderungen auf (vgl. Abb. 4.27).

Aktivitäten der Markenführung bilden bei der identitätsbasierten Markenbewertung das Fundament. Alle Aktivitäten der Markenführung beziehen sich zunächst nur auf die Mitarbeiter und Führungskräfte der Marke, weil nur diese Personengruppen direkt gesteuert werden können (vgl. linke Seite Abb. 4.27). Erst danach entstehen Wirkungen der Markenführung von innen nach außen (vgl. rechte Seite Abb. 4.27).

Auf der linken Seite findet zunächst ein Abgleich zwischen der Identität potenzieller Mitarbeiter und der Markenidentität statt. Je größer der Fit, desto attraktiver bewerten potenzielle Mitarbeiter die (Unternehmens-) Marke und desto größer ist die Wahrscheinlichkeit der Mitarbeiterakquise. Der Fit zwischen Markenidentität und persönlicher Identität bestimmt auch die Beziehung zwischen der Marke und den bereits im Unternehmen tätigen Mitarbeitern. Diese zeigt sich insbesondere in der Einstellung und Bindung des Mitarbeiters gegenüber der Marke (Brand Commitment). Das Brand Commitment und das Markenwissen bilden wiederum die Grundlage für das markenbezogene Verhalten des Mitarbeiters (Brand Citizenship Behavior).

Eine analoge Argumentation gilt auf der unternehmensexternen Seite. Demnach hat der Fit zwischen dem Markenimage und der Identität des Nachfragers großen Einfluss

Nr.	Grundsatz	Erfüllungsgrad		
		de Chernatony (2010)	Jones (2005)	Burmann und Halaszovich (2016)
1.	Berücksichtigung des Bewertungsanlasses und der Bewertungsfunktion	○	○	○
2.	Berücksichtigung der Markenart und -funktion	○	○	○
3.	Berücksichtigung des Markenschutzes	○	○	○
4.	Berücksichtigung der Marken- und Zielgruppenrelevanz	◔	○	◕
5.	Berücksichtigung des aktuellen Markenstatus auf Basis von repräsentativen Daten der relevanten Zielgruppe	◑	◑	◕
6.	Berücksichtigung des Markenpotenzials und der wirtschaftlichen Lebensdauer der Marke	○	○	○
7.	Isolierung von markenspezifischen Zahlungsüberschüssen	○	○	○
8.	Berücksichtigung eines kapitalwertorientierten Verfahrens und eines angemessenen Diskontierungssatzes	○	○	○
9.	Berücksichtigung von markenspezifischen Risiken (Markt- und Wettbewerbsrisiken)	○	○	◑
10.	Nachvollziehbarkeit und Transparenz	◕	◔	●
11.	Berücksichtigung von unternehmensinternen Markenwertdeterminanten (interne Markenstärke)	●	●	●
12.	Berücksichtigung des Kundenstammwerts (Customer Equity)	○	○	○

○ gar nicht erfüllt ◔ kaum erfüllt ◑ mittelmäßig erfüllt ◕ größtenteils erfüllt ● vollkommen erfüllt

Abb. 4.26 Beurteilung der stakeholderorientierten Markenbewertungsansätze bezüglich der Anforderungen an die monetäre Markenbewertung

auf den Erfolg der Kundenakquise und beeinflusst die Kundenbindung bzw. das Brand Attachment (vgl. Sirgy 1982, S. 287 ff.; Kleine-Kalmer 2016). Das Brand Attachment ist für das Nachfragerverhalten gegenüber der Marke in hohem Maße verantwortlich. Aus dieser Argumentation ergibt sich eine interne und eine externe Markenstärke.

Die Überführung der verhaltenstheoretischen Markenstärke in einen ökonomischen Markenwert ist der zweite Schritt der identitätsbasierten Markenbewertung. Dieser Schritt ist insbesondere aus Sicht der Rechnungslegung wichtig. Zunächst ist hierfür eine Unterteilung des Markenwerts in einen Markenbarwert und einen Markenpotenzialwert notwendig. Der Markenbarwert umfasst diejenigen markeninduzierten und diskontierten Zahlungsüberschüsse, die aus gegenwärtigen Geschäftsfeldern der Marke stammen. Der Markenpotenzialwert hingegen beschreibt diejenigen markeninduzierten und diskontierten Zahlungsüberschüsse, die aus potentiellen, d. h. aktuell nicht bearbeiteten Geschäftsfeldern, stammen. Beide Werte müssen separat berechnet werden (vgl. Jost-

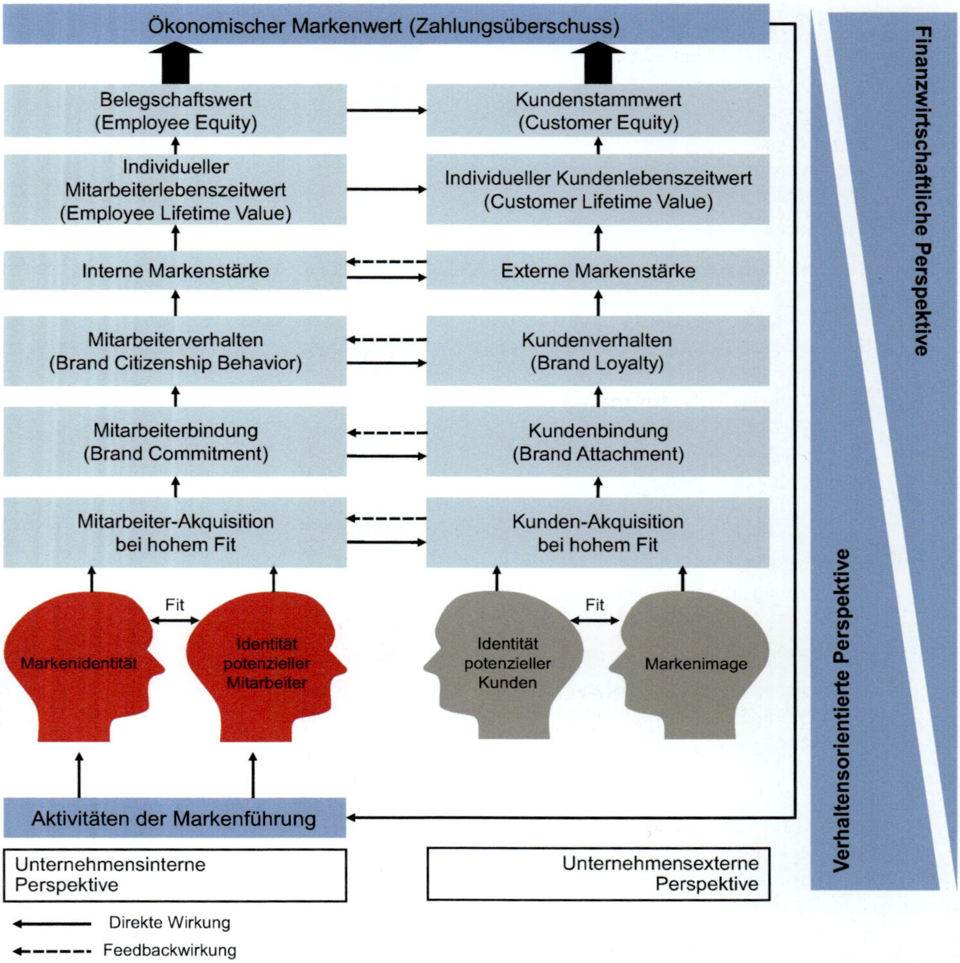

Abb. 4.27 Grundstruktur des identitätsbasierten Markenbewertungsmodells

Benz 2009, S. 60 f.). Der Diskontierungszinssatz enthält neben branchen- und unternehmensspezifischen Größen auch eine markenstärkespezifische Risikoprämie. Umso stärker eine Marke ist, desto geringer ist die Risikoprämie.

Neben der Ermittlung des Markenwerts müssen die jeweiligen Kundenstammwertsegmente berücksichtigt werden. **Hierdurch leistet das identitätsbasierte Markenbewertungsmodell einen wesentlichen Beitrag zur Integration von Markenwert (Brand Equity) und Kundenstammwert (Customer Equity).** Das Modell ermöglicht die Untersuchung von einzelnen Kundenstammwerten hinsichtlich der Kosten der Kundenakquisition und der Rentabilität des markeninduzierten Nachfragerverhaltens. Der Abgleich mit den durchgeführten Markenaktivitäten liefert wertvolle Hinweise zur Steuerung der Markenaktivitäten. Dadurch übernimmt der Kundenstammwert eine Überwachungsfunktion und zeigt, ob das markeninduzierte Nachfragerverhalten aus wirtschaftlicher Perspektive attraktiv ist. Für die Ermittlung des Markenwerts bedeutet dies, dass möglichst homogene Kundenstammwertsegmente zu bilden sind. Ein solches Vorgehen ist erforderlich, weil Kundenstammwertsegmente unterschiedliche Einstellungen und Verhaltensweisen gegenüber der Marke aufweisen können. Neben der unternehmensexternen Perspektive muss auch die interne Perspektive untersucht werden. Hierzu ist der individuelle Mitarbeiterlebenszeitwert (Employee Lifetime Value) zu berechnen. Das Vorgehen ist mit den CLV-Berechnungen vergleichbar, basiert jedoch gemäß der internen Sichtweise auf Arbeitsmengen und Arbeitspreisen anstelle von Kaufmengen und Güterpreisen. Hierauf aufbauend kann der kumulierte Belegschaftsstammwert aller Mitarbeiter einer Marke (Employee Equity) berechnet werden. Unter Berücksichtigung dieser Aspekte lässt sich in Anlehnung an Jost-Benz (2009) der identitätsbasierte Markenwert folgendermaßen definieren:

► Markeninduzierter Zahlungsüberschuss aus der Vermarktung aktueller Markenleistungen (**Markenbarwert**) und potenzieller Markenleistungen (**Markenpotenzialwert**) gegenüber allen relevanten Stakeholdergruppen.

Das Modell ist als ganzheitliches, mathematisch-empirisches Kennzahlensystem angelegt, das neben der Messung auch die Steuerung des Markenwerts ermöglicht. Folglich sind nicht nur der finale monetäre Markenwert, sondern auch die verhaltensorientierten Zwischenergebnisse der Markenstärkeermittlung für die identitätsbasierte Markenführung relevant (vgl. Burmann et al. 2009). Die erste Stufe der identitätsbasierten Markenwertberechnung besteht aus der Ermittlung der Markenstärke. Der hieraus resultierende Markenstärke-Index bildet die Basis für die zwei folgenden Stufen: Die Berechnung des Markenbarwerts aus der Vermarktung aktueller Leistungen und die Berechnung des Markenpotenzialwerts aus der optionalen Vermarktung potenzieller neuer Leistungen der Marke (vgl. Abb. 4.28).

Zur Erfassung der Markenstärke erfolgt in Stufe 1.1b eine Aufteilung der Nachfrager in möglichst homogene Kundensegmente. Dies ist notwendig, da sich die Einstellungen, das Kaufverhalten und insbesondere die Wertigkeit der Nachfrager unterscheiden. Beispielhaft kann dies an einer Automarke verdeutlicht werden, die sowohl Kleinwagen als auch Premiumfahrzeuge im Angebot hat. Hier ist davon auszugehen, dass sich das Kundensegment der Kleinwagenkäufer beim Kundenwert stark vom Kundensegment der Premiumfahrzeugkäufer unterscheidet. Neben Kundensegmenten finden im Modell auch mitarbeiterspezifische Informationen Berücksichtigung (Stufe 1.1a). Eine Segmentierung der Mitarbeiter (bspw. nach Hierarchiestufen, Betriebszugehörigkeit oder Brand Commitment) ist hier ebenso erforderlich wie eine Marktsegmentierung.

In Stufe 1.2 erfolgt die Berechnung der Markenstärke. Die Messung der internen Markenstärke erfolgt hier über das Markenwissen, das Brand Commitment und das Brand Citizenship Behavior. Die Ermittlung der externen Markenstärke erfolgt über die Markenbekanntheit, das Kundenverhalten und das Brand Attachment. Für die Marke ist es nicht

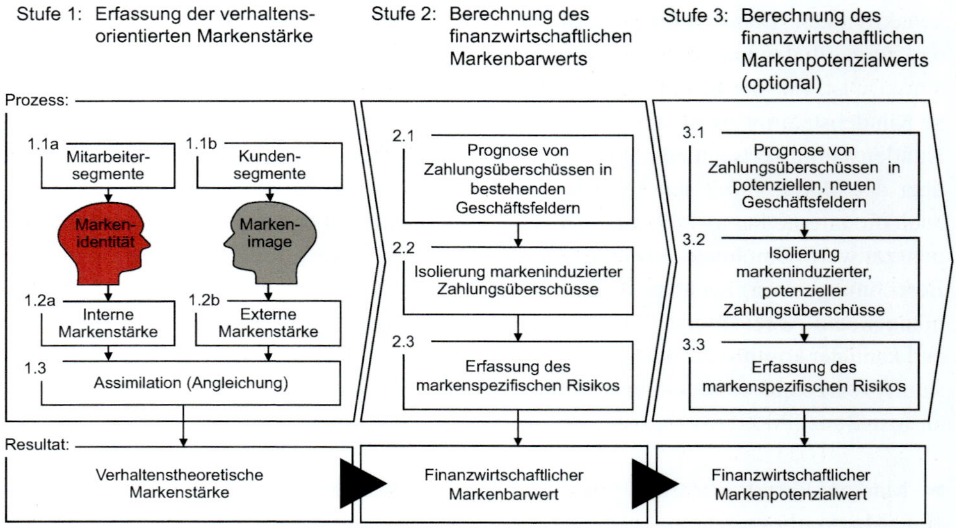

Abb. 4.28 Drei Stufen der identitätsbasierten Markenbewertung. (In Anlehnung an Jost-Benz 2009, S. 51)

ausreichend, allein im Gedächtnis der Nachfrager vorhanden zu sein (gestützte Markenbekanntheit). Darüber hinaus müssen die Markennutzendimensionen zur Differenzierung geeignet und für die Kaufentscheidung relevant sein. Das Modell erfasst diese externen Markenstärke-Indikatoren im Vergleich zu relevanten Wettbewerbern und fügt sie zu einem externen Markenstärke-Index zusammen.

Um die gesamte Markenstärke zu erfassen, muss sowohl die interne als auch die externe Markenstärke integriert werden (Stufe 1.3). Basis hierfür ist die Balance-Theorie nach Heider (1958). Auf den vorliegenden Kontext übertragen bedeutet dies, dass sich die interne und die externe Markenstärke über die Zeit angleichen (assimilieren). Nur wenn Mitarbeiter und Nachfrager die gleichen positiven Einstellungen und Verhaltensweisen gegenüber einer Marke aufweisen, kann eine Marke nachhaltig erfolgreich sein. Auf Basis des „mere exposure effect" ist anzunehmen, dass die Mitarbeiter laufend und stärker von der Marke beeinflusst werden (vgl. Obermiller 1985) und die interne Markenstärke daher einen dominanten Einfluss auf den Assimilationsprozess hat. Die Art dieses ausbalancierenden Effekts zwischen interner und externer Markenstärke ist von der Interaktionsintensität der Mitarbeiter mit den Nachfragern abhängig (vgl. Maloney 2007, S. 23): Je intensiver die Interaktion ist, desto schneller findet die Assimilation von interner und externer Markenstärke statt. Hat bspw. ein Mitarbeiter einer gefährdeten Marke (niedrige interne Markenstärke, hohe externe Markenstärke) Kontakt zu einem Nachfrager, ist die Wahrscheinlichkeit hoch, dass die geringe interne Markenstärke für den Nachfrager erlebbar wird. Hierdurch ergibt sich ein negativer Einfluss auf die externe Markenstärke. Als Resultat dieser Assimilation entsteht die Gesamtmarkenstärke.

Die Markenstärke ist die Basis für die Berechnung des finanzwirtschaftlichen Markenbarwerts. Grundlage für diesen Schritt ist die Berechnung der Zahlungsüberschüsse mit aktuellen Leistungen (Stufe 2.1). Sie erfolgt auf Basis der Discounted-Cash-Flow-Methode (vgl. Rappaport und Klien 1999, S. 39 ff.; Riesenbeck und Perrey 2005, S. 338 ff.). Zur Isolierung der markeninduzierten Zahlungsüberschüsse (Stufe 2.2) hat Jost-Benz (2009) ein Verfahren entwickelt, das dem Grundgedanken der identitätsbasierten Markenführung entspricht. Um einen Gegenwartswert der zukünftigen markeninduzierten Zahlungsüberschüsse zu erhalten, ist es notwendig, eine Diskontrate zu definieren, die das zukünftige Risiko des Marktes, des Unternehmens und der Marke widerspiegelt (Stufe 2.3). Eine solche markenspezifische Diskontrate ist notwendig, weil die Volatilität der markeninduzierten Zahlungsüberschüsse mit steigender Markenstärke abnimmt. Die hierfür zusätzlich zu berücksichtigende Lebensdauer einer Marke kann durch qualitative Beurteilungskriterien und auf Basis öffentlich zugänglicher Marktinformation grob geschätzt werden (vgl. Meffert und Burmann 1999).

Ein umfassendes Markenbewertungsmodell muss neben den Entwicklungen bei den aktuellen Leistungen einer Marke auch Entwicklungen auf der Basis von strategischen Optionen bei potenziellen neuen Leistungen (Stufe 3) berücksichtigen. Hierbei werden zunächst Zahlungsüberschüsse für zuvor identifizierte potenzielle Leistungen erfasst (Stufe 3.1). Auf Basis dieser Schätzungen wird, wie bei der Berechnung des Markenbarwerts, der Anteil der Marke an diesen potenziellen Zahlungsüberschüssen isoliert (Stufe 3.2). Die daraus entstehenden markeninduzierten potenziellen Zahlungsüberschüsse werden anschließend auf einen Gegenwartswert unter Berücksichtigung des markenspezifischen Risikos diskontiert (Stufe 3.3). In der letzten Stufe der identitätsbasierten Markenbewertung werden der Markenbarwert und der Markenpotenzialwert zusammengeführt.

4.4.5.2 Berechnung des Markenbar- und Markenpotenzialwerts

Im Folgenden soll die Ermittlung des Markenbarwerts und des Markenpotenzialwerts am Beispiel einer Produktfamilienmarke eines deutschen Technologieunternehmens für den deutschen Markt verdeutlicht werden. Dieses Beispiel belegt, dass die identitätsbasierte Markenbewertung alle zwölf Grundsätze der Markenbewertung erfüllt (vgl. Jost-Benz 2009, S. 171 ff.). Der Markenbarwert der Kundensegmente setzt sich aus den diskontierten markeninduzierten Zahlungsüberschüssen zusammen. Daher sind die Cashflows (CF) der Kundensegmente die Basis der Berechnung. Diese müssen mit der isolierten Markenleistung (ML), also dem durch die Marke induzierten Teil des freien Cashflows, multipliziert werden. Während es sich bei den Cashflows um eine monetäre Größe handelt, ist die isolierte Markenleistung ein Prozentwert. Das Ergebnis der markeninduzierten Cashflows muss nachfolgend mit dem Diskontierungsfaktor (DF) über die geschätzte Lebensdauer der Marke abgezinst werden. Da der Diskontierungsfaktor ebenfalls ein Prozentwert ist, ist der Markenbarwert auch eine monetäre Größe. Die Berechnungsformel für den Markenbarwert zeigt Abb. 4.29.

Zur Berechnung des freien Cashflows müssen der durchschnittliche Markenumsatz, die Markenerhaltungsaufwendungen, der Unternehmenssteuersatz und die Diskontierungs-

$$MBW_i = \frac{CF_i * ML_i}{DF}$$

MBW_i = Markenbarwert des Kundensegments i
CF_i = Freier Cashflow des Kundesegments i
ML_i = Isolierte Markenleistung im Kundensegment i
DF = Diskontierungsfaktor

Abb. 4.29 Formalanalytische Darstellung der Markenbarwertberechnung. (In Anlehnung an Jost-Benz 2009, S. 123)

faktoren berücksichtigt werden. Diese gliedern sich in markt-, unternehmens- und markenspezifische Risiken. Abb. 4.30 zeigt formalanalytisch wie der Cashflow ermittelt werden kann.

Für die Jahre 2004 bis 2008 ergaben sich bei dem Fallbeispiel Netto-Umsätze zwischen 144,6 Mio. € und 194,9 Mio. €. Hiervon sind die getätigten Aufwendungen für den Markenerhalt (hierzu gehören alle Aufwendungen, die zur Markenleistung beitragen) abzuziehen. Dies geschieht näherungsweise durch Orientierung an der in der Branche üblichen EBIT-Marge. Die Differenz zwischen Umsätzen und der EBIT-Marge liefert einen ersten Indikator für den Markenerhaltungsaufwand. Im nächsten Schritt müssen aus diesem Zwischenergebnis die nicht-markeninduzierten Zahlungen herausgerechnet werden. Im dritten Schritt werden die Diskontierungsfaktoren ermittelt. Der marktspezifische Diskontierungsfaktor orientiert sich dabei an der Inflationsrate. Der unternehmensspezifische Diskontierungsfaktor basiert auf den in der Branche üblichen Kapitalkosten. Der markenspezifische Diskontierungsfaktor ergibt sich aus der internen und externen Markenstärke.

Nach der Berechnung des Markenbarwerts erfolgt die Ermittlung des Markenpotenzialwerts. Das Vorgehen bei der Ermittlung des Markenpotenzialwerts kann in sechs Schritte untergliedert werden und ist in Abb. 4.31 dargestellt.

Im Rahmen der Identifikation potenzieller Markenleistungen müssen unternehmensinterne und -externe Perspektiven berücksichtigt werden. Im ersten Schritt müssen neue potenzielle Leistungen identifiziert und der Fit dieser potenziellen Leistungen zur Marke überprüft werden. In Schritt 2 müssen die Nettoumsätze der potenziellen Markenleistungen prognostiziert werden. Hierzu ist zunächst das entsprechende Marktvolumen zu ermitteln. Daran anschließend werden anhand einer Nachfragerbefragung die Kaufverhaltensintentionen gegenüber der eigenen Marke und den Wettbewerbermarken erhoben und die zu erwartenden Marktanteile der Wettbewerber berechnet (vgl. Jost-Benz 2009, S. 164). Von den Nettoumsätzen müssen in Schritt 3 die Markenerhaltungsaufwendungen

$$CF_i = \begin{pmatrix} \text{Ø } Markenumsatz & & \text{Ø } Markenerhaltungs- \\ der\ letzten & - & aufwendungen\ der \\ 3\,Jahre & & letzten\ 3\,Jahre \end{pmatrix} \times (1 - Unternehmenssteuersatz)$$

CF_i = Freier Cashflow des Kundesegments i

Abb. 4.30 Formalanalytische Darstellung der Ermittlung des freien Cashflows einer Marke. (In Anlehnung an Jost-Benz 2009, S. 123)

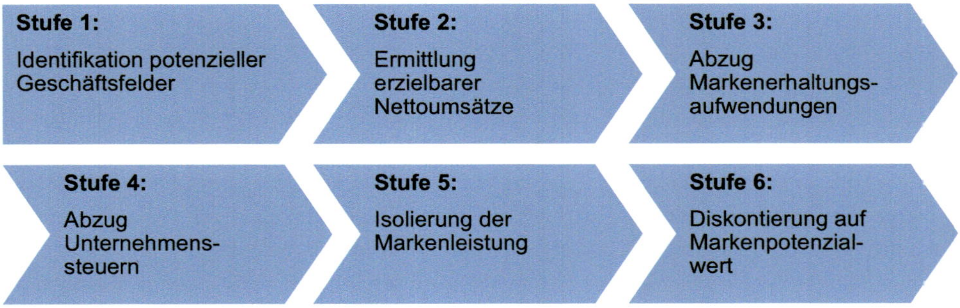

Abb. 4.31 Grundstruktur zur Erfassung des identitätsbasierten Markenpotenzialwerts. (In Anlehnung an Jost-Benz 2009, S. 157)

abgezogen werden. Neben der Berücksichtigung der laufenden Markenerhaltungsaufwendungen müssen auch die Markteinführungskosten geschätzt werden. In Schritt 4 müssen analog zur Ermittlung des Markenbarwerts die Unternehmenssteuern abgezogen werden. In Schritt 5 erfolgt die Isolierung der Markenleistung und im letzten Schritt wird der Diskontierungsfaktor bestimmt.

Nr.	Grundsatz	Erfüllungsgrad
1.	Berücksichtigung des Bewertungsanlasses und der Bewertungsfunktion	◑
2.	Berücksichtigung der Markenart und -funktion	◑
3.	Berücksichtigung des Markenschutzes	◑
4.	Berücksichtigung der Marken- und Zielgruppenrelevanz	●
5.	Berücksichtigung des aktuellen Markenstatus auf Basis von repräsentativen Daten der relevanten Zielgruppe	●
6.	Berücksichtigung des Markenpotenzials und der wirtschaftlichen Lebensdauer der Marke	●
7.	Isolierung von markenspezifischen Zahlungsüberschüssen	●
8.	Berücksichtigung eines kapitalwertorientierten Verfahrens und eines angemessenen Diskontierungssatzes	●
9.	Berücksichtigung von markenspezifischen Risiken (Markt- und Wettbewerbsrisiken)	●
10.	Nachvollziehbarkeit und Transparenz	●
11.	Berücksichtigung von unternehmensinternen Markenwertdeterminanten (interne Markenstärke)	●
12.	Berücksichtigung des Kundenstammwerts (Customer Equity)	●

○ gar nicht erfüllt ◔ kaum erfüllt ◑ mittelmäßig erfüllt ◕ größtenteils erfüllt ● vollkommen erfüllt

Abb. 4.32 Bewertung der identitätsbasierten Markenbewertung in Bezug auf die Anforderungen an die monetäre Markenbewertung

Dieses Kapitel hat die Bedeutung des Markencontrollings im Allgemeinen und der Markenbewertung im Besonderen aufgezeigt. Die verschiedenen Bewertungsanlässe machen sowohl die finanzorientierte, monetäre Markenbewertung als auch die verhaltensorientierte Markenbewertung unverzichtbar. Vor diesem Hintergrund ist die wachsende Anzahl kombinierter Ansätze zu begrüßen. Diese Ansätze vernachlässigen jedoch durchgehend die unternehmensinterne Perspektive. Des Weiteren hat die TANK AG Studie gezeigt, dass die verschiedenen Ansätze zu großen Unterschieden im Markenwert führen. Die Bemühungen zur Standardisierung der Markenbewertung durch die formulierten Anforderungen an die Markenbewertung sind ein wichtiger Schritt, dieses Problem zu beheben. Der identitätsbasierte Markenbewertungsansatz berücksichtigt diese Anforderungen (vgl. Abb. 4.32) und bietet als einziger der untersuchten Ansätze die Kombination der finanzorientierten sowie verhaltensorientierten Kennzahlen sowohl in der unternehmensinternen wie -externen Perspektive.

Literatur

Aaker, D. A. (1996). *Building strong brands*. New York: Free Press.

Ailawadi, K. L., Lehmann, D. E., & Neslin, S. A. (2003). Revenue premium as an outcome measure of brand equity. *Journal of Marketing*, *67*, 1–17.

Amirkhizi, M. (2005). Suche nach der Weltformel. *Horizont*, *6*, 3–4.

Bahadir, S. C., Bharadwaj, S. G., & Srivastava, R. K. (2008). Financial value of brands in mergers and acquisitions: is value in the eye of the beholder? *Journal of Marketing*, *72*(6), 49–64.

Bayón, T., Gutsche, J., & Bauer, H. (2002). Customer equity marketing: touching the intangible. *European Management Journal*, *20*(3), 213–222.

Bekmeier-Feuerhahn, S. (1998). *Marktorientierte Markenbewertung. Eine konsumenten- und unternehmensbezogene Betrachtung*. Wiesbaden: Gabler.

Di Benedetto, C. A., & Kim, K. H. (2016). Customer equity and value management of global brands: bridging theory and practice from financial and marketing perspectives. Introduction to a journal of business research special section. *Journal of Business Research*, *69*, 3721–3724.

Bergmann, M. (2017). Preiscontrolling. Controlling der Preise und Konditionen. In C. Zerres (Hrsg.), *Handbuch Marketing-Controlling. Grundlagen, Methoden, Umsetzung* (S. 405–422). Berlin: Springer Gabler.

Biesalski, A., & Kilian, K. (2016). Markenbewertung im Praxis-Check. *Markenartikel*, *4/2016*, 68–71.

Brand Networks (2017). Startseite. http://www.brand-networks.de/#MarkenSindMehr/MarkenSindMehr. Zugegriffen: 8. Aug. 2017.

Brand Rating (2015). Management und Kapitalisierung des Assets Marke. http://www.markenlexikon.com/d_texte/verfahren_brand_rating.pdf. Zugegriffen: 4. Febr. 2015.

Brand Valuation Forum (2007). Zehn Grundsätze der monetären Markenbewertung. http://www.markenverband.de/kompetenzen/markenbewertung/brand-valuation-forum-grundsaetze-der-monetaeren-markenbewertung/10%20Grundsaetze%20der%20monetaeren%20Markenbewertung.pdf. Zugegriffen: 10. Juli 2017.

Breusch, A. (2009). *Customer-Equity-Management in einem dynamischen Wettbewerbsumfeld – Konzeption und Anwendung eines Customer-Equity-Wettbewerbsmodells*. Wiesbaden: Gabler.

Brunner, C. B. (2013). *Portfolio-Werbung als Technik des Impression Management. Eine Untersuchung zur gegenseitigen Stärkung von Dachmarken und Produktmarken in komplexen Markenarchitekturen*. Wiesbaden: Springer Gabler.

Buchan, E., & Brown, A. (1989). Brand valuation and its role in mergers & acquisitions. In J. Murphy (Hrsg.), *Brand valuation – establishing a true and fair view* (S. 75–89).

Burmann, C. (2003). Customer equity als Steuerungsgröße für die Unternehmensführung. *Zeitschrift für Betriebswirtschaft (ZfB)*, *73*(2), 113–138.

Burmann, C., & Jost-Benz, M. (2005). *Brand Equity Management vs. Customer Equity Management? Zur Integration zweier Managementkonzepte*. Arbeitspapier Nr. 19 des Lehrstuhls für innovatives Markenmanagement (LiM). Bremen: Universität Bremen.

Burmann, C., & Meffert, H. (2005). Managementkonzept der identitätsorientierten Markenführung. In H. Meffert, C. Burmann & M. Koers (Hrsg.), *Markenmanagement – Identitätsorientierte Markenführung und praktische Umsetzung* (S. 73–114). Wiesbaden: Gabler.

Burmann, C., Jost-Benz, M., & Riley, N. (2009). Identity-based brand equity model – development of an integrated management and measurement approach. *Journal of Business Research*, *62*(3), 390–397.

Burmann, C., Dierks, A., & Fink, T. (2017). Brand purchase funnel. In C. Zerres (Hrsg.), *Handbuch Marketing-Controlling. Grundlagen, Methoden, Umsetzung* (S. 293–312). Berlin: Springer Gabler.

Court, D., Elzinga, D., Mulder, S., & Vetvik, O. J. (2009). The consumer decision journey. http://www.mckinsey.com/business-functions/marketing-and-sales/our-insights/the-consumer-decision-journey. Zugegriffen: 31. Aug. 2017.

Crimmins, J. C. (1992). Better measurement and management of brand value. *Journal of Advertising Research*, *32*, 11–19.

de Chernatony (2010). *From brand vision to brand evaluation*. London: Elsevier.

Dierks, A. (2017). *Re-modeling the brand purchase funnel. Conceptualization and empirical application*. Wiesbaden: Springer Gabler.

Esch, T. (2016). Markenbewertung mit dem Markeneisberg. In F.-R. Esch (Hrsg.), *Handbuch Markenführung* (S. 1–21). Wiesbaden: Springer.

Esch, F.-R., & Neudecker, N. (2013). Die Wirkung und den Erfolg messen. In F.-R. Esch (Hrsg.), *Strategie und Technik des Automobilmarketing* (S. 443–479). Wiesbaden: Springer Gabler.

Fairfield-Sonn, J. W., Ogilvie, J. R., & Delvecchio, G. A. (2002). Mergers, acquisitions and longterm employee attitudes. *Journal of Business & Economic Studies*, *8*(2), 1–16.

Freiling, J. (2013). On the firm's reason d'Etre and competence-based nature of the firm. In W. Kersten & J. Wittmann (Hrsg.), *Kompetenz, Interdisziplinarität und Komplexität in der Betriebswirtschaftslehre* (S. 29–38). Wiesbaden: Springer Gabler.

Freundt, T. C., Lehmann, S., & Zimmermann, L. (2015). Spontankäufer, Neu- und Bestandskunden – Der erweiterte Kauftrichter. *Marketing Review St. Gallen*, *32*(6), 86–98.

Gerken, G. (1994). *Die fraktale Marke*. Düsseldorf: Econ.

Gerpott, T. J., & Thomas, S. E. (2004). Markenbewertungsverfahren: Einsatzfelder und Verfahrensüberblick. *Wirtschaftswissenschaftliches Studium*, *33*(7), 394–400.

Grob, H. L., & Bensberg, F. (2005). *Kosten- und Leistungsrechnung. Theorie und SAP-Praxis*. München: Vahlen.

Hanser, P., Högl, S., & Maul, K.-H. (2004). *Die Tank AG – Wie neun Bewertungsexperten eine fiktive Marke bewerten*. Düsseldorf: Handelsblatt.

Heemann, J. (2008). *Markenbudgetierung*. Wiesbaden: Gabler.

Heider, F. (1958). *The psychology of interpersonal relations*. New York: Wiley.

Heider, U. H., & Strehlau, R. (2006). Markenwert-Controlling. In M. P. Zerres (Hrsg.), *Handbuch Marketing-Controlling* (S. 255–280).

Högl, S., & Hupp, O. (2004). Brand Performance Measurement mit dem Brand Assessment System (BASS). In A. Schimansky (Hrsg.), *Der Wert der Marke* (S. 124–145). München: Vahlen.

Holtz, A. (2012). *5-Phasen-Methode der Markenbewertung*. Wiesbaden: Gabler, Springer.

Huber, B. (2014). *Einführung in die Bilanzierung und Bewertung – Grundlagen des Handels- und Steuerrechts sowie den IFRS*. Wiesbaden: Springer Gabler.

Hundacker, S. (2005). *Customer Equity Management bei kontinuierlichen Dienstleistungen – Konzeption, Modell und Anwendung im Mobilfunk*. Wiesbaden: Dt. Univ.-Verlag.

Interbrand (2017). Methodology. http://interbrand.com/best-brands/best-global-brands/methodology/. Zugegriffen: 14. Aug. 2017.

Jones, R. (2005). Finding sources of brand value: developing a stakeholder model of brand equity. *Journal of Brand Management*, *13*(1), 10–32.

Jost-Benz, M. (2009). *Identitätsbasierte Markenbewertung – Grundlagen, theoretische Konzeptualisierung und praktische Anwendung am Beispiel einer Technologiemarke*. Wiesbaden: Gabler.

Kantar Added Value (2017). Markenführung und Markenstrategie. https://kantaraddedvalue.de/markenfuehrung-und-markenstrategie/. Zugegriffen: 10. Juli 2017.

Kapferer, J. N. (1992). *Die Marke – Kapital des Unternehmens*. Landsberg/Lech: Verlag Moderne Industrie.

Kaplan, R. S., & Norton, D. P. (1997). *Balanced Scorecard: Strategien erfolgreich umsetzen*. Stuttgart: Schäffer-Poeschel.

Karimi, S., Papamichail, K. N., & Holland, C. P. (2015). The effect of prior knowledge and decision-making style on the online purchase decision-making process. – A typology of consumer shopping behaviour. *Decision Support Systems*, *77*, 137–147.

Keller, C. (2016). *Identitätsbasierter Markenschutz – Konzeptualisierung im Kontext der internationalen Marken- und Produktpiraterie*. Wiesbaden: Springer Gabler.

Keller, K. L. (1993). Conceptualizing, measuring, and managing customer-based brand equity. *Journal of Marketing*, *57*, 1–22.

Keller, K. L. (2005). Kundenorientierte Messung des Markenwerts. In F.-R. Esch (Hrsg.), *Moderne Markenführung: Grundlagen – Innovative Ansätze – Praktische Umsetzungen* (S. 1307–1328). Wiesbaden: Gabler.

Keller, K. L. (2013). *Strategic brand management: building, measuring, and managing brand equity*. Boston: Irwin.

Kern, W. (1962). Bewertung von Warenzeichen. *Betriebswirtschaftliche Forschung und Praxis*, *14*(1), 17–31.

Kleine-Kalmer, B. (2016). *Brand page attachment – an empirical study on Facebook users' attachment to brand pages*. Wiesbaden: Springer Gabler.

Krause, J. (2013). *Identitätsbasierte Markenführung im Investitionsgüterbereich – Management und Wirkungen von Marke-Kunde-Beziehungen*. Wiesbaden: Springer Gabler.

Kriegbaum, C. (2001). *Markencontrolling: Bewertung und Steuerung von Marken als immaterielle Vermögenswerte im Rahmen eines unternehmenswertorientierten Controlling*. München: Vahlen.

Lecinski, J. (2011). Winning the zero moment of truth. https://ssl.gstatic.com/think/docs/2011-winning-zmot-ebook_research-studies.pdf. Zugegriffen: 31. Aug. 2017.

Maloney, P. (2007). *Absatzmittlergerichtetes, identitätsbasiertes Markenmanagement: Eine Erweiterung des innengerichteten, identitätsbasierten Markenmanagements unter besonderer Berücksichtigung von Premiummarken*. Wiesbaden: Dt. Univ.-Verlag.

Manager Magazin (2005). AEG-Chronik – Niedergang einer Weltmarke. http://www.managermagazin.de/unternehmen/artikel/0,2828,389986,00.html. Zugegriffen: 27. Okt. 2014.

Markenverband, GfK, & Sattler & PwC (2012). *Praxis von Markenmanagement und Markenbewertung in deutschen Unternehmen*

Meffert, H., & Burmann, C. (1999). Abnutzbarkeit und Nutzungsdauer von Marken. *Jahrbuch für Absatz- und Verbrauchsforschung, 45*(3), 244–263.

Meffert, H., & Koers, M. (2005). Markenkannibalisierung in Markenportfolios. In H. Meffert, C. Burmann & M. Koers (Hrsg.), *Markenmanagement* (S. 297–318). Wiesbaden: Gabler.

Meffert, H., Burmann, C., & Kirchgeorg, M. (2015). *Marketing: Grundlagen marktorientierter Unternehmensführung*. Wiesbaden: Springer Gabler.

Moran, G., Muzellec, L., & Nolan, E. (2014). Consumer moments of truth in the digital context: How „search" and „E-word of mouth" can fuel consumer decision making. *Journal of Advertising Research, 54*(2), 200–204.

Musiol, K.-G., Berens, H., Spannagl, J., & Biesalski, A. (2004). icon Brand Navigator und Brand Rating für eine holistische Markenführung. In A. Schimansky (Hrsg.), *Der Wert der Marke* (S. 370–399). München: Vahlen.

Nunes, J. C., Bellin, J., Lee, I., & Schunck, O. (2013). Converting the nonstop consumer into a loyal consumer. *Strategy & Leadership, 41*(5), 48–53.

Obermiller, C. (1985). Varieties of mere exposure: the effects of processing style of repetition on affective response. *Journal of Consumer Research, 12*, 17–30.

Park, C. W., MacInnis, D. J., Priester, J., Eisingerich, A. B., & Iacobucci, D. (2010). Brand attachment and brand attitude strength: conceptual and empirical differentiation of two critical brand equity drivers. *Journal of Marketing, 74*(6), 1–17.

Pauwels, K., & van Ewijk, B. (2013). *Do online behavior tracking or attitude survey metrics drive brand sales? – An integrative model of attitudes and actions on the consumer boulevard*. Marketing Science Institute Working Paper Series. (S. 13–118).

Perrey, J., Freundt, T., & Spillecke, D. (2015). *Power brands – measuring – making – managing – brand success*. Weinheim: Wiley-VCH.

Pfeil, O., & Vater, H. (2002). „Die kleine Unternehmensbewertung" oder die neuen Vorschriften zur Goodwill- und Intangible-Bilanzierung. *KoRe, 2*, 66–81.

Rappaport, A., & Klien, W. (1999). *Shareholder Value: Ein Handbuch für Manager und Investoren*. Stuttgart: Schäffer-Poeschel.

Reckenfelderbäumer, M. (2006). Prozesskostenrechnung im Marketing. In S. Reinecke & T. Tomczak (Hrsg.), *Handbuch Marketing-Controlling* (S. 767–794). Wiesbaden: Gabler.

Riesenbeck, H., & Perrey, J. (2005). *Mega-Macht Marke. Erfolg messen, machen, managen*. Frankfurt a.M: REDLINE.

Rippe, K. (2017). *Strategische Marken-Due-Diligence. Konzeptionelles Modell zur Messung des identitätsbasierten Markenfit bei M&As*. Wiesbaden: Springer Gabler.

Rocha, M. (2014). Financial applications for brand valuation. http://interbrand.com/wp-content/uploads/2015/10/Interbrand-Financial-Applications-for-Brand-Valuations.pdf. Zugegriffen: 14. Aug. 2017.

Rust, R. T., Zeithaml, V. A., & Lemon, K. N. (2004). *Customer-centered brand management* (S. 110–118). September: Harvard Business Review.

Sattler, H. (2005). Markenbewertung: state-of-the-art. *ZfB Zeitschrift für Betriebswirtschaft, 75*(2), 33–57.

Schade, M. (2012). *Identitätsbasierte Markenführung professioneller Sportvereine – Eine empirische Untersuchung zur Ermittlung verhaltensrelevanter Markennutzen und der Relevanz der Markenpersönlichkeit*. Wiesbaden: Gabler.

Schmidt, H. J. (2015). *Markenführung*. Wiesbaden: Springer Gabler.

Schneider, H. (2004). *Marken in der Politik: Erscheinungsformen, Relevanz, identitätsorientierte Führung und demokratietheoretische Reflektion*. Wiesbaden: Gabler.

Simon, C. J., & Sullivan, M. W. (1993). The measurement and determinants of brand equity: a financial approach. *Marketing Science*, *12*(1), 28–52.

Sirgy, J. (1982). Self-concept in consumer behavior: a critical review. *Journal of Consumer Research*, *9*, 287–300.

Spiegel Online (2016). Deutsche Bank. Aufstieg und Fall einer Größenwahnsinnigen. http://www.spiegel.de/wirtschaft/unternehmen/deutsche-bank-aufstieg-und-fall-einer-groessenwahnsinnigen-a-1114823.html. Zugegriffen: 10. Aug. 2017.

Ströbel, T. (2012). *Die Einflussfaktoren der Markenbewertung im Sport: eine empirische Analyse der Zusammenhänge bei Klubmarken*. Wiesbaden: Gabler.

Stucky, N. (2004). Monetäre Markenbewertung nach dem Interbrand-Ansatz. In A. Schimansky (Hrsg.), *Der Wert der Marke* (S. 430–459). München: Vahlen.

Tafelmeier, R. (2009). *Markenbilanzierung und Markenbewertung: Analyse und Eignung von Markenbewertungsverfahren in Hinblick auf die bilanzielle Behandlung von Marken nach HGB und IAS/IFRS*. Frankfurt a. M.: Peter Lang.

Teerikangas, S., Stahl, G. K., Björkmann, I., & Mendenhall, E. (2015). IHRM issues in mergers and acquisitions. In D. G. Collings, G. T. Wood & P. M. Caligiuri (Hrsg.), *The Routledge companion to international human resource management* (S. 423–456). New York: Routledge.

Tomczak, T., Reinecke, S., & Kaetzke, P. (2004). Markencontrolling – Sicherstellung der Effektivität und Effizienz der Markenführung. In M. Bruhn (Hrsg.), *Handbuch Markenführung* (S. 1821–1852). Wiesbaden: Gabler.

Walser, M. G. (2004). *Brand strength: building and testing models based on experiential information*. Wiesbaden: Dt. Univ.-Verlag.

Weserkurier (2015). Hoffnungsträger SunExpress – Lufthansa setzt Ferienflieger auf Langstrecke ein/Projekt als Teil der Billig-Strategie. *Weserkurier 20.02.2015,* 2.

Young & Rubicam (2017). http://www.yr.com/about. Zugegriffen: 10. Juli 2017.

Young & Rubicam Group Switzerland (2017). http://www.brand-asset-valuator.ch/. Zugegriffen: 10. Juli 2017.

Identitätsbasierter Markenschutz 5

Inhaltsverzeichnis

„Markenpiraterie“, die Nachahmung von Produkten oder Dienstleistungen unter Verwendung geschützter Marken durch unberechtigte Dritte, hat seit Mitte der 1970er-Jahre immer weiter zugenommen. Lag der weltweite Umsatz mit Markenplagiaten Ende der 1980er-Jahre noch bei 40 bis 80 Mrd. US-Dollar, ist dieser Wert inzwischen auf 800 bis 1100 Mrd. US-Dollar gestiegen (vgl. Keller 2016, S. 7). Während bspw. Uhren- oder Sonnenbrillenmarken bereits seit vielen Jahren plagiiert werden, ist dieses Phänomen inzwischen auch bei Pharmazeutika, Elektronikartikeln oder Investitionsgütern verstärkt zu beobachten (vgl. Keller 2016, S. 7). Darüber hinaus wächst der Handel mit Plagiaten im Internet. 80 % der deutschen Unternehmen sind nach eigenen Angaben bereits Opfer von Markenpiraterie geworden (vgl. Markenverband 2008).

C. Burmann et al., *Identitätsbasierte Markenführung*,
https://doi.org/10.1007/978-3-658-20063-3_5

Laut einer Studie der OECD (2008) stammen mehr als zwei Drittel des weltweiten Umsatzes mit **Markenplagiaten** aus der Volksrepublik (VR) China. In der chinesischen Stadt Kumming wurde sogar eine ganze IKEA-Filiale kopiert. Das 1000 qm große Möbelgeschäft ist nahezu identisch mit den offiziellen Filialen der schwedischen Möbelmarke. Zurückzuführen ist die hohe Bedeutung der VR China als Ursprungsland von „Markenpiraterie" auf den sehr guten Zugang zu Produktionsanlagen und Kapital, die hohe Anzahl gut ausgebildeter Facharbeiter sowie die zumeist lückenhafte Strafverfolgung und Sanktionierung von „Markenpiraterie" (vgl. Keller 2016, S. 8). Daher hat bspw. IKEA in China kaum rechtliche Möglichkeiten, um gegen das illegal kopierte Möbelhaus vorzugehen (vgl. Lochner 2011).

Durch die Zunahme der „Markenpiraterie" ist der Markenschutz zu einer zentralen Herausforderung der Markenführung geworden. Aufgabe des Markenschutzes ist die **Absicherung der eigenen Marken** vor unberechtigtem Zugriff und Missbrauch durch Dritte. Die Literatur fokussiert sich bislang zumeist auf rechtliche Schutzmaßnahmen (vgl. u. a. Baumgarth 2014; Schröder und Ahlert 2004; Schröder 2005). Auf Grund lückenhafter Strafverfolgungs- und Sanktionierungsmaßnahmen sind jedoch in vielen Quellländern der „Markenpiraterie" (z. B. VR China, Russland, Thailand) rechtliche Maßnahmen fast wirkungslos. Der hier vorgestellte ganzheitliche Ansatz des identitätsbasierten Markenschutzes umfasst daher sowohl rechtliche als auch nicht-rechtliche Maßnahmen.

In diesem Kapitel sollen folgende Fragen beantwortet werden:

- Was sind die Aufgaben des Markenschutzes? Wie unterscheidet sich der ganzheitlichen Ansatz des identitätsbasierten Markenschutzes vom klassischen, rein rechtlichen Verständnis?
- Anhand welcher Kriterien wird eine Markenschutzstrategie festgelegt?
- Welche rechtlichen Maßnahmen können zum Schutz der eigenen Marken eingesetzt werden?
- Durch welche nicht-rechtlichen Maßnahmen können die eigenen Marken zusätzlich geschützt werden?
- Welche internen Voraussetzungen müssen geschaffen werden, um einen ganzheitlichen Markenschutz aus rechtlichen- und nicht-rechtlichen Maßnahmen erfolgreich umsetzen zu können?

5.1 Aufgaben und Definition des ganzheitlichen identitätsbasierten Markenschutzes

Anhand der konstitutiven Merkmale der Markenidentität (Wechselseitigkeit, Individualität, Kontinuität und Konsistenz) lassen sich folgende **Aufgabenbereiche des identitätsbasierten Markenschutzes** ableiten (vgl. Keller 2016, S. 311 f.):

- Absicherung des Interaktionsverhältnisses zwischen markenführender Organisation und Nachfragern vor der Intervention durch unberechtigte Dritte (Schutz der Wechselseitigkeit)
- Absicherung der Einzigartigkeit des Nutzenbündels im Vergleich zu anderen Nutzenbündeln (Schutz der Individualität)
- Absicherung der essenziellen Merkmale einer Marke in der Wahrnehmung interner und externer Zielgruppen gegen eine Beeinflussung durch Dritte (Schutz der Kontinuität)
- Absicherung der Widerspruchsfreiheit der Markenführung entlang aller Brand Touch Points gegenüber Einflüssen Dritter (Schutz der Konsistenz)

Um diese Aufgaben zu erfüllen, ist ein ganzheitliches Verständnis des identitätsbasierten Markenschutzes erforderlich.

► **Identitätsbasierter Markenschutz** umfasst die kontinuierliche Absicherung des Nutzenbündels einer Marke vor Zugriff durch unberechtigte Dritte sowie Schutz der Markenwirkungen vor Irritationen mittels rechtlicher, strategischer, operativer, organisationaler und technologischer Maßnahmen, um eine Maximierung des Markenwerts in gegenwärtigen und zukünftigen Geschäftsfeldern sicherzustellen (vgl. Keller 2016, S. 313 f.).

Während sich das rein rechtliche Verständnis lediglich auf juristische Mittel fokussiert (u. a. Eintragung einer Marke in das Markenregister, juristische Geltendmachung eigener Ansprüche bei unberechtigter Verwendung der eigenen Marke durch Dritte), umfasst der identitätsbasierte Markenschutz neben diesen rechtlichen Mitteln auch weitergehende Maßnahmen.

5.2 Entwicklung einer Markenschutzstrategie

In einem ersten Schritt der Konzeption eines identitätsbasierten Markenschutzes gilt es, eine **Markenschutzstrategie** zu entwickeln. Dabei ist zunächst für jede mögliche Kombination aus Produkt und Quellland der „Markenpiraterie" die Schutzpriorität festzulegen. Darüber hinaus ist zu bestimmen, ob der Fokus auf den rechtlichen oder den nicht-rechtlichen Maßnahmen des Markenschutzes liegen sollte (vgl. Keller 2016, S. 342 ff.).

Die Schutzpriorität wird mittels des Kriteriums „Plagiatsrisiko in der entsprechenden Produkt-Quellland-Kombination" festgelegt. Zur Erfassung dieses **Plagiatsrisikos** ist der Aggregated Trade-Related Index of Counterfeiting and Piracy (ATRIC) der OECD gut geeignet (vgl. Keller 2016, S. 344 f.). Der ATRIC-Index gibt die Plagiatswahrscheinlichkeit an und bezieht sich dabei auf das Ursprungsland der Markenpiraterie. Nach dem ATRIC-Index besteht v. a. in Schwellenländern (z. B. VR China, Russland, Thailand) ein hohes Plagiatsrisiko. Produkt-Quellland-Kombinationen mit einem hohen Plagiatsrisiko kommt eine hohe Priorität des Markenschutzes zu und umgekehrt. Allerdings sollte bei dieser Priorisierung zusätzlich die strategische Relevanz der einzelnen Marke-Land-Kombination berücksichtigt werden (vgl. Keller 2016, S. 347).

Die Entscheidung hinsichtlich der Fokussierung auf rechtliche- oder nicht-rechtliche Markenschutz-Maßnahmen erfolgt anhand des Kriteriums „Härtegrad des gewerblichen Rechtsschutzes“ (vgl. Keller 2016, S. 343 f.). Dieser **länderspezifische Härtegrad** kann mittels des Ostergard-Indexes (2000) bestimmt werden, welcher die Gesetze sowie ihre effektive Durchsetzung in dem jeweiligen Quellland der „Markenpiraterie“ erfasst. Bei besonders gut durchsetzbaren Schutzrechten konzentriert sich der identitätsbasierte Markenschutz auf die Mittel des rechtlichen Markenschutzes. Im Fall eines geringen Härtegrads (z. B. Indien) sollte sich der Markenschutz auf nicht-rechtliche Maßnahmen entlang der gesamten Wertschöpfungskette der Marke fokussieren.

Auf Basis der beiden oben aufgeführten Entscheidungen entsteht eine Vier-Felder-Matrix der Markenschutzstrategie. In Abb. 5.1 ist diese Matrix dargestellt und für jede der vier Schutzstrategien ein Beispiel aufgeführt.

Die folgenden Ausführungen konzentrieren sich auf die Fälle hoher Schutzpriorität. Zunächst werden Maßnahmen des rechtlichen Markenschutzes vorgestellt, gefolgt von nicht-rechtlichen Markenschutzmaßnahmen. Anschließend werden interne Voraussetzungen erörtert, die für eine erfolgreiche Umsetzung des ganzheitlichen Markenschutzes notwendig sind.

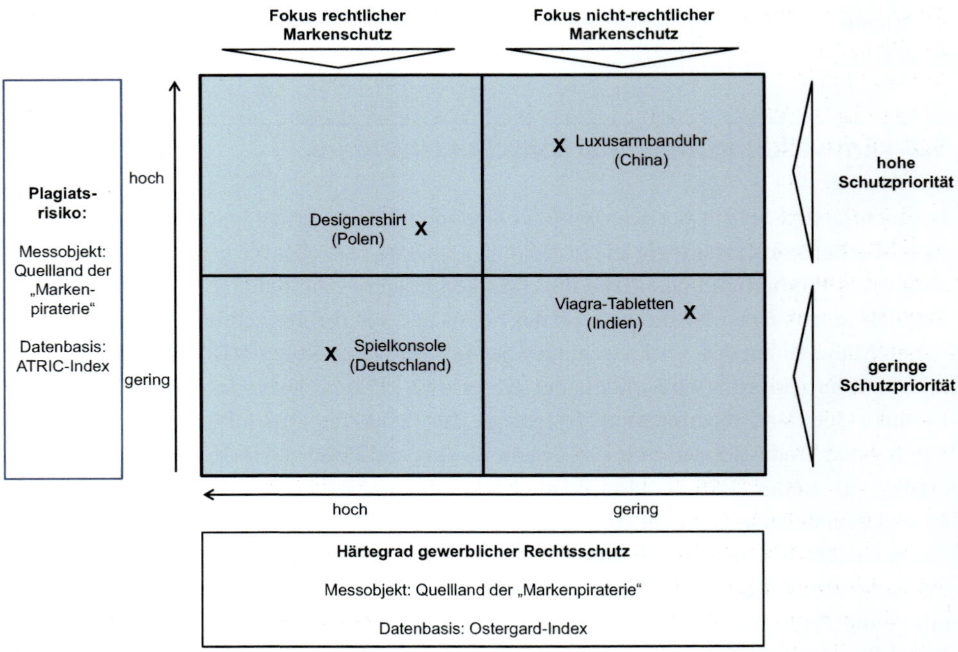

Abb. 5.1 Vier-Felder-Matrix der Markenschutzstrategie. (In Anlehnung an Keller 2016, S. 347)

5.3 Rechtlicher Markenschutz

Der **rechtliche Markenschutz** besteht aus der präventiven und der offensiven Schutzrechtspolitik. Die präventiven Maßnahmen richten sich auf eine vorbeugende Absicherung durch die Erlangung von Markenrechten. Die offensive Schutzrechtspolitik umfasst alle Maßnahmen gegenüber markenrechtsverletzenden Eintragungen oder Verwendungen der eigenen Marke durch Dritte.

5.3.1 Präventive Schutzrechtspolitik

Der Markenschutz von registrierten nationalen Marken erstreckt sich immer nur über das Territorium des Landes, in dessen Register die Marke eingetragen ist. Auf Grund dieses **Territorialitätsprinzips** ist zunächst zu entscheiden, für welche Territorien rechtlicher Markenschutz erlangt werden soll. Dies sollte vorrangig das Zielland sein, in dem die Marke angeboten wird. Zudem ist die Marke auch an den Produktionsstandorten abzusichern, insbesondere in Ländern mit einem hohen Plagiatsrisiko. Nach Keller (2016, S. 274) ist zur Absicherung der Handelswege zudem eine Registrierung der Marke in bedeutenden Handelsknotenpunkten (u. a. Vereinigte Arabische Emirate) zu empfehlen. Darüber hinaus sollten auch zukünftige Absatzmärkte durch Erlangung von Markenrechten frühzeitig abgesichert werden. Auf Grund des Prioritätsgrundsatzes ist dies von hoher Bedeutung, da es Dritten in diesen Ländern freisteht, ein identisches oder ähnliches Kennzeichen für identische oder ähnliche Leistungen zu registrieren. Durch die in diesem Fall zeitlich vorangehende Anmeldung durch Dritte kann es dem ursprünglichen Markeninhaber in diesem Land verwehrt werden, seine Marke zu einem späteren Zeitpunkt zu registrieren und auf den Markt zu bringen.

In Deutschland kann **Markenschutz** auf drei Wegen erlangt werden: Nach § 4 Markengesetz entsteht Markenschutz durch Eintragung einer Marke in das vom Patentamt geführte Register (**Registermarke**), durch Benutzung einer Marke im geschäftlichen Verkehr (**Benutzungsmarke**) oder durch die notorische Bekanntheit einer Marke (**Notoritätsmarke**). Bei neu eingeführten Marken kann Markenschutz zumeist nur durch Eintragung in das Register erlangt werden. Diese Form der Schutzrechtserlangung basiert auf § 3 des deutschen Markengesetztes. Danach sind als Marke alle Zeichen, insbesondere Wörter einschließlich Personennamen, Abbildungen, Buchstaben, Zahlen, Hörzeichen, dreidimensionale Gestaltungen einschließlich Farben und Farbzusammenstellungen schutzfähig, die geeignet sind, Leistungen eines Unternehmens von denjenigen anderer Unternehmen zu unterscheiden.

Marken werden auf Basis eines Waren- oder Dienstleistungsverzeichnisses, der **Nizza-Klassifikation**, angemeldet. Bei dieser Klassifikation handelt es sich um ein internationales Abkommen über die Einteilung von Waren und Dienstleistungen in 45 verschiedene Klassen. Die Marke ist nur in den angemeldeten Waren- und Dienstleistungsklassen geschützt. Daher sind auch geplante Markenerweiterungen (vor allem Category Extensions) bei der Auswahl der Klassen zu berücksichtigen.

Vor der Eintragung einer Marke wird diese zunächst beim **Deutschen Patent- und Markenamt (DPMA)** auf absolute Eintragungshindernisse überprüft (§ 8 Markengesetz). Neben dem Erfordernis der grafischen Darstellbarkeit sind Marken, denen jegliche Unterscheidungskraft fehlt, von der Eintragung ausgeschlossen. Unterscheidungskraft bedingt die konkrete Eignung einer Marke, die Leistungen als von einem Unternehmen stammend zu kennzeichnen und diese somit von anderen Unternehmen zu differenzieren (vgl. Ströbele und Hacker 2015).

Marken, die ausschließlich aus Zeichen oder Angaben bestehen, die zur Bezeichnung der Art, der Beschaffenheit, der Menge, der Bestimmung des Werts, der geografischen Herkunft, der Zeit der Herstellung oder zur Bezeichnung sonstiger Merkmale der Waren oder Dienstleistungen dienen, sind von der Eintragung ausgeschlossen. Zudem werden Marken, die geeignet sind, die Rezipienten über die Art, die Beschaffenheit oder die geografische Herkunft der Waren oder Dienstleistungen zu täuschen, oder gegen die öffentliche Ordnung und die guten Sitten verstoßen, nicht eingetragen (§ 8 Abs. 2 Markengesetz).

Wurde die Territorialität des Markenschutzes für mehrere Länder der Europäischen Union (EU) oder für die gesamte Gemeinschaft festgelegt, ist es zweckmäßig, eine **Unionsmarke** anzumelden. Durch eine solche Eintragung beim Amt der Europäischen Union für Geistiges Eigentum/European Union Intellectual Property Office (EUIPO) kann einheitlicher Markenschutz für die gesamte EU erlangt werden (Unionsmarkenverordnung).

Wenn die ausgewählten Territorien des Markenschutzes auch außerhalb der EU liegen, ist die Erlangung internationaler Registrierungen zweckmäßig. Basis für die Erlangung internationaler Registrierungen sind das Madrider Markenabkommen (MMA) sowie das Protokoll zum Madrider Markenabkommen (PMMA). Durch diese **internationalen Abkommen** kann Markenschutz in den zu den Abkommen beigetretenen Ländern erlangt werden. Markeninhaber können ihre in einem Verbandsland eingetragene Marke (die Basismarke) auf mehrere Verbandsländer erstrecken. Dadurch erhält der Markeninhaber in den von ihm gewählten Verbandsländern Markenrechte, die dort wie nationale Markenrechte gelten.

Für die Erlangung von internationalen Registrierungen sind drei Schritte erforderlich: Zunächst muss über ein nationales Markenamt (Ursprungsbehörde) eine „Basismarke" angemeldet und registriert werden. Durch Antrag auf internationale Registrierung bei der Ursprungsbehörde wird die Registrierung an das **World Intellectual Property Office (WIPO)** weitergeleitet, welches die Voraussetzungen für die internationale Registrierung prüft. In einem dritten Schritt prüfen die jeweiligen nationalen Länder, in die die Marke erstreckt werden soll, ob es Schutzhindernisse gibt. Durch das Instrument der internationalen Registrierung ist es für Markeninhaber auf einfachem und günstigem Weg möglich, Markenschutz in vielen Territorien zu erlangen.

5.3.2 Offensive Schutzrechtspolitik

Unter der offensiven Schutzrechtspolitik werden Maßnahmen gegenüber markenrechtsverletzenden Eintragungen sowie gegen die unrechtmäßige Verwendung der eigenen Marke durch Dritte („Markenpiraterie") gefasst (vgl. Keller 2016, S. 89).

Als Maßnahme gegen markenrechtsverletzende Eintragungen kommt bspw. in Deutschland das in § 9 des Markengesetztes verankerte **Widerspruchsrecht** zum Tragen. Innerhalb einer sich an die Veröffentlichung der Marke anschließenden dreimonatigen Widerspruchsfrist kann gegen prioritätsjüngere Anmeldungen Widerspruch erhoben werden. Das Deutsche Patent- und Markenamt prüft im Eintragungsverfahren nicht von sich aus die entgegenstehenden Rechte Dritter. Zum Beispiel kann die Marke „Coca-Cola" zunächst durch jeden für die Kategorie Getränke angemeldet werden und zur Eintragung kommen. Im Rahmen einer selbst zu initiierenden Markenüberwachung würde der Inhaber der prioritätsbesseren Marke (Coca-Cola Company) auf die Markenneuanmeldung aufmerksam werden und könnte die Marke im Rahmen eines Widerspruchsverfahrens zur Löschung bringen. Ohne die eigene, aktive Überwachung der Neueintragungen Dritter kann der Markenschutz nicht durchgesetzt werden.

Wird die eigene Marke unrechtmäßig durch Dritte verwendet („Markenpiraterie") hat der Markeninhaber verschiedene Möglichkeiten. In Deutschland wird dem Markeninhaber bspw. nach § 14 Markengesetz das ausschließliche Recht an seiner Marke eingeräumt. Danach ist es Dritten untersagt, ein mit der Marke identisches oder ähnliches Zeichen für Waren oder Dienstleistungen zu benutzen, für die der Markeninhaber Schutz genießt. Zudem gilt das **Ausschließlichkeitsrecht** auch für identische oder ähnliche Zeichen, die nicht für identische oder ähnliche Waren oder Dienstleistungen genutzt werden, wenn es sich um eine in Deutschland bekannte Marke handelt. Untersagt ist nach § 14 Abs. 3 Markengesetz das Anbringen des Zeichens auf Waren oder ihren Verpackungen, die Distribution der Leistungen sowie die Verwendung des Zeichens auf Geschäftspapieren oder in der Werbung.

Durch eine vorgerichtliche **Abmahnung** kann der Markeninhaber den Plagiateur, unter Bezug auf sein Ausschließlichkeitsrecht, zunächst auffordern, das verletzende Verhalten zu unterlassen (§ 14 Abs. 5 Markengesetz) und eine Unterlassungsverpflichtungserklärung abzugeben. Kommt der Plagiateur dieser Aufforderung nicht innerhalb einer gesetzten Frist nach, kann, soweit Eilbedürftigkeit besteht, im Rahmen des **einstweiligen Rechtsschutzes** gegen den Plagiateur vorgegangen werden. Durch die Inanspruchnahme der Gerichte im Wege des einstweiligen Rechtsschutzes kann binnen weniger Tage, unter Umständen sogar binnen desselben Tages, eine Beschlussverfügung erlangt werden, welche es dem Dritten untersagt die verletzende Handlung vorzunehmen. Insbesondere bei schwerwiegenden und kurzweiligen Rechtsverletzungen oder solchen, die einen hohen Schaden zur Folge haben und bei denen schnelles Handeln geboten ist, ist dieses Vorgehen effektiv.

Bei verletzenden Handlungen, die nicht im Rahmen des einstweiligen Rechtsschutzes durchgesetzt werden können, da entweder keine Eilbedürftigkeit vorliegt, der Sachverhalt zu komplex oder die Rechtslage nicht eindeutig ist, muss der Anspruch mittels einer Klage geltend gemacht werden. Im Gegensatz zum einstweiligen Rechtsschutz kann sich ein **Klageverfahren** über mehrere Monate, ggf. sogar Jahre hinziehen, bevor der Markeninhaber einen vollstreckbaren Titel erhält.

Neben dem Unterlassungsanspruch (§ 14 Abs. 5 Markengesetz) stehen dem Markeninhaber weitere Ansprüche zur effektiven Durchsetzung seiner Rechte zu. Hierzu gehört der **Schadensersatzanspruch** (§ 14 Abs. 6 Markengesetz), der **Auskunftsanspruch** (§ 19 Markengesetz) sowie der **Vernichtungs- und Rückrufanspruch** (§ 18 Markengesetz). Insbesondere der Auskunftsanspruch kann sich für den Markeninhaber als wirksam erweisen, um den Hersteller der markenverletzenden Produkte und damit den tatsächlichen Plagiateur zu ermitteln. Durch den Vernichtungs- und Rückrufanspruch erhält der Markeninhaber die Möglichkeit, bereits in den Markt gelangte Produkte aus den Vertriebswegen entfernt zu bekommen.

Neben den zuvor genannten Mitteln kann der Markeninhaber in Deutschland zur Verhinderung der Einfuhr von Plagiaten einen Antrag zur Grenzbeschlagnahmung beim Zoll stellen. Insbesondere bei der Kenntnis von Einfuhr von Plagiaten aus dem Ausland ist diese Maßnahme gut geeignet, um Plagiate „abzufangen", bevor diese auf den eigenen Absatzmarkt gelangen.

5.4 Nicht-rechtlicher Markenschutz

5.4.1 Steigerung der Innovationsfähigkeit im Unternehmen

Bei begrenzten Einsatzmöglichkeiten des rechtlichen Markenschutzes gehen Unternehmen verstärkt dazu über, die Innovationsfähigkeit des eigenen Unternehmens zu steigern. Als Beispiel sei die Marke Sennheiser, ein Hersteller von Audioprodukten wie z. B. Kopfhörern, angeführt: Angesichts der Bedrohung durch chinesische Plagiateure und ihrer westlichen Vertriebspartner reagierte das Unternehmen nicht mit einer Ausweitung rechtlicher Schutzmaßnahmen, sondern passte seine Innovationsprozesse an. Diese Ausrichtung steht unter dem Leitsatz „So originell sein, dass Nachahmer keine Chance haben" (vgl. Friese et al. 2006, S. 24). Mit dieser Strategie reagierte Sennheiser auf den geringen Härtegrad des gewerblichen Rechtsschutzes in China und konnte über den Markenschutz hinaus die Marke mit einem zusätzlichen Merkmal („Innovationsführer") positiv aufladen (vgl. Keller 2016, S. 377.).

5.4.2 Zusammenarbeit mit Behörden

Bei vielen Plagiaten sind Zollbehörden und Polizei häufig nicht in der Lage, Original und Fälschung zu unterscheiden (vgl. Keller 2016, S. 273 ff.). Durch die Einführung von individuellen Produktmerkmalen und Sicherheitssystemen (z. B. Hologramme, RFID-Chips, QR-Codes) kann dieses Problem gelöst werden. Die Bedeutung der Sicherheitsfeatures muss jedoch zunächst an die Behörden kommuniziert werden, um sicherzustellen, dass mittels dieser Symbole Original und Fälschung unterschieden werden können. Da die Bereitschaft der Behörden zur Kooperation jedoch stark von der Größe und Bedeutung eines Unternehmens abhängt, sind diese Maßnahmen für kleine und mittlere Unternehmen nur bedingt einsetzbar. Aber auch größere Unternehmen stehen bei der Verwendung von individuellen Produktmerkmalen und Sicherheitssystemen vor dem Problem, dass diese so genannten „Labelling- und Tracking-Techniken" in den vergangenen Jahren ebenfalls zum Gegenstand von Fälschungsaktivitäten der Plagiateure geworden sind (vgl. Keller 2016, S. 277). Für einen erfolgreichen und nachhaltigen Einsatz dieser Sicherheitsfeatures sind daher die Kombination verschiedener Kennzeichnungen sowie eine stetige Innovation auch auf diesem Gebiet notwendig.

5.4.3 Nachfrager- und vertriebsgerichtete Maßnahmen

Nachfragergerichtete Maßnahmen zielen darauf ab, das Bewusstsein für Markenpiraterie zu stärken und die Nachfrager in die Lage zu versetzen, Original und Fälschung besser unterscheiden zu können. Diese Strategie ist v. a. dann erfolgversprechend, wenn die Nachfrager mit dem (unbeabsichtigten) Kauf eines Plagiats ein hohes Risiko verbinden (bspw. gesundheitliche Risiken bei Pharmaprodukten). Zur besseren Unterscheidbarkeit von Original und Fälschung können die bereits erwähnten „Labelling- und Tracking-Techniken" eingesetzt werden. Allerdings ist die Kommunikation der entsprechenden Signale an die Zielgruppen zumeist mit großem Aufwand verbunden. Darüber hinaus setzt die erfolgreiche Verwendung von Kennzeichnungen wie z. B. QR-Codes voraus, dass die Nachfrager über entsprechende technische Geräte (z. B. Smartphones) und das notwendige technische Wissen verfügen. Gerade bei älteren Zielgruppen sind diese Voraussetzungen häufig nicht gegeben (vgl. Keller 2016, S. 276 f.). Markenverantwortliche sehen bei diesen Maßnahmen zudem die Gefahr, dass Nachfragern alternative, günstigere Bezugsquellen der Marke (in diesem Fall Plagiate) aufgezeigt werden und dadurch die „Markenpiraterie" sogar gefördert wird.

Vertriebsgerichtete Maßnahmen fokussieren sich auf besonders gefährdete Vertriebskanäle (z. B. im Internet). Um die Plagiate zu verdrängen, können markenführende Organisationen diese Vertriebskanäle mit Originalprodukten in geringerer Qualität oder Aktualität (z. B. Modeartikel der Vorsaison) zu einem niedrigeren Preis „fluten", (vgl. Keller 2016, S. 357 f.). Allerdings ist diese Strategie v. a. für Hersteller von Luxus- und Premiummarken riskant. Denn die Marken können durch die „Flutung" von den Nachfragern als weniger „exklusiv" wahrgenommen werden und in der Folge an Kaufverhaltensrelevanz verlieren.

Einige Internetshops bieten die Möglichkeit, Plagiate direkt zu melden. Bei Nachweis des besseren Schutzrechtes (prioritätsbessere eingetragene Marke) werden Plagiate durch den Betreiber des Onlineshops gesperrt. Dies hindert die Plagiateure zwar nicht am Verkauf über andere Kanäle, ist jedoch ein geeignetes Mittel, um einen Kanal, über den die Plagiate in den Markt kommen, sehr schnell schließen zu können.

Der Aufbau eigener, exklusiver Vertriebskanäle (z. B. Direktvertrieb im Internet, Flagship Stores) ermöglicht es, den Vertrieb besser zu kontrollieren und damit „Markenpiraterie“ teilweise zu verhindern. Die Abwehr von „Markenpiraterie“ kann somit ein Argument für die Investition in den eigenen Direktvertrieb sein. Darüber hinaus kann durch eine Kooperation mit den Verantwortlichen besonders gefährdeter fremder Vertriebskanäle (z. B. Onlineshops) die Identifikation und Elimination von Plagiaten deutlich erleichtert werden (vgl. Keller 2016, S. 359).

5.4.4 Zulieferer- und produktionsgerichtete Maßnahmen

Neben den bereits genannten Maßnahmen kann gegen Plagiate proaktiv, v. a. durch zulieferer- und produktionsgerichtete Maßnahmen vorgegangen werden. Im Rahmen der zulierergerichteten Maßnahmen sind zunächst die Lieferanten mit Schlüsseltechnologien zu identifizieren. Durch spezielle Kooperationen mit diesen Anbietern kann die Zulieferkette der Plagiateure gestört werden.

Wird ein Teil der Produktion von anderen Unternehmen übernommen (Outsourcing), besteht die Gefahr, dass die Plagiate mit Hilfe dieser Produktionsunternehmen hergestellt werden („Factory Overrun“). Durch die Aufteilung von Outsourcing-Aufträgen auf verschiedene Partner, eine Auswahl dieser Partner in Ländern mit einem geringem Plagiatsrisiko und eine enge Kooperation (z. B. über Joint-Ventures) ist jedoch eine Verhinderung von „Factory Overruns“ möglich (vgl. Keller 2016, S. 357).

5.5 Interne Voraussetzungen für einen ganzheitlichen Markenschutz

Für einen erfolgreichen identitätsbasierten Markenschutz ist die Fokussierung auf einzelne Maßnahmen zumeist nicht ausreichend (vgl. Keller 2016, S. 361). Durch die Kombination verschiedener rechtlicher und nicht-rechtlicher Aktivitäten (Markenschutzbündel) kann die Wirkung deutlich gesteigert werden. Ein solcher ganzheitlicher Markenschutz kann nur unter bestimmten internen Voraussetzungen erfolgreich umgesetzt werden.

5.5.1 Organisatorische Verankerung

Zur Implementierung eines ganzheitlichen Markenschutzes ist es notwendig, auf über den rein rechtlichen Markenschutz hinausgehende Kompetenzen (u. a. Markenmanagement und Vertrieb, Forschung und Entwicklung) zurückgreifen zu können. Daher schlägt Keller (2016, S. 366) die Schaffung einer zentralen Organisationseinheit „Markenschutz“

vor, welche dem Marketing bzw. Markenmanagement unterstellt ist. Diese Organisationseinheit erarbeitet eine Markenschutzstrategie und ein konkretes Markenschutzbündel (Auswahl rechtlicher- und nicht-rechtlicher Maßnahmen). Während die rechtlichen Maßnahmen von der Organisationseinheit selbst verantwortet werden, kommt ihr bei den nicht-rechtlichen Maßnahmen v. a. eine koordinierende Aufgabe zu. In Abhängigkeit von der gewählten Schutzmaßnahme sind unterschiedliche Organisationseinheiten im Unternehmen mit einzubinden. Soll bspw. die Innovationsfähigkeit des Unternehmens gesteigert werden, sind Forschung und Entwicklung, Produktion und Markenmanagement zu involvierende Organisationseinheiten. Bei der Störung der Zulieferkette der Plagiateure sind bspw. Einkauf, Produktion und Logistik zu koordinieren (vgl. Keller 2016, S. 357).

Als Beispiel für eine zentrale Organisationseinheit „Markenschutz" sei der Lebensmittelkonzern Nestlé angeführt: Sämtliche Markenrechte sind bei der Holding verankert. Die verschiedenen Landesgesellschaften erhalten Lizenzen, um diese Markenrechte nutzen zu können. Eine in der Holding-Zentrale beheimatete Organisationseinheit koordiniert den Markenschutz des gesamten Konzerns. Dieser Organisationseinheit sind 16 regionale Markenschutzeinheiten unterstellt (vgl. Keller 2016, S. 364).

5.5.2 Rückgriff auf lokales Wissen

Ein weiterer Erfolgsfaktor des ganzheitlichen identitätsbasierten Markenschutzes ist das lokale Wissen über die Marktgegebenheiten der „Markenpiraterie" (u. a. Distributionswege, Produktionssysteme). Nur auf Basis dieses Wissens lässt sich die Wirksamkeit einzelner Schutzmaßnahmen in bestimmten Regionen prognostizieren. Staake und Fleisch (2008, S. 77) belegen in empirischen Studien den Zusammenhang zwischen überdurchschnittlichen lokalen Marktkenntnissen und dem Erfolg des Markenschutzes.

Zur Veranschaulichung der Bedeutung des lokalen Wissens sei beispielhaft der Fall der International Spirits Distribution (ISD) dargestellt (vgl. Green und Smith 2002): Der Produzent von Scotch Whisky stellte fest, dass seine Produkte in Thailand Marktführer im Segment hochprozentiger alkoholischer Getränke waren. Allerdings hatte ISD bislang selbst noch keine Produkte in Thailand abgesetzt. Verschiedene Versuche, die „Markenpiraterie" aus der Ferne zu unterbinden, scheiterten, da die Vertriebspartner der Plagiateure von diesen deutlich höhere Provisionen erhielten als von der ISD selbst. Auf Grund der hohen strategischen Bedeutung entschied sich der Geschäftsführer von ISD, die Markenschutzaktivitäten vor Ort selbst zu leiten. Ungeachtet krimineller Angriffe (auf den Geschäftsführer wurde wiederholt geschossen) war die Präsenz vor Ort erfolgreich. Es gelang u. a. eine permanente behördliche Anti-Plagiats-Einheit zu etablieren. In der Folge wurden Plagiate durch Originalprodukte ersetzt und Thailand entwickelte sich zum umsatzstärksten Land innerhalb der ISD. Das Beispiel veranschaulicht die Notwendigkeit zur Nutzung lokalen Wissens. Dies ist häufig nur durch die organisatorische Integration lokaler Verantwortlichkeiten möglich. Deshalb arbeitet bspw. Nestlé mit 16 regionalen

Markenschutzeinheiten, die in enger Zusammenarbeit mit der Zentraleinheit spezifische Markenschutzbündel für die entsprechende Region ausarbeiten (vgl. Keller 2016, S. 322).

5.5.3 Kanalmonitoring

Eine weitere Voraussetzung für einen erfolgreichen Markenschutz besteht darin, Ausmaß und Art der „Markenpiraterie" (welche Produkte in welchen Vertriebskanälen etc.) bei den eigenen Marken genau zu kennen. Vor allem die Überwachung des Internets als Vertriebskanal ist in diesem Kontext von großer Bedeutung, da hier besonders viele Plagiate verkauft werden (vgl. Keller 2016, S. 273 ff.). Durch ein umfassendes Kanalmonitoring (u. a. Marktbeobachtungen und gezielte Testkäufe) können Art und Ausmaß der „Markenpiraterie" bestimmt werden. Ein solches Kanalmonitoring ist für Unternehmen aus zwei Gründen von hoher Bedeutung: Erstens besteht bei fehlender Kenntnis über das Ausmaß der Markenpiraterie ein internes Rechtfertigungsdilemma für die Bedeutung des Markenschutzes. Denn Investitionen in den Markenschutz (z. B. Schaffung einer zentralen und mehrerer regionaler Organisationseinheiten) werden von der Unternehmensleitung nur bewilligt, wenn die betriebswirtschaftlichen Gefahren der „Markenpiraterie" faktenbasiert und ausreichend groß belegt sind (vgl. Keller 2016, S. 271). Zweitens sind die Informationen aus dem Kanalmonitoring von Bedeutung, um ein zweckmäßiges Markenschutzbündel zu definieren (vgl. Keller 2016, S. 275). Nur wenn Ausmaß und Art der Markenpiraterie genau bekannt sind, können geeignete rechtliche- und nicht-rechtliche Maßnahmen des Markenschutzes ausgewählt und erfolgreich umgesetzt werden.

Literatur

Baumgarth, C. (2014). *Markenpolitik: Markentheorien, Markenwirkungen, Markenführung, Markencontrolling, Markenkontexte*. Wiesbaden: Springer Gabler.

Friese, J., Jung, U., Röhm, T., & Spettmann, R. (2006). Intellectual property: an underestimated and undermanaged asset? *Journal of Business Chemistry*, *3*(1), 42–48.

Green, R. T., & Smith, T. (2002). Executive insights: countering brand counterfeits. *Journal of International Marketing*, *10*(4), 89–106.

Keller, C. (2016). *Identitätsbasierter Markenschutz – Konzeptualisierung im Kontext der internationalen Marken- und Produktpiraterie*. Wiesbaden: Springer Gabler.

Lochner, M. (2011). Gefälschte Marken in China – Wohnst du noch oder kopierst du schon? http://www.sueddeutsche.de/wirtschaft/markenpiraterie-in-china-wohnst-du-noch-oder-kopierst-du-schon-1.1127270. Zugegriffen: 22. Aug. 2017.

Markenverband (2008). *Identitätsschutz*. Berlin: Markenverband.

OECD (2008). *The economic impact of counterfeiting and piracy*. Paris: OECD Publishing.

Ostergard, R.L. (2000). The Measurement of Intellectual Property Rights Protection. *Journal of International Business Studies*, *31*(2), 349–360.

Schröder, H. (2005). Markenschutz als Aufgabe der Markenführung. In F.-R. Esch (Hrsg.), *Moderne Markenführung: Grundlagen, Innovative Ansätze, Praktische Umsetzungen* (S. 351–377). Wiesbaden: Gabler.

Schröder, H., & Ahlert, D. (2004). Absicherung von Marketingstrategien durch das Marketing-Rechts-Management. In M. Bruhn (Hrsg.), *Handbuch Markenführung: Kompendium zum erfolgreichen Markenmanagement, Strategien, Instrumente, Erfahrungen* (S. 2471–2500). Wiesbaden: Gabler.

Staake, T., & Fleisch, E. (2008). *Countering counterfeit trade – illicit market insights, best practice strategies, and management tools*. Heidelberg: Springer.

Ströbele, P., & Hacker, F. (2015). *Markengesetz*. Köln: Heymanns.

6 Internationale identitätsbasierte Markenführung

Inhaltsverzeichnis

Die **Internationalisierung** von Marken wird heute nicht mehr als ein besonderes Phänomen in der Betriebswirtschaftslehre beschrieben. Ob bei der Beschaffung, der Produktion oder dem Absatz: In den seltensten Fällen operieren Marken ausschließlich auf ihrem Heimatmarkt und selbst wenn sie dies tun, werden sie auf diesem mit internationalen Wettbewerbern und Nachfragern konfrontiert. Seit Beginn der 1990er-Jahre hat allerdings das Ausmaß der internationalen Vernetzung noch einmal deutlich zugenommen und auch kleinere mittelständische Unternehmen vertreiben ihre Marken heute oft auf ausländischen Märkten. Vor allem die sogenannten BRIC-Länder (Brasilien, Russland, Indien und China) und Osteuropa gelten aufgrund ihrer positiven Entwicklungen in den letzten Jahren bei vielen Unternehmen als „Rettungsanker" des Wachstums (vgl. IMF 2014).

In diesem Kapitel sollen folgende Fragen beantwortet werden:

C. Burmann et al., *Identitätsbasierte Markenführung*,
https://doi.org/10.1007/978-3-658-20063-3_6

- Welche Vor- und Nachteile birgt eine standardisierte versus differenzierte Marktbearbeitung für die internationale Markenführung?
- Welche Veränderungen sind im Nachfragerverhalten in den verschiedenen Ländermärkten erkennbar? Inwiefern bestimmen diese den Differenzierungsgrad der internationalen Marktbearbeitung?
- Wie muss die strategische und operative Markenführung ausgestaltet werden, um eine erfolgreiche internationale Marktbearbeitung sicherzustellen?

6.1 Standardisierung vs. Differenzierung der internationalen Marktbearbeitung von Marken

Sobald eine Marke in mindestens zwei Ländermärkten präsent ist, muss das Markenmanagement Entscheidungen darüber treffen, ob und wie stark die Marke in beiden Ländern standardisiert oder differenziert angeboten werden soll. Eine individuelle Bearbeitung der Märkte (**Differenzierung**) ist insbesondere bei hoher Heterogenität der Länder sinnvoll. Die **Standardisierung** hingegen erlaubt es, bei homogenem Nachfragerverhalten betriebswirtschaftliche Größenvorteile zu realisieren. In der Praxis zeigen sich jedoch nur teilweise länderübergreifende Konsummuster und Lebensstile, die eine Standardisierung rechtfertigen würden. Von einem grundsätzlichen Trend zur Angleichung des Nachfragerverhaltens kann nicht gesprochen werden (vgl. Friedmann 2008, S. 575 ff.). Die von Theodore Levitt (1983) im Rahmen seiner Konvergenzthese vorhergesagte **Homogenisierung des Nachfragerverhaltens als Folge der Globalisierung** (vermehrte internationale Geschäftstätigkeit als Folge des Abbaus von Warenverkehrsbeschränkungen) wird heute in Wissenschaft und Praxis mehrheitlich abgelehnt (vgl. Keegan und Green 2017, S. 64 f.).

Dies gilt selbst für Alltagsgüter. Der ehemalige Vorstandsvorsitzende von Henkel, Ulrich Lehner, macht dies an der Duftassoziation für Sauberkeit deutlich. So verbinden deutsche Nachfrager Sauberkeit mit Zitronenduft, während Spanier Chlorgeruch bevorzugen. Weiterhin benötige das chinesische Haar ein anderes Shampoo als das deutsche, so dass selbst bei Haarshampoo funktionale Anpassungen von Henkel vorgenommen werden (vgl. Jensen und Schlitt 2002, S. 140).

Das Markenmanagement in China (vgl. Burmann et al. 2017) oder Indien erfordert im Vergleich zu europäischen Handelspartnern aufgrund der größeren kulturellen und ökonomischen Heterogenität einen höheren Anpassungsbedarf (vgl. Andrews und Chew 2017, S. 18, Cheon et al. 2007, S. 138; Wang 2010, S. 22). Selbst bei einer vollkommenen Angleichung der Nachfragerbedürfnisse müsste das Markenmanagement aufgrund **weiterer lokaler Besonderheiten** (z. B. Rechtssysteme, Geografie, Distributionssysteme, Wettbewerbssituation) länderspezifische Anpassungen durchführen. Ferner ist zu beachten, dass internationale Marken in der Regel immer mit regionalen und lokalen Marken konkurrieren. Diese Marken verfügen über sehr gute Kenntnisse des Heimatmarktes sowie oft eine engere Kundenbindung und Vernetzung mit Stakeholdern vor Ort. Für global agierende Marken wiegen diese Nachteile umso stärker, je höher ihr Standardisierungsgrad ist. Eine weitgehend standardisierte Bearbeitung aller Ländermärkte, wie sie Levitt anregte, ist daher heute nur in den seltensten Fällen möglich und sinnvoll.

Auf der anderen Seite zeigen viele Untersuchungen einen positiven Effekt der Standardisierung auf den Unternehmenserfolg, insbesondere aufgrund von **Kostenvorteilen** (vgl. Walter 2004, S. 5; Schwarz-Musch 2013, S. 123; Fuchs und Unger 2014, S. 635). Neben Kostenvorteilen zielt eine international standardisierte Markenführung marktseitig auf die Zielgruppe der kosmopolitischen Nachfrager, die auch als „**global-net consumer**" bezeichnet wird (vgl. Cavusgil et al. 2005, S. 14 f.). Diese globalen Nachfrager zeichnen sich durch eine hohe internationale Mobilität und Vernetzung aus (vgl. Cannon und Yaprak 2002, S. 30 ff.; Riefler et al. 2012, S. 285 f.; Jin et al. 2015).

Durch eine weitgehende Markenstandardisierung können darüber hinaus teilweise **starke globale Marken** geschaffen werden, deren positive Wirkungen bedeutender sind als die zu realisierenden Kostensenkungen (vgl. Wafler und Badir 2017; Zou und Cavusgil 2002, S. 52 ff.). Diese Aussage wird jedoch in der Wissenschaft kritisch diskutiert (vgl. Fuchs und Unger 2014, S. 645 ff.), weil ein grundsätzlicher Imagevorteil globaler Marken nicht immer nachweisbar ist. Im Gegenteil haben lokale Marken oft einen Imagevorteil, da sie in ihrer Region sehr bekannt und beliebt sind (vgl. Schilke et al. 2009, S. 36; Becker 2012, S. 249). So setzt bspw. das global agierende Brauereiunternehmen Anheuser-Busch InBev auf ein umfangreiches Markenportfolio, das neben wenigen globalen Marken (z. B. Stella Artois und Budweiser) über 250 sogenannte „Local Champions" (z. B. in Deutschland Hasseröder, Löwenbräu und Diebels) umfasst, welche sich durch eine starke lokale Herkunft auszeichnen und meist in einem kleineren lokalen Raum vertrieben werden (vgl. Becker 2012, S. 279; Anheuser-Busch InBev 2013, S. 8 ff.).

Die Kombination globaler und lokaler Marken hilft Anheuser-Busch InBev dabei, einer zentralen Herausforderung aller international tätigen Unternehmen zu begegnen: Die Bearbeitung ausländischer Märkte erzeugt sog. **Liabilities of Foreignness** (LoF) (vgl. Zaheer 1995, S. 341). Diese „Verbindlichkeiten" umfassen die Kosten und Nachteile, die ausschließlich ausländischen Unternehmen in einem Ländermarkt erwachsen. LoFs lassen sich dabei grob in drei Gruppen einteilen (vgl. Maruyama und Wu 2015, S. 200). Durch **mangelnde Vertrautheit** mit dem ausländischen Markt kommt es zu Ineffizienzen in der Marktbearbeitung. **Fehlendes Vertrauen** seitens der Konsumenten und potenzieller Geschäftspartner gegenüber dem ausländischen Anbieter kann zu fehlender Akzeptanz im Markt führen. Als ausländisch wahrgenommene Marken können im Markt bewusst **diskriminiert** werden, da ihnen aus einheimischer Sicht die Legitimität fehlt. Eine, zumindest teilweise, Adaption des Markenportfolios und Markenauftritts, wie im Fall von Anheuser-Busch InBev, kann dabei helfen, Vertrauen und Legitimität aufzubauen. Im Zusammenhang mit LoFs konnte auch gezeigt werden, dass Kooperationen mit lokalen Zulieferern und Absatzmittlern die Profitabilität ausländischer Firmen in Schwellen- und Entwicklungsländern deutlich steigern können, da diese als Wissens- und Kontaktvermittler fungieren (vgl. Halaszovich und Lundan 2016, S. 1136). Diesen Vorteil macht sich seit 2017 z. B. der Telekommunikationsanbieter Vodacom in Südafrika zu nutze. Die Firma arbeitet mit der südafrikanischen Nazareth Baptist Church als Vertriebspartner zusammen, um so einen Zugang zu den rund 6.5 Mio. Mitgliedern der Religionsgemeinschaft zu erhalten. Hierdurch erschließt sich Vodacom sowohl eine große Zielgruppe als auch einen Vertriebspartner, der mit den kulturellen Besonderheiten seiner Mitglieder vertraut ist und dem zugleich großes Vertrauen entgegengebracht wird.

6.2 Wichtige Determinanten des Nachfragerverhaltens gegenüber Marken auf internationalen Märkten

6.2.1 Landeskultur

Die **Landeskultur** gilt als einer der wichtigsten Einflussfaktoren auf das Nachfragerverhalten: „Culture is the most complex and powerful influence on consumer behavior" (Cleveland und Chang 2009, S. 963). Für den Begriff Kultur existiert eine Vielzahl an Definitionen. Nach Kroeber und Kluckhohn (1952, S. 180) handelt es sich bei „Kultur" um einen „gemeinsamen Wissensvorrat", den eine Gruppe von Menschen miteinander teilt und der diese Gruppe von anderen Gruppen unterscheidet. Laut Müller und Gelbrich (2004, S. 61) beeinflusst die Kultur „das Verhalten einzelner und bietet einer Gesellschaft, indem sie eine gemeinsame soziale Realität konstruiert, Identität und Zusammenhalt".

Hofstede (1980, 1993), Hofstede und Hofstede (2009) und Hofstede et al. (2010) nähern sich dem Kulturkonstrukt über ihre **Pyramide der mentalen Programmierung** (vgl. Abb. 6.1). Sie zeigen, dass sich unterhalb der individuellen Persönlichkeitsebene eine erlernte kulturelle Ebene befindet, die gruppenspezifisch ist. Die Autoren sprechen in diesem Zusammenhang von „kollektiver mentaler Programmierung". Demnach ist Kultur „die kollektive Programmierung des Geistes, die die Mitglieder einer Gruppe oder Kategorie von Menschen von einer anderen unterscheidet" (Hofstede 2006, S. 4). Entsprechend ordnen sie die Kultur als erlernte gruppenspezifische Stufe zwischen vererbter, universeller menschlicher Natur und teils vererbter, teils erlernter individueller Persönlichkeit ein. „Während die menschliche Natur dazu befähigt, Gefühle zu empfinden (...), bestimmt die Kultur, wie mit diesen Gefühlen umgegangen und in welcher Weise sie ausgedrückt werden" (Vogelsang 1999, S. 40).

Für die Bewertung des Einflusses der Landeskultur auf die Markenführung ist es notwendig, diese zu **operationalisieren**, um sie anschließend messen zu können. Hierzu existiert eine Fülle unterschiedlicher Ansätze. Das Modell von Hofstede et al. (2010) ist in Wissenschaft und Praxis am weitesten verbreitet. Hofstede operationalisiert Kultur anhand von **sechs Dimensionen** (vgl. Hofstede et al. 2010):

1. **Machtdistanz** macht eine Aussage über das Verhältnis des Einzelnen zu Autorität, insbesondere inwieweit eine ungleiche Machtverteilung in einer Gesellschaft akzeptiert wird oder, bei geringer Machtdistanz, eine „egalitäre" Gesellschaft vorliegt.

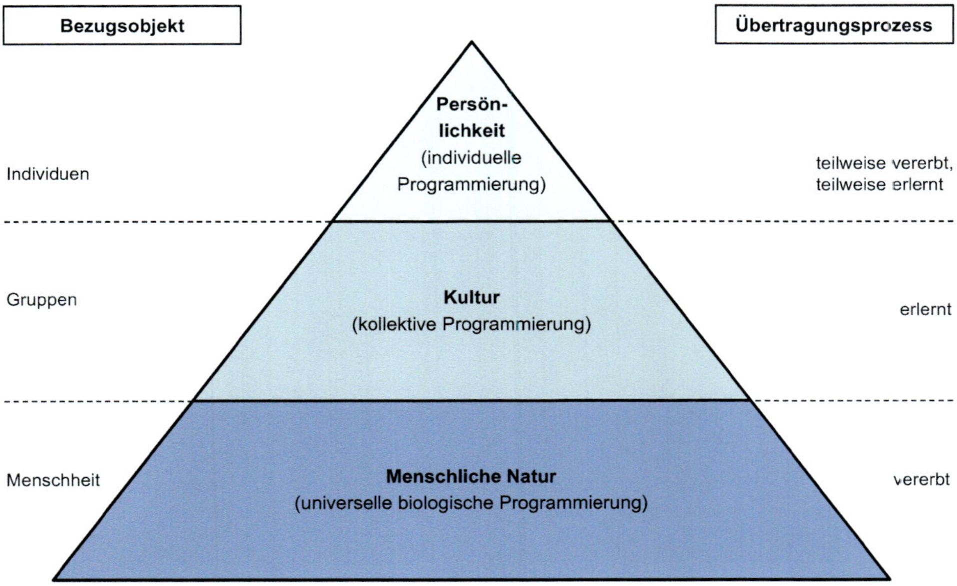

Abb. 6.1 Kulturpyramide. (Nach Hofstede und Hofstede 2009)

2. **Individualismus** befasst sich mit der Beziehungsgestaltung zwischen Individuum und Kollektiv respektive Gesellschaft und zeigt, inwiefern eine Kultur individuellen Interessen Vorrang gegenüber kollektiven Interessen einräumt.
3. **Maskulinität** beschreibt die Beziehung der Geschlechter zueinander und die Bedeutung von Werten, wie dem Streben nach materiellem Wohlstand und Erfolg, im Gegensatz bspw. zur Propagierung zwischenmenschlicher Harmonie und Hilfe für Schwächere (eher feminine Werte).
4. **Unsicherheitsvermeidung** befasst sich mit dem gesellschaftsimmanenten Streben nach Vermeidung von ungewissen und ambivalenten Situationen.
5. **Langfristorientierung** beinhaltet Werte wie Traditionsbewusstsein, Fleiß, Durchhaltevermögen oder Sparsamkeit.
6. **Nachgiebigkeit** beschreibt die Akzeptanz einer Gesellschaft, glücklich zu sein und das Leben zu genießen. Die Dimension misst, wie stark Individuen ihren Wünschen und Impulsen nachgeben bzw. diese kontrollieren.

Beispielhaft veranschaulicht Abb. 6.2 die sechs Kulturdimensionen anhand der Länder Brasilien, Deutschland, China, Russland und den USA.

Die sechs Kulturdimensionen beeinflussen alle Facetten des gesellschaftlichen Lebens. Hieraus ergeben sich unmittelbare Konsequenzen für die internationale Markenführung.

So zeigt eine Studie von Foscht et al. (2008, S. 134 ff.) neben anderen, dass die Landeskultur einen starken Einfluss auf die Wahrnehmung von Marken hat. Die Autoren

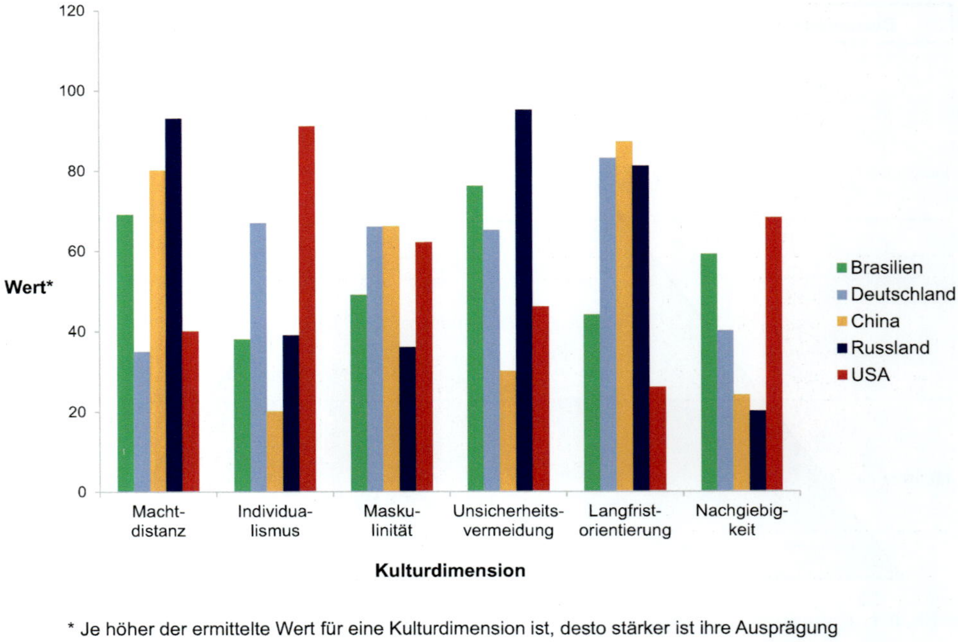

Abb. 6.2 Die sechs Kulturdimensionen nach Hofstede am Beispiel von Brasilien, Deutschland, China, Russland und den USA. (In Anlehnung an Hofstede et al. 2010)

analysieren die Marke Red Bull in sechs Ländern (Deutschland, Großbritannien, Niederlande, Österreich, Singapur und den USA). Red Bull ist eine der weltweit am stärksten standardisierten Marken. Dabei stellen die Autoren einen signifikanten Unterschied in der Bewertung der Dimensionen der Markenpersönlichkeit fest. Beispielsweise prägt der Erfolg die Markenpersönlichkeit von Red Bull besonders stark in individualistischen Ländern wie den USA und demgegenüber nur sehr gering in kollektivistischen Ländern wie Singapur. Die Autoren schließen daraus, dass die Landeskultur die Wahrnehmung und Evaluation von Markenimages derart stark beeinflusst, dass das Ziel eines weltweit konsistenten Images nur über eine international differenzierte, die Landeskultur berücksichtigende, Marktbearbeitung zu erreichen ist.

Eine ausführliche Analyse zur Wirkung der Kultur auf die Wahrnehmung von Marken führt Stolle (2013) in seiner internationalen Studie am Beispiel von Automobilmarken durch. Er analysiert die **Bedeutung von fünf Markennutzen in Abhängigkeit der Kulturdimensionen** (vgl. Abb. 6.3). Hierbei zeigt sich u. a., dass in Kulturen mit vergleichsweise geringem Individualismus, z. B. China, der soziale Nutzen einer Marke von großer Relevanz ist.

Die angeführten Studien zeigen, dass eine **kulturell unterschiedliche Wahrnehmung von Marken der Markenstandardisierung klare Grenzen setzt.** Um ein länderüber-

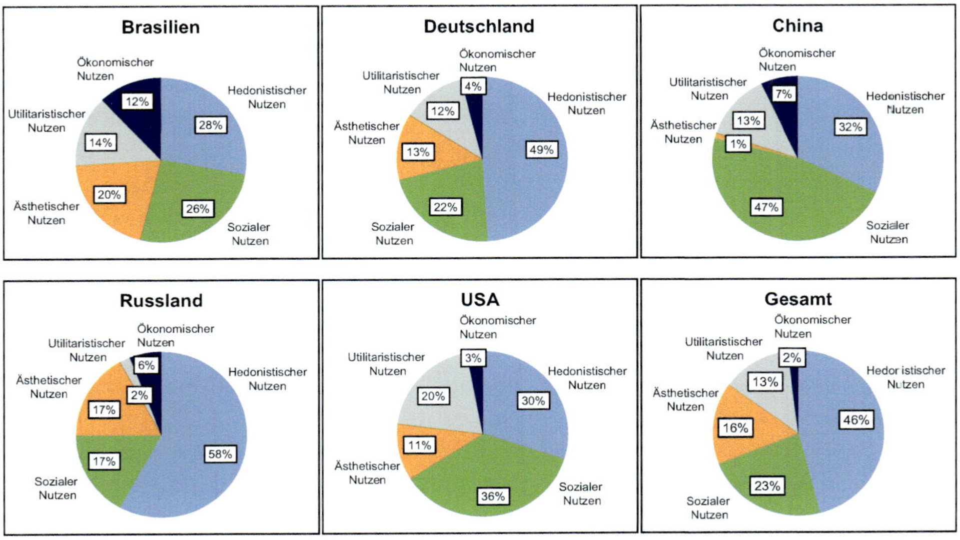

Abb. 6.3 Relevanz der Markennutzendimensionen im Ländervergleich. (In enger Anlehnung an Stolle 2013, S. 259)

greifend konsistentes Image zu erreichen, sind länderspezifische Anpassungen in der Markenführung notwendig. Hierfür bedarf es eines hohen Maßes an strategischer Flexibilität (vgl. Burmann 2002) sowie einer ausgeprägten Kenntnis der lokalen Kultur. Im Rahmen des Internationalisierungsprozesses der Markenführung kann es daher zunächst sinnvoll sein, kulturell ähnliche Regionen und Ländermärkte zu bearbeiten bis die notwendigen Erfahrungen und Fähigkeiten für eine weitergehende Internationalisierung erworben wurden. Man spricht in diesem Zusammenhang auch von einem **schrittweisen bzw. inkrementellen Internationalisierungsprozess** (vgl. Johanson und Vahlne 2009, S. 1412).

6.2.2 Nationalökonomischer Entwicklungsstand

Der **nationalökonomische Entwicklungsstand** umfasst makroökonomische Kennzahlen (z. B. das Bruttoinlandsprodukt pro Kopf als Maßzahl für die verfügbare Kaufkraft oder das jährliche Wachstum des Bruttoinlandsprodukts als Kennzeichen für die wirtschaftliche Dynamik), die häufig als internationale Segmentierungsvariablen verwendet werden (vgl. Zentes et al. 2013, S. 146 ff.). Martinez und Haddock (2007, S. 1 ff.) weisen empirisch einen Zusammenhang zwischen dem Bruttoinlandsprodukt pro Kopf und den Bedürfnisstrukturen innerhalb eines Landes nach. Demnach durchlaufen **Volkswirtschaften mit zunehmender Kaufkraft** vier Phasen des Konsums, die Parallelen zu der Bedürfnispyramide von Maslow (1970, S. 35 ff.) aufweisen. Nachfrager in weit unterdurchschnittlich entwickelten Volkswirtschaften kämpfen primär um ihr Überleben. Mit steigendem Wohlstand rückt zuerst die Qualität der Produkte und in einer späteren Entwicklungsphase die Bequemlichkeit der Bedürfnisbefriedigung in den Mittelpunkt der Nachfragerentscheidungen. Den Schlusspunkt bildet das Bedürfnis nach individualisierten Produkten, welches bei Nachfragern in den ökonomisch am weitesten entwickelten Volkswirtschaften verstärkt zu verzeichnen ist (vgl. Stolle 2013, S. 169 f.). Dieser Zusammenhang wird auch in Abb. 6.4 ersichtlich, in der ein deutlicher Zusammenhang zwischen dem BiP pro Kopf und der Ausprägung der Kulturdimension Individualismus erkennbar wird.

Roth (1995, S. 166 ff.) kommt bei seinen Untersuchungen zu ähnlichen Ergebnissen. Er findet einen empirischen Beleg für den Einfluss des nationalökonomischen Entwicklungsstandes auf den Erfolg von Markenstrategien mit verschiedenen Nutzenschwerpunkten. Dabei kann Roth nachweisen, dass ein höherer ökonomischer Entwicklungsstand den Erfolg von Marken mit nicht-funktionalen Nutzenvorteilen erhöht.

Die von den meisten veröffentlichten Arbeiten getroffene Grundaussage, dass mit zunehmendem Entwicklungsstand die nicht-funktionalen Nutzenkomponenten wichtiger werden, ist nicht gleichzusetzen mit der Aussage, dass in weniger entwickelten Ländern **nur** funktionale Nutzenkomponenten das Kaufverhalten gegenüber Marken beeinflussen. Gerade Nachfrager mit einem niedrigen sozialen Status versuchen sich oft durch den Kauf von Marken anderen gesellschaftlichen Gruppen mit höherem sozialen Status zuzuordnen (vgl. Han et al. 2010, S. 17).

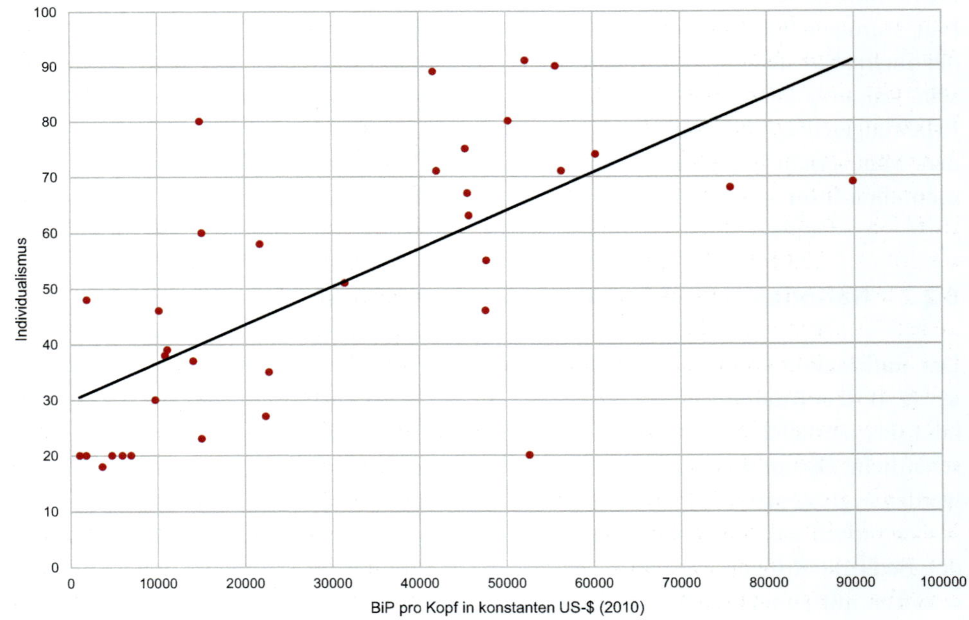

Abb. 6.4 Zusammenhang zwischen BIP pro Kopf und der Kulturdimension „Individualismus"

6.2.3 Soziodemografische Gesellschaftsstruktur

Soziodemografische Merkmale wie Alter, Geschlecht, Einkommen oder Bildungsstand sind bedeutende Einflussfaktoren des Nachfragerverhaltens (vgl. Trommsdorff 2011, S. 182 ff.). Während in den meisten westlichen Industriestaaten eine Verschiebung der Alterspyramide zu älteren Jahrgängen sowie ein Bevölkerungsrückgang festzustellen sind, wachsen Entwicklungs- und Schwellenländer aufgrund junger, geburtenstarker Jahrgänge. Entsprechend der Altersverteilung einer Gesellschaft unterscheiden sich die Nutzenanforderungen an eine Marke. Stolle (2013, S. 340 ff.) zeigt in seiner Studie, dass **soziodemografische Merkmale die Bedeutung von fünf Markennutzen für das Kaufverhalten bei Automobilen beeinflussen.** Der ästhetische Nutzen ist bspw. für Männer signifikant bedeutsamer als für Frauen. In Übereinstimmung mit den Ergebnissen von Hsieh et al. (2004, S. 28 ff.) zeigt Stolle, dass ältere Menschen mehr Wert auf ökonomischen Nutzen legen, während für jüngere Probanden der hedonistische Nutzen von signifikant größerer Bedeutung ist. Hierzu zählt insbesondere der Fahrspaß eines Autos.

6.2.4 Markenherkunft

Im internationalen Markenmanagement steht die **geografische Markenherkunft** im Mittelpunkt des Interesses. Ihre Relevanz verdeutlicht der ehemalige Direktor der Siemens AG, Claus Merbold, der für die Marken- und Imageforschung des Konzerns verantwortlich war: „Jede internationale (...) Marke benötigt eine ‚Heimat' und damit ihre nationalen Wurzeln. Keine Marke kann ohne Zuordnung zu einem Land oder einem Gebiet abstrakt im weltweiten Raum schweben: sie würde schnell an Substanz und Positionierung verlieren. Internationaler Auftritt und nationaler Bezug sind keine Widersprüche, sondern Voraussetzungen erfolgreicher Markenpolitik" (Merbold 1993, S. 580).

Aus deutscher Sicht besonders relevant ist das Gütesiegel „Made in Germany", dessen Erfindung im 19. Jahrhundert als die Geburtsstunde des sog. **Country-of-Origin-Effektes** gilt: Am 23.08.1887 verabschiedete das Britische Parlament den „Merchandise Marks Act". Das Gesetz verpflichtete ausländische Produzenten, den Ort der Herstellung anzugeben. Insbesondere sollten deutsche Produkte als „Made in Germany" gekennzeichnet werden. Die Regierung baute auf den Nationalstolz der Briten und hoffte, dass die heimischen Nachfrager deutsche Produkte meiden würden um die britische Industrie zu stärken. Allerdings hatten sich im selben Jahr die Produktionsverhältnisse in Deutschland dramatisch verbessert und so wurde das Label „Made in Germany" zu einem Gütesiegel für qualitativ hochwertige Erzeugnisse (vgl. Hirschmann 1990, S. 7 ff.). Heute integrieren viele deutsche Unternehmen dieses Gütesiegel in ihre Kommunikation, um beim Nachfrager ein positives Markenimage aufzubauen. Dies nutzt zum Beispiel der Premiumküchenhersteller Poggenpohl, um seine Kompetenz zur Fertigung technisch-qualitativ perfekter Küchen zu unterstreichen (vgl. Poggenpohl 2017). Swatch („Swiss Watch") knüpft erfolgreich an die Schweizer Tradition zur Herstellung präziser Uhren an. In beiden Fällen wird die geografische Herkunft als Hinweis auf eine überlegene Produktqualität eingesetzt.

Die Erforschung des Country-of-Origin-Effektes (CoO) hat im internationalen Markenmanagement einen sehr hohen Stellenwert (vgl. Papadopoulos und Heslop 2003, S. 413; Ahmed und d'Astous 2008, S. 76; Costa et al. 2016, S. 1066). Der Einfluss der Herkunft einer Marke auf ihr Image wurde seit den ersten Publikationen von Dichter (1962) und Schooler (1965) in über 1000 Arbeiten (davon ca. 400 akademische Beiträge) analysiert (vgl. Roth und Diamantopoulos 2009, S. 726).

1996 wurde der CoO-Effekt von Thakor und Kohli (1996, S. 28) aus zwei Gründen zum **Brand-Origin-Ansatz** weiterentwickelt: Erstens sind nach heutigen Erkenntnissen Marken und nicht Produkte die relevanten Bezugsobjekte für das Kaufverhalten der Nachfrager. Zweitens ist **für Nachfrager nicht die tatsächliche, sondern die wahrgenommene Herkunft einer Marke für das Kaufverhalten relevant.** Dies leitet über zu der Frage, was der „richtige" geografische Herkunftsbezug einer Marke ist. Die traditionelle CoO-Forschung, die das tatsächliche produktionsseitige Herkunftsland als Orientierungspunkt heranzieht, ist durch die Globalisierung und Produktionsverlagerung in Billiglohnländer heute nur von begrenzter Aussagekraft, denn Marken wie Nike und Adidas werden von den Nachfragern nicht als asiatisch wahrgenommen, obwohl fast alle ihre Produkte in Asien hergestellt werden. Auch der Sitz der Unternehmenszentrale ist nur selten für den Nachfrager relevant. So werden die Marken Kinder Schokolade und Nutella von Ferrero als deutsch wahrgenommen, obwohl Ferrero seine Unternehmenszentrale in Italien hat. Becker (2012) konnte im Rahmen seiner Studie zeigen, dass Konsumenten v. a. Schwierigkeiten damit haben, die räumliche Herkunft ausländischer Marken zu identifizieren (vgl. Becker 2012, S. 164 f.). So konnten nur 46,9 % der indischen Probanden die korrekte Herkunft der abgefragten ausländischen Marken benennen, wohingegen 91 % die Herkunft der indischen Marken richtig erkannten.

Thakor und Kohli (1996, S. 30 ff.) argumentieren daher, dass der tatsächliche Herkunftsort irrelevant sei, da Nachfrager auch dann eine Marke eindeutig mit einem bestimmten Land in Verbindung bringen würden, wenn sie genau wüssten, dass die Produkte der Marke dort nicht produziert werden. Für eine Marke existiert demnach keine sachlich vorgegebene, formal korrekte Herkunft. Vielmehr kann die räumliche Identität einer Marke ganz andere Bezüge wählen. Wichtig ist, dass die **Herkunft zur gesamten Identität der Marke** passt und als authentisch erlebt wird. Dies wird am Beispiel der Marke Häagen Dasz aus dem Nestlé Konzern deutlich. Die Eiscrememarke wurde 1961 von dem aus Polen stammenden und in New York lebenden Einwanderer Reuben Mattus auf dem US-amerikanischen Markt eingeführt. Der Markenname sollte an die große dänische Eiscremekunst erinnern und somit ein positives Markenimage (ohne faktische Herkunft aus Dänemark) aufbauen. Neben dem dänischen Namen ergänzte Mattus das Firmenlogo zu Beginn um den Umriss einer Landkarte von Dänemark. Heute ist Häagen Dasz weltweit etabliert als Eiscrememarke im Premiumsegment (vgl. Friederes 2006, S. 116 f.).

Die Erkenntnisse der betriebswirtschaftlichen Forschung zum **Einfluss der Markenherkunft auf das Kaufverhalten** können drei Ebenen zugeordnet werden: **Kognitiv-funktionalen Aspekten** der Markenherkunft („Ich kaufe Autos ‚Made in Germany' aufgrund der überlegenen Produktqualität!"), **affektiv-nicht-funktionalen Aspekten** der Markenherkunft („Ich bevorzuge italienische Marken, weil ich Italien mag") und **normativen Aspekten** („Ich kaufe keine amerikanischen Marken, da ich Donald Trump und seine ständigen Lügen ablehne!") (vgl. Obermüller und Spangenberg 1989, S. 456; Verlegh und Steenkamp 1999, S. 524).

Nach einer jüngeren Studie in den Branchen Automobile, Mobiltelefone, Lebensversicherungen und Bier **ist die wahrgenommene räumliche Markenherkunft eine bedeutende Einflussgröße des Markenimages und des Kaufverhaltens** (vgl. Becker 2012, S. 237). Insbesondere bei der Bewertung des utilitaristischen, des ästhetischen und des hedonistischen Markennutzens greifen die Nachfrager auf ihre subjektiv wahrgenommene Markenherkunft zurück. Darüber hinaus belegt Becker (2012) auch einen starken Einfluss der Markenherkunft auf die Markenpersönlichkeit. Zu ähnlichen Ergebnissen kommen auch Costa et al. (2016, S. 1072). Die Autoren zeigen in einer Studie mit französischen Konsumenten, dass die räumliche Markenherkunft die Qualitätsbeurteilung am stärksten bei technischen Produkten wie Haushaltsgeräten beeinflusst, während der Effekt z. B. bei Nahrungsmitteln deutlich schwächer ausgeprägt ist.

Ob die Markenherkunft das Markenimage positiv beeinflusst, hängt entscheidend davon ab, wie **authentisch die Verbindung von Markenidentität und Herkunft** ist. Eine Markenpositionierung unter gezielter Nutzung und Betonung der Herkunft ist v. a. solchen Marken zu empfehlen, deren Identität maßgeblich durch ihre geografische Verankerung geprägt ist. Beispiele sind Uhrenmarken des Herkunftsortes Glashütte in Ostdeutschland oder Champagnermarken aus der französischen Region Champagne. Die geografische **Herkunft stellt in diesem Fall ein bedeutendes essenzielles Identitätsmerkmal** dar und sollte deswegen nicht nur kommunikativ betont, sondern bei allen wesentlichen Unternehmensentscheidungen berücksichtigt werden (vgl. Schallehn et al. 2014).

Für die Frage der Standardisierung der internationalen Marktbearbeitung kann festgehalten werden, dass der Herkunftsbezug weltweit konsistent sein muss. Diese Aussage gilt v. a. auch für die internen Zielgruppen der Markenführung. Die Herkunft als essenzielles Identitätsmerkmal ist im Zeitablauf nur sehr schwierig veränderbar. Allerdings können die Intensität und der Detaillierungsgrad, mit der die Herkunft kommuniziert wird, länderspezifisch angepasst werden.

6.3 Strategische und operative Ausgestaltung der internationalen Markenführung

Die wichtigsten Teilentscheidungen bei einer international standardisierten bzw. differenzierten Markenführung werden in diesem Kapitel kurz vorgestellt. Zunächst werden das Timing des Markteintritts sowie die Positionierung analysiert. Des Weiteren wird die Markenarchitekturgestaltung dargestellt. Aufgrund der besonderen Bedeutung der Mitarbeiter wird abschließend auf die interne Markenführung im internationalen Kontext eingegangen.

6.3.1 Timing des Markteintritts

Relevant für den Erfolg eines Markteintritts ist auch dessen Timing (vgl. Holloway 2017, S. 104; Hsu et al. 2017, S. 544; Johnson und Tellis 2008, S. 4 ff.). In Hinblick auf den zeitlichen Markeintritt kann zwischen **länderspezifischen und länderübergreifenden Timingstrategien** unterschieden werden. Bei der länderspezifischen Timingstrategie gilt es, den exakten Zeitpunkt des Markteintritts zu bestimmen, wohingegen bei der länderübergreifenden Timingstrategie entschieden werden muss, wie viele Länder in welchem Zeitraum erschlossen werden sollen (vgl. Meffert et al. 2010, S. 192). Hinsichtlich des Zeitraums des Markteintritts kann zwischen zwei strategischen Optionen unterschieden werden: der Wasserfall- und der Sprinklerstrategie (vgl. Kreutzer 1989, S. 238 ff.; Perlitz 2004, S. 124).

Die **Sprinklerstrategie** impliziert eine simultane Erschließung mehrerer Ländermärkte und setzt damit eine standardisierte Markenführung voraus. Im Zuge dieser Strategie können Skaleneffekte realisiert und Markteintrittsrisiken auf eine Vielzahl von Ländermärkten verteilt werden. Bei der Sprinklerstrategie könnte z. B. im ersten Schritt die simultane Erschließung wichtiger Länder Europas, gefolgt von strategisch relevanten Ländern der Handelsräume NAFTA und ASEAN erfolgen. Konträr dazu werden Ländermärkte im Rahmen der **Wasserfallstrategie** langsam und abgestuft erschlossen. Dies bedarf einer detaillierten Informationssuche im Vorfeld und einer an die Charakteristika des jeweiligen Ländermarktes angepassten Markenführung. Die Wasserfallstrategie birgt die Gefahr, dass wichtige Ländermärkte vernachlässigt und zwischenzeitlich von Wettbewerbern erschlossen werden (vgl. Meffert und Pues 2002, S. 407). Reibstein (2016, S. 198 ff.) konnte anhand eines Beispiels aus der Automobilbranche zeigen, dass die Abfolge der bearbeiteten Ländermärkte nicht von zunehmender geografischer Distanz, jedoch von zunehmender kultureller Distanz zum Heimatmarkt geprägt ist.

Auch der Markteintrittszeitpunkt kann bedeutend für den Erfolg eines Unternehmens sein (vgl. Holloway 2017, S. 104; Holtbrügge und Puck 2008, S. 125 ff.). Hierbei kann zwischen der **Pionier-** und der **Folgerstrategie** unterschieden werden. Oft verfolgen Pioniere eine Wasserfall- und Folger eine Sprinklerstrategie (vgl. Meffert und Pues 2002, S. 414).

Pioniere profitieren von einem **First Mover Advantage**, der ihnen helfen kann, langfristige Wettbewerbsvorteile aufzubauen und diese über die Zeit hinweg zu verteidigen. Diese Vorteile sind hauptsächlich auf den frühen Zugang zu Ressourcen, den Aufbau von lokalen Marktbearbeitungs-Kompetenzen und Nachfragerbeziehungen sowie das Abschöpfen von Investitionsanreizen seitens der Regierung (vgl. Pan und Chi 1999, S. 359 ff.) zurückzuführen (vgl. Johnson und Tellis 2008). Folger hingegen profitieren oftmals von den Lerneffekten der Pioniere und können dadurch Fehler dieser vermeiden und bereits erfolgreiche Marken imitieren. Auch kann davon ausgegangen werden, dass sich das Folgerverhalten positiv auf den Return on Investment auswirkt, da die Pioniere bereits wesentlich zur Entwicklung des Marktes (z. B. Infrastruktur) beigetragen haben. Ferner sind eine Reduzierung des bürokratischen Aufwandes seitens der Regierung und damit einhergehend geringere Markteintrittsbarrieren für Folger relevant (vgl. Holtbrügge und Puck 2008, S. 90). Letztlich ist es für Pioniere von großer Relevanz, ihren First Mover Advantage langfristig gegenüber Folgern zu verteidigen. Dies kann zum einen mit Hilfe eines professionellen Markenschutzes realisiert werden (Kap. 5), zum anderen ist eine stabile Marke-Nachfrager-Beziehung (Brand Attachment) oft ein schwer zu imitierender Vorteil der Pionier-Marken.

6.3.2 Positionierung von Marken im internationalen Kontext

Um den Grad der internationalen Anpassung der Markenpositionierung festlegen zu können, ist eine Aufteilung der Markenidentität in **essenzielle** und **akzidentielle** Merkmale notwendig. Strebinger (2010, S. 358 ff.) betont in diesem Zusammenhang die Notwendigkeit der lokalen Anreicherung essenzieller Merkmale um akzidentielle Identitätsmerkmale. Er argumentiert am Beispiel der Automobilindustrie, dass es zwar weltweit ähnliche Basisdimensionen bei der Markenpositionierung gibt, wie z. B. Produktqualität, Freude am Fahren oder Prestige, ihre konkrete Bedeutung sich jedoch von Land zu Land unterscheidet (vgl. auch Stolle 2013, S. 250 ff.). Während aktive und passive Sicherheit in den USA als Indizien für die Qualität einer Automarke gelten, steigern sie in China und Thailand das Prestige der Marke.

De Chernatony et al. (1995, S. 17 f.) betonen, dass Nachfrager gewisse lokale Anpassungen, z. B. der Kommunikations- oder Produktpolitik, akzeptieren, sofern die essenziellen Merkmale einer Marke identisch sind. Das Markenmanagement steht vor der Herausforderung, eine optimale Kombination aus standardisierten und angepassten Maßnahmen für die jeweiligen Ländermärkte zu finden (vgl. Yap und Yazdanifard 2014, S. 250 ff.) Strebinger (2010, S. 364 ff.) zeigt dies am Beispiel der Frischkäsemarke Philadelphia: Philadelphia steht weltweit für einen besonders reichhaltigen, cremigen Genuss, eine kurze Auszeit „im Himmel" und ist insbesondere für weibliche Zielgruppen konzipiert. Diese essenziellen Merkmale werden in den verschiedenen Ländern durch akzidentielle Merkmale angereichert. Die länderübergreifende Konstanz essenzieller Merkmale schützt die Marke vor einer Verwässerung, die ansonsten durch die Veränderung der akzidentiellen

Merkmale auftreten würde. Während Philadelphia in Deutschland traditionell als Brotaufstrich dient, wird die Marke in Italien vor allem als Vorspeise mit Gemüse serviert. In Nordamerika ist Philadelphia eine Allround-Zutat zum Kochen und Backen. Entsprechend wird in Italien die Marke sehr puristisch angeboten, wohingegen in Deutschland viele verschiedene Geschmacksvarianten existieren. Auch die Verpackungsarten unterscheiden sich deutlich und sind an die Gebrauchsanforderungen angepasst. In den meisten Ländern wird als kommunikatives Leitmotiv ein Engel im Himmel eingesetzt. Die Engel werden dabei den lokalen Erwartungen entsprechend variiert (bspw. brünette Engel in Mexiko, eher mütterlich-familiäre Engel in Spanien). Nur in wenigen Ländern wird das Motiv des Engels nicht verwendet, da es keine Entsprechung in der jeweiligen Kultur besitzt (z. B. im arabischen Raum).

Damit der richtige Grad an Standardisierung der Markenpositionierung erreicht wird, muss das Management **zentrale Vorgaben für alle Ländermärkte** entwickeln und damit den Handlungsspielraum definieren. Beispielsweise hat die Marke VW die essenziellen Identitätsmerkmale „Valuable“ (Werthaltig), „Innovative“ (Innovativ) und „Responsible“ (Verantwortungsbewusst) bestimmt, die weltweit gleich und auf Englisch formuliert sind. In den jeweiligen Ländermärkten werden diese essenziellen Identitätsmerkmale um akzidentielle Identitätsmerkmale ergänzt. Beispielsweise wird in China das essenzielle Merkmal „Responsible“ um das akzidentielle Merkmal „Environmental Friendly“ ergänzt. Zu den essenziellen Identitätsmerkmalen kam lange Zeit der Slogan „Das Auto“, der in jedem Land in deutscher Sprache verfasst war. Dadurch wird die deutsche Herkunft der Marke betont, die das vierte essenzielle Identitätsmerkmal der Marke VW ist. Die deutsche Herkunft stand z. B. bei der Markteinführung des VW Polo in Indien im Vordergrund der Kommunikation. Im Jahr 2010 startete VW eine landesweite Kampagne mit der Kernbotschaft „German Engineering. Made for India“, die sowohl die deutsche Herkunft als auch die Anpassung an den indischen Markt verdeutlichte (vgl. Chabra 2010, S. 33). Das von VW offiziell verkündete essentielle Identitätsmerkmal „Responsible“ war tatsächlich kein Identitätsmerkmal, wie die seit 2006 begangenen Betrügereien rund um die Abgaswerte der VW-Fahrzeuge zeigen. Wie sich dies auf die internationale Markenführung auswirken wird, bleibt abzuwarten. Vermutlich werden sich hier landesspezifische Auswirkungen ergeben, weil die Kaufverhaltensrelevanz gesellschaftlicher Verantwortlichkeit je nach Land stark schwankt und die primär betroffenen Dieselmotoren nicht in allen Ländern eine hohe Absatzbedeutung für VW haben.

6.3.3 Ausgestaltung einer internationalen Markenarchitektur

Die **Markenarchitektur** eines Unternehmens kann anhand von **drei Dimensionen** gestaltet werden: einer vertikalen Dimension zur Gestaltung des Markenintegrationsgrades über die hierarchischen Organisations- und Markenebenen hinweg, einer horizontalen Dimension zur Gestaltung der Anzahl von Marken in einem Marktsegment und eine late-

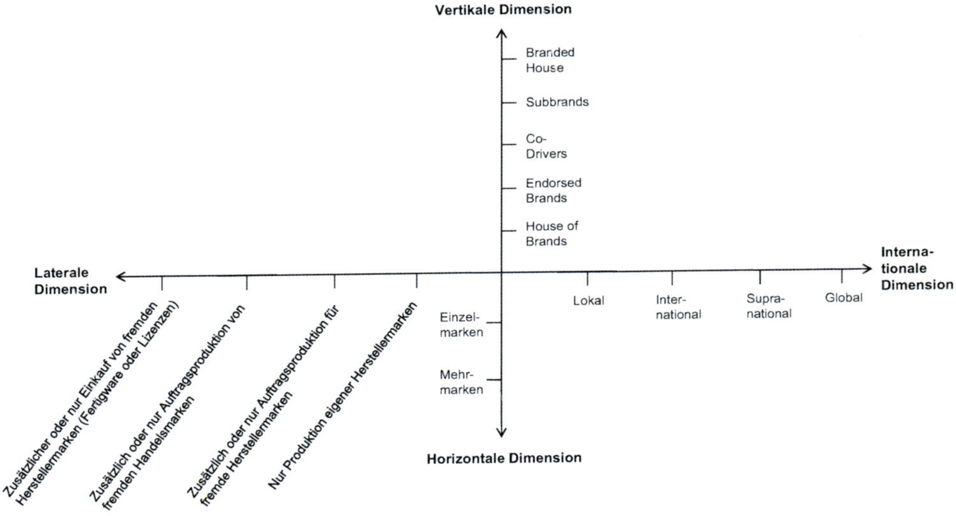

Abb. 6.5 Dimensionen zur Gestaltung der Markenarchitektur im internationalen Marketing. (In Anlehnung an Burmann und Kanitz 2010, S. 41)

rale Dimension zur Gestaltung des Auftritts der eigenen Marken gegenüber Marken von Absatzmittlern (Handelsmarken) und konkurrierenden Herstellermarken. Diese drei Dimensionen sind im internationalen Kontext nicht ausreichend, sondern werden um eine weitere Dimension ergänzt (vgl. Douglas et al. 2001, S. 106 f.). Hierbei ist zu unterscheiden, ob die Marken eines Unternehmens lokal, international (auf zwei oder mehr Ländermärkten), supranational (auf einen länderübergreifenden, nicht globalen Raum wie die EU oder die NAFTA) oder global ausgerichtet werden (vgl. Abb. 6.5).

Beispielsweise kann sich ein Unternehmen bei einer Branded-House-Architektur für eine globale Unternehmensmarke entscheiden (weltweite Standardisierung). Genauso ist es aber möglich, dass in einigen Ländern die globale Unternehmensmarke, in anderen Ländern hingegen lokale Geschäftsbereichsmarken genutzt werden. So agiert ALDI Süd mit der dazugehörigen Marke in ihrem Heimatmarkt Deutschland sowie in Australien, Großbritannien, Griechenland, Irland, Slowenien, Schweiz, Ungarn und den USA. Den österreichischen Markt bearbeitet ALDI Süd hingegen mit der Marke Hofer. Unternehmen müssen folglich entscheiden, ob sie **weltweit eine standardisierte Markenarchitektur** aufbauen oder diese an den Länderkontext anpassen (vgl. Brexendorf und Keller 2017; Talay et al. 2015, S. 55 ff.).

Im Folgenden wird zunächst nur die internationale Dimension der Markenarchitektur genauer betrachtet. Danach werden die drei anderen Dimensionen unter Berücksichtigung des Standardisierungsgrades der internationalen Marktbearbeitung analysiert.

6.3.3.1 Internationale Dimension der Markenarchitektur

Die **vier Optionen zur Gestaltung der internationalen Architekturdimension** werden von der Grundorientierung des Managements beeinflusst. Schuiling und Kapferer (2004, S. 98) definieren **lokale Marken** als solche Marken, die nur landesweit (z. B. BILD oder congstar in Deutschland) oder in einem räumlich begrenzten Absatzgebiet innerhalb eines Landes existieren, z. B. in einer Stadt (z. B. die Biermarke Sion Kölsch in Köln) oder einer Region (z. B. die Einzelhandelsmarke dodenhof in Norddeutschland). Wird eine Marke in mindestens zwei Ländermärkten angeboten und orientiert sich die Standardisierung am Heimatmarkt der Marke, dann handelt es sich um eine **internationale Marke**. Beispielsweise wird die Marke Mirácoli primär in Deutschland, darüber hinaus aber auch in Österreich angeboten. Das Management einer **globalen Marke** versucht, die Marke auf eine weltweit weitgehend homogene Zielgruppe standardisiert auszurichten. Orientiert sich die Standardisierung jedoch nicht am Weltmarkt sondern einem größeren, länderübergreifenden Raum (z. B. der NAFTA oder der EU), handelt es sich um eine **supranationale Marke**. Dabei wird eine länderübergreifende Region als homogen wahrgenommen und die Standardisierung auf die Bedürfnisse dieses länderübergreifenden Raumes ausgerichtet (vgl. Tab. 6.1).

Seit Levitt (1983) galten globale Marken lange Zeit als ein „Erfolgsgeheimnis". Dass ein auf wenige globale Marken reduziertes Markenportfolio nicht per se erfolgreicher ist, verdeutlichen die empirischen Daten von Morgan und Rego (2009, S. 70 f.). Die Autoren zeigen, dass sowohl eine Strategie mit lokalen Marken als auch eine Konzentration auf wenige globale Marken erfolgreich sein kann. Auch Kapferer (2002, 2005) bewertet die globale Markenführung nicht per se als erfolgreicher. Im Gegenteil geht er von einer **Renaissance lokaler Marken** aus, da diese über eine kulturspezifische Positionierung und eine stärkere lokale Verbundenheit ihrer Kunden und damit ein überlegenes und letztlich kaufentscheidendes Brand Attachment verfügen. Einer derartigen Positionierung liegt die Annahme zugrunde, dass die Berücksichtigung der jeweiligen länderspezifischen Gegebenheiten notwendig für die erfolgreiche Etablierung der Marke ist (vgl. Waltermann 1989, S. 6). Diesbezüglich wird von einer Veränderung des Konsumverhaltens im 21. Jahrhundert gesprochen, die neben zunehmender Informiertheit, wachsender Konsumkompetenz und eines gestiegenen Selbstbewusstseins der Nachfra-

Tab. 6.1 Abgrenzung der Begriffe lokale, internationale, supranationale und globale Marke. (In enger Anlehnung an Meffert et al. 2010, S. 150)

Markenverbreitung	Zielgruppe
Lokale Marke	Nachfrager einer Stadt, eines Raumes innerhalb eines Landes (Region) oder eines ganzen Landes
Internationale Marke	Primär die Nachfrager des Heimatmarktes. Darüber hinaus Nachfrager in wenigen, sehr ähnlichen Ländermärkten mit geringer kultureller Distanz
Supranationale Marke	Nachfrager eines fest definierten, länderübergreifenden Raumes (z. B. NAFTA, EU, ASEAN)
Globale Marke	Weltweit homogene Nachfragergruppe

ger (v. a. bedingt durch die zunehmende Internet- und Smartphoneverbreitung) auch eine Rückbesinnung auf Nachhaltigkeit, Authentizität und vor allem regionalspezifische Marken umfasst (vgl. Rennhak 2014, S. 177 f.). Diesen Trend bestätigt eine Studie, bei der 64 % der Befragten angaben, dass die Bedeutung von Heimat gerade im Zeitalter der Globalisierung für sie immer wichtiger geworden ist (vgl. Kurbjuweit 2012, S. 63). In einer Befragung von 1031 deutschsprachigen Personen ab 14 Jahren in Bayern, die der Bayrischen Rundfunk 2015 durchführte, bezeichneten 92 % der Befragten Bayern als ihre Heimat. 83 % sind stolz auf ihre Region und 77 % halten es für wichtig, die Traditionen ihrer Region zu pflegen (BR-Bayernstudie 2015).

Abschließend findet sich in Tab. 6.2 eine Bewertung der Vor- und Nachteile von lokalen und globalen Marken. Die Bewertung wird ausschließlich auf Grundlage dieser Extremoptionen (die internationale und supranationale Architektur sind Mischformen dieser beiden Extrema) durchgeführt und erfolgt anhand der folgenden Kriterien:

- **Realisierung von Differenzierungsvorteilen:** Inwiefern ermöglicht eine Architektur die differenzierte Marktbearbeitung vor Ort? Welche Architekturoption ermöglicht mehr Anpassungspotenzial bei der Markenpositionierung?
- **Realisierung von Standardisierungsvorteilen:** In welchem Ausmaß können Kostenvorteile durch Economies of Scale oder Scope realisiert werden?
- **Ressourcenaufwand:** Welcher Ressourcenaufwand (finanziell und personell) ist zur Umsetzung der jeweiligen Architektur notwendig?
- **Anforderungen an die Replikationskompetenz:** Stellt die Architektur hohe Anforderungen an die Fähigkeit eines Unternehmens, seine intern bereits vorhandenen Ressourcen und Kompetenzen schnell, kostengünstig und wirkungsvoll multiplizieren und in neue Länder übertragen zu können (vgl. Burmann 2002, S. 276 ff.)?
- **Anforderungen an die Rekonfigurationskompetenz:** Stellt die gewählte Architektur hohe Anforderungen an die Fähigkeit eines Unternehmens, neue, länderspezifische Ressourcen und Kompetenzen zu identifizieren und sich durch gezieltes Lernen anzueignen?

Aus dem Vergleich in Tab. 6.2 wird deutlich, dass den Standardisierungsvorteilen globaler Marken Differenzierungsvorteile von lokalen Marken gegenüber stehen (Strebinger 2010, S. 329 ff.).

Tab. 6.2 Bewertung von lokalen und globalen Marken im Vergleich. (Meffert et al. 2010, S. 153)

Bewertungskriterien	Architekturoption Lokale Marke	Architekturoption Globale Marke
Realisierung von Differenzierungsvorteilen	Hoch	Gering
Realisierung von Standardisierungsvorteilen	Gering	Hoch
Ressourcenaufwand	Hoch	Mittel
Anforderungen an die Replikationskompetenz	Gering	Hoch
Anforderungen an die Rekonfigurationskompetenz	Hoch	Gering

6.3.3.2 Internationale Ausgestaltung der vertikalen, horizontalen und lateralen Architekturdimensionen

Beim **Branded House** tritt das Unternehmen in jedem Ländermarkt ausschließlich mit der Unternehmensmarke (Corporate Brand) auf. Diese Architektur eignet sich nur dann, wenn ein hoher weltweiter Standardisierungsgrad der Ländermarktbearbeitung realistisch erscheint und die Gefahr negativer Rückkopplungen als gering angesehen wird. Rückkopplungen bezeichnen dabei die Beeinflussung von Nachfragern oder anderen Marktteilnehmern in einem Land durch markenbezogene Entscheidungen in einem anderen Land (vgl. zu Rückkopplungen bei der internationalen Marktbearbeitung ausführlich Backhaus und Voeth 2010, S. 37 ff.). Eine Branded-House-Architektur geht in der Regel mit einer globalen Markenstrategie einher.

Bei einem minimalen vertikalen Integrationsgrad tritt hingegen nicht die Unternehmensmarke, sondern ausschließlich die Geschäftsbereichs- oder Produktmarke gegenüber dem Nachfrager in Erscheinung (House-of-Brands-Architektur). Die **House-of-Brands-Architektur** findet sich im internationalen Kontext z. B. bei Anheuser-Busch (Tab. 6.3).

Diese Architekturform ermöglicht im Gegensatz zur Branded-House-Architektur größtmögliche lokale Anpassungen, da im Extremfall für jeden Ländermarkt lokale Marken eingeführt werden können, wodurch Rückkopplungen verhindert werden.

Bei der Gestaltung der **horizontalen** Markenarchitektur ergeben sich im internationalen Kontext Besonderheiten. Einzelmarkenstrategien bieten sich insbesondere für kleinere Ländermärkte an, während Mehrmarkenstrategien bei großen Ländermärkten Vorteile besitzen. Bei Mehrmarkenstrategien bietet sich zudem der parallele Einsatz von lokalen und globalen Marken an, um den unterschiedlichen Nutzenanforderungen der Nachfrager gerecht zu werden.

Bei der **lateralen** Dimension sollte für jedes Land einzeln entschieden werden, wie vorzugehen ist. Die Bedeutung von Private Label Brands hängt v. a. von der Machtverteilung in den Hersteller-Handelsbeziehungen im jeweiligen Land und den Distributionsstrukturen ab. Bei starker Handelsposition haben die Hersteller weniger starker „B- und C"-Marken oft keine andere Wahl, als mit den Händlern zu kooperieren und deren Private Label Brands zu produzieren (vgl. Koppe 2003, S. 177; Sattler und Völckner 2007, S. 175).

Weltweit führend bezüglich der Verbreitung von Private Label Brands sind die Schweiz, Großbritannien und Spanien (vgl. Planet Retail 2012, S. 1). Hier ist der Markt konzentriert, d. h. es dominieren starke Handelsketten mit Marktanteilen weit über 10 %, wie z. B. Tesco in Großbritannien (vgl. Abb. 6.6).

Tab. 6.3 House-of-Brands-Architektur von Anheuser-Busch InBev. (In enger Anlehnung an Anheuser-Busch InBev 2013, S. 6 f.)

Internationale Architekturoption	Ausgewählte Beispiele
Lokale Marken	Jupiler (Belgien), Harbin (Nord China), Skol (Brasilien)
Internationale Marken	Beck's, Leffe, Hoergaarden
Globale Marken	Budweiser, Corona, Stella Artois

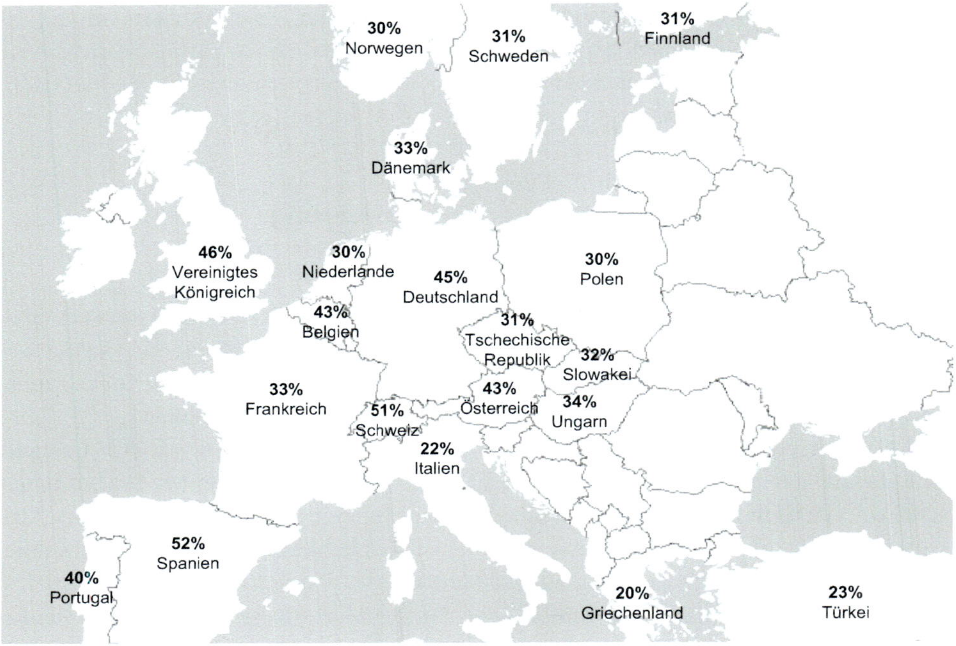

Abb. 6.6 Marktanteile von Private Label Brands in 2016 (nach Menge) in Europa. (Eigene Darstellung in Anlehnung an PLMA 2017)

Demgegenüber steht die eher **geringe Verbreitung von Private Label Brands in Entwicklungs- und Schwellenländern**. So lag z. B. deren Marktanteil in China, Indien und Vietnam im Jahr 2012 bei ca. 10 % (vgl. Planet Retail 2012, S. 1). Die geringere Bedeutung von Private Label Brands in Entwicklungs- und Schwellenländern ist auf die hohe Fragmentierung der dortigen Handelslandschaft zurückzuführen. Der Markt wird nicht von wenigen großen Handelsketten bearbeitet, sondern es existieren oft unzählige kleine Handelsbetriebe, die eine entsprechend geringe Machtposition besitzen (vgl. World Economic Forum 2009, S. 27 ff.). Es besteht daher für Hersteller keine Notwendigkeit, Private Label Brands für den Handel zu produzieren. Darüber hinaus ist die (noch) geringe Bedeutung von Private Label Brands auf das schwache Vertrauen in und die geringere Loyalität gegenüber Private Label Brands zurückzuführen (vgl. Planet Retail 2012, S. 1). Deswegen erfordert eine zukünftig erfolgreiche Etablierung von Private Label Brands in Entwicklungs- und Schwellenländern eine klare Kommunikation der Positionierung dieser Marken. Beispielhaft kann die Einführung der Private Label Brand Great Value des Einzelhandelskonzerns Walmart auf dem indischen Markt genannt werden (vgl. Planet Retail 2012, S. 1). In diesem Fall wurde das Packaging der Produkte sowie die dazugehörigen Werbemaßnahmen mit ausgewählten Nationalflaggen sowie dem Slogan „Trusted by millions like you the world over" versehen. Dies soll neben der Eigenständigkeit der

Marke die internationale Präsenz und – damit eng verbunden – die Vertrauenswürdigkeit dieser Marke kommunizieren. So soll erreicht werden, dass die Nachfrager Great Value „trotz" der Verbindung zum dahinterstehenden Konzern als vertrauenswürdig und qualitativ hochwertig wahrnehmen.

6.3.4 Besonderheiten der internen Markenführung im internationalen Kontext

Viele Strategien im internationalen Markenmanagement scheitern bei der Implementierung. Die zentrale Voraussetzung für eine erfolgreiche Markenführung und -implementierung ist die **Unterstützung durch die Mitarbeiter**. Im internationalen Kontext muss deswegen die interne Markenführung einen sehr hohen Stellenwert erhalten.

Auf Basis der internen identitätsbasierten Markenführung können v. a. drei Bereiche identifiziert werden, die durch nationale Gegebenheiten beeinflusst werden. Erstens unterscheiden sich Mitarbeiter in verschiedenen Kulturen in ihrer grundsätzlichen Bereitschaft, **Commitment** gegenüber einer Marke aufzubauen. Zweitens lässt sich ein markenbezogener **Führungsstil** nicht in jedem Land gleichermaßen erfolgreich anwenden. Dies ist v. a. darauf zurückzuführen, dass die Kulturdimension der Machtdistanz entscheidend die Erwartungen von Mitarbeitern an und somit die Akzeptanz von Führungsstilen determiniert. Drittens beeinflusst die **Landessprache und -kultur** die Wahrnehmung und Bewertung von internen, markenbezogenen Kommunikationsbotschaften. Deswegen müssen auch im Rahmen der internationalen internen Markenkommunikation Anpassungen an die Länder vorgenommen werden.

6.3.4.1 Einfluss der Kultur auf die Stärke des Brand Commitment

Empirische Studien zeigen, dass das Ausmaß an **Brand Commitment** eines Mitarbeiters v. a. von drei kulturellen Dimensionen abhängt (vgl. Hofstede 2001, S. 44 ff.; Felfe et al. 2006, S. 95). Erstens fühlen sich in Kulturen mit **hoher Machtdistanz** Mitarbeiter stärker dem Unternehmen und seinen Marken verpflichtet und haben ein höheres, normativ bedingtes Commitment. Zweitens wirkt sich die Kulturdimension **Unsicherheitsvermeidung** ebenfalls in einem stärkeren Commitment gegenüber Unternehmen und ihren Marken aus, da Mitarbeiter Angst vor Veränderungen haben. Drittens ist **in kollektivistischen Kulturen ein höheres Brand Commitment** vorhanden als in individualistischen Kulturen. Während in kollektivistischen Kulturen das Wohl der Gruppe im Vordergrund steht, streben Menschen in individualistischen Kulturen stärker nach Selbstverwirklichung (vgl. Clugston et al. 2000, S. 15 ff.; Felfe et al. 2008, S. 225 ff.).

Für die Managementpraxis stellt sich die Frage, wie die interne Markenführung an die nationalen Besonderheiten angepasst werden muss, um in den bearbeiteten Ländermärkten das jeweils maximale Brand Commitment aufzubauen. Dies wird am Beispiel der markenorientierten Mitarbeiterführung und der internen Kommunikation kurz skizziert.

6.3.4.2 Einfluss der Kultur auf die markenorientierte Führung

Im Rahmen der Führung von Mitarbeitern findet immer eine **soziale Interaktion** statt (vgl. Jung 2017, S. 410). Bezieht sich diese soziale Interaktion auf ein interkulturelles Team, wird die Komplexität der Mitarbeiterführung durch die kulturellen Wertorientierungen der Individuen stark erhöht. So gehen die Einzelpersonen automatisch davon aus, dass sich der jeweils andere an den gleichen kulturellen Werten und Normen orientiert. Folglich wird ein Verhalten vorausgesetzt, welches den eigenen Vorstellungen entspricht (vgl. Loth 2007, S. 34). Daher kommt es in interkulturellen Teams häufig zu **Konflikten** (vgl. Brett et al. 2006, S. 84 ff.). Weibler et al. (2000, S. 588) zeigen in diesem Kontext, dass das Brand Commitment der Mitarbeiter umso höher ausfällt, je besser die kulturell bedingten Verhaltensweisen von Führenden und Geführten übereinstimmen. Die als angemessen empfundenen Führungsstile können im interkulturellen Vergleich stark voneinander abweichen. Selbst in geografisch nahe beieinander liegenden Ländern bedingt die Kultur deutliche Unterschiede im Führungsverhalten (vgl. Tab. 6.4). Während bspw. in nordischen Ländern ein konsensorientierter Führungsstil dominiert, führt die hohe Machtdistanz in Frankreich meist zu einem distanzierten und hierarchischen Führungsstil.

Zusammenfassend zeigt sich, dass die Kultur und die daraus abgeleiteten individuellen Werte eines Mitarbeiters weltweit sehr unterschiedlich sind. Insbesondere die Kulturdimensionen **Kollektivismus** und **Machtdistanz** üben einen starken Einfluss auf die Akzeptanz der angewandten Führungsinstrumente aus. In kollektivistischen Kulturen sollte markenorientierte Führung v. a. durch Gruppenveranstaltungen (z. B. Feste, Familientage) und die Betonung von Gruppenzielen erfolgen, während in individualistischen Kulturen besonders auf die Belohnung des Individuums (z. B. direkte Beurteilung, Entlohnung, Beförderung) gesetzt werden sollte. In Kulturen mit einer geringen Machtdistanz bevor-

Tab. 6.4 Typische Führungsstile in Europa. (In enger Anlehnung an Kühlmann 2008, S. 43)

Führung von vorne (z. B. Großbritannien)	**Führung durch Konsens (z. B. Schweden, Finnland)**
Betonung von Eigenschaften des Führenden für den Unternehmenserfolg	Förderung von Teamgeist
Ergebnisorientierter Pragmatismus	Offener Dialog mit Mitarbeitern
Geringschätzung von Regeln und Routinen	Beteiligung der Mitarbeiter an Entscheidungen
	Betonung des detaillierten Organisierens
Führung aus der Distanz (z. B. Frankreich)	**Führung in Richtung eines gemeinsamen Ziels (z. B. Österreich, Deutschland)**
Strategisches, konzeptionelles Denken	Wertschätzung von Sachkenntnis
Mangel an Disziplin bei der Umsetzung von Entscheidungen	Autoritäre Mitarbeiterführung
Unzureichende Kommunikation mit Mitarbeitern	Betonung von Regeln, Routinen und Kontrollen
Unabhängigkeitsbestreben	

zugen die Mitarbeiter einen kooperativen Führungsstil. Demgegenüber ist ein autoritärer oder patriarchalischer Führungsstil in Kulturen mit einer hohen Machtdistanz sinnvoll. Eine länderübergreifende Standardisierung der Maßnahmen der internen Markenführung ist daher nur schwer möglich.

6.3.4.3 Einfluss von Sprache und Kultur auf die Gestaltung der internen Markenkommunikation

Das Ziel der internen Markenkommunikation liegt in der Vermittlung einer konsistenten Markenidentität bei allen Mitarbeitern. Die Erreichung dieses Ziels stellt im internationalen Kontext eine besondere Herausforderung dar. So erfordert die Umsetzung einer konsistenten Markenidentität eine weitgehend einheitliche Mitarbeiterkommunikation und eine weltweit ähnliche Unternehmenskultur (vgl. Bruhn 2014, S. 1208). Besonders die Landessprache und die -kultur gelten jedoch als **Standardisierungsbarrieren** der internen internationalen Markenkommunikation.

Die international ausgerichtete interne Markenkommunikation muss sich zunächst an die jeweilige **Landessprache** anpassen. Dies beschränkt sich nicht nur auf eine reine Übersetzung der Kommunikationsbotschaften, sondern beinhaltet auch die Berücksichtigung nationaler Besonderheiten in der Sprache. Die **Kultur** hat weiterhin einen entscheidenden Einfluss auf die Wahrnehmung der Markenkommunikation (vgl. Walsh et al. 2014, S. 77 ff.). Dies bedeutet im Rahmen der internen Markenführung, dass Markenbotschaften in verschiedenen Kulturkreisen unterschiedlich wahrgenommen und interpretiert werden (vgl. Ravazzani 2016, S. 73 ff.). In einer Studie mit internationalen Unternehmen aus Dänemark zeigt Ravazzani z. B., dass völlige Transparenz in der internen Kommunikation bei dänischen Mitarbeitern positiv wahrgenommen wurde, US-amerikanische Mitarbeiter hingegen sehr negativ und ablehnend auf diese Transparenz reagierten (vgl. Ravazzani 2016, S. 83).

Die konkrete Ausgestaltung des internationalen internen Markenkommunikationsstils ist immer von der jeweiligen **Situation des Unternehmens** abhängig. Beispielsweise kommuniziert IKEA mit insgesamt 15 Sprachen, wohingegen Aventis (Chemie und Pharma) nur drei Sprachen einsetzt. Dieser Unterschied kann mit der heterogenen Qualifikation der Mitarbeiter und der stärkeren regionalen Bindung eines Möbelunternehmens begründet werden (vgl. Bruhn 2014, S. 1157). Das Düsseldorfer Unternehmen Henkel hat im Jahre 2002 im Zuge seiner internen Kommunikationsstrategie eine Firmenhymne mit dem Titel „We together" komponieren lassen, die das Gemeinschaftsgefühl der Mitarbeiter stärken und die Identifikation der Mitarbeiter mit dem Unternehmen steigern soll (Schmidt 2007, S. 93 f.). Von dieser Hymne existieren neben einer internationalen Version auch lokale Versionen, welche die unterschiedlichen Sprachen und landestypischen Musikrichtungen der einzelnen Mitarbeiter berücksichtigen.

Ebenso wie im externen Kontext zeigt sich auch bei der Führung nach innen die Erfordernis einer lokalen Anpassung. Denn nur wenn Mitarbeiterverhalten und Markennutzenversprechen übereinstimmen, kann eine starke Marke aufgebaut werden.

Literatur

Ahmed, S. A., & d'Astous, A. (2008). Antecedents, moderators and dimensions of country-of-origin evaluations. *International Marketing Review*, *25*(1), 75–106.

Andrews, T. G., & Chew, W. (2017). *Building brands in Asia from the inside out*. New York: Routledge.

Anheuser-Busch InBev (2013). Annual report. http://www.ab-inbev.com/content/dam/universaltemplate/abinbev/pdf/media/annual-report/ABI_AR13_EN_Full.pdf. Zugegriffen: 12. Jan. 2015.

Backhaus, K., & Voeth, M. (2010). *Internationales Marketing*. Stuttgart: Schäffer-Poeschel.

Becker, C. (2012). *Einfluss der räumlichen Markenherkunft auf das Markenimage: Kausalanalytische Untersuchung am Beispiel Indiens*. Wiesbaden: Springer Gabler.

BR-Bayernstudie (2015). BR-Bayernstudie Kernergebnisse. http://www.br.de/presse/inhalt/pressemitteilungen/bayernstudie-2015-100.html. Zugegriffen: 6. Sept. 2017.

Brett, J., Behfar, K., & Kern, M. C. (2006). Managing multicultural teams. *Harvard Business Review*, *11*, 84–91.

Brexendorf, T. O., & Keller, K. L. (2017). Leveraging the corporate brand: the importance of corporate brand innovativeness and brand architecture. *European Journal of Marketing*, *51*(9/10), 1530–1551.

Bruhn, M. (2014). *Unternehmens- und Marketingkommunikation. Handbuch für ein integriertes Kommunikationsmanagement*. München: Vahlen.

Burmann, C. (2002). *Strategische Flexibilität und Strategiewechsel als Determinanten des Unternehmenswertes*. Wiesbaden: Dt. Univ.-Verlag.

Burmann, C., & Kanitz, C. (2010). *Gestaltung der Markenarchitektur – Stand der Forschung und Entwicklung eines Managementprozesses*. Arbeitspapier Nr. 45 des Lehrstuhls für innovatives Markenmanagement (LiM) der Universität Bremen. Bremen: Universität Bremen.

Burmann, C., Halaszovich, T., & Wang, X. (2017). *Identitätsbasierte Markenführung*. Shanghai: Shanghai University of Finance and Economics Press.

Cannon, H. M., & Yaprak, A. (2002). Will the real-world citizen please stand up! The many faces of cosmopolitan consumer behavior. *Journal of International Marketing*, *10*(4), 30–52.

Cavusgil, S. T., Deligonul, S., & Yaprak, A. (2005). International marketing as a field of study: a critical assessment of earlier development and a look forward. *Journal of International Marketing*, *13*(4), 1–27.

Chabra, P. (2010). „V"owing to „W"in! 4Ps. *Business and Marketing*, *5*(2), 32–33.

Cheon, H. J., Cho, C.-H., & Sutherland, J. (2007). A Meta-analysis of studies on the determinants of standardization and localization of international marketing and advertising strategies. *Journal of International Consumer Marketing*, *19*(4), 109–147.

de Chernatony, L., Halliburton, C., & Bernath, R. (1995). International branding: demand- or supply-driven opportunity? *International Marketing Review*, *12*(2), 9–21.

Cleveland, M., & Chang, W. (2009). Migration and materialism: the roles of ethnic identity, religiosity, and generation. *Journal of Business Research*, *62*(10), 963–971.

Clugston, M., Howell, J. P., & Dorfman, P. W. (2000). Does cultural socialization predict multiple bases and foci of commitment? *Journal of Management*, *26*(1), 5–30.

Costa, C., Carneiro, J., & Goldszmidt, R. (2016). A contingent approach to country-of-origin effects on foreign products evaluation: interaction of facets of country image with product classes. *International Business Review*, *25*(5), 1066–1075.

Dichter, E. (1962). The world customer. *Harvard Business Review*, *40*(4), 113.

Douglas, S. P., Craig, C. S., & Nijssen, E. J. (2001). Integrating branding strategy across markets: building international brand architecture. *Journal of International Marketing*, *9*(2), 97–114.

Felfe, J., Schmook, R., & Six, B. (2006). Die Bedeutung kultureller Wertorientierungen für das Commitment gegenüber der Organisation, dem Vorgesetzten, der Arbeitsgruppe und der eigenen Karriere. *Zeitschrift für Personalpsychologie*, *5*(3), 94–107.

Felfe, J., Yan, W., & Six, B. (2008). The impact of individual collectivism on commitment and its influence on organizational citizenship behaviour and turnover in three countries. *International Journal of Cross Cultural Management*, *8*(2), 211–237.

Foscht, T., Maloles, C., Swoboda, B., Morschett, D., & Sinha, I. (2008). The impact of culture on brand perceptions: a six-nation study. *Journal of Product & Brand Management*, *17*(3), 131–142.

Friederes, G. (2006). Country-of-Origin-Strategien in der Markenführung. In A. Strebinger, W. Mayerhofer & H. Kurz (Hrsg.), *Werbe- und Markenforschung: Meilensteine – State of the Art – Perspektiven* (S. 109–132). Wiesbaden: Gabler.

Friedmann, T. L. (2008). *Die Welt ist flach*. Frankfurt am Main: Suhrkamp.

Fuchs, W., & Unger, F. (2014). *Management der Marketing-Kommunikation*. Berlin: Springer.

Halaszovich, T. F., & Lundan, S. M. (2016). The moderating role of local embeddedness on the performance of foreign and domestic firms in emerging markets. *International Business Review*, *25*(5), 1136–1148.

Han, Y. J., Nunes, J. C., & Dreze, X. (2010). Signaling status with luxury goods: the role of brand prominence. *Journal of Marketing*, *74*, 15–30.

Hirschmann, R. G. (1990). Made in Germany: Rolle und Bedeutung aus deutscher Sicht. In W. Bungard (Hrsg.), *Dokumentation Made in Germany: Deutsche Qualität auf dem Prüfstand* (S. 7–16). Mannheim: Ehrenhof.

Hofstede, G. (1980). *Culture's consequences: international differences in work-related values*. Nr. 5 der Schriftenreihe „Cross-cultural research and methodology series". Beverly Hills: SAGE.

Hofstede, G. (1993). *Interkulturelle Zusammenarbeit*. Wiesbaden: Gabler.

Hofstede, G. (2001). *Culture's consequences: comparing values, behaviors, institutions, and organizations across nations*. Thousand Oaks: SAGE.

Hofstede, G. (2006). *Lokales Denken, globales Handeln: Interkulturelle Zusammenarbeit und globales Management*. München: Dt. Taschenbuch-Verlag.

Hofstede, G., & Hofstede, G. J. (2009). *Lokales Denken, globales Handeln. Interkulturelle Zusammenarbeit und globales Management*. München: DTV.

Hofstede, G., Hofstede, G. J., & Minkov, M. (2010). *Cultures and organizations. Software of the mind*. New York: McGraw-Hill.

Holloway, I. R. (2017). Learning via sequential market entry: evidence from international releases of US movies. *Journal of International Economics*, *104*, 104–121.

Holtbrügge, D., & Puck, J. F. (2008). *Geschäftserfolg in China – Strategien für den größten Markt der Welt*. Heidelberg: Springer.

Hsieh, M.-H., Pan, S.-L., & Setiono, R. (2004). Product-, corporate-, and country-image dimensions and purchase behavior: a multicountry analysis. *Journal of the Academy of Marketing Science*, *32*(3), 251–270.

Hsu, C.-W., Chen, H., & Caskey, D. (2017). Local conditions, entry timing, and foreign subsidiary performance. *International Business Review*, *26*(3), 544–554.

IMF (2014). *World Economic Outlook (WEO)*. Washington, DC: International Monetary Fund.

Jensen, S., & Schlitt, P. (2002). Unternehmen Henkel: „Wir haben keine Eille". *Managermagazin*, *10*, 136–140.

Jin, Z., Lynch, R., Attia, S., Chansarkar, B., Gülsoy, T., Lapoule, P., Liu, X., Newburry, W., Nooraini, M. S., Parente, R., Purani, K., & Ungerer, M. (2015). The relationship between consumer ethnocentrism, cosmopolitanism and product country image among younger generation consumers: the moderating role of country development status. *International Business Review*, *24*(3), 380–393.

Johanson, J., & Vahlne, J.-E. (2009). The Uppsala internationalization process model revisited. From liability of foreignness to liability of outsidership. *Journal of International Business Studies*, *40*(9), 1411–1431.

Johnson, J., & Tellis, G. J. (2008). Drivers of success for market entry into China and India. *Journal of Marketing*, *72*, 1–13.

Jung, H. (2017). *Personalwirtschaft*. Berlin; Boston: De Gruyter Oldenbourg.

Kapferer, J.-N. (2002). Is there really no hope for local brands? *Journal of Brand Management*, *9*(3), 163–170.

Kapferer, J.-N. (2005). The post-global brand. *Journal of Brand Management*, *12*(5), 319–324.

Keegan, W. J., & Green, M. C. (2017). *Global marketing*. Boston: Pearson.

Koppe, P. (2003). *Handelsmarken und Markenartikel: Wahrnehmungsunterschiede aus Sicht der Marktteilnehmer*. Wien: Service-Fachverlag.

Kreutzer, R. (1989). Markenstrategien im länderübergreifenden Marketing. *Markenartikel*, *11*, 569–572.

Kroeber, A. L., & Kluckhohn, C. (1952). Culture: a critical review of concepts and definitions. *Harvard University Peabody Museum of American Archeology and Ethnology Papers*, *47*(1), 1–223.

Kühlmann, T. (2008). *Internationale Mitarbeiterführung*. Stuttgart: Kohlhammer.

Kurbjuweit, D. (2012). Mein Herz hüpft. *Der Spiegel*, *15*, 60–69.

Levitt, T. (1983). The globalization of markets. *Harvard Business Review*, *61*(6), 92–102.

Loth, D. (2007). Missverständnisse erkennen. *Personal*, *6*, 34–36.

Martinez, A., & Haddock, R. (2007). The flatbreadfactor. http://www.strategy-business.com. Zugegriffen: 24. Juni 2009.

Maruyama, M., & Wu, L. (2015). Overcoming the liability of foreignness in international retailing. A consumer perspective. *Journal of International Management*, *21*(3), 200–210.

Maslow, A. H. (1970). *Motivation and personality*. New York: Harper & Row.

Meffert, H., & Pues, C. (2002). Timingstrategien des internationalen Markteintritts. In K. Macharzina (Hrsg.), *Handbuch Internationales Management* (S. 403–416). Wiesbaden: Gabler.

Meffert, H., Burmann, C., & Becker, C. (2010). *Internationales Marketing-Management: Ein marktorientierter Ansatz*. Stuttgart: Kohlhammer.

Merbold, C. (1993). Zur Funktion der Marke. *Markenartikel*, *12*, 578–580.

Morgan, N. A., & Rego, L. L. (2009). Brand portfolio strategy and firm performance. *Journal of Marketing*, *73*(1), 59–74.

Müller, S., & Gelbrich, K. (2004). *Interkulturelles Marketing*. München: Vahlen.

Obermüller, C., & Spangenberg, E. (1989). Exploring the effect of country-of-origin labels: an information processing framework. *Advances in Consumer Research*, *16*, 454–459.

Pan, Y., & Chi, P. S. K. (1999). Financial performance and survival of multinational corporations in China. *Strategic Management Journal*, *20*(4), 359–374.

Papadopoulus, N., & Heslop, L. (2003). Country equity and product-country images: state of the art in research and implications. In S. Jain (Hrsg.), *Handbook of Research in International Marketing* (S. 402–433). Northampton: Edward Elgar.

Perlitz, M. (2004). *Internationales Management*. Berlin: Ullstein.

Planet Retail (2012). Building private label trust in emerging markets. http://www1.planetretail.net/news-and-events/rob-gregory/blogs/building-private-label-trust-emerging-markets. Zugegriffen: 16. Jan. 2015.

PLMA (2017). Handelsmarken heute. http://www.plmainternational.com/de/industry-news/private-label-today. Zugegriffen: 25. Aug. 2017.

Poggenpohl (2017). Langlebigkeit. http://www.poggenpohl.com/de/world-of-poggenpohl/langlebigkeit. Zugegriffen: 12. Jan. 2018.

Ravazzani, S. (2016). Exploring internal crisis communication in multicultural environments: a study among Danish managers. *Corporate Communications: An International Journal, 21*(1), 73–88.

Reibstein, T. (2016). *Erfolgsfaktoren internationaler Marktbearbeitungsstrategien in der Automobilindustrie: eine Historieninventur am Beispiel der Marke Volkswagen*. Wiesbaden: Springer.

Rennhak, C. (2014). Konsistent, hybrid, multioptional oder paradox? – Einsichten über den Konsumenten von heute. In M. Halfmann (Hrsg.), *Zielgruppen im Konsumentenmarketing: Segmentierungsansätze – Trends – Umsetzung* (S. 177–186). Wiesbaden: Springer.

Riefler, P., Diamantopoulos, A., & Siguaw, J. A. (2012). Cosmopolitan consumers as a target group for segmentation. *Journal of International Business Studies, 43*, 285–305.

Roth, M. S. (1995). The effects of culture and Socioeconomics on the performance of global brand image strategies. *Journal of Marketing Research, 32*(2), 163–175.

Roth, K. P., & Diamantopoulos, A. (2009). Advancing the country image construct. *Journal of Business Research, 62*(7), 726–740.

Sattler, H., & Völckner, F. (2007). *Markenpolitik*. Stuttgart: Kohlhammer.

Schallehn, M., Burmann, C., & Riley, N. (2014). Brand authenticity: model development and empirical testing. *Journal of Product & Brand Management, 23*(3), 192–199.

Schilke, O., Reimann, M., & Thomas, J. S. (2009). When does international marketing standardization matter to firm performance? *Journal of International Marketing, 17*(4), 24–46.

Schmidt, H. J. (2007). *Internal Branding: Wie Sie Ihre Mitarbeiter zu Markenbotschaftern machen*. Wiesbaden: Gabler.

Schooler, R. D. (1965). Product bias in the central American common market. *Journal of Marketing Research, 2*(4), 394–397.

Schuiling, I., & Kapferer, J.-N. (2004). Executive insights: real differences between local and international brands: strategic implications for international marketers. *Journal of International Marketing, 12*(4), 97–112.

Schwarz-Musch, A. (2013). Das Marketingkonzept im internationalen Umfeld. In D. Sternad, M. Höfferer & G. Haber (Hrsg.), *Grundlagen Export und Internationalisierung* (S. 111–127). Wiesbaden: Springer Gabler.

Stolle, W. (2013). *Global Brand Management: Eine konzeptionell-empirische Analyse von Automobil-Markenimages in Brasilien, China, Deutschland, Russland und den USA*. Wiesbaden: Springer Gabler.

Strebinger, A. (2010). *Markenarchitektur – Strategien zwischen Einzel- und Dachmarke sowie lokaler und globaler Marke*. Wiesbaden: Gabler.

Talay, M. B., Townsend, J. D., & Yeniyurt, S. (2015). Global brand architecture position and market-based performance: the moderating role of culture. *Journal of International Marketing, 23*(2), 55–72.

Thakor, M. V., & Kohli, C. S. (1996). Brand origin: conceptualization and review. *The journal of consumer marketing, 13*(3), 27–42.

Trommsdorff, V. (2011). *Konsumentenverhalten*. Stuttgart: Kohlhammer.

Verlegh, P. W. J., & Steenkamp, J.-B. E. M. (1999). A review and meta-analysis of country-of-origin research. *Journal of Economic Psychology, 20*(5), 521–546.

Vogelsang, S. (1999). *Der Einfluss der Kultur auf die Produktgestaltung*. Köln: Fördergesellschaft Prod.-Marketing.

Wafler, B. H., & Badir, Y. F. (2017). Global products marketing strategy of two European MNCs in Vietnam. *Journal of Product & Brand Management, 26*(6), 573–588.

Walsh, G., Shiu, E., & Hassan, L. M. (2014). Cross-national advertising and behavioral intentions: a multilevel analysis. *Journal of International Marketing*, *22*(1), 77–98.

Walter, N. (2004). *Standardisierung des europäischen Nahrungsmittel-Marketing: eine Kausalanalyse der Determinanten und der Erfolgswirkungen einer Standardisierung des Marketing-Programms und -Managements am Beispiel der europäischen Nahrungsmittelindustrie*. München: Rainer Hampp.

Waltermann, B. (1989). *Internationale Markenpolitik und Produktpositionierung – markenpolitische Entscheidungen im europäischen Automobilmarkt*. Wien: Service-Fachverlag.

Wang, J. (2010). *Brand new China: advertising, media, and commercial culture*. Cambridge: Harvard University Press.

Weibler, J., Brodbeck, F., Szabo, E., Reber, G., Wunderer, R., & Moosmann, O. (2000). Führung in kulturverwandten Regionen: Gemeinsamkeiten und Unterschiede bei Führungsidealen in Deutschland, Österreich und der Schweiz. *Die Betriebswirtschaft*, *5*, 588–606.

World Economic Forum (2009). The next billions: unleashing business potential in untapped markets. https://www.bcgperspectives.com/content/articles/globalization_consumer_products_next_billions_wef/. Zugegriffen: 24. Juni 2009.

Yap, S. P. W., & Yazdanifard, R. (2014). Comparison on the impact of standardization and adaptation on international marketing. *Journal of Research in Marketing*, *3*(1), 250–259.

Zaheer, S. (1995). Overcoming the libilitiy of foreigness. *Academy of Management Journal*, *38*(2), 341–363.

Zentes, J., Swoboda, B., & Schramm-Klein, H. (2013). *Internationales Marketing*. München: Vahlen.

Zou, S., & Cavusgil, S. T. (2002). The GMS: a broad conceptualization of global marketing strategy and its effect on firm performance. *Journal of Marketing*, *66*(4), 40–56.

Sachverzeichnis

C. Burmann et al., *Identitätsbasierte Markenführung*,
https://doi.org/10.1007/978-3-658-20063-3

Printed by Printforce, the Netherlands